プラスこうじ
糀
毎日の生活に
糀をプラス

手軽に摂るなら、日清アマニ油かけるだけ

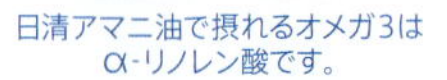

日清アマニ油で摂れるオメガ3は
α-リノレン酸です。

日清オイリオグループ株式会社 https://www.nisshin-oillio.com

酒類食品統計月報

創業70周年記念
酒類食品統計月報 特別増刊号

紙面で振り返る 酒類食品市場の70年 前編

Challenge5 DataBook2030

人口増と経済成長が押し上げた昭和

日刊経済通信社

まえがき

日刊経済通信社の創業は昭和 30 年（1955 年）の 4 月。その目的について創業者・石母田清郎（故人）は，「当時，一部の公的データを除き，酒類食品業界でほとんど目にすることはなかった業界構造が判るデータを創り，月刊誌として発刊することだった」と語っていました。

ただ，それを具現化した本誌「酒類食品統計月報」が発刊されたのは，4 年後の昭和 34 年（1959 年）でした。「日刊食品通信」の取材で，まさに記者の足で日々のニュースを追いながら，得た情報，数値を一つひとつ積み重ね，「酒類食品統計月報」発刊のバックボーンを創り上げるのにかかったのが，丸 4 年だったのです。

“戦後よ，さようなら”というテーマの創刊号には，まだ弊社のオリジナルデータはあまり見られませんが，今も変わることのない，統計と解説の両立という編集方針の源流を見て取ることができます。以後，号数を重ねるごとに，弊社オリジナルのデータによる市場構造分析のウエートが高まっていきます。

今回の特別増刊号「紙面で振り返る酒類食品市場の 70 年（前編）Challenge 5 Data Book 2030 ～人口増と経済成長が押し上げた昭和～」は，弊社創業 70 周年記念事業の前段階として発刊したものです。

タイトルにある通り，恒常的な人口増と，高度経済成長によって形成されてきた昭和の酒類食品市場を，当時の紙面を交えて今の担当記者がカテゴリーごとに振り返って解説するという，斬新な試みです。弊社の記者にとっても新鮮かつ非常に勉強になる企画として，この先役立っていくことは言うを待たない，と言っても過言ではないでしょう。また，読者の皆さまにおかれましても，多くの方々が知らなかった事実やデータとして，意義のある発刊であることを，信じて止みません。

付録として，当時の本誌を飾った広告の数々を紹介するコーナーも設けました。肖像権の観点から，今回は掲載を断念した広告も多々ありますが，掲載されたものだけでも，十分お楽しみいただけるはずです。

平成～令和，そして近未来の予測も踏まえた後編は，昭和 100 年となる来年（2025 年）に発刊予定です。少々気が早い話ですが，ご期待いただければ幸甚です。

なお，末筆になりましたが，本誌編纂にあたり，ご理解とご協力を賜りました各社・各団体の皆さまに，改めて御礼を申し上げます。

令和６年８月吉日

日刊経済通信社

主幹　石母田　健

創業70周年記念　酒類食品統計月報 特別増刊号　紙面で振り返る酒類食品市場の70年（前編）
Challenge5 DataBook2030　～人口増と経済成長が押し上げた昭和～

酒類食品統計月報 解説編

GDP と国民所得

昭和の経済成長は，本誌・酒類食品統計月報創刊号のタイトルにあった“戦後よさようなら”の言葉通り，継続的な人口増をベースとした右肩上がり。その足跡を内閣府の資料で追う。

昭和30年1人当たりGDPは9.8万円
33年後の63年には316万円に上昇

終戦から10年が経過した昭和30年（1955年）の国民総生産（GDP ＝名目）は８兆8,077億円。国民所得と雇用者報酬はそれぞれ６兆9,733億円，３兆5,489億円，１人当たりのGDPは９万8,000円だった。

昭和30年から始まったとされる“高度経済成長”は，昭和48年（1973年）までの約20年間にわたり，実質の経済成長率が年平均10％前後の水準だった。

その背景には，人口増をベースとした国内市場の拡大，重化学工業をはじめとする技術革新，それに伴った設備投資の急増，輸出に有利な円安相場（１ドル360円の固定相場＝昭和48年（1973年）まで），石油などの海外資源が安価だったことなどがある。

その始まりは，昭和30年～32年（1955～57年）の神武景気，続く33年～36年（58年～61年）の岩戸景気。岩戸景気は，１社の設備投資が，別の会社の設備投資を招く「投資が投資を呼ぶ」といわれた，42ヵ月に及ぶ景気拡大だった。

国の政策も経済大国を目指す姿を明示し，昭和35年（1960年）の７月に発足した池田勇人内閣は「所得倍増」をスローガンに高度成長を進める政策をとり，次の佐藤栄作内閣にも引き継がれた。結果，昭和43年（1968年），日本の国民総生産（GNP）は，世界の資本主義国の中で第２位に成長した。その間，東京オリンピック開催を受けたオリンピック景気，長期間続いたいざなぎ景気と，好景気が続いたが，昭和46年（1971年）の円切り上げ（１ドル360円⇒308円），48年（73年）の変動相場導入，第一次石油危機を経て，49年（74年）には，一時的だったが戦後初のマイナス成長を喫し，54年（79年）以降は安定成長期に入った。

平成２年（1990年）の実質成長率は6.2％。昭和54年（1979年）から同年までは，高い年では６％台，低くても２％程度の成長が続き，同年の名目GDPは457兆4,363億円，国民所得と雇用者報酬は，それぞれ346兆8,929億円，231兆2,615億円，１人当たりのGDPは365.5万円どなった。

ここで名目GDPの約半分を占めている個人消費（民間最終消費支出＝実質）の伸び（前年度比）に目を移すと，昭和31年（1956年）の8.2％増から48年（73年）の6.0％増まで，２ケタ成長の年３回を筆頭に，高い伸びが続いている。

また，所得の増加は民間住宅投資にも好影響し，同様に48年（73年）辺りまで，時には20％も大きく上回る伸びが続いた。

また，先に触れた高度経済成長期の民間企業設備投資も，かなり大幅に伸びていた。戦後の日本にとって，最も活気があった時代，と言われる所以だ。

（石母田主幹）

（備考①）
①内閣府「国民経済計算」，総務省「労働力調査」により作成。
②国内総生産は，総額については，1979年度（前年度比は1980年度）以前は「平成10年度国民経済計算（平成２年基準・68SNA）」，1980年度から1993年度まで（前年度比は1981年度から1994年度まで）は「平成21年度国民経済計算（平成12年基準・93SNA）」，1994年度（前年度比は1995年度）以降は「平成24年１～３月期四半期別GDP速報（2次速報値）」による。
③国民総所得の項目は，1980年度以前は国民総生産（GNP）。
④名目国民所得は，総額は1979年度（前年度比は1980年度）以前は「平成10年度国民経済計算（平成２年基準・68SNA）」に，1980年度から2000年度まで（前年度比は1981年度から2001年度まで）は「平成21年度国民経済計算（平成12年基準・93SNA）」に，それ以降は「平成22年度国民経済計算（平成17年基準・93SNA）」による。
⑤名目雇用者報酬及び一人当たり雇用者報酬は，総額は1979年度（前年度比は1980年度）以前は「平

成2年基準改訂国民経済計算(68SNA)」に基づく名目雇用者所得を用いている。1980年度(前年度比は1981年度)以降は「平成24年1～3月期四半期別GDP速報(2次速報値)」に基づく名目雇用者報酬を用いている。
⑥1人当たり雇用者報酬は，名目雇用者報酬を総務省「労働力調査」の雇用者数で除したもの。
(備考②)
①内閣府「国民経済計算」による。
②各項目とも，1980年度以前は「平成10年度国民経済計算(平成2年基準・68SNA)」，1981年度から1994年度までは「平成21年度国民経済計算(平成12年基準・93SNA)」，1995年度以降は「平成24年1-3月期四半期別GDP速報(2次速報値)」に基づく。
③寄与度については，1980年度以前は次式により算出した。
寄与度＝(当年度の実数－前年度の実数)／(前年度の国内総支出(GDP)の実数)×100
1981年度以降は次式により算出した。
ただし，Pi,t：t年度の下位項目デフレーター，qi,t：t年度の下位項目数量指数

〈参考表〉昭和の国民総資産

国民総資産							国富	
年末		10億円	名目GDP比率%	実物資産(除土地等)	土地等	金融資産	10億円	名目GDP比率%
和暦	西暦							
昭和30年	1955	51,422.00	6.08	32.6	30.6	36.8	32,704.70	3.86
31	1956	60,322.20	6.33	31.8	29.8	38.4	37,103.00	3.89
32	1957	68,244.20	6.22	29.8	29.9	40.3	40,481.30	3.69
33	1958	76,193.10	6.53	27	30.6	42.4	43,752.00	3.75
34	1959	89,131.90	6.68	25.5	30.2	44.4	49,584.90	3.72
35	1960	107,840.00	6.66	23.7	31.7	44.6	59,819.60	3.7
36	1961	133,283.40	6.82	23.5	31	45.6	72,297.00	3.7
37	1962	156,357.70	7.05	22.3	31.3	46.4	83,461.10	3.76
38	1963	183,270.60	7.22	21.8	29.3	48.9	92,923.60	3.66
39	1964	213,870.80	7.16	21.5	29.1	49.4	107,292.40	3.59
40	1965	241,570.70	7.27	21.2	27.9	50.9	118,028.40	3.55
41	1966	280,648.70	7.27	21.2	27.8	51	137,212.20	3.56
42	1967	333,694.70	7.38	21	28.2	50.8	163,842.20	3.62
43	1968	394,566.20	7.37	20.7	29.4	49.9	197,671.50	3.69
44	1969	476,211.00	7.57	20.6	30	49.4	241,579.40	3.84
		499,408.60	7.94	19.6	28.6	51.7	241,682.80	3.84
45	1970	590,573.40	7.96	20.5	29.4	50.1	296,467.30	4
46	1971	702,445.30	8.61	20	29.8	50.2	352,859.80	4.32
47	1972	932,810.60	9.99	18.8	31.5	49.7	473,379.90	5.07
48	1973	1,178,254.60	10.36	20.6	32	47.4	624,072.10	5.49
49	1974	1,300,905.20	9.58	23.4	29.1	47.5	685,723.90	5.05
50	1975	1,438,800.40	9.59	23.1	28.1	48.7	739,585.80	4.93
51	1976	1,627,933.80	9.67	23.3	26.6	50.1	814,906.70	4.84
52	1977	1,781,916.00	9.49	23.2	26	50.8	883,505.20	4.71
53	1978	2,031,898.00	9.83	22.3	25.9	51.7	989,289.60	4.79
54	1979	2,335,455.90	10.43	22.7	27	50.3	1,166,035.80	5.21
55	1980	2,642,194.00	10.88	22.4	28.2	49.4	1,339,614.40	5.52
		2,864,276.80	11.79	21.2	26.1	52.7	1,363,008.40	5.61
56	1981	3,160,372.80	12.11	20	26.7	53.3	1,484,720.70	5.69
57	1982	3,416,324.60	12.46	19.3	26.5	54.2	1,575,452.30	5.75
58	1983	3,699,899.50	12.98	18.2	25.5	56.3	1,629,378.00	5.72
59	1984	4,006,993.90	13.23	17.5	24.4	58.1	1,699,381.10	5.61
60	1985	4,377,491.70	13.45	16.5	24.3	59.2	1,811,019.50	5.57
61	1986	5,094,260.60	14.96	14.4	26.3	59.3	2,113,913.10	6.21
62	1987	5,962,689.60	16.84	13	29.4	57.6	2,579,662.10	7.28
63	1988	6,716,329.30	17.64	12.2	28.9	58.9	2,836,726.90	7.45

1955年末から1969年末残高(上段)は「長期遡及推計国民経済計算報告」による。1969年末(下段)から1980年末残高(上段)は「平成10年度国民経済計算(平成2年基準・68SNA)」による。推計方法が異なるため，1969年末の計数は異なる。1980年末(下段)から2000年末残高は「平成21年度国民経済計算(平成12年基準・93SNA)」による。推計方法が異なるため，1980年末の計数は異なる。2001年末以降は，「平成22年度国民経済計算(平成17年基準・93SNA)」による。
土地等には，土地，森林，地下資源，漁場を含む。

年度		民間最終消費支出（実質）		民間住宅（実質）		民間企業設備（実質）		民間在庫品増加（実質）
和暦	西暦	前年度比％	寄与度％	前年度比％	寄与度％	前年度比％	寄与度％	寄与度％
昭和30年	1955	—	—	—	—	—	—	—
31	1956	8.2	5.4	11.1	0.4	39.1	1.9	0.7
32	1957	8.2	5.4	7.9	0.3	21.5	1.3	0.5
33	1958	6.4	4.2	12.3	0.4	-0.4	0.0	-0.7
34	1959	9.6	6.3	19.7	0.7	32.6	2.1	0.6
35	1960	10.3	6.7	22.3	0.8	39.6	3.1	0.5
36	1961	10.2	6.6	10.6	0.4	23.5	2.3	1.1
37	1962	7.1	4.5	14.1	0.6	3.5	0.4	-1.4
38	1963	9.9	6.2	26.3	1.1	12.4	1.3	0.9
39	1964	9.5	6.0	20.5	1.0	14.4	1.5	-0.5
40	1965	6.5	4.1	18.9	1.0	-8.4	-0.9	0.1
41	1966	10.3	6.5	7.5	0.5	24.7	2.3	0.2
42	1967	9.8	6.1	21.5	1.3	27.3	2.9	0.2
43	1968	9.4	5.8	15.9	1.0	21.0	2.6	0.7
44	1969	9.8	5.9	19.8	1.3	30.0	3.9	-0.1
45	1970	6.6	3.9	9.2	0.7	11.7	1.8	1.0
46	1971	5.9	3.4	5.6	0.4	-4.2	-0.7	-0.8
47	1972	9.8	5.7	20.3	1.5	5.8	0.8	0.0
48	1973	6.0	3.5	11.6	0.9	13.6	1.9	0.4
49	1974	1.5	0.9	-17.3	-1.5	-8.6	-1.3	-0.6
50	1975	3.5	2.1	12.3	0.9	-3.8	-0.5	-0.8
51	1976	3.4	2.0	3.3	0.2	0.6	0.1	0.4
52	1977	4.1	2.5	1.8	0.1	-0.8	-0.1	-0.2
53	1978	5.9	3.5	2.3	0.2	8.5	1.0	0.1
54	1979	5.4	3.2	0.4	0.0	10.7	1.3	0.2
55	1980	0.7	0.4	-9.9	-0.7	7.5	1.0	0.0
56	1981	2.4	1.3	-2.0	-0.1	3.8	0.6	0.0
57	1982	4.6	2.5	1.1	0.1	1.4	0.2	-0.6
58	1983	3.0	1.7	-8.4	-0.5	1.9	0.3	0.2
59	1984	3.0	1.7	-0.1	0.0	12.3	1.8	0.1
60	1985	4.4	2.4	3.5	0.2	15.1	2.4	1.0
61	1986	3.6	1.9	9.4	0.4	5.0	0.8	-1.2
62	1987	4.8	2.6	24.3	1.1	8.2	1.3	0.7
63	1988	5.3	2.9	5.8	0.3	19.9	3.3	-0.2
平成元年	1989	4.1	2.2	-1.4	-0.1	10.7	2.0	0.3
2	1990	5.4	2.8	5.5	0.3	11.5	2.2	-0.2
3	1991	2.2	1.2	-9.2	-0.5	-0.4	-0.1	0.3
4	1992	1.3	0.7	-3.0	-0.1	-6.1	-1.2	-0.7
5	1993	1.4	0.7	3.7	0.2	-12.9	-2.3	-0.1
6	1994	2.1	1.2	7.2	0.4	-1.9	-0.3	0.0
7	1995	2.3	1.3	-5.7	-0.3	3.1	0.5	0.6
8	1996	2.4	1.3	13.3	0.6	5.1	0.7	0.1
9	1997	-1.0	-0.6	-18.9	-1.0	5.5	0.8	0.4
10	1998	0.5	0.3	-10.6	-0.5	-7.8	-1.2	-0.8
11	1999	1.2	0.7	3.5	0.1	0.5	0.1	-0.7
12	2000	0.3	0.2	-0.1	0.0	4.8	0.7	0.8

※内閣府統計より（備考②）

政府最終消費支出（実質）		公的固定資本形成（実質）		財貨・サービスの輸出（実質）		財貨・サービスの輸入（実質）	
前年度比%	寄与度%	前年度比%	寄与度%	前年度比%	寄与度%	前年度比%	寄与度%
—	—	—	—	—	—	—	—
-0.4	-0.1	1.0	0.1	14.6	0.5	34.3	-1.3
-0.2	0.0	17.4	0.8	11.4	0.4	8.1	-0.4
6.3	1.2	17.3	0.9	3.0	0.1	-7.9	0.4
7.7	1.4	10.8	0.6	15.3	0.5	28.0	-1.2
3.3	0.6	15.0	0.9	11.8	0.4	20.3	-1.0
6.5	1.1	27.4	1.6	6.5	0.2	24.4	-1.3
7.6	1.2	23.5	1.6	15.4	0.5	-3.1	0.2
7.4	1.1	11.6	0.9	9.0	0.3	26.5	-1.4
2.0	0.3	5.7	0.4	26.1	0.9	7.2	-0.4
3.3	0.5	13.9	1.0	19.6	0.8	6.6	-0.4
4.5	0.6	13.3	1.1	15.0	0.7	15.5	-0.9
3.6	0.5	9.6	0.8	8.4	0.4	21.9	-1.3
4.9	0.6	13.2	1.1	26.1	1.2	10.5	-0.7
3.9	0.4	9.5	0.8	19.7	1.0	17.0	-1.1
5.0	0.5	15.2	1.2	17.3	1.0	22.3	-1.5
4.8	0.5	22.2	1.9	12.5	0.8	2.3	-0.2
4.8	0.5	12.0	1.2	5.6	0.4	15.1	-1.1
4.3	0.4	-7.3	-0.7	5.5	0.3	22.7	-1.8
2.6	0.3	0.1	0.0	22.8	1.5	-1.6	0.1
10.8	1.1	5.6	0.5	-0.1	0.0	-7.4	0.7
4.0	0.4	-0.4	0.0	17.3	1.3	7.9	-0.7
4.2	0.4	13.5	1.2	9.6	0.8	3.3	-0.3
5.4	0.6	13.0	1.2	-3.3	-0.3	10.8	-0.9
3.6	0.4	-1.8	-0.2	10.6	0.9	6.1	-0.5
3.3	0.3	-1.7	-0.2	14.4	1.2	-6.3	0.6
5.8	0.8	1.0	0.1	12.6	1.7	4.0	-0.6
4.2	0.6	-2.1	-0.2	-0.4	-0.1	-4.8	0.7
5.6	0.8	-1.0	-0.1	8.6	1.2	1.7	-0.2
2.5	0.4	-2.2	-0.2	13.5	1.9	8.1	-1.0
1.8	0.3	-4.9	-0.4	2.5	0.4	-4.4	0.5
3.8	0.5	4.7	0.3	-4.3	-0.6	7.1	-0.7
3.9	0.6	8.0	0.5	1.0	0.1	12.3	-0.9
3.6	0.5	0.7	0.1	8.7	0.9	18.9	-1.4
2.8	0.4	1.9	0.1	8.5	0.8	15.0	-1.2
3.8	0.5	4.3	0.3	6.7	0.7	5.4	-0.5
3.6	0.5	5.7	0.4	5.2	0.5	-0.6	0.1
2.8	0.4	17.3	1.1	3.7	0.4	-2.1	0.2
3.3	0.5	9.1	0.7	-0.6	-0.1	0.4	0.0
3.5	0.5	-1.6	-0.1	4.9	0.4	9.8	-0.7
4.3	0.6	6.7	0.6	4.4	0.4	13.8	-1.0
2.2	0.3	-2.3	-0.2	7.4	0.7	11.6	-0.9
0.6	0.1	-7.1	-0.6	8.7	0.9	-1.5	0.1
2.0	0.3	1.9	0.2	-4.0	-0.4	-6.7	0.6
3.8	0.6	-3.2	-0.3	5.9	0.6	6.7	-0.6
4.8	0.8	-6.1	-0.5	9.3	1.0	11.2	-1.0

〈国民経済計算〉①

		国民総生産(GDP)			国民総所得(GNI)		国民所得					
		名目		実質	名目	実質	名目国民所得		名目雇用者報酬		1人当たり	
年度		総額	前年度比	前年度比	前年度比	前年度比	総額	前年度比	総額	前年度比	GDP	雇用者報酬
和暦	西暦	10億円	%	%	%	%	10億円	%	10億円	%	千円	前年度比%
昭和30年	1955年	8,807.7	—	—	—	—	6,973.3	-	3,548.9	-	98	-
31	1956	9,883.2	12.2	6.8	12.1	6.7	7,896.2	13.2	4,082.5	15.0	109	-
32	1957	11,334.1	14.7	8.1	14.5	8.0	8,868.1	12.3	4,573.0	12.0	123	-
33	1958	12,134.2	7.1	6.6	7.0	6.5	9,382.9	5.8	5,039.2	10.2	131	-
34	1959	14,236.2	17.3	11.2	17.2	11.1	11,042.1	17.7	5,761.2	14.3	152	-
35	1960	17,087.7	20.0	12.0	19.9	11.9	13,496.7	22.2	6,702.0	16.3	181	-
36	1961	20,663.1	20.9	11.7	20.9	11.7	16,081.9	19.2	7,988.7	19.2	217	-
37	1962	22,873.8	10.7	7.5	10.6	7.5	17,893.3	11.3	9,425.6	18.0	238	-
38	1963	26,868.8	17.5	10.4	17.4	10.4	21,099.3	17.9	11,027.3	17.0	277	-
39	1964	31,141.7	15.9	9.5	15.8	9.4	24,051.4	14.0	12,961.2	17.5	317	-
40	1965	34,589.4	11.1	6.2	11.1	6.2	26,827.0	11.5	14,980.6	15.6	349	-
41	1966	40,667.8	17.6	11.0	17.6	11.1	31,644.8	18.0	17,208.9	14.9	406	-
42	1967	47,579.0	17.0	11.0	17.0	11.0	37,547.7	18.7	19,964.5	16.0	471	-
43	1968	56,288.1	18.3	12.4	18.3	12.3	43,720.9	16.4	23,157.7	16.0	550	-
44	1969	66,649.3	18.4	12.0	18.4	12.0	52,117.8	19.2	27,488.7	18.7	644	-
45	1970	77,136.3	15.7	8.2	15.8	8.3	61,029.7	17.1	33,293.9	21.1	735	-
46	1971	84,922.6	10.1	5.0	10.2	5.1	65,910.5	8.0	38,896.6	16.8	794	13.8
47	1972	98,841.2	16.4	9.1	16.6	9.3	77,936.9	18.2	45,702.0	17.5	911	14.9
48	1973	119,563.6	21.0	5.1	20.9	5.0	95,839.6	23.0	57,402.8	25.6	1,087	21.7
49	1974	141,830.2	18.6	-0.5	18.4	-0.7	112,471.6	17.4	73,752.4	28.5	1,272	27.7
50	1975	156,080.2	10.0	4.0	10.2	4.1	123,990.7	10.2	83,851.8	13.7	1,382	12.8
51	1976	175,474.1	12.4	3.8	12.4	3.8	140,397.2	13.2	94,328.6	12.5	1,537	11.0
52	1977	194,734.1	11.0	4.5	11.0	4.6	155,703.2	10.9	104,997.8	11.3	1,689	10.0
53	1978	213,693.5	9.7	5.4	9.9	5.5	171,778.5	10.3	112,800.6	7.4	1,837	6.6
54	1979	230,734.5	8.0	5.1	8.0	5.1	182,206.6	6.1	122,126.2	8.3	1,967	6.1
55	1980	251,539.6	9.0	2.6	8.9	2.4	203,878.7	9.5	131,850.4	8.7	2,123	5.6
56	1981	268,012.5	6.5	3.9	6.5	3.9	211,615.1	3.8	142,097.7	7.8	2,246	6.4
57	1982	279,680.4	4.4	3.1	4.6	3.1	220,131.4	4.0	150,232.9	5.7	2,328	3.8
58	1983	292,450.9	4.6	3.5	4.7	3.7	231,290.0	5.1	157,301.3	4.7	2,417	2.3
59	1984	312,164.5	6.7	4.8	6.8	4.9	243,117.2	5.1	166,017.3	5.5	2,564	4.1
60	1985	334,605.2	7.2	6.3	7.3	6.7	260,559.9	7.2	173,977.0	4.8	2,731	3.7
61	1986	346,626.0	3.6	1.9	3.6	3.7	267,941.5	2.8	180,189.4	3.6	2,815	2.3
62	1987	366,911.4	5.9	6.1	6.1	6.0	281,099.8	4.9	187,098.9	3.8	2,965	2.2
63	1988	392,623.7	7.0	6.4	7.0	6.6	302,710.1	7.7	198,486.5	6.1	3,160	3.3
平成1年	1989	421,182.5	7.3	4.6	7.5	4.6	320,802.0	6.0	213,309.1	7.5	3,378	4.3
2	1990	457,436.3	8.6	6.2	8.4	5.6	346,892.9	8.1	231,261.5	8.4	3,655	4.6
3	1991	479,640.1	4.9	2.3	4.9	2.7	368,931.6	6.4	248,310.9	7.4	3,818	4.1
4	1992	489,411.0	2.0	0.7	2.3	1.0	366,007.2	-0.8	254,844.4	2.6	3,883	0.5
5	1993	488,754.8	-0.1	-0.5	-0.2	-0.4	365,376.0	-0.2	260,704.4	2.3	3,865	0.9
6	1994	495,612.2	1.4	1.5	1.3	1.5	370,010.9	1.3	265,457.6	1.8	3,958	1.2
7	1995	504,594.3	1.8	2.7	1.9	2.8	368,936.7	-0.3	270,061.5	1.7	4,021	1.0
8	1996	515,943.9	2.2	2.7	2.6	2.6	380,160.9	3.0	274,001.0	1.5	4,101	0.2
9	1997	521,295.4	1.0	0.1	1.1	0.3	382,294.5	0.6	278,867.7	1.8	4,133	0.9
10	1998	510,919.2	-2.0	-1.5	-2.0	-1.2	368,975.7	-3.5	272,808.0	-2.2	4,041	-1.5
11	1999	506,599.2	-0.8	0.5	-0.9	0.3	364,340.9	-1.3	267,871.5	-1.8	4,000	-1.3
12	2000	510,834.7	0.8	2.0	1.0	1.9	371,803.9	2.0	269,056.3	0.4	4,025	-0.4

※内閣府統計より（備考①）

人口の推移

右肩上がりの人口増と，戦後の復興，高度成長期を経て同様の動きをみせた日本経済に支えられ，規模も質も発展した昭和20年代から平成初期の酒類食品産業。その最も重要な因子である人口について，その概略をまとめた。

一貫して増加した人口

第二次世界大戦終結の昭和20年(1945年)，日本の総人口は72,147千人だった。以降，3年後の同23年(1948年)は80,002千人，同27年(1952年) 85,808千人，同31年(1956年) 90,172千人，同37年(1962年) 95,181千人と右肩上がりで増加。同42年(1967年)には100,196千人と初めて1億人を突破した。初の8,000万人台となった昭和23年から同67年までの人口増加率(単純平均)は1.25%だった。

その後も日本の人口は一貫して増加を続け，昭和49年(1974年)に110,573千人，同59年(1984年)に120,305千人となり，平成20年(2008年)には128,084千人とピークを迎える。

このように，酒類食品産業にとって最も重要な因子である人口数(口の数)は，昭和から平成初期にかけては，まさに右肩上がりだった。戦後になって加速した飲食の多様化も，この人口増と，それをベースにした継続した経済成長が支えてきたのは言うまでもない。

人口増加率1%台で安定

その増加率は，団塊の世代が出生した昭和22年(1946年)から同24年(1949年)の3.10%～2.21%と，沖縄返還の昭和46年(1971年)から同49年(1974年)の団塊ジュニア世代の出生期(2.33%～1.35%)を除けば1%前後で推移し，同51年(1976年)の1.03%を最後に，0%台で年々低下している。具体例を挙げれば，同52年(1977年)に0.95%だったものが，同60年(1985年)は0.62%，平成元年(1989年)は0.37%，平成12年(2000年)は0.20%に低下。以降，平成23年(2011年)からは，“人口のマイナス成長期”に突入している。

ここで男女比をみてみると，昭和11年(1936年)辺りまでの性比(女性100に対する男性の比率)は100を超えていた。つまり，男性の方が女性より人口が多かった。それが第二次世界大戦の影響もあって，終戦直後には95%台に下落。以降，平成10年(1998年)の96.0%まで96%台で漸減した。

生産年齢人口も右肩上がり

次に年齢3区分の人口割合に目を転じると，終戦直後の昭和22年(1947年)は，0～14歳が35.3%，14～64歳のいわゆる生産年齢人口が59.9%，65歳以上は4.8%で，平均年齢は26.6歳，中位数年齢は22.3%だった。その後14～64歳人口比率は年々高まり，昭和30年(1955年)に61.3%とはじめて60%を超えた後，昭和40年(1965年)に68.1%，翌46年(1966年)に61.3%と初めて61%を超え，以降，69.7%のピークとなった平成2年(1990年)まで上昇の道を辿る。ちなみに，同年の平均年齢は37.6歳，中位数年齢は37.7歳だった。ほかの年齢区分の割合は，0～14歳が昭和22年(1947年)に35.3%だったものが，平成2年(1990年)には18.2%まで下落，逆に65歳以上は同様に4.8%が12.1%まで上昇している。

100歳以上人口急増

また，100歳以上の人口を，昭和38年(1963年)の153人(男性20人，除籍133人，女性比率86.9%)をベースにみると，昭和60年(1985年)には1,740人(男性359人，女性1,381人，女性比率79.4%に，平成12年(2000年)には1万3,036人(2,158人，10,878人，83.4%)と急増している。

なお，出生数から死亡数を差し引いた自然増加数は，昭和22年(1947年)の1,541千人をピークに漸減しており，昭和55年(1980年)は854千人，平成2年(1990年)は401人，平成12年(2000年)は229千人まで減っている。

＜参考表１＞

昭和20年から平成12年の人口推移

和暦	西暦	人口(1,000人)			増加率	性比
		総数	男	女		
昭和20年	1945年	72,147	—	—	－2.29	—
21	1946	75,750	—	—	4.99	—
22	1947	78,101	38,129	39,972	3.10	95.4
23	1948	80,002	39,130	40,873	2.43	95.7
24	1949	81,773	40,063	41,710	2.21	96.1
25	1950	83,200	40,812	42,388	1.75	96.3
26	1951	84,541	41,489	43,052	1.61	96.4
27	1952	85,808	42,128	43,680	1.50	96.4
28	1953	86,981	42,721	44,260	1.37	96.5
29	1954	88,239	43,344	44,895	1.45	96.5
30	1955	89,276	43,861	45,415	1.18	96.6
31	1956	90,172	44,301	45,871	1.00	96.6
32	1957	90,928	44,671	46,258	0.84	96.6
33	1958	91,767	45,078	46,689	0.92	96.5
34	1959	92,641	45,504	47,137	0.95	96.5
35	1960	93,419	45,878	47,541	0.84	96.5
36	1961	94,287	46,300	47,987	0.93	96.5
37	1962	95,181	46,733	48,447	0.95	96.5
38	1963	96,156	47,208	48,947	1.02	96.4
39	1964	97,182	47,710	49,471	1.07	96.4
40	1965	98,275	48,244	50,031	1.12	96.4
41	1966	99,036	48,611	50,425	0.77	96.4
42	1967	100,196	49,180	51,016	1.17	96.4
43	1968	101,331	49,739	51,592	1.13	96.4
44	1969	102,536	50,334	52,202	1.19	96.4
45	1970	103,720	50,918	52,802	1.15	96.4
46	1971	105,145	51,607	53,538	1.37	96.4
47	1972	107,595	52,822	54,773	2.33	96.4
48	1973	109,104	53,606	55,498	1.40	96.6
49	1974	110,573	54,376	56,197	1.35	96.8
50	1975	111,940	55,091	56,849	1.24	96.9
451	1976	113,094	55,658	57,436	1.03	96.9
52	1977	114,165	56,184	57,981	0.95	96.9
53	1978	115,190	56,682	58,508	0.90	96.9
54	1979	116,155	57,151	59,004	0.84	96.9
55	1980	117,060	57,594	59,467	0.78	96.9
56	1981	117,902	58,001	59,901	0.72	96.8
57	1982	118,728	58,400	60,329	0.70	96.8
58	1983	119,536	58,786	60,750	0.68	96.8
59	1984	120,305	59,150	61,155	0.64	96.7
60	1985	121,049	59,497	61,552	0.62	96.7
61	1986	121,660	59,788	61,871	0.50	96.6
62	1987	122,239	60,058	62,181	0.48	96.6
63	1988	122,745	60,302	62,443	0.41	96.6
平成１年	1989	123,205	60,515	62,690	0.37	96.5
2	1990	123,611	60,697	62,914	0.33	96.5
3	1991	124,101	60,934	63,167	0.40	96.5
4	1992	124,567	61,155	63,413	0.38	96.4
5	1993	124,938	61,317	63,621	0.30	96.4
6	1994	125,265	61,446	63,819	0.26	96.3
7	1995	125,570	61,574	63,996	0.24	96.2
8	1996	125,859	61,698	64,161	0.23	96.2
9	1997	126,157	61,827	64,329	0.24	96.1
10	1998	126,472	61,952	64,520	0.25	96.0
11	1999	126,667	62,017	64,650	0.15	95.9
12	2000	126,926	62,111	64,815	0.20	95.8

創意工夫と努力で産業発展

このように，第二次世界大戦後の昭和から平成の初めまで，酒類食品産業は，右肩上がりの人口増と働き手の増加(生産年齢人口)，そして戦後の経済復興から，所得倍増計画を経た高度経済成長による所得水準の大幅改善をベースに，規模，質ともに顕著な発展を遂げてきた。

明治に始まった飲食の洋風化も，“飲食の多様化”に姿を変えて進行，世界でも類稀な多種多彩な食生活を形成してきた。

もちろん，同産業の発展には，原料調達から加工，販売，提供に至るすべての段階で，弛まぬ努力と創意工夫が積み重ねられてきたわけだが，加えて，当初は個店レベルだった外食が，大手資本の参入で加速して広がっていったことも，密接に関係している。

(石母田健)

※データは国立社会保障・人口問題研究所の「人口統計資料集2024」より

〈参考表２〉　人口の年齢構造(昭和22年～平成12年)

和暦	西暦	人口割合％			平均年齢	中位数年齢
		0 ～ 14歳	15 ～ 64歳	65歳以上	歳	歳
昭和22年	1947年	35.3	59.9	4.8	26.6	22.1
25	1950	35.4	59.7	4.9	26.6	22.3
30	1955	33.4	61.3	5.3	27.6	23.7
35	1960	30.0	64.2	5.7	29.1	25.6
40	1965	25.6	68.1	6.3	30.4	27.5
45	1970	23.9	69.0	7.1	31.5	29.1
50	1975	24.3	67.7	7.9	32.5	30.6
55	1980	23.5	67.4	9.1	33.9	32.5
60	1985	21.5	68.2	10.3	35.7	35.2
平成２年	1990	18.2	69.7	12.1	37.6	37.7
7	1995	16.0	69.5	14.6	39.6	39.7
12	2000	14.6	68.1	17.4	41.4	41.5

〈参考表３〉　出生数，死亡数，自然増加数の推移

(単位：1,000人，％)

和暦	西暦	出生数(a)	死亡数(b)	(a)－(b)	出生率	死亡率
昭和22年	1,947	2,679	1,138	1,541	34.5	14.7
25	1,950	2,338	905	1,433	28.3	10.9
30	1,955	1,731	694	1,037	19.5	7.8
35	1,960	1,606	707	899	17.3	7.6
40	1,965	1,824	700	1,123	18.7	7.2
45	1,970	1,934	714	1,221	18.8	6.9
50	1,975	1,901	702	1,199	17.1	6.3
55	1,980	1,577	723	854	13.5	6.2
60	1,985	1,432	752	679	11.9	6.3
平成２年	1,990	1,222	820	401	10.0	6.7
7	1,995	1,187	922	265	9.5	7.4
12	2,000	1,191	962	229	9.5	7.7

戦後の形を整えゆく清酒市場

製造量と価格，統制から自由化へ

本誌の創刊号は，発刊した昭和34年（1959年）ごろの市場概況を戦前と比較することから始まる。清酒についての記述は，洋酒やビールの高い伸長率に比べ，「戦前水準以下を低迷している」という解説が初出。なかでも特，1級の量的な回復が最も遅れており，苛酷な税制が最も大きな要因と指摘する。戦中戦後は公価に縛られ税負担を担うとともに，原料米不足から生産統制がされていたが，価格・生産ともに徐々に緩和され，自由化への道を歩んできた昭和後半の清酒市場を振り返る。

特・1級酒が市場拡大をけん引

昭和初期の酒類市場は，清酒の構成比が7割を占め，酒といえばほぼ清酒が飲まれていたことが伺える(表①)。一方，昭和30年代からの生産量は約300万石から徐々に拡大し，戦前規模に戻ってきているようにも見えるが，酒類全体が約1.5倍に成長していることから構成比は4割にまで下がり，「戦前水準以下」の説明は，酒類市場のなかでの後退を指したものか。食品の記事にも食卓の洋風化を示すものが散見され，若者の清酒離れや食卓の変化に伴うマーケティングの必要性，需要開拓が課題として挙げられている。

1960年代の清酒の生産量は順調に伸長した。原料米事情が次第に好転してきたことから，生産量の制約がほとんどなくなってきたこと，特級・1級を中心に銘柄指定による購買が多く，根強い消費増に支えられたもの。特・1級酒が清酒全体に占める割合は，50年代には1割程度で推移し，主に灘，伏見が全国的にその供給を担ったとあるが，60年代初頭には100万石を突破し，全体の2割近くまで伸長した。減税による値下げと，所得水準の上昇による一般消費傾向の高級化から1級酒が急増。ブームにより1級が大衆酒として広く親しまれると同時に，銘柄1級酒の品不足，2級酒の伸び悩みが課題として浮上している。

昭和38年(1963年) 12月号では，同年の酒類市場を振り返る特集で「清酒ブームに明け暮れした年」と見出しをつけ，「清酒がリバイバルし，良さが再び日本の大衆に再認識された記念すべき年である」としている。清酒の生産は，まだ四季醸造が一般的ではなく，酒造年度ごとにその年の販売状況をもとに生産量を決定していたが，銘柄清酒の恒常的品不足があり，昭和38年度の清酒生産量は前年に抑えた反動も加わって大蔵省，国税庁，業界を上げ，大幅増産に邁進したようだ。

また，同年は清酒1級の基準価格が廃止された。公定価格から基準価格に移行したものの，酒類は値引きがない特殊な商品というイメージがある一方，業界内は値引き・リベート競争が激しく，正常取引運動が各組合で決議され，徹底に至らずを繰り返している。基準価格の廃止後は，上限価格と下限価格を算定し，下回った建値は要注意銘柄となった。翌39年(1964年) 6月には清酒2級の基準価格が撤廃され，昭和14年以来25年ぶりで自由価格となった。国税庁では①当分の間値上げしないこと　②不当な過当競争をしないよう自粛すること―を要望したが，早速都内のスーパーで安値販売があり，国税庁・業界は協力要請に1ヵ月を要したことが7月号の記事にみられる。

1960年代中頃は，1級が200万石を突破する勢いとなる一方，1級酒が大衆化するとともに，イメージダウンで減少が続く2級酒の訴求を課題としている。2級に代わる名称として，伏見は「金印」，清酒中央会は「新小印」の新証級を打ち出し，2級酒の新たなイメージ浸透を図った。

アンケートにみる銘柄集中

創刊号に続く第2号(昭和34年・1959年4月号)では，小売店へのアンケート調査によって清酒の市

表① 製造場からの酒類移出石数の推移表（国税庁調）

（千石，％）

	清酒	合成清酒	濁酒	白酒	味りん	25度換算焼酎	ビール	果実酒	雑種	計	清酒の構成比
昭和5～9	3,943		6	6	100	503	872	8	54	5,492	72
11年	4,224		6	6	102	556	1,312	20	140	6,368	66
12	4,149		6	5	95	556	1,275	20	156	6,262	66
13	4,398	121	6	5	95	495	1,472	32	63	6,687	66
14	2,977	169	6	4	78	468	1,456	26	68	5,252	57
15	2,637	370	7	5	76	514	1,500	51	93	5,253	50
16	2,181	476	8	3	56	328	1,402	82	100	4,636	47
17	1,957	438	8	3	52	298	1,164	95	82	4,097	48
18	1,505	362	4	0	35	200	880	89	55	3,130	48
19	1,142	182	3	0	26	136	552	188	31	2,260	51
20	958	122	0	−	19	158	545	53	27	1,882	51
21	974	159	0	−	20	164	509	44	31	1,901	51
22	728	191	0	−	11	143	530	23	31	1,657	44
23	584	305	0	−	15	508	774	21	43	2,247	26
24	643	323	0	0	12	903	910	15	45	2,851	23
25	1,352	481	0	0	21	1,035	1,363	11	89	4,352	31
26	1,466	755	0	0	33	1,154	1,537	9	133	5,087	29
27	2,073	601	0	0	40	1,281	1,914	9	160	6,078	34
28	2,516	784	0	0	51	1,392	2,202	10	203	7,158	35
29	2,662	798	0	0	53	1,534	2,210	10	223	7,490	36
30	2,992	736	0	1	52	1,528	2,454	11	248	7,952	38
31	3,226	780	0	1	52	1,408	2,970	16	295	8,748	37
32	3,392	775	1	0	54	1,452	3,316	15	346	9,351	36

備考 31年までは酒類製成高及び移出高，32年は酒税高により調整

場実態を掴む試みが行われた。東京都内の有力小売店230軒にアンケートを行い，66軒の回答を集計したもので，近く予想されている公定価格廃止後の銘柄の差異がどのように出るかに着目している。「酒の銘柄を指定する割合」の問いには，「10割」の回答が6.1％，「７割」31.8％，「５割」36.3％，「３割」19.7％，「１割」3.0％，「不明」3.0％。清酒１級を指定する割合が最も多く40.2％を占めた一方，２級は6.8％で少なかった。また，特・１・２級を揃えた銘柄が２級だけしかない銘柄よりも売りやすいという回答結果となった。２級銘柄で指定されるのは「黄桜」「富翁」「日本盛」の回答が多かった。

第２回調査は６月号で同じく東京の小売店にアンケートを実施。級別に売れる酒の銘柄を調査しており，特級は総合得点で「月桂冠」「白鹿」「菊正宗」の順で「大関」「白鷹」が続く。１級は「月桂冠」「大関」に次いで「白鶴」「沢の鶴」が同率。また「今度新たに設定された低度酒（ソフト酒）が，夏場にどの程度売れるか」という設問があり，「シーズン中売行きの１～２割売れる」が大半を占め，先はまだ多難とみているが，次点は特・１級が「全然売れない」，２級は「シーズン中３～４割売れる」が各４割弱の回答で続いており，２級にやや期待がもたれていたようだ。昭和35年（1960年）５月号の調査では，４月に発売した準１級酒の取り扱いについて調査。同８月号の調査では東京と同時に大阪地区でも調査を行い，東西の販売動向を伝えている。特・１級酒の指名率は，東京は「月桂冠」，大阪は「白鶴」が高く，準１級・２級酒は東京が「日本盛」「黄桜」「沖正宗」など，大阪は「金露」が群を抜き，東西で人気銘柄の違いがあることが伺える。

生産量ピークを経て成熟へ

清酒生産量のピーク昭和48年（1973年）へと向かい，1970年代初頭は拡大傾向で推移した。値上げ実施で前替え需要によって市場が膨らんだことから，生産量の自粛や出荷数量規制が行われており，生産量のピークは需要増よりも物量確保による供給過剰によって作られた面も大きい。昭和48年を回顧する12月号の記事では「値上げ仮需要の市中在庫が例年より多い」とし，翌年の記事には，過剰生産による過当競争から「６年ぶりに減産」へ舵を切ったことがみられる。戦後の国税庁の行政姿勢は，清酒業界の近代化に向かう施策として，4,000弱ある業者数は多すぎるとし，合理化（統廃合）による体質強化が進められてきたが，このころから清酒メーカーをそれぞれの地域で如何に育成させるかの方策

へと転換していく。記事は「オイルショックが，自由化の推進から統制的方向へ転換させた。減産により長年の過当競争を廃止し，卸小売層を含めて経営の改善に促進されることが期待される」としている。

一方で，課題だった２級酒の拡大が本格化してきた。大手メーカーからの２級銘柄発売が相次ぎ，中小メーカーに与える影響が大きいとしながらも，流通からの要望もあり，1,000円見当の清酒が今後大衆に支持されていくだろう見込が示されている。１級ブームで市場拡大をけん引してきた大手メーカーの２級酒への進出とともに，地酒ブームの浸透により，地方中小メーカーの銘柄訴求・認知拡大が進んでいく。酒質が多様化し，ガラスカップやＰＥＴ容器，紙容器の商品が次々と発売され，1980年代には生酒ブームが到来するなど，生産量はピークの昭和48年を折り返したが，市場は成熟へと向かう。

「ワンカップ大関」の登場

酒類が飲まれる環境が大きく変わっていくなかで，業界を挙げて需要開拓への取り組みが進められてきた。清酒は一升びんから容器に移して提供し，燗をつけたり酒器を用意したりと，かける手間の多いことがビールなど他の種類に需要が移った要因のひとつでもあった。東京オリンピックの開会式が行われた昭和39年(1964年) 10月10日に登場した「ワンカップ大関」(大関)を皮切りに，続々と発売されたパーソナル容器が清酒のシーンを大きく広げていく。

昭和45年(1970年) ２月号に掲載された国分商店経営センターからの寄稿を参考にまとめてみる。「ワンカップ大関」がパックされたコップ酒として発売され，屋外での飲用，旅行，集会などの戸外へと需要を広げ，さらに自動販売機の利用で清酒の無人販売に先鞭をつけた。これに続くように昭和43年秋からターゲットを同じくした製品が出現している。「たけ」(松竹梅),「キンパイ・ポッケ」(金盃),「さけ・さくら」(櫻正宗)は，ポリエチレン製２重蓋で外側のキャップがグラスの代用として使えるもので，１人分として十分な270～300mℓ入り。「キャップエース」(月桂冠)は180mℓで，スモークグリーンのプラスチック製容器は金色のキャップが猪口の形で収められており，従来の徳利の形を踏襲したもの。「はこ酒」(一代，富貴，酔仙)は同じく180mℓ，紙・ポリエチレンフィルム・アルミ箔を５層にラミネートした西ドイツのツーパック社製容器入り。軽い，割れない，そのまま燗ができる，ワンウェイ容器である，戸外でも使いやすく，家庭の主婦や旅行の幹事の清酒に対する不平点を解消したことが共通点として挙げられている。

表②　清酒課税移出数量の推移

国税庁調

FY（３～２月）		kℓ	千石	前年比
昭和38年度	(1963)	1,126,225	6,243	115.0
39年度	(1964)	1,279,626	7,094	113.6
40年度	(1965)	1,158,831	6,424	90.6
41年度	(1966)	1,478,384	8,194	127.6
42年度	(1967)	1,293,421	7,170	87.5
43年度	(1968)	1,453,706	8,059	112.4
44年度	(1969)	1,533,706	8,501	105.5
45年度	(1970)	1,601,024	8,874	104.4
46年度	(1971)	1,588,446	8,806	99.2
47年度	(1972)	1,711,381	9,487	107.7
48年度	(1973)	1,766,306	9,791	103.2
49年度	(1974)	1,598,436	8,861	90.5
50年度	(1975)	1,746,976	9,684	109.3
51年度	(1976)	1,635,080	9,064	93.6
52年度	(1977)	1,636,074	9,070	100.1
53年度	(1978)	1,557,968	8,637	95.2
54年度	(1979)	1,687,491	9,355	108.3
55年度	(1980)	1,453,624	8,058	86.1
56年度	(1981)	1,546,957	8,576	106.4
57年度	(1982)	1,513,636	8,391	97.8
58年度	(1983)	1,475,318	8,178	97.5
59年度	(1984)	1,346,902	7,467	91.3
60年度	(1985)	1,350,983	7,489	100.3
61年度	(1986)	1,405,599	7,792	104.0
62年度	(1987)	1,417,333	7,856	100.8
63年度	(1988)	1,402,728	7,776	99.0

※昭和41年度については前後に連続する表の掲載がないため41年度・42年度の前年比は本誌計算による

また，燗やオンザロックでの提供という常識を破り，ビールのごとく卓上にそのまま置ける「大関デカンター」(大関)は，常温で飲む高級酒という点で初登場。清酒のタイプを変えて新需要を狙ったのが白く濁ったおり酒の「フレッシュ大鯛」(大鯛)。アル分25度の高濃度酒「オルファン」(酔仙ほか)は，婦人層をターゲットに「米でつくったリキュール」を訴求。カクテルベースに使用することで清酒党になってもらう狙いか。「パンチメイト」(高砂酒造ほか18社)は清酒に炭酸ガスを吹き込んだもの。アル分7.5度で多少の甘味を補い，若年層と婦人層がターゲット。 生産は参加各社が全国をフランチャイズ的に分割し，統一ブランドで展開。「キンシ正宗鶴首」(キンシ正宗)は，720mℓで小売価格２万5,000円の超高級酒。六兵衛作の清水焼の容器は美術品としても相当な価値があり，この値ごろの贈答品の需要があることを示唆している。

市場にカップものが登場して10年後の市場動向を，昭和51年(1976年)の特集は「カップものは青年層を中心に支持されて順調に伸長し，昭和50年は15～20％増と好調。ガラスびんが主流で，コストはかかるが割れないアルミ缶も出てきた」と伝えている。

酒質や容器展開さらに広がる

日本酒造組合中央会は昭和53年(1978年)に清酒離れに歯止めをかける一大キャンペーンとして，10月1日「日本酒の日」を制定し，「乾杯は清酒で」の統一スローガンを打ち出した。さらに，清酒の需要開発について，ＰＲ映画，酒と健康，料理酒，テーブル・ボトル時代ブーム醸成，冷やで飲む，若者が飲める場所の提供，２級呼称の廃止―の切り口を提案している。

翌年には900mℓびんブームや，紙パックなどに触れる記事が見られ，更に容器の多様化が進んでいることがわかる。特集記事「大阪府の清酒市場分析」には，大阪府下でトップシェアを持つ白鶴が紙パックのカバー率が70％となり，紙パックとタンブラーが良く出たことで大阪の出荷の前年比が全国を上回ったことが記されている。

酒質では，アル分10～14度ほどの低アル清酒の人気が出てきたようで，特集「清酒発展の突破口になるか低アル清酒」は，東京国税局が開発した「やわ口」をはじめ,「黄桜マイルド」「忠勇ライト」「日本盛セボンクール」，またワイン酵母のため清酒ではないが「大関玄米酒日々一献」の商品名を挙げている。

昭和55年(1980年)は，「日本酒の日」を前に新製品が続々と発表され，月桂冠が1.8ℓ紙パック「月桂冠さけパック」と180mℓカップ「ニューカップ」(いずれも１級)，小西酒造が180mℓの「パルカップ白雪」(１級)，富久娘「ペット・ボトル」，盛田「ねのひ紙コップ」「プレイネノヒ」,黄桜「金紋黄桜」、多聞「タモンパック」、辰馬本家「一級白鹿1.8ℓ紙パック」，日本盛「日本盛ＴＲＹ」が発売され，新製品のないところはキャンペーンが目白押しであるとした。

昭和57年(1982)年の特集「勢い盛んな新容器入り清酒」は，７社が紙パック１万石超え，ペット容器と合わせた新容器製品群は前年比50％を超える伸長率。昭和59年(1984年)の記事では「話題呼ぶか清酒パックものマイルドタイプ」とし，「キザクラ呑」「晩酌日本盛」「キクマササケパック」「白雪パックライトレッド」「大関はこのさけ・ソフト酒の粋」の発売を伝えており，通常品よりアル分が１～２度低く，小売価格は２級酒で1,240～1,220円，110～130円安いことが特徴。昭和63年(1988年)の特集「銘柄選択の時代に入った新容器清酒」は，１級から２級，更に低価格の２級ソフトタイプへシフトしていること，大手で１級パックを本醸造に切り替えて活性化を図る動きがあること，ガラス・アルミカップは２級ものの伸びが良く，ビールのドライブームに乗りドライカップの動きもあると市場動向を分析している。

現在につながる清酒市場の形

経済成長とともに市場が拡大し，成熟へと進んできた昭和後期の清酒市場。価格統制と生産統制のもと，特級・１級・２級の級別制度で区分される酒質，桶取引による生産などにより，全国に同様の製品が提供されてきたが，自由化による競争環境と消費者の志向の高級化のなかで，特級・１級が市場拡大をけん引するとともに,大手銘柄への集中化が進んだ。戦後の新しい食卓，飲酒シーンに呼応しながら酒質や新しい容器など製品が多様化していき，中堅メーカーや地酒メーカーは酒質や産地の個性を打ち出しながら差別化した独自の市場を築いた。

マーケティングに基づく需要開発，若年層の取り込み，価格競争と廉価販売の問題化，超高級，多様化，一升びんに変わる容器，炭酸入りや現在は更に低度化しているが低アルソフト酒の台頭といった，近年の清酒特集記事にも取り上げられる市場動向が既に姿を現しており，現在に続く市場がほぼこの時期に形作られたことがわかる。

一方で，自由化と四季醸造の確立で，桶売り・桶買いの役割分担で生産してきた桶取引による清酒の供給体制が崩れ始めた。1960年代には中小業者が99.7％を占め，4,000弱あるとされた清酒企業の近代化を進めるにあたり，当初は協業による合理化を目指したが，市場の成熟にともない各蔵の個性を打ち出すことで生き残りを図る施策へと方針転換した。また，銘柄や酒質，産地に対する需要が高まり，桶取引された原料清酒を使った製品が消費者にとって産地がわかりにくいという問題もでてきた。さらに１級ブームによる２級のイメージ低下，三増(糖類使用)の敬遠，本醸造や純米酒など級別以外の酒質表現がされるようになり,級別廃止の議論へと進む。酒税法が改正され，級別廃止の新たな制度でスタートした平成の清酒市場へと続く。　(**赤松裕海**)

焦点・今日の食品業界

清酒ブームの1963年

酒類業界の回顧と展望

63年の酒類市場は清酒ブームに明け暮れした年。清酒がリバイバルし、その良さが再び日本の大衆に再確認された記念すべき年である。そして、その他の合成清酒、焼酎はもとより、ビール、洋酒もそのあおりを受けてアップ・アップの年だったともいえよう。

特一級、清酒のエースに

清酒ブームを1～10月の東京都内卸売業者の販売もとに数量を見て見よう。販売量は清酒合計11万432kl(61万2千176石)で前年同期に比べ36.6%増。一級だけでは4万859kl(22万6千501石)、165%増と2倍半の大巾な伸びを見せている。これに対し合成清酒24.2%、焼酎14.7%、ウイスキー類他が6.1%といずれも減少。ビール(兼業者だけ)も9.6%増と10%を割る有様。

最も特一級酒、二級とも9、10月に値上げによる仮需要があるが、それにしても清酒の大巾な伸びは動かないところ。

東京卸売酒販組合の年間推定扱い数量(都内の)によれば、特一級酒は46万9千石で前年比45%ほど増え、二級酒は42万2千石程度になるものと見ている。

ここで注目すべきことは都内卸の特一級販売量が二級酒の絶対量を上廻り、清酒全体の過半を占めることである。二年前までは清酒全体の90%を占め、清酒と言えば二級酒に代表されていた状態から、減税後一年にして早くも東京では特一級酒が二級酒を上廻り、清酒のエースとなったことである。

この様に一級酒が伸びた理由は所得水準の上昇した一方、価格が減税によって大巾に引き下げられたことが一番の大きな原因と見られる。料飲店も一級主体の店が多くなった。大多数の消費者にとってもアルコールがツンと来るような二級酒を我慢して飲んでいた時代から、ちよっとは高いが一級酒を親しむことによって、本当の清酒の良さを再確認したのではないかと思われる。このムードに拍車をかけたのは本年の天候である。

〈表 1〉 東京都内卸業者の1—10月の販売量前年対比

	38年 1—10月(A)	前年同期(B)	A／B
清酒 特級	13,944	17,381	80.2
清酒 一級	40,850	15,402	265.2
清酒 小計	54,803	32,783	167.1
清酒 二級	55,629	48,004	115.8
清酒 合計	110,432	80,787	136.6
合成清酒	13,827	18,223	75.8
焼酎	19,542	22,890	85.3
みりん	2,414	2,024	119.2
ウイスキー他	20,549	21,881	93.9
合計	166,764	144,836	115.1
ビール(兼業)	216,586	197,246	109.8

銘柄清酒の恒常的な品不足

この清酒ブームを最も端的に表徴したのが、銘柄清酒の恒常的品不足である。そしてこの品不足を反映して本年下期の問題として大きくクローズアップされたのが、38年度の清酒生産量を如何に決めるかであった。昨年度の生産計画の失敗感(昨年は557万4千石で、一昨年の549万6千石に比べほとんど横這いだった)の反動もあって、大蔵省、国税庁は700万石から3750万石と大巾増産のアドバルーンを積極的に上げ、増産ムードをあおった。750万石の生産とすると前年比35%増、実数で200万石近い増産である。

清酒量を検討する上で例年当局と業界で問題になる本年下半期の出荷見込、明年度の消費増加見込み、40年2月のみなし持越し量の如何などは、清酒組合の清酒生産委員会で検討されたが、当局と特に大きく意見が喰い異うこともなかった。

1963年(昭和38年) 12月号より

青年中心に順調に伸びる清酒カップもの

――甲東会15社を中心に――

（清）酒市場にいわゆる〝カップもの〟が登場してまる10年。その間自動販売機の普及などに伴いカップものは順調な伸びをみせ，今では大手メーカーから地方の中小メーカーまで製品を出すまで定着している。昭和50年も各社15～20％増程度と，清酒全体の消費が伸び悩んでいる中で好調に増加しており，今後も〝手軽で便利〟な特性を生かし，青年層を中心に順調に伸びるものと期待されている。

また，カップものの中でもガラス壜とアルミ缶が出ており，今後現在主流のガラス壜に，コストは高くつくが，破損することの少ないアルミ缶がとってかわるのかどうかも注目される。先に述べたようにカップものを出しているメーカーは多く，全部を正確に把握できないため，ここでは甲東会15社を中心に出荷状況，またカップものとは切り離せない自動販売機の設置台数などを調べてみた。

自販機の設置で順調に伸びたカツプもの

（49）年のカップものの全国出荷合計は製壜，製缶メーカーなどの数字を総合すると，ビンは1億9,000万本（約19万石），アルミ缶は2,500万缶（約2万5,000石）程度の合計21万4,500石ほどになるものとみられる。これは49年1～12月の清酒出荷数量914万5,400石の2.3％にあたる。そのうち，甲東会15社（キンシ正宗はカップものを発売していないため実際には14社）のカップものの出荷数量は，18万7,310石，全国の清酒出荷数量の2.0％になる。

また，甲東会合計の49年清酒出荷概数34万5,600石にカップものの占めるウェイトは5.5％で全国合計の清酒出荷数量にカップものが占める割合2.3％を倍以上も上回る。

さらに甲東会合計の清酒出荷概数が全国出荷に占める割合は37.2％であるのに対し，甲東会合計のカップものの出荷概数が，全国合計のカップものの出荷概数に占める割合は87.3％と，甲東会だけで大半を占めている。

次に銘柄別の出荷概数をみると，やはりトップは大関の“ワンカップ大関”で7万9,000石と2位以下を大きく引き離している。甲東会合計の出荷概数に占めるウェイトは42.2％。また全国合計の中でも36.8％を占めている。自動販売機の設置台数も7,000台と全国の設置台数の22.8％を占め，カップものに力をいれていることを表わしている。

2位は菊正宗で“ハイグラス”“アルミ缶”を合せて2万1,000石，全国出荷に対するウェイトは9.8％。アルミ缶は数量的にあまり出ておらず大部分がガラス壜。自動販売機の設置台数は2,500台。3位は月桂冠で“キャップエース”7,400石，“アルミカップ”1万3,300石の計2万700石。全国出荷に対する割合は9.7％，自販機設置台数は3,500台。

次いで白鶴の“白鶴タンブラー”日本盛の“サカリQ”沢の鶴の“サワフレンド”が1万2,000石で伯仲している。自動販売機の設置台数は，白鶴2,500台，日本盛2,000台，沢の鶴4,000台と沢の鶴が大関についで多い。

また，白雪の“スーパーカップ”富久娘の“ムスメカップ”

〈表〉

日刊経済通信社調

	49年度出荷概数	小壜類出荷概数（1.8ℓ壜以外）	カップ名	カップもの出荷概数	シェア		自販機設置台数
					甲東会内	全国	
月桂冠	663,000石	65,000石	キャップエース アルミカップ	7,400石 13,300石	11.1	9.7	3,500
白鶴	405,300	39,000	白鶴タンブラー	12,000	6.4	5.6	2,500
白雪	390,100	70,000	スーパーカップ	6,800	3.6	3.2	3,500
日本盛	385,800	37,000	サカリQ	12,000	6.4	5.6	2,000
大関	304,300	97,000	ワンカップ大関	79,000	42.2	36.8	7,000
菊正宗	212,300	32,000	菊正ハイグラス アルミ缶	21,000	11.2	9.8	2,500
白鹿	205,200	10,000	白鹿アルミ缶	5,100	2.7	2.4	700
沢の鶴	200,800	32,000	サワフレンド	12,000	6.4	5.6	4,000
松竹梅	198,000	16,000	たけカップ	2,000	1.1	0.9	100
富久娘	168,300	16,000	娘カップ	7,000	3.7	3.3	1,000
多聞	99,300	5,500	カンパイ多聞	2,000	1.1	0.9	400
忠勇	58,300	8,500	ワンタッチ忠勇	5,600	3.0	2.6	1,000
キンシ正宗	46,900	6,000	――	―	―	―	―
桜正宗	35,300	3,500	サケ・サクラ サクラカップ	340 170	0.3	0.2	350
金盃	32,700	3,000	ゴールド・カップ	1,600	0.9	0.7	700
合計	3,405,600	428,700	――	187,310	100.0	87.3	29,250
全国計	9,145,400	―	――	214,500	―	100.0	30,763

1976年（昭和51年）1月号より

勢い盛んな新容器入り清酒

命運左右する今年の動き

“容器革命”と謳われ，その動向が注目されている紙・ペットの新容器入り清酒を暦年販売するのは，大半のメーカーが昨年初めてだった。その意味では新容器入り清酒はライフサイクルを市場導入期から成長期へ移した年といえる。従って昨年の販売数量をベースに，各社いかに市場規模を拡大していくかが新容器定着への真の課題である。

この時期の販売政策いかんが，新容器製品群の運命を左右するものであり，市場占有率という数字になって表われてくる。まさに本年が容器革命の正念場の年となりそうである。そこで昨年までの各社の紙・ペット容器の情勢を取材した。

〈紙パック，7社が1万石を超える〉

まず紙容器からみると，表①に示すように，最大手と思われるのは小西酒造である。紙製品全体で昭和56年1～11月で4万9,000石出荷，年間目標の50,000石達成は確実。最大に寄与したのは“パック白雪”1.8ℓの2級で11月迄で2万2,000石を出荷。これは単に紙パックの問題というより，白雪総体に大きく貢献した格好。次いで1.8ℓの1級が同期間で1万4,000石，前年比30％増，紙容器のウエイトは18.8％と20％台へあと一歩，「30％以上を目指す」白雪にとって，まずは「予定通り」といったところ。

1.8ℓの紙容器だけに限れば“大関はこの酒”が最もよく浸透しているようだ。昭和56年1～11月で1級が2万5,500石，2級1万1,500石計2万7,000石。トータルでは4万1,500石。目標とした4万5,000石は達成したと思われる。紙容器の構成比は13.8％，大関も30％体制へ計画通り推移したといえる。

月桂冠は昨年1～11月で“月桂冠さけパック”を2万2,000石，“月桂冠ニューカップ”を7,500石，合計2万9,500石を出荷。後発でしかも1.8ℓ，180mℓの1級だけで1～12月3万石突破するあたりはさすがである。紙容器製品の構成比は6.4％で最大手の月桂冠としては好位置につけている。

沢之鶴は56年1～11月で2万7,000石出荷。このためこの期間の紙製品の構成比は19.8％。灘・伏見の大手メーカーとしては最も高い比率。同社の場合，他社と異なり，180mℓの“沢之鶴酒蔵”のウエイトが高い。これは同製品の低価格政策と消費形態をにらみ5本パックにし，アウトドアに加えインドア消費を促進したことによると考えられる。

500mℓ入，低アルコールと，他社との差別化で紙容器製品市場に臨んでいる黄桜酒造は，50％増以上のペースで推移。56年1～11月，“本造り黄桜パック”，“黄桜パック”の500mℓ入を6,000石，“マイルドパック”を9,000石，合計1万5,000石を出荷した。紙パック製品の構成比は6.5％。紙容器のニーズを考えながらも瓶製品への配慮が十分窺える政策が目につく。

辰馬本家酒造の“ハクシカパック”は1.8ℓと900mℓ（いずれも1級），合わせて昨年1～11月で1万600石，前年比25％増と悪くない。このうち大半が1.8ℓ。昨年9月紙カップ（トッパン製）180mℓ入1級“白鹿カップ”を鉄道弘済会に発売。一般市場への導入も考えている。紙容器製品の構成比は7.3％。

大手の相次ぐ参入で多少苦戦を強いられているのが中国醸造の“はこざけ一代”，昭和56年1～11月で特・1・2級合わせて1万100石，微増に終わった。それでも昨年は滝田ゆうのキャラクターを使ってキャンペーンを実施するなど同社の力量からすれば健闘している。今年も強気で30％増を目標としている。

以上7社が紙製品で1万石を超すメーカーである。

そのあとに続くのがキンシ正宗の堀野商店，昨年も3月に“マイペース”（180mℓ入）1級と2級，11月に“料理酒うまみ”900mℓ2級の3種類を新発売す

1982年（昭和57年）1月号より

るなど意欲的に紙容器製品に取り組み，1～11月で7,800石を出荷，紙容器製品の構成比は38%にまでなった。

これに多聞酒造，白鶴酒造が紙容器製品のベスト10メーカーである。この他大手では宝酒造が昨年11月に参入（トッパン製），年内に4,000石を出荷，今年度は構成比で5%の1万2,500石を目標にしている。

〈ペット容器も着々と育つ〉

一方，ペット容器では表②の通り日本盛が全部で昨年1～11月に3万7,130石を出荷。これは新容器群としてみれば白雪，大関に次ぐ規模で，紙で出さずペットに着目したことが一様成功しているといえる。

“サカリパック”1.8ℓ1級が1万8,000石で単一製品別順位でも4位に入る。同2級が1万2,000石，合わせて3万石。ペット容器の占める割合は11.7%と1割を超えている。

富久娘酒造はペット容器製品全体で昨年1～11月1万2,500石を出荷。目標の1万4,000石達成は確実。“ペットボトル”1.8ℓ1級が7,700石で中心商品。ペットの構成比は日本盛とほぼ同じ11.6%。今年度の目標は構成比で15%を設定，着々と育っている。

〈新容器商品，昨年は50%超える伸び〉

以上いずれも“紙・ペット”新容器製品群は順調に成長しており，大手の動向からだけ判断すれば昨年は50%以上の成長を記録したと推定できる。大関酒造がさらに生産能力を増大する設備投資を計画す

表①　紙容器入り清酒ベスト10　日刊経済通信社調（単位：石）

メーカー	名称	容量(mℓ)	級別	発売年月	56年1～11月出荷数量	前年比	56年1～11月全体の出荷数量(前年比)	紙容器の割合	55年1～12月出荷数量
小西酒造	パック白雪 〃 〃 〃 パルカップ	1,800 〃 900 〃 180	1 2 1 2 1	54. 9 56. 1 54. 9 56. 5 55. 9	14,000 22,000 6,000 3,500 3,500 } 49,000	130% — 100% — 50%	260,700 (105%)	18.8%	13,000 7,000 7,200 } 27,200
大関酒造	大関はこの酒 〃 〃 〃	1,800 〃 900 180	1 2 1 1	53.10 55.11 55.11 56. 5	25,500 11,500 4,500 } 41,500 弘済会のみ	135% 400% —	301,500 (104%)	13.8%	23,000 3,000 —
大倉酒造	月桂冠さけパック 月桂冠ニューカップ	1,800 180	1 1	55. 9 55. 9	22,000 7,500 } 29,500		463,000 (99%)	6.4%	18,000 2,300 } 20,300
沢之鶴	沢之鶴パック　酒蔵 〃 〃	1,800 900 180	1・2 1・2 1・2	55. 4 55. 5 54.11 55.11	} 27,000		136,100 (99%)	19.8%	} 23,000
黄桜酒造	本造り黄桜パック 黄桜パック マイルド	500 〃 180	1 2 1・2	53. 9 53. 9 54. 4 55. 6	} 6,000 9,000 } 15,000		232,000 (102%)	6.5%	} 10,000
辰馬本家酒造	ハクシカパック 〃 白鹿カップ	1,800 900 180	1 1 1	55. 9 56. 5 56. 9	} 10,600 弘済会のみ	125%	144,300 (91%)	7.3%	10,000
中国醸造	はこさけ1代	180	特・1・2	42.10	10,100	—	—	—	10,100
堀野商店	サケパックおつかれさん 〃 〃 料理酒　うまみ 〃 〃 マイペース	1,800 900 500 1,800 900 500 180	特・1・2 1・2 1 2 2 2 1・2	52.10 〃 〃 〃 56.11 52.10 56. 3	} 7,800		20,500 (105%)	38.0%	} 6,600
多聞酒造	タモンパック 〃 ユーカップ	1,800 〃 180	1 2 1	55. 5 55. 9 56. 9	2,600 3,400 240 } 6,240	195% 448% —	71,400 (98%)	8.7%	
白鶴酒造	ハクツルパック サケパックミニ	1,000 180	1 1	52. 5 55.11	3,600 1,000 } 4,600	90%	311,500 (98%)	1.5%	6,100

百年超の歴史と伝統を持つ，焼酎甲類

昭和末期には甲類＆チューハイで一大ブーム

焼酎甲類が爆発的ブームを迎えたのが，チューハイがニュー居酒屋で台頭した昭和55年から60年頃（1980～85年）あたりのこと。昭和60年当時の課税移出数量は現在を大きく上回る36万kl超に達している。その当時を中心に本誌バックナンバーから拾ってみる。

百年を超える歴史，明治末期～大正が創成期

焼酎甲類は１００年を超える歴史と伝統がある酒類である。その起源は江戸末期，さらには明治末期には連続式蒸留機で蒸留したアルコールに加水し，粕取焼酎をブレンドした「新式焼酎」が開発された。日本蒸留酒酒造組合によると「焼酎甲類第一号誕生は，1910年（明治43年）に愛媛県宇和島の日本酒精が，切り干し甘藷と呼ばれる干しイモを原料にして，連続式蒸留機で蒸留した『日の本焼酎』を発売。『ハイカラ焼酎』とも呼ばれ，品質良好で手頃な価格だったため大評判となった」とこの年を誕生の起源としている。この後，連続式蒸留の焼酎は「新式焼酎」と呼ばれ，単式（本格焼酎）と区別されるようになった。

大正元年（1912年）には宝酒造の「寶焼酎」が誕生している。大正５年（1917年）には自社製造による新式焼酎「寶焼酎」が商品化された。大正７年には米価が高騰し「米騒動」が起こり，焼酎甲類は米を原料としない酒類として脚光を浴び，空前のブームを迎えた。

戦後に炭酸割りや「焼酎ハイボール」が誕生

戦禍を経て，昭和23年（1948年）には焼酎甲類をビール風炭酸飲料と割る飲み方が生まれた（※「ホッピー」の製造販売開始も同年７月15日から）。昭和24年（1949年）は９年間続いた酒類の配給制が終了。戦後の食糧難の時代に米を原料とせずに大量生産が可能であったことから，年々伸び続け昭和25～26年には焼酎（甲と乙の合計）が全酒類の中で課税数量が第１位となった。この頃に炭酸割りの「焼酎ハイボール」も登場し，全国に広まった。そのままでの飲用のほか，梅やぶどう風味のシロップを混ぜて飲まれたーとされる。数量的には昭和31年（1956年）には25万kℓの生産量を記録している。

本誌初登場は昭和34年「脱皮を策す蒸留酒産業」

本誌で初めて「焼酎甲類」関連特集が組まれたのは昭和34年（1959年）９月号「脱皮を策す蒸留酒産業」である。

当時は合成清酒，原料アルコールとともに蒸留酒３大商品としてとらえられていた。なお，全国の免許場数は181場（本場121，兼業60）。ご参考まで，現在の令和４年度が29，外76となっている（29は主たる製造場で，76がその他の外書きで，当時の兼業にあたる）。清酒の代替酒類として活発に製造・販売されていた。

当時の記述からでは，「急速に需要が伸びたのは昭和23年（1948年）で，当時の食糧事情から清酒の需要が極端に抑えられ，勤労階級の飲む酒として，税率が抑えられたためである」とある。

メーカーの構成は，宝酒造，合同酒精のほか，当時の社名で三楽焼酎，東洋醸造，協和発酵，野田醤油などのほか，中国醸造や，札幌酒精，本坊酒造，江井ヶ嶋酒造，宮崎本店，秋田県醗酵工業ほか，現在でもなじみのある蒸留酒メーカーの名前も見られる。

社別動向では，宝酒造「焼酎の代名詞宝焼酎を全体（甲類）の21％を占めるまでに伸ばし（昭和33年の販売は約31万500石），58億余円の酒会社最大の資

本金の会社となっている」，合同酒精「北海道に合同王国を築いているが，戦後はその余勢で関東地方にまで積極的に進出してきた（昭和32年の販売は約23万200石）」とあり，令和現代のシェア1位，2位が同じメーカーであることが興味深く，現在も引き続き強みを発揮していることも特筆されよう。

昭和末期に一大「焼酎甲類」ブーム到来

そしてチューハイブームが巻き起こった昭和57年から60年を振り返ってみる。この4年間は焼酎甲類に大きなフォローの風が吹いた。

表①　焼酎甲類の大手出荷量推移（昭和57～59年）

日刊経済通信社調（単位：kℓ，％）

年度 / 社名	昭和59年度		昭和58年度		昭和57年度	
	出荷量	シェア	出荷量	シェア	出荷量	シェア
宝酒造	142,200	38.4	112,150	37.4	66,020	32.9
合同酒精	47,990	12.9	40,870	13.6	29,550	14.7
協和発酵	44,260	11.9	37,010	12.3	26,100	13.0
三楽	34,970	9.4	29,200	9.7	20,220	10.1
キッコーマン	15,490	4.2	9,440	3.1	5,760	2.9
札幌酒精	11,010	3.0	8,970	3.0	7,270	3.6
東洋醸造	10,120	2.7	10,240	3.4	5,760	2.9
本坊酒造	5,660	1.5	5,510	1.8	5,450	2.7
中国醸造	5,260	1.4	5,120	1.7	4,690	2.3
森永醸造	5,050	1.4	4,140	1.4	2,680	1.3
江井ヶ嶋酒造	4,300	1.2	4,190	1.4	3,570	1.8
宮崎本店	4,280	1.2	3,830	1.3	2,850	1.4
美峰酒類	4,140	1.1	3,320	1.1	2,640	1.3
明石発酵	3,670	1.0	3,200	1.1	2,500	1.2
東亜酒造	2,840	0.8	2,150	0.7	1,300	0.6
小計	341,300	92.1	279,340	93.0	186,360	92.7
その他	29,465	7.9	20,519	7.0	14,455	7.3
全国計	370,702	100.0	299,859	100.0	200,815	100.0

本誌昭和60年5月号では，タイトルが「勢い衰えない焼酎甲類」，サブタイトルは「焼酎ブームに拍車かけたびん・缶入りチューハイ」。

「直近の昭和58ＢＹ（酒造年度，58年10月～59年9月）の出荷数量は29万9,360kℓと30kℓにはわずかに届かなかったが，過去最高の出荷を記録。57ＢＹ比で148.9％，56ＢＹ比で188.5％とそれぞれ大幅に増加している」とある。度数別では，飲用（アルコール度数25度，20度）の合計で23万1,872kℓ，148.1％。シェア上位10社計は20万6,640kℓ，147.0％，その他メーカー計が2万5,232kℓ，158.0％とブームの中での地域メーカーの健闘も光っている。シェア上位10社は，宝酒造34.6％，合同酒精15.6％，協和発酵13.6％，三楽オーシャン10.9％，札幌酒精3.8％，キッコーマン3.3％，本坊酒造2.2％，東洋醸造1.7％，江井ヶ嶋酒造1.4％となっていた。

この頃の居酒屋や焼き鳥屋，スナックなども含め，びんの焼酎甲類をボトルキープし，好みの割り材と自分で割って飲むスタイルが流行っていた。すでにウイスキーでボトルキープの文化は根付いており，焼酎甲類の透明びんに黒や白の油性マジックで名前を入れた。入口かカウンター横にはキープされたボトルが一堂にズラッと並んでおり，その後韓国焼酎ブーム（眞露，鏡月）でも同じような光景が広がっていた。

続いてチューハイタイプ製品（焼酎甲類プレーン）を見る。出荷は58ＢＹで9,767kℓ。57ＢＹには東洋醸造1社の発売で，1年間で15倍に近い伸びを示した。

焼酎甲類からチューハイタイプ商品が登場

57年から創成した市場だが，缶・びん入りチューハイのブームは急速に市場が縮小している。これは前出のプレーンに関しての縮小で，レモン中心の酒税法上のリキュール規格に移行したもの。

いわば現在の低アルコール・ＲＴＤ市場の創成がこのタイミングと見られ，平成中期以降は蒸留酒メーカーのみならず，ビール大手が参入し，令和現代はビール類の数字を超える数量の一大カテゴリーに成長，さらなる伸びシロも見込まれている。なお，令和現代も宝酒造，合同酒精（現オエノングループの事業会社）もＲＴＤでも上位グループを堅持し，存在感をみせている。

続いて果実酒用途等のアルコール度数35度だが，5万7,329kℓ，132.1％とやはり大きく伸びている。ベスト5は宝酒造がシェア46.7％，協和発酵9.2％，合同酒精7.1％，三楽オーシャン6.9％，東洋醸造3.4％と続く。

この当時（昭和58年度）の社別動向をみる。宝酒造が焼酎甲類で全体で10万kℓを突破し，11万2,120kℓ，170.0％の実績。飲用のみでは8万320kℓ，

160.0％。「57年に５万kℓ台に乗せたと思う間もなく８万kℓ台に突入」と急成長ぶりが伺える。チューハイタイプでも，「タカラcan，BINチューハイは5,009kℓの出荷と，全体の51.3％と過半数を占める」と大ヒットが実感できる記述だ。昭和59年（１～12月）の焼酎甲類プレーンの出荷が6,046kℓ，シェア56.0％。リキュールの出荷は３万3,180kℓ，シェア50.2％とともに50％超えである。また，全チューハイ関連商品に占めるシェアも44.4％とガリバー市場化していたことも垣間見れる。翌60年３月期の「純」「チューハイ」の販売はともに600万ケースほどとも書かれている。

合同酒精は58ＢＹ出荷が４万870kℓ，138.3％と前年の３万kℓ弱から大きく伸ばしている。アルコール度数20度が強い北海道ではトップシェア。チューハイタイプ商品でも「ワリッカハイボーイプレーン」が59年はシェア３位で842kℓ実績。当時は同社創業60周年の記念商品「ワリッカＳ＆Ｌ」を品質・ボトルを一新して上市し，好評を得ていた。（※令和６年の今年が創業100周年の記念年）

当時の３位は協和発酵で銘柄は「ＳＵＮ」，４位三楽オーシャンは当時は斬新だった紙パックの「サンラック・ドライ」を発売，60年４月から社名を三楽とした頃だった。５位は東洋醸造で，チューハイのパイオニア「ハイリキ」が大いに貢献している。また，サントリーも焼酎の製造販売を再開していた時期で，「マイルドウオッカ樹氷」を焼酎競合品として販売。また令和現代も商品として復刻している「タコハイ」がリキュール・スピリッツのカテゴリーで上位にランクされていた。

この当時（昭和63年）の発泡性リキュール（レモンハイなど）の数字を見ると，宝酒造（タカラｃａｎチューハイ）２万6,300kℓ，シェア51.1％，東洋醸造（ハイリキ）１万4,000kℓ，シェア27.2％，サントリー（タコハイ）3,750kℓ，シェア7.3％，協和発酵（サンシャワー）3,630kℓ，シェア7.1％の順。商品も250ml缶，350ml缶，500ml缶が中心で，当時の清涼飲料の缶製品が自販機なども含め250ml缶が主流（びんからの転換期）だったことで，チューハイや発泡性リキュールでも中心容量となっていた。

東日本で全体の３分の２を消費

本誌昭和60年８月号の「昭和59年度酒類販売（消費）数量動向」の特集に「辛酸なめる三本柱（清酒，ビール，ウイスキー）と対照的に，焼酎は大幅増」との見出しがある。昭和58年度の焼酎甲類販売数量は，23万5,893kℓ，前年比133.0％。59年度は34万9,857kℓ，同148.3％という大幅成長を遂げている。この伸長の主因は，焼酎甲類のブームに，びん・缶入りチューハイが拍車をかけ，さらに前出の三本柱が59年５月から酒税増税となり大きく減少していた背景がある（59年度は清酒91.6％，ビール95.7％，ウイスキー・ブランデー84.3％）。

また特筆できるのはその消費動向で，59年は東日本管内の国税局だけで全体の67％を占めていた。東京局26.8％，関信局16.1％，札幌局15.4％，仙台局8.7％。他の33％も各地で増えていたのだから，まさに「焼酎甲類ひとり勝ち」となっていた。酒類種類の中でビール，清酒に続き，ウイスキーを抜き３番目のポジションに躍り出ていた。

◎現在のＲＴＤ人気の先がけに

ただ，翌昭和61年５月号には，大見出し「焼酎甲類，今年が正念場」，小見出し「昨年10月からの減少傾向はホンモノか」と昭和57年から続いた焼酎甲類バブルにも陰りが見えている。

そして若干の時を経て，世の中は昭和62年（1987年）「アサヒスーパードライ」の登場を期に，ドライビールブームの時代を迎えることになる。

現在は低アル・ＲＴＤが市場を席けんしているが，その先駆けとなるきっかけは昭和50年代後半の焼酎甲類由来のチューハイブームにあったといえるだろう。

表②　　チューハイタイプ製品（焼酎甲類）出荷数量

日刊経済通信社調（単位：kℓ，％）

昭和58ＢＹ（10～９月）			昭和59年ＣＹ（１～12月）		
社名	出荷量	シェア	社名	出荷量	シェア
宝酒造	5,009	51.3	宝酒造	6,046	56.0
東洋醸造	3,520	36.0	東洋醸造	3,340	31.0
合同酒精	728	7.5	合同酒精	842	7.8
中国醸造	104	1.1	協和発酵	123	1.1
協和発酵	82	0.8	中国醸造	88	0.8
宮崎本店	80	0.8	宮崎本店	86	0.8
三楽オーシャン	78	0.8	三楽オーシャン	79	0.7
本坊酒造	39	0.4	本坊酒造	42	0.4
山桜酒造	37	0.4	山桜酒造	41	0.4
森永醸造	33	0.3	森永醸造	39	0.4
その他	57	5.8	その他	65	6.0
合計	9,767	100.0	合計	10,791	100.0

注）社名は当時のもの

＜集＞

出荷規制ゆき詰まる

俗に〝蒸溜酒業界〟とは焼酎（甲）、合成酒、清酒の原料アルコールを生産する産業で宝酒造や三楽酒造に代表されているが、厳密に〝蒸溜酒〟を定義すれば「醱酵酒を煮て、アルコール蒸溜気を集めて冷却して凝縮させたもの」と言うことになる。麦を原料にした、ウイスキー、ジン、ウオッカ、果実を原料としたブランデー、糖蜜を原料としたラム、米清酒粕の焼酎乙などいれもこの蒸溜酒の範囲に属する訳であるが、洋酒に含まれるか、又は一部地域の需要をまかなう程度で、最も一般的に普及している蒸溜酒は藷を原料にして作った焼酎（甲）である。戦後にかけて需要が急増した合成酒、原料アルコールの生産とともに〝蒸溜酒産業〟として独特の地位を示め、前記宝、三楽や合同などの大企業が輩出している。現在の免許場数は焼酎甲181場（本業121場、兼業60場）、合成酒は117場（本業34場、兼業83場）である。

焼酎は23年に急増

焼酎が刀傷などの消毒に使用された昔話もある通り、清酒とともに古くから我が国で飲まれていた酒である。南九州では今でも酒と言えば焼酎（乙）を指し、一般に飲まれているが、この藷焼酎、粕取り焼酎などのように香りの強い、コクのある味の酒が昔の普通の焼酎で、新式焼酎（甲）が出始めた大正始め（元年頃）頃は、わざわざ粕取り焼酎の香りを加えて販売されていた。連続式蒸溜機の普及により一般に純度の高いアルコールが出来るようになってから、無味、無臭の、焼酎が好まれるようになり焼酎の姿が出来上った

付表①でも解る、通り急速に需要が伸びたのは昭和23年で、当時の食糧事情から清酒の需要が極端に抑えられ、低所得、勤労階級の飲む酒として税率が押えられたためでもある。

品質向上の合成清酒

合成酒も米を使わない、清酒の代用品と言うことで大正中期から理化学研究所で研究され、大正後期には既に東洋醸造、大和醸造などで市販された。昭和12年頃には清酒メーカーが数多く手を付け製造するもの 565社に達した。当時は清酒よりも高税が課せられていたか、戦時中の米不足時代に奨励的な安い税率に改められ、戦後の食糧不足時代には、清酒の代替品として焼酎と共に大巾に需要が伸びた。昭和25年には5％の米の混和（香味液として）が認められ、技術発達とともに最近で清酒二級のと間違えられるほどにその品質は向上している。3年前頃全国小売酒販組合の会長である広川氏の提案で合成酒9対清酒1の割合で混和して作る〝三級酒設定論〟が、出たが清酒米者の猛反対と清酒業界を原アルの得意先に持つ蒸溜酒メーカーの弱身から強力な実現運動に動けず、結局日の目を見なかった。

原アル使用は17年から

原料アルコールも米の使用が極めて少なかったとき、米を使わずに清酒を増産する一策として考えられたもので昭和17酒造年度から使い始められた。

付表①焼酎合成酒生産高推移

	焼酎（石）	合成酒（石）
大14	523,344	
15	519,647	
昭2	517,065	
3	534,308	
4	466,973	
5	455,979	
6	445,944	
7	509,231	
8	528,753	
9	499,720	
10	534,592	
11	542,975	97,000
12	556,297	115,000
13	472,568	164,000
14	458,344	326,000
15	499,768	422,000
16	321'458	384,000
17	301,000	385,000
18	204,000	136,000
19	146,000	122,000
20	181,000	134,000
21	151,000	163.000
22	130,000	197,000
23	521,000	244,000
24	970,340	288,000
25	1,039,439	612.020
26	1,152,423	486.450
27	1,301,852	617,791
28	1,467,861	278,268
29	1,460,352	778,004
30	1.546.079	733,900
31	1,483,696	745,031
32	1,411,564	765,182
33	1,503,994	756,063

註　焼酎出荷数量27年までは　宝酒造30年史より　合成酒出荷量は　12～27年まで「酒」山本千代喜著より。28年以降は大蔵省調べの庫出量

1959年(昭和34年) 9月号より

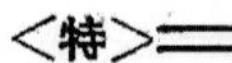
<集>

焼酎からショーチューへ

燐酎の生産は付表①で見る通り、30年頃から伸び悩みである。燐酎甲は無味、無臭の酒精であり、コクのある味を求める消費層の大部分は折りがあれば清酒、雑酒、ビールなどに移る性質を指摘する向もあり、生活水準の向上とともにこの傾向は一層強くなっている。現在の焼酎消費層の平均年令が戦中から戦後にかけて酒を飲み始め現在壮成年層の30～40歳台以上と見られる。これらの人々の飲酒量は10～20年後にはかなりの速度でその一人当りの飲酒量、所得とも低下する可能性が強い。過去三年間のＰＲで漸く飲酒者の劣等感を感じさせる〝焼酎〟から〝ショーチュー〟に変りつつある経験を生かして、更に新需要層の獲得、品質の工夫、或いは飲み方の改善ＰＲが10年後20年後の将来のために進められねばならない時に来ている。

合成酒も〝規制〟で悩む
消費拡大に長期的構想を

この消費拡大のために規制廃止の問題が起っている合成酒業界は焼酎の中小企業問題の場合よりも深刻かも知れないが、それだけ問題と真面目に対決している。さきに見たように戦争、戦後と言う正常でない社会情勢のもとで成長した産業であるだけに社会情勢の安定によりその成長が止るのは或る程度宿命かも知れないが、それをいかに乗り切り、この産業を発展させるか、この境に立って悩んでいるが合成酒の現在の姿であり、蒸溜酒産業全体が解決をせまられている最大問題である。

合成酒の生産数量は付表①の通りだが、29年を山に下り坂になっている。原因は①日本酒全体がビール、洋酒に押されているが、合成酒はその上に清酒二級の増産で一そう不利になっている。②清酒二級の市場軟化で末端公定価格間の販売マージンが増加、合成酒の販売意欲が起らない。③合成清酒の名称が悪いなど。解決策として①は減税を行ない値段を下げる。②香味液（清酒）の添加量を現在以上に引き上げ品質を向上させる。④名称を変更し、清酒の範疇に属させる。④販売マージンを増加させる。⑤規制を廃止して売れる銘柄がどんどん売れるようにすべきだという意見がある。

ＰＲは集中的に

また注意すべき点として(Ａ)原アル販売や卸店の招待、優秀な官界出の人々を随所有効に活用しているように人間関係にたよって伸びた企業が多いが、反面マーケッティングと言うようなことに弱いこと(Ｂ)組合のＲＰが全国均一的に行なわれるのは或程度止むを得ないが、都市での普及が地方の流行にもなることなどから、もっと集中的にＰＲを行なうべきではないか(Ｃ)一合壜の空壜引取り代の値下げでその消費を頭打ちにし、あわてて容器引取り代を値上げしたが、一般消費などに深透せず、販売店でストップするなど、どの地方のどの層にどの容器、種類のものを中心に消費を伸ばして行くかと言う明確な大方針が見られないことが、指摘されている。しかし今年から出たソフト酒など冷やで飲む酒などでは、合成酒の良さが認められており、清酒よりも大量生産が可能でコストが低いこと、個々のメーカーのＰＲ力の大きいことも併せて新しい日本酒として明年以降を期待する向きも多い。

主要メーカーの動き

以上蒸溜酒の悪条件を述べたが、かと言って、２年～３でそう急激な減少は予想されず景気の動きなど場合によっては増加する可能性も全然無い訳でも無く、それだけに消費の拡大については、長期的な構想が要望される。組合あたりの、合成酒焼酎そのものの消費拡大努力とともに、個々の企業では10～20年後の将来に備え、種々な努力が行なわれている。これらの動きを主要蒸溜酒メーカーの動きを中心に見て見よう。

宝酒造　四方、大宮会長の天才的経営で焼酎の代名詞宝焼酎を全体の21%を占めるまでに伸ばし（付表③参照）58億余円の酒会社最大の資本金の会社になっている。
30年にはビール製造免許を獲得、32年販売に乗り出した。当面出荷量は少ないが、ビール需要の将来性とともに、同社の無限の魅力になっている。洋酒もキ

<特>＝＝＝<集>

ングウイスキーが年 4,000石以上を出荷しており根強い力を持っている。味淋、白酒なども同社の独壇場である。欲しいのはビール、洋酒の販売を伸ばす都会的センス、販売店依存の販売策から脱皮することである。

三楽酒造 味の素系統の会社であり、近代化された機構を持つ点では業界最右翼、宝に次いでビールに手をつける会社と見られているが、当面は甜菜糖、ブドー糖、アセトン、ブターノール、グルタミン酸ソーダーなど醱酵工業、化学工業化に傾いている。〝サンラックドライ〟などで焼酎の新名称と１合壜の先頭を切るなどの新しいセンスもあるが会社全体が地味で合理的な感じをあたえ暖みに欠けると言う人もある。合成酒〝三楽〟は業界随一、将来清酒との混和酒でも認められる時が来たら，名実ともに最大の「日本酒会社」になるかも知れない。社長は東大鈴木教授、昭和電工鈴木専務と兄弟の鈴木三千代氏。

合同酒精 北海道に合同王国を築いているが戦後はその余勢で関東地方にまで積極的に進出して来た。ところが今年は宝、三楽の北海道工場が認可され、悩みの種が出来た。経営は仏教徒の野口会長を中心に地味で堅実、蜂ブドー酒の神谷酒造と資本提携している。

日本酒類 九州に強大な地盤を持っているが、東京、大阪にも工場があり大都市にも積極的販売策を進めている。コーンを原料にスーパーダイヤ（焼酎）で、焼酎に新風を吹き込み、合成酒では一立壜を真先きに発売する新しさがある。発泡酒や雑酒、中華酒も発売しているが量的には少ない。将来は本社を東京に移す予定だ。販売には中村常務（東京駐在）佐々木常務（販売部長）がいるが、橋本東京事務所長も三楽の橋本氏とともにベテランと言われる。

東洋醸造 臼井社長のワンマン会社だったが、本年旭化成（三井系）の系列に入った。臼井氏の才覚で手がけられたものにウイスキー類、薬品、イーストなどいろいろあるが、ここで再編成する動き。しかし早くから手をつけただけあって、〝45〟洋酒類はこの１、２年大幅に伸び、ホープになっている。また新製法グルタミン酸ソーダーの計画も旭化成、塩野義製薬などと進められている。しかし最も業界から注目されているのは北田営業部長の旭化成式と言うか科学的な販売策がどこまで成果を上げるかだ。

協和醱酵 蒸溜酒会社と言うよりも、典型的な醱酵工業会社、上場銘柄でも化学部門に入っている。この点では焼酎、合成酒中心のような斜陽的様相は見られず、どちらかと言うと、技術革新などで激変する化学工業の中で比較的安定した収益を上げる使命を酒類、酒精部門が、占めている感じ。焼酎、合成酒の権利をどんどん買収、焼酎販売量では別表で見る通り五年間に倍増している。近く発泡酒工場を完成、ビールに近いものを発売する予定、醱酵法のグルタミン酸ソーダーは近く自製品を販売する体制をととのえており、ガンの特効薬、成長薬剤のリベジリン、石油化学工業など、このところ日本産業界の中でも先頭を切っている。仏教徒の加藤社長名出専務とも折あれば酒関係の第一線に出るが、当面は積極理論家の中出取締役が当り、販売藤田氏は宝の宮本販売部長とともに精力的な若手トップマネージヤーである。

野田醤油 醸造界の最高峰だけに機構的にも近代化しており、古い中にも新しい感じを与えている。焼酎二合壜の発売は一番早く、一時は引張り凧だった。最近は、カクテルベースの、〝ユニーク〟を発売、最も焼酎を洋酒風にアレンジして意欲的な面を見せている。

同社の重役陣も「洋酒の製造販売は将来性があると」言明しているように、醤油会社ではあるが仲々酒類界進出への積極的な意慾を持っている。既存の蒸溜設備をフルに稼動する目的からばかりでなく、強力な醤油の販売網と醱酵工業における同社の技術研究が進んでいることからこうした酒類界業への意慾が湧いて来るとも言えよう。だがやはり本命は醤油を中心とする調味料の拡売であり、今春に「万味」を新発売したことや新調味料の研究に膨大な研究費を投じていることなどがこの辺の事情を物語っている。

大和醸造 東洋醸造とともに合成酒では最も古い歴史を持っている。しかし合成酒よりも安定的と見られる焼酎や、原アルのウエイトが少なく、その点弱い。清酒の小西酒造が大株主になっている。以前発売していた〝イリス〟印の洋酒類を再発売するもよう。

1959年(昭和34年) 9月号より

勢い衰えない焼酎甲類

焼酎ブームに拍車かけた瓶・缶入りチューハイ

（昨）年の焼酎甲類業界は，過去最高の出荷を記録した記念すべき年となった。

酒税増税で消費構造が変化したことも一要因だが，瓶・缶入りチューハイの登場がここ2～3年の焼酎ブームに拍車をかけた結果とも言えよう。

過去最高を記録した，59年課税移出数量

（国）税庁調べの59CY（1～12月）焼酎甲類課税移出数量は，32万6,419㎘と過去最高を記録。58CYは甲・乙類合計でウイスキーを抜き9年振りに3位の座を奪い返したが，59CYは甲類だけでウイスキーを上回った。

これを焼酎甲類の酒造年度（10～9月）でみると，58BY（58年10月～59年9月）の出荷は，合計29万8,992㎘と30万㎘には僅かに届かなかったが，57BY対比で48.9％増，56BY対比では88.5％増とそれぞれ大幅に増加している。

このうち上位15社の合計は27万9,360㎘，前年対比50％増と，その他メーカー合計の増加率38％増を上回ったため，シェアは前年度の92.9％から0.6ポイントアップの93.5％となった。

これを度数別にみると，35度は合計5万7,329㎘，32.1％増。上位10社計は4万7,590㎘，39％増。その他メーカー計は9,739㎘，7％増と上位10社に比べ伸び率が低い。上位10社の全35度出荷に占めるシェアは83.0％と初めて80％台に乗った。

飲用の25度，20度の合計は23万1,872㎘，48.1％増。上位10社計は20万6,640㎘，47％増。その他メーカー計は2万5,232㎘，58％増と10位計を伸び率で上回っており，飲用は地方中小メーカーも健闘している。

チューハイタイプの製品は焼酎甲類メーカー16社が発売しているが，そのうち焼酎甲類（プレーン）の出荷は58BYで9,767㎘。57BYには東洋醸造しか発売しておらず，前年度に比べ15倍近い伸び。

表①　焼酎甲類の大手出荷量推移　日刊経済通信社調（単位：㎘，％）

社名＼年度	58年度 出荷量	58年度 シェア	57年度 出荷量	57年度 シェア	56年度 出荷量	56年度 シェア	58/57	58/56
宝酒造	112,120	37.5	66,020	32.9	47,580	30.0	170	236
合同酒精	40,870	13.7	29,550	14.7	25,600	16.1	138	160
協和発酵	37,010	12.4	26,100	13.0	19,450	12.3	142	190
三楽オーシャン	29,200	9.8	20,220	10.1	16,630	10.5	144	176
東洋醸造	10,240	3.4	5,760	2.9	4,220	2.7	178	243
キッコーマン	9,440	3.2	5,760	2.9	4,180	2.6	164	226
札幌酒精	8,970	3.0	7,270	3.6	6,130	3.9	123	146
本坊酒造	5,510	1.8	5,450	2.7	5,250	3.3	101	105
中国醸造	5,110	1.7	4,690	2.3	4,440	2.8	109	115
江井ケ嶋酒造	4,190	1.4	3,570	1.8	3,170	2.0	117	132
森永醸造	4,150	1.4	2,680	1.3	1,850	1.2	155	224
宮崎本店	3,830	1.3	2,850	1.4	2,130	1.3	134	180
美峰酒類	3,320	1.1	2,640	1.3	2,130	1.3	126	156
明石発酵	3,200	1.1	2,500	1.2	1,690	1.1	128	189
明利酒類	2,200	0.7	1,560	0.8	1,360	0.9	141	162
小計	279,360	93.5	186,620	92.9	145,810	92.0	150	192
その他	19,632	6.5	14,195	7.1	12,820	8.0	138	153
全国計	298,992	100.0	200,815	100.0	158,630	100.0	148.9	188.5

注）年度は10～9月

1985年（昭和60年）5月号より

焼酎甲類，今年が正念場

昨年10月からの減少傾向はホンモノか

昨年の焼酎甲類出荷は，年間を通じてみると57年以来4年連続2ケタ増加したが，単月では10月にまる2年振りに前年実績を割ってから，12月を除いてマイナス成長を続けており，“峠を超えた“との見方も多い。

しかし，一方ではあまりにも急成長したための“踊り場的現象”と把える向きも多く，今年は安定成長期に入ったのか，それともこのまま減少を続けるのかを見定める重要な年と言えよう。

2ケタ増は4年続いているが…

国税庁調の60CY（1～12月）焼酎甲類課税移出数量は，36万8,870kℓ，前年対比で13.0％増加。焼酎ブームの始まった57年以来4年連続の2ケタ増で，57年に比べ市場規模は2.2倍にまで急成長した。

しかし，昨年10月以降，ビール，清酒の増加傾向に反比例するように減少を続けており，今年の動向は，今後の酒類全体の流れを予想する上で重要な意味を持っている。

焼酎甲類の酒造年度で出荷数量を振り返ってみると，60BY（59年10月～60年9月）の出荷は37万702kℓ，前年度対比23.6％増と30万kℓを一気に突破した。

このうち上位15社の合計は34万1,300kℓ，22％増。その他メーカー合計の出荷は2万9,465kℓ，44％増と上位15社の増加率を上回ったため，上位15社のシェアは前年度より0.9ポイントダウンの92.1％となった。

これを度数別にみると，35度は合計6万4,178kℓ，11.8％増。上位10社計は5万4,280kℓ，12％増，その他メーカー計は9,898kℓ，13％増とほぼ同じ伸び。

飲用の25度，20度（18度，15度を含む）の合計は29万9,102kℓ，28.5％増。上位10社計は26万2,630kℓ，27％増。その他メーカー計は3万6,472kℓ，40％増と10社計を伸び率で上回っており，地方メーカーの健闘がうかがえる。

チューハイタイプ（プレーン）は60年に入って急速に勢いが衰え，59BYは7,466kℓ，24.0％の大幅ダウン。

次に59BYの焼酎甲類飲酒動向をみると，最も飲まれたのは東京局管内で全出荷の34.6％。前年度よりも1.5ポイントアップしている。次いで札幌局の16.3％だが，札幌局は前年度より0.4ポイントダウン。この両局で50.9％と過半数を占める。

以下，関信局10.1％（前年度9.8％），仙台局9.1％（同8.2％），熊本局6.5％（同7.8％），大阪局6.3％（同6.6％），福岡局6.0％（同6.8％），広島局3.1％（同3.4％），高松局1.6％（同1.8％），金沢局0.6％（0.5％）の順。東日本が増加，西日本減少の“東高西低”型。

チューハイタイプ製品は東京都がトップで39.4％を占めるが，前年度に比べ5.2ポイントもダウンしている。次いで大阪府9.4％。大阪府も0.4ポイントダウン。

3位の愛知は7.8％と2.4ポイントアップ。あとはそれら周辺県が2～3％台。焼酎甲類全体でみるとウエイトの高い北海道，東北では既製チューハイはあまり飲まれていない。

一昨年，一気に市場を形成したチューハイ関連商品は，先述通りプレーンは大幅に減少したものの，リキュールはほぼ横這いだったため，60年（1～12月）のトータルマーケットは8万3,492kℓ，5.6％減にとどまった。これを種類別シェアでみると，プレーン8.2％（前年12.2％），リキュール79.6％（同74.8％），スピリッツ12.2％（同13.0％）と，リキュールへの集中傾向が目立つ。

1986年（昭和61年）5月号より

消費の“頂”目指した昭和のビール

～出荷は40年間で約18倍に～

恒常的な人口増と経済発展を背景に，ビールの消費も右肩上がり。日刊経済通信社が創業した昭和30年（1955年）から平成6年（1994年）に約713万kℓの出荷ピークを迎えるまで，前年割れは僅かに4回。その成長過程を本誌バックナンバーから拾う。

昭和34年，初めて清酒を上回る

本誌「酒類食品統計月報」創刊第２号の昭和34年(1959年)５月号には，「躍進一途のビール業界　今年は酒類の王座へ」と題した特集が組まれた。明治10年代に始まったビールの製造だが，その号の統計によると，明治16年の生産は1,155石＝209kℓ（１石＝0.180391kℓ)だった。その後多少の増減を繰り返し，大正元年には19万6,404石(３万5,430kℓ)，昭和元年には81万3,640石(14万6,773kℓ)，同15年には146万5,606石(26万9,540kℓ)と急成長を続けた。しかし，同20年には46万1,776石(８万3,300kℓ)まで落ち込んだように，第二次世界大戦の影響を大きく受けた。その後，同26年には150万5,134石(27万1,513kℓ)に回復，同34年の見込みは370万3,000石(66万7,988kℓ)となり，「日本史上で初めて，麦の酒が米の酒を上回り，第一位になった」と記されている。

急ピッチな販売増の背景には，国民生活程度の向上，消費階層の増加，容器と品質の均一化，簡素化された販売制度，ＰＲ運動の活発化などがあった。

当時のビール製造は，先行するキリンビール，朝日ビール，日本ビールに，昭和29年(1954年)に参入した宝酒造(32年＝57年にタカラビールを発売)の４社体制だったが，市場が大きくなるに連れ，それまで「不文律的に尊重されていた販売地盤(日本ビール＝東日本，朝日ビール西日本，キリンビール＝本州中心)が崩れ始める」など，販売戦が激化した。34年(59年)のビール４社出荷数量(確定値。本紙調べ)は前年比120.1％の69万465kℓ。４社のシェアは，キリンが42.4％，朝日が29.3％，日本が26.5％，宝は1.8％だった。

〈表１〉　最近10年間のビール社別シェア変遷

日刊経済通信社調

	日本ビール	朝日ビール	キリンビール	タカラ酒造	サントリー	備考
24年	38.6	36.1	25.3	−	−	日本朝日分離
28年	33.4	33.3	33.2	−	−	三社並ぶ
29年	31.3	31.5	37.2	−	−	
30年	31.4	31.7	36.9	−	−	
31年	27.2	31.1	41.7	−	−	
32年	26.2	30.7	42.0	1.2	−	タカラビール発売
33年	27.5	30.9	39.9	1.9	−	
34年	26.5	29.3	42.4	1.8	−	
35年	26.0	27.2	44.7	2.1	−	
36年	27.7	28.0	41.7	2.6	−	
37年	26.3	26.4	45.0	2.2	−	
38年	26.3	25.6	45.0	2.2	1.0	サントリービール発売

（８月末現在）

サントリーが参入した昭和38年

昭和38年(1963年)４月末，前月にサントリーに社名変更した寿屋から「サントリービール」が発売された。事実上の再参入だったが，“クリーンアンドマイルド”なデンマーク風のピルスナービールという，それまでにない切り口に抵抗感を示す消費者も少なかったようだ。

この頃は消費自体の拡大も急で，「サッポロジャイアンツ」「アサヒスタイニー」などの新潮流も生まれて人気を呼んだが，本流は依然としてキリン，という色が濃かった。同年の盛況シーズンを終えた１～８月の５社出荷実績は前年同期比117％強と高伸長を続けていたが，増加分の約54%がキリンだったことからも，その強さが分かる。本誌39年(64年)6月号には，同年1～4月のキリン社シェアについて，1月52.3%，2月56%，3月48.5%，4月42.5%とすると同時に，同社の割当数量にも言及している。ちなみに同年10月号には，猛暑が過ぎて消費が振るわなかったにもかかわらず，1～8月の合計出荷が前年同期比117%と前年同期並みの高伸長となったことに触れ,「一千万石(約180万3,900kℓ)突破の黄金時代到来」としている。

実際，39年(64年)の年間ビール出荷は前年比118.1%の199万3,592kℓに達した。ちなみに，昭和30年(1955年)から39年(64年)までの出荷数量前年比はすべて2ケタ伸長。前年比が最も高かったのは34年(59年)の134%，最も低かった33年(58年)でも111%というものだった。

若干鈍化も伸長続く昭和40年代

昭和40年(1965年)の出荷量は，ほど前年並みの199万3,562kℓだったが，翌年からは再び48年(73年)まで増勢が続く。その間で伸長率が最も高かったのは42年(67年)の113.5%，低かったのは46年(71年)の102.6%だった。

40年(65年)が足踏み状態となった背景について，本誌同年10月号では，「主に天候不順(低温)と不況下での料飲店需要の減退」を挙げている。41年(66年)からの再成長には，本誌41年6月号で「広告合戦時代に入った成長余力あるビール」と解説されたように，広告活用によるところも無視できない存在となっていた。

同解説では，当時，子供やサラリーマンの間で流行したキャッチフレーズ「結論が出ました，サッポロビールは最初のうまさが持続する」や同社の“冬山”ラベルの成功を一例に挙げ，ビール販売戦が新たな局面に入ったことを示した。話は変わるが，同年の容器構成は大びんが80%を超え，缶や樽生はわずか1～2%。販売競争を制することは大びんを制すること，という時代だった。

表②　36年以降の社別増加率

日刊経済通信社調(単位：%)

	キリンビール	サッポロビール	アサヒビール	サントリービール	合計
36年	125.0	143.1	137.8	－	134.0
37	129.9	114.4	113.4	－	120.3
38	117.5	113.1	104.7	－	113.7
39	117.3	113.3	124.1	147.5	118.1
40	103.4	100.4	90.8	157.5	99.9
41	113.6	100.4	101.8	83.8	106.5
42	110.4	119.4	113.0	107.9	113.6
43	108.8	102.2	95.5	114.4	104.4
44	112.4	103.2	101.8	115.8	108.2
45	113.2	107.7	99.1	104.9	108.9
46	113.3	101.2	91.0	101.5	106.1

8月末

その後，アサヒの“生きた味”キャンペーンや，サントリー「純生」のヒット，「サッポロファイブスター」の登場など，話題が増えていく中，キリンのシェア上昇が続く一方で，「タカラビール」の撤退(42年＝67年)が話題を呼んだ。

天候に恵まれた42年(67年)に3年ぶりの2ケタ伸長(前年比113.5%)となった以降，2年続きの2ケタ伸長(110.9%)を果たした48年(73年)までビール出荷は拡大の一途を辿った。41年(66年)に200万kℓを超えてから5年後の46年(71年)には300万kℓを突破。更に48年(73年)には380万kℓに迫る勢いだった。これに伴い，各社が設備の拡張を進めた。また，前後して登場した“生ビール”も，公取が「熱処理をしないビールのすべて」と定義したのは54年(79年)であったため，42～43年(67～68年)に登場した生ビールの概念は定まっていない時期だった。一方，広告では，サッポロの三船敏郎，アサヒの高倉健らが広告宣伝を盛り上げた。

昭和49年は事実上初の後退

前年終盤からの第一次オイルショックの影響，天候不順，値上げの影響などで昭和49年(1974年)は前年比95.3%と，第二次世界大戦時を除き，昭和26年(1951年)以降で初のマイナス成長となった。本誌同年6月号の特集では，「下期に期待」をの見出しが記されたが，その望みは叶わなかった。

翌年は108.9%と盛り返したビール出荷だが，51年(76年)には92.6%と再度大きく前年を割る結果となった。在庫過多で上期が大きく減少し，消費自体も振るわなかった。そんな中，47年(72年)に60.1%となったキリンのシェアは，一時は63%に迫るほど高まり，独禁法上などの問題が一層深刻化した。

一転，52年(77年)は113.3%と大きく伸ばし，初の400万kℓ台に乗せ(412万4,184kℓ)，再び成長期に入り，それは500万kℓ目前に迫った58年(83年)まで続いた。キリンを除く3社のびん詰め生ビール競争が激化したのもこの頃だった。同様に，樽生ビールも活性化し，53年(78年)の樽生構成比は4.3%に上昇した(大びんは66.5%)。一方で,缶も構成比6.3%に上昇。当時は「缶化率」という表現が紙面を賑わせた。

付表 Ⅰ 年次別ビール生産高

年次	生産石数	年次	生産石数	年次	生産石数
明治		42	150,831	9	970,997
16	1,155	43	155,741	10	1,048,662
17	2,012	44	178,660	11	1,210,892
18	2,257	大正		12	1,261,174
19	6,495	1	196,404	13	1,476,397
20	17,508	2	221,753	14	1,734,438
21	13,064	3	238,520	15	1,465,606
22	18,724	4	248,818	16	1,466,001
23	14,253	5	354,152	17	1,450,445
24	9,781	6	422,485	18	1,176,991
25	8,411	7	511,525	19	880,469
26	23,406	8	677,249	20	461,776
27	14,271	9	550,089	21	532,183
28	21,775	10	656,174	22	516,180
29	32,867	11	764,344	23	504,879
30	65,717	12	805,905	24	770,206
31	81,331	13	915,073	25	947,300
32	87,256	14	793,912	26	1,505,134
33	120,371	昭和		27	1,626,055
34	121,430	1	813,640	28	2,167,437
35	91,046	2	803,129	29	2,211,082
36	93,300	3	892,892	30	2,265,225
37	95,047	4	905,159	31	2,566,573
38	133,410	5	820,589	32	3,056,888
39	159,367	6	759,851	33	3,412,523
40	201,144	7	767,239	34	2,703,000
41	163,396	8	1,082,660	(予算)	

54年(79年), 55年(80年)は前年を上回ったものの, その率は１％前後。54年は天候不順と前年の反動, 55年は値上げと冷夏の影響を受けながらの微増だった。

56年(81年)から３年間は３％前後の成長が続く。この頃ブームを巻き起こしたのが２L。３Lの家庭用ミニ樽。同時に缶ビールの伸長も加速した。一方で, サントリーが「バドワイザー」の取り扱いを始め, 話題となったのも56年(81年)だった。

また, 新製品が多く出されたのもこの時期。58年(83年)６月時点の容器の新装発売などを除いた新製品は大手４社で32品種。本誌58年７月号では, 空前の新製品ラッシュを, 「ビールが成熟期に入って大きな伸びが期待できなくなったこと, 消費者ニーズが多様化してきたこと, 新製品の寄与が見込まれることが背景」と評している。

増税響くも10年連続増でピークへ

２年連続のにぎやかな新製品ラッシュや, 「バドワイザー」(サントリー), 「レーベンブロイ」(アサヒ), 「ハイネケン」(キリン)などのライセンス生産の活発化を他所に, 昭和59年(84年)は大びん価格が300円を突破する増税が響き, 史上３度目のマイナス成長となった。また, 価格上昇が招いた新たな強敵・焼酎の存在感が強まり始めた頃だった。

しかし, 猛暑が寄与して年間出荷が前年比102.2％となった60年(85年)以降, 再度, ビールの増勢が続くことになる。それは68年(93年)の98.3％を挟んで, 翌69年(94年)に迎える713万kℓのピークまで, 実質10年間だった。

成長の背景には, 麦芽100％ビールの拡大など中味の多様化が進んだこと, 数多くの新製品が発売されたこと合わせて, 生ビールと缶ビールの増加があった。61年(86年)の生比率は約44％, 缶比率は約20％に上昇していたが, 出荷のピークを迎えた69年(94年)には, それぞれ69％強, 44％まで急伸した。

62年(87年)には現在もトップブランドの座を盤石にしている「スーパードライ」(アサヒ)が発売され, その後“ドライ戦争”を巻き起こすことになる。そして, 「スーパードライ」の発売と急拡大は, 業界構造も変えていった。60年(85年)まで14年連続で60％を超えていたキリンのシェアは61年(86年), 「アサヒ生ビール」(通称マルエフ)の発売と急成長を機に下降を始める。

ビール出荷が62, 63年(87, 88年)と連続で７～８％の成長を遂げたのも, 「スーパードライ」の出現と, “異常”と称された急成長があったと言っても過言ではない。

表④－２ 社別ドライビール出荷対比

日刊経済通信社調(単位：万函)

	88年	89年	増 減
キリン	4,000	2,102	▲1,898
アサヒ	7,470	10,518	＋3,048
サッポロ	2,190	973	▲1,217
サントリー	1,465	751	▲ 714
計	15,125	14,344	▲ 718

出足好調な「平成」一気に700万kℓへ

平成元年(1989年)のビール出荷は前年比105.3％となり, 初の600万kℓ台へ。初の500万kℓを突破してわずか２年目の快挙となった。本誌平成２年(1990年)６月号では, 当時の環境について, 「堅調な経済成長下, 堅調な個人消費や第二次ベビーブーマーがけん引した飲酒人口増, 女性の就業者増加に伴った飲酒機会の増加など, ビール消費をとりまく環境は明るい」と記している。また, 減税が追い風となる中, 以前の“ドライ戦争”から一転, フルライン戦略のキリン，ドライのアサヒ，生のサッポロ，麦芽100％のサントリーと，それぞれ独自の戦略が進められ，容器では，一部を含めたステイオンタブの採用が4社揃った時期でもあった。

その後も快進撃は続く。平成2年(1990年)の出荷は108.2％で650万kℓを突破，続く3年(91年)，4年(92年)もぞれぞれ103.8％，102.5％と続伸。4年(92年)は700万kℓまでわずか3万kℓ強というレベルに。特に2年(90年)は大びんで20円の値上げがあったにもかかわらずの高伸長。"吟・吟戦争"がマスコミで取り上げられるなど，中味の多様化路線が進み，各社の新製品郡が市場を盛り上げた。

こうした中味の多様化競争による市場の活性化も，その反動と，何よりもコメが凶作に陥るほどの天候不順には勝てず，5年(93年)のビール出荷は9年ぶりの前年割れ(98.3％)，685万2,600kℓ強まで後退した。しかし，ビール消費は底堅く，翌6年(94年)には104.1％と再び上昇，ライセンス生産を含む大手5社計で713万5,020kℓの金字塔を打ち立て，これが日本のビール出荷のピークとなった。

本誌7年(95年)6月号では，700万kℓを突破した背景について，「その対一の要因は，何と言っても早い梅雨明けと，6～8月が110％，7～9月では114％強という，驚異的な猛暑，残暑にある」と解説している。また，この年は，いわゆる定番回帰がより顕著になった年でもあった。ちなみに、6年(94年)の缶比率と樽生(業務用樽)比率は、それぞれ44％，10.3％。樽生が初めて10％を突破した年だった。

(石母田健)

表⑤　ビール4社のシェア推移

日刊経済通信社調(単位：％)

	キリン	サッポロ	アサヒ	サントリー	合　計
45年	55.4	23.0	17.2	4.4	100
50	60.9	20.2	13.4	5.5	100
51	63.8	18.4	11.8	6.0	100
52	61.9	19.6	12.0	6.5	100
53	62.1	19.6	11.6	6.7	100
54	62.9	19.2	11.1	6.8	100
55	62.2	19.7	11.0	7.1	100
56	62.7	20.1	10.2	7.0	100
57	62.2	20.0	10.0	7.8	100
58	61.3	20.0	10.3	8.5	100
59	61.5	19.5	10.0	9.0	100

表③－1　国産ビール社別出荷量(課税量)推移

日刊経済通信社調(単位：kℓ，％)

		キリン	アサヒ	サッポロ	サントリー	オリオン	合　計
1990年	出荷量	3,228,126	1,601,499	1,175,408	489,936	55,895	6,550,864
	前年比	110.9	107.7	105.4	100.0	110.1	108.2
	シェア	49.3	24.4	17.9	7.5	0.9	100.0
91	出荷量	3,397,712	1,630,859	1,234,883	478,121	57,395	6,798,970
	前年比	105.3	101.8	105.1	97.6	102.7	103.8
	シェア	50.0	24.0	18.2	7.0	0.8	100.0
92	出荷量	3,493,620	1,690,352	1,275,478	448,486	60,390	6,968,326
	前年比	102.8	103.6	103.3	93.8	105.2	102.5
	シェア	50.1	24.3	18.3	6.4	0.9	100.0
93	出荷量	3,395,520	1,676,086	1,279,400	438,063	63,550	6,852,619
	前年比	97.2	99.2	100.3	97.7	105.2	98.3
	シェア	49.6	24.5	18.7	6.4	0.9	100.0
94	出荷量	3,443,060	1,881,839	1,314,304	421,730	65,311	7,126,244
	前年比	101.4	112.3	102.7	96.3	102.7	104.00
	シェア	48.3	26.4	18.4	5.9	0.9	100.0

注）1．1990～91年の合計はビール酒造組合調べ。92～94年の合計は集計方式の違いによりビール酒造組合調べと一致しない　2．93年のキリン社はバドワイザー（委託生産分約4,120kℓ)を除いた数値。従ってバドワイザーの日本国内生産品を加えた93年の国産ビール出荷量はキリンが339万9,640kℓ，前年比97.3％，合計は685万6,739kℓ，前年比98.4％　3．94年のキリン社もバドワイザー（同約8,759kℓ)を除いた数値。従ってバドワイザーの日本国内生産品を加えた94年の国産ビール出荷量はキリンが345万1,819kℓ，前年比101.5％，合計は713万5,003kℓ，前年比104.1％　4．年度は1～12月

《特》《集》

黄金時代に入ったビール産業

目前にせまった1960年以降を「黄金の60年代」と称し、日本経済は輝しい繁栄期の門出に立っている、と言われるが、これより一足さきに黄金時代に入ったものにビール産業がある。本誌5月号でも展望した通り、34年のビールは数量的に全酒類のトップに立ち、〝400万石出荷〟が確実になった。これはビールを除く全酒類の増加率を倍以上抜く、20%増、60万石増加し、これでビールは率、増加実数、出荷総数とともに完全に他酒を上回った訳だ。

4百万石の大台突破

本年400万石のビール販売の内容を振り返って目立つことは、①前半に於ける缶詰朝日ゴールドの好調と、朝日の安定した増加②それを追ったサッポロの発売で、一段と缶詰ビール時代に前進したこと、③缶詰の発売とともにサッポロビールが好調化、数量的にもキリン、朝日両社を追い始めたこと、④タカラビールも都内補充買が順調化、北海道、東北、九州への出荷などによりコンスタントな出荷を見せ始めたこと、などが指摘されるが、最も特徴的だったことはキリンビールの増加が他社を大きく引き離し、独走の趣きがあったことである。

キリン東映説
朝日、日本が大映松竹

別表①通りキリンの出荷は12月を含めて170万石に達するものと見られる。年間増加実数量は35万石程度、本年度ビール全体の増加60万石の半分余を占めることが予想され、前年比増加率は29%増に達している。

映画界では東映が将来映画全収益の半分を占めるとか言われているが、本年度のキリンは全ビール販売量の半分近い数量42～3%を既に出荷している。こんなことからキリンを東映に、朝日、日本をそれぞれ大映、松竹になぞろえる向も一部に出始めている。

キリンの売れる原因は？

宣伝が少なく、地味と言われるキリンが売れる原因はどこにあるのだろう？　某雑誌社から飛行機で不利なビラをまかれたり、東京小売層を中心に起っているキリン敬遠風潮や、その社風に反撥する気運の中でキリンが他社を抑えて売れる！　この事実は販売に日夜苦心している経営者には一度は気にかけて見る価値があるのではなかろうか。まづ同社営業部で本年好調の原因を聴くと①一般景気が良かったこと②昨年は割当出荷をし、出荷を抑えた反動が出た点を言葉少なに説明する。なるほど昨年は割当出荷を行ない、その増加率は3社の中でも一番少なかった。（付表②を参照）

付表①　昭和34年のビール4社月別出荷量及び前年対比表　　日刊経済通信社調　（単位kl）

月別	キリン	対前年比増加率%	アサヒ	対前年比増加率%	ニホン	対前年比増加率%	タカラ	対前年比増加率%	計	対前年比%
1月	9,614	111.5	6,530	119.5	6,270	138.3	204	205.8	22,461	120.8
2月	12,913	134.9	8,740	125.4	7,571	126.9	435	605.2	29,534	131.4
3月	20,930	121.0	16,026	146.5	11,477	110.5	1,766	135.0	50,199	125.8
4月	28,265	111.2	25,194	121.5	16,232	99.4	1,053	71.0	70,485	110.8
5月	30,836	109.8	22,018	88.8	18,989	92.3	1,251	92.0	72,934	97.5
6月	36,326	176.4	26,442	112.5	26,677	109.8	2,095	95.6	91,272	129.7
7月	44,577	113.7	31,028	99.0	29,041	105.7	3,037	98.0	107,687	106.5
8月	41,935	141.1	28,748	124.5	26,664	137.2	1,605	144.7	98,952	134.9
9月	30,336	138.0	16,963	121.5	16,994	135.2	820	1,906.9	65,113	134.1
10月	21,693	147.6	11,866	122.7	11,624	135.7	456	577.2	45,639	138.3
11月	15,497	143.9	9,591	127.9	10,508	134.6	446	2,230.0	36,042	136.9
12月	—	—	—	—	—	—	—	—	—	—
計	292,721	129.1	202,964	114.0	181,951	114.1	12,829	126.1	690,465	120.1

1959年(昭和34年) 12月号より

(特) (集)

時代の花形商品
売れて泡を喰うビール業界

業界も驚く伸長ぶり

本年のビールシーズンもいろいろの話題を投げながら漸く峠を越そうとしている。〝売れて，売れて，品不足〟などと花やかに週刊紙のキャッチフレーズで取り上げられたのも，宝ビールが進出した年以来のことである。戦後 300万石出荷の理想が32年に達成され，34年には清酒を抜いて，酒類の王座に坐ったビールだが，年々ベースが多くなることから見て，その増加率は10～15%増程度に見込まれるのが一般化しており，本年度の予算見込みでも，前年対比16.4%増に押えられている。

対前年比増加率

30年	8.8%
31年	14.0%
32年	18.7%
33年	14.5%
34年	18.2%
35年	23.3%

事実ここ数年の対前年比増加率を見ると，昨年の23.3%増は別格として，大体20%以下の増加である。ところが本年は1～7月の対前年比増加率は20%を大巾に上廻る26%増を記録している。今年の始めにこの出荷増を予想した人は誰れもいないし，この上期の増勢で最近まで業界で支配的だった「40年に1,000万石達成」の予想は，大巾に修正される情勢となっている。

5月以降急増

まず本年1月からの出荷状況を見ると，1月27.2%，2月10.1%，3月16.9%増とまず順調な増加率を見せた。4月は 0,9%増だが，前年増加率が大きく（32.0%増），実数で50万石近く出ていれば悪い数字とは言えない。ここまでの平均増加率は10.7%でまず平年並みと見て良いだろう。しかし需要期入りの5月に至り，前年比42.8%増と大きく飛躍，6月，7月も引き続き36.2%，35.0%といずれも近来にない増加率を見せた。ビール生産者層でも5月の異常増加には「本当の需要はこのうちどの程度か？」と，半信半疑の状態だった。

ひびいたビールスト

年中行事化しているビールストが例年仮需要の要素になっている。本年は倍増ムードもあって例年より1ヵ月早く，大巾賃上げを労働者側が打ち出し，4月10日には仕込み部分のストに入り，4月19日と24日には全面ストに発展した。全面ストは30年以来6年ぶりである。4月10日から25日まで，15日間行われた仕込みストは，最盛期の出荷に直接影響するもので，品不足の声は既にその頃から販売業界でささやかれていた。3月と5月の大巾出荷には思惑的仮需要もかなりあったと見られる。しかし一般需要はこの仮需要分を上廻る増勢を見せたものと見られる。小売販売数量は全国的資料が無いので，都内販売量を見ると次の通りとなる。

1～6月都内ビール小売販売量

月別	都内小売販売量	前年対比	全国蔵出量前年対比
1月	10,580 kℓ	121 %	127 %
2	10,222	110	110
3	13,928	125	117
4	17,844	131	101
5	22,074	136	143
6	25,452	134	136
7			135
合計	100,100	128.4	126
6月末在庫	4,945	156	

各社割当出荷

4月以降は30%以上の増加率を見せている。都内では2月からキリンビールが月間割当を廃止し，毎日毎日の割当出荷を行い，比較的生産能力に余力のある朝日ビール，日本ビールとも4～5月から強い割当出荷に踏み切った。ビール不足を甘く見る販売者層はこれで完全になくなってしまった。

系列化強まる

このビール不足，割当出荷の実施は生～卸～小売～料飲店間の系列関係を一層明確化する結果となった。生産者はもとより，卸，小売でもそれぞれ払いの良い店と，悪い店は当然差別しただろうし，販路拡張の先兵にもビールが使われたものと思われる。

1961年(昭和36年) 8月号より

キリンの完勝におわったビール業界

今年のビールシーズンをおえて

ビールの販売戦も最盛期をすぎた。9月30日までの各社の成績はキリン12.5%増と大きく増加したのに対し，サッポロ0.8%減，アサヒ0.6%減，サントリー5.3%減，タカラ11.7%減と軒並み前年実績を下廻る意外な結果に終っている。まず本年のビール販売戦はキリンビールの完全優勝に終ったと言うところである。

予想以下の伸び

①月から9月30日までビール5社全体の出荷量は前年比5.2%増。昨年は前年をわずかながら下廻ったので，本年は7～18%の増加率は見せるだろうとの大方の予想を裏切る成績に終っている。この中にあってキリンだけは12.7%増加，他の4社に圧倒的な差をつけている。

キリン独走の本年の理由としては，過去3年間の隠忍自重が，正常取引の強化，合併騒動などの外的要因もあって，大きく開花したと見るのが至当のようだ。

38年のサントリービール発売以来，ビールの販売戦はびん生ビールの発売やジャイアンツ，スタイニー，ストライク，あるいはグラス付の特売などによる新企画時代に入った。その間サッポロ，アサヒともそれぞれヒットを飛ばし，若干の得点をした。しかし本年はサッポロ，アサヒとも過去3年間の連続攻撃で，ちょっと手詰まりの格好。

特に目新しい新製品の開発もなく，他2社の特売も相変らずのグラス付に終っている。と言うよりも，他の4社にとっては新製品効果の裏目が出たり，特売の悪弊がいよいよ表面化した感もある。このことを逆にキリン側から言えば3年間多少の動揺はあったが，失点を最少限にくい止めたことになる。

本当のキリンの真価は自重し，余力を温存し，すべてにおいてその余力をつちかっているところだが，それはあとで述べるとして，キリンとしてはこの3年間に大きな設備投資を終え，いよいよ攻撃体制に移る用意が出来ていたのである。

表③　キリンビールの1～9月シェア　日刊経済通信社調

	40年	41年
1　月	54.9%	55.8%
2　月	55.3	59.3
3　月	50.7	52.6
4　月	57.9	45.8
5　月	44.0	54.4
6　月	42.4	47.4
1～6月	48.6	48.6
7　月	45.3	48.6
8　月	43.8	51.5
9月20日	60.3	58.2
1～9月20日	46.8	50.0

表①　9月30日までのビール5社出荷実績　日刊経済通信社調（単位kl）

	キリン			アサヒ			サッポロ			タカラ			サントリー			合計		
	41年	40年	前年比	41年	40年	前年比	41年	40年	前年比	41年	40年	前年比	41年	40年	前年比	41年	40年	前年比
1月	42,432	42,448	100.0	14,098	14,057	99.8	18,107	18,601	97.4	999	1,413	70.9	431	663	64.9	76,067	77,182	98.5
2月	60,594	60,691	100.0	19,186	21,549	88.7	20,753	24,645	84.2	1,257	1,522	82.4	518	1,265	40.9	102,308	109,672	93.3
3月	91,664	85,348	107.7	34,813	32,920	108.4	37,628	43,017	87.4	3,411	3,302	103.4	6,293	3,641	172.8	173,809	168,228	104.0
4月	79,186	67,047	118.1	42,602	43,274	100.9	41,840	42,423	98.6	3,012	2,184	137.2	5,332	4,485	113.2	171,972	159,413	108.4
5月	85,621	69,383	123.5	44,348	41,321	111.5	45,413	38,033	119.4	4,890	5,042	97.6	5,523	3,660	119.3	185,795	187,514	119.3
6月	117,234	104,894	111.8	69,570	65,553	109.2	67,602	64,003	105.8	5,164	6,242	89.4	5,769	6,491	96.7	265,339	247,183	108.2
1～6月累計	476,731	429,811	110.9	224,617	218,674	105.3	231,343	230,722	100.3	18,733	19,705	95.2	23,866	20,207	118.4	975,290	919,119	106.7
7月	130,456	119,114	109.6	56,673	59,292	99.0	66,214	68,538	96.6	6,641	8,220	80.9	5,889	7,989	73.7	265,874	263,153	101.8
8月	146,115	127,255	114.9	59,577	75,277	82.5	70,068	7,777	90.0	2,369	3,489	67.9	2,986	6,449	46.3	281,114	290,247	97.6
9月	98,424	—	122.1	32,872	—	140.0	37,855	—	123.3	1,380	—	88.5	565	—	110.6	171,096	—	125.0
1～9月累計	851,726	—	112.5	373,739	—	99.2	405,480	—	99.4	29,123	—	88.3	33,306	—	94.7	1,693,374	—	105.2

（注）(1) このほかに北海道朝日は12,427kℓ出荷されている。(2) 北海道朝日を加えると合計前年対比は5.9%増となる。(3) 北海道朝日をアサヒビールの出荷に加えると約2%前年を上廻る。(4) 1～8月までは確数，9月と累計は概数を使用した。

1966年（昭和41年）10月号より

ズ版で，ツイスト300が，アウトドアで飲まれることを主眼にしていたのに比べ，家庭での需要を目指す。年間50万ケースの販売を計画。

⑧「まる生1.8ℓ」。世界でも例のない，球形のＰＥＴ容器を採用。デザインのユニークさに加え，容積あたりの表面積が最も小さくなるため，保冷効果に優れる。これも今年のヒット商品となりそう。当初の年間販売計画は600万本だったが，800万本に上方修正。小売価格が980円と，先発のアサヒの1.8ℓ樽より100円安いため，業界に波紋を呼んだが，同社では「まる生1.8ℓはワンウエイ容器の特用サイズとして考えて出した」と説明している。

同社では，これら新製品のほか，昨年取っ手をつけて人気を呼んだ「ナマ樽2･3」を“親切設計”をテーマに変更。また缶ビールもタル缶，メルツェン缶を除く全製品を白を基調にしたデザインに変更した。

ナマ樽2，3は，①樽本体の色をパステルホワイトに，②背部にも切り込みを入れ，一層注ぎ易くした，③注ぐ時，鳥のさえずりに似た音が出るようにした，④ラベルの一部にスリット（切れ込み）を設け，残量が分るようにした――などが特徴。ナマ樽1.2ℓ，2ℓ，3ℓ合計で，今年は3,100万本（昨年は2,800万本）の販売を計画。ナマ樽のＣＦは，昨年評判となり，販売増加に大きく寄与したが，今年も「いかにも一般大衆が喜びそうなアイデアですね。」が，流行語になるほど話題を呼んだ。

同社は，4社の中で缶化率が一番高く，昨年は25％ほどを占めているが，今年は27～8％まで高まりそう。

サントリーの年間販売目標は，前年比110％の3,220万ケース（大瓶633mℓ換算）だったが，現在までのところ，新製品の寄与などもあり，予定を上回るペース。

昨年，1社だけシェアを伸ばし，7.8％と，8％台に今一歩のところまできただけに，念願のシェア8％確保に向けて，全社一丸となっている。

上半期では15％程度増と，1社だけ2桁台の増加をみせ，気を吐いている。そのため，年間販売計画を115％（3,370万ケース）に上方修正した。

高桑新体制で生化進めるサッポロ

①「ぐい生ブラック300mℓ」。アサヒビールの黒生に対抗したもので，黒ビール特有の苦味，芳香を生かしながら，独自のセラミック濾過によりマイルドな味にしたもの。初年度1,000万本の販売を予定。

②「ヱビス生中びん」，③「同缶350mℓ」。日本初の麦芽100％の生ビールで，違いのわかる個性派をメインターゲットにしている。ラベルデザインもシックで，高級感あふれるもの。缶ビールのデザインは，両面の配色が異なる（デュアルデザイン）という，従来の缶ビールデザインにはなかった，ユニークでファッション性豊かなもの。中びん，缶合わせて100万ケースの，初年度販売予定だったが，早くも倍の200万ケースはいくものとみる。びんと缶の割合は

表⑤　ビール各社新製品等の販売計画

日刊経済通信社調

社名	製品名	容量	57年実績	58年計画
アサヒビール	黒生マイボーイ	300mℓ	1,200万本（黒生マイボーイ・黒生レギュラー缶計）	—
	黒生レギュラー缶	350mℓ		900万本
	生ビールミニ樽1.2ℓ	1.2ℓ	—	600万本
	〃　1.8ℓ	1.8ℓ	—	300万本
	生ビールボトル1.2	1.2ℓ	—	1,000万本
	レーベンブロイ（瓶）	350mℓ	—	100万ケース
	〃（缶）	350mℓ		
	〃（缶）	500mℓ		
	黒生ビールミニ缶	250mℓ	—	30万ケース
	生ビール樽びん	300mℓ	—	250万ケース
	〃	450mℓ		
	黒生ビール樽びん	300mℓ	—	70万ケース
	生ビールライブ缶	350mℓ2種	—	60万ケース
	〃	500mℓ2種		
	〃	1ℓ		
	生ビールライブ樽1.5ℓ	1.5ℓ	—	30万ケース
サントリー	メルツェンドラフト（瓶）	350mℓ	—	50万ケース
	〃（缶）	350mℓ		
	タル缶550mℓ	550mℓ	—	100万ケース
	〃　300mℓ	300mℓ	130万ケース	200万ケース
	エクスポートサイズ	355mℓ	—	50万ケース
	ツイスト	450mℓ	—	50万ケース
	超ミニ缶	150mℓ	—	200万ケース
	ツイスト	300mℓ		150万ケース
	まる生1.8ℓ	1.8ℓ	—	800万本
	ナマ樽1.2	1.2ℓ	2,800万本（うち1.2ℓ1,000万本）	3,100万本
	〃　2	2ℓ		
	〃　3	3ℓ		
サッポロビール	ぐい生ブラック	300mℓ	—	1,000万本
	エビス生中瓶	500mℓ	—	80万ケース
	エビス生缶	350mℓ	—	120万ケース
	黒生3ℓ	3ℓ	—	50万本
	缶生子樽	250mℓ	—	100万ケース
	生タンク1.2ℓ	1.2ℓ	—	800万本
	樽生1.2ℓ	1.2ℓ	2,200万本	3,000万本
	〃　2ℓ	2ℓ		
	〃　3ℓ	3ℓ		
	ぐい生	300mℓ	440万ケース	460万ケース
	ひとくち	200mℓ	130万ケース	340万ケース（今年から24本入，48本入では170万ケース）
キリンビール	ビヤ樽2ℓ	2ℓ	2,600万本	2,600万本以上（1.2ℓ900万本）
	〃　3ℓ	3ℓ		
	〃　1.2ℓ	1.2ℓ	—	
	こきりん	250mℓ	—	200万ケース
	こきりんライト	250mℓ		
	ライトビール	350mℓ	330万ケース	363万ケース以上
	缶生500mℓ	500mℓ	—	150万ケース
	〃　750mℓ	750mℓ		
	〃　1ℓ	1ℓ		

1983年(昭和58年7月号「新製品で活性化図るビール業界」より

快進撃続く今年のビール業界

空前の大ヒット“スーパードライ”，アサヒのシェア大幅増

(昨)今のドライフィーバーは，業界の構造を変えながらラガー，生，ドライという３本柱体制を造りつつある。その底辺にはビールにとってのプラス要因が静かに流れている。「ドライ市場はどこまで拡がるのか」「そして次に来る波は何か」……。生産面，流通面，消費面とすべての段階で新時代を迎えたビール市場を探る。

“ドライ”が牽引車，昨年は7.4％の大幅増

(19)71年～74年生まれの第２次ベビーブーマーが３～６年後にかけて飲酒適齢期を迎え，1991年の飲酒人口の単年度増加分が87年の約1.5倍と予測されていること，世界的な低アル化の進展，健康指向等からビールの需要は今後も着実に拡大してゆくものと予測されているが，アサヒの「スーパードライ」発売に端を発した昨年から今年にかけての異常過熱ぶりを誰が予想したであろうか。酒類業界は来春，これまで経験したことのない大きな変革を迫られているが，ビール業界はひと足早く激動期に突入している。

昨年の全国ビール課税移出数量は，当初予想を大きく上回る前年比7.4％増，534万47kℓとなった（ビール酒造組合調，国税庁調は533万3,835 kℓ）。86年に一応史上最高値をマーク（内容的には増税前58年水準），昨年は初の500万kℓ台突入でどこまで数字を伸ばせるか注目されていたが，それが一挙に34

表①　民間最終消費支出に占める酒類・ビール消費金額の年次別割合

（単位：億円，％）

年度	民間最終消費支出		酒類消費金額		ビール消費金額		B/A	C/A
	(A)	前年比	(B)	前年比	(C)	前年比		
40	197,995	—	8,793	107.9	3,537	103.3	4.44	1.79
45	394,566	114.2	15,182	111.0	6,106	111.1	3.85	1.55
50	869,946	113.9	28,744	113.3	10,574	112.8	3.30	1.22
55	1,433,978	107.8	43,050	111.1	17,714	115.4	3.00	1.24
56	1,517,329	105.8	46,661	108.4	19,871	112.2	3.08	1.31
57	1,619,383	106.7	48,116	103.1	20,929	105.3	2.97	1.29
58	1,697,025	104.8	51,874	107.8	23,121	110.5	3.06	1.36
59	1,780,112	104.9	52,993	102.2	23,931	103.5	2.98	1.34
60	1,860,246	104.5	54,234	102.3	25,217	105.4	2.92	1.36
61	1,919,262	103.2	55,685	102.7	26,263	104.1	2.90	1.37
62	—	—	—	—	28,228	107.5	—	—

注）1．民間最終消費支出（名目）は「国民経済計算年報」（経済企画庁）より（年度は４～３月）　2．消費金額はキリンビール㈱調べ，62年度ビール消費金額は日刊経済通信社試算

表②　ビール課税移出数量表

国税庁調（単位：kℓ，％）

月＼区分	昭和61年				昭和62年				昭和63年			
	数量	前年比	累計	前年比	数量	前年比	累計	前年比	数量	前年比	累計	前年比
1	186,976	119.0	186,976	119.0	209,256	111.9	209,256	111.9	232,362	111.0	232,362	111.0
2	254,570	111.4	441,546	114.5	279,361	109.7	488,617	110.7	312,612	111.9	544,974	111.5
3	339,864	103.0	781,410	109.2	371,506	109.3	860,123	110.1	(概)407,776	109.8	(概) 952,750	110.8
4	461,246	109.5	1,242,656	109.3	484,108	105.0	1,344,231	108.2	(概)530,770	109.6	(概)1,483,520	110.4
5	442,936	96.6	1,685,592	105.6	468,013	105.7	1,812,244	107.5	※ 510,150	109.0	※ 1,993,670	110.0
6	532,850	106.2	2,218,442	105.7	598,673	112.4	2,410,917	108.7				
7	666,254	101.1	2,884,696	104.6	735,327	110.4	3,146,244	109.1				
8	535,685	96.7	3,420,381	103.3	519,000	97.1	3,666,165	107.2				
9	409,505	107.1	3,829,886	103.7	429,000	104.8	4,095,165	106.9				
10	358,151	104.3	4,188,037	103.7	390,551	109.0	4,485,716	107.1				
11	294,049	98.5	4,482,086	103.4	329,015	111.9	4,814,731	107.4				
12	487,935	108.4	4,970,021	103.9	519,104	106.4	5,333,835	107.3				

注）（概）はビール酒造組合調，※は日刊経済通信社推定

700万kℓ突破する今年のビール市場

史上最高の猛暑のもと，瓶と肩並べた缶ビール

今年の国産ビール課税移出量は，１～11月累計で前年同期比104.5%，641万9,977kℓとなった。前半はビール酒税増税による仮需とその反動による増減があったものの，総体に前年水準確保がやっとだったが，後半に入り，記録的猛暑と残暑で一挙に盛り返した形となった。（表①）

この間，業界はかつてない大変動を経験したが，前半の状況は本誌６月号に，これまでの総括は本号の「回顧と展望」に記述してあるので省略させていただき，ここではまず，消費面としては今年（近年）最大のハイライト部分である夏場のビールに着目したい。

市場最高更新した今夏の出荷量

本誌の調べでは，今夏（６～８月）のビール出荷（メーカー５社の国産課税量と輸入引取量の計）は238万7,618kℓ，前年同期比111.8%。もちろん史上最高値だ。（表②）

早い梅雨明けとその後の驚異的猛暑で，７月が同121.5%，８月も116.0%とそれぞれ大きく伸び，６月と１～６月の低調を一蹴した。国産課税量をベースにみると，６月は同97.1%と単月過去最高値（92年）に3.6%及ばなかったものの，年間で最も消費の多い７月は同119.8%と過去最高値（90年）を11.2%も上回り，続く８月も同115.2%と同じく過去最高（90年）を2.8%上回り，夏場（６～８月）としては同110.3%と92年の記録220万2,743kℓ（90年は219万453kℓで２位）を5.9%上回る結果となった。

ちなみに，残暑の厳しかった９月を入れた７～９月でとらえた国産課税量は114.4%と６～８月を４ポイントほど上回っている。

次に社別に６～８月の出荷状況（前年同期比）を概観すると，キリンが国産107%，輸入150倍，計111.7%。これはバドワイザーを含んだもので，それを外すと国産は106.8%，輸入76.5倍，計109.3%。輸入の急増は「アイスビール」によるもの。主要銘柄販売実績は「ラガー」107%，「一番搾り」115%など。

アサヒは国産119.4%，輸入86%，計119.4%。「スーパードライ」114%，Z107%など。

表①　国産ビール課税移出数量　ビール酒造組合調（単位：kℓ，%）

区分＼月	1992年 数量	前年比	累計	前年比	93年 数量	前年比	累計	前年比	94年 数量	前年比	累計	前年比
1	307,303	112.2	307,303	112.2	296,675	96.5	296,675	96.5	295,169	99.5	295,169	99.5
2	422,045	107.4	729,348	109.4	408,933	96.9	705,608	96.7	403,198	98.6	698,367	99.0
3	501,954	101.5	1,231,302	106.0	523,373	104.3	1,228,981	99.8	568,108	108.5	1,266,475	103.1
4	643,982	107.1	1,875,284	106.4	653,033	101.4	1,882,014	100.4	694,561	106.4	1,961,036	104.2
5	599,730	94.7	2,475,014	103.3	578,466	96.5	2,460,480	99.4	514,303	88.9	2,475,339	100.6
6	777,312	103.7	3,252,326	103.4	771,499	99.3	3,231,979	99.4	749,072	97.1	3,224,411	99.8
7	811,286	99.2	4,063,612	102.6	766,562	94.5	3,998,541	98.4	918,530	119.8	4,142,941	103.6
8	614,145	99.5	4,677,757	102.1	577,962	94.1	4,576,503	97.8	665,831	115.2	4,808,772	105.1
9	560,779	101.5	5,238,536	102.8	543,854	97.0	5,120,357	97.7	575,254	105.8	5,384,026	105.1
10	529,973	99.9	5,768,509	102.7	519,285	98.0	5,639,642	97.8	522,386	100.6	5,906,412	104.7
11	487,114	99.9	6,255,623	102.4	506,412	104.0	6,146,054	98.2	*513,565	101.4	6,419,977	104.5
12	712,675	103.0	6,968,298	102.5	710,615	99.7	6,856,669	98.4				

注）＊は本誌調べ

1994年（平成６年）12月号より

洋酒の花形ウイスキーとブランデー

～大衆酒だった２級ウイスキー，自由化で拡大した輸入品～

かつて洋酒と言えば，ウイスキーとブランデー，そしてブドー酒（今の甘味果実酒）のことだった。経済成長に従って消費数量が大きく伸びていき，昭和30年代には２級ウイスキーは代表的な大衆酒に。一方，輸入ウイスキーは長らく「ジョニーウォーカー」がけん引し，自由化以降も圧倒的な存在感を示したのだった。

戦後に飛躍した国産洋酒

本誌昭和34（1959)年８月号の特集「時流に乗る洋酒業界　出荷は戦前の144倍に」によると，「文明開化の明治の初め輸入ブドー酒に刺激されて始った我が国の洋酒も，戦後はビールとともに時代の波に乗り，最近では業界の中でも最もユニークな業種に発展している。大蔵省の34会計年度の雑酒(ほとんど洋酒)出荷見込数量は戦前の144倍課税石数で，53万３千石が見込まれ，160億円の酒税収入が予定されるに至っている」(引用は原文ママ)とある。当時の洋酒専業４社は，寿屋，大黒ブドー酒，神谷酒造，ニッカウヰスキーという顔ぶれだ。日本の国産洋酒市場が大きく発展したのは戦後10年間のことであり，主役はウイスキーと甘味果実酒だった(当時の酒税法上はいずれも雑酒)。

ウイスキーについて当時は「焼酒に色を着けたような米軍ウイスキーの横流れ」対策のため，モルトを含まない３級ウイスキーが活発に販売されたという。しかし，昭和24（1949)年にはアル分37度でモルトを５％まで含有できる２級ウイスキー規格が制定されたことで，「トリス」や「ニッカ」などの２級ウイスキーがバーでブームとなり，家庭にも広がっていった。

昭和27（1952)年から５年間の推移を見ると，２級ウイスキーも甘味果実酒も急激に伸長するなか，昭和32（1957)年には２級ウイスキーが逆転。興味深いのは，「酒など嗜好品は，甘いものから辛いものに変化するものと言われ，現に最近の若い女性もブドー酒よりもハイボールの傾向が強いが，家庭の婦人層のポートワイン類の飲酒はほぼ限界に来てしまったのだろうか……」とあり，現在のハイボール缶や無糖系RTDが食中酒として好まれる状況と重なって見えることだ。当時の人たちも親しみやすい甘口の味わいに慣れ，徐々に辛口が欲しくなったのだろう。人の嗜好や味覚は時代を経ても大きく変わらないのかもしれない。

なお，現行法である酒税法は昭和28（1953)年に制定され，昭和37（1962)年に大幅に改正。酒類の種類分類の改正，従価格制度の採用，申告納税制度の採用が行われた。その結果，雑酒13品目は果実酒類，スピリッツ類，ウイスキー類(ウイスキーとブランデー)，リキュール類，雑酒へと分散した。

ウイスキー大衆化時代

国産ウイスキーは消費水準の向上に伴いブームを迎える。第１次ブームは昭和32～35（1957～60)年の「トリスブーム」，第２次は昭和39(1964)年の「ハイニッカ」「サントリーレッド」など500円商品，「ブラックニッカ」「サントリーゴールド」など1,000円商品によるもの。「39度の二級ウイスキーは旭工業がアリスウイスキーで手を付けたものだが，昨年の２月にはニッカが末端500円で〝ハイニッカ〟として発売，続いて，三楽オーシャンが〝M&Sオーシャン〟で，サントリーも〝サントリーレッド〟として発売した。洋酒業界としてはエクストラ発売以来のキャンペーンを三社が一致して展開した。本来500円の新大衆ウイスキーを受け入れる下地が消費者にあつたことおよび三社のPRが序々に深透したこともあって，この新二級ウイスキーの出荷は既に軌道に乗っている」(昭和40・1965年１月号)。

そして昭和40（1965)年もウイスキーの好調が洋酒全体をけん引した。「本年はいよいよウイスキーが40万石から50万石に飛躍する年である。ウイスキーの量的な増加とともに，質的向上も著しい。この500円ものウイスキーに続いて，昨年話題を呼んだのが1,000円もの新級ウイスキーの発売である。42度の規格でニッカが新ブラックニッカが９月，サントリーゴールドクレストが11月に発売されたが，年末には早くもそれぞれ人気商品となっている。(中略)昨年度の新ブラックニッカの広告問題，ハイグラス問題，その他協定違反問題などいろいろな争いがあったが，結局はそれが新需要開拓につながって，前述通りここ数年来最高の良い売れ行きを見せた訳で，災いを転じて福となし得た良い例と言うべきであろう」（昭和41・1966年１月号）。その勢いのまま，特級や42度ものの一級酒の増加も洋酒ブームの主役に加わっていき，高級路線が加速した。その後，サントリー「オールド」が(昭和52・1977)年に1,000万箱を達成し“世界のベストセリングウイスキー”として圧倒的地位を占めた。前年の(昭和51･1976)年にはニッカ「ブラック900」がヒットし，大容量サイズの後続品も発売。不況，節約，実質主義の時代にマッチした商品づくりの成功例となった。

そして昭和55（1980)年には日本の洋酒市場が１兆円を達成。主役は国産ウイスキーで，高級移行，お湯割りウイスキーの普及，増税の仮需効果によるものだった。ところが，翌年は戦後30年余り増加し続けてきた特級ウイスキーの出荷が初の前年割れと，２級ウイスキーの増加で二極化が進行。昭和59(1984)年は前年の値上げと同年の増税に加え，焼酎ブームの煽りを受けて大幅減少。以降も減少傾向となった。

平成元(1989)年は４月に酒税制度の抜本改正により大変革が行われた(従価税率の廃止で従量税率に一本化，級別の廃止)。これにより，旧１級・２級は増税となって，特に２級は大打撃を被った。特級は増勢に転じるも，ギフト需要での価値を下げるなどの事態も引き起こしたのだった。

自由化で拡大した輸入ウイスキー

一方，輸入ウイスキーの大転換期は，昭和46(1971)年１月の全面自由化だろう。それ以前を見ると，「戦

昭和24酒造年度から32酒造年度の品目別移出数量

（単位：石）

区分	24年	25年	26年	税法改正による	27年	28年	29年	30年	31年	32年
一級ウイスキー	5,512	6,081	5,659	特級ウイスキー	5,764	5,757	5,243	7,262	10,206	11,398
二級ウイスキー	705	1,928	1,478	一級ウイスキー	1,404	1,279	1,344	2,187	4,125	6,093
三級ウイスキー	17,717	31,139	41,933	二級ウイスキー	47,075	51,014	63,686	82,291	106,215	144,765
(ウイスキー計)	23,934	39,148	49,070	(ウイスキー計)	54,243	58,050	70,273	91,740	120,546	162,256
二級甘味果実酒ブドー酒	65	106	57	二級甘味ブドー酒14°	40,203	54,545				
〃　その他	155	123	－	〃　12°	33,822	58,752				
三級甘味果実酒ブドー酒その他	9,797	25,812	34,379	二級甘味果実酒14°	217	223	125,938	125,725	128,343	136,774
〃　その他	40	413	302	〃　12°	495	1,262				
四級甘味果実酒ブドー酒その他	78	9,784	19,683							
〃　その他	404	－	1,655							
(甘味果実酒小計)	10,499	36,238	56,076	(甘味果実酒小計)	74,737	114,782	125,398	125,725	128,343	136,774
三級薬剤甘味酒	1	301	548	二級薬剤甘味酒14°	371	531	507	517	413	979
四級薬剤甘味酒	39		23	〃　12°	856	474				
一級ブランデー	22	38	24	特級ブランデー	28	40	24	125	217	349
二級ブランデー	89	77	100	一級ブランデー	87	104	147	329	790	1,198
三級ブランデー	129	393	398	二級ブランデー	261	356	359	379	420	605
三級ブランデー（甘味）	348	995	1,096	〃　（甘味）	510	599	610	729	849	3,501
(ブランデー小計)	588	1,503	1,618	(ブランデー小計)	886	1,099	1,140	1,562	2,276	5,653
三級強酒精酒	782	1,191	1,804	二級強酒精酒	2,470	2,282	4,177	5,408	11,952	15,111
二級薬味酒	1,421	3,480	6,980	二級薬味酒	9,470	13,138	16,165	16,956	15,689	11,202
二級リキュール	400	1,496	1,233	一級リキュール	786	693	724	1,404	3,799	4,950
三級ベルモット	141	159	222	一級ベルモット	148	125	175	400	1,208	1,117
三級発泡酒	5	93	142	二級発泡酒	238	359	1,310	1,441	1,733	5,164
セリー	－	－	6	二級セリー	91	13	19	19	24	6
				その他の雑酒	70	－	2,038	2,054	1,936	2,091
合計	37,810	38,609	117,151	合計	144,372	192,506	221,926	247,226	287,945	345,303

注)洋酒組合が全税務署に問い合わせた集計量

前戦後を通じ輸入酒の王座はジョニーウォーカーなどスコッチウイスキーに代表される。次いで同じく英国のジン類。フランスもののブドー酒とコニャック，ブランデー類が続いている」（昭和35・1960年6月号）とある。昭和39（1964）年の自由化では，洋酒の本命であるウイスキーとブランデーは対象から除外されていた。「このウイスキー，ブランデーなどの昨年度の輸入量は5割方増枠したため，輸入スコッチのスタンダード銘柄がデパートの客寄せとして3千円割って特売されるに至り，輸入洋酒もいよいよもうからなくなったと，話題を呼んだ」（昭和40・1965年1月号）。

自由化以降も「ジョニーウォーカー」が存在感を示し続ける。昭和48（1973）年のオイルショックまで市場は順調に拡大し，昭和50（1975）年頃からバーボンの人気が高まっていった（アメリカ建国200年となる1976年は大幅増加，翌年は反動減）。昭和54（1979）年は円高から円安に逆転し，各商品とも大きなコストアップに見舞われた。

昭和55（1980）年は主力であるスタンダードスコッチの大幅売れ行き減となった。値上げは国産ウイスキーへの流出も招き，その後も需要低迷に加えて並行ものの横行もあり不審が続いたが，昭和61（1986）年には円高もあり再び増加。そして，平成元（1989）年は歴史的な酒税法改正により値下げが実施され，また並行輸入品が急激に大幅に増加し，課税数量を大きく押し上げたのだった。

洋酒　専業社二級ウイスキー　甘味果実酒の出荷概数

（酒造年度　石）

メーカー別	二級ウイスキー		甘味果実酒	
	31年	32年	31年	32年
寿屋	59,500	87,000	33,000	38,000
大黒	15,500	21,200	28,000	25,000
ニッカ	22,500	24,800	–	–
神谷	–	–	22,000	26,500
その他	23,000	29,000	45,300	47,200
合計	120,500	162,000	128,300	136,700

拡大し続けたブランデー

洋酒のもう一つの花形であったブランデーについては，「注目すべきことは，その輸入の伸びであって，32年には19kℓ（内フランス16kℓ），33年57kℓ（内フランス34kℓ），34年は上述の95kℓで，対前年の伸び率は33年は3倍，34年は1.7倍である。わが国における嗜好の高度化にも原因するのであろうが，フランス政府の輸出に対する熱心さもあって，今後もかなり伸びるものと思われる」（昭和36・1961年2月号）とある。当時は“ブランデー＝ヘネシーのコニャック”という状況だった。「オーシャンのvsopやヘルメス，ニッカなどかなり品質的に良いものが出ているが，輸入品とブレンドしたものもある。また数量的に少なく，国産メーカーが最も自信の少ない品種である」（昭和37・1962年9月号）。

ウイスキー級別度数別出荷量

日本洋酒酒造組合調（単位：kℓ，%）

	63年	62年	61年	60年	59年	58年	57年	56年	55年
特級	100,101	103,442	109,507	115,170	130,562	176,321	172,444	174,446	117,642
1級（42度）	3,643	3,908	4,245	4,491	5,344	8,413	9,353	9,918	10,344
1級（40度）	28,203	30,518	34,061	34,288	44,788	50,378	44,993	41,151	38,419
小計	31,846	34,425	38,305	38,780	50,132	58,790	54,346	51,070	48,763
2級（39度）	81,756	70,878	69,803	62,990	68,122	85,604	82,194	76,945	72,076
2級（37度）	33,652	31,808	32,417	32,417	34,474	37,496	32,224	28,099	24,250
小計	115,408	102,686	102,219	95,408	102,595	123,100	114,418	105,044	96,326
合計	247,355	240,553	250,031	249,359	283,290	358,211	341,208	330,559	322,732

洋酒品目別出荷数量

日本洋酒酒造組合調（単位：kℓ，%）

	平成元年	昭和63年	62年	61年	60年	59年	58年	57年	56年	55年	54年
ウイスキー	203,472	247,355	240,552	250,031	249,359	283,290	358,211	341,208	330,559	321,585	296,798
ブランデー	30,084	26,035	23,609	21,538	18,910	15,990	17,410	14,397	12,864	11,117	8,959
甘味果実酒	11,474	14,544	14,200	13,537	15,931	13,676	16,077	16,360	16,523	17,938	18,663
スピリッツ類	34,407	17,082	19,430	22,840	34,139	38,920	11,091	8,188	7,321	6,967	7,065
リキュール類	87,029	76,582	74,353	75,054	88,521	87,207	26,633	24,664	22,324	21,265	22,803
合計	368,239	383,321	373,970	384,606	408,444	440,566	403,888	406,247	390,976	380,145	354,289

だが，国産ブランデーは昭和38（1963）年に1,341kℓ（前年比38.9％増）と飛躍。サントリーのＶＯの出荷で２級酒が大幅に伸びたことによる。一方，特級ブランデー（VSOP）は半数を輸入品が占めていた。その後も市場は拡大し，昭和42（1967）年には出荷数量3,696kℓ（前年比31.9％増）となったが，昭和43（1968）年に状況が変わることになる。輸入ブランデー枠が大幅増になると同時に，翌年10月からの自由化を受けて市場が軟化。輸入量は369kℓ（38.9％増）と伸びたものの，「1967年までウイスキー以上に玉薄で，デパートなどヘネシーの玉集めに懸命だったが，昨年は一転，ついに一部銘柄では中間知場はスリースターがインポーターコストの4,200円を割るものまで出始め，ウイスキーのお伴商品にまで下ってしまった。（中略）しかし日本のブランデー市場は昨年もヘネシーが圧倒的に強かったことには変りない。通関量は３万3,000函に達したものと見られる。約9,000函の増加である」。

この流れを受けて，昭和44（1969）年は出荷量3,505kℓ（10.6％減）と落ちたが，特級ブランデーは1,145kℓ（16.6％増）と伸びた。シェア90％を占めるサントリーの主力VSOPがけん引した。特級ものが伸長する傾向は続き，昭和50（1975）年には出荷量5,730kℓのうち，特級が2,998kℓと過半数を占めることとなった。なお，同年の出荷数量はサントリーが2,880kℓで輸入ブランデー通関数量（2,386kℓ）よりも多かった。

ウイスキーに次ぐ洋酒の花形に

昭和51（1976）年になると輸入ブランデーはレミーマルタンや末端5,000円のフレンチブランデーが台頭する。「ブランデーの消費が二極分化している訳だが，有名ブランドのコニャックが高すぎることも，この様な安い“ナポレオン”が出廻る下地になっていることは事実だろう」（昭和52・1977年３月号），「ブランデーは輸入の5,000円のナポレオンブランデーがあれだけ売れているところから見て，ウイスキーに続いて今後の需要拡大に期待が持てる酒と言えよう」（昭和53・1978年４月号）。その後も国産・輸入ともにブランデーは成長を続けていった。昭和55（1980）年には国産主要各社出荷量が初の１万kℓ台を達成。引き続き，サントリーVSOPが特級のシェア94％と断トツの存在感を示した。翌年には消費金額（出荷数量に小売り価格を乗じたもの）も400億円に達した。好調は継続し，途中の減少もありつつも伸長を続けた。「特級ブランデーはウイスキー周辺の酒類の本命として消費の底辺を広げており，また２級ブランデーは製菓用，梅酒用などと並んでホワイトスピリッツの一部門として定位置を占めつつある」（昭和61・1986年４月号）。

輸入ではコニャックのレミーマルタンVSOPが圧倒的なシェアを誇り，ヘネシーVSOPが追う構図が続いたが，レミーマルタンの販売ルート変更で順位が逆転。「コニャックはまさにヘネシーVSOPの全盛時代に入っている。申請量は36万函，前年に比べ８万函増，レミーマルタンVSOPの24万函に対し，12万函の差をつけた。（中略）1986年はヘネシーの強さがいかんなく発揮された年といえよう」（昭和62・1987年３月号）。

興味深いのは国産・輸入とも西日本で良く売れていたということ。「理由は今一つ分からないが，港のある都市で飲まれている」（昭和63・1988年４月号）。そして昭和63（1988）年には国産ブランデーの出荷量は２万6,036kℓで総消費金額換算で1,000億円を超える市場規模となった。

昭和50年ブランデー出荷量　　日刊経済通信社調（単位：kℓ）

	サントリー	合同酒精	ニッカ	オーシャン	モンデ	森永	サントネージュ	マンズ	合計
特級	2,880	2	60	22	2	3	3	19	2,998
（前年同期）	2,560	1	70	15	4	3	3	−	2,697
前年比	112.5	200.0	86.0	146.6	50.0	100.0	100.0	−	111.2
一級	1,090	17	40	11	10	2	2	2	1,200
（前年同期）	1,100	13	40	12	10	2	1	−	1,197
前年比	99.5	130.7	100.0	91.6	100.0	100.0	200.0	−	100.2
二級	830	125	−	44	49	220	29	−	1,531
（前年同期）	760	150	−	40	50	260	20	−	1,381
前年比	109.0	83.3		107.3	98.0	84.6	145.0		110.8
合計	4,800	144	100	77	61	225	32	21	5,730
（前年同期）	4,420	164	110	68	64	265	23	−	5,276
前年比	108.7	87.8	91.0	113.2	95.3	84.6	139.1	−	108.6

◇特　集◇

時流に乗る洋酒業界
出荷は戦前の144倍に

文明開化の明治の初め輸入ブドー酒に刺激されて始った我が国の洋酒も、戦後はビールとともに時代の波に乗り、最近では業界の中でも最もユニークな業種に発展している。大蔵省の34会計年度の雑酒（ほとんど洋酒）出荷見込数量は戦前の 144倍（本誌6月号8頁参照）課税石数で、53万3千石が見込まれ、160億円の酒税収入が予定されるに至っている。これは酒税総額の7％強に達し、国家租税収入の 0.8％である。

その生い立ち

明治、大正の洋酒業界は輸入洋酒を手本に、それと一進一退の販売競争を行った時代である。明治20年代には現大黒ブドー酒の創始者初代宮崎光太郎氏30年代には現神谷酒造の神谷伝兵衛氏の創業が記録されており、35年には寿屋の鳥井信治郎氏も赤玉ポートワインに手を付けている。大正三年当時の記録によると製造業者は 252工場、総生産量は5万1千石、小規模に分かれて生産されていたが、大正中期から昭和始めの時代には歌にうたわれたりリキュールやシャンパン、ウイスキーなどが前衛的若人間に普及、国産ブドー酒も漸く一般家庭に愛好されるに至った時代と見られる。以後甘味ブドー酒を主力に推移した業界も、太平洋戦争中は生ブド酒がボツボツ生産された程度で、一般産業同様受難時代だった。太平洋戦争前後の洋酒類の生産概況は次の通りである。

付表①　昭和13年～23年の洋酒移出状況　（単位千石）

酒別＼年度	13年	14	15	16	17	18	19	20	21	22	23
雑　酒	63 千石	68	93	100	82	55	31	27	31	43	42
果実酒	32	26	51	82	95	89	188	53	44	23	21

このような経過をたどった日本の洋酒も大幅の発展を見せるに至ったのは、戦後10年間のことである。24酒造年度から32酒造年度までの庫出し実績数量推移は付表②の通り、前年対比指数では付表③のり通である。

付表②　昭和24酒造年度から32酒造年度の品目別移出数量　（単位石）

区　分	24年	25年	26年	税法改正による	27年	28年	29年	30年	31年	32年
一級ウイスキー	5,512	6,081	5,659	特級ウイスキー	5,764	5,757	5,243	7,262	10,206	11,398
二級ウイスキー	705	1,928	1,478	一級ウイスキー	1,404	1,279	1,344	2,187	4,125	6,093
三級ウイスキー	17,717	31,139	41,933	二級ウイスキー	47,075	51,014	63,686	82,291	106,215	144,765
（ウイスキー計）	**23,934**	**39,148**	**49,070**		**54,243**	**58,050**	**70,273**	**91,740**	**120,546**	**162,256**
二級甘味 14° 果実酒ブドー酒	65	106	57	二級甘味ブド酒 14°	40,203	54,545				
その他	155	123		〃 12°	33,822	58,752				
三級 〃 ブドー酒	9,797	25,812	34.379	二級甘味果実酒 14°	217	223	125,398	125,725	128,343	136.774
その他	40	413	302	〃 12°	495	1,262				
四級 〃 ブドー酒	78	9,784	19,683							
その他	404		1,655							
（甘味果実酒小計）	**10,499**	**36,238**	**56,076**		**74,737**	**114,782**	**125,398**	**125,725**	**128,343**	**136,774**
三級薬剤甘味酒	1	301	548	二級薬剤甘味酒 14°	371	531	507	517	413	979
四級 〃	39		23	〃 12°	856	474				
一級ブランデー	22	38	24	特級ブランデー	28	40	24	125	217	349
二級ブランデー	89	77	100	一級ブランデー	87	104	147	329	790	1,198
三級ブランデー	129	393	398	二級ブランデー	261	356	359	379	420	605
三級〃（甘味）	348	995	1,096	〃（甘味）	510	599	610	729	849	3,501
（ブランデー小計）	**588**	**1,503**	**1,618**		**886**	**1,099**	**1,140**	**1,562**	**2,276**	**5,653**
三級強酒精酒	782	1,191	1,804	二級強酒精酒	2,470	2,282	4,177	5,408	11,952	15,111
二級薬味酒	1,421	3,480	6,980		9,470	13,138	16,165	16,956	15,689	11,202
二級リキュール	400	1,496	1,233	一級リキュール	786	693	724	1,404	3,799	4,950
三級ベルモット	141	159	222	一級ベルモット	148	125	175	400	1,208	1,117
三級発泡酒	5	93	142	二級発泡酒	238	359	1,310	1,441	1,733	5,164
セリー	—	—	6	二級セリー	91	13	19	19	24	6
				その他の雑酒	70	—	2,038	2,054	1,936	2,091
合　計	**37,810**	**38,609**	**11,772**		**144,372**	**192,506**	**221,926**	**247,226**	**287,945**	**345,303**

註　洋酒組合が全税務署に問い合わせた集計量

1959年（昭和34年）8月号より

1989年輸入酒，品目別・銘柄別動向

有利に働いた酒税法改正，今年は懸念材料も

1989年（平成元年）の輸入酒業界は1987年以降３年連続してウイスキー，ブランデー，ワイン，ビールなどほとんど全製品が大幅増加をみせた。特にウイスキー，ブランデーなどは税制改正の恩恵も受け大幅に増加となった。

今年も依然フォローの風は吹いているものの，円安，ＦＯＢ価格値上げなど原価アップの要因がしのび寄っている。

表① 1989年の酒類

	1989年（ℓ）	1988年（ℓ）	前年比 89/88（%）	1函当りの容量（標準容量1本当たりの容量×荷姿）（ℓ）
・ビール	67,640,852	51,016,439	132.6	330mℓ×24=7.92
・スパークリングワイン	3,493,646	2,418,074	144.5	750mℓ×12=9.0
・シェリー，ポート他	672,270	,581,388	115.6	750mℓ×12=9.0
・ぶどう酒（2ℓ以下）	56,237,765	46,559,366	120.9	750mℓ×12=9.0
〃（2ℓ超150ℓ以下）	1,253,388	879,246	142.6	—
〃（150ℓ超 バルクもの）	21,194,581	25,789,048	82.2	—
ぶどう搾汁	5,761,146	6,672,300	86.3	—
・ベルモット	1,617,043	1,415,220	114.3	750mℓ×12=9.0
・清酒・濁酒	240,701	197,157	122.1	720mℓ×12=8.64
・発酵酒（果汁等添加）	1,361,979	1,663,872	81.9	750mℓ×12=9.0
・りんご酒・なし酒・ミード他	6,730,983	6,081,978	110.7	750mℓ×12=9.0
エチルアルコール（90以上）	310,649,043	315,546,786	98.5	—
原料アルコール（80以上割当）	13,683,623	5,693,890	240.3	—
その他エテルアルコール（80以上）	20,758,165	24,843,783	83.6	—
変性アルコール	590	75,708	0.8	—
エチルアルコール（80未満）	575,020	138,334	415.7	—
ブランデー原酒	8,871,418	7,307,200	121.4	—
・ブランデー	16,881,854	11,530,731	146.4	700mℓ×12=8.4
バーボンウイスキー原酒	3,506,140	1,403,918	249.7	—
バーボンウイスキー	11,103,088	7,979,191	139.6	750mℓ×12=9.0
ライウイスキー原酒	73,459	339,381	21.6	—
・ライウイスキー	116,972	67,743	172.7	750mℓ×12=9.0
ウイスキー原酒	21,911,981	18,269,142	119.9	—
・ウイスキー	40,764,357	29,319,242	139.0	750mℓ×12=9.0
・ラム	1,309,103	1,183,403	110.6	750mℓ×12=9.0
・ジン	1,190,252	975,419	122.0	750mℓ×12=9.0
フルーツブランデー原酒	257,406	353,996	72.7	—
・フルーツブランデー	96,570	91,362	105.7	700mℓ×12=8.4
・その他蒸留酒	18,748,044	21,109,991	88.8	700mℓ×12=8.4
・リキュール	3,493,354	2,493,179	140.1	700mℓ×12=8.4
・合成清酒・白酒	5,542,835	4,764,568	116.3	720mℓ×12=8.64
・その他アルコール飲料	5,006,883	4,422,997	113.2	720mℓ×12=8.64
・印製品計	242,248,550	193,871,320	125.0	—
総合計	650,744,510	601,187,051	108.2	—

1990年（平成2年）３月号より

昭和を通じて大きな成長を遂げたワイン

～繰り返されるブームで市場を拡大～

今では一般的に親しまれているワインも，現在のように普及するまでに長い時間がかかった。当初の主役は甘味果実酒だったが，昭和47（1972）年の第1次ワインブームから市場は大きく変化。各社とも間口拡大へ取り組みを継続し，確実に成長を遂げてきた。

黎明期の主役は“甘味ブドー酒”

国産ワインの歴史は“甘味ブドー酒”から始まった。「明治，大正の洋酒業界は輸入洋酒を手本に，それと一進一退の販売競争を行った時代である。明治20年代には現大黒ブドー酒の創始者初代宮崎光太郎氏，30年代には現神谷酒造の神谷伝兵衛氏の創業が記録されており，35年には寿屋の鳥井信治郎氏も赤玉ポートワインに手を付けている」（本誌昭和34・1959年8月号）。いわゆる“国産ブドー酒”（スティルワイン）が日の目を見るのは，戦後30年近く経つまで待たなければならない。

昭和38（1963）年6月号で実施した販売動態調査では，「今後ポートワインとワイン（生ブドー酒）とどちらの消費が伸びると思いますか？」というアンケートがあり，特に大阪でポートワインが「今後伸びる」と“強気”の回答だった。記事には，「欧州から帰った人（特にフランスを旅した人）はワインのすばらしさに舌を巻いて帰って来る。そしてワインを酒の中の酒としてほめ，日本のポートワインの普及ぶりを本来の姿ではないと，がいたんする。しかしワインは本調査でもワインと書いてわざわざ（生ブドー酒）と注書が必要なほどの普及ぶりである。（中略）結局ワインの消費拡大はまだ一般小売店よりも，デパートでの販売およびホテルなど洋食店からの普及が重要視される段階と見られる」と書かれている。このように，戦後20年近く経ってもスティルワインの普及はごく限られた状況で，当時の日本でワインと言えば甘味果実酒だった。銘柄は「赤玉ポートワイン」「蜂ブドー酒」「大黒ポートワイン」が圧倒的な存在感を示していた。（※ポートワインという呼称はマドリード協定に従い，1973年に変更。）なお，昭和37（1962）年の酒税法改正で，従来の果実酒は果実酒類（果実酒，甘味果実酒）と分類されている。

数年後の昭和42（1967）年8月号「国産ワインの現状と問題点」では，「果実酒と甘味果実酒は一対八程度で甘味果実酒のウェイトが大きいが，こんな関係を見ると果実酒と甘味果実酒はどちらかが増えると片方が減るといったような傾向が若干あるように見える。（中略）このような国産ワインの伸びなやみの最も大きな理由としてはワインがなかなか日本の家庭の食事にくい込まないことが指摘される」とあり，ワインの消費人口が頭打ちになっていること

昭和35（1960）年以降の果実酒系酒類の消費，輸入量

日刊経済通信社調（単位：kℓ，％）

	果実酒消費量	前年比	甘味果実酒消費量	前年比	輸入ワイン（その他ぶどう酒）	前年比	輸入ぶどう酒類合計	前年比
35年	3,972	−	−	−	204	−	391	−
36年	4,338	109.2	−	−	280	137.2	510	130.4
37年	4,275	98.5	31,030	−	104	37.1	266	52.1
38年	4,311	100.8	31,946	102.9	192	184.6	593	222.9
39年	4,278	99.2	31,423	98.3	318	165.6	649	109.4
40年	4,638	109.4	30,721	97.7	140	44.0	508	78.2
41年	4,420	95.2	32,308	105.1	353	252.1	1,060	208.6

注）消費量は3～2月の合計で，輸入ものは1～12月の合計量。

が窺える。課題として，ビールで事足りている現状，米食と淡白なおかず食にワインが合うかどうかの疑問を挙げており，「このような食生活が変ることがワイン消費を伸ばす大きな要因と思はれるが，それには日本人の所得の増加が大きな影響を持っものと思はれる。所得の増加により肉，乳製品などの動物性たん白が増加すること。そして所得の増加にともなっておかずに合った酒を選んで飲む生活も覚え，ワインの消費も必要的に増加して行くものと思はれる」と市場拡大のヒントを探っていた。そうこうするうちに，昭和43（1968)年には甘味果実酒は大幅減となり，いよいよ息切れを見せた。その一方で，昭和46（1971)年には高級ワインが急伸。前々年の万博特需もあり好調に推移していた。

第1次ワインブームで市場拡大

転機は昭和47（1972)年で，第1次ワインブームと呼ばれる活況が起きる。「ワインの販売戦では沈黙を守っていたサントリーが積極的に動き出し，トップのメルシャン，二位のマンズワインがこれに敗けじと応戦。この大手三社の三つ巴の販売戦が，昨年下期以降のワインの消費を急速に拡大している。本年に入ってからの増加ぶりは一層ものすごく，主要ブランドは2倍以上の増勢を見せており，輸入ワインの急増ともあわせワインの消費金額もここ2～3年中には100億円を達成するものと見られるに至っている」（昭和48・1973年5月号）。大手3社の後には，合同酒精，富士醗酵，十勝ワインなどが続き，江井ヶ島酒造や盛田，パンメーカーのドンクなどもワインへ進出した。

続く昭和48（1973)年に，ワイン市場（輸入ワイン含む）は200億円を達成。「ワインブームはここ数年一部の人々に予想はされていたが，48年は本格的に花がひらいた。サントリー，キッコーマン醤油，三楽オーシャンの超大国が本腰を入れてワインの拡売に乗り出し，三巴の花々しいＴＶのコマーシャル合戦を展開した。これに応援席の一般マスコミがワインの特集的記事を数え切れないほど掲載し，相乗効果を高めた。（中略）盛り上りの理由としては日本人の生活水準の向上にともなう生活様式の変化，食生活の向上がその根底にあり，ワインのおいしさがかなり理解されて来たと言うべきだろう」（昭和49・1974年5月号）。

そして昭和49（1974)年，ついに果実酒と甘味果実酒の課税移出数量が逆転した。ただし実際のところは手放しで喜べる状況ではなく，オイルショックの物不足，パニックムードがあり，販売層の仕入れ意欲も旺盛だったことから在庫として持ち越されている。それでも好調は続き，昭和52（1977)年にワイン市場は300億円を突破。ウイスキーよりも大きな成長を記録した。ワインパブ形式の店も盛況だった。

断続するブームと低価格化

成長は昭和53（1978)年以降も続き，「昨年末から今年上半期にかけての国産ワインメーカーの売れ行きは第2次飛躍期に入ったかと思わせるほどの快調さである。（中略）低調な酒類業界の中にあってひとときは“翔んだ酒類”となっている」（昭和54・1979年6月号）。けん引役は白ワインで，世界的に需要が増加。「日本においても既に白の多いドイツワインが好まれ，フランスワインにまけないほど飲まれている。日本食にも白ワインが合うし，好まれていることはある意味で日本のワイン消費もこの世界的傾向をかなり先取りしている趣きもあるように思われる」（同号）。昭和54（1979)年は“記念すべき年”とまで書かれ，クッキングワインの一般家庭での普及，ワイン需要層の底辺が拡大した。昭和55（1980)年からは1,000円ワインや1.8ℓのデイリーワイン（清酒2級酒と同じ1,220円に設定，一升瓶ワイン）が浸透し，昭和56（1981）～58（1983)年は第3次ブームとなった。

状況が変わったのは，昭和60（1985)年7月末に発生したオーストリアとドイツの「ジエチレン・グリコール事件」。消費にブレーキをかけ，ギフト市場にも大きな打撃を与えた。これを契機に，内容表示規定，産地表示基準，品質表示基準などの法制化が短期間で進むこととなった。また，その反動で国産100%ワインが良いワインという印象を与えるムードが醸成された。

昭和62（1987)年は新たな成長期に突入し，翌年には出荷量が10万kℓを突破。そして平成元(1989)年になると“1ml 1円”の低価格ワインが登場し，新たな局面を迎えるのだった。

輸入ワインの変遷

一方，昭和37（1962)年9月号の特集「洋酒自由化の見通しと影響」では輸入ワインについて記述がある。「インポーター筋が最も歓心を見せているのはワイン類の自由化である。（中略）このワイン類の中でも特に注目されるのが甘味果実酒のベルモットである。最近国内のバーなどでも〝チンロック〟(チンザノのオンザロック)などに流行し，ストレートな飲み方が一般化して来たこと，また従価税がかからないため一本千円程度で一応手頃な価格なことなどからＰＲ如何によっては国内市場開拓の可能性があるためである。当面チンザノ，マルティーニ，ノイリー，ガンシァなどだが，銘柄の古いチンザノや会社の大きいマルティーニなどの出方が注目されている。ワインは高いのは従価税がかかるが，既に自由化を控えてかなり安く，しかも品質的にも水準を行くものの引き合いがあると言う。ホテル等のテーブルワインが一般化すれば面白味があると言うもの」。

シャンパーニュについては，「クリスマスの年一回の消費のためまだ全体の数量が少なく、国内市場は限られている。輸入品にはポメリーなどがかなり一般的な銘柄もあるにはあるが，価格も相当に高く，あまり大きな影響は考えられない」。

なお，昭和36（1961)年度の国産・輸入比率は，果実酒は国産92.2%・輸入7.8%，甘味果実酒は国産99.4%・輸入0.6%という状況だった。

自由化と公定価格廃止

昭和38（1963)年にはワインとリキュールの実質的自由化が実施された(フランス，イタリア，ポルトガルを除く)。これにより，ベルモットはチンザノ，マルティーニがそれぞれ１本あたり900円に値下げされ，輸入洋酒として最も手頃な商品に。一方，“一般ワイン”は前々年の亜硫酸問題を解決したボルドーの有力銘柄が巻き返しへ。

そして昭和39（1964)年６月には，昭和15（1940)年に戦時体制突入と同時に実施され続けてきた公定価格が廃止された。これにより，「酒類業界も一般産業並みに各企業が自己の責任において価格を決定し，それを維持する必要にせまられる訳である。おそまきながら〈戦後〉はおえた」。「この25年余り，酒類業界は大蔵省の保護のもとにすごしたといって良い。業界では大蔵省との関係を良く親子の関係というが，この基準価格の廃止により，いよいよ酒類業界も一本立で歩かなければならなくなったのである」。

拡大する輸入ワイン市場

昭和35～45（1960～1970)年頃の輸入ワインはフランスのテーブルワインが中心。「コーディア」(ジンマーマン商会)，「クルーゼ」(ジャーデンマセソン)，「ジェジェモルチェ」(明治屋)がけん引していた。後に「カルベ」(サントリー)も大きく台頭。だが，昭和51(1976)年頃にはドイツの白ワインが急伸し，昭和53（1978)年はドイツワインの輸入量が初めてフランスワインを抜いた年となった。この頃，アメリカでも“白ワイン時代”が到来しており，世界的に注目が高まっていた(昭和54・1979年にフランスが再び逆転)。ほか，シャンパーニュは「ポメリー」(ドッドウエル)がトップブランドとして，ポルトガル「マテウス・ロゼ」(サントリー)も独自の立ち位置で存在感を放っていた。

その後も輸入量は年を追うごとに増加していき，平成元(1989)年には輸入計(2ℓ以下の容器入り)で５万6,238kℓ（前年比20.7%増・大蔵税関部)を記録した。

昭和47（1972)年主要ブドー酒メーカー出荷数量

日刊経済通信社調(単位：kℓ)

	47年	46年	前年比	銘柄
三楽オーシャン	2,860	2,130	134	メルシャン
マンズワイン	2,410	1,350	158	マンズ
サントリー	1,536	721	213	シャトーリオン･テーブルワイン･ヘリメスデリカ･イタリアン
サントネージュワイン	468	335	140	サントネージュ
合同酒精	460	350	131	キャノン
富士醗酵工業	460	360	128	アドニス，風林火山
十勝ワイン	455	155	294	十勝
中央ブドー酒	210	193	109	セントラル
本坊酒造	116	79	147	マルス
岩崎醸造	105	96	109	岩崎
サドヤ醸造	91	83	110	シャトーブリアン・モンシェルバン

国産ワインの現状と問題点

ワイン時代来る

日本にもワイン時代が来るといわれ，酒類の中でも最もその将来性が期待されている。国産ワイン生産者も努力を重ねているが，その増加率は期待を下廻っている状況である。そこで，国産ワインの現状を解説しながら日本のワイン市場の問題点を探って見たい。

消費量はまだまだ低い

35年以来の果実酒の消費量および輸入量は第Ⅰ表の通りで，ほとんど増えていない。41年度の消費量から見ると4千420 kℓの消費で，前年比では4.8％減少しており，6年前の35年に比べても11.2％の増加にとどまっている。全酒類の消費量から見ても果実酒はまだ1.1％を占めるにとどまっている。

甘味果実酒の消費もこのところ伸びなやみだが，それでも41年はサントリーのハニーワインなどの成功もあり5％増加している。40年はマンズワインなどの拡売により，果実酒が9.4％増加しているが，その年甘味果実酒は3.3％の減少している。また果実酒と甘味果実酒は一対八程度で甘味果実酒のウェイトが大きいが，こんな関係を見ると果実酒と甘味果実酒はどちらかが増えると片方が減るといったような傾向が若干あるように見える。

この間輸入ワイン，輸入甘味果実酒は着実に増加している。年により，輸入量の凸凹はあるが，ワイン（生ブドー酒）も，甘味果実酒も増加しており，特にチンザノなどベルモットの増加が目立っているといえよう。

伸び悩みの原因

このような国産ワインの伸びなやみの最も大きな理由としてはワインがなかなか日本の家庭の食事にくい込まないことが指摘される。

日本酒はともかくとして，ビールが食前酒として普及しすぎており，何にを食べるにもビールで用が足りている現在の日本の慣習がワインが伸びなやむ第一の大きな原因であると見られている。

第2には，米食と淡白なおかず食にワインが合うかどうかの疑問も指摘される。

つまり欧州のようにパンとおかずが日本の米食とおかずのような主従の関係になく，肉食を中心としたおかずが本来の主食に当っている欧州では，女，子供にまでワインが普及している訳で，米食が中心の食事ではワインの普及は極めてむずかしいとの見方である。

事実我々もたまにホテルのグリルなどで食事（主としてフランス料理）をするときはワインを飲む気になるが通常家庭でワインを飲む気がなかなか起らな

第Ⅰ表　35年以降の果実酒系酒類の消費，輸入量　日刊経済通信社調

	果実酒消費量	前年比	甘味果実酒消費量	前年比	輸入ワイン（その他ぶどう酒）	前年比	輸入ぶどう酒類 合計	前年比
35年	3,972	—	—	—	204	—	391	—
36〃	4,338	109.2	—	—	280	137.2	510	130.4
37〃	4,275	98.5	31,030	—	104	37.1	266	52.1
38〃	4,311	100.8	31,946	102.9	192	184.6	593	222.9
39〃	4,278	99.2	31,423	98.3	318	165.6	649	109.4
40〃	4,638	109.4	30,721	97.7	140	44.0	508	78.2
41〃	4,420	95.2	32,308	105.1	353	252.1	1,060	208.6

注）　消費量は3～2月の合計で，輸入ものは1～12月の合計量。

1967年（昭和42年）8月号より

ワイン，大規模な販売合戦時代に入る

ワインの消費金額ここ1～2年で100億円達成の見込み

47年のワインの販売戦は後半からマスコミを使っての大規模な販売合戦時代に入った。ワインの販売戦では沈黙を守っていたサントリーが積極的に動き出し，トップのメルシャン，二位のマンズワインがこれに敗けじと応戦。この大手三社の三つ巴の販売戦が，昨年下期以降のワインの消費を急速に拡大している。

本年に入っての増加ぶりは一層ものすごく，主要ブランドは2倍以上の増勢を見せており，輸入ワインの急増ともあわせワインの消費金額もここ2～3年中には100億円を達成するものと見られるに至っている。

サントリーの積極的拡売等でワインブーム起こる

46年度（46年3～47年2月）の出荷量は，7,152 kℓ，前年比では35.9％増である。それまで年率5～6％の増加にとどまり，山梨の地元で消費される1.8ℓ壜のぶどう酒が減り，小びんで売られるテーブルワインの伸びでカバーしていた。しかし，46年度に至りついに35.9％増と大幅の伸びを記録したのである。

これは山梨県の1.8ℓの大衆ぶどう酒の減少も一段落し，徐々に微増に転じている状況にあること。更に前記のテーブルワインの増加が更に上乗せされたためである。

47年度はおそらく40％ほど増え，実教でほぼ1万kℓを達成したのではないかと見られるに至っている（47年度の出荷数量が判明するのは48年6月末の予定）。

このうち本社が調査した上位5社の主に720 mℓの小壜で売られるテーブルワインの増加量は一昨年40％，昨年は65％と大幅に増加しているが，このところの大幅増の引き金となったのは昨年9月からのマスコミを使ってのワインキャンペーンの開幕である。それまでのワインの販売は〝友の会の結成〟とか小売店を通じての〝サンプリング〟など比較的地味だった。それが47年の9月に至り，メルシャン，マンズのTVスポットの投入のほか，サントリーが朝日新聞の一頁広告を手初めとした〝金曜日はワインを買う日〟のキャンペーンを展開し，ワインのキャンペーン時代の幕が切って下されたのである。

言うまでもなくメルシャン，マンズにとって，サントリーが本格的にワインの拡売を展開する日が何日であるかはここ数年来の最大の関心事であった。それが47年の9月であった。

表①　**37年以降の果実酒類の消費，輸入量**　（単位：kℓ）

	果実酒消費量	前年比	甘味果実酒消費量	前年比	ワイン輸入量（その他のブドー酒）	前年比	すべてのブドー酒類輸入量	前年比	果実酒出荷数量	前年比
	（4～3月）		（4～3月）		（1～12月）		（1～12月）		（3～2月）	
37年	4,275	98.5	31,030	—	104	37.1	266	52.1	3,240	—
38〃	4,311	100.8	31,946	102.9	192	184.6	593	222.9	3,380	104.3
39〃	4,278	99.2	31,423	98.3	318	165.6	649	109.4	3,536	104.6
40〃	4,638	109.4	30,721	99.7	140	44.0	508	78.2	3,779	106.8
41〃	4,420	95.2	32,308	105.1	353	252.1	1,060	208.6	3,936	104.1
42〃	4,381	99.1	32,595	100.9	427	120.9	1,170	110.3	3,995	101.5
43〃	4,688	107.0	30,470	93.0	461	107.9	1,314	112.3	4,230	105.9
44〃	5,325	113.6	29,673	97.4	492	106.6	1,369	104.2	4,982	116.3
45〃	5,717	107.4	27,766	93.6	1,048	254.4	2,335	170.5	5,263	105.6
46〃	6,591	115.3	26,264	94.6	1,466	139.8	2,847	121.9	7,152	135.9
47〃					3,148	214.8	4,652	163.4	(10,000)	139.8
48〃										

注）カッコ内は本社推定，その他消費数量は国税庁調，輸入数量は大蔵省税関部調。

1973年（昭和48年）5月号より

米国に「白ワイン」時代到来

米国ではワインの白と蒸留酒の白ものが急速に伸び，4，5年のうちに白ワインを主体にするワインが蒸留酒市場を追い越す，と注目すべきレポートをジェトロでは報じている。（週刊農林水産貿易」No. .）

米国ではワインと蒸留酒の消費が伸びているが，とくに最近の消費者の嗜好はワインでは白ワイン，蒸留酒ではウオッカに代表される「White goods（白もの）」に急速に移りつつあるといわれている。

さらに注目すべきことは，今後4，5年のうちに，白ワインを主体とするワイン市場が蒸留酒市場を追越すとともに1990年までにはワインと蒸留酒の消費量がそれぞれ11億ガロンと5億5,000万ガロンに達し，その比率が2対1になるという大胆な予測すら出されている（「IMPACT」という業界ニュースレターの編集・発行者による）。その場合白ワインが総ワイン消費量に占めるシェアーは80%，ウオッカの蒸留酒全体に占める割合は28%になると推定される。

従来，米国人の伝統的な食前酒はマティニーといわれてきたが，最近のバーやレストランではウオッカ・ベースの飲物が好まれ，それよりさらに，白ワインの注文が多くなっているといわれ，これらの傾向はより若い人達の間で顕著であるという。白ワインを飲むことは「civilized way（洗練された，教養のあるやり方）」であるというわけである。これらの「白」への転換は最近の世界的な「low proof（低アルコール分），light spirit（軽さ）」への嗜好の変化に沿ったものとみられる。しかし白ワインがとくに蒸留酒よりも今後伸びるという理由としては，白ワインが「lightness（軽さ），dryness（からさ），Coldness（冷たさ），less calorie（低カロリー）」という極めて最近のニーズに合った性質を持っていること，それが又，最近のアルコール飲料に関心を持ち始めた婦人層の好みにぴったり合っていること，そしてワインの販売が伸びているスーパーマーケットの顧客のほとんどが主婦であり，女性の購買力が無視できなくなってきていること等があげられている。

〈表1〉　米国のワイン・蒸溜酒販売量　（1,000ガロン）

	1970年	1971年	1972年	1973年	1974年	1975年
ワイン	267,351	305,216	336,981	347,206	349,465	367,574
蒸留酒全体	384,453	406,460	411,392	418,306	434,192	—
ウィスキー	244,267	252,270	249,254	239,893	239,015	—
ジン	38,894	40,664	40,770	41,508	42,062	—
ウオッカ	50,172	56,495	62,845	70,415	78,447	—
ラム	12,349	13,784	13,672	15,104	15,442	—
ブランデー	13,560	14,997	14,718	15,867	15,389	—
その他	25,211	28,250	30,133	35,592	43,837	—

〈表2〉　米国のぶどう生産　（トン）

タイプ／年	1972		1973		1974	
	Calif	U.S.	Calif	U.S.	Calif	U.S.
レーズン	1,362,000	—	2,376,000	—	1,958,000	—
テーブル	274,000	—	475,000	—	617,000	—
ワイン	630,000	—	1,036,000	—	1,214,000	—
合計	2,266,000	2,569,650	3,887,000	4,193,150	3,789,000	4,194,100

（出所） Agricultural Statistics 1975.

〈表3〉　カリフォルニアのぶどう栽培面積（エーカー）

タイプ／年	新植面積		1975年の栽培面積		
	1974	1975	成園	未成園	合計
レーズン	2,436	1,772	238,708	9,908	248,616
テーブル	1,474	269	65,433	4,807	70,240
ワイン	32,550	8,124	231,710	96,642	328,352
合計	36,460	8,124	535,851	111,357	647,208

もう一つの大きな要因としては，ワインの広告・宣伝に当たって，蒸留酒に禁止されている放送媒体が使用できるというメリットがあげられている。

一方，このような白ワイン熱について，消費が伸びているのは米国でも気候の暖かい州，とくに南西部であり，又伝統的なデイナー時の赤ワインが今後ともうとんじられることはあるまいと言った反論もある。

ぶどうの新植面積減少

現在，カリフォルニア州ではワイナリー（ワイン醸造所）がフル生産を行っているが，ぶどうがこのところ毎年史上最高を更新する豊作を続けてきたために，レーズン・タイプを含めたワイン原料ぶどうの供給がワイナリーの処理・貯蔵能力を越えており，とくに1974年産についてはワイナリー側による原料ぶどうの買付拒否や価格の低下，未収穫ぶどうの野ざらしなどの事態が生じ，ぶどう栽培業者にとって厳しい環境になった。

その結果，これまでの新植拡大の要因の一つであった投資のための新植は勿論，ぶどう栽培業者の新植マインドが急速に冷え込み，1975年のワイン・タイプぶどうの新植面積は，前年の3万2,550エーカーからその19%の6,083エーカーに大幅に減少した。これまでの最高である1973年の5万8,009エーカーにくらべるとそのわずか10%にすぎない。最近ではワインの消費も伸び，価格も上昇し，ワイン・ブームはまだ続いているとして今後に明るい見通しさえ出ている様であるが，元来保守的といわれるワイナリー業者は増産や設備の増新設に慎重で，なかにはもし処理能力が出てきても当分必要と考えられる時期までぶどうの搾汁を控えるという向きや自分の生産は中止し，他から安いワインを仕入れるという業者もあり，ぶどう生産過剰の解消は簡単にはいかない。

過去の急激な新植の結果からみると，カリフォルニアぶどうの過剰生産は今後2，3年は続くとの見通しにある。

1976年（昭和51年）7月号より

表⑧ 国別ぶどう酒（2ℓ以下）輸入量 大蔵税関部調

	輸入量（ℓ）			89年輸入金額（千円）	平均単価(円/ℓ)		函数換算	
	1989年	88年	前年比		89年	88年	89年	88年
北朝鮮	414	5,722	7.2	297	717	—	46	635
中国	51,450	102,559	50.2	18,652	363	308	527	11,395
台湾	8,640	—	—	5,010	580	—	960	—
フィリピン	840	—	—	395	470	—	93	—
イスラエル	26,659	19,170	139.1	11,390	427	508	2,962	2,130
アイスランド	7,200	—	—	4,059	564	—	800	—
スウェーデン	9,220	—	—	5,725	621	—	1,024	—
デンマーク	1,596	—	—	1,031	646	—	177	—
英国	1,524	1,729	88.1	14,172	930	562	169	192
アイルランド	9,000	—	—	1,795	199	—	1,000	—
オランダ	1,125	8,549	13.2	805	716	537	125	950
ベルキー	840	—	—	576	685	—	93	—
フランス	26,614,255	19,444,989	136.9	23,262,199	874	633	2,957,139	2,160,554
西独	12,609,838	12,150,886	103.8	5,399,978	428	375	1,401,093	1,350,098
東独	450	—	—	406	902	—	50	—
スイス	18,302	19,168	95.5	17,745	970	918	2,034	2,130
ポルトガル	1,626,813	1,293,797	125.7	547,866	337	253	180,757	143,755
スペイン	1,188,772	774,353	153.5	476,446	401	381	132,085	86,039
イタリア	2,473,165	1,889,044	130.9	1,184,043	487	385	274,796	209,893
ソ連	70,230	82,843	84.8	21,322	304	301	7,803	9,205
オーストリア	67,844	60,173	112.7	52,329	771	590	7,538	6,686
チェコ	8,586	14,657	58.6	1,774	207	199	954	1,629
ハンガリー	111,835	118,306	94.5	46,011	411	355	12,426	13,145
ユーゴスラビア	37,698	57,391	65.7	8,053	214	226	4,189	6,377
ギリシャ	24,404	13,304	183.4	7,947	326	240	2,712	1,478
ブルガリア	68,987	221,638	31.1	14,280	207	481	7,665	24,626
キプロス	235,794	441,006	53.5	47,598	202	181	26,199	49,000
トルコ	15,750	—	—	4,186	265	—	1,750	—
カナダ	44,898	37,590	119.4	17,169	382	291	4,989	4,177
米国	8,638,060	7,648,131	112.9	3,034,029	351	318	959,784	849,792
メキシコ	900	2,172	41.4	336	373	478	100	241
チリ	112,277	74,140	151.4	34,239	305	298	12,475	8,237
ブラジル	11,734	20,096	58.4	6,216	529	342	1,303	2,233
ウルガイ	2,459	2,150	114.4	1,030	419	299	273	239
アルゼンチン	83,530	83,541	100.0	33,618	402	320	9,281	9,282
アルジェリア	10,719	1,800	595.5	3,291	307	274	1,191	200
チュニジア	4,589	—	—	1,220	266	—	509	—
南アフリカ	27,191	87,655	31.0	13,023	479	360	3,021	9,739
オーストラリア	1,953,576	1,781,832	109.6	810,573	415	345	217	197,981
ニュージーランド	56,601	68,057	83.2	22,942	405	472	6,289	7,562
ルーマニア	—	32,626	—	—	—	—		
モロッコ	—	262	—	—	—	—		
合計	56,237,765	46,559,366	120.7	35,133,776	625	467	6,248,640	5,173,263

注）1函は750mℓ×12＝9ℓとして換算

そのほかメタクサ，アスバッハ，ストック，ペドロドメックなど各国の有力ブランドも少しずつ入っている。カルバドスも全体で7,600函ほど輸入されている。

ワイン

2ℓ以下の容器（750mℓが圧倒的に多いとみられる）のワイン通関量は5万6,237kℓ（351万函），前年比120.7%，85年のワインパニック以後，87年171.6%。88年155.3%と急増したが，89年は120.7%とやや増加率は鈍ってきたものの，依然ハイペースの増加である。

このほか2ℓ超～150ℓ以下の容器のものは1,253kℓ，前年比142.6%。アメリカ，オーストラリアなどのカスクワインが増加しているとみられる。

表⑧により国別輸入状況をみていただきたい。

フランス＝今年からブランド別表にはボルドー，ブルゴーニュ，ロワール，ローヌなど産地を記入してあるので参考にして頂きたい。通関量は2万6,614kℓ（296万函），前年比136.9%。平均増加率よりも大幅に高い。

フランスワインもボルドー，ブルゴーニュに加えてロワール，ローヌなど多様なワインが定着してきている。銘柄としてはカルベが40万函で，一挙に10万函の増加。次いではニッカ扱いのピアドールなど25万函，5万函の増加。クルーズは三楽が本格的に扱いを開始，12万3,000函，8万8,000函の増加。大衆的ワインが多くなっている。明治屋が買収したJ・J・モルチェは10万函，5,000函の増加。B&Gは9万1,000函，1万7,000函増。スイック社はボルドーとブルゴーニュワインを8万5,000函輸入。キッコーマンのボルドーものボリマヌー7万5,000函。ボージョレなどブルゴーニュのオージュは6万8,000函。日酒

1990年（平成2年）9月号より

革新し続ける飲用牛乳

戦後の栄養補給から家庭の基礎食品へ

戦後の食料不足から十分な食料や食事の供給が難しい中で，脱脂粉乳を提供することから始まった。その後，1958年ごろから牛乳が安定して供給されるようになり，文部科学省から「学校給食用牛乳取り扱い要領」が通知され，学校給食に国産牛乳が供給されるようになった。

1960年代には，乳業界再編成の動きが進行。合わせて牛乳を入れる容器についても瓶容器から紙やプラスチックなどのワンウェイ容器へと移行。1970年代には国内でのロングライフミルク（LL牛乳）の製造・販売に対して一時論争にまで発展したものの，行政の介入もあり一定の収拾をみた。

牛乳の消費環境は，国民の所得向上とともに1990年代まで増加の一途をたどり，日本人の体位向上や体力強化に大きな役割を果たした。1996年には牛乳消費は510万kl台となり，1966年からの30年で約2.5倍にまで増加した。

乳業は戦後食品業界の花形

乳業は基礎となる乳牛の飼養状況からみると，1935年（昭和10年）の16万6,125頭に比べ1953年（33年）は66万1,400頭で398％，1952年（昭和27年）に比べても総飼養頭数は239％で2倍以上増加。牛乳の生産石数は1935年（昭和10年）の174万5,000石に対し，1957年（昭和32年）実績は4.9倍の726万2,000石となり，1頭当たりの搾乳量が増加しており，乳牛の品種改良，飼料の改善，飼育管理の向上によるもの。

戦前1人1日当たりの消費量が生乳換算8.5ｇに対し，1958年（33年）は44.1gとなり518％，26年を100とした指数と比べても276％と大きく伸長。特に都市において消費の増加傾向が著しく，1951年（26年）比で市乳で221％，バターで211％となっている。乳業は戦後食品業界の花形として急速な成長を遂げたが，また一方で問題が多い産業であった。

急増する乳業の設備投資

戦後日本の牛乳生産量は多少の増加率の起伏はあっても年々増加傾向を辿っており，1958年の総生産量は820万石（前年比13.7％増）に達した。

この牛乳の増産に伴い，市乳・乳製品の生産も増加。1950～51年の統制撤廃当時は，乳製品の比率が高かったが，52年以降は市乳のウェイトが高まっている。これは市乳が安定して伸びていることを示す。また，牛乳の増産に伴い，市乳・粉乳・チーズの操業度は飛躍的に増大。チーズ施設も大手4社の他に中小メーカーでも新規計画とその準備が進めら

表① 牛乳の生産実績

年別	生産量（石）	指数
1935年	1,477,347	75.4
1940	20,047,304	104.5
1947	831,768	42.4
1948	981,832	50.1
1949	1,490,904	76.1
1950	1,959,036	100.0
1951	2,334,396	119.1
1952	3,115,524	159.0
1953	3,796,370	193.7
1954	4,952,408	252.7
1955	5,333,199	272.2
1956	6,152,698	314.0
1957	7,262,083	370.6
1958	8,252,620	421.2
1959	9,705,322	495.4

注）指数は1950年を100とした。

れた。

乳業設備に投資された資金は，1955年は14億1,800万円。56年には経済界全般の好況と酪農の活況も相まって，前年投資の約３倍近い41億1,800万円に達し，57年も引き続き増額の47万6,500万円の投資となった。この間，新たな乳業会社の出現があったとはいえ，短期間のうちに14億円台から47億円に急増したことは大きな注目となった。1959年の設備投資は大手４社で約48億円，中小メーカーの設備資金は約５億円と大規模な投資が行われた。

乳価値上げ交渉難航も目途

1958年秋に政治的に値下げされた飲用牛乳の価格は，1960年２月頃から，原乳の値上げを受けて各ブランドごとに値上げ折衝が行われた。協議の結果，大消費地帯における13円，14円ものは６月１日から値上げされることとなったが，廉価な牛乳の値上げは認められなかった。1961年には１円値上げ，62年には普通牛乳１円，加工牛乳，乳飲料は２円アップされた。

1957年度以降の牛乳の販売実績は確実に増加，各社で熾烈な販売競争が行われた。市乳販売の増勢は，貿易自由化問題がクローズアップされたことが背景にある。1961年度（昭和36年度）畜産予算で，畜産物価格安定事業が制度化された。1961年度基準乳価の２円アップの決定から飲用牛乳の値上げ論が台頭。1964年４月に明治乳業が明治牛乳販売店に卸価格１円30銭の値上げを申し入れたのに続き，協同乳業，森永乳業，雪印乳業と相次いで値上げを表明。これに対し東京牛乳商業組合は小売マージンの増額を図り末端４円の値上げを決め指導を要請。値上げ額の配分をめぐり難航したが，各社とも妥結し，６月から全国的に値上げが実施された。

学校給食用牛乳の始まり

1932年に国庫補助による貧困児童救済のための学校給食が実施され，1944年に６大都市で特別配給物資による学校給食が実施。翌45年には脱脂粉乳と味噌汁の給食が行われた。

戦後，1949年にユニセフなど海外援助により学校給食が再開。1950年には８大都市で脱脂粉乳やコッペパンなどの完全給食が実施された。1954年に「学校給食法」が制定。

1957年に農林省が牛乳需給事情の悪化を改善するため，生乳から生産された牛乳を給食に提供。翌58年には牛乳需給の季節調整のための補助経費が予算化。59年には酪農振興法が制定され，学校給食に国産牛乳が法律に基づいて供給されるようになった。

1965年には酪農振興法の一部改正により，国産牛乳の供給を円滑にするための制度整備や援助措置が整えられ，輸入脱脂粉乳から国産牛乳へ逐次切替が進んだ。さらに1966年には高度へき地学校に対してパン・ミルクの無償給食が実施された。1971年から，１人１日あたりの牛乳提供量が小学生は180mℓから200mℓへ，中学生は270mℓから300mℓへと増量された。

1987年４月には，生乳取引基準となる乳脂肪について，従来の3.2％から3.5％に基準が改められると同時に，飲用牛乳の脂肪表示も3.0％から3.4％に改められた。

表②　1955～1958年設備投資

年別	総投資額	内大手４社
1955年	141,800	124,100
56	401,800	300,300
57	476,500	425,600
58	430,300	388,500

注）単位：万円

乳業界再編成への胎動

1963年，協同乳業と雪印乳業との資本，業務提携が可決。これより一足先に牛乳の販売ルート拡張を図っていた明治乳業が三井農林と業務提携を契約，明治牛乳の製造委託と東京都食糧販売協組運傘下の米穀販売店で販売することとなるなど，業界に新たな動きが台頭，業界再編成の動きが進んだ。

1967年，日本乳業協議会（現在，日本乳業協会へ統合）が結成。1968年，瓶容器から紙やプラスチックなどの回収および先便作業が不要なワンウェイ容器に注目が集まった。1969年末からの農林省によるワンウェイ容器振興策をはじめ，牛乳メーカー，包装機材メーカー，商社等の努力により「牛乳」も過去におけるビン包装形態から，紙・ポリ材質等によるワンウェイ容器の開発が世界的に進行。

1973年３月に乳及び乳製品の成分規格等に関する省令（乳等省令）が改正。「加工乳」は，生乳の需給状況からみて，牛乳に代わるべきものとの観点から，なるべく生乳の本質をそこなわないものとすることとし，その原料として濃縮乳を認め，使用する原料の範囲を明確化した。また73年12月に飲用乳価を引き上げ，その７ヵ月後の74年７月にも再度飲用乳価の値上げが行われた。1979年度から，需給均衡を求め，生産者による生乳の計画生産がスタートした。一方で，市場での安売りが蔓延しており，市場の正常化に向けた取り組みが進められた。

1978年に全国牛乳普及協会が設立。2004年に全国牛乳普及協会，全国学校給食用牛乳供給事業推進協議会，酪農乳業情報センターの３団体の統合により，日本酪農乳業協会設立。2013年に公益法人制度改革によりＪミルクとなった。

LL 牛乳の誕生

ロングライフミルク(以下，LL 牛乳)問題をめぐり議論が活発化したのは，1976年春に灘神戸生活協同組合がこの販売準備を開始したことにはじまり，生産者，消費者団体も賛否両論が渦巻いた。

こうした中，灘神戸生協およびダイエーが同年８月から店頭販売を開始したことで，一段と LL 牛乳の政治姿勢を問う声が強まった。

滅菌タイプの牛乳，すなわち LL 牛乳は，雪印乳業がｚ牛乳として船舶や離島向けに出荷していた。一般市場向けは，ネッスル日本が販売したのが第一号となる。灘生協の牛乳は森永乳業，ダイエーは明治 KK 牛乳の牛乳販売開始に先立ち，西友も LL 牛乳の販売を決め，ネッスル牛乳の扱いを開始。関西地区における灘生協，ダイエーの LL 牛乳の販売は東京地区における西友の扱い開始で，東西で LL 牛乳の火の手が大きくなり，生産者団体，消費者団体の反対も激化した。折り合いがつかないまま，農林省が介入。①飲用牛乳はフレッシュを基本とする　②輸入には反対する　③要冷蔵ははずさないという三原則を提示。

生産者側は①製造設備，数量，価格，PR については，乳業者は誠意をもって秩序維持を図るとともに，協議会の決定事項を遵守するよう農林省は協力な指導をする　②万一，乳業者が斡旋案を遵守せず，秩序を乱した場合は当該従業者に対しては，乳の出荷変更，停止など実力をもって対処するという条件付で農林省の斡旋を受け入れ，生・処間の LL 協議会の監視のもとに置かれることとなった。これにより，LL 牛乳論争は一応の収拾をみた。

牛乳消費，96年には510万kℓに到達

飲用牛乳の消費は，1985年，86年と２年連続してマイナス成長となり，業界に危機感が高まった。全国牛乳普及協会を中心に関係各団体で消費のマイナス要因について検討，分析するとともに，業界を

表③　乳業３社集乳状況

単位：t，％

	1965年度(A)	1964年度(B)	A/B	A/C
雪印乳業	805,786	735,735	109.5	24.5
森永乳業	577,059	525,605	109.8	17.6
明治乳業	593,924	566,147	104.9	18.1
小計	1,976,769	1,827,487	108.2	60.2
全国(C)	3,282,000	3,054,386	107.4	100.0

注)有価証券報告書及び農林省の牛乳資料より計算

表④　飲用牛乳等生産量推移

農林水産省調

	実　数　(kℓ)				対前年比(%)				B / A(%)
	飲 用 牛 乳			乳飲料	飲用牛乳			乳飲料	
	計(A)	牛 乳(B)	加工乳		計	牛 乳	加工乳		
1982年	4,219,600	3,494,427	725,173	591,977	102.5	103.8	96.7	98.9	82.8
1983	4,276,796	3,577,216	699,580	630,375	101.4	102.4	96.5	106.5	83.6
1984	4,328,631	3,656,107	672,524	691,405	101.2	102.2	96.1	109.7	84.5
1985	4,276,523	3,648,485	628,038	720,102	98.8	99.8	93.4	104.2	85.3
1986	4,261,053	3,675,575	585,478	711,441	99.6	100.7	93.2	98.7	86.3
1987	4,435,468	3,857,606	577,862	730,262	104.1	105.0	98.7	102.6	86.9
1988	4,656,059	4,043,891	612,168	745,611	105.0	104.8	105.9	102.1	86.8
1989	4,805,414	4,160,641	644,773	761,649	103.2	102.9	105.3	102.2	86.6
1990	4,952,808	4,260,584	692,224	810,136	103.1	102.4	107.4	106.4	86.0
1991	4,969,673	4,242,017	727,656	820,331	100.3	99.6	105.1	101.3	85.4
1992	4,980,908	4,242,465	738,443	847,665	100.2	100.0	101.5	103.3	85.2
1993	4,913,921	4,174,964	738,960	853,262	98.7	98.4	100.1	100.7	85.0
1994	5,142,118	4,335,243	806,875	928,932	104.6	103.8	109.2	108.9	84.3
1995	5,039,320	4,249,653	789,657	920,872	98.0	98.0	97.9	99.1	84.3
1996	5,048,740	4,222,023	826,717	1,027,759	100.2	99.3	104.7	111.6	83.6

表⑤　**LL牛乳販売状況**

単位：mℓ

製品名	製造・販売元	種別	容量	価格	製造時
富士牛乳	守山乳業	牛乳	1,000	250円	1968年
Z牛乳	雪印乳業	加工乳	1,000	250円	1971年
ネッスル牛乳	ネッスル日本	牛乳	1,000	250円	1972年6月
〃	〃	牛乳	500	130円	
きたぐに	森永乳業	牛乳	1,000	250円	1976年5月
コープ北海道牛乳	〃	牛乳	1,000	230円	1976年8月
ディリー牛乳	南日本酪農	牛乳	500	125円	1976年5月
〃	〃	牛乳	1,000	235円	
ディリー高千穂	〃	加工乳	500	140円	〃
〃	〃	加工乳	1,000	250円	
名酪牛乳	名古屋製酪	加工乳	1,000	240円	1975年9月
L牛乳	明治乳業	加工乳	1,000	130円	1976年8月
ロングみやぎ野	宮城野協同乳業	牛乳	1,000	245円	1976年12月

注)中央酪農会議資料参照

挙げて消費促進を図った。

市場は飲料類が氾らん，コーヒードリンクの根強い要求をはじめ,100%果汁飲料,ウーロン茶,スポーツドリンクなど新興勢力が台頭，これら飲料との競合の度合いが強まった。

このような市場背景の中で，生乳取引の基準となる乳脂肪について，1987年に従来の「3.2%」から「3.5%」に引き上げられたのを契機に，普通牛乳の乳脂肪表示も3.4%に改められた。その後，3.5%が一般的となり，消費の伸び率は3.5～7.4%と高い水準で推移。天候も大きな要因となったが，一般景気も1986年11月から上向き始めて上昇気流に乗ったこともあり，牛乳の消費環境は好転し，1987年は過去最高の消費量を記録した。その後も3年連続で大きく消費水準はアップした。国民の所得向上とともに1990年代まで増加の一途をたどり，日本人の体位向上や体力強化に大きな役割を果たした。

また，加工乳についても，牛乳の消費回復とともに減少傾向に歯止めがかかり，上昇に転じた。加工乳が前年を上回ったのは1987年7月で，1972年2月以降，実に14年6ヵ月の出来事であった。加工乳のイメージは内容が問題となった当時とは異なり，ローファット製品から高脂肪製品，カルシウムを強化した製品などバラエティ化され，消費者のニーズに合わせた製品が取りそろえられた。このことが新しい商材を求めていた量販店に格好の販促剤になり,また,一般消費者にも「牛乳のグレードアップ」との好印象で受け止められ，消費の回復剤の一つとなった。

1987年以降，飲用牛乳の消費は，①飲用牛乳の成分のグレード(乳脂肪)アップ　②製品のバラエティ化　③消費者の健康志向の高まりといった要素に加え,④小売価格が低レベルで推移したことなど，消費水準は追い風に乗って一段と押し上げられた。ところが，1989年の飲用牛乳消費は低温・長雨の影響で伸び率が急速に鈍化，対照的に生乳生産量は6%台と高い増加率をマークし，生乳生産量は史上初の800万トンを超える806万トンを記録，生乳需給が転換期を迎えた。1990年には，学乳事業制度が新制度に変更。農水省は「学校ごとの供給日数に応じて助成金を決定，交付する」方針を定めた。これにより，新制度は最低供給日数を90日とし，180日以上の供給日数に対して助成。助成額は180日以上の規定供給日数に応じて学校毎に決まることなった。

その後，3年ほど伸び悩みからマイナス状態にあった飲用牛乳の消費は1993年秋から回復，1994年は空梅雨や猛暑が追い風となり，夏場は2桁増をマーク，年率でも4.6%増と久しぶりに5%近い伸び率をみせた。

その後再び天候不順などにより減少に転じたが，1996年には510万kℓ台に回復。1966年から30年間で約2.5倍に増加した。

飲用牛乳の流通チャネルは1970年代から台頭してきた量販店の勢力が次第に強まり，扱い高を増やしてきた。さらに1975年以降値上げの繰り返しで牛乳の価格は次第に崩れ始め，牛乳販売店の経営を圧迫，廃業する店が相次いだ。メーカーサイドでは「宅配ルート」の見直し，新しいチャネルとして構築し，活性化を図るなど利便性を活かした新しい事業チャネル確立への動きが進んだ。

《特　集》

酪農発展の受入態勢
急増する乳業の設備投資

著しい酪農の発展

近年我が国の酪農は著しい発展を遂げてきた。これは農林省の生産奨励にもよるが，農業の経営改善国民食生活の改善による牛乳乳製品の需要増大等時代の要求によるものと見られる。この酪農規模の拡大と共に，当局は従来の牛乳生産重点施策から，生産，処理，流通の総合施策に転換してきた。流通段階を整備合理化する事によって製品コストを切下げ消費の拡大を図り，ひいては酪農経営の安定を図ろうとするもので，乳業設備については国家資金の導入の積極的な政策を進めている。乳業設備は生産された牛乳の受け入れ体勢であるから，牛乳の増産とともに新，増設されていく。このため乳業の設備投資は乳量の増大につれて年々大きくなり，大手乳業社の例を見ても固定資産は逐年増加，一社平均8～9億円の増加になっている（付表1）。この資金の調達の多くは借入金に求められ，その依存度は高まり，自己資本の比重は非常に少ない状態にある。従って経費に対する利益率は借入金利子等のため低下傾向にある。今後増産されてくる牛乳を消化するためには，生産，消費迄の各段階の整備合理化が重要視されてくるが，設備負担の大きい乳業にとって長期低利資金は絶対に必要にされているわけである。ここに酪農の発展情況に関連して急ピッチで増大している乳業設備の問題等についてふれてみることにした。

高まる市乳部門の比重

戦後我が国の牛乳生産量は多少増加率の起伏はあっても，年々増加傾向を辿っており，33年の総生産量は820万石（対前年比13.7％）に達し，38年には約1,500万石の生産を予想されている（付表2）。この牛乳の増産に伴ない，市乳・乳製品の生産も増加する事は当然ではあるが，原料乳の利用状況は変化をきたしている。付表3の示す通り昭和25～26年の統制撤廃当時は，乳製品の比率が高かったが，27年以降は市乳のウエイトが高くなってきている。これは市乳が安定して伸びているためと見られ，乳製品は市場の安定性が乏しいため好況の時は増加するが不況の時は前年実績を下廻った時もある。この市乳乳製品採算面の関係を見ると付表4の通りバター，脱粉，全粉等はあまり良いとは云えない状態にある。特にバターの生産比率の高い事は乳製品事業全体に及ぼす影響は大きく，このバターのマイナスの面を市乳および他の乳製品でいかに補うか問題になってくるわけで，最近乳製品の二次製品としてアイスクリームが増産されてきた事は，この辺の事情を物語っているようだ（付表5）。また牛乳の増産に伴い市乳・粉乳・チーズの操業度は高まり付表6の通り特にチーズの最高操業度は飛躍的に増大しており，チーズ施設も大手4社の他に中小メーカーでも新規計画とその準備が進められている。

このような操業度の高上に伴い最近の乳業設備計画も市乳部門の比重が高まっており，市乳の大御所といわれる明治，森永が更に施設の増強を図っているのをはじめ，雪印，協乳も増新設を行い，更には乳製品専門の中小メーカーも規模の大小は別としても新設してきている事は注目される。

乳製品工場数は減少

このように乳業企業形態も市場の安定性に乏しい乳製品の製

付表1　大手4社平均1社当り資産の増加（単位億円）

区　分	31年度	32年度
固定資産増加額	9.2	8.7
在庫増加額	2.8	5.6
計	12.0	14.3
借入金増加額	10.8	14.9
短期借入金	(6.6)	(11.2)
固定負債	(4.2)	(3.7)
資本増加額	3.4	1.2
計	14.2	16.1

付表2　牛乳の生産実績及び推定（34年以降は推定）

年　別	生産量(石)	指数
昭和10年	1,477,347	75.4
15	2,047,304	104.5
22	831,768	42.4
23	981,832	50.1
24	1,490,904	76.1
25	1,959,036	100.0
26	2,334,396	119.1
27	3,115,524	159.0
28	3,796,370	193.7
29	4,952,408	252.7
30	5,333,199	272.2
31	6,152,698	314.0
32	7,262,083	370.6
33	8,252,620	421.2
34	9,705,322	495.4
35	10,800,000	551.2
36	12,096,000	617.4
37	13,427,000	685.3
38	14,904,000	760.7

（註）指数は25年を100とした。

1959年（昭和34年）6月号より

今年の飲用牛乳業界の動向と問題点

生乳需給と環境整備からみ，複雑な乳価値上げ問題

（増）産基調を続ける生乳生産だが，その伸びが余りに急激であるがため，需給は緩和状態にある。この状況の中で，生産者は飲用向乳価引上げを要求，交渉が進められているが，販売環境の整備が進まないことからメーカー側は厳しい姿勢を保っている。

一方，牛乳の流通は量販店における販売比率が年々高くなり，それにつれて，専売店，メーカーはそれぞれ対応をせまられてきている。また，ロングライフミルクは生・処の間で妥協が得られたものの，昨秋からローファットミルクが登場，生産者側から規制の声も上がっている。以下，今年の飲用牛乳業界の動向を探ってみた。

生乳増産基調下で需給調整急務となる

（昨）年の生乳生産量は526万トン，前年比6.1％と大幅増産，今年に入っても増産基調で１～６月で既に285万トン，前年比9.4％増と昨年以上のハペイースを続けている。

これに対し，飲用牛乳の消費は昨年333万kℓ，前年比2.9％の伸びにとどまったが，今年は１～６月で168万kℓ，4.6％増と順調に推移してきている。昨年の消費の伸び悩みは，消費シーズンの７，８，９月が涼しかったことが大きく響いている。

今年は昨年に比べ天候が安定しており，６月までに4.6％増となっている。関東地区のメーカーの中では７月まででだいたい10％ぐらいは増えている。

このうち，普通牛乳だけをみれば，51年は244万kℓ，前年比８％増と安定した伸びを見せているが，加工乳は89万kℓ，９％の減少で，今年に入っても加工乳の減少傾向は著しく，普通牛乳は１～６月で128万kℓ，8.4％増に対し，加工乳は41万kℓ，5.8％減少している。

これは酪農牛乳の進出により，成分無調整牛乳が主流となってきており，量販店では，加工乳は扱わ

〈表 1〉 生乳生産量と用途別処理量推移

（農林省調）

年次・月別	実数				対前年比			Ⓑ／Ⓐ
	生乳生産量Ⓐ	処理内訳			生乳生産量	飲用牛乳等向け	乳製品向け	
		飲用牛乳等向けⒷ	乳製品向け	その他				
昭和46	4,819,834	2,663,618	1,996,902	159,314	101.2	101.5	101.8	55.3
47	4,938,793	2,802,987	1,988,482	147,324	102.5	105.2	99.6	56.8
48	4,908,359	2,943,265	1,830,938	134,156	99.4	105.0	92.1	60.0
49	4,868,172	2,975,564	1,765,639	126,969	99.1	101.0	96.4	61.1
50	4,961,017	3,129,864	1,712,514	118,639	101.9	105.2	97.0	63.1
51	5,265,709	3,316,706	1,832,173	116,830	106.1	106.0	107.0	63.0
51，1	398,058	241,550	147,285	9,223	102.4	106.5	96.8	60.7
2	383,733	256,566	118,352	8,815	103.0	106.0	97.6	66.8
3	426,782	256,516	160,454	9,812	103.4	105.6	100.3	60.1
4	442,317	267,623	164,707	9,987	103.8	104.9	102.4	60.5
5	476,322	295,044	170,894	10,384	105.1	103.1	109.3	61.9
6	477,831	299,941	168,644	9,246	104.6	105.4	104.3	62.8
7	481,915	300,493	170,817	10,605	106.8	106.1	108.4	62.4
8	464,516	279,456	174,841	10,219	106.7	104.5	111.0	60.2
9	436,076	291,552	134,728	9,796	106.4	105.7	108.5	66.9
10	437,517	290,799	136,939	9,779	107.6	105.7	112.4	66.5
11	410,294	273,672	127,390	9,232	110.0	107.8	115.6	66.7
12	430,348	263,494	157,122	9,732	111.0	107.5	118.0	61.2
52．1	437,137	255,798	171,727	9,612	109.8	105.9	116.6	58.5
2	405,539	260,220	136,643	8,676	109.5	105.0	119.6	64.2
3	470,263	277,963	182,230	10,070	110.2	108.4	113.6	59.1
4	483,731	284,897	188,567	10,267	109.4	106.5	114.5	58.9
5	525,663	320,180	194,824	10,659	110.4	108.5	114.0	60.9
6	528,178	320,956	196,378	10,844	110.5	107.0	116.4	60.8
1～6	2,850,511	1,720,014	1,070,369	60,128	109.4	106.4	115.1	60.3

1977年(昭和52年) 8月号より

史上最高確実な今年の飲用牛乳

量から質への転換期迎え，体質改善の好機

しばらくは低迷が続くとみられていた飲用牛乳の消費が急回復した。業界の予想を上回る好調さで，２年連続の減産に取り組む酪農乳業界にとっては明るい材料だ。しかし，流れは本当に変わったのだろうか。飲用消費は生乳需要を決める上で重要なファクターであり，今後の動向が注目されている。

昨年12月から軒並み“過去最高”

60年にマイナス成長を経験した業界は，61年に入っても低迷が続いたことに危機感を強め，消費停滞の要因について，関係各団体で分析，検討するとともに，消費拡大対策が最重要課題として，全国牛乳普及協会を中心に，生産者，処理メーカー個々でも消費促進に力を入れた。

その効果もあってか，昨年９月以降消費が回復，今年は通年で２％増程度となり，過去最高の消費量になるのではないかとみられ，業界の表情はいつになく明るい。

酪農乳業界にとって飲用牛乳は，総需要量の３分の２を占める基幹商品であり，この動向は業界全体の生乳需給に大きな影響を与え，メーカーの経営に与える影響も大きい。それだけに，安定成長が期待されていた飲用牛乳がマイナスに転じたことに対する業界の衝撃は強く，危機意識は今までにない高まりをみせた。

特に生産者団体は，加工原料乳保証価格の引き下げに加え，生乳減産体制への移行で，「減少に歯止めをかけ，何としてもこのムードを変えたい」との気運が高まり，中央酪農会議では全国牛乳普及協会とは別途に，３億円の拠出金を集め独自の需要拡大運動を展開，各指定団体でも独自に拡大対策を実施した。

幸い消費は昨年９月にプラスに転じ，10，11月もかろうじて前年をクリア，天候に恵まれた12月は久々に５％増と高い伸びを記録した。これに勢いづいて，今年に入って増加傾向が続き，61年の１～12月では２年連続のマイナスとなったが，４～３月の年度ではわずか（0.2％）ながら前年を上回った。

当初は「一時的現象ではないか」との見方が強かったが，年明け後も増加基調が続き，特に４月以降５，６，７月と月を追って好調さを増したことで自信を強め「回復基調に入った」との見方が強くなっている。

実際に昨年９月，10月，11月の飲用牛乳の月間製造量は前年を上回ったとはいえ，従来のピーク時を下回っている。９月は60年，59年ともマイナスとなっているため，58年９月に比較すると0.7％ほど低い。同じく10月は59年に比べ１％，11月は同2.6％

表①　生乳生産量と用途別処理量推移　農林水産省調

	実数（トン）				対前年比（％）			飲用向比率(B/A)
	生乳生産量(A)	処理内訳			生乳生産量	飲用牛乳等向	乳製品向	
		飲用牛乳等向(B)	乳製品向	その他				
昭和57年	6,747,406	4,214,613	2,385,418	147,375	102.1	102.3	103.6	62.5
58	7,042,314	4,272,427	2,659,833	110,054	104.4	101.4	111.5	60.7
59	7,137,519	4,319,792	2,708,468	109,259	101.4	101.1	101.8	60.5
60	7,380,369	4,306,970	2,965,910	107,489	103.4	99.7	109.5	58.4
61	7,456,940	4,324,273	2,969,805	162,862	101.0	100.4	100.1	58.0
62年1月	589,379	326,385	246,298	16,696	96.6	101.8	88.2	55.4
2	533,064	333,226	183,387	16,451	94.7	102.1	80.9	62.5
3	595,453	345,457	231,469	18,527	92.6	101.5	79.6	58.0
4	626,612	368,068	243,297	15,247	96.6	104.8	85.5	58.7
5	667,929	400,801	250,636	16,492	98.5	104.5	89.4	60.0
6	651,798	410,659	224,770	16,369	99.7	105.6	89.6	63.0
1～6計	3,664,235	2,184,596	1,379,857	99,782	96.5	103.5	85.6	59.6

1987年（昭和62年）８月号より

回復基調の飲用牛乳，酷暑で急上昇

懸念される9月上～中旬の原料乳供給

ここ3年ほど伸び悩みからマイナス状態にあった飲用牛乳の消費は昨年秋から回復，今年は6月以降空梅雨と7月以降の酷暑続きでさらに上昇，昨年度に続いて2年連続して減産調整となった生乳は供給不足気味で，学校給食牛乳が再開する9月上～中旬の原乳手配が問題視されている。

1～6月の生乳生産3％の減産に

中央酪農会議は今年度の生乳生産調整は前年度比97.1％に設定した。今年は個人別目標数量を設定，管理すると同時に，年度途中で廃業者等の個人別生乳出荷量は凍結し，再配分しない方針で臨みこれに伴ない今年度の生乳出荷基礎目標数量は，全国総量で前年度対比比「95.3％」とすることになった。

2年連続減産調整することになった背景にはバターの過剰在庫があり，生乳生産は昨年9月以来生産調整に沿って減産基調に入った。

生乳生産の推移をみると，93年9月に前年同月対比で99.9％と前年実績水準を下回った後，月毎に減産率が高まり，12月には97.5％となった。

今年も表①の通り減産基調が続き，1～6月累計で426万8,000トン，前年同期に比べ97.0％といった状況で推移，減産調整が浸透してきた。

2月に今年度の減産計画を決めた中央酪農会議では7月15日に今年度の生乳需給対策を決めた。中酪が提示した94年度の生乳需給見通しによると，生乳供給は前年実績対比97.0％の816万トン，需要は飲用等向けが511万5,300トン，前年比101.7％，乳製品向けが330万6,000トン，104.5％で，合計842万1,300トン，差し引き25万9,800トンが需要超過となり，乳製品の過剰在庫が解消されることとなる。

しかし，脱脂粉乳の需要は103.2％と見込まれるが，バター需要は前年比100.6％と横ばい状況にとどまることから過剰在庫の解消は望めないため，一部に減産計画修正の意見もあったが，当初決定した減産計画（97.1％）は継続実施することになった。

また，生産調整の取り組みのための搾乳牛とう汰は，当初予定されていた4万頭から2万頭を対象に8月から実施されることになったが，当面の生乳需給状況からみて実施は先に延ばしそうだ。

飲用牛乳消費見通し上方修正

今年の飲用牛乳の消費は当初101％見当の増加率と見込まれていたが，空梅雨と高温の気象状況から，見通しは102％に上方修正されてきた。

1991～92年にかけての横ばい状況から93年にはマイナスに落ち込んできた飲用牛乳の消費は昨年11月から上向きに転じてきた。

表①　生乳生産量と用途別処理量推移　農林水産省調

	実数（トン）				対前年比（％）			飲用向比率(B/A)
	生乳生産量(A)	処理内容			生乳生産量	飲用乳等向	乳製品向	
		飲用牛乳等向(B)	乳製品向	その他				
1986年	7,456,940	4,324,273	2,969,805	162,862	101.0	100.4	100.1	58.0
87	7,334,943	4,519,018	2,626,959	188,966	98.4	104.5	88.5	61.6
88	7,606,774	4,761,071	2,718,497	127,206	103.7	105.4	103.5	62.6
89	8,058,946	4,947,141	2,988,931	122,814	105.9	103.9	109.9	61.4
90	8,189,348	5,059,835	3,001,640	127,873	101.6	102.3	100.4	61.4
91	8,259,134	5,091,836	3,043,713	123,585	100.9	100.6	101.4	61.6
92	8,576,442	5,131,254	3,328,995	116,193	103.8	100.8	109.4	59.8
93	8,625,699	5,032,398	3,470,594	122,707	100.6	98.1	104.3	58.3
94. 1	701,385	388,478	300,275	12,632	97.0	99.6	92.9	55.4
2	642,512	386,596	243,489	12,427	96.7	100.1	90.4	60.2
3	716,632	410,050	289,817	16,765	95.7	99.9	88.0	57.2
4	716,999	427,102	278,272	11,625	97.0	101.9	89.7	59.5
5	752,712	453,044	287,448	12,220	96.8	102.0	89.0	60.2
6	737,977	464,164	261,631	12,182	99.0	104.0	90.5	62.9
1～6	4,268,217	2,528,685	1,601,681	77,851	97.0	101.3	90.1	57.9

1994年（平成6年）8月号より

幾度の踊り場を経て上昇する発酵乳市場

創生期～本格的ヨーグルトの時代へ

国内のヨーグルト市場は1955年頃から普及は本格化。1955年代までは寒天で固め，味を付けた固形ヨーグルトが主であった。製品そのものの組成を変えた製品多様化の第1弾が1969年に発売されたソフトヨーグルトの登場であり，そして今日のプレーンヨーグルトの時代の先鞭をつけたのが，明治のプレーンヨーグルト，現在の明治ブルガリアヨーグルトであった。

1980年代に入り，乳業界は新製品開発気運が上昇。その中でも特にヨーグルトを中心としたチルドデザートに注目が集まり，規模拡大に向けて一段と弾みがかかった。

1984年に一時伸び悩んだ後の4年間，5％以上の伸び率で順調に推移。特に88～89年にかけては，ニュース番組でヨーグルトが取り上げられた効果もあって2桁増をマーク。しかし1990年はその反動で伸び悩んだ。

1991年後半から市場は再び回復。1992年の年明け後は、1月のヨーグルト摂取効果についてのテレビ放送で消費を刺激，業界に明るさが蘇ってきた。

1950年に明治が本格製造

ヨーグルトは昔からブルガリア地方で盛んに愛用された。我が国では明治41年に千秋博士によって紹介されたのが最初となる。しかし国内でヨーグルトが普及したのは1955年ごろからといっても過言ではないようだ。1950年(昭和25年)に明治乳業が本格的製造を始め，次いで森永乳業，カルピス食品工業，西多摩酪農協組(現，協同乳業)が生産を行った。同年夏ごろから保証牛乳，秋広牛乳(のちに協乳に合併)が，51年からは第一牛乳がそれぞれカルピス食品工業に製造を委託。52年になり，保証牛乳，第一牛乳，秋広牛乳ともに自社生産に入った。

当時，ヨーグルトの消費普及推進のため，醗酵乳協会主催による我が国初のヨーグルト普及宣伝を1950年6月に銀座三越で開き，製品展示と試飲会を実施した。その後ヨーグルトの消費普及は日本ヨーグルト協会で毎春行われた結果，ヨーグルトの消費は急カーブを描いて上昇。1957年には京浜地区だけで日量60万本に達した。

このヨーグルトの消費増に一役買ったのはフルーツもので，先駆はピルマン。ピルマン製造は1956年8月に製造，生産を開始。明治のルートで販売を開始した。1957年には販売日量は15～16万本をマーク，フルーツ物全盛を謳歌した。

本格的ヨーグルト時代が到来

ヨーグルトは1955年代までは寒天で固め，味を付けた固形ヨーグルトが主であった。その中にフルーツのフレーバーをつけた「フルーツヨーグルト」によって消費刺激策がとられたこともあった。

しかし製品そのものの組成を変えた製品多様化の第1弾はソフトヨーグルト＝雪印ヨグールと森永ヨープルの登場であり，そして今日のプレーンヨーグルト時代の先鞭をつけたのが，明治のプレーンヨーグルト，現在の明治ブルガリアヨーグルトとなる。

ソフトヨーグルトは1969年6月～7月にかけ，雪印乳業，森永乳業が相次いで発売，新タイプのヨーグルトとして注目されるとともに，その物流・小流に大きな特徴があった。

雪印はヨグールの発売を契機に第4のチャネルを

表①　ソフトヨーグルトの銘柄，種類一覧表

会社名	工場	種類	内容量	販売価格	備考
雪印乳業 (ヨグール)	日野工場 東京工場 神戸工場 名古屋工場 札幌工場 仙台工場 福岡工場	パイン オレンジ フルーツカクテル	140CC 〃 〃	60円 〃 〃	関西6月下旬出荷 関東7月中旬出荷 東海8月出荷 北海道9月出荷 九州10月出荷 東北1970年3月出荷
スイス・デイリー・トリート(ヨープル)	森永乳業 新宿工場	ストロベリー オレンジ パイン	150CC 〃 〃	70円 〃 〃	7/21京浜地区出荷 1970年5月上旬 東海，関西出荷
明治乳業 (ジュネス)	神奈川工場 西宮工場	オレンジ パイン ストロベリー	140CC 〃 〃	60円 〃 〃	1970年3月下旬出荷 (東京，東海，関西)
グリコ協同乳業 (エル)	東京工場	オレンジ パイン ストロベリー	120CC 〃 〃	50円 〃 〃	1970年3月末京浜地区出荷
東和酪品 (プリンヨーグルト)		オレンジ	100CC	40円	1970年1月名古屋地区出荷
大阪府牛乳協業	関西ルナ	オレンジ パイン	140CC 〃	60円 〃	3月21日出荷
協同乳業 (ヨーレ)	東京工場		140CC	60円	7月発売予定

注）日刊経済通信社調

作っていく方針を打ち出し，牛乳販売店ルートはもとより，アイスクリームルート，乳製品特約店とすべての販売ルートを活用。森永は“ヨープル”を販売する新会社「スイスデイリー・トリート」を設立。冷蔵車で販売店まで直接配送する当時としては最新のクールチェーンシステムにより，品質保管をはかるシステムを採用，今日の物流システムの先鞭をつけた。

この販売会社はその後デイリーフーヅに引き継がれ，同社のチルド事業部の母体となった。

ソフトヨーグルトの開発は，単なる新製品の開発だけでなく，既存の牛乳販売ルートから脱皮，量販店市場の開拓も進めていった。

これを契機に牛乳も量販店市場へ流れ，牛乳販売にも一大変革をもたらしたことはいうまでもない。

果肉入りソフトヨーグルトが発売されてから2年後に明治乳業がプレーンタイプのヨーグルト“明治プレーンヨーグルト”を，さらに1973年12月に“明治ブルガリアヨーグルト”を発売した。

ハードものからソフトタイプ，そしてプレーンタイプへと多様化してきたヨーグルト市場は消費も本格化へとより一層飛躍をみせた。

チルドデザート市場でヨーグルトが躍進

1980年代に入り，乳業界は新製品開発気運が上昇。その中でも特にヨーグルトを中心としたチルドデザートに注目が集まり，規模拡大に向けて一段と弾みがかかった。

この点火の役割を果たしたのが，味の素ダノン，全農の進出であろう。

両社はともにフランス企業と提携してのチルドデザート市場への参入であるが，全者はフレッシュチーズ・チーズ＆フルーツ，クリーム及びフルーツダネッサといった商品群であり，全農はヨーグルトに的を絞っている。

味の素ダノンの販売開始を前に，明治，雪印両社は期を同じくしてフルーツヨーグルトを発売，製品の多様化を推進。

具体的には，雪印はヨグール(キウイフルーツ)，ナチュレにフルーツソースを充填したナチュレ＆フルーツ，ヨーグルトナチュレの250ml入り，ヨグールのラズベリーを発売。明治乳業はブルガリアプレーンヨーグルトと同じソフトヨーグルト(フルーツ入り)を投入。森永乳業はロングライプタイプの森永ヨープル(ストロベリー，オレンジ)を発売。協同乳業はヨーレヨーグルトを出荷。ヨーグルト＆フルーツ(ジャムをセパレート容器に入れたもの)を発売した。グリコ協乳はグリコヨーグルト健康のデザイン，容量を変更して出荷。そのほか新規メーカーの参入で市場は活性化，販売金額も大きく伸長。牛乳・乳製品の消費が低成長の中にあって，ヨーグルトは2桁台の伸びを継続した。

表②　1980年～81年にかけての新製品発売状況

社名	製品名	荷姿	標準小売価格(円)	発売日
明治	明治ブルガリアヨーグルト	130g×20	100	1980.10.1
	同ソフトヨーグルト（オレンジ・パイン・ストロベリー）	130g×20	120	〃
	明治乳業チーズオンゼリー（レモン，メロン，ストロベリー）	100g×20	90	80.12.1
	明治乳業ババロア	100mℓ×20	100	80.12.1
	明治ブルガリアソフトヨーグルト	130g×20	120	51.3.25
	明治ブルガリアヨーグルト	500mℓ	250	容器変更
雪印乳業	ナチュレ&フルーツ（ブルーベリー，アプリコット，ストロベリー）	110mℓ	120	80.9.24
	雪印レトアール（クリーム・チーズムース）	100mℓ	100	80.9.24
	雪印ヨグール（キウイ）	130mℓ	100	80.9
	雪印ヨーグルト・ナチュレ	250mℓ	150	81.4.1
	雪印ヨグール（ラズベリー）	130mℓ	100	〃
森永乳業	LL森永ヨープル（ストロベリー，オレンジ）	100mℓ×20	100	80.9.18
協同乳業	名糖ジョイホームヨーグルトタイプ	1,000mℓ	450	80.3
	ヨーレヨーグルト	100g×２	100	80.7
	〃（ドリンク）	100g×２	150	〃
	ヨーグルト&フルーツ	100mℓ＋ジャム18g×12	130	81.3
グリコ協乳	グリコヨーグルト健康	103g	80	81.3
ヤクルト	ヤクルトナチュラルヨーグルト	250mℓ	120	80.4

健康・グルメ志向の新商品発売相次ぐ

ヨーグルト消費は，幾度かの踊り場を経ながら上昇基調を辿ってきた。

1984年に一時伸び悩んだ後の４年間，５％以上の伸び率で順調に推移。特に88～89年にかけては，ニュース番組でヨーグルトが取り上げられた効果もあって２桁増をマーク。しかし1990年はその反動で伸び悩んだ。

ドリンクタイプのヨーグルトは1982年に500mℓサイズが登場，市場を拡大した。この効果が薄れ伸び悩んだ時に登場したのが紙パックの１Ｌサイズであった。

従来ドリンクタイプは100mℓの小型容器であったが，82年に500mℓの登場が一つの刺激剤となり，次いで明治乳業が注ぎ口つきの紙容器で「ブルガリアブランド」製品を発売したことがドリンクヨーグルトの第２次ブームの火付け役となり，市場拡大の役割を果たした。1990年に若干のマイナスとなり，一つの過渡期に立たされた。

1991年後半から発酵乳市場は再び回復,。1992年年明け後は，１月のヨーグルト摂取効果についてのテレビ放送で再び消費を刺激，業界に明るさが蘇ってきた。テレビ放送では，ヨーグルトに数多く含まれている「乳酸菌」について発表され，第１弾は1989年，第２弾は1992年１月に放送された。

それぞれヨーグルトを摂取することによる効果について説明がなされ，いずれも乳酸菌研究の権威者が出演し，乳酸菌の効用を解説。放送後はスーパーの棚からヨーグルトが消えるなど消費が急上昇，これにより乳業系の91年度の乳業系メーカーの生産量は全年対比で２％方上回った。

表③　発酵乳主要各社の販売動向

日刊経済通信社調（単位：万円）

	1988年		1989年	
	金額	前年比	金額	前年比
ヤクルト本社	40,660	107.0	42,700	105.0
雪印乳業	32,000	112.0	34,200	107.0
明治乳業	31,500	116.7	34,600	110.0
森永乳業	14,300	110.0	16,000	112.0
グリコ乳業	8,000	108.0	8,500	106.0
チチヤス	5,500	110.0	6,000	109.0
ヨーク本社	5,000	100.0	5,300	106.0
協同乳業	4,240	106.0	4,240	100.0
全酪連	4,200	121.4	5,000	120.0
ダノン	3,900	100.0	4,550	117.0
全農直販	2,500	111.0	2,630	105.2
オハヨー乳業	2,400	120.0	2,700	112.5
関西ルナ	2,280	108.0		
小岩井乳業	2,040	128.0	2,270	111.2

注）各社決算年度。1989年は一部推定値

あ、しぼりたて。
が、いつでも新鮮。

「生しょうゆ」の「生」って何？
って思ってたけど、そうか、これなんだぁ。
フレッシュな味わいに、素材がぐんと引きたつ感じ。
その秘密は、火入れをしない非加熱製法から生まれた
鮮やかな色、おだやかな香り、さらりとしつつ豊かなうまみ。
そして、開けてからも鮮度をキープする、密封ボトル。
一滴ずつ使えて、最後の一滴まで新鮮。
いつもの料理がほら、ひとつ上の味になる。

いつでも新鮮®
しぼりたて生しょうゆ

しぼりたて生　検索

キッコーマンお客様相談センター 0120-120-358

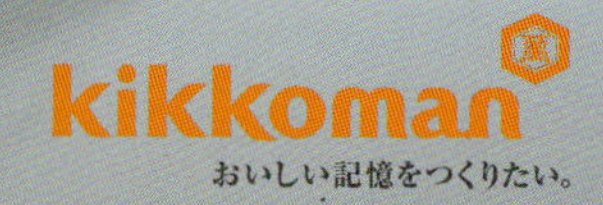

おいしい記憶をつくりたい。

「いただきます」を
つないでいく。
心に届く、美味しさを
いつでも、どこへでも、
あたたかい食卓がもたらす幸せを
つないでいきたい。
私たちは「心に届く、美味しさを」を
“まもる・つなぐ・つくる”ことで、
豊かな食を絶やさないことを使命に、
流通改革に挑み続けます。
美味しいごはんがいつでも
「あたりまえ」にあるために。

味わい、
さらに洗練。
新三段仕込の
こだわり仕上げ
大関
のもの
も
国産米
一〇〇%
使用
全国燗酒
コンテスト受賞
KAN SAKE AWARD
2023
最高金賞
日本酒2.0ℓ
nomo nomo
［2.0ℓ］

日清製粉
Welna
国内麦
小麦粉
使用
麺作りに適した独自ブレンドの国内麦小麦粉使用
本場四国香川名産
川田製麺
国内麦小麦粉使用
讃岐そうめん
なめらかさと弾力のある食感
ゆで時間2分
川田製麺
国内麦小麦粉使用
讃岐ひやむぎ
なめらかさと弾力のある食感
ゆで時間4分
川田製麺
国内麦小麦粉使用
讃岐うどん
コシと弾力のある食感
ゆで時間11分
川田製麺
国内麦小麦粉使用
讃岐そうめん 400g
川田製麺
国内麦小麦粉使用
讃岐ひやむぎ 400g
川田製麺
国内麦小麦粉使用
讃岐うどん 400g
株式会社 日清製粉ウェルナ

Eat Well, Live Well.
AJINOMOTO
いつでも、ふぅ。
AGF
さ、
インスタン
トん♪
AGF
Blendy
インスタントコーヒー
AGF
ちょっと
贅沢な
珈琲店
スペシャル・ブレンド
濃く芳醇な香りと深いコク

おいしさ、キラリ
明星
一平ちゃん
夜店の焼そば
一平ちゃん
オリジナル
からしマヨネーズ
マヨビーム
からし
マヨネーズ
一平ちゃん
オリジナル
新
マヨネーズの
コクアップ
2023年7月発売品比
"新・一平ちゃんオリジナルからしマヨネーズ"が、
ソースの旨さを引き立てる!
明星 一平ちゃん夜店の焼そば
明星 一平ちゃん夜店の焼そば 大盛

新技とは挑戦すること
技を磨けば、またひとつ、うまくなる。
世界を酔わせた芋焼酎
IWSC 95pts
IWSC2023金賞
SFWSC2023金賞
特許「磨き蒸留」芋焼酎
あらわざ
新技
桜島
ARAWAZA
プロサッカー選手
大迫 勇也
飲酒は20歳を過ぎてから。飲酒運転は絶対にやめましょう。妊娠中や授乳期の飲酒はお控えください。お酒は楽しく適量を。本坊酒造株式会社

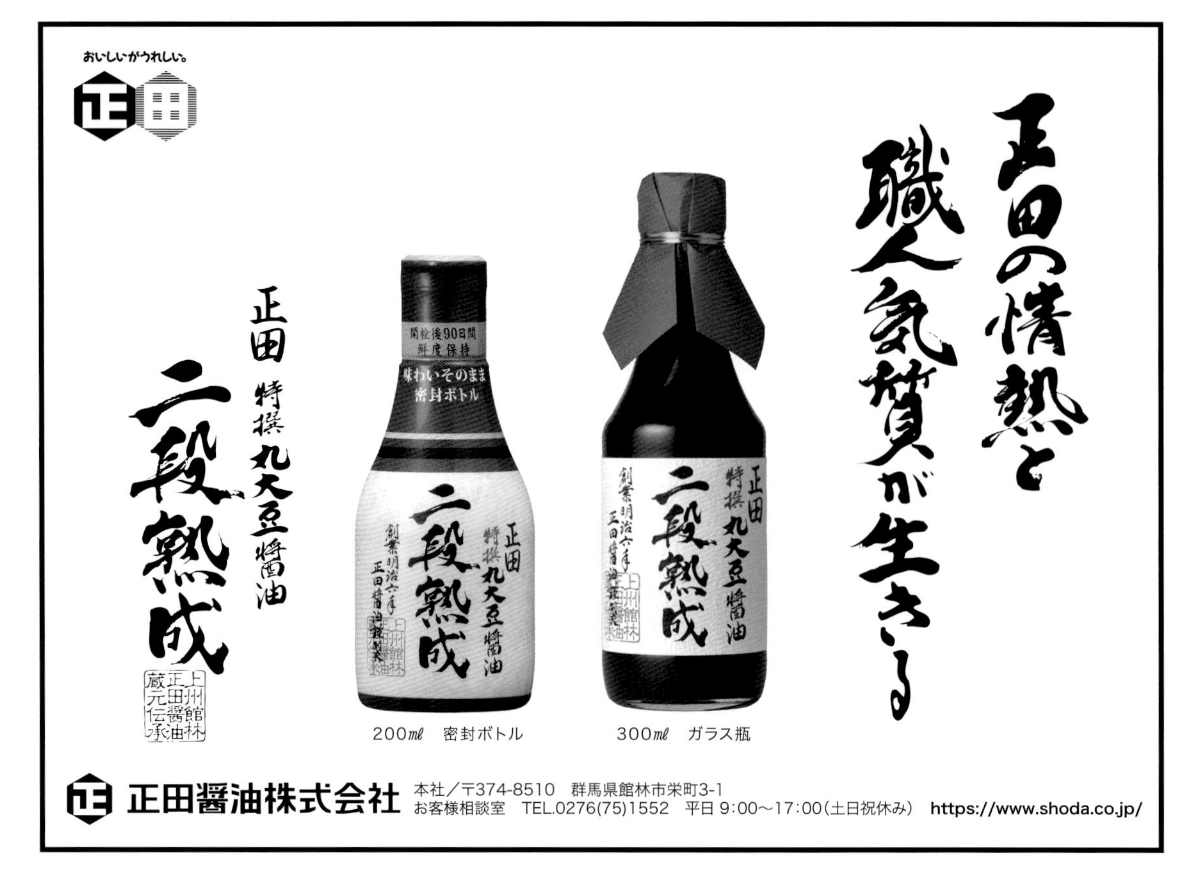

おいしいがうれしい。
正田の情熱と職人気質が生きる
正田 特撰丸大豆醤油
二段熟成
上州館林 正田醤油 蔵元伝承
開栓後90日間 鮮度保持
味わいそのまま 密封ボトル
200㎖ 密封ボトル
300㎖ ガラス瓶
正田醤油株式会社
本社／〒374-8510 群馬県館林市栄町3-1
お客様相談室 TEL.0276(75)1552 平日 9:00〜17:00(土日祝休み) https://www.shoda.co.jp/

ホンモノは、おいしい。
OHAYO
しあわせの余韻を楽しむ、
プレミアムなミルクアイス
こだわりの製法で焼き上げた
ほろ苦いパリパリのキャラメリゼが
濃厚なミルクアイスと絡み合う
今日あったしあわせな出来事の余韻を
ブリュレとともに楽しむ、
そんなアイスクリームです
BRULEE
ブリュレ
オハヨー乳業株式会社

S&B
すごいよ
パウダー
ルウ
POWDER ROUX
パウダールウ
赤缶カレー
栗原はるみ
わたしのカレー
キーマカレー
SPICE
PREMIUM
マサラカレー
エスビー食品株式会社

SSK
清水食品
The Cheese
チーズ好きのための濃厚スープ
The Cheese
ゴルゴンゾーラのスープ
ゴルゴンゾーラ
The Cheese
トマトとマスカルポーネのスープ
トマトとマスカルポーネ

手軽につくれて、味わい本格。
うどんスープ
60周年
かつお節と昆布のうま味に淡口しょうゆを合わせた、「うどんスープ」。
粉末だから、お湯をそそぐだけで本格的なうどんつゆができあがります。
いろんなメニューにも使えるので、とっても便利です。
関西だし味本格的
粉末つゆの素
うどんスープ
ヒガシマル
1人前×6袋入
うどんスープ 6袋入〔東日本限定〕
関西だし味本格的
粉末つゆの素
うどんスープ
ヒガシマル
1人前×8袋入
うどんスープ 8袋入〔西日本限定〕
そばスープ
そばスープ 4袋入
ちゃんぽんうどんスープ
ちゃんぽんうどんスープ 3袋入
カレーうどんスープ
カレーうどんスープ 3袋入
おいしさをずっと、400年。
ヒガシマル醤油
https://www.higashimaru.co.jp/
お客様相談室 ☎0791(63)4635(受付時間/9:00～17:00土･日･祝日･年末年始･夏期休暇を除く)

ごはんの時間は、
忘れられない時間になっていく。

「いただきます」「ごちそうさま」。
ふと思い出すのは特別な時間ではなく、
家族と食べたごはんのことかもしれません。
「のりたま」はこれからも
毎日をがんばる人に寄り添い続けます。

ごはんといっしょに。
今日もおいしく
丸美屋

丸美屋ホームページ https://www.marumiya.co.jp

《特　集》

頭打ち傾向のヨーグルト

P.R の強化が急務

古い歴史　牛乳を主原料とし，牛乳より更に一歩前進した，消化吸改されやすい完全栄養食品といわれるヨーグルトは，その歴史は古く滋養飲料或は薬用として西歴紀元前既に飲用されていた。聖書の中にも「アブラハムが三人の旅行者を引見した時，その旅行者はヨーグルト及び犢肉を饗応した」事が記載されており，また古代文化の栄えたエジプトにも一種のヨーグルトが普及していた。このように古い歴史を持つヨーグルトは今日洋の東西を問わず日を追って飲用者が増加しつつあり文明国では科学的にこれを検討した結果，その効用を認め，益々発展を遂げた。

25年に明治が本格製造

ヨーグルトは昔からブルガリア地方で盛んに愛用された。ヨーロッパ地方では既に広く愛用されている。我が国では明治41年に千秋雄雌郎博士によって紹介されたのが最初で，博士は酵素を輸入して種々研究した結果完全な製品を得るに至ったのである。然し我が国でヨーグルトが普及したのは殆んどこの4～5年の間といっても過言ではないようだ。勿論戦前も製造販売はされていたが，ヨーグルトが企業的に採算が合うようになったのは昭和25年頃からで，それ迄は市乳工場の片手間式に幼稚な設備で行われていたにすぎなかった。先づ，25年に明治乳業が両国工場で本格的製造を始め，次いで森永乳業，カルピス食品工業，西多摩酪農協組(現在の協同乳業)が生産を行った。当時の生産量は明治乳業が5,000本～5,500本，森永乳業は3,500本位と推定されているが，当時森永乳業はカルピス食品工業に製造を委託していたといわれる。25年夏頃から保証牛乳，秋広牛乳（後に協乳に合併）が，26年からは第一牛乳がそれぞれカルピス食品工業に製造を委託，保証牛乳は6,000本，秋広牛乳3,000～4,000本，第一牛乳は4,000本を委託していたようで，カルピス食品工業の生産量は26年に2万本に達した。その後27年になってから保証，第一，秋広ともに自社生産に入った。当時ヨーグルトの消費普及推進のため，醱酵乳協会（昭和25年創立，29年解散）主催による我国始めてのヨーグルト普及宣伝を昭和25年6月銀座三越で開き，製品展示を行うと共に1本10円也で試飲会を行い1日最高1,500～2,000本の売上げを見た。その後ヨーグルトの消費普及は日本ヨーグルト協会（昭和31年設立現会長大野森永乳業専務）で毎春行ってきている。この結果ヨーグルトの消費は急カーブを描いて上昇，32年には京浜地区だけで日量60万本に達したのである。

製造工場は全国で百余ケ所

ヨーグルトの製造工場数の最近の数はまとまってないが，昭和29年7月現在の工場数は全国飲用牛乳協会の調査によると付表1の通り86工場で月間生産量は8,545,636本，1日平均では255,000本という数字が出ている。その後は各乳業会社の設備の新設，増強によって増加しており，製造ケ所は100ケ所は越しているものと見られる。このヨーグルトの大口消費地区はなんといっても京浜地区が圧倒的に多く，消費量は全国の約3分の2を占めているといわれる。そこで都内に於ける牛乳販売店のヨーグルトの販売実態（昭和32年2月現在の都牛乳事業協組調査による）を見てみると月間販売総数は545万本で販売日量は約20万本近くに達している。

1959年(昭和34年) 11月号より

活況をおびるソフトヨーグルト業界

この秋がブランドの雌雄を決める第一のヤマ

昨年6月下旬に雪印乳業が関西地区で，果肉入りソフトヨーグルトを発売して以来，森永が，東食，凸版印刷と提携，新会社を設立，7月に京浜地区に出荷を開始，今年になって明治、グリコ乳業、等大手メーカをはじめ、ローカールメーカーが相次いで発売した。近く乳酸菌飲料の大手であるヤクルトがソフトヨーグルト業界に進出する準備を進めており，ソフトヨーグルト業界は俄然にぎやかになってきた。

それにつれて市場の販売競争も激しくなりつつあり，今年の秋がブランドの雌雄を決める第一のヤマとなりつつある。

ソフトヨーグルト抬頭の背景

最近の銘乳業界はシビアな販売競争を展開している反面，製品はソフトアイスクリーム，ソフトチーズ発売以来高度成長を遂げたソフトマーガリンなど，ソフト傾向が一段と高まってきた。

ソフトヨーグルトはスイスでフルーツチップ入りの製品が開発され，その後フランスにおける食品ショーで紹介されてから欧米各国に広まった。

この状況を知った国内メーカーは研究陣を動員製品開発をはかったことはいうまでもない。我が国の乳業界はかつて市乳の高成長により支えられてきたが42年以降はその成長率も鈍化していた。また市乳部門でも普通牛乳は赤字を余儀なくされていたが近年は加工乳の採算も悪化，加えて乳飲料が41年の表示問題以来消費が減退基調に変わり，今日なお減少傾向を続けている。

従って各社市乳部門の建て直しのため，市乳を中心とした販売施策の脱皮をはかるため，1昨年にはカンフル剤として乳酸菌飲料サワーを発売，更に積極的に転換をはかっていくためこのソフトヨーグルトを開発，製品化するに致ったことはいうまでもない。

従来の市乳部門は極端な言い方をすれば，ただ牛乳を壜詰めしていれば売れていた。これが一端消費の成長が鈍化してきた場合，回復対策の極め手を暗中摸索しているなかにあって，消費者の嗜好，変化に対処，製品開発をはかっていく必要が生じてきたのである。

また昨今の添加物の問題の台頭もあって純正食品としての方向性を生み出しつつあった。それが今回発売されたソフトヨーグルトであるといえよう。

トップをきった雪印乳業

雪印乳業 この新製品の発売にあたっては各社各様の販売戦略を講じているが，終極的にはデパート，スーパー等大量販売店の露出度向上を狙っている。このなかにあって近く進出するヤクルトが，宅配を狙いとしていることから今後の販売戦動向が注目されている。

1970年(昭和45年) 6月号より

明るさ蘇るヨーグルト市場

昨年の生産量は15年ぶりの減産に

一昨年後半から昨年にかけてマイナス現象が続いたヨーグルト市場は昨年秋から回復，年明け後は1月のヨーグルト摂取効果についてのTV放送で再び消費を刺激，業界に明るさが蘇ってきた。

テレビ放送によって，2度にわたる消費効果現象を受けて，改めてヨーグルトの消費啓蒙のあり方が示唆されたと言えよう。

減産の中で乳業系のシェア上昇

ここ数年，順調に推移してきたヨーグルトの生産量は，一昨年（1990年）は7月から前年実績を下回り始め，一進一退の状態を繰り返し，結局年間では2.7%の増加にとどまった。

翌91年は，年初から減少基調が続き，6月には前年同月比は12%減と2ケタダウンを示すなど状況は厳しく，7月以降も減産が続き，年間では44万6,000kℓ，前年比5.0%の減産となった。総生産量が前年実績を下回ったのは実に15年ぶりのことである。

この間に業界の生産構造も大きく変化，乳業メーカーのウエイトが上昇傾向が続いた。1981年（昭和56年）に乳処理業とその他企業の生産シェアが逆転して以来，その差は開くばかり。1989年の後半，乳処理業者の生産量が2ケタ増で推移していた反面，その他企業は減産傾向を辿っていた。翌90年の前半，その他企業の生産は何とか前年実績をクリアしていたものの，7月以降の消費ダウンをモロに受け，マイナス基調となり，91年の生産量は14万7,000kℓ，9.7%減と2ケタ近い減産となった。

乳業メーカーの場合，90年の後半に生産がダウンしたとはいえ，年間では30万6,586kℓ，6.1%増加，91年では11月に増量に転じ12月には9.7%増加，年間では29万8,800kℓ，2.5%の減と，その他企業の減

表①　発酵乳の年次別生産動向　（単位：数量kℓ，金額百万円）

年次＼項目	乳処理業		その他企業		合計		金額	前年比
	数量	前年比	数量	前年比	数量	前年比		
1976年	68,309	79.9	76,911	120.5	145,220	97.3	34,853	97.3
77	77,402	113.3	90,383	117.5	167,785	115.5	40,059	115.5
78	80,453	103.9	96,453	106.7	176,906	105.4	44,785	110.3
79	110,180	136.9	119,464	123.8	229,644	129.8	68,900	153.5
80	114,234	103.6	134,099	112.3	248,333	108.1	86,900	126.9
81	144,182	126.2	123,620	92.2	267,806	107.8	107,122	123.2
82	157,596	109.3	112,700	91.2	270,296	100.9	107,750	100.2
83	175,301	111.2	128,400	113.9	303,701	112.3	121,065	112.2
84	172,361	98.3	139,063	108.3	311,424	102.5	124,150	102.5
85	187,515	100.7	141,874	102.0	329,389	105.7	131,639	106.0
86	207,194	110.4	144,348	101.8	351,142	106.7	140,450	106.7
87	225,054	108.6	158,593	109.9	383,732	109.1	150,000	106.8
88	262,396	116.6	172,934	109.0	435,330	113.4	170,150	113.4
89	288,740	110.0	168,900	97.7	457,640	105.1	178,600	105.0
90	306,586	106.1	163,000	96.8	469,586	102.7	184,000	103.0
91	298,586	97.5	147,220	90.3	446,025	95.0	185,000	100.5

注）資料は乳処理業は農水省調，その他企業は食料需給研究センター調

1992年(平成4年) 4月号より

躍進した昭和の市販用チーズ

酪農発展の受け入れ態勢に

チーズは中・長期的に拡大基調を続けている。本来の美味しさに加え，近年では優れた機能性も報告され，酪農乳業界にとっても最も期待される分野だろう。日刊経済通信社が創業した昭和30年（1955年）は，酪農発展の受け入れ態勢のひとつだった。

メーカーの変遷

本誌「酒類食品統計月報」創刊第4号の昭和34年(1959年)6月号には，「酪農発展の受入体制―急増する乳業の設備投資」と題した特集が組まれた。国民の食生活の改善に向けて酪農も規模拡大が進む中，従来の牛乳生産重点施策から生産・処理・流通の総合施策へと転換が図られた。乳業設備は生産された生乳の受入体制として，生乳の増産とともに新・増設が行われた。なお，同31年(1956年)のチーズ製造工場数は12工場。同35年(1960年)の国内チーズ生産量は5,200トン。

一方，輸入は同28年(1953年)に自由化され，同36年(1961年)前後の国内生乳不足で急激に増加。海外に原料を依存する度合が高まるとともに乳業以外からも参入が相次いだ。

同40年(1965年)のチーズ企業は，6割以上のシェアを占める雪印乳業がトップ。次いで豪州酪農庁の指定工場としてスタートした六甲バターのシェアが約1割。以下，明治乳業(明治)，森永乳業，チロリアン(旭電化工業)，日本水産，宝幸ロルフなどが続いている。

同46年(1971年)，森永乳業は米国クラフト社と提携し，エムケーチーズを設立。明治乳業は米国ボーデン社と，オハヨー乳業は西武と提携した。小岩井乳業はキリンビールと小岩井農牧との提携で設立。一方，同47年(1972年)，旭電化工業はチロリアンブランドを明治乳業に移譲し撤退。新世乳業は解散した。同55年(1980年)には味の素ダノン，四国乳業，全農直販が参入。数量は少ないものの，市場拡大とともに新規参入が増加した。

シェアでは同54年(1979年)に明治乳業が六甲バターを抜き2位となったがその後巻き返され，小岩井乳業は贈答セット強化で丸大食品を上回った。森永乳業はチーズバーガーの寄与で業務用を著しく拡大させた。

平成2年(1990年)に明治乳業はボーデン社との提携を解消。国産原料を全面に打ち出した「北海道十勝」ブランドを設立した。その後，雪印乳業が「雪印北海道100」ブランドを，森永乳業が「クラフト　まるごと北海道」シリーズを投入した。

伸長著しい昭和40年以降

昭和45年(1970年)の市販用チーズは，消費爽広大を背景に乳製品のなかでも成長商品として期待が寄せられていた。生産状況はこの9年間で実に7.3倍と伸び，年間生産量は43年にバター生産量を追い越した。昭和30年わずか1,200トンだった生産量は，35年に5,200トン，40年に1万5,000トン，44年に3万8,000トンと伸長。しかし昭和45年(1970年)1～8月累計では前年比9.5％の増加にとどまっていた。各社の販売プロモーションも活発に行なわれ

表①　チーズの年次別生産状況

	生産量	前年比	指数
昭和30年	1,210	–	100.0
35年	5,213	430.7	430.7
36	6,660	127.7	550.3
37	7,766	116.6	641.7
38	11,925	153.5	985.3
39	13,238	111.0	1,093.8
40	15,499	117.1	1,280.6
41	26,567	171.4	2,195.1
42	30,857	116.1	2,576.5
43	33,194	107.6	2,742.6
44	38,220	115.1	3,157.9

注）農林水産省調，単位：トン

ていたが，量販店からは「従来のような単に切って食べるだけでは販売増は期待できない。もっと使用方法の宣伝が必要」という声も聞かれた。すでに雪印は前年夏の“サラダにチーズを”に続き，今秋は“ハサンで食べよう”，キャンペーンを展開，先鞭をつけている。また日本水産では魚肉練製品に使用するチーズを開発した。

表② ナチュラルチーズの年次別国別輸入量と平均輸入単価

	43年			44年		
	数量	前年比	単価	数量	前年比	単価
琉球	348	327.4	111	239	68.8	106
ノルウェー	6,170	114.9	215	7,134	115.6	209
スウェーデン	909	79.8	238	626	68.9	233
デンマーク	1,754	152.9	233	1,834	104.5	232
オランダ	2,125	64.3	219	2,992	140.7	299
ベルギー	718	159.8	221	952	132.6	203
米国	149	133.7	693	149	99.6	696
オーストラリア	8,120	103.7	342	9,201	113.3	299
ニュージーランド	4,697	112.3	227	6,088	129.6	195
合計	25,247	105.5	212	29,577	117.1	211

注）大蔵省輸入通関調，年間100トン以上の国のみ。単位：トン，％

従来，チーズ業界は消費促進剤として小型商品を開発してきた。当時の225ｇカルトン入りは食べきるまでに時間がかかり，切り口が固くなるため，一回で消化できる製品として小型商品が求められていた。その先陣を切ったのが明治乳業のベビーチーズだった。しかし，その後製品包装は多様化。ＱＢＢチーズのようにホームサイズが住となってきた反面，小型物の市場も順調に増加。チロリアンチーズはその75％がスティッグの小型商品に占められるなど，その形態は目的によって異なり分極化された。

このような傾向は質的面にも現われつつあり，単なる包装形態の多様化だけではなく，製品の品質の多様化が進められた。ＱＢＢおよび宝幸ロルフのソフト製品，明治，雪印のスモーグ製品，さらに旭電化が準備を進めるソフト製品，また森永乳業が伊勢丹でテストセールスした「スナッグル」のような製品が登場した。

しかし，チーズも他の製品との競合を考えねばならなくなってきた。それは特にスティッグ商品に端的に現われてきた。スティッグ（あるいはベビーサイズ物）製品は主として，子供のオヤツ的存在価値が高い。しかし，これに似た商品として，食肉加工品のスティッグタイプのソーセージが出回っており，その消費形態，販売施策はスティッグチーズと同様であり，競合する一面をもっていることは見逃せない。

スライスにとろけるタイプが登場

昭和48年（1973年）のチーズ市場はに５万トンを達成し，58年（1983年）には10万トンを突破した。平成に入っても成長が続き，平成７年（1995年）には20万トン台を達成した。

年間成長率は73～83年は8.8％，83～93年は7.7％と分母の拡大とともに縮小してきたが，極めて順調な拡大だった。成長の一方で，一人当たりの消費量は欧米の10分の１に過ぎず，各メーカーは潤沢な潜在需要を疑うことなく設備投資を継続した。

昭和45年（1970年）の市場拡大は，スライスや６Ｐなど，包装形態の多様化がの牽引役となった。なかでも昭和46年（1971年）に各社が投入したスライスは，現在も主力製品として成長。プレーン・とろけるタイプに加え，多彩なサイズや厚みをアピール

表③ チーズの社別販売状況

日刊経済通信社調

	48年			49年		
	販売量	シェア	前年比	販売量	シェア	前年比
雪印乳業	29,315	64.3	101.9	32,132	61.8	109.6
六甲バター	8,000	17.5	100.0	10,000	19.2	125.0
明治乳業	3,901	8.6	117.9	5,179	10.0	132.8
森永乳業	1,683	3.7	151.0	2,151	4.1	127.8
ロルフデンマーク	900	2.0	100.0	1,150	2.2	127.8
丸大食品	681	1.5	130.4	857	1.6	125.8
全酪連	739	1.6	171.8	762	1.5	103.1
オハヨー乳業	350	0.8	100.0	700	1.3	200.0
小岩井農牧	350	0.8	100.0	400	0.8	114.3
協同乳業	170	0.4	106.3	250	0.5	147.1
全国計	45,602	100.0	103.1	52,018	100.0	114.1

注）全国計は４～３月。各社決算年度。単位：トン，％

したものや，ペッパーやクリームチーズを練り込んだものなど細分化が進んだ。

また同48年(1973年)の6P，同60年(1985年)のシュレッドも急速に成長し大きなカテゴリーを形成した。一方スタート地点のカルトンは微減傾向だったが，カットタイプの登場で再び盛り返している。

輸入ナチュラルチーズ(NC)もプロセスチーズ(PC)原料用として順調に伸びていたが，同62年(1987年)頃からNC風味のPCが市場に浸透。消費者にNC受け入れ素地を作り，同63年(1988年)には直消用NC消費量がPC消費量を上回った。その後NCは白かびタイプやフレッシュに裾野が拡大，また国産品の生産力もカマンベール中心に拡大した。

表④　チーズの一世帯当たり購入状況

	支出金額		購入数量		平均単価 円/100 g
	実数	前年比	実数	前年比	
昭和40年	385	127.9	516	126.3	74.6
45	769	100.0	1,057	100.8	72.8
46	750	97.5	1,018	96.3	73.7
47	797	106.3	1,004	98.7	79.4
48	950	119.2	1,124	111.9	84.5
49	1,293	136.1	1,269	112.8	101.9
50	1,559	120.5	1,376	108.4	113.3
51	1,565	100.4	1,375	99.9	113.8
52	1,668	106.8	1,440	104.7	115.8
53	1,622	97.2	1,411	97.9	115.0
54	1,700	104.8	1,510	107.1	112.6
54年1月	108	104.8	95	108.6	114.3
2	125	101.6	112	106.3	111.8
3	145	100.7	129	101.1	112.6
4	138	93.2	125	108.0	110.6
5	139	97.2	122	109.1	114.1
6	138	107.8	122	108.2	112.9
7	141	108.5	123	113.8	114.3
8	137	109.6	122	112.5	112.3
9	139	105.3	125	108.6	111.1
10	140	103.7	125	103.7	112.4
11	147	119.5	132	120.5	111.1
12	203	107.4	180	108.00	113.1

注)総理府調。単位：円，g，%

国産ナチュラルチーズの振興策

国内の生乳需要拡大が課題となる中，昭和53年(1978年)には「全国牛乳普及協会」が設立された。同54年(1979年)には「国産ナチュラルチーズ普及研究施設設置事業」に生乳需給調整対策費33億円から8,000万円が計上され，実験プラントが立ち上げられた。さらに北海道農協乳業，四国乳業の農協プラント2社には畜産振興事業団が出資の形で助成され，四国乳業は同55年(1980年)から，北海道農協乳業は，味の素が仏ダノン社との合併で設立した「味の素ダノン」へ原料供給を行なった。

一方，国では，畜産振興事業団に「チーズ問題研究会」を設けるとともに研究会を開催。国産チーズの生産振興の可能性の検討結果がまとめられた。報告書では「国産ナチュラルチーズ振興の基本的考え方」を示すとともに「基金を設け，国産品の競争条件を確保すること」を提言した。農水省はこの提言を基に「国産ナチュラルチーズ生産振興基金の構想」「製造工場設置案」を含めた「国産ナチュラルチーズの振興の基本的考え方」を発表。生産者・乳業メーカーに提示，意見を求めた。国産ナチュラルチーズ生産振興基金(公益法人)は，生産者団体，製造メーカー，地方公共団体，畜産振興事業団で構成。基本財産は10億円(5億円は生産者団体，製造メーカー，地方公共団体。5億円は畜産振興団体が出資)だった。

さらに多様化し平成へ

平成元年(1989年)の市販用チーズ市場はアイテムの多様化が進むことで成長してきた。プロセスチーズはスライスチーズが牽引しており，特に「とろけるタイプ」が大幅に伸長した。トップメーカーの雪印乳業は「とろけるタイプ」が前年比160%と高い伸びを示し，年間では2,300トン規模に拡大した。また6Pは雪印乳業の独占商品でだったが各社が追随。同年の明治乳業の6Pプレーンは前年比倍増で推移。また，森永乳業が10月に発表した「幼児用6Pは，「牛乳一本分のカルシウム」のコンセプトが評価された。

このほか，スティック，キャンデータイプ，ベビータイプがともに前年比3～5%増と好調で，市場の拡大に貢献した。

新たな商品では，チーズフォンデュが拡大。チーズフォンデュの登場は昭和37年(1962年)で，雪印

表⑤ 昭和51年の新製品一覧表

社名	発売日	品名	容量・荷姿	標準小卸(円)	標準小売(円)
森永乳業株	1月	クラフト　クイックサーブスライス	1,570g（112枚）×6		2,050
		クラフト　スクイズ マイルド	170g × 30		280
		クラフト　スクイズ ホット	同		280
		クラフト　スクイズ マチュア	同		280
		クラフト　ハンディスナックチェダー	150g × 30		250
		クラフト　ハンディスナックスムーズ	同		250
		クラフト　ハンディスナックピメント	同		250
		クラフト　パルメザン	500g × 4		1,800
		クラフト　ベルビータ	750g × 12		870
		同	400g × 20	142	480
		クラフトチーズ	同	267	450
		クラフトチェダーチーズ	同	142	480
		クラフトベーカリー	1,000g × 6		1,000
	8月	クラフトチェダースライスチーズ	20g × 5 × 60	142	165
		同	20g × 10 × 30	267	310
		クラフトゴーダスライスチーズ	20g × 5 × 60	142	165
		同	20g × 10 × 30	267	310
全酪連	3月	酪農チーズ			480
六甲バター	3月	Q・B・Bスモークチーズ	12g × 20本 × 15	320	400
		Q・B・Bチーズ6ポーション	20g × 6 × 24 × 2	176	200
		Q・B・Bクリームチーズ	20g × 4 × 24 × 2	135	160
	6月	Q・B・Bアーモンドチーズ	12g × 20本 × 15	320	400
	9月	Q・B・Bスライスチーズアーモンドトースト	20g × 5 × 30 × 2	145	170
		Q・B・Bピメントチーズ	12g × 20本 × 15	320	400
雪印乳業	3月	雪印チーズスライスパック10枚入り	20g × 10 × 36	263	310
	10月	雪印スライスチーズピザトースト	20g × 5 × 30 × 2	145	170
		雪印スライスチーズアーモンド	20g × 5 × 30 × 2	145	170
明治乳業	5月	ボーデンチーズキッス	5g × 20個 × 30	210	250

乳業とよっ葉乳業の両社が，国産チーズ普及を目的に北海道内で発売したことが始まりだが，同64年(1989年)に六甲バターが「チーズふおんじゅ亭」を，東京デーリーが「チーズフォンデュ」を発売。さらに同65年(1990年)，雪印乳業，明治乳業，森永乳業もチーズフォンデュを展開し，チーズフォンデュは急速に食卓に浸透した。

チーズフォンデュの材料は，これまで付加価値が低いとされたシュレッドチーズだが，メニュー提案など情報発信できる商材，あるいは半調理食品などの高付加価値商材として注目され，チーズ売り場の多様化と業界の体質改善につながるものと期待された。

ナチュラルチーズではカマンベールの台頭か著しく，平成元年(1989年)には2,000トン規模に成長した。高い成長率は消費者のグルメ志向を反映したもので，現在も大きなカテゴリーとして存在感を高めている。

◇特　集◇

伸長率いちぢるしいチーズ

今年は1,200万tt生産

わが国のチーズの生産・消費は，ここ数年来急速な伸びを示し，年間消費量は1千万ttに達している。

生産の推移は附表1の通り，昭和1年に僅か3万2千ttであったのが，昭和10年には約7.3倍の23万ttとなり，以後も順調に生産は伸びていた。その後戦火の激しくなった19年，20年は大巾に後退したが翌21年から早くも増産体制に移り，途中24～25年が前年生産実績を下廻ったが，29年頃から年々コンスタントに増産され，昨34年には前年比25%増の958万ttに達した。今年は1～9月累計で857万tt と昨年に比べ253%増産され，年間生産量も1,200万と予想されている。

付表1　チーズ生産状況　（単位 tt）

年	生産量	前年比	輸入	前年比
大正10年	18,668	—	97,037	—
昭和1年	32,021	—	122,857	—
5	41,274	—	150,320	—
10	230,379	—	188,153	—
15	581,582	—	—	—
16	307,813	52.9	—	—
17	499,569	162.2	—	—
18	633,779	126.8	—	—
19	178,114	28.1	—	—
20	192,469	108.0	—	—
21	267,312	138.8	—	—
22	413,437	154.6	—	—
23	868,348	210.0	—	—
24	620,784	71.4	—	—
25	555,583	89.4	35,920	—
26	609,973	109.7	511,351	423.5
27	980,634	160.7	1,181,868	231.1
28	1,165,366	118.8	2,198,857	186.0
29	1,796,380	154.1	2,052,693	93.3
30	2,689,621	149.7	2,451,791	119.4
31	4,260,767	158.4	1,435,651	58.5
32	6,443,438	151.2	1,387,071	96.6
33	7,631,111	118.4	1,615,555	116.4
34	9,578,893	125.0	1,026,666	63.5
35年1～9月	8,571,111	125.3		

（注）農林省，日本乳製品協会調。

国産品増産で輸入は年々漸減

現在チーズの輸入は粉乳と同様，国内需給状況面から輸入チーズの種類をナチュラルチーズに限ると共に，自動承認制（昭和25年より実施）によってスターリングおよびオープンアカント地域からの輸入が認められている。過去5カ年間の輸入状況は附表の通り，オランダとオーストラリアからの輸入が最も多く，デンマーク・ニュージーランドからの輸入品も比較的多い。種類は主としてチエダー，ゴーダーの二種類といわれる。輸入品は国内生産が増加するに従って減少，27年頃までは国内生産量を上廻っていた輸入品も28年頃からは国内生産量が多くなるに従って，輸入依存度も23年68%，29年53%，30年47%，31年25%，32年18%，33年21.7%，34年10.8%と順次低くなっている。

PRに一役かった『世界チーズ展』

チーズの消費増進については各社それぞれの方法で拡売対策が立てられているが，昨年から日本乳製品協会で実施した『世界チーズ展』はチーズのPRだけでなく消費増進にかなりの実効果を上げ，関係者を喜ばせている。そして第二回目の今年は東京のほか大阪でも開催人気を呼んだ。第三回は明年1月17日から日本橋三越で，次いで大阪灘波の高島屋で開催される準備が進められており，出品展数も前回より増えるものと予想されている。

7割を占める雪印

年間消費量1千万ttの約70%を占めるのは**雪印乳業**で，同社の34年度の総販売量は729万5千tt（25億4千万円）1カ月平均販売量は60万8千ttである。今年は昨年より更に20%位増加しているもよう。種類は，プロセス・ピメント・スモーク・ホッイト・6ポーション，ブリュー，エダム，ゴーダー，チエダー，パルメザン，スプレッド，ベビーチーズその他3ポーション，キングサイズなどである。その販売比率はプロセスが圧倒的で約70%，6ポーションが20%，ナチュラル物が5%といわれる。ナチュラル物ではゴーダ，チエダーが主体になるが，ブリューチーズもコンスタントに売れている。

またベビーサイズは今年新発売したが，近くベビーチーズ用包装機械を輸入，量産される予定である。現在のチーズの出荷状況は年末贈答期のため割当て制が採られている。

1960年（昭和45年）11月号より（tt＝約0.48kg）

成長段階にあるバター，チーズ業界

注目される第二次開花期迎えたチーズ

潤沢になったバター，チーズ

今年のバター，チーズの需給状況は昨年の供給不足から一変し潤沢となってきた。バターは6月以来北海道の増産もあってカルトン物の割当て出荷は解消，原料用も事業団の相次ぐ放出で補充されている。チーズは各社の生産設備の増設から供給体制が整い，むしろ供給はオーバーペース気味で，在庫圧迫が表面化，市場の実勢価格は低下，販売戦線は乱戦となっている。加えて食内加工メーカーのチーズ事業進出も相ついで計画，実施してきており，その動向も注目されてくる。

事業団のバター放出状況

昨年のバターの需給状況は生産量24,790トンに畜産振興事業団の放出総量6,485トンで大体年間供給量は30,000トンに達した。

今年は昨年に比べ生産量は1～8月で10%減の1万5,000トン，事業団放出が5月～10月20日までで1万1,000トンと生産量は昨年より下まわっているが，事業団放出が昨年実績を上まわっており，供給量そのものは増えている。

国内の生産状況は1月に2,000トンラインにあったが，5月までは1,700～1,900トン台で推移。それが北海道の生乳生産が急増した6月に2,000トンの生産に回復，市場出荷量も増え，それまで若干逼迫気味にあったカルトンバター市場の需給は緩和されたのである。

加えて夏場の需要減少期にあって，市場の動きは緩慢となり，スーパーの販売価格も安値物が目立ち始めた。

さらに，中元贈答期における乳製品セットの動きはやや伸び悩みの傾向もみられ，雪印の詰合わせも最後まで品切れしなかったことも例年と異なった現象といえよう。

表①　42年畜産振興事業団のバター放出状況

入札日	数量	落札数量	応札者	落札者	落札価格	備考
42年	トン	トン				
3月15	2,600 無糖	2,500	286	253	266～280	フリー
5．23	3,000 {2,052無 967有	515	61	22	280～	
5．26	40有	40	6	6		ホテル業対象
6．28	2,000 無	240	37	6	280～	フリー
8．25	2,000 無	1,960	65	49	281～284	フリー
9．28	2,000 無	1,673	54	40	281	フリー，開札立合制をとる
10．20	2,000 無 {1,000無 1,000有	700 {590 107	30	23	281	フリー

バターの生産面における大手メーカーの占める割合は3社で80%以上を，更に雪印乳業が62%台を占めており，雪印の市場に及ぼす影響が著しいことはいうまでもない。

現に6月の北海道の増産から，雪印バターの市場出荷量が増えたのに伴ない，他のメーカーのカルトン物の動きがストップ状態になった実例もあり，生産量そのものでは62%というものの，カルトン物のマーケットシエアーは更に高く80%前後を占めているといえよう。

1967年（昭和42年）11月号より

値上げ後，消費不振に悩む チーズ業界

反面，味の素(株)，農協プラントの新規参入相次ぐ

この春の値上げ後，消費不振に悩まされているチーズ業界は，「国産ナチュラルチーズ振興対策」の対応に揺れ動いている。

一方，市場は味の素(株)が，フランスの乳製品メーカーと合弁会社を設立して進出，新たな製品をもって新需要を開拓しつつあり，波紋を投げかけている。

チーズの値上げ実施状況

昨年秋の第二次オイルショックにより，各分野において製品価格の値上げが相次いだ。しかし，乳業界の値上げ対応は他業界に比べ遅く，その中でチーズの値上げが発表されたのは2月下旬～3月中旬にかけてであった。

値上げの発表のトップを切ったのは全酪連であった。2月22日に新価格を発表したが，その後，大手各社の値上げ動向を見て，3月15日再値上げを実施している。

主力メーカーでは六甲バター㈱＝“Q・B・Bチーズ”が，2月25日に，平均13%方の値上げを発表した。同社の場合，前年から値上げのデモンストレーションを起していたが，他のメーカーの動きがなかったため，止むなく年を越したといった感じで，シビレを切らした値上げを発表したという印象が強かった。

その後，明治乳業が3月3日出荷分から，続いて雪印乳業が11日に，森永乳業が12日に発表，大手メーカーの値上げが出揃ったのである。アップ率は雪印の9.5%から明治・森永が12%と10%前後であった。

しかし，このアップ率では，原料代を補うにすぎず，採算は依然苦しいものであった。メーカーとすれば，折角上昇過程にある消費に水をさしたくないとする意向が強く作用，10%前後のアップ率にとどめた。このことは六甲バター㈱が秋口に再値上げの意向を表明したことにも伺える。

この新価格が実際実施に移ったのは4月中旬以降といった状況で，値上げ発表後2ヵ月近く経てからである。これは量販店との物契約期限の関係によるものであるが，結局は雪印の新値移行が先行していった。

53年6月に折柄の円高差益還元の世論に応え，チーズ業界も値下げを実施した。これを契機に市場実勢価格の下降は激しく，225gカルトン物は200円を割り，標準小売400円のホームサイズタイプは，230～240円で，スライス10枚物（標準小売290円）は200円を割る特売が続き，標準建値とは大幅にかい離したものとなっていた。

従って，原料チーズ価格の上昇，石油価格の値上げによる諸経費の上昇でコスト圧迫が顕著になってきて以来，各社販促費の節減，市場実勢価格の是正に動いていたことはいうまでもない。

実勢価格の大巾アップで需要減退

値上げ実施後，各社とも従来のような「価格訴求型販売」は姿を消し，実勢価格建て直しをはかっていった。この結果，メーカーの値上げ率は10%前後であっても，実勢価格の上昇率は30～40%という大巾なものとなり，消費に著しく影響，各社とも販売量は10～20%の減少を招いた。

総理府の家計調査においても4月以降，家庭のチーズ購入量はマイナス数値を示し，5月には8.0%，6月11%前年を下回り，7月に入いり5.2%減と幾分持直しているものの深刻な事態にある。（表①）

この結果，国内のチーズ生産量は在庫調整のからみから6月以降減産が続き，1～9月累計で4.1%，4～9月累計では4%方の減産となり（表②），年間生産量でも前年水準確保は困難な状況にある。（図表1）

値上げ実施の段階では，各社ともある程度の消費ダウンは免れないと予期していたものの，それが予想以上に大きく，かつ値上げ回復が長引いていることに，業界のショックは大きい。

1980年（昭和75年）11月号より

ＰＣの自由化本番迎えたチーズ業界

輸入ＮＣの値上がりで，製品価格への対応も課題

（来）春のプロセスチーズの自由化本番を控えているチーズ業界は，今春に続きこの秋，再度輸入原料チーズの値上げに見舞われ，製品価格への対応が課題となってきた。

チーズの消費は昨年来，順調に推移しているだけに，製品価格の対応が今後の消費動向を左右する一つのポイントとなりそうだ。

値頃感が消費を刺激

（こ）こ数年，プロセスチーズの不振をナチュラルチーズの需要増によってカバー，チーズ消費全体の水準が押し上げられていた。それが61年７月の値下げを契機にプロセスチーズの消費は回復してきた。円高もさることながら，輸入原料チーズの値下がりもあって，市場価格は一段安となり，値頃感から消費は上昇を続けてきている。

従って生産量も増産基調にあり，今年も１～９月で５万8,000トン，前年同期に比べ6.6％増をマークしている。しかし，８・９月の伸び率が１％台にとどまっているのが若干気にかかる。国内のナチュラルチーズの総生産量は，生乳需給の逼迫もあってチーズ向けの配乳に円滑さを欠き，北海道では９月になってようやく配乳量が増えてきたようで，４～９月の生産量は前年並の１万3,500トンを確保した。

業界全体の平均消費は，前年比７～８％増で推移しているが，ナチュラルチーズはもとより，プロセスチーズも順調に上伸，下期はコスト上昇からチラシ特売件数の減少も予想されるところから，伸び率も４～５％増にとどまり，年度平均では６％前後の増加と見込まれている。

プロセスチーズのタイプ別状況をみてみると，メーカーによって多少異なるが，各タイプとも伸びており，昨年度までダウン一途にあった225ｇのカルトン物も上向いてきた。

スライスは，各社「とける製品」を登場させ，シュレッドとの競合に対応，７～８％の割合で伸びている。カルトン物は，225ｇは長い間後退一途にあったが，今年は４～５％方伸びている。これは価格対策によるものとされており，原料チーズの値上がりで，今後の販促対策が注目されてくる。

ポーション物は，根強い需要に支えられ，コンスタントに伸びてきたが，昨年春から更に上昇２桁増をマーク，今年も４～９月で10％台の増販を維持してきている。

スティック，キャンデータイプなども平準して伸びており，業界としては近年にない活況を呈しているといえよう。

このような消費の増加は，昨年春から飲用牛乳が伸び始めてきた現象と酷似しており，蛋白，カルシウム摂取の食品としての長所が挙げられてきている。それが，円高，原料チーズの値下がりによる製品価格の値下げが，消費者に値頃感を与えたことが大きく作用したことはいうまでもない。

また，ドライブームで消費が伸びたビールの「おつまみ」としての需要が，スモークチーズ，ポーションチーズの消費を伸ばしたことはいうまでもなく，価格をはじめ，使い易さ，健康イメージなど二重，三重の消費増要素に包まれた消費環境に恵まれたことが，今日の成長を招来したといえよう。

今春に続き輸入Ｎ.Ｃが値上がり

（こ）うした消費環境に水を差しつつあるのが，輸入原料チーズ価格の上昇である。

今年の春にオセアニア地区は25％以上の値上げを実施した。新価格はトン当り1,800ドルとされていたが，今秋更に2,400ドルの新価格を提示，交渉が行われてきた。その結果2,250ドルに落ちついたと

1988年（昭和636年） 11月号より

飛躍的に伸長した昭和のアイスクリーム

～大正９年，工業化がスタート～

日本人とアイスクリームの出会いは江戸末期，幕府が派遣した使節団が訪問先の米国で食べたことが始まりといわれている。大正９年（1920年）には米国産アイスクリームフリーザーが導入され，工業的な生産がスタート。現在も定番のカップ入りアイスクリームは昭和10年（1935年）に誕生し，急速な普及に拍車がかかる。

生産量は９年間で27倍に

恒常的な人口増と経済発展を背景に，昭和のアイスクリームの消費は飛躍的に拡大した。昭和25年(1950年)，わずか600万Ｌだった生産量は同34年(1959年)に１万6,000万Ｌに拡大。伸び率は鈍化したものの，成長は高度成長期も継続した。その成長過程を本誌バックナンバーからたどってみた。

30年，前年比２倍の伸長

本誌「酒類食品統計月報」1960年５月号には,「酣(たけなわ)のアイスクリーム販売戦」と題した特集が組まれた。

その中では,「アイスグリーム協会の資料によると，昭和25年(1950年)の年間生産量は600万ℓだったものが,昭和34年(1959年)には26.6倍の１万6,000ℓに達している。特に同30年(1955年)～32年(1957年)にかけての生産は著しく増加しており，前年に比べ60％から２倍の増加率を示している」と指摘。

その背景について「アイスグリームは季節的製品であり，その販売量は天候によって左右される要素が大きく，シーズンに備えての準備はするが，後はお天気次第とされていた」とする一方で,「ところが最近はアイスクリームの栄養価値を高める一方，季節的製品という概念から脱却しつつある」としており,「業界にとっても大いに歓迎すべき現象といえよう」と強調している。

アイスクリームはその後，高度成長期まで右肩上がりで拡大するが，急成長中の昭和30年(1955年)台にあっても，すでに各メーカーは季節商品からの脱却を模索していることが分かる。

100万台の販売容器が後押し

アイスグリームの販売増にはストッカーの果す役割が極めて大きく，当初ドライアイスを利用する魔法瓶やストッカ一などが利用されていたが，電器製品が普及するとともに，電気冷蔵庫が整備されるようになった。

昭和35年(1960年)，各社ともに前年の２倍増を目標に準備を進め，全国の頒布台数も17～16万台に達している。全国のアイスグリーム販売店数は50万余店と推定され,販売容器(電気冷蔵庫，ストッカー，アイスボッグス)は75～100万台と推定される。販売競争の激化から一店舗の取り扱い銘柄が増加し，店頭に販売容器を２台も並べるケースも生じている。また取り扱い店も，従来の食品店，菓子屋から薬局や雑貨屋等でも扱い始めており，乱立の様相を呈している。

昭和39年，紆余曲折があった新省令

昭和39年(1964年)，アイスクリームの成分規格は「乳脂肪３％以上」とし「この規格に以下の物はアイスクリームの名称を使用しないように」とする新省令の改正が目前となった。しかし，冷菓組合愛知県の組合員から新省令再改正の運動が展開され，中小メーカーの大多数をもって「全国アイスクリーム協議会」が組織され，厚生省に対し①乳脂肪分を脂肪分に改め　②無脂乳固形分７％以上を加え　③脂肪分３％以上を細菌数５万以下にする一再改正が要請された。新省令施行日の前日，厚生省に多数が

押しかけ,「アイスクリーム」名称使用の緩和を求める事態となった。

これに対し,当局は「脂肪分3%以上のものもアイスクリームの名称を使用しても良い。脂肪分内容の標示を明確にすること」などの課長通達を発出。この結果,ようやくアイスクリームの新たな規格が成立した。

新省令に伴ない,大手メーカーは乳脂肪3%以上の製品はアイスクリームの名称を用いるが,乳脂肪が3%に満たない製品はそれぞれ固有の名称(例えば・・アイス,・・アイム,・・アイスミルク)で市販する方針を固めた。日本アイスクリーム協会連合会としても,名称については厚生省の認めた範囲内ならば強制はしない方針で,新法規実施に伴なう種々の問題については,各協会でまとめて所轄当局と折衝。中央で統制する必要がある場合は,所轄当局の意見・希望を添えて連合会の善処を要請。また,アイスクリームの新省令制定とともに社団法人日本アイスクリーム協会が設立された。

表① アイスクリームの年次別生産状況

	実数		前年比	
	数量	金額	数量	金額
昭和40年	450,000	47,000	−	−
41	480,000	50,880	106.7	108.3
42	550,000	60,500	114.6	118.9
43	530,000	63,600	96.4	105.1
44	550,000	66,780	103.8	105.0
45	580,000	73,460	105.5	110.0
46	580,000	80,000	100.0	108.9
47	600,000	90,000	103.4	112.5
48	660,000	108,000	110.0	120.0
49	560,000	140,000	84.8	129.6
50	600,000	168,000	107.1	120.0
51	570,000	165,000	95.0	98.2
52	620,000	185,000	108.8	112.1
53	682,000	210,000	110.0	113.5
54	615,000	195,000	90.2	92.9

注)日刊経済通信社調,単位:数量kℓ,金額100万円。

新規参入で競争激化した昭和40年以降

昭和40年(1965年)以降,アイスクリーム業界に新規メーカーが相次いで参入し,競争はますます厳しいものとなった。そのなかで,同39年(1964年)の新世乳業の倒産は,業界に大きな影響を与えるものとなった。

同社は同34年(1959年)以降急速に全国に生産販売網を拡大し,年間売り上げは24億円に達していた。中堅メーカーが相次いで東西の市場進出を始めていた時に発生した同社の破綻は,他社にとっても今後の事業の進め方に影響を与えることになった。

昭和38年(1963年),明治飲料の大和工場を買収し,年間売り上げ10億円を目標にアイスクリーム業界に進出してきた山崎製パンは,わずか1年で市場から撤退。大和工場を森永製菓に譲渡した。

関西では立花製菓が同39年(1964年),東京市場

表② 全国一世帯当たり購入金額 (総理府調)

	49年		50年		51年		52年		53年		54年	
	支出金額	前年比	支出金額	前年比	支出金額	前年比	支出金額	前年比	支出金額	前年比	支出金額	前年比
1月	58	134.9	99	170.7	135	136.4	144	106.7	180	125.0	204	113.3
2	54	128.6	87	161.1	118	135.6	140	118.6	153	109.3	209	136.6
3	118	140.5	170	144.1	207	121.8	247	119.3	280	113.4	321	114.6
4	242	134.4	302	124.8	350	115.9	428	122.3	449	104.9	455	101.3
5	404	160.3	429	106.2	532	124.0	597	112.2	649	108.7	658	101.4
6	445	157.2	506	113.7	584	115.4	601	102.9	792	131.8	793	100.1
7	532	103.9	768	144.4	836	108.9	1055	126.2	1218	115.5	925	75.9
8	746	135.1	834	111.8	822	98.6	850	103.4	1205	141.8	1069	88.7
9	316	134.5	556	175.9	372	66.9	571	153.5	506	88.6	575	113.6
10	133	134.3	175	131.6	199	113.7	297	149.2	261	87.9	340	130.3
11	78	139.3	107	137.2	124	115.9	169	136.3	180	106.5	201	111.7
12	162	143.4	195	120.4	234	120.0	263	112.4	295	112.2	324	109.8
年計	3286	133.9	4,227	128.6	4,514	106.8	5,363	118.8	6,167	115.0	6,074	98.5

に営業所を設置するとともに高規市にチョコレート・アイスクリーム工場を新設したが，発展性の疑問から鐘淵紡績との合併を進め，アイスクリームは「カネボータチバナアイスクリーム販売会社」を設立した。新たにカネボーをバックに販売することとなった。一方，関東のフタバ食品は同年，関西新世アイスクリームを合併。和泉製菓も中京地区に加え関西市場にも販路を拡大した。

アイスクリームが一般的になった昭和45年(1970年)代は，雪印乳業がトップシェアを確保。しかしその後のトップシェアは目まぐるしく変動しており，同58年(1983年)に明治乳業が，同62（1987年）には森永乳業，平成3年(1991年)には江崎グリコに入れ変わっている。その後もトップシェアは変動しており，2位以下はさらにめまぐるしく変動した。

激しい競争の一方，アイスクリームの共同PRも活性化した。昭和39年(1964年)，5月9日を初の「アイスグリームデー」として，病院・施設に8,700人分のアイスグリームを寄贈したほか，アイスクリームパーテーを開催し，国内外の女性500名を招待するなどの普及宣伝を展開。さらに12月にもアイスグリームパーテーを賛同社10社(雪印乳業，明治乳業，森永乳業，森永製菓，協同乳業，フタバ食品，弘済食品，赤城乳業，ナポリアイス，今井乳業)が開催し，アイスグリームの冬季PRを行った。同40年(1965年)は新たに東京アイスクリーム協会内に普及部会を設置。アイスクリームの普及宣伝を協会としても積極的に進めることになった。

昭和50年，ホームテイク商品が多様化

昭和50年(1975年)，アイスクリームはノベルティ商品とホームテイク商品の高級物の2極化が進んでいた。

ホームテイク商品は，明治乳業がレディボーデンアイスクリームを発売して以来，順調に売上げを伸ばしており，同49年(1974年)度の売り上げは40億円を達成し，さらに50年(1975年)度は70～80億円の売り上げを計画。ホームテイク商品市場はレディ・ボーデンが約50%のシェアを占めており，50年(1975年)度の市場規模は1年間で倍増するとみられる。

レディボーデンの発売後，雪印乳業がフレーバーランド，森永乳業がバリアンティ，森永製菓がホームパック，協同乳業がミリーナ，カネボウがエマ，ロッテがジョアンナを発売。ホームテイク物は多彩な商品を展開している。同50年(1975年)は，レディボーデンが大きく他社をリードしており，これにフレーバーランドが追い上げをかけている。しかし，一方では経済性を追求した商品開発も進んでおり，ホームテイク商品はさらに厚みを増した市場へと成長していく。

昭和58年，サントリーが参入

昭和58年(1983年)にサントリーが参入。同社は参入について「3,000億円といわれる市場のうち，本来のアイスクリームは約1,000億円で，その中で超高級を含めた高級アイスクリームは220億円に過ぎない。超高級に至っては3億円程度で市場が形成されていないのが実情といえる。しかし，アメリカではアイスクリーム市場が5,000億円あるうち，超高級が1,000億円，20%のシェアを占めている。将来，日本でも20%，約200億円程度の市場形成は可能」としている。

そのためには，「食べ方提案が今まで足りなかった」(同社)ということで，東京・青山にショップを開店。若者を中心に，チョコレートやフルーツソースをかけて食べるトッピングのバラエティやリキュールをかけて食べるといった食べ方ファッションを提案。この試みは後のプレミアムアイスクリーム市場を形成したハーゲンダッツの前身となった。

表③　主要各社の社別販売状況

日刊経済通信社調

	53年		54年	
	販売量	前年比	販売量	前年比
雪印乳業	41,597	116.4	39,950	96.0
森永乳業	31,500	113.2	30,250	96.0
明治乳業	30,796	119.3	32,500	105.5
ロッテ	25,600	113.6	24,500	95.7
江崎グリコ	23,600	118.0	23,000	97.5
協同乳業	11,315	111.6	10,889	96.2
カネボウ食品	12,500	117.9	12,500	100.0
フタバ食品	10,868	119.7	10,840	99.7
森永製菓	11,000	110.0	10,670	97.0
赤城乳業	7,000	122.2	7,500	107.1

注)各社決算年度。単位：100万円，%。54年は一部推定。

3,000億円市場となった昭和59年

昭和59年(1984年)度のアイスクリーム類販売額(メーカー出荷額)は，前年度を５％程度上回る3,090億円で，初めて3,000億円の大台を達成した。11社から250を超える新商品が発売され，その４分の１をマルチパックが占めており，子供のおやつ的に買われる300円・10～12本入りくらいのミニバーが売れ筋となっている。一方，量販店の扱い増加とともに伸長してきたマルチパックだが，同57年(1982年)頃から伸び方が鈍っており，選別化の時代を迎えている。

本誌昭和60年(1985年)３月号では当時の市場環境について，『天候に左右されない商品の育成』『オールシーズン化対策』という課題を克服することはできなかった」とする一方，「こうしたメーカーの努力は徐々にではあるが実を結びつつある」と指摘。特にオールシーズン化対策について，「オールシーズン商品の柱はホームタイプ商品で，中でも高級アイスクリーム市場の拡大については，今後も積極的に進めていく必要がある。食生活もファッションや演出といったソフトな面が重要視されるようになってきており，こうした意味では，高級アイスクリームの市場拡大の可能性は大きい」としている。

平成２年，アイスクリームの輸入が自由化

平成２年(1990年)のアイスクリーム類の自由化を前に，市場アクセスの一環として輸入枠が設定された。

同年の本誌３月号アイスクリーム特集では，「輸入量は初年度の昭和63年(1988年)は59.2トン，翌年は27.4トンに増加し，一部量販店も輸入販売したが目立った動きはなく，輸入したメーカーも一部地区でテスト販売したに過ぎなかった」とする一方，「江崎グリコとハーゲンダッツは具体的な輸入販売を計画」を解説。当時の動きについて以下の様に述べている。

江崎グリコは，ニュージーランドのアイスクリームメーカー・ティップトップ社(オークランド市)に生産を委託。乳脂肪分16％の高級アイスクリームを「ＴＩＡＲＡ」ブランドで販売。

また，ハーゲンダッツはスティック製品などノベルティ物の輸入を計画。同社は昭和59年(1984年)に第１号のショップをオープン以後，１年ごとに10店舗を開店。同64年(1989年)は55店(直営36店，ＦＣ19点)を展開しており，平成３年(1991年)に売上高100億円達成を目指している。

自由化による影響は，輸入品がプレミアム規格以上に絞られるとみると，５～６％のシェアダウンが危惧される。

なお，国内のプレミアム規格以上の総販売額は，レディボーデンなどプレミアム製品で150～160億円，ハーゲンダッツ，ボーデンホームメイドなどスーパープレミアムが100億円規模とみられる。

表④　60年度の主要メーカー価格帯別商品構成

日刊経済通信社調(単位：％)

	30円	50	60～80	100	120～150	300	350～450	500	550～950	1,000	その他
明治乳業	–	21.4	–	30.2	1.3	18.2	5.7	5.8	11.3	5.0	1.3
雪印乳業	0.9	28.7	–	35.6	0.9	16.5	3.5	3.5	7.0	1.7	1.7
森永乳業	–	32.4	–	28.4	8.1	23.0	–	5.4	–	1.4	1.4
ロッテ	1.8	29.5	0.9	37.5	2.7	11.6	2.7	5.4	–	7.1	0.9
江崎グリコ	–	23.8	4.8	44.0	4.8	9.5	3.6	7.1	–	1.2	1.2
森永製菓	1.0	24.7	1.0	38.6	4.0	13.8	5.0	4.0	4.0	–	4.0
カネボウ食品	0.9	27.1	2.8	43.0	–	16.8	–	3.7	–	1.9	3.7
協同乳業	4.0	33.1	–	34.7	1.6	15.3	3.2	2.4	1.6	1.6	2.4
フタバ食品	4.4	47.4	–	28.1	1.7	13.2	3.5		–	–	1.7
赤城乳業	2.0	32.0	–	36.0	2.0	18.0	–	2.0	–	–	8.0
オハヨー乳業	–	37.1	–	31.4	–	20.0	–	5.7	–	1.4	4.3

（特）（集）

☆☆ 酣のアイスクリーム販売戦 ☆☆

大手5社の制覇成るか

33年から増加率鈍化

寒い北風が吹きすさぶ頃から、来るべきシーズンに備えて準備を進めていたアイスクリーム業界は、陽の光に暖みが増すにつれて躍動を開始、3月の声をきくと各社の動きも一段と活気を帯びてくる。そして今やシーズンたけなわ、あの手、この手　販売競争が、冷たい火花を散らして繰りひろげられている。かきいれ時のゴールデンウイークも今年は、好天気に恵まれ、業界の売上げも昨年の3割増は堅いようだ。ここ2～3年、シーズン開幕は、いつも天候不順に見舞われていた業界にとつてまづ順調なスタートであり、今年はかなりの期待が持てそうだ。

アイスクリームは、ここ数年の間に飛躍的に伸びてきた。アイスクリーム協会の資料によると、昭和25年の年間生産量は600万リットルであつたのが、昭和34年には26.6倍の16,000万リットルに達している。特に30～32年にかけての生産は著しく増え、前の年に比べ60%増から2倍近い増加率を見せている(付表①参照)。然し一昨年あたりから生産の増加率は鈍くなり、34年は僅か10%強の増加にとどまり関係者を憂慮させている。

アイスクリームは、季節的製品であり、その販売量は天候によつて左右される要素が大きく、シーズンに備えての準備はするが、後はお天気次第とされていた。ところが最近はアイスクームの栄養価値を高める一方、季節的製品という概念から脱却しつつある事は、業界にとっても大いに歓迎すべき現象といえよう。

付表①　年別アイスクリーム生産状況

年別	生産量	前年比	指数
	l	%	
25	600		100
26	870	145.0	145
27	1,100	102.6	183
28	1,500	136.3	250
29	2,000	133.3	333
30	4,000	200.0	666
31	7,500	187.5	1,250
32	12,000	160.0	2,000
33	14,500	120.8	2,377
34	16,000	110.1	2,666

モナカ物が伸びる

アイスクリームといえば従来は、カップ入りのものが、主流をなしていたが、消費者の好みの変遷から33年頃はスティック物（バー）が王座を占めていた。然し翌34年にはモナカ物が急激に増加、農林省調査の34年1～9月間の生産状況を見ても付表②の通り、絶対量ではバー物がトップにあるが、前年の生産実績に比べるとモナカ物は約2倍近くも増産されている。これに反しバー物は、約5%減、カップ物にいたっては約20%近くも減産しているのである。そして脂肪分3%以上、年間50kl以上の製造能力を有する工場の総生産量は120,449klで僅か6.8%増加しているにすぎない。この生産増の鈍化について業界では、今迄の絶対量が少なかったため増加率は大きかったが、絶対量が大きくなってきた現在、毎年同程度の増加率を望むのが無理ではないかとしている。

地方メーカーに手を焼く大手

アイスクリームの生産が増えれば、これに従って販売競争も自然激しくなるのは当然で、大手五社の急進撃にあって、地方のメーカーは、対抗策に五円物で反撃、大手メーカーの頒布した販売容器を逆利用しているのが実情だ。この傾向は、地方にいくに従って目立って多いようだ。この地方小メーカーの反撃に、大手メーカーは、頭を痛めているが、特に自社の販売容器を利用されているのには、決め手となる防止策がないだけに手を焼いている恰好である

販売容器は百万台

アイスクリームの販売増の一つには、ストッカー

1960年（昭和35年）5月号より

物量48年並水準が目標の 今年のアイスクリーム業界

昨シーズンはオイルショックの影響で，資材面において不安定な状況のもとに平均単価50%アップでスタート，当初天候に恵まれ，好スタートをきったが，長梅雨と短い夏が災い，販売額では20～30%増加したが，物量は逆に20%方マイナスとなった。

このため今シーズンは，一昨年（48年）並の水準に物量を引き上げることが第一目標に揚げられている。反面懸案となっていた公正競争規約が制定されつつあり，新たな表示方法との兼合もあって生産面に微妙にからみ合っている。加わえて総需要抑制下にあり，厳しい販売環境にあることはいうまでもない。

こうしたなかで，シーズンへ向ってスタート開始したアイスクリーム業界の動向を探ってみた。

天候不順にたたられ，物量前年比20%ダウンした49年

昨年はオイルショックのパニック下にあり，資材関係は不安定な状態にあり，原材料価格の大幅アップを背景に製品規格は難行，スタートも遅れがちであった。しかし，シーズンを目前にして平均して50%の単価アップを行ない，資材の状況いかんではシーズン途中で価格の再改訂を予定するなど，流動的なもとでスタートしたのであった。

このため製品価格の表示を削除したいわゆるノープライス作戦で製品を出荷，後日に備えた。幸い，シーズンイン後，資材関係は落ち着きを取り戻し，プラスチックカップ等は逆に値下がりするなど最悪の状態を回避，一方，販売面では単価アップにより危惧されていた消費の落ち込みも見受けられず，天候に恵まれたこともあって当初は好調裡に推移，杞憂に終った。

このままの状態でシーズンを終了すれば，業界史上かつてない程の売上げを記録するところであったが，その後の長梅雨，低温，短かい夏という天候の不順に祟られ，折角の4～5月の売上げ増加も消し飛んでしまった。その結果は物量で前年比20%方ダウンしてしまい，単価アップによって，売上げ金額は25%程度の1,400億円となったのである(表1)。

売上げ金額が伸びたとはいっても，物量がマイナスしたことにより，稼動率は低下。それが固定費をアップする結果を生み，資材価格が下がったとはいっても，収益を圧迫したことはいうまでもなく，それが今シーズン物量アップを第一条件に，販売施策を発表してきていることにも伺える。

表① 年次別アイスクリーム等販売状況

	実数		前年比	
	数量	金額	数量	金額
40年	450,000	47,000	—	—
41	480,000	50,880	106.7	106.7
42	550,000	60,500	114.5	118.9
43	530,000	63,600	96.4	125.0
44	550,000	66,780	103.8	105.0
45	580,000	73,460	105.4	110.0
46	580,000	80,000	100.0	108.9
47	600,000	90,000	103.4	112.5
48	660,000	108,000	110.0	120.0
49	560,000	140,400	85.0	125.0
50 見込	660,000	161,500	115.0	115.0

単位：数量はkl，金額は百万円

昨年の単価アップの状況は総理府の家計調査にも見受けられ，一世帯当り月別支出金額は，7月を除きいづれも前年同期より30%以上増加，5月は60%台の伸び率を記録した。しかし，7月は低温と梅雨明けが遅かったこともあって，前年比3.9%増と僅かな伸び率となっており(表2)，いかに天候のファクターが大きいかを示している。

1975年(昭和50年) 3月号より

アイスクリーム業界，新市場形成へ積極化

規制強化で，当たり付き商品競争は見直しへ

(ア)イスクリーム類の市場規模は59年度，ついに3,000億円の大台に乗った。

また，今年は当たり付き商品の規制が加えられることになっており，ややもすれば当たり付き商品競争に傾斜しがちだった業界の姿勢も，見直しを迫られることになる。

「オールシーズン・ファッション・デザート・アイスクリーム」というテーマを掲げ，アイスクリーム新時代の到来とばかり，華々しく幕明けた80年代も折り返しの年を迎え，再度新しい市場形成に向けての積極的姿勢がうかがえる。

3,000億円市場達成した59年出荷額

(59)年度のアイスクリーム類販売額は，前年比5％増程度の伸びで，メーカー出荷ベースでは3,090億円の市場規模となったとみられる。

念願の3,000円市場は達成したものの，2ケタの伸びという夢はまたしてもかなえられなかった。

市場環境としては，最盛期の7，8月が猛暑となり，北海道，東北，関東など東日本を中心に高い伸びとなったことから，久々の2ケタ増も可能かと思われたが，前半4，5月の落ち込みが響いたことと，9月以降の秋商戦も各社の積極姿勢や前年の状況からみて期待されたにもかかわらず，低調に終わった。

特にシーズン初めの4月は新緑寒波ともいわれ，降雪や低温の日が続き，桜の開花も遅れ，市場の動きも極端に悪かった。

家計調査では4月のアイスクリーム消費支出は，1世帯当たり503円で，前年を12％も下回った。

昨年は冬場が寒く，荷動きが悪かっただけに，3月に出荷が集中，各社の決算期とも重なり，ほとんどのメーカーが押し込み販売を行った。

このため，このしわ寄せで4月の不振が5月までずれ込み，新商品の導入計画を大幅に狂わせる結果となった。

こうしたスタートの環境が，流通段階，製造段階ともに消極姿勢をもたらし，市場の活性化を図る機会を失わせた。

幸い7月に入ってからの早い梅雨明けと猛暑で，前半の落ち込み分を取り戻し，氷物を中心に在庫も中旬までには払底，工場もフル生産を行ったが，前半の不振による消極姿勢から，メーカーの手持ち在庫も少なく，品切れでチャンスロスしたメーカーも多かった。

一方，猛暑とはいえ，地域的には前年とは逆に東高西低型となり，家計調査でも近畿，九州地区は前年を下回った。

9月以降は各社の新商品攻勢と積極的な販促策で，新商品の引きは良かったが，夏場の深追いで，秋冬物への切り換えが遅れたメーカーや問屋もみられ，全体的には活気に乏しい商戦となった。

年明けの1月も前年を下回る状況で，各社早目の新商品発表で景気づけを行わざるを得なかった。

結果的には夏場の貯金でしのいだという1年ではなかったか。

表①　アイスクリーム類生産・販売状況

日本アイスクリーム協会調（単位：数量kl，金額100万円）

	実数		前年比	
	数量	金額	数量	金額
昭和55年度	791,700	249,000	93.5	97.6
56	832,800	268,000	105.2	107.6
57	853,000	283,000	102.4	105.6
58	868,000	294,500	101.7	104.0
59（見込）	920,000	309,000	106.0	104.9
60（推定）	956,000	325,000	103.9	105.2

1985年（昭和60年）3月号より

転機迎えるアイスクリーム市場

完全自由化，消費税，脱粉逼迫が大きく浮上

(63)年度のアイスクリーム市場は，かろうじて3,000億円を維持しようが，今後は消費税，自由化問題などで，業界は重大な局面を迎える。

1989年度，各メーカーには，これらの問題意識をもった上での製品開発が望まれたが，似通った新製品もあり，今一つインパクトが弱いようだ。

一方，アイスクリームショップは，競合すると思われたフローズンヨーグルトショップが，昨年は鳴かず飛ばずだっただけに，今年が正念場と意気高く，迎え撃つ側として，磐石の布陣で臨む必要があろう。

"冷夏ショック"の中で3,000億市場は死守

(2)年連続のマイナス成長から抜け出し，62年度で一息ついたアイスクリーム業界だったが，63年度に再び「冷夏ショック」をこうむる破目になった。遅い梅雨明け，日照不足など観測史上でもまれな夏場の異常気象で，業界全体が大打撃を受けた。

株式を上場している5社の63年上期（4～9月）のアイスクリーム販売高は，森永乳業322億5,800万円（前年同期比0.1%減），江崎グリコ301億4,700万円（同0.4%減），雪印乳業288億円（同3.1%減），明治乳業277億4,700万円（同7.5%減），森永製菓123億8,300万円(同2.3%減)で，5社合計では1,313億3,500万円，62年上期より36億500万円（2.7%）のマイナスになった。夏場の売上比率が高いアイスクリーム業界にとって，このマイナスは大きい。

家計調査報告によると，昨年度のアイスクリームへの1世帯当たり消費支出は，表③にみられるように前年割れが続出。上期トータルでは5,152円で，4.9%の減少になった。

製品別では，50円商品の低迷と，夏場のかき氷が大きなブレーキになり，個食タイプの高級アイスクリームなど一部に明るい材料は見受けられはしたものの，底上げするには力及ばなかった。

売れ行き不振が乱売へとつながり，50円カップが3個100円，100円カップが3個200円といったプライスカードといっしょに，かき氷類が店頭ショーケースに雑多に投げ入れられている有様だ。また，300円マルチパックは常時2個450円，2ℓホームパックは600円前後の価格が横行した。無理な現物添付（現添）が，こうした現象を引き起こした一因になっているのだが，乱売是正を図りたいメーカーにとっては，昨年の冷夏は大きなネックだった。

後半戦も天候要因に加え，子供達の間で人気のあるシール付アイスの販売自粛，Xデー関連によるクリスマス商戦の冷え込みなどが重なり，年内は思うように数字は上がらなかった。

シール付アイスは，独走していたロッテの「ビックリマン」シールの人気が過熱化，子供の射幸心を

表① アイスクリーム類生産・販売状況

日本アイスクリーム協会調(単位：数量kℓ,金額100万円)

年度＼項目	実数 数量	実数 金額	前年比(%) 数量	前年比(%) 金額
1982	853,000	283,000	102.4	105.6
83	868,000	294,500	101.8	104.0
84	910,800	311,500	104.9	105.8
85	900,000	312,200	98.8	100.2
86	875,000	304,000	97.2	97.4
87	909,800	319,600	104.0	105.1
88（見込）	900,000	310,000	98.9	97.0

表② アイスクリーム種類別生産比率

日本アイスクリーム協会調

種類＼年度	82	83	84	85	86	87
アイスクリーム	21.5	21.6	20.8	21.7	24.6	26.0
アイスミルク	7.4	7.3	6.9	6.7	6.9	6.6
ラクトアイス	33.4	34.9	35.1	36.2	35.6	36.3
氷菓	37.6	36.2	37.2	35.4	32.9	31.1

1989年(平成元年) 3月号より

缶瓶詰，輸出から内販に転換・輸入品急拡大

チクロショックなど諸問題乗り越え地盤築く

缶瓶詰市場は，戦前から戦後にかけて輸出全盛期を迎えたが，1970年代以降は国内販売に方向転換した。一方，安値の輸入品が急増し，減産基調の国産品を凌駕。平成年代初頭には総市場の縮小傾向に拍車がかかることになった。こうしたなか，上位ブランドの寡占化が進んだ。この間，「チクロショック」や農産物の輸入自由化など諸問題を乗り越えてきた。製品特性である安全・安心，簡便性，値ごろ感を強みに地盤を築いた激動の歩みを本誌バックナンバーから振り返る。

戦後，輸出向けを中心に成長

我が国の缶瓶詰産業は，戦後，輸出向けを中心に成長し，1960（昭和35）年の生産量5,500万箱台から1970年に8,700万箱台，1980年に1億1,300万箱台と拡大した。しかし，1970年代以降，急速に輸出が減少したため減産基調に転じ，業界は内販市場に活路を求め，食生活の洋風化を追い風にした主力のマグロ類やパスタソース類，スープ類を主軸にして生産基盤を強化してきた。

しかし，農産物の輸入自由化と長期の円高基調で年々輸入が拡大。1960年の189万箱から1970年は856万箱(飲料除く)，75年に1,000万箱を超え，1980年は1,800万箱台，1990年は3,800万箱台と大幅に拡大した。その後，99年に史上最高の9,500万箱台を記録し，初めて国内生産量(7,500万箱台)を上回ることになる。以降，国内市場の消費低迷によって，輸入は後退したが，依然として需給，相場両面で大きな影響力を及ぼし，特に果実・野菜分野で市場の主導権を握っている。

チクロショック，業界に激震

戦後の復興，高度経済成長期を経て，バブル経済崩壊の平成年代初頭まで激動の時代を歩んだ缶瓶詰業界だが，その中でも特筆したいのがチクロショックだ。1969年(昭和44年)11月，政府は米国にならって人工甘味料チクロの使用禁止措置を打ち出した。「発ガン性の疑いあり」として全面禁止したもので，飲料は昭和45年1月末，飲料以外の食品は同2月末をもって販売を禁止することを決定した。この突然の禁止措置で業界に激震が走った。特に，季節商品であって回転が遅く，かつ中小企業が大半を占める缶詰業界は，缶詰産業の特殊性を理由に，米国並みの猶予期間の延長を政府に申し入れ，業界をあげて政治運動を展開した。

その結果，缶詰瓶詰食品は当初の2月末から9月末に7ヵ月間の猶予期間が延長された。しかし，チクロ使用禁止で，果実缶の主力商品である蜜柑缶は生産直前だったことから使用を中止できたものの，禁止直前に生産されていた夏物の桃缶，洋なし缶，チェリー缶，びわ缶，ぶどう缶など果実缶は「チクロショック」の波をもろにかぶった。特に，桃缶は決定的なダメージを受けた。

当時の推定では，チクロ入り缶瓶詰の市中在庫は，猶予期間の延長を政府に要望した時点(44年12月10日現在)で，水産缶748万箱，果実缶605万箱，ジュース，ジャム，食肉缶，瓶詰269万箱，合計1,622万箱にのぼった。

全面禁止となった昭和45年10月1日時点での売れ残り在庫は約161万箱(生産者31万箱，卸業者30万箱，小売業者100万箱)，チクロ使用禁止による損失は169億円が見込まれた。これは缶詰の国内向け年間生産額の12.5％に相当するもので，いかに打撃が大きかったかが伺える。

このチクロ問題以降，全糖物の売れ行きはガタ落ちとなり，新物(45年産)桃缶などの吸い込みも芳しくなかった。この間，業者の間では値引き，手形の書き換えなどチクロを理由にした混乱が相次ぎ，

特に西日本の中堅問屋に信用不安，売れ行き不振に金融引き締めが重なり大型倒産が相次いだ。

その後，チクロは米国がシロと判定し解禁したが，チクロショックは，大多数を中小企業で占める缶詰業界の基盤を根底からくつがえす事態であった事実を忘れてはならないだろう。

水産缶，玉確保とコスト高対応

水産缶は，1970年当時，国内生産量に占める輸出比率は60％を超えていたが，国際競争力の衰退によって80年に40％，90年に10％割れまで激減。逆に輸入品はタイやインドネシアなど東南アジアでの開発輸入を拡大したツナを中心に年々着実に伸び，水産缶詰市場の約10％を占めるまでになった。魚食の国民性と，優れた加工特性，値ごろ感を強みに，静岡勢のツナ，大手水産の青物（サバ・サンマ・イワシ）に代表される市場基盤を固めた。一方，天然資源である水産物の玉確保と燃油や資材などコスト高対応が当時から現在まで続く古くて新しい問題として突きつけられている。

果実缶，国産から輸入品に急シフト

ミカンを中心にした輸出激減や自由化，円高基調，国内の原料基盤弱体化などを背景にして，缶詰産業の中でも最も構造変化が際立った。国内生産（丸缶）は

表① 缶瓶詰の生産量と輸入量

日刊経済通信社調（単位：1,000実箱）

年度	昭和35年（1960）	45年（1970）	55年（1980）	平成２年（1990）
輸入量	1,894	8,560	19,573	48,760
輸出向け生産量	13,059	28,287	29,178	2,735
総生産量	55,594	87,208	113,976	94,728

注）1．生産量と輸出量は（飲料を除く）　2．輸入量は財務省貿易統計で，箱数換算（飲料を除く）　3．年度1～12月

表② 容器別の生産量

日刊経済通信社調（単位：1,000実箱）

年度	昭和35年（1960）	45年（1970）	55年（1980）	平成２年（1990）
丸　缶	45,687	70,670	91,055	72,372
大　缶	5,925	9,347	10,306	7,549
瓶　詰	3,982	7,191	12,615	14,807
合　計	55,594	87,208	113,976	94,728

注）1．飲料を除く　2．年度1～12月

表③ 丸缶の品目別生産量

日刊経済通信社調（単位：1,000実箱）

年度	昭和35年（1960）	45年（1970）	55年（1980）	平成２年（1990）
水産	25,333	35,055	42,753	27,360
果実	14,661	24,110	24,791	16,123
野菜	3,093	6,265	10,844	9,888
食肉・調理	1,639	3,702	9,261	16,288
その他	961	1,538	3,406	2,713
合　計	45,687	70,670	91,055	72,372

注）年度1～12月

表④ 品目別輸出量

日刊経済通信社調（単位：1,000実箱）

年度	昭和35年（1960）	45年（1970）	55年（1980）	平成２年（1990）
水産	8,748	21,834	18,974	2,553
果実	4,156	6,241	3,763	141
野菜	151	173	71	2
食肉・調理	－	15	6	39
その他	－	869	6,255	9
合　計	13,055	29,132	29,069	2,744

注）年度1～12月

表⑤ 品目別輸入量

日刊経済通信社調（単位：1,000実箱）

年度	昭和35年（1960）	45年（1970）	55年（1980）	平成２年（1990）
水産	4	139	241	1,186
果実	1,730	5,441	5,310	13,632
野菜	80	2,124	11,426	21,577
食肉・調理	11	115	834	1,061
その他	15	641	1,332	11,190
合　計	1,840	8,460	19,143	48,646

注）年度1～12月

1960年の1,466万箱から1970～80年の2,400万箱台をピークに90年は1,600万箱台と減少。平成年代に入ると減産傾向に拍車がかかることになった。

逆に輸入品は増加し，1970年の約800万箱から91年に国内生産量を上回った。特にオレンジ自由化(91年生果，92年果汁)をきっかけにした中国品の輸入急増で，主力のミカン供給中，中国品が８割以上を占めるようになるなど輸入品が市場の主導権を握るようになった。

パインアップル缶詰は戦後，本土の特恵措置に保護されて急速に成長。1960年に60万箱，71年に164万箱と拡大したが，83年に100万箱を割り込み，90年は42万箱と減少した。パインアップルの自由化に伴い，90年から関税割当(ＴＱ)制度がスタートした。価格面で輸入品に大差をつけられた沖縄産の保護を図ったもので，沖縄産の取引量に応じて一定量の輸入品について関税をゼロにした。これにより輸入量は急増し，市場は大きく様変わりした。

野菜缶

国内生産量は1960年の309万箱から70年は627万箱，80年は1,084万箱と拡大したが，90年は989万箱と平成年代に入ると減産傾向となった。スイートコーンやトマト製品を中心に輸入品が大幅に伸び，79年以降は国産を上回り，年々急拡大した。スイートコーン缶詰は，1950年に日本で初めてキユーピーが発売。アヲハタを主体にした北海道産フレッシュパックを展開してきたのに対し，はごろもフーズの「シャキッとコーン」(90年８月)は輸入原料による国内リパック製品として販売量を伸ばした。

ゆで小豆缶詰の生産は1970年代初めの約50万箱から74年に120万箱台まで急増。78年以降100万箱を割り込んだが，88年には110万箱と再び盛り返し，平成年代に入ってからも緩やかに成長傾向をたどった。和食である甘味処，赤飯素材として市場のリード役となり，家庭用・業務用とも手間ひまを省け，エネルギーを節約できること，簡便性かつ長期保存できることから着実に需要が増加した。

食肉・調理缶，スープ類原動力に成長

国内生産量は(丸缶)は1960年の160万箱と70年の370万箱に対し，80年に920万箱，90年に1,600万箱台と飛躍した。スープ・ソース類が全体の７割を占めたように急成長の原動力となった。とりわけ有名ホテル・レストランのシェフとタイアップした商品開発や，外食チェーン向け専用ソース，家庭用バラエティーソースなど積極的な商品開発が奏功した。しかし，平成年代からは競合するレトルト食品や冷凍食品への実需シフト，輸入缶詰の増加により減少傾向となった。

コンビーフを中心とした食肉缶は，90年の輸入自由化により，コストアップ，輸入品攻勢に直面した。

チクロショックをはねかえし 体制立て直しを図る今年の桃缶

今年の桃缶の原料・生産・市場動向を探る

(昨)年，史上最高の生産を記録した桃缶は，その直後に突如起った〝チクロ禁止〟で缶詰業界最大の損害を被った。そして再び原料豊作予想の中で桃缶生産期を迎えたわけだが，今年の計画は例年になく慎重だ。〝チクロショックをはね返し，体制の立て直しをはかろう〟これが業界に漲っている偽らざる気持だろう。果して今年の桃缶はどのような方向を辿るのか。以下，原料をはじめ，生産，市場動向などについてできるだけ探ってみた。

チクロショックで大打撃をうけた桃缶

(ま)さに悪夢のような出来事だった。昨年10月29日，厚生省では米政府決定のあとを受けて，チクロ（サイクラミン酸ナトリウム，同カルシウム）の全面使用禁止を決めた。

ちょうどみかん缶は生産シーズン直前であったため，辛うじて九死に一生を得たが，桃缶は運悪く生産を終了した後だったので大打撃を受けた。しかも旧物在庫ゼロ，万博仮需要などを背景として，生産量は実函500万%を軽く突破する史上最高を記録。原料価格もパッカー間の激しい買漁りがたたって，空前のバカ高値を呼び，缶詰は〝高値増産〟という極めて憂慮される事態になったのである。そこへ〝チクロ禁止〟のダブルパンチを見舞われたのだから，まさに悪夢としか言いようがなかった。

この時業界がはじいたチクロ缶在庫調査によれば，44年10月末現在の桃缶流通在庫は4/2換算320万%（73億円）であり，実に全チクロ果実缶の55%以上を占めたのである。

桃缶の場合は約7割がチクロ使用の併用物であり，全糖物は3割足らずである。それだけに被害額も大きいわけで，業界が不安のドン底に突き落されたその日から，全く思いもよらぬ苦悩の日々が始まったのである。

チクロ缶のダンピングで乱れた市場，大量のチクロ缶返品を抱えて倒産した企業，あるいは社外資本流入による体質改善，強化など業界は目まぐるしく移り変わり，今なおチクロ旋風はやむところを知らない。逆に今年9月末までのチクロ缶市中在庫猶予期限切れを目前にして，一層一抹の不安を掻き立てているのである。

チクロ缶に対する消費者の恐怖心，不信感は想像以上であり，このままいくと販売が全面的に禁止される今年10月1日現在のチクロ缶市中在庫は全体で160万%，40億円（添加物対策協議会試算）ともいわれ，完全消化は全くといってよいほど不可能視されている。

桃缶が正価の4～6割引きで処分売りされているとはいえ，末端小売店からどれだけ姿を消し得るか，恐らく誰れも想像できないであろう。いち早く全国缶詰問屋協会は〝チクロ缶返品お断わり〟の方針を打出したが，チクロ缶は変敗などのいわゆる事故缶とは本質的に異なるため，やはり従来の商慣習に従って引き受けざるを得まいとするのが一般的見方である。いずれにしても損害を受けることに変わりはない。今いえることは販売猶予期限の9月末までに極力消化に努め，損害を最小限に喰止めることであろう。

表①　45年産桃の収穫予想（主産県）

県別	農林省調査（45.7.1 現在）		日園連調査（45.6.10 現在）	
	収穫量（トン）	前年比（%）	収穫量（トン）	前年比（%）
宮城	8,280	108	8,630	113
山形	45,300	118	43,000	112
福島	58,700	110	56,100	105
群馬			4,100	102
埼玉			2,800	99
新潟			7,032	80
山梨	66,800	118	71,148	125
長野	35,100	110	34,900	110
岐阜			3,600	102
愛知	6,600	89	6,850	93
奈良			3,277	101
和歌山	4,400	101	3,331	97
岡山	9,810	96	12,100	120
広島			2,725	85
香川	5,900	77	6,300	90
合計	240,890	111	266,247	110

注）収穫量は早生種，中生種，晩生種，缶桃種を合計したもの。

1970年（昭和45年）8月号より

酒類食品産業の回顧と展望

チクロに振り回された缶詰業界の一年

チクロ問題で業界の再編成急展開

45年の缶詰業界は〝チクロ〟で始まり，〝チクロ〟で終ったといっても過言ではない。それだけチクロの使用禁止は缶詰業界に大きな打撃を与えたわけで，この一年間というものはチクロに振り回されて商売らしい商売は全く行なわれなかったというのが実情である。

以下は45年の業界の回顧と46年の展望である。

チクロで大打撃をうけた缶詰業界の1年

人工甘味料チクロは44年10月末に11月10日から使用禁止措置が発表され，45年2月1日から飲料，3月1日から飲料以外の食品の販売を禁止する旨決定されたが，米国がカナダ並みに猶予期限を当初の2月1日から7カ月延長したことから業界はあげて政治運動を展開し，政府の禁止措置の不法性をつき，米国並みに9月末まで7カ月間の猶予期間の延長を陳情したのであった。

その結果，缶壜詰及びつぼ詰食品は当初の2月末から9月末まで7ヵ月間延長することが年が明けて「サイクラミン酸塩添加」を表示することを条件に認められ，1月24日正式に発表された。

この猶予期間の延長は予想されたとはいえ正月の重苦しい業界の空気を払拭し安堵の空気がどっと漂よったものである。

しかし缶詰ジュースは飲料として予定通り1月末をもって販売が禁止されたし，9月末まで延期されても果して全量チクロ入り缶詰が売り捌けるかについては不安も隠せなかった。

缶詰の商売は，2月末までの返品は避けられたものの，事実上ストップした。それはチクロの禁止による損害が関連加工食品中，最も大きくそれだけマスコミにも「チクロ＝毒入り缶詰」という風に一般消費者にイメージづけられたため，缶詰の消費は不需要期とも重なって全く止まってしまったのである。

缶詰はチクロの使用については法を遵守し，JASで〝人甘併用〟と表示を義務づけられていた。これは加工食品中でただ一つ缶詰だけだっただけに消費者に与えた缶詰の不信感，恐怖感は大きい。

缶詰は果実缶詰のうち70～80%がチクロ使用品であり，それだけでなく，水産缶詰のうち味付類や食肉の味付け品などまで殆んどがチクロ入りであった。特に生産直後の桃，洋梨は決定的ダメージを受けた。

缶詰業界が他の業界と異なってチクロショックが

〈表1〉　缶詰の生産状況（1～12月）　日刊経済通信社調　（単位：実函1,000％）

	40年	41年	42年	43年	44年	45年(推定)	前年比	46年(予想)	前年比
水産	26,252	27,333	31,244	30,743	30,864	28,000	90.7	30,000	107.1
果実	20,201	22,220	21,658	22,373	23,958	21,000	87.7	24,000	114.3
野菜	3,306	3,772	4,605	5,071	6,021	6,000	99.6	6,500	108.3
ジュース	4,627	6,103	7,917	8,899	9,321	7,100	76.2	8,000	112.3
ジャム	301	334	366	268	199	150	75.4	150	100.0
食肉	1,551	1,657	1,664	1,769	2,453	3,200	130.4	4,000	125.0
ベビーフード	564	525	556	765	899	900	100.1	1,000	111.1
丸缶小計	56,802	61,944	68,010	69,889	73,715	66,350	90.0	73,650	111.0
大缶	4,704	6,724	6,944	5,893	7,253	5,900	81.3	7,000	118.6
壜詰	3,906	4,580	5,306	6,140	8,350	8,000	95.8	9,000	112.5
缶壜詰合計	65,412	73,248	80,260	81,913	89,318	80,250	89.8	89,650	111.7

1970年(昭和45年) 12月号より

自由化対応に苦慮する食肉缶詰業界

――大幅コストアップ，輸入品攻勢，需要不振の打開策は？――

食肉缶詰業界は，1991年の牛肉の完全輸入自由化に先立って，今年4月からいよいよコンビーフなど牛肉調整品が自由化されるが，同時に自由化される原料の煮沸牛肉（ボイルドビーフ）の関税が一挙に現行の25％から70％に大幅アップされることから原料肉の大幅高騰は必至。これに加速する円安傾向から，これらコスト高対策は緊急最大の急務となっている。以下は自由化元年の食肉缶詰業界の現状と見通しだ。

4月の自由化で関税が大幅アップ

コンビーフ，牛肉大和煮やビーフカレー，ビーフシチュー，ミートソースなどいわゆる牛肉調整品（缶詰）は，90年4月から輸入がいよいよ自由化される。同時にボイルドビーフ（煮沸牛肉），ローストビーフ，ビーフパストラミも自由化される。自由化後の関税率はコンビーフやビーフカレー，ビーフシチュー，ミートソースが現行の25％のままとなるが，牛肉大和煮缶詰は自由化と同時に現行の25％から45％へと大幅に上がり，ボイルドビーフに至っては生肉扱いとなり，90年4月1日に現行の25％から70％へ45％も大幅アップする。92年4月から60％，93年4月には50％へ下がるが，それでも現行より25％も高い関税となる。

また最大の関心事であった牛肉の自由化は91年4月に実施されるが，自由化と同時に関税率は現行の25％から70％へと一挙に45％も上がり，その後92年4月から60％，さらに93年4月から50％に引き下げられるものの，高率関税となる。

問題はコンビーフや牛肉大和煮の原料肉は専らオーストラリアなどの輸入煮沸牛肉（ボイルドビーフ）だ。中でも牛肉大和煮はほぼ100％輸入の煮沸牛肉に依存していることである。牛肉大和煮は自由化後関税が45％へと20％も上がる他に，原料肉が70％へと45％も大幅アップするのである。コンビーフにしても同様，早晩大幅コストアップは避けられない。

原料牛肉は，この関税率の大幅アップのほか，急激な円安，輸送物流費の高騰，原油高，金利高，人件費高騰などのさまざまなコストアップ要因を抱えており，自由化後のコストアップ対策はいま最大の緊急課題になっている。

ほとんど輸入に依存する原料牛肉

食肉缶詰用の原料は牛肉はもちろんのこと，馬肉，豚肉，マトンなどほとんどが輸入品に依存して

表①　牛肉・牛肉製品の自由化スケジュール

	1989/4/1	90/4/1	91/4/1	92/4/1	93/4/1
牛肉	非自由化 25％＋調整金	非自由化25％＋調整金	自由化70％	自由化60％	自由化50％
ボイルドビーフ，ローストビーフ，ビーフパストラミ	非自由化 25％	自由化 70％	自由化70％	自由化60％	自由化 50％
コンビーフ(缶詰)，ビーフジャーキー	非自由化 25％	自由化 25％	25％	25％	25％
牛肉大和煮（缶詰）	非自由化 25％	自由化 45％	45％	45％	45％
*ビーフカレー（缶詰） *ビーフシチュー（缶詰） *ミートソース（缶詰）	自由化 25％	25％	25％	25％	25％

注）1. 数字は関税　2. *は牛肉30％以上

1990年（平成2年）3月号より

自由化・ＴＱ制元年のパイン缶市場

海外産地大減産で静かなスタート切る

パインアップル缶詰は，去る1954年に始まった輸入割当制度に別れを告げ，今年４月から自由化，同時に関税割当（ＴＱ）制度が導入された。

しかし，自由化，ＴＱ制移行も当初の心配をよそに，市場は以前よりはむしろ安定した状態で推移，混乱なく順調な滑り出しをみせ，監督官庁の農水省や沖縄パイン業界は一様に安堵の色をみせている。

これは輸入物が各産地とも大減産で供給不足，産地高が表面化，〝安値輸入〟の懸念がなくなったからだ。以下は激変の自由化・ＴＱ制元年のパイン缶市場の現状と見通しである。

沖縄産保護にＴＱ制導入

パイン缶は今年４月の自由化を控えて，激変緩和のため，政府は昨年，国内対策と国境措置を決めた。前者は国産加工原料用パインへの特別補給金交付（向こう８年間政府補助105億円），後者はパイン缶の関税割当制度の導入である。

ＴＱ制度は沖縄産パイン缶の販売が円滑に行えるよう，沖縄産を引き取る者に対し，その取引量に見合った一定の輸入数量に無税（１次税率）を適用，安価な輸入品を確保する一方，その他の輸入品に対しては高率関税（２次税率＝30％）を適用し，国内生産者を保護する――というもの。

つまり，ＴＱ制度は割高の沖縄産の取扱業者に対して，外国産を無税で輸入できる仕組みで，沖縄産と外国産の〝抱き合せ〟が条件。外国産を安く輸入し，それを高い沖縄産の赤字の穴埋めに当て優先消化しようというものだ。

統一組織設立，急速に進んだ対応

一方，業界の自由化への対応も急ピッチで進み，ＴＱ制度の民間調整機関，受け皿として農水省の指導により昨年４月４日に新団体「日本パインアップル輸入協会」（会員65社，清水信次会長）が設立された。こうして沖縄パインアップル缶詰協会（19社），沖縄県パインアップル缶詰工業組合（２社），日本冷凍パインアップル工業組合（13社），日本パインアップル輸入協会（67社）の４団体（業界）の大同団結が実現，ＴＱ制度へ向け体制づくりを終えた。

そして今年４月の自由化，ＴＱ制度移行に伴い，日本パイン輸入協会は５月15日，総会を開いて解散を決議，35年の歴史に幕をおろした。戦後民間貿易が再開されて間もない1955年３月に設立，以後，1955年下期からパイン缶の外貨割当の窓口として35年間にわたり，その輸入業務の円滑化に大きな役割りを果して来た。自由化に当たってＴＱ制へ移行，これに全面協力し新団体の日本パイン缶詰協会が設立され，輸入協会員67社中，56社が加入したことにより，日本パイン輸入協会はその使命を終えたとして解散に踏切ったもの。

続いて冷凍パイン缶詰工組が５月23日，沖縄パイン缶詰協会が６月28日にそれぞれ解散を決議，名実ともに新団体へ一本化されることになった。

昨年，自由化で打撃を受ける89年度産沖縄パイン缶詰旧物在庫（６万㌅）も，特例措置として90年４月以降引き取り分について18万㌅の輸入品をＴＱ対象にすることにした。

注目の最後の輸入割当となった89年度パイン缶詰は従来，上期，下期２回に分割して行われていた

1990年（平成２年）６月号より

青物缶詰，戦後の輸出主導で市場拡大

内需転換後は馴染みの大衆魚として浸透

青物缶詰は，戦後から昭和50年代にかけて輸出主導型ビジネスを展開，東南アジア，アフリカ向けを主体に市場を拡大した。その後，プラザ合意（1985年）以降の急激な円高基調で，輸出が激減したことから内需主導型へ舵を切った。サバ，イワシ，サンマといった馴染みのある沿岸大衆魚は，貴重なタンパク源としてだけでなく，健康志向を追い風に市場を確立した。

サバ缶，青物缶の一大商品として地位確立

サバ缶詰の生産は，戦前には昭和11年の19万1,000箱を最高に一進一退を続けた。戦後は年々急ピッチで伸び続け，29年には100万箱の大台に乗せた。一方，輸出は戦前アフリカ，東南アジア方面へ売り込まれたが，伸び悩んだ。これは戦前戦後を通じて内需主体で発展してきたことを意味し，輸出を基盤に成長してきたイワシ缶詰やサンマ缶詰とは性格を異にしている。

その後，サバ缶詰の生産は昭和35年（1960年）には200万箱を突破し，一大商品としての地位を確立した。さらに，38年には380万箱と400万箱に迫る驚異的な伸長を示し，いわゆる「青物缶詰」の主流であったイワシ，サンマ，アジの3品目を追い越して青物缶詰トップに立った。

サバ缶詰の輸出が本格化したのは38年からで，36年の43万箱，37年の51万箱から，38年は140万箱を記録した。生産激増もあったが，イワシ，サンマの減産による間隙をついて進出したことが最大要因であった。

37年当時のサバ缶詰のブランド別生産状況をみると，大手水産6社（当時の大洋漁業，日本水産，日魯漁業，日本冷蔵，極洋，宝幸水産）で140万箱と推定され，全国生産の50％を占めた。

40年代に入っても拡大を続け，生産量は43年に1,000万箱の大台に乗ってから高水準を維持，輸出と内販を合わせて1,400～1,500万箱で推移した。しかも，内販向け生産が頭打ちから減少に転じたの対し，輸出向けは年々着実に伸び，48年段階での輸出向けは1,150万箱まで拡大した。これは，フィリピンをはじめとする東南アジアやアフリカなど途上国からの旺盛な買い意欲，そして米国など先進国では牛肉など肉製品が高騰した反動で中産階級を中心に安価なサバ缶に「タンパク源」を求める傾向が強まったことが背景にある。55年に1,700万箱台ピークに達した。特に，先細りの北洋漁業や捕鯨，200カイリ経済水域設定（1977年）など日本の漁業環境が一層厳しくなるなか，近海漁業のホープとして国民食生活の面からも「安いタンパク源」としてだけでなく，内販では新製品開発の活発化や料理素材としての価値見直し機運が高まった。

その後，不漁による魚価高と輸出鈍化で減産に転じ，58年に1,000万箱を割り込んだ。以降，年々大幅に減り続け，60年に700万箱，平成2年は267万箱まで落ち込んだ。サバは漁獲量が減少し，平成2年には20万トン台まで急減した。

表② 青物類の漁獲量 単位：千トン

年次	サバ	マイワシ	サンマ
昭和33（1958）	268	136	575
35（1960）	351	78	287
45（1970）	1,302	442	93
55（1980）	1,301	2,198	187
60（1985）	773	3,866	246
平成2（1990）	279	3,621	311

注）農林水産省「漁業養殖業統計年報」資料

表① 青物缶詰の生産状況 日刊経済通信社調（単位：千実箱）

年次	サバ		イワシ		サンマ	
	生産	輸出	生産	輸出	生産	輸出
昭和33（1958）	1,228	87	1,829	693	2,545	965
35（1960）	2,441	188	1,321	719	1,671	1,042
45（1970）	14,401	9,688	130	−	1,000	4
55（1980）	17,862	10,636	5,243	3,389	1,377	−
平成2（1990）	2,668	1,040	2,368	865	1,752	100

輸出は，東南アジかや中近東，アフリカ向けを中心に60年当時は400万箱台だったが，得意先のフィリピンやナイジェリアなどの政情不安，途上国の慢性的な外貨不足，60年のプラザ合意以降の急激な円高などで輸出は急減の一途をたどることになる。61～62年には200万箱台，平成元年から２年(1990年)に100万箱台まで激減した。その後は援助物資が頼りとなり，採算的にも厳しさを増した。こうしたことから，輸出がリードしてきたサバ缶は，以降，内販拡大に活路を求めることになる。

一方，販売集中度は1965年以来，一頃を除いてマルハ，ニッスイ，あけぼのがトップ３を占め，次いで，ほにほ，キョクヨーなどが続いた。

イワシ缶

イワシ缶詰の生産は，昭和33年(1958年)に150万箱と当時の最高を記録した後，45年には13万箱と一時激減したが，47年から急増し75年に97万箱，51年に298万箱に拡大。52年に200カイリ時代に突入したが，影響を受けない沿岸大衆魚として増産の一途をたどり，55年には524万箱，57年に768万箱と史上最高を記録した。以降減少傾向となり60年633万箱，63年274万箱と激減し，平成６年(1994年)には194万箱と200万箱を割り込んだ。

一方，輸出は昭和32年(1957)年に79万箱，47年に15万箱，57年に605万箱とピークを迎えた。以降，59年までの400万箱台から62年200万箱台，63～平成２年(1990年) 100万箱台と半減ペースで推移。以降100万箱を大きく下回る状況が続き，平成７年(1995年)には19万箱と激減した。販売集中度は，1970年代はニッスイ，80年代はあけぼのがトップに立ったが，90年代はマルハが首位をキープした。

サンマ缶

サンマ缶の生産は，本誌が調査を開始した昭和35年(1960年)は181万箱。サバをしのぐ青物缶詰の目玉商品だったが，36年の371万箱をピークに減少に転じた。不漁，コストアップによる輸出ストップのためで，40年以降激減し45年には輸出がほぼゼロとなり，輸出依存型から内需依存型へ大転換した。その後，40年には268万箱，45年は90万箱まで落ち込んだが，1970年代は73年を除き100万箱台で推移，80年は138万箱となった。その後は150～180万箱をキープし，90年(平成２年)は167万箱，92年に200万箱台に乗せた。

表③　サバ缶詰の販売状況

日刊経済通信社調(単位：千実箱)

ブランド	昭和37年(1962)	45(1970)	55(1980)	平成元年(1989)
㋩	400	900	900	1,150
ニッスイ	300	770	800	450
あけぼの	250	690	700	250
日冷	250	180	200	−
カクカワ	150	−	−	−
こけし	100	130	70	−
ＳＭＣ	100	120	−	−
SSK	100	90	30	12
ほにほ	100	250	220	200
キョクヨー	100	170	380	120
ちょうした	100	150	225	50

注) 1．各社決算年度　2．手印の輸入品を含む

表④　イワシ缶詰の販売状況

日刊経済通信社調(単位：千実箱)

ブランド	昭和46(1971)	50(1975)	55(1980)	平成元年(1989)
㋩	25	55	100	280
ニッスイ	40	80	100	150
あけぼの	30	75	150	300
ほにほ	15	30	83	80
キョクヨー	10	40	30	30
ちょうした	−	−	142	200

注) 1．各社決算年度　2．手印の輸入品を含む

表⑤　サンマ缶詰の販売状況

日刊経済通信社調(単位：千実箱)

ブランド	昭和40年(1960)	45(1970)	55(1980)	平成元年(1989)
㋩	560	290	750	850
ニッスイ	300	190	650	360
あけぼの	280	70	150	150
日冷	310	40	−	−
こけし	230	80	50	−
ほにほ	60	60	184	100
キョクヨー	50	30	45	70
ちょうした	80	40	65	160

注) 1．各社決算年度　2．手印の輸入品を含む

サンマの水揚量は，1960年28万トン，70年に8.6万トン，80年16万トン，90年は31万トンで推移。豊漁と不漁を繰り返した。一方，輸出は1960年に104万箱，63年には149万箱を誇ったが，70年に0.4万箱と急減。不漁や71年のドルショック，円切り上げなどで輸出環境が悪化した。以降数千箱台が続き，85年に0.2万箱，90年はサバ・イワシの急減による代替で10万箱となったが，以降は減少基調をたどることになる。青物缶に共通する海外援助物資頼みの輸出構造とコスト高が大きく影響している。

一方，販売集中度は1965年以来，平成年代に入ってもマルハがトップに君臨。続いてニッスイ，あけぼの，キョクヨーなど大手水産のほか，ちょうした(田原缶詰)，ほにほなどが上位につけた。

空前の輸出好調で活況を呈す鯖缶業界

内販も〝安値〟イメージ吹き飛ばす

鯖缶業界は，輸出向けを中心に空前の活況に湧いている。内販も輸出好調の波をもろに受け，玉不足から高値追いを展開，長年にわたって鯖缶にしみついてきた〝安値〟イメージが一挙に吹き飛びそうな異変を起しており，どのパッカーも非常に明るい表情だ。昨秋から暮れにかけての石油パニック下で異常な荷動きを示した食品全般が年明けの1月下旬以降はこの反動でパッタリ動かなくなった。だが鯖缶だけは例外で相変らず引き合いが活発，不況に強い缶詰の代名詞とさえいわれるほどの存在になっている。そこで，こうした鯖缶の現状にメスを入れ，今後の方向性を探ってみることにした。

輸出の高水準のかげに資源〝赤信号〟のぞく

鯖缶生産は43年に1,000万%の大台に乗ってから少しの衰えもみせず高水準を持続，ここ数年来は輸出，内販を合せ1,400～1,500万%のフル生産を続けている。

しかも，内販向け生産が頭打ちからむしろ減少に転じているのに対し，輸出向けは年々着実に伸び，生産面でみる限り昨年の輸出は遂に史上最高を記録したということができよう。

つまり，48年（1～12月）の鯖缶生産量は〈表1〉でみるように内販向けが350万%（金額49億円），前年比12%減（金額2%減）であったのに対し，輸出向けは1,150万%（同161億円），同12%増（同25%増）に達したとみられ，全く好調である。

〈表1〉　鯖缶詰の生産状況

日刊経済通信社調（単位：数量千実函，金額百万円）

年次	内販		輸出		計	
	数量	金額	数量	金額	数量	金額
42年	4,786	5,265	3,868	4,254	8,654	9,519
43	6,734	7,407	5,708	6,279	12,442	13,686
44	5,213	5,995	6,627	7,621	11,840	13,616
45	4,713	5,656	9,688	11,625	14,401	17,281
46	5,829	6,703	10,345	11,897	16,174	18,600
47	4,002	5,003	10,283	12,854	14,285	17,857
48推定	3,500	4,900	11,500	16,100	15,000	21,000
49見込	4,000	10,000	10,000	25,000	14,000	35,000

注）年度1～12月。

大蔵省の通関統計上は輸出数量で3%の微減になっているが，これは48年の契約が特に後半に多く，一部の荷渡しが今年に持ち越されているためとみるべきだろう。

従って，輸出向けとしての生産は最高記録であったとみて，まず間違いなかろう。

輸出が高水準を続けているのは，フィリッピンをはじめとする東南アジアやアフリカなど発展途上国からの買い意欲が依然旺盛であること。そして米国など先進国では牛肉などの肉製品が異常に高騰した反動で中産階級を中心に安価な鯖缶に〝蛋白源〟を求める傾向が顕著になってきた，といった理由に代表されるようだ。

これが42年当時，400万%にも満たなかった輸出向け生産を1,000万%台に乗せる大きな原動力になったのである。

しかしながら，ここ2～3年来いわれている鯖の乱獲とこれに伴う資源の〝赤信号〟は，今後における鯖自体の生鮮流通体系と加工流通体系の在り方，ないし両者の調整を図るうえで重大な問題を提起している。

先ず1,000万%台の鯖缶生産がいつ頃まで可能かということ。さらに外貨事情の悪い発展途上国主体に伸びてきた輸出主導型の生産販売基盤がどこまで安定し得るか。狂乱物価に象徴される異常インフレ下にあって，鯖缶の国内需要を生鮮，塩干物との関係においてどの程度まで期待してよいのか。そして水産専業パッカーと農水産など兼業パッカー間における力関係の変化……など1,000万%鯖缶を取巻く環境は非常にデリケートになっており，鯖缶業界を支える原料事情の変化は，そのまま今後の方向を大きく左右することを意味しているのである。

いうなれば，現在進行しつつある鯖資源の変化は生鮮関係業者と加工業者による原料奪い合いを近い将来において予想させるものであり，その場合，大手水産会社はともかく，産業基盤の弱い中小パッカーはいかに生きのびるか，といった重大な決断を迫られることになろう。

1974年（昭和49年）3月号より

ポスト200カイリで浮上する鯖缶業界

輸出主導下、内販は新製品で活路

(経)済水域200カイリ時代の到来でわが国沿岸多獲性魚の鯖，鰛が真剣に見直され始めた。長年商品的に低い位置付けをされ，消費が低迷していた鯖缶も内販市場における新製品の相次ぐ登場で活気を取り戻し，急速にポスト200カイリの主役として脚光をあびるようになった。これが本物になるかどうかは，新製品の積極的育成をはじめとする需要拡大策をどこまで推進できるかにかかっており，ここ1～2年がその布石となることは言うまでもない。

同時に，高魚価時代に対応した新しい原料対策の方向を見出す必要に迫られている。厳しい事態を乗り切るにはどうすべきか。以下，輸出と内販両市場の問題点を探りながら，若干の展望をしてみたい。

体質改善を迫られる輸出パッカー

(鯖)缶は生産量全体の6～7割以上を輸出に依存する典型的な輸出主導型業種である。輸出先がフィリッピンをはじめとする東南アジア，アフリカ，中近東など発展途上国であることは周知の通りだ。

これらの国は外貨事情が悪いうえに消費水準も低いから，どうしても製品価格など販売面で一定の足かせをはめられてしまい，鯖缶業界の体質弱体化に結びつかざるを得なくなっているのである。

48年来の石油ショックを頂点とする有史以来の異常高値，法外な製品価格でパッカーの懐ころが潤ったのも束の間，その反動で49年後半から売れ行きがピタリと止まり，業界は安売りに走ってそれまでの蓄積をすべて吐き出してしまった。

〈表1〉　鯖缶詰の生産状況

日刊経済通信社調（単位：数量千実函，金額百万円）

年次	内販(A)		輸出(B)		計(C)		数量比率(%)	
	数量	金額	数量	金額	数量	金額	内販A/C	輸出B/C
41	4,079	4,487	2,689	3,902	6,768	8,389	60.3	39.7
42	4,786	5,265	3,868	4,254	8,654	9,519	55.3	44.7
43	6,734	7,407	5,708	6,279	12,442	13,686	54.1	45.9
44	5,213	5,995	6,627	7,621	11,840	13,616	44.0	56.0
45	4,713	5,656	9,688	11,625	14,401	17,281	32.7	67.3
46	5,829	6,703	10,345	11,897	16,174	18,600	36.0	64.0
47	5,726	8,589	10,283	15,425	16,009	27,870	35.8	64.2
48	5,747	12,069	9,754	20,483	15,501	32,552	37.1	62.9
49	6,591	21,750	9,078	29,957	15,669	51,707	42.1	57.9
50	4,235	11,435	11,286	30,472	15,521	41,907	27.3	72.7
51見込	3,039	9,117	9,361	28,083	12,400	37,200	24.5	75.5
52予想	4,300	13,760	10,000	32,000	14,300	45,760	30.1	69.9

注）年度1～12月。

これに追い打ちをかけるように輸出先ナンバーワンのフィリッピンが50年秋以降，日本品ダンピングの容疑で鯖缶のＬＣ発給を全面停止。日本側は事態急変に驚いて，直ちに51年度からフィリッピン向けの輸出生産調整に乗り出し，今日ようやく共販制度が軌道に乗るまでになったのである。

こうした一連の事実は何を物語るのであろうか。鯖缶の価格暴騰と反落は，消費国に強い“不信感”を植え付けただけで，業界には何らのプラスも得られなかった。貴重な動物蛋白食料ということであればなおさらのことであろう。

石油パニックにはあらゆる業種が混乱の渦に巻き込まれ，新価格体系への移行を目指したが，製品価格を一挙に2倍以上も引き上げるといった鯖缶のような例は殆んど他に見当らなかった。

そのことは，第一に，リーダーシップをとれるだけの力をもった企業なり，指導者が存在しなかったということ。

第二に，パッカーの大部分が中小零細企業であるゆえに，経営基盤が弱く，過当競争に陥りやすい宿

1977年（昭和52年）5月号より

転機迎えた青物缶市場

大きく変化した市場環境に合わせた戦略樹立へ

昨年のサバ，イワシの不漁は缶詰の生産，輸出を直撃，輸出の減少に拍車をかけた。内販向けもサバ缶は１年間で小売価格が倍近く値上がり。従来の青物＝安いの構図から離れた販売が求められる。いわゆる水産缶からおかず（調理）缶としての生産・販売へ，漁の動きにから消費の動きに合わせての生産・販売へと，青物缶は発想の転換期を迎えている。

変動激しい原料事情

大衆魚の代表のサバが極端な不漁から，産地の平均魚価がkg100円を超えるなど，高値を記録したのは昨年のこと。イワシも４年振りに漁獲量が400万トンを割り，一方サンマは30万トンを超える水揚げと，いわゆる青物魚の状況は大きく変化した。

缶詰も，サバ，イワシが不漁，魚価高の影響を受け大きく後退，輸出向けのサンマ缶が急増と様変わりしている。

1990年の青物缶生産量（表①）は，サバが267万㌜（前年比64.3.％），イワシも237万㌜（同75.7％）と大幅に減産，サンマだけが175万㌜（同104.8％）と増加した。このうちサンマの増加は，主にパプア・ニューギニア（P・N）向けにサバ缶の代替商材として輸出された水煮缶（４号缶）の増加によるもの。大蔵省貿易統計，日本缶詰輸出組合の輸出統計のどちらにもサンマ缶は特掲されていないが，その他魚類のうちP・N向けについてみると，缶詰輸出組合の統計では10万279㌜，大蔵省貿易統計の数量を４／４換算（１㌜＝20.4kg）すると９万6,633㌜で，これはサバ代替として輸出されたサンマ水煮缶とみられる。

今年に入っても，サバ，マイワシは昨年同様の不漁，缶詰の生産状況にも大きな変化はない。日本缶詰協会が発表した１～６月の缶詰生産量（速報）によると，サバは115万㌜（前年比104.4％），イワシは92万㌜（同98.9％)。サバでは，味噌煮，味付が増加，原料面の制約の大きい水煮は64万5,000㌜（同98.3％）と減少。イワシは輸出向け主力のトマト漬が43万4,000㌜（同85.5％）と減少，水煮，味付が増加という状況だ。

一方，サンマは本来オフシーズンだが69万㌜（同195.0％），うち蒲焼52万㌜（同173.8％）と例年になく生産が進んだ。特に１～３月は41万㌜（うち蒲焼30万㌜）と昨年の３倍以上の生産量となり，昨秋

表①　主要青物缶詰の生産・輸出数量

（単位：千実函）

年次	生産量			輸出量		
	サバ	イワシ	サンマ	サバ	イワシ	サンマ
1985年	7,037	6,334	1,691	4,022	3,775	2
86	5,918	5,312	1,666	2,581	3,154	4
87	4,785	4,259	1,624	2,259	2,269	3
88	4,350	2,738	1,651	1,684	980	
89	4,152	3,128	1,671	1,768	1,048	
90	2,668	2,368	1,752	1,040	865	100
91見込	2,250	2,250	1,750	750	750	50

注）1．生産と輸出の91年予想は日刊経済通信社調べ，輸出は日本缶詰輸出組合調べ　2．90年のサンマの輸出量はその他魚類のうちパプア・ニューギニア向けをサンマと見なした　3．年度は1～12月

表②　サバ，イワシ，サンマの漁獲量の魚価　農林水産省調

年次	漁獲量（千トン）					魚価（kg／円）				
	サバ	マイワシ	ウルメイワシ	カタクチイワシ	サンマ	サバ	マイワシ	ウルメイワシ	カタクチイワシ	サンマ
1985年	773	3,866	30	206	246	89	16	130	88	71
86	945	4,210	47	221	217	60	12	71	49	152
87	701	4,362	34	141	197	81	12	65	91	154
88	649	4,488	55	177	292	67	16	75	103	87
89	527	4,099	50	182	247	70	16	69	58	68
90	279	3,621	48	296	311	118	20			86

注）1．漁獲量は「漁業養殖業生産統計年報」による　2．kg当たり魚価は「水産物流通統計年報」による産地漁港の水揚げ平均価格。対象の漁港数は51漁港　3．90年は速報値

1991年（平成3年）11月号より

内販への転換迫られる青物缶市場

円高に加え，ＰＮＧの産業育成で厳しい輸出

青物缶（サバ，イワシ，サンマ）は，これまでの輸出向け主体から内販向けへの転換を迫られている。円高や第３国品の進出の他に，最大の輸出先となるパプア・ニューギニアでは国内生産体制を政府主導で進めており，来年には輸入禁止措置がとられる可能性もある。
一方，国内販売は実質性と健康志向への対応で順調に進んでいる。しかし，利益の薄い体質を抱え，パッカーは減少傾向。今後は，手軽な惣菜としての特質を生かした商品を開発していくことで，内販に活路を見出していくことになろう。

生産に現れた内販順調

青物缶は輸出が減少を続けている一方，国内販売は実質志向の強まりを背景として，1991年以降増加を続けている。

輸出，内販を合わせた昨年の生産量はサバが227万%（前年比88.2%）と減少したものの，イワシは261万%（同108.6%），サンマも200万%（同104.5%）と増加。このうちサンマは，サバ，イワシの代替商材として，パプア・ニューギニアとアンゴラ（無償援助）向けを中心とした輸出が増加したことも，増産の要因となっている。（表①）

今年上半期（１～６月）の生産状況を日本缶詰協会の一次集計でみると，サバ79万%（前年比81.0%），イワシ86万%（同90.2%），サンマ84万%（同90.0%）といずれも減少。その中でイワシ味付が27万6,000%（121.0%），イワシその他７万7,000%（同170.7%），サバ味付11万%（同165.1%）といった内販向け製品は大きな伸びを示している。また，サンマでも，その他が８万4,000%（同128.2%）と大きく伸びているが，これは輸出向け代替品としての，水煮製品が伸びているためと思われる。

一方，輸出向け主力のサバ水煮は29%減，イワシトマト漬けは19%減という状況で，円高の急進行で輸出をとりまく環境が一段と厳しくなっていることは，生産内容にも大きく影響している。

イワシ，サンマの昨年の増産は国内向け販売が順調に進んだことに支えられたものだが，サンマは５年連続，イワシも２年連続の増産であり，青物缶に対する需要の根強さがうかがえる。

今年も上半期は減少となったものの，夏以降サバの漁獲がまとまっていることや，サンマ，イワシも魚価は安定していること，国内販売は味付け製品中心に安くて手軽な惣菜缶として見直され順調に推移していることから，秋以降巻き返している。年間ではサンマが昨年を上回るとみられ，サバ，イワシも国内向けは昨年を上回り，総生産量も２～３%減程度まで回復するものとみられる。

不漁から大幅増に転じたサバ

サバの不漁とサンマの豊漁，イワシの漸減というこの数年続いてきた原料事情に，今年に入ってから変化がみられる。サバの漁獲が回復をみせ，毎月大幅に増加していることだ。（表②）

農水省の産地水産物流通統計（主要42漁港）では，昨年の水揚げ量が少なかった，７，８月に３倍増となったのに続き，９月は９万9,000トン（前年比667%）に達した。特に太平洋側の水揚げは好調

表①　主要青物缶詰の生産・輸出数量

（単位：千実箱）

年次	生産量			輸出量		
	サバ	イワシ	サンマ	サバ	イワシ	サンマ
1987年	4,785	4,259	1,624	2,259	2,269	3
88	4,350	2,738	1,651	1,684	980	
89	4,152	3,128	1,671	1,768	1,048	
90	2,668	2,368	1,752	1,040	865	100
91	2,574	2,406	1,913	770	780	90
92	2,269	2,614	2,000	638	620	150
93見込	2,200	2,550	2,100	550	550	200

注）1．生産と輸出の91年以降は日刊経済通信社，90年までの輸出は日本缶詰輸出組合調べ　2．90年のサンマ輸出量はその他魚類のうちパプア・ニューギニア向けをサンマと見なした　3．年度は１～12月

1993年（平成5年）11月号より

輸出主導型から内販シフトへ新時代構築

製販競争激化のなか国際戦略を強化

缶詰最大品目であるマグロ類缶は，戦前から戦後にかけて輸出産業として発展。「缶詰王国」である静岡では特産品ミカンとともに輸出全盛を迎えた。特に、ツナ缶トップのはごろもフーズは，1958年に開発した「シーチキン」が食生活の洋風化を追い風に急成長。市場拡大のリード役となりけん引してきた。一方，米国向けを中心に旺盛だった輸出は，国際情勢の波をかぶり次第に弱まり，内販シフトへと構造転換を迫られることになった。昭和から平成にかけて厳しい市場環境を乗り越え，製販競争激化のなか，グローバルな視点で国際戦略を強化してきたツナ缶業界の歩みを本誌バックナンバーから振り返る。

輸出から内販に転じ市場急拡大

缶詰最大品目であるマグロ類は，1970年代初めまで輸出主導型で拡大してきた。だが，対米デコンポーズ問題(71年)とドルショック(同)，第１次・２次オイルショック(73年，79年)，200カイリ時代幕開け(77年)などが相次いだため，業界は70年代末以降，輸出から内販主導型へ政策を転換した。その内販向け生産量は，76年に1,000万箱を突破するや，84年に過去最高の1,700万箱台を記録した。

特に80年代に入ると，主力の油漬は資源先細り不安と魚価高となったビンナガマグロ(ホワイトミート)に替わり，キハダやカツオなどライトミートが大幅に数量を伸ばし，市場拡大をけん引することになった。一方の輸出向けは，米国や欧州を中心にした海外市場の消費不振とタイなど新興国の追い上げで数量と採算の両面で苦戦を強いられた。

1985（昭和60)年のプラザ合意以降，急激な円高・ドル安は，輸出依存度の高いマグロ缶業界に大打撃を与えた。86年には輸出比率が２割を切り，87年は１割台に落ち込んだ。輸出不振に伴い，重要度が増した内販市場はこの頃，最競合国となったタイ品が流通し，業界全体に大きなショックを及ぼすなか，スチール缶のアルミトップやオールアルミ缶など，イージーオープン（ＥＯ缶）を採用するブランドが相次ぎ，価格競争とは異質の容器競争が新段階を迎えた。その後，自由化・国際化の大きな流れの中で，大手ブランド各社はタイやインドネシアなどコスト競争力の強い東南アジアからの開発輸入を強化することになる。

内外の生産拠点再構築

昭和の終わりから平成年代に入ると，マグロ類缶業界は21世紀に向けた経営基盤の強化を最重要課題とし，生産から販売に至る総合的な施策を次々と打ち出した。その最も大きなものは国際化に対応した内外の生産拠点再構築と国内消費者ニーズに沿ったヘルシー商材の開発強化である。本誌1992年10月号「ヘルシーブームに沸く鮪缶業界」で，当時の状況を要旨次の通り伝えている。

「ほてい缶詰は缶詰企業で初めてタイに進出し，海外合弁会社『サイアムほてい』を設立(1988年)。これに続き，大洋漁業もタイの大手水産会社『キングフィッシャー社』に資本参加(90年)した。はごろもフーズは，インドネシアとタイへ進出(91年)。伊藤忠商事や日本国際協力機構とタイアップして，

表①　マグロ類缶詰の生産状況

日刊経済通信社調(単位：数量千実箱，金額百万円)

年次	輸出		国内		合計	
	数量	金額	数量	金額	数量	金額
昭和40（1965)	4,541	10,445	1,371	3,153	5,912	13,598
45（1970)	7,181	25,851	1,850	6,660	9,031	32,512
55（1980)	3,995	27,166	7,721	52,502	11,716	79,669
平成2(1990)	391	2,229	14,984	85,409	15,375	87,638

インドネシアのプラシダ社と合弁会社『アネカ・インドネシア』を設立し，92年12月にスラバヤ近郊に新工場を完成させる。また，91年6月に三菱商事とともに『タイ・ユニオン・フローズン社』に資本参加。シーチキン用のロインを輸入することが目的で，国内工場の労働力不足などに対応する。日本水産，ニチロなど大手水産各社は，既にタイ産の業務用ツナ製品やロインの輸入に本腰を入れているが，ツナ缶大手の稲葉食品や清水食品，ほてい缶詰なども業務用とロインの開発輸入を強化。業界をあげて国際化への取り組みを活発化している」としたうえで，「こうした国際化路線は，東南アジア各国の生産力増強と格安な価格に大きな魅力があったためで，日米，欧州など先進国が輸入国に転じ，タイやフィリピン，インドネシアなどの発展途上国が急速に輸出を増やしている現実を見るにつけ，ツナ缶産業は世界的な規模でシェアの塗り替えが進み，市場再編成の渦中にあるといえよう」と，当時の時代背景をレポートしている。

ヘルシー路線で新商品続々

次に新製品路線では，食用油，塩分を減らしたり，ノンオイルの製品が続々と投入された。主力の油漬タイプとはまったく違った角度から市場に切り込み始めた時期でもあった。これに先立つ第1次ヘルシーブームは，1982～84年（昭和57～59年）。天然カルシウムを強化した「ほていライトツナ・カル」（82年10月）を皮切りに「ＳＳＫサンスキップ」（83年7月）はリノール酸とビタミンＥが豊富なひまわり油を使用するなどオイルで差別化。続いて，リノール酸50％以上，塩分30％カットのカツオ油漬「いなばスープライト」（83年10月），塩分20％カットの油漬「ほていライトツナＫ」（83年10月），ノンオイル「ほていライトツナ・ヘルス」（84年3月），さらに塩分20％カットの野菜スープ漬「シーチキンお料理番」（84年10月から全国展開）と相次いだ。しかしながら，多種多様なヘルシー商材を投入したものの，消費者の反応はいまひとつであった。既存の油漬製品と比べおいしさや製品訴求に欠けたことが要因となった。

第2次ヘルシーブームとなった1992年は，こうした過去の反省を踏まえ，おいしさを追求し，アイテム面で消費者の選択の幅を広げたことが最大の特徴であった。その火付け役となったのが「いなばライトＩ（アイ）」で88年8月に発売。サラダ油30％カットとオリーブ油，野菜スープ入りの「あっさり味」が消費者に評価され，またたく間に市場を拡大し看板商品に。その後，「ライトツナ　スーパーノンオイル」（90年10月）を導入。さらに「スーパーライトツナ　ノンオイル」（92年5月）を全国展開した。マグロ類の眼球の裏側にある脂肪組織からＤＨＡ含む魚油を精製し，ツナ製品に添加したもので，当時，医学界を中心に認知症予防等に応用できるのではないかと注目されはじめていた物質。ＤＨＡツナは業界内外で大きな注目を集めた。

水産庁の肝入りで92年7月6日，「ＤＨＡ高度精製抽出技術研究組合」が発足。大洋漁業（当時），極洋，はごろもフーズなど異業種15社が参加し，共同研究に着手し，量産化とコストダウンを目指すことになった。

ツナ缶業界は，このように揺れ動く国際化の狭間で独自の発展を遂げてきた。しかし，平成年代に入り，少子化による需要減少と輸入品増大の影響を受け，生産量は97年に1,300万箱台となり，以降は減産傾向をたどった。そして令和年代にかけては国際的な漁獲規制問題，タイ産を中心にした輸入品への依存度増大，人口減少を背景にした国内総需要の減少，引き続くコスト高，急激な為替変動など，新たな問題に直面しながら舵取りを迫られることになる。

表②　マグロ類の漁獲量

（単位：千トン）

年次	ビンナガ	マグロ	メバチ	キハダ	カツオ	合計
昭和40（1965）	127	56	110	124	136	553
45（1970）	64	44	92	79	203	482
50（1975）	69	41	112	72	259	555
55（1980）	72	45	121	105	358	701
60（1985）	59	30	148	134	316	687
平成2（1990）	43	14	122	98	301	578

注）農林水産省「漁業養殖業統計年報」資料

表③　マグロ類缶詰の販売状況

日刊経済通信社調（単位：千実箱）

ブランド	昭和40年（1965）	45（1970）	55（1980）	平成2（1990）
はごろも	200	580	3,570	8,100
いなば			660	1,830
ＳＭＣ	40	130		
㊝	240	150	850	1,150
ほてい		100	370	926
SSK	120	240	460	678
ニッスイ	140	120	650	600
ほにほ	30	40	180	360
あけぼの	50	110	300	190
キョクヨー	20	20	140	160
日冷	60	30		
こけし	40	120	170	
国分			150	40
総合計	1,370	1,850	7,720	14,850

注）1．各社決算年度　2．手印の輸入品を含む

今日の問題

ニクソンショックでダブルパンチを受けた缶詰業界

ニクソンショックでピンチに見舞われる缶詰業界

（ニ）クソン米大統領が8月16日に発表した①ドルと金交換の一時停止，②10%の包括的輸入課徴金制実施，③90日間の賃金・物価凍結措置など一連のドル防衛策は，全世界に強い衝撃と混乱をもたらした。激動する嵐の中で遂に日本政府も同月27日，〝円の変動相場制〟移行を発表，実質的円切上げ状態に追込まれた。食品産業の中でもとりわけ輸出ウエィトが高く，対米依存度の強い缶詰業界は，ダブルパンチを受け，今や重大なピンチに見舞われている。

変動相場制移行と缶詰業界

（2）年半にわたる米国のインフレ高進，急激に悪化した貿易収支，これに伴なう経済成長率の鈍化などが，今回のニクソン声明を生んだ直接的動機となった。もはや小手先の対策だけでは事態を収拾できない深刻な経済情勢にあったわけだ。同時にドル防衛のための新政策によって，ブレトンウッズ体制，IMF体制は根底から崩れ去ろうとしており，世界経済，通貨秩序の混迷を決定的なものにした。しかも輸入課徴金制の実施，これまでブレトン・ウッズ体制を貿易関税面から支えてきたガット（関税貿易一般協定）の存立条件をも否定するものであり，まさに重大極まる国際的経済責任からみて，米国への批判，責任追及は当然といえよう。

米国の45年度輸入高400約億ドルに対して，日本品はこの15%（約60億ドル）を占めているが，一方わが国の総輸出高194億ドルからみた対米輸出は31%に達し，いかに対米依存度が強いかを物語っている。裏返せば，今回のドル防衛措置は明らかに日本を意識したものといえる。

日本が円の変動相場制に移行し，多国間による平価調整を目論んで，正式な円切上げ巾決定に持込もうとしている矢先，米国は円切上げによって輸入課徴金を撤回する意思がないことを明らかにした。これは事実上，日米経済戦争に対する宣戦布告であり，輸出競争力の強い大企業ならともかく，中小企業が大半を占める缶詰などわが食品業界に与える影響は致命的である。

45年度の食料品輸出高は6億4,898万ドル(2,336億3,280万円）に達し，うち缶詰は2億4,086万ドル(867億960万円）と全体の37%を占めている。しかも，対米輸出高の比率は食料品の21%に対し，缶詰は34%もの高いウエートである。

さらに輸出の伸びを10年前の35年と比較すると，輸出全体が4,8倍も伸びているのに食料品は2.4倍，缶詰に至っては僅か1.7倍の伸びに停まっている。

特に缶詰の場合は35年当時食料品全体の55%を占めて以後43年の51%まで圧倒的輸出シエアを誇っていたが，44年には38%に落ち込み，輸出伸び悩みの傾向が明白になっている。

これは第1に業界の大半が中小企業であり，国際競争力が著しく弱いこと。第2に不安定な原料事情と過当競争で企業収益が極めて低い。第3には製品コストの急激な上昇で製品価格そのものが頭打ちになっていること。第4には北洋漁業や捕鯨業などに代表される厳しい漁獲制限。第5に国際的ドル通貨体制の弱体化などいわばこれらの複合的要因によるものである。

2～3年前から業界の一部に「輸出優先を再検討し，内販市場の保護育成を図るべきだ」という声が出ていたのも，実はこうした輸出低迷状況を憂えたものであり，皮肉な見方をすれば今回のドルショック，円ショックに突き当たって，初めてその声価を発揮したといえる。内販の出血分を輸出でカバーする，或いはその逆に頼るといった安易な経営態度は今こそ厳しく問い詰められねばなるまい。円が試練にさらされている以上に業界には過酷な現実が横たわっているのである。

輸入課徴金実施でどう影響をうけるか

（さ）て，米の輸入課徴金制実施は具体的にどのような影響をもたらすのか。

最も深刻な事態に直面している缶詰業界についてみたい。輸入課徴金は8月16日以降全面的に実施されているが，その徴収基準は，現行関税率と課徴金10%の合計が一税率（1930年代設定）を上まわる場合は，一般税率と現行関

1971年（昭和46年）9月号より

鮪缶業界，内販積極 拡売策が焦眉の課題

大打撃をうけた対米鮪缶、内販へ一大転換に迫られる

過去，順調に推移してきた鮪缶業界は，対米鮪缶の検査問題で大打撃を受け，昨年以降後退を余儀なくされた。今年はこれに一層拍車がかかり，内販へのしわ寄せは不可避の情勢となった。対米積戻品を処理するために日本ツナ缶詰販売(株)も発足した。一方，昨年からの内販大転換に直面した業界は油漬中心に積極的な拡売策に踏切った。しかし，急激な荷圧迫で市場はかなりの動揺を来している。

この事態をいかに切抜けるか。業界の苦悩は当面消えそうにない。そこで鮪缶業界にスポットをあて，その動向をかいまみることにした。

受難の対米輸出鮪缶とその処理経過

業界にとって，忘れることのできない45年12月15日。それは米国のＦＤＡ（食品医薬品局）が鮪缶の水銀汚染問題をヤリ玉にあげた日である。「基準量0.5ＰＰＭ以上の水銀含有品は輸入を認めない。検査で不合格品が出たら直ちに市場から回収，または輸入をさせない」という声明が発表されたその時点から業界の不運が始まったのである。

事態は水銀検査から，さらに品質検査へと拡大，発展。46年４月以降，ＦＤＡは厳格な輸入検査を開始し，ディコンポーズという名のもとに一方的な輸入禁止措置をとった。もはや，この事実は日米経済戦争に対する米側のいやがらせとしか映らない。

その挙句，46年度の品質クレームは激増の一途を辿り，遂に38万%にも達した。水銀検査と合せれば実に46万%の製品が不合格のらく印を押されたのである。

こうした検査問題に追打ちをかけるように46年８月16日には電撃的なニクソンショックが起った。特に一連のドル防衛策の中で10%の包括的輸入課徴金制が実施され，鮪缶にダブルパンチを浴びせた格好となった。

米のドル防衛措置に対応して，日本は８月28日から円の変動相場制に移行，そして暮れもおし迫った12月20日，国際通貨調整の中で円は対ドル16.88%（ＩＭＦ方式）の正式切上げを行なったのである。鮪缶のみならず対米依存度の高い缶詰業界に重大な打

〈表１〉　鮪類缶の生産量と出荷金額

日刊経済通信社調（単位：数量千実函，金額百万円）

	生産		輸出		国内	
	数量	金額	数量	金額	数量	金額
41年	7,231	18,801	5,671	14,745	1,560	4,056
42	8,225	21,385	6,139	15,961	2,086	5,424
43	7,890	20,514	6,531	16,981	1,359	3,533
44	8,910	25,839	7,121	20,651	1,789	5,188
45	9,031	27,996	7,181	22,261	1,850	5,735
46	7,999	24,396	5,107	15,576	2,892	8,820
47見込	6,700	21,105	3,800	11,970	2,900	9,135

〈表２〉　鮪類缶の生産・輸出・国内状況

（単位：T²/₄換算千函）

	生産(A)		輸出(B)		国内(C)		輸出比率	国内比率
	数量	指数	数量	指数	数量	指数	B/A (%)	C/A (%)
41年	6,623	100	5,283	100	1,340	100	79.8	20.2
42	7,344	111	5,688	107	1,656	123	77.5	22.5
43	5,927	89	6,138	116				
44	7,555	114	6,718	127	837	62	88.9	11.1
45	9,337	140	6,841	129	2,496	186	73.3	26.7
46	7,862	118	4,793	90	3,069	229	61.0	39.0
47見込	6,700	101	3,800	72	2,900	216	56.7	43.3

注）1.　41～46年の生産は日本缶詰協会の調査，輸出は大蔵省の通関統計を基礎資料とした。2.　国内の数量は生産から輸出を単純に差引いたもので，必ずしも正確とはいえない。3.　指数は41年を100とした。

1972年(昭和47年) 10月号より

80年代の進路を模索する鮪缶業界

鍵にぎる輸出と内販の調和策

(鮪)缶業界は、80年代の幕明けとともに厳しい選択を迫られることになった。200カイリ時代とエネルギーコスト高騰を背景にした激動する国際境境の中で、いかに原料を安定確保し、健全な市場基盤を確立するか、といった共通課題に対して、これまでのような無益な競争は許されなくなったからだ。

空前のコスト高と消費抵抗を乗り切るためには、輸出と内販の両輪がうまくかみ合わなくてはならない。量から質、利益確保への転換が今日ほど強く求められている時はない。

コスト高対策など難問山積

(鮪)缶業界は，昨年以降久々に明るさを取り戻している。200カイリ問題，第2次石油ショックの余波が続いているとはいえ，54年度からの輸出解放体制移行を契機にした真剣な輸出市場見直しと内販対策へのテコ入れが業界全体に自信となってはね返り，仕事量と採算確保の面でプラスに作用し始めているからだ。

しかし，前途は依然厳しい。それは第一に魚価や空缶代をはじめ，燃油，運賃，人件費など軒並み大幅コストアップに直面。一方の市場は消費の冷え込みで製品の値上げに強い抵抗をみせていること。

第二に原料面で魚価の高値安定に加え，日鰹連の遠洋カツオ釣漁業“減船”が本決まりとなり，カツオばかりでなく，ビン長マグロも重大な影響を受けそうなこと。

第三に輸出から内販指向への切換えが進む中で，内販市場は次第に需給面で飽和状態の様相を帯び，これが不安定要因になりかねない危険性をはらんでいること。

第四に外国為替の急変が続き，輸出市場の先行き見通し難に結びついていること。特にイラク・イラン戦争とこれに伴う石油危機再燃が為替不安に拍車をかけている。

第五に対米輸出共販体制の終焉によって対応を迫られている新しい競争秩序の確立が，まだ緒についたばかりであり，何れ業界再編に行きつくとしても，一大波乱は避けられそうにないこと。

従って，鮪缶業界は今後これらの難問にどう取組み，事態の打開を図るかが大きな課題となるわけで，不透明な80年代に向けて一層その真価を問われようとしている。

<表1>　鮪類の漁獲量　(単位：千トン)

年次	ビンナガ		マグロ		メバチ		キハダ		カツオ		合計	
	漁獲量	指数	漁獲量	指数	漁獲量	指数	漁獲量	指数	漁獲量	指数	漁獲量	指数
48年	95	137	49	120	105	93	76	106	322	124	647	117
49	97	141	50	122	102	90	76	106	347	134	672	121
50	69	100	41	100	113	100	72	100	259	100	555	100
51	107	155	41	100	115	102	86	119	331	128	680	123
52	54	78	52	127	128	113	83	115	309	119	626	113
53	88	128	47	115	128	113	98	136	370	143	731	132
54	69	100	42	102	127	112	93	129	329	127	660	119

注）1.資料は農林水産省の「漁業養殖業統計年報」による。2.海面養殖業を除く海面漁業。3.年度は1～12月。4.指数は　50年＝100。

1980年(昭和55年) 10月号より

国際化の狭間で活路開く鮪缶業界

輸出激減を内販市場で乗り切る

(鮪)缶業界は，円高定着による輸出激減で大きな痛手を受け，内販市場にすべてをかけようとしている。魚価の高値安定，生販の競争激化など厳しい環境の中で，新製品やキャンペーンを展開して市場活性化を図る一方，急進国のタイ等に照準を合わせた国際化戦略に本腰を入れるなど，業界は新時代の構築に乗り出した。

そこで，激変する内外市場の核心に迫りながら，原料，生産，販売の現状と問題点，今後の見通しを探ってみることにした。

内販全面依存で市場活性化策が焦点

(劇)的な昭和60年9月22日のG5（先進5カ国蔵相会議）と、それ以降の急激なドル安・円高は，輸出依存度の高い鮪缶業界に大打撃を与えた。62年の輸出が半減し，今年もさらに半減の状態が続いていることは，事態の深刻さを改めて強く印象づけている。

昭和40年代まで輸出主導型だったが，50年には輸出，内販の比率が半々。翌51年に内販が初めて輸出を逆転して以来，急速に内販主導色を強め，円高旋風が吹き荒れた61年には輸出比率が2割を切り，昨年は遂に1割台に落ち込んでしまった。（表①参照）

50年代の輸出後退は，タイを中心にした発展途上国の急速な追い上げによるもので，国際的な魚価を形成している鮪類と，これを原料にしたツナパッカーの競争はすでに勝敗がつき，コスト高の日本品は海外市場でじり貧の一途をたどることになった。

そこへ円高直撃である。世界経済で強くなりすぎた“円”が60年代に入るや大幅な軌道修正を迫られ，鮪類缶は輸出の息を止められかねない危機的状況に追い込まれてしまった。

空前の輸出不振は，そのまま内販にしわ寄せされ，国内のツナパッカーは競って内販向けの安値受注へ動き，ライトツナ戦争に拍車をかけることになった。内販市場の供給過剰体質が明確化する中で，最大のライバルであるタイ産が61～63年にかけて日本へ本格上陸し，今年はフィリッピン産も登場。業界は否応なしに国際化の波を受けることになった。

しかも，世界的な魚価高によって，内販の採算が急ピッチで悪化。思い切った需給調整と，これをベースにした市場の値締めが最大の課題になってきた。幸いなことに，鮪類缶は優れた素材性をもっているため，国内での消費基盤が強く，今後の需要拡大は確実とみられる有望な商材。要は，どのようにして市場を活性化し安定させるか，という一点にだけ絞られている。

アルミトップによるイージーオープン（EO）缶の本格導入，中味の多様化，そして消費者の関心を引きつけるキャンペーンなどが“市場活性化”の切

表①　鮪類缶詰の生産状況　日刊経済通信社調（単位：数量1,000実函，金額＝100万円）

年次	輸出				国内				合計			
	数量	指数	金額	指数	数量	指数	金額	指数	数量	指数	金額	指数
55年	3,995	100	27,166	100	7,721	100	52,502	100	11,716	100	79,669	100
57	3,816	96	23,662	87	10,853	141	67,286	128	14,669	125	90,948	114
58	3,970	99	23,818	88	12,897	167	77,381	147	16,867	144	101,199	127
59	5,040	126	30,242	111	12,394	161	74,361	142	17,434	149	104,603	131
60	3,589	90	20,457	75	13,265	172	75,611	144	16,854	144	96,068	121
61	3,158	79	17,368	64	13,318	172	73,249	140	16,476	141	90,617	114
62	1,660	42	8,964	33	14,937	194	80,660	154	16,597	142	89,624	113
63見込	1,000	25	5,500	20	15,500	201	85,250	162	16,500	140	90,750	114

注）1. 指数は55年＝100とした　2. 年度1～12月

1988年（昭和63年）10月号より

なめ茸，長野県の郷土産業として急成長

地元メーカーと一次問屋の強力な絆

食卓のお供として永年にわたり親しまれているなめ茸。その誕生は昭和30年代にさかのぼる。長野県の特産であるエノキ茸の生産拡大と鍋物需要など全国的な普及を追い風に市場は急拡大した。黎明期から急成長を遂げた背景を本紙バックナンバーから紹介する。

昭和30年代初頭に誕生

なめ茸(エノキ茸味付)が初めて商品化されたのは昭和32年前後。当時はポケット缶など丸缶主体に僅かにパックされていた程度で，一般にはほとんど認知されていなかった。しかし，38年頃になめ茸を醤油で味付けした独特の瓶詰製品なめ茸茶漬けが開発されると消費は急速に拡大した。これよりも6〜7年前に京都の錦味が「錦のなめ茸茶漬」として商品化し，観光客のみやげ物珍味として売られていたが，数量的にも少なく，一般消費者にはほど遠いものであった。

37年頃にいち早く茶漬け製品を手がけたのは，長野県の当時の河東農産，長水果実加工農協など3〜4社程度で，大部分のメーカーは39年を境に前後して生産に乗り出し，45年当時で数十社に及んだ。

こうしたなかで当時，「なめ茸茶漬」の商標権を巡って問題が表面化したが，結局，市場性の高い商品だけにこれを積極的に育成していくとの立場から，先発メーカーの錦味と長野県缶詰協会の間で話し合いがつき，49年度から共同管理体制がスタートした。こうしてみやげ物関係を中心に伸びてきたなめ茸茶漬類は，その後デパート，スーパー，一般小売店や料飲店など業務筋に浸透し"大衆食品"としての座を確立した。

生産量は急拡大

なめ茸類の生産は，昭和37年に僅か2.4万箱(6,800万円)だったが，44年に131万箱(32億円)と100万箱の大台に乗り，53年に185万箱(63億円)を記録。それ以降は頭打ちとなり，55年に155万箱(54億円)，60年は113万箱(40億円)まで減少したが，平成2年は124万箱(42億円)と持ち直した。(表①)

この間，長野県を主産地とするエノキ茸の生産量は拡大，長野県では35年の320トンから45年は1万トン台に乗せ，48年に3万トン台，55年に4万トン台，平成2年は5.5万トン台に乗せた。また，栽培戸数は35年の999戸から48年の5,290戸まで急増したが，以降は減少基調に転じ，平成2年段階で2,550戸まで落ち込んだ。高齢化や跡継ぎ不足など生産農家の減少が影響している。栽培戸数の減少により，1戸当たりの生産数量は増加，栽培戸数

表① なめ茸茶漬類の生産状況

日刊経済通信社調(単位：千実箱)

年度	長野県	その他	合計	金額(百万円)
昭和37 (1962)年	23	1	24	68
40 (1965)	296	30	326	913
45 (1970)	1,250	50	1,300	3,250
47 (1972)	1,700	100	1,800	4,680
50 (1975)	1,330	120	1,450	3,944
53 (1978)	1,500	350	1,850	6,290
55 (1980)	1,350	200	1,550	5,425
60 (1985)	960	170	1,130	3,950
平成2 (1990)	1,120	120	1,240	4,216

表② 長野県のえのき茸生産状況

日刊経済通信社調

年度	栽培戸数(戸)	生産量(トン)	1戸当たり平均生産量(トン)
昭和35 (1960)	999	320	0.3
40 (1965)	2,544	2,824	1.1
45 (1970)	4,901	12,800	2.6
48 (1973)	5,290	32,370	6.1
50 (1975)	4,848	29,529	6.1
51 (1976)	4,960	32,960	6.6
55 (1980)	3,865	42,500	11.0
60 (1985)	3,086	49,000	15.9
平成2 (1990)	2,550	55,700	21.8

がピークだった48年の平均6.1万トンから平成２年は21.8トンまで増加した。(表②)

エノキ茸の国内生産量は，45年当時の１万3,000トンから年々増加し，50年に３万トン台，55年に５万トン台，60年に６万トン台，平成２年には８万トン台まで拡大した。長野県のほか，新潟県や他県でも生産量が増えたことで鍋物など生鮮需要の拡大も進んだ。45年当時の長野県の生産シェアは90%超とほぼ独占状態であったが，全国的な生産拡大を受け，そのシェアは縮小傾向となったが，平成２年段階でも60%を超えており他を圧倒している。(表③)

急成長を遂げた背景

長野県のなめ茸製品が急成長を遂げた背景として考えられるのは，先ず第１に長野県庁が28年頃から冬季換金作物としてエノキ茸の栽培を積極的に農家に奨励してきたことがあげられる。室内栽培のため巨額の設備投資が必要だったが，エノキ茸が市場に馴染んでくるにつれ，相乗的に栽培農家の減価償却が進み，"栽培熱"を高める結果となった。

しかも椎茸や松茸など他のきのこ類と異なり，冬季でも十分育成することができたので，農閑期の副業として最適だったといえる。これが結果的には加工原料安定の礎となった。

第２に，エノキ茸(なめ茸)特有の風味が醤油味付けとよくマッチし，なめ茸茶漬として一般消費者に受け入れられたことである。当初はコスト高から高級珍味の域を出なかったなめ茸が合理化によってコストダウンを実現し，製品大衆化に結びつき，しかも消費者の嗜好に合ったということ。第３に，このような原料，消費動向の利点に加え，季節操業を主とするメーカーにはつなぎ仕事としてのなめ茸加工が魅力であった点である。

こうして生食向けと加工向けの需要の著しい増加が栽培農家を含めた長野県のなめ茸業界を大いに支えてきたわけだが，何より注目すべき点は行政の長野県庁と出荷統制を受け持つ同県経済連，加工団体の缶詰協会がともに郷土産業を守り育てる立場から積極的に"共存共栄"の一体化施策を推進してきたことだ。もうひとつの点として，流通機構の担い手である一次問屋と産地メーカーが強力に結びついていたという点も忘れてはならない。昭和45年当時の長野県メーカーの取り扱い先状況は，一次問屋が全体の90%を占め，二次問屋は７%，スーパーは僅か３%であった。こうした一次問屋とのつながりに

表③　えのきだけの主産県別生産量推移

単位：トン

都道府県	昭和45年	50	55	60	平成元年
北海道	21	549	1,296	1,717	2,458
宮城		155	197	388	707
秋田		286	361	532	645
山形		302	1,166	1,706	1,915
群馬		89	528	517	699
新潟	54	357	1,486	2,291	3,508
長野	12,900	29,529	42,500	49,004	51,800
富山	100	295	840	702	648
石川	76	235	499	586	589
岡山		116	519	595	1,323
広島				373	1,588
愛媛		5	160	199	1,220
福岡		221	1,200	2,079	4,266
熊本	104	250	836	1,009	1,733
大分	87	436	833	2,519	3,422
宮崎		116	630	618	723
鹿児島		270	80	958	1,185
小計	13,342	33,211	53,131	65,793	78,429
その他	393	1,554	3,265	3,737	4,771
合計	13,735	34,765	56,396	69,530	83,200
長野シェア(%)	93.9	84.9	75.4	70.5	62.3

表④ 昭和44年度(当時)のなめ茸茶漬類社別生産状況

日刊経済通信社調(昭和45年4月当時)

メーカー名	ブランド	生産量(トン)
長野トマト	ナガノ	850
長野果実加工	りんどう	750
長野興農	長野興農	700
河東農産	高原のかおり	680
長水加工	チョースイ	550
丸善食品工業	丸善	300
森食品工業	モリ	300
錦味	錦味	250
朝日食品	嵐印	250
丸越食品	高原風味	200
諏訪農村工業農協連合会	ＳＮＳ	150
寿高原食品	寿	150
浅間食品	あさま	150
南信食品		120
信越食品工業	ＳＳＣ	100
ゴールドパック	ゴールドパック	60
清水食品	SSK	60

よって，商品が大量にしかも敏速に消費されるに至ったのであり，急成長をもたらせた一大原動力になったといえよう。

こうしたなか，なめ茸の黎明期かつ急成長した昭和44年当時のなめ茸茶漬け類の生産メーカーは長野県内を中心に数十社にのぼり，うち長野トマト(当時)を筆頭に大手メーカー各社から商品が供給された。(表④)

転機に直面したなめ茸茶漬類

長期安定成長を図るうえでの問題点

当初，高級珍味として市場に登場した〝なめ茸茶漬〟類は，その後爆発的売れ行きで急成長を遂げ，またたく間に100万%の大台を突破，今年産は150万%に達しようという勢いである。名実ともに大衆商品の座を確立したわけだが，一方市場は急成長のあおりを受けて一昨年来市況軟調に陥り入っている。

今年は原料出荷調整など生産抑制への動きが初めて表面化，さらに品質向上を求める声も一段と強まっている。業界はなめ茸茶漬産業の長期安定成長を図るうえで，これら幾多の試練をどのように切抜けるのか。まさに重大な転機に立たされているといえよう。

急成長のなめ茸茶漬類，品質・規格統一が先決

なめ茸茶漬類は37年頃，僅か2万%足らずだったが，その後きのこ類をはじめとする山菜ブームに乗って急成長を遂げ，今や押しも押されもしない存在となった。

全国生産の9割以上を占める長野県が，当初から原料エノキ茸の栽培を奨励，いわば官民一体の施策を推進したことから，別名「郷土産業」の典型ともいわれている。信州の気候がエノキ茸栽培に適し，また冬季換金作物として非常に有望であったため，年々栽培農家が急増，今日では長野県だけで5千戸以上に及んでいる。

これに伴なってなめ茸茶漬の生産も驚異的伸びを記録，エノキ茸生産年度でみた45年度品（45年9月～46年5月）は実に132万%と僅か10年足らずで55倍以上にも達したのである。（表1参照）

こうした生産急増は一方で市況軟化，規格外製品をはんらんさせ〝成長のひずみ〟をもたらした。特に市況は全体の6割を占める120gクラスの小壜物中心に軟化，慢性的市況低迷の様相をみせ始めている。

これに対して一部メーカーは200gクラスの大壜物に生産比重を移行させるなど値崩れ対策に懸命だ。そして，この市況軟化は規格品（長野県自主規格，日本農林規格）以外の製品，例えば単なる〝なめ茸〟や〝なめ茸しぐれ〟といった商品名のものが多数市場に登場したことによってますます混迷の度を

〈表1〉 なめ茸茶漬の生産量と原料出荷量

日刊経済通信社調

年度	長野県		他府県		合計		製品生産金額(百万円)
	生産量(千%)	加工原料(t)	生産量(千%)	加工原料(t)	生産量(千%)	加工原料(t)	
37年	23	100	1	4	24	104	68
38	32	138	2	9	34	147	96
39	126	541	14	60	140	601	391
40	296	1,272	30	129	326	1,401	913
41	407	1,749	35	151	442	1,900	1,193
42	655	2,817	45	191	700	3,008	1,889
43	698	3,003	52	223	750	3,226	2,026
44	675	2,902	48	205	723	3,107	1,995
45	1,279	5,500	43	185	1,322	5,685	3,744
46(見込み)	1,465	6,300	49	210	1,514	6,510	4,000

注） 1. 生産量は200g壜換算（1%＝24個入り）。
2. 原料所要量は1%平均4.3kgとみた。

〈表2〉 エノキ茸の出荷状況

日刊経済通信社調 （単位：トン）

年度	青果向け			加工向け			合計		
	長野県	他府県	計	長野県	他府県	計	長野県	他府県	計
40年	1,530	171	1,701	1,272	129	1,401	2,802	300	3,102
41	2,046	209	2,255	1,749	151	1,900	3,795	360	4,155
42	2,738	249	2,987	2,817	191	3,008	5,555	440	5,995
43	3,828	594	4,422	3,003	223	3,226	6,831	817	7,647
44	5,282	596	5,878	2,902	205	3,107	8,184	801	8,985
45	7,500	627	8,127	5,500	185	5,685	13,000	812	13,812
46(見込み)	13,000	704	13,704	6,300	210	6,510	19,300	914	20,214

注） 1. 年度は9月～翌年5月のエノキ茸生産年度。
2. 長野県の基礎資料は長野県庁農政部と同県経済連による。

1972年（昭和47年）3月号より

寡占化に動くなめ茸茶漬類業界

尾を引く規格問題，値上げ浸透が鍵

なめ茸茶漬類業界は，長期の過当競争と不況で体質がすっかり弱体化，もはやぬきさしならないところまで来てしまった。業界は資材など大巾コストアップに悲鳴をあげ，遂に2月から積極的に値上げ攻勢を展開。これが単なる値締め程度に終るか，あるいは値上げ実現につながるかは業界の消長に重大に係わり合いをもつ。相変らずもたついている未解決の規格問題を拘えながら，今年は業界の戦国時代にピリオドが打たれ，寡占化体制が明確になろうとしている。以下は最近の動向と今後の見通しである。

地殻変動が始まったなめ茸茶漬類業界

当初〝土産品〟あるいは〝特産品〟としてスタートしたなめ茸茶漬類は，今日すっかり市場に定着し，大衆食品としての座を確立したのだが，急成長のあまり，当然解決していなければならない規格問題が今なお未解決の形で残り，乱売合戦など業界全体を混迷状態の中に引きずり込んでいる。

加えて，48年末の石油ショック以降は大巾なコストアップと消費減退のダブルパンチに見舞われ，メーカーの経営基盤は一段と弱体化してしまった。

今シーズンは壜など資材の相次ぐ値上げ攻勢に直面，遂に2月から製品価格引き上げに踏み切らざるを得なくなった。これが実現できなければ，現下の経済低成長時代を乗り切れないし，業界を安定に導く唯一の条件が根底から崩れてしまう。

〈表1〉　エノキ茸の主産県別生産状況　日刊経済通信社調

都道府県別	45年		47年		49年		50年		51年見込	
	栽培戸数(戸)	生産量(t)	栽培戸数(戸)	生産量(t)	栽培戸数(戸)	生産量(t)	栽培戸数(戸)	生産量(t)	栽培戸数(戸)	生産量(t)
北海道	5	21	11	123	28	1,131	29	549	32	990
青森	29	177	30	170	48	386	44	390	48	460
岩手	4	5	47	20	28	100	17	62	17	65
宮城			24	65	25	70	25	155	25	170
秋田			40	152	65	263	36	286	36	300
山形					53	141	29	302	31	455
福島	18	12	63	29	87	102	85	104	70	105
群馬			48	60	51	64	40	89	40	90
山梨			9	25	10	15	6	18	10	20
長野	4,901	12,900	4,920	24,200	5,320	28,575	4,848	29,529	4,960	32,111
新潟	13	54	80	244	49	376	57	357	60	390
静岡					8	10	10	14	10	15
岐阜	20	23			35	17	35	25	35	30
富山	85	100	103	156	95	602	56	295	55	330
石川	23	76	50	141	25	162	32	235	32	260
福井	10	35	35	150	22	198	24	228	25	275
大阪	5	15	8	50	12	87	12	90	17	140
兵庫			45	15	40	32	20	37	20	95
奈良	10	21	24	54	19	131	20	120	20	120
岡山			3	24	12	74	12	116	15	200
愛媛					10	6	12	5	12	5
高知					5	2	6	20	10	40
福岡					11	180	11	221	13	200
熊本	35	104	40	130	25	183	28	250	28	200
大分	12	87	8	105	12	261	15	436	17	490
宮崎					2	19	16	116	16	125
鹿児島					7	170	8	270	10	300
計	5,170	13,630	5,588	25,913	6,104	33,357	5,533	34,319	5,664	37,981
その他	13	105	19	250	28	361	37	446	41	760
合計	5,183	13,735	5,607	26,163	6,132	33,718	5,570	34,765	5,705	38,741

1977年(昭和52年) 2月号より

なめ茸茶漬業界，軌道に乗った市場正常化

原料の高値安定が値締め，価格改訂促す

なめ茸茶漬類業界は，56年頃から原料基盤が大きく変化し，原料不足とともに原料の高値安定が続き，各メーカーとも値締めや価格改定で対応してきた。

メーカーサイドでは，原料価格や壜などの大幅なコストアップを理由に，昨年春先からさらに値上げを実施し，強い態度で臨んでいる。需給バランスの回復を背景に，新値はほぼ浸透してきており，長期間にわたる市場混乱を脱し，市場正常化は軌道に乗ってきたようだ。

原料価格の長期先決めに踏み切る

長期的な市場混乱に陥っていたなめ茸茶漬類業界は，56年後半ころからの，原料のエノキ茸の不足と高値によって，ようやく市場正常化のスタートを切った。大幅なコストアップのため，従来のような乱売・安売りは影を潜め，市況も立ち直ってきた。

市場正常化の最大の要因は原料基盤の大きな変化であろう。栽培戸数の減少と冷房による通年栽培の定着と大型栽培化が進む一方で，石油関連製品，オガ屑など関連資材も値上がりし，エノキ茸栽培農家のコストを圧迫。このため，加工向原料は不足気味で価格も大幅にアップし，メーカーの値締め・価格改訂を促す結果となった。

こうした原料基盤の変化を踏まえ，長野缶協と長野経済連では58年度から，原料価格を早い時点で長期的に決定することとした。これは，長期的展望のもとに原料の安定入荷を図るのが狙いだが，このような長期的な価格決定は，業界として初のケースであるだけに，業界内にも異論はあろう。しかし，原料の適正価格による安定入荷という点からみて，原料の長期的先決めはある程度評価されよう。

低迷していた消費も一昨年あたりから持ち直してきたようで，若干増えているようだ。健康食品ブームで低塩なめ茸が好調な動きをみせており，また，普及品（業界自主規格の固型分60%クラス）よりも，JAS品（固型分70%以上）の伸びがよい。普及品から JAS 品へと消費の流れが徐々に変わりつつある

表①　エノキ茸びん詰の生産量・ＪＡＳ受検数量

（単位：実函）

年　度	生産数量			ＪAS受検数量	
	全国(A)	長野県(B)	B/A	全国(C)	C/A
50	1,439,510	1,386,906	96.3	299,780	20.8
51	2,003,814	1,525,328	76.1	370,693	18.5
52	1,439,025	1,167,724	81.1	407,077	28.3
53	1,880,692	1,504,884	80.0	292,981	15.6
54	1,683,016	1,423,405	84.6	344,175	20.5
55	1,402,477	1,318,413	94.0	330,263	23.5
56	1,322,922	1,222,422	92.4	330,062	24.9
57	1,000,524	856,981	85.7	369,142	36.9

注）1. 生産数量（年度1～12月）は日本缶詰協会調べ
2. ＪAS受検数量(年度4～3月)は日本缶詰検査協会調べ。但し，生産数量とＪＡＳ受検数量の年度が異なるので，ＪＡＳ受検率は参考程度

表②　エノキ茸の主産県別生産状況　日刊経済通信社調

都道府県別	57年		58年計画	
	栽培戸数(戸)	生産量(t)	栽培戸数(戸)	生産量(t)
北海道	49	1,468	57	1,600
青森	32	579	32	580
岩手	15	223	15	250
秋田	41	383	41	390
山形	53	1,051	55	1,200
宮城	14	215	14	225
福島	15	135	15	120
群馬	36	560	37	571
山梨	20	192	20	190
長野	3,600	40,000	3,520	41,000
新潟	83	1,314	85	1,500
富山	29	760	29	780
石川	28	550	28	550
福井	25	361	25	380
三重	4	156	4	165
兵庫	8	268	8	270
鳥取	6	250	6	250
島根	3	131	3	130
岡山	57	578	57	578
広島	5	396	5	446
福岡	38	1,476	39	1,500
佐賀	11	218	9	220
長崎	6	377	6	430
熊本	61	664	61	700
大分	116	1,536	116	1,500
宮崎	12	478	12	490
鹿児島	13	511	13	511
計	4,380	54,830	4,312	56,526
その他	43	537	44	573
合計	4,423	55,367	4,356	57,099

注）資料は一部長野県農政部による

1984年(昭和59年) 2月号より

回復傾向に転じたナメ茸茶漬類

“100円商材”からの脱却～利益重視に動くメーカー

ナメ茸茶漬類の生産・販売が回復を見せている。前シーズンの原料高騰に伴う製品値締めも，ほとんど販売面への影響が少なく，大型瓶の好調と合わせて，ヘビーユーザーを中心にナメ茸製品への根強い人気を裏づけている。キノコ類全般の評価が高まっている中で，今後はナメ茸製品をよく知らない層へのアピールが大きな課題だ。以下，生産量の9割を占める長野県の状況を中心に市場の動きを探ってみた。

生産量，88年度から増勢を維持

ナメ茸茶漬類（エノキ茸味付）の生産は1980年以降，減少傾向にあったが，1988年（昭和63年）からわずかながら増産に転じている。㈳日本缶詰協会の集計した88年（1～12月）のエノキ茸びん詰の生産量は92万5,649%s（前年比102.3%）と4年ぶりに増加。また，JAS受検数量（4～3月，固形分70%以上）は42万6,681%s（同131.2%）と前年から10万%s増を記録し，過去最高の83年（43万%s強）に迫った。（表①）

この傾向は89年に入っても続いており，日缶協の1～6月の生産統計（速報）は46万3,859%s（同102.2%）と増加。JAS受検は4～12月で34万9,651%s（同110.6%）と伸び，年間では史上最高の45万%s前後に達しそうだ。

生産量の9割弱を占める長野県について，同県の缶詰協会が集計した生産量でみると，88年は107万1,386%s（前年比110.0%）と85年並み水準に回復した（表②）。固形分別にみると普及品タイプの60%物と，80%物がともに2ケタ増，中間の70%物は微増にとどまった。これは長野缶協会員分の集計で，88年は長野トマト，丸善食品工業，長野興農，小松食品，森食品工業，信越食品工業（以上日缶協会員），高嶺商会，信濃産業，鬼無里村森林組合の9社が製造している。この他に数量的には多くないが員外社の製造分があることや，生産統計では180g瓶，200g瓶を30本＝1%sでまとめていることから，実際の函数は長野県生産分で150万%s前後，全国ベースでは160万%s台と推定される。

一昨年からの回復傾向は今年も続くものと期待される。（表③）

88年度ＪＡＳ受検比率，46%台にはね上がる

エノキ茸の生産は増加を続け，1987年には全国で7万8,129トン，長野県も5万1,500トンとなったが，88年は全国で7万8,070トンと前年並みにとどまり，長野は5万100トンと2.8%減少。89年は長野県は5万1,500トンと87年並みとみられる。（表④，表⑤）

エノキ茸は長野県の特産物的な性格が強かったが，青果市場の拡大に伴い新潟，福岡，大分などの各県でも栽培が本格化。長野県のシェアは88年で64.2%と依然圧倒的だが，84年の70.9%からかなり低下した。長野県ではエノキ茸から本シメジへの転換を進め，エノキ茸の栽培農家数は年々減少。空調栽培の普及等による経営の大型化が進んでいる。

本シメジは，長野県経済連が「やまびこほんしめじ」の商標権を持ち独占的に生産。特産品の性格が強く，出荷価格もエノキ茸に比べ4～5割高い。現在，栽培戸数は600戸程度で毎年30戸程度増加を続けている。88年の生産実績は1万6,000トン，129億6,000万円，89年は1万8,000トンを計画，長野県きのこ生産振興第3次5カ年計画（85年～89年）の89年目標1万2,000トンを大きく上回っている。

今年から第4次5カ年計画（90～94年）が始まったが，これによると1994年（平成6年）の生産目標は，エノキ茸5万6,000トン（88年実績比111.8%），本シメジ3万トン（同187.5%）で，さらにエノキ

1990年（平成2年）2月号より

炭酸飲料，多様化とともに拡大

昭和53年にピークを迎える

炭酸飲料は，ラムネやサイダーの透明炭酸飲料から始まり，のちにコーラ飲料が台頭，果汁系など様々な炭酸飲料が展開され市場を拡大してきた。透明炭酸，コーラ飲料ともに昭和53年（1978年）にピークを迎え平成に向かう。

一方の栄養ドリンクは，清涼飲料水で，薬事法に基づいて製造販売されているドリンク剤とは一線を画したもの。疲労回復，二日酔いの回復などの目的で飲用され，食品店，ホテル，ドライブインなどあらゆるルートで販売された。滋養強壮をめざしたもの，おいしい健康飲料を目指した小瓶として急拡大した。

【炭酸飲料】

炭酸飲料の老舗，透明炭酸

透明炭酸はラムネやサイダーで形成され，その歴史は古い。昭和35年(1960年)当時の透明炭酸飲料市場は，ラムネが4万3,802kℓ，サイダー類が9万7,000kℓ，合計14万802kℓで，その規模は現在と比較して極めて小さい。

もっとも，この頃は清涼飲料市場そのものが成長期にあり，また主流もストレートや濃厚ものの果実飲料だったことから，炭酸飲料自体の需要は現在とは比較にはならないほど小さかった。

透明炭酸飲料が本格的な拡大基調となったのは，46年(71年)から始まった〝透明飲料ブーム〟以降で，急速に市場が成長，わずか8年後の53年(78年)には114万6,000kℓでピークを迎えた。

しかし，コーラ飲料の急速な拡大や果実飲料の更なる成長，スポーツドリンクなど新分野飲料の台頭にも押され，55年(80年)に100万kℓを割り込んで以降，減少傾向が続いた。61年(86年)には70万kℓに。平成2年(90年)に猛暑と「スプライト・レモン」のヒットで一時的に上向いたものの，清涼飲料市場での需要の多様化により再び減少。4年(92年)は，当時10年振りとなる値上げも影響し50万kℓ台となった。

コーラ，原液の輸入自由化で急成長

コーラは昭和35年(1960年)に原液の輸入がAFA制(自動割当)に移行し，翌36年(61年) 10月に完全自由化されて以降，需要は急速に増大した。それ以前は，“炭酸飲料といえばラムネ・サイダー”のことを指していたが，同年以降コカ・コーラ，ペプシコーラの2大ブランドが相次ぎ国内の大資本をボトラーに選び，全国的な生産体制を確立，強力な広告合戦を展開したことから，一気に認知度が高まった。

当時の生産量を見ると，35（60年)は，6,000kℓに届かず，炭酸飲料の中でも3％弱に過ぎなかった。しかし翌36年(61年)の自由化以降は爆発的な伸びを見せており，特に37年(62年)までは倍増ペースを維持，40年(65年)以降もハイペースで拡大を続け45年(70年)には92万kℓに到達。市場規模は，わずか10年ほどで170倍超にも拡大したことになる。

しかし，46年(71年)の破瓶事故(ホームサイズの一時発売停止)を契機に市場の伸びは鈍化した。48年(73年)に一旦は100万kℓを突破しているものの，オイルショックによる48～49年(73～74年)の2度にわたる値上げや，透明炭酸飲料，ファンタなどフレーバー系などの台頭も大きく影響し，これまで成長一辺倒だった市場が減少に転じた。

この時代の足踏みは，これら複合要因によるものだが，100万kℓという巨大な市場規模を形成したこと，つまり分母の拡大も，成長を阻害させる要因の1つとなっている。

それでも，52年(77年)には再度100万kℓの大台を突破，翌53年(78年)には126万kℓを記録，過去最高実績を達成している。しかし，55年(80年)に100

万kℓを割って以来，再度大台に乗せるまで10年の歳月を要した。平成5年(93年)以降は110万kℓ前後で一進一退を繰り返しながら平成中期へ突入する。

ブランドの動向

透明炭酸は，45年(70年)までの市場は，「三ツ矢サイダー」が圧倒な強さでリードしていた。そのシェアは，43年(68年)まで40%台を維持していたが，44年(69年) 10月の「チクロショック」で状況は一変した。人工甘味料併用品の販売中止，全糖化への移行である。この影響で，全糖で展開していた「キリンレモン」が勢いを急速に強め，48年(73年)には「三ツ矢サイダー」をトップの座から引き摺り下ろした。

55年(80年)には「三ツ矢サイダー」が再度トップとなったが，それも束の間で，56年(81年)には後発の「スプライト」(昭和46・1971年参入)がトップとなり，2位「キリンレモン」，3位「三ツ矢サイダー」という順位となった。

平成4年(92年)，値上げによる市場の縮小する中で，10年以上トップの座に付いていた「スプライト」は2割台の大幅減を喫し，10%減にとどめた「三ツ矢サイダー」が3度目となる首位の座を奪取した。

コーラは，市場の創生期から成長期にかけては，現在の「コカ·コーラ」「ペプシコーラ」以外にも「ローヤルクラウンコーラ」や「カナダドライコーラ」，「ヴァージンコーラ」「ジョルトコーラ」などのブランドも市場を構成。平成初期には「シュウェップスコーラ」「サントリーコーラ」なども展開されていた。

②黎明期の炭酸飲料ブランド販売量

【コーラ飲料】　日刊経済通信社調(単位：千箱)

ブランド	昭和33年(58年)	34年(59)	35年(60)
コカ・コーラ	160	200	300
ペプシコーラ	110	130	150
ミッションコーラ	180	210	240
ウインコーラ	170	200	220
小計	620	740	910
その他	190	230	220
合計	810	970	1,130

【サイダー】

ブランド	昭和33年(58年)	34年(59)	35年(60)
三ツ矢サイダー	4,100	4,500	4,800
キリンレモン	811	480	600
リボンシトロン	1,800	1,900	2,100
小計	6,711	6,880	7,500
その他	4,502	4,171	4,387
合計	11,213	11,051	11,887

【栄養ドリンク】

90年をピークに市場は縮小傾向

栄養ドリンク(医薬品，医薬部外品のドリンク剤を除く清涼飲料)は，昭和40年(1965年)に「オロナミンC」が発売されて以後，2度の急成長期を経て大きく成長した。栄養ドリンクは，清涼飲料水で，薬事法に基づいて製造販売されているドリンク剤とは一線を画している。

疲労回復，二日酔いの回復などの目的で飲用され，食品店，ホテル，ドライブインなどあらゆるルートで販売されてきた。45年～87年頃(70年～80年前半頃)までは中小規模の薬品メーカーを中心に，滋養強壮をめざしたもの，おいしい健康飲料を目指した小瓶として急拡大し，45年(70年)販売量2億1,000万本から，54年(79年)には10億本を突破した。その後，コカ・コーラ，サントリーなど清涼飲料企業

③平成初期の炭酸飲料ブランド別販売量(推定)

【コーラ飲料】　日刊経済通信社調(単位：千箱)

ブランド	平成2年(90年)	3年(91)	4年(92)
コカ・コーラ	114,600	120,200	120,800
ペプシコーラ	11,700	13,900	17,400
ジョルトコーラ	3,400	2,100	2,040
ローヤルクラウン	500	500	450
シュウェップスコーラ	100	400	400
サントリーコーラ	150	800	400
小計	130,450	137,900	141,490
その他	1,220	1,170	1,000

【透明炭酸飲料】

ブランド	平成2年(90年)	3年(91)	4年(92)
三ツ矢サイダー	22,800	22,600	20,500
キリンレモン	10,700	9,600	7,800
リボンシトロン	800	700	650
小計	34,300	32,900	28,950
その他	9,303	7,541	6,773
合計①	43,603	40,441	35,723
スプライト	28,900	23,500	19,500
セブンアップ	900	800	2,900
ミリンダ	600	500	200
その他レモンライム系	12,394	9,759	7,608
合計②	42,794	34,559	30,208
総計(①+②)	86,397	75,000	65,931

①炭酸飲料の生産推移

和暦	西暦	コーラ	前年比	構成比	透明炭酸	前年比	構成比	果汁入り	前年比	構成比
昭和35年	1960年	5,234	–	2.7	140,802	–	73.6	–	–	–
36年	1961年	12,902	246.5	5.8	161,483	–	72.2	–	–	–
37年	1962年	33,039	256.1	12.6	176,700	–	67.2	–	–	–
38年	1963年	60,342	182.6	20.2	187,127	105.9	62.6	–	–	–
39年	1964年	100,244	166.1	24.6	233,089	124.6	57.2	–	–	–
40年	1965年	140,000	139.7	29.5	222,000	95.2	46.8	–	–	–
41年	1966年	214,500	153.2	36.0	236,700	106.6	39.7	–	–	–
42年	1967年	350,000	163.2	40.8	286,000	120.8	33.4	–	–	–
43年	1968年	493,400	141.0	45.3	300,000	104.9	27.6	–	–	–
44年	1969年	690,000	139.8	47.4	300,000	100.0	20.6	–	–	–
45年	1970年	920,000	133.3	45.8	360,000	120.0	17.9	–	–	–
46年	1971年	966,000	105.0	41.8	400,000	111.1	17.3	–	–	–
47年	1972年	990,000	102.5	37.1	505,000	126.3	18.9	–	–	–
48年	1973年	1,060,000	107.1	33.1	839,000	166.1	26.2	–	–	–
49年	1974年	940,000	88.7	32.0	833,000	99.3	28.4	79,000	–	2.7
50年	1975年	835,000	88.8	30.0	942,000	113.1	33.8	71,000	89.9	2.6
51年	1976年	890,000	106.6	32.5	1,036,000	110.0	37.9	75,000	105.6	2.7
52年	1977年	1,150,000	129.2	37.1	1,130,000	109.1	36.4	115,000	153.3	3.7
53年	1978年	1,260,000	109.6	37.8	1,146,000	101.4	34.4	140,000	121.7	4.2
54年	1979年	1,166,000	92.5	34.7	1,100,000	96.0	32.7	128,000	91.4	3.8
55年	1980年	978,000	83.9	34.3	895,000	81.4	31.3	96,000	75.0	3.4
56年	1981年	901,000	92.1	34.0	841,000	94.0	31.7	102,000	106.3	3.8
57年	1982年	891,000	98.9	33.7	789,000	93.8	29.9	115,000	112.7	4.4
58年	1983年	907,000	101.8	32.6	786,000	99.6	28.3	130,000	113.0	4.7
59年	1984年	960,000	105.8	33.2	790,000	100.5	27.3	160,000	123.1	5.5
60年	1985年	905,000	94.3	30.7	800,000	101.3	27.2	170,000	106.3	5.8
61年	1986年	880,000	97.2	32.9	706,000	88.3	26.4	181,000	106.5	6.8
62年	1987年	935,000	106.3	33.7	714,000	101.1	25.8	172,000	95.0	6.2
63年	1988年	890,000	95.2	34.0	642,000	89.9	24.5	173,000	100.6	6.6
平成元年	1989年	950,000	106.7	35.0	648,000	100.9	23.9	178,000	102.9	6.6
2年	1990年	1,020,000	107.4	34.1	730,000	112.7	24.4	192,000	107.9	6.4
3年	1991年	1,095,000	107.4	36.0	635,000	87.0	20.9	210,000	109.4	6.9
4年	1992年	1,165,000	106.4	39.2	580,000	91.3	19.5	201,000	95.7	6.8

も参入し，58年(83年)には19億2,600万本と第一のピークを形成した。62年(87年)から市場は再び増加し，食物繊維成分や鉄，カルシウムなど含有の機能性ドリンクが登場し，平成2年(90年)には28億9,000万本と史上最高を記録した。

大塚製薬「オロナミンC」が首位独走

栄養ドリンクの社別シェアは，「オロナミンC」を展開する大塚製薬がトップを独走。シェアは，50年(70年)に市場全体の半数を占め，54年(79年)には80%を占めるまでに至った。その後参入メーカーが急増しシェアを落としたが，依然として首位の座をキープしている。年間販売数は，48年(73年)に1億本を突破後成長を続け，53年(78年)には5億本，57年(82年)には10億本に達した。45年～54年(70年代)は大同薬品工業(現ダイドードリンコ)の「ハイクロン」，常磐薬品工業の「玉龍ドリンク」が上位を占めていた。その後味の素が「アルギンZ」，ヤクルト本社が「タフマン」，コカ・コーラが「リアルゴールド」など相次いで飲料メーカーが参入した。また，57年(82年)以降は，サントリー，武田食品も参入。

その後，平成2年(90年)までに大塚製薬が「ファイブミニ」，サントリーが「鉄骨飲料」，宝酒造が「Ca」，カルピスが「オリゴCC」など，食物繊維や鉄，カルシウムなどを含有した機能性ドリンクを発売し，機能性飲料ブームを築いた。

（単位：kℓ）全国清涼飲料工業会（当時）及び日刊経済通信社調

炭酸水	前年比	構成比	小びんドリンク	前年比	構成比	その他	前年比	構成比	合計	前年比	構成比
34,200	−	17.9	−	−	−	10,966	−	5.7	191,202	−	100.0
37,000	108.2	16.5	−	−	−	12,277	112.0	5.5	223,662	117.0	100.0
40,000	108.1	15.2	−	−	−	13,035	106.2	5.0	262,774	117.5	100.0
23,000	57.5	7.7	−	−	−	28,364	217.6	9.5	298,833	113.7	100.0
25,000	108.7	6.1	−	−	−	49,499	174.5	12.1	407,832	136.5	100.0
25,000	100.0	5.3	−	−	−	87,500	176.8	18.4	474,500	116.3	100.0
26,800	107.2	4.5	−	−	−	118,500	135.4	19.9	596,500	125.7	100.0
29,500	110.1	3.4	−	−	−	191,500	161.6	22.3	857,000	143.7	100.0
31,300	106.1	2.9	−	−	−	263,300	137.5	24.2	1,088,000	127.0	100.0
33,000	105.4	2.3	−	−	−	432,500	164.3	29.7	1,455,500	133.8	100.0
37,000	112.1	1.8	−	−	−	691,000	159.8	34.4	2,008,000	138.0	100.0
40,000	108.1	1.7	−	−	−	907,500	131.3	39.2	2,313,500	115.2	100.0
48,000	120.0	1.8	−	−	−	1,127,000	124.2	42.2	2,670,000	115.4	100.0
50,000	104.2	1.6	−	−	−	1,253,000	111.2	39.1	3,202,000	119.9	100.0
46,000	92.0	1.6	−	−	−	1,037,000	82.8	35.3	2,935,000	91.7	100.0
42,000	91.3	1.5	−	−	−	894,000	86.2	32.1	2,784,000	94.9	100.0
40,000	95.2	1.5	−	−	−	695,000	77.7	25.4	2,736,000	98.3	100.0
42,000	105.0	1.4	−	−	−	664,000	95.5	21.4	3,101,000	113.3	100.0
43,000	102.4	1.3	−	−	−	741,000	111.6	22.3	3,330,000	107.4	100.0
44,000	102.3	1.3	114,200	−	3.4	809,000	109.2	24.1	3,361,200	100.9	100.0
38,000	86.4	1.3	146,000	127.8	5.1	702,000	86.8	24.6	2,855,000	84.9	100.0
40,000	105.3	1.5	147,000	100.7	5.5	619,000	88.2	23.4	2,650,000	92.8	100.0
44,000	110.0	1.7	185,000	125.9	7.0	617,000	99.7	23.4	2,641,000	99.7	100.0
54,000	122.7	1.9	200,000	108.1	7.2	705,000	114.3	25.3	2,782,000	105.3	100.0
78,000	144.4	2.7	200,000	100.0	6.9	706,000	100.1	24.4	2,894,000	104.0	100.0
67,000	85.9	2.3	180,000	90.0	6.1	822,000	116.4	27.9	2,944,000	101.7	100.0
49,000	73.1	1.8	175,000	97.2	6.5	685,000	83.3	25.6	2,676,000	90.9	100.0
44,000	89.8	1.6	198,000	113.1	7.1	708,000	103.4	25.6	2,771,000	103.6	100.0
40,000	90.9	1.5	215,000	108.6	8.2	660,000	93.2	25.2	2,620,000	94.6	100.0
38,000	95.0	1.4	242,000	112.6	8.9	659,000	99.8	24.3	2,715,000	103.6	100.0
38,000	100.0	1.3	275,000	113.6	9.2	740,000	112.3	24.7	2,995,000	110.3	100.0
40,000	105.3	1.3	280,000	101.8	9.2	780,000	105.4	25.7	3,040,000	101.5	100.0
41,000	102.5	1.4	300,000	107.1	10.1	688,000	88.2	23.1	2,975,000	97.9	100.0

表④　栄養ドリンク社別シェアの推移

日刊経済通信社調（単位：万本）

	昭和40年（1965）	構成比	昭和45年（1970）	構成比	昭和55年（1980）	構成比	平成2年（1990）	構成比
大塚製薬	1,800	40.0	10,500	38.9	102,000	79.7	148,600	51.4
コカ・コーラシステム	−	−	−	−	−	−	40,300	13.9
サントリー	−	−	−	−	−	−	18,000	6.2
ヤクルト本社	−	−	−	−	−	−	12,400	4.3
カルピス	−	−	−	−	5,000	3.9	10,300.0	3.6
アサヒビール	−	−	−	−	−	−	7,000	2.4
常盤薬品	750	16.7	2,700	10.0	3,000	2.3	−	−
大同薬品	450	10.0	2,550	9.4	3,900	3.0	−	−
大昭製薬	200	4.4	−	−	−	−	−	−
金陽製薬	120	2.7	960	3.6	−	−	−	−
東洋化工	−	−	1,740	6.4	−	−	−	−
その他	1,180	26.2	8,550	31.7	14,100	11.0	52,400	18.1
合計	4,500	100.0	27,000	100.0	128,000	100.0	289,000	100.0

（特）　（集）

自由化にゆれるコーラ業界

コーラ飲料用調合香料が口火

とかく問題の絶間がなかったコーラ飲料も遂いに10月１日から〃コーラ飲料用調合香料〃の名目で、自由化にほぼ等しい自動割当制度に移行された。

国内清涼飲料、ジュース業界がコーラ飲料自由化確定的の情報を正確にキャッチしたのは９月に入ってからだった。従って農林省が自由化を正式に発表した９月21日まで僅かな期間しかなかった訳けで、受入れ対策は殆んど出来ていなかったため、日本果汁協会傘下のボットラー（飲料メーカー）はにわかに色めき立ち、自由化反対の強硬な気勢をあげたものの結局は条件付で自由化を呑んだのである。

この場合呑んだというよりも、むしろ呑まざるを得なかったという表現が当っている。自由化反対の急先峰を切ったのがウインコーラとミッションコーラの２社である。

「自由化は吾々の死活問題だ。大資本に物をいわせて大々的な宣伝・広告を行われたのでは、弱少コーラーメーカーは抗すべくもない。如何なる手段を採っても阻止すべきであった……」と。しかし「国際情勢が自由化に進み、国家的見地から見てもコーラ飲料に限らずあらゆる産業に自由化は避けられない段階に来ている。ただ自由化の時期が１年乃至２年延びるか否かの問題であって、ここで多額の運動資金を使って仮りに１年延びた所でどれだけの利があるか、また、もし当局の方針通り押切られた場合の損失も考えなければならない」といった情勢分析論者も相当多かった。

業界、三条件の販売規制を申入れ

勿論、後者も基本的には自由化反対には変りなく、果汁協会は９月21日の全体会議で「自動割当制移行後、業界が混乱した時は直ちに割当制（ＦＡ）に戻す」との条件を大前提とした次の三項目を行政指導により善処してもらいたいと決議、農林当局に陳情した。

㈠　販売価格＝果汁飲料の１級品販売価格（販売業者及び料飲店等の持込価格１本当り中味29円、最終消費者価格35円）を下廻らないこと。

㈡　宣伝、広告＝通常飲料業界が行っている宣伝・広告の程度を超えないこと。その限度はマスコミ、ＰＲ広告、ディスプレー等総ての広告、宣伝を含みコカコーラ、ペプシコーラを併せて総額年間１億円を超えないこと。

㈢　販売数量＝常時、生産数量及び販売計画を把握し、急激な数量増加により関係業界に混乱をきたさないよう措置すること。その限度はコカコーラ、ペプシコーラ併せて年間販売数量100万函（２打入）を超えないこと。

この果汁協会の申入れに対し一般では、「あまりにも具体的に数的制限を加え、実質的には従来の割当制度を持続させるような手段であって、良品質のものを安価に自由に輸入し、しかも消費者に低廉に供給するといった自由化の精神に反するもの」として受取られていたのである。業界としても一般のそういった観測は百も承知であった。しかし抽象的な申入れでは納得しない一部の強硬反対派の意見を入れてのものと、もう一つのねらいは「この一線を超えると業界が混乱する恐れがある」との一種の目安を当局に報告したものと解釈される。

このようにあわただしい動きの中にあって当事社である東京飲料㈱、日本飲料㈱はホット胸をなで下ろした様子で、自由化を歓迎、苦節四年を回顧して「永すぎた春ならぬ、永すぎたＦＡ制で私どもは本当に苦労しました。はたから白い目で見られるのは辛らいですが、これでどうやら一人前になれたのですからね……。勿論、五ヵ条の御誓文は守りますよ……」と意味慎重である。

五ヵ条の御誓文

この五ヵ条の御誓文とは、食糧庁が10月１日からの自動割当移行を期に、果汁協会など業界の要望を入れ、１日付で須賀長官名で出された販売自重、業者間の協調を骨子とした５項目の行政措置施行の通達である。主内容は、①不当な値下げはしないこと、②過度な宣伝、広告は避けること、③原料の入手については関係業界に影響を与えないよう勘案して行うこと、④製品の販売については国内関係団体と協調して行うこと、⑤当局が要望した場合直ちに報告書を提出すること等々である。

1960年（昭和35年）10月号より

（特）　（集）

この当局の措置に関し、ウインコーラ、ミッションコーラ等の積極反対派は「手ぬるい」と依然として批判的ではあるが、すでに移行が決定、しかも10月10日から自動割当制移行品目（初年度予算2,500万弗）の輸入申請の受付（通産省各通商局で受付）までも開始されている今日、これ以上の制限を加えることは当局としても出来ないであろう。勿論反対派の気持は解らないのではないが、今日となっては反対とか批判とかの論拠を押し立てるばかりでなく、自衛対策が先決問題ではなかろうか。そして相互の協調により需要の増進を図ってもらいたいものである。

消費は1人当り年間0.25本

日本のコーラ飲料の生産、消費は近年増加傾向にあるとはいいながら、まだ僅かに年間100万函（2打入）程度に過ぎない（付表①）。この数はバヤリース・オレンジジュース1社の半数、すなわち国民1人当りの年間消費量は0.25本＝4人で1本しか飲用されていない勘定になる。34年度の国民1人当りの清涼飲料、ジュースの年間消費量は約29本、35年度は31本となっている（本誌第2巻3号参照）。従ってこの中のコーラ飲料の0.25本はジュース、サイダー、ラムネ、ソーダ水等に比べると問題にならない数量である。

将来性に期待

このように現在は特に目立たない存在のコーラ飲料であはるが、しかし、将来性の点ではサイダー、ラムネの比ではなく、近年目覚ましい需要増加を見せているジュースの牙城をおびやかすことも十分予想される。その将来性の素因としては、①日本のコーラ飲料は歴史が浅く、まだ一般大衆になじまれていない。すなわち潜在需要がかなり多いと思われる点、②これまで政府の力で強い販売制限が行われていたコカ、ペプシコーラの自由化により、いよいよ実力が発揮されると予想される点、③日本人の嗜好が近年米国風に急速に変化して来ており、米国の清涼飲料消費量（1959年＝15億4,600万函）の7～8割を占めるといわれるコーラ飲料が、日本において伸びないとは考えられない点、④自由化により現在関東地区でしかフランチャイズを持っていない米国のコカ、ペプシコーラ社両もここ2～3年中には大阪、福岡、名古屋など全国主要都市にフランチャイズを拡大、コーラの壜詰、販売を開始するものと予想される点、等々である。

こうした数々の将来性を占なって見ると国産コーラメーカーを始めとする飲料水業界の懸念は誠に大きいといわねばなるまい。従ってその自由化反対の気持はいやというほど身にしみて判らないでもないが、しかし吾が国の国際情勢を冷静に眺めて見た場合、自由化は最早やコーラ飲料のみならず全産業に迫まっているのである。ただ移行の時期が1年乃至3年延びるか否かの時間の問題である。不幸にしてコーラ飲料がやや早目に移行されたに過ぎないと見るのは酷といえようか。従って、業界は反対のための反対よりも、むしろ一歩後退して互いの協調により新らしい市場を開拓しながら、ケースバイケースで進むのが賢明な道ではないかと思われる。

初年度は100万函以内

いかに将来性多としても、従来年間約8万弗＝1,000万本（約20万函）の外貨割当てを受けていたコカ、ペプシコーラにしても、自由化されたからといってすぐさま明年から100万函～200万函の製造販売を行い得るとは思われない。コカ、ペプシ両社併せて100万函消化出来れば上々で、せいぜい80万函止りと見るのが妥当のようである。仮りに80万函としても今年度の2倍に当る倍率で、コカコーラ50万函、ペプシコーラ30万函が過去の両社の実力からして自由化初年度の妥当な販売予想といえよう。

さてここでコカ、ペプシ両者の実力の話が出たので若干触れて見よう。

付表①　コーラ飲料の年次別生産量　日刊経済通信社調

区分	輸入原液によるもの		国産		合計		前年対比（%）
	ドル	千函	石	千函	石	千函	
昭和31年	—	—	9,840	410	9,840	410	—
32	37,780	190	12,000	500	17,250	690	168.2
33	58,540	295	14,500	600	22,370	895	129.7
34	78,996	390	17,000	680	26,750	1,070	119.5
35	80,000	400	19,000	750	28,750	1,150	107.4

（注）35年は見込数量。

1960年（昭和35年）10月号より

戦後けん引の果汁と健康飲料で注目の野菜飲料

果実飲料，32年で約8倍に

果汁飲料は戦後，炭酸飲料とともに飲料業界をリード。ストレートジュースや濃厚ジュースなどが脚光を浴び拡大したが，「コーラの自由化」など他カテゴリーの動きによる影響を受けた。表示問題に関係する“ジュース名称”問題などを経て，エードやドリンクへの変更が行われた。その後100%ジュースの急成長を契機として再び拡大。しかし，平成初期をピークにやや漸減傾向となる。

野菜系飲料は，トマトジュース，トマトをベースに野菜ジュースを加えたトマトミックスジュース，野菜汁に果汁を加えた野菜・果汁ミックスジュース，野菜汁のみの野菜ジュースに大きく分けられる。トマトジュースは，昭和40～50（1970）年代に健康飲料として注目を集め，自然食品志向の高まりもあり増加。その後減少などもあり平成へ突入する。

【果汁飲料】

戦後リード，31年で8倍超の規模に

果汁飲料は戦後，炭酸飲料とともに飲料業界をけん引してきた。昭和30年(55年)までは炭酸が市場をリードしてきたが，それ以降はストレートジュースや濃厚ジュースを中心とした果汁飲料が脚光を浴びた。

本誌で一番古い記録は創刊年の34年(59年)6月号。ストレートジュース，濃厚ジュース，缶詰ジュースの主要メーカー別の推定生産量などが記されている。

36年(61年)後半になると，コーラの自由化をきっかけに炭酸飲料が市場を拡大し，果汁飲料はその影響を受けて年々低下していった。

果汁飲料の総生産量をみると，35年(60年)は26万9,140kℓで，翌年に前年割れとなった。しかし，37年(62年)から拡大路線に入り，平成4年(92年)までの32年間で市場は約8倍となった。

表① 果汁飲料生産実績(単位：kℓ)

日刊経済通信社調

和暦	西暦	生産量	前年比	和暦	西暦	生産量	前年比
–	–	–	–	昭和51年	1976年	1,160,000	128.7
昭和35年	1960年	269,140	–	昭和52	1977	1,330,000	114.7
昭和36	1961	221,148	82.2	昭和53	1978	1,601,000	120.4
昭和37	1962	228,100	103.1	昭和54	1979	1,700,000	106.2
昭和38	1963	233,500	102.4	昭和55	1980	1,599,000	94.1
昭和39	1964	264,700	113.4	昭和56	1981	1,630,000	101.9
昭和40	1965	266,600	100.7	昭和57	1982	1,646,000	101.0
昭和41	1966	289,000	108.4	昭和58	1983	1,653,000	100.4
昭和42	1967	330,000	114.2	昭和59	1984	1,729,000	104.6
昭和43	1968	354,000	107.3	昭和60	1985	1,799,200	104.1
昭和44	1969	406,000	114.7	昭和61	1986	1,839,000	102.2
昭和45	1970	443,000	109.1	昭和62	1987	2,046,000	111.3
昭和46	1971	483,000	109.0	昭和63	1988	2,150,000	105.1
昭和47	1972	520,000	107.7	平成元年	1989	2,379,500	110.7
昭和48	1973	620,000	119.2	平成2	1990	2,446,000	102.8
昭和49	1974	713,000	115.0	平成3	1991	2,248,000	91.9
昭和50	1975	901,000	126.4	平成4	1992	2,079,000	92.5

様々な問題にも直面

炭酸の急成長や粉末ジュースの台頭，缶飲料の低

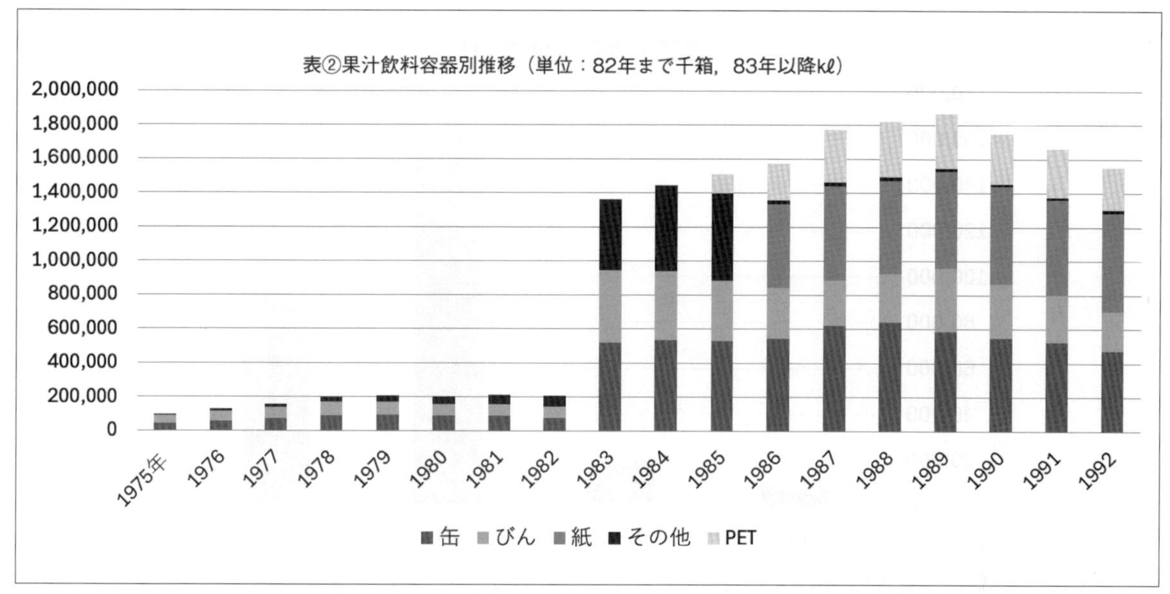

調などにより成長スピードには緩急がみられた。

さらに，表示問題に関係する“ジュース名称”問題が浮上し，業界は44年（69年）から名称変更を余儀なくされ，エードやドリンクへの変更が行なわれた。また，人工甘味料「チクロ」の使用禁止に伴う“チクロショック”が需要に影響するなど様々な問題も起こった。

その後100％ジュースの急成長を契機として伸び始め，53年（78年）には160万1,000kℓに達した。50年代初頭（70年代後半）は果汁10％のエードを中心とした低果汁製品と「つぶつぶ」といわれ人気の出た果粒入りが登場し人気を呼んだ。

平成に入り，平成2年（90年）には「はちみつレモン」ブームで244万kℓと規模を拡大したが，4年（92年）のオレンジ果汁完全自由化と折からの円高傾向で，大手量販がPBの100％ジュース（紙容器）を低価格で展開したことから，天然果汁は消費は伸びたものの単価がダウンが進み，生産量も減少した。

ブランド・容器等の変遷

ブランドの変遷を見ると，昭和55年（80年）頃まで100％ジュースは，インフラ整備が整っている農協系国産品，乳業系メーカーの扱う海外ブランドが市場を占有していた。平成4年（92年）の自由化後，PBブランドに押され海外ブランドは後退したが，現在は「トロピカーナ」（キリンビバレッジ），「ミニッツメイド」（ドライはコカ・コーラシステム，チルドは明治）など大手ブランドがシェアを拡大。

果汁入り清涼飲料は，昭和45年（70年）当時はびん入りの「プラッシー」が圧倒的な強さを見せていたが，昭和51年以降（70年代後半）からは果汁10％のエードを中心とした製品が台頭。50年（75年）にはコカ・コーラシステムの「Hi-C」が首位となり，その後も多数のメーカーが参入し競争は激化した。

容器をみると，初期は200mlびん入りのエード・缶容器が主力だったが，オイルショック後は紙容器への移行が著しく，乳業・紙容器が数量を伸ばし，59年（84年）に構成比で紙がびん・缶を抜いた。減少傾向だった缶は，1980年代後半から着実に伸びはじめ，アメリカンサイズブーム（350ml缶），品質訴求も寄与し平成2年（90年）には1億2050万箱に達した。4年（92年）に自由化を迎え，容器もかつてのドライ（びん・缶）からチルド（紙）へ移行したが，その後PET入りの低果汁飲料が台頭することになる。

【野菜飲料】

健康飲料として脚光

野菜系飲料は，トマトジュース，トマトをベースに野菜ジュースを加えたトマトミックスジュース，野菜汁に果汁を加えた野菜・果汁ミックスジュース，野菜汁のみの野菜ジュースに大きく分けられる。

トマトジュースは，40年代中盤以降（70年代）に健康飲料として注目を集め，自然食品志向の高まりもあり，53年（78年）には生産量で14万9,500tを記録。55年（80年）は16万700tとさらに拡大したものの，その後は消費不振で低迷し，さらに平成元年（89年）にトマトジュースが自由化されてしばらく伸び悩み，90年にはトマトミックスも含めたトータル

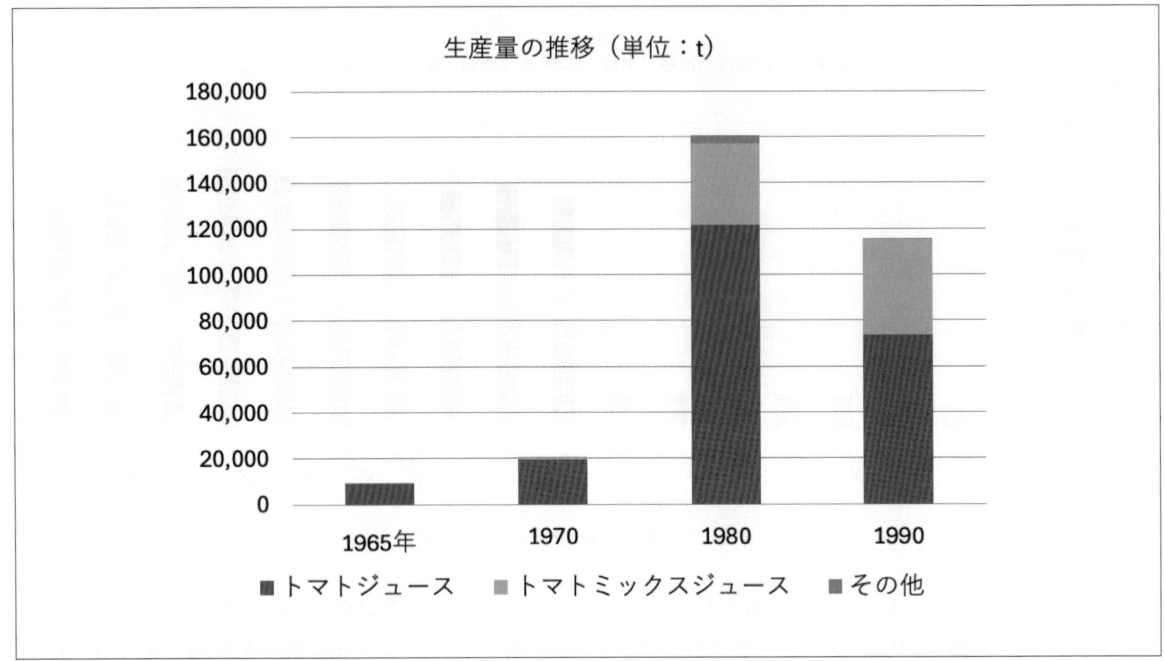

で11万5,270tと減少した。

品目の変遷

初期はトマトジュースが中心となっていたが，トマトミックスジュースが徐々に拡大，55年(80年)頃にはその他商品も展開され，カテゴリー内の多様化がはじまる。平成中期に向けては，にんじんジュース主体の野菜，野菜＆果実ミックスジュースで，平成２年以降(90年代初頭)に飲みやすい野菜＆果実ジュースが登場し需要を徐々に拡大していった。

ブランドシェア

トマトジュースは，昭和45年(70年)時点でカゴメ，キッコーマンのデルモンテが２大ブランドで市場を形成。以降，市場の好調を背景に様々なブランドの新規参入が相次いだ。51年(76年)にはキリンが参入，60年以降(80年代後半)にはCOOPや大手量販のPBも増加。平成初期の時点でカゴメを中心に大きな変化はないものの，一時シェアダウン。それでも，平成４年(92年)以降は上昇し再びカゴメがシェアを伸ばすことになる。

トマトミックスジュースは，47年(72年)にキャンベルＶ８が輸入販売をスタート。その後カゴメ，ナガノトマト，キリンが参入。以降，カゴメ，キリン，デルモンテの顔ぶれとなっている。

野菜，野菜＆果実ミックスジュースは，ヤクルト本社が「きになる野菜」，日生協がCOOPを紙パックで発売。カゴメが「キャロット＆フルーツ」，伊藤園が「充実野菜」を投入するなど平成初期に各社が進出した。

表②　シェアの推移

日刊経済通信社調(単位：トン)

	昭和45年(1970年)	構成比	昭和55(1980)	構成比	平成2(1990)	構成比
カゴメ	11,000	53.3	61,430	38.2	46,800	40.6
キッコーマン	7,500	36.3	41,540	25.8	25,890	22.5
キリンビバレッジ	−	−	19,600	12.2	11,700	10.2
ヤクルト	−	−	−	−	8,100	7.0
日生協	−	−	−	−	5,265	4.6
その他	2,139	10.4	38,130	23.7	17,515	15.2
合　計	20,639	100.0	160,700	100.0	115,270	100.0

◇特　　集◇

今年のジュース業界展望

今年も既に六月に入り，ジュース界も第1回の売込みを完了し，天候待ちと言った感じであるが，この辺で本年のジュースの動きを推測するのも興味ある問題である。ジュース類には公的な統計が無く推測の域を出ないが大勢をつかむ上から，さして大きな誤差はないと思える。

頭打ちのストレート

ストレートジュースは銘柄品及びそれに続く中級品は家庭外消費或いは飲食店消費という市場性から見て概ね飽和点に達したとの見方が強く，今年度は自然増程度しか望めないものと思われる。心配されるのは春先の行楽シーズン中，土曜日曜の降雨が多かったことと，今年の入梅が例年より早いのがどの程度影響するかという点である。

然しストレートで言えることは近年消費者の品質嗜好が向上し，中級品の品質も従来のイミテーションは次第に駆逐され殆んどが5％程度の果汁を含有する迄に向上したものと思われ，子供の玩具飲料的なものと品質上大きな差が出来たと推測される。そこでストレートジュースの主要メーカー別，品質別の生産量を推定するとは付表Ⅰとなろう。

濃厚ジュース

前年比 30％ は確実に増加

濃厚ジュースは一部業務用消費は別として大部分は家庭消費という市場性の奥深さから，大半贈答品としての一段階を経るとはいいながら年々堅実な増加率を示し，前年比30％増は確実と思われる。さらに近年の家庭電気冷蔵庫等驚異的増加から家庭での冷たい飲み物の欲求増大は大いに期待されるものがある。ちなみに昭和29年以来の年次別電気冷蔵庫の普及量を調べると，29年1万4千台以下，2万4千台，6万2千台，16万台，36万台，45万台と飛躍的増加を示して居る。このような社会情勢から見て今年の濃厚ジュースの市況は明るいが，品種的動向としては今年は沖縄・淹美大島のパインアップルが非常に増産され，果汁設備としてもエキスペラー搾汁機が数セット設置され，こういった原果汁の増産と相俟ってパインがオレンヂに次ぐものと思はれる。さらにグレープ，レモン，アップル，グレナデン，パッションン等ますます多彩となろう。これを主要メーカー別に推定すると付表Ⅲ，Ⅳとなろう。

新物生産抑制缶ジュース

缶詰ジュースは昨年度約180万箱生産され，相当の生産過剰となったが，これはメーカー側としてはハイフレッシュとか，ヴィタミン強化とか大いに家庭滋養飲料として期待したのであるが，結局大勢は携帯飲料の域を脱せず60万箱程度の市中在庫を剰すに至った。このような情勢から今年はメーカーも新物生産を抑制し，特にオレンヂを大巾に減産し，パイン等他の品種に転換し，新物生産は100万箱程度に抑えられたものと予想され，今年度市中出廻り数量は160～170万箱と推計される。この数量は今年の携帯飲料の需要量は昨年より若干増加し140万箱内外と予測されるので，差引次年度繰越は，20万箱程度となり，年間流通商品としては適量のスリッページと言えよう。新物100万箱の品種はオレンヂ60万，パイン25万，リンゴ7万，其他8万箱と思われ，メーカーとしては明治製菓が大半を占め，森永，明治屋，ＳＳＫ，雪印，リボン等が続いている。（付表Ⅴ照参）

粉末ジュース

今年のジュース界の目立った傾向の一つは粉末ジュースの抬頭である。勿論数年来「名糖」を始め珈琲業界が若干生産して居り，固定的商品が無かったのであるが今年から前記数社が固定化したのを始め，製菓筋で東西の渡辺製菓，森永製菓等が製品を出し，ブームを招来しつゝある。粉末ジュースとしては濃厚ジュースよりさらに商品単価及び一杯当りの単価が割安であり，直接家庭消費向として大いに期待されるが，一方また品質的に見て玩具菓子に堕する懼れが多分にあり，果汁の本質上粉末化は非常に困難（吸湿性が強い）な面があつて，合成的なものに頼らざるを得ない欠点が多いだけに，品質低下を防止するよう特に留意する必要があろう。

1959年（昭和34年）6月号より

★特　集★

付表Ⅰ　ストレーとジュースの主要メーカー別推定生産量

メーカー	34年	割合	33年	割合
バヤリーズ	1,800,000(c/s)	37.9	48,600(石)	40.3
リボン	1,300,000	27.4	35,100	29.1
キリン	750,000	15.8	20,250	16.8
福水社	400,000	8.4	4,050	3.3
ミッション(除コーラ)	300,000	6.3	9,450	7.8
ポン	200,000	4.2	3,240	2.7
合計	4,750,000	100	120,690	100

付表Ⅱ　ストレートジュースの級別総生産量

（単位：石）

級別	31年	32年	33年(B)	34年(A)	A/B
A級（果汁10%以上）	132,400	150,000	165,000	170,000	103
B級（果汁5%以上）	250,000	270,000	300,000	350,000	117
C級（玩具飲料）	110,000	120,000	120,000	90,000	75
合計	492,400	540,000	585,000	610,000	104

付表Ⅲ　濃厚ジュースの主要メーカー別推定生産高

メーカー	34年生産高	割合(%)	33年生産量	割合(%)
トリス（寿屋）	500,000千円	16.5	7,500石	23.0
森永（森永製菓）	380,000	12.5	5,830	17.9
明治屋（明治屋）	350,000	11.6	6,660	20.4
トヤマ（外山食品）	300,000	9.9	2,330	7.1
ミルトン（前田産業）	280,000	9.2	1,300	4.0
リボン（日本麦酒）	230,000	7.6	2,500	7.7
雪印（雪印乳業）	180,000	5.9	830	2.5
ナカヒラ（ナカヒラ珈琲）	150,000	5.0	500	1.5
バヤリーズ（ウイルキンソン）	130,000	4.3	1,330	4.1
明治（明治製菓）	100,000	3.4	—	—
オーシャン（大黒ブドー酒）	90,000	3.0	1,660	5.1
スター（スター食品）	90,000	3.0	1,160	3.5
レモナ（エビス商会）	80,000	2.6	1,000	3.2
ミッション（ミッションジュース）	70,000	2.3	—	—
滝沢（滝沢商店）	50,000	1.6	—	—
松本（松本商店）	50,000	1.6	—	—
合計	3,030,000	100	32,600	100

註　33年分は農林省推定数量である。

付表Ⅳ　濃厚ジュース級別総生産量

（単位：石）

級別	31年	32年	33年(B)	34年(A)	A/B(%)
A級（果汁40%以上）	19,530	32,900	43,500	56,500	130
B級（果汁20%以上）	22,000	25,000	30,000	35,000	117
C級（イミテーション）	5,000	6,000	6,000	6,000	100
合計	46,530	63,900	79,500	79,500	122

付表Ⅴ　缶詰ジュースの主要メーカー別推定生産量

（単位：函）

メーカー	31年	32年	33年(B)	34年(A)	割合	A/B
明治（明治製菓）	50,000	470,000	800,000	500,000	45.0	69
森永（森永製菓）	—	50,000	350,000	200,000	18.0	57
リボン（日本麦酒）	—	20,000	100,000	60,000	5.4	60
明治屋（明治屋）	—	50,000	100,000	50,000	4.5	50
雪印（雪印乳業）	—	30,000	120,000	100,000	9.0	83
SSK（清水食品）	—	10,000	70,000	40,000	3.6	57
トリス（寿屋）	—	—	30,000	50,000	4.5	167
フローズン（フローツンフッド）	—	20,000	30,000	20,000	1.8	67
バヤリーズ（朝日麦酒）	—	—	—	50,000	4.5	—
パモナ（江崎グリコ）	—	—	—	40,000	3.6	—
合計	50,000	650,000	1,600,000	1,110,000	100	69

（注）①除トマトジュース。　②34年のみ本社推定。

1959年（昭和34年）6月号より

4 《特》　《集》

成長するコンセントレート産業

ジュース業界と車の両輪

コンセントレート(果実搾汁業)業界はその需要元であるジュース類の目覚ましい消費増大(28年の4.7倍増)から近年著しく発展，新興産業としてようやく業界の注目を浴び始めた。昭和33年度(33年10月～34年9月)の生産実績は1,581トンで，そのうち販売実績は1,604トンと，生産量，販売量とも当業界のこれまでの最高レコードであり，明年度への繰越量33トンも殆んどボットラー(ジュースメーカー)との間に契約されているものといわれ，今年度のコンセントレート需給は誠に快調であった。

ゼネラルフーヅが皮切り

昭和26年末の米国産のバヤリースオレンジ(ゼネラルフーヅ)が原料汁製造工場を建設するとともに，国内でも果樹農協中心に相次いで原料汁製造工場が建設され，27年3工場，28年14，29年5，計22工場が生れている。

29年以降にもジュースメーカー独自の搾汁工場を建設する等現在では約30工場に達しているものとみられる。

この約30工場のうち，年間生産量200トンを越え，売上げ1億円に達する工場は，静岡県柑橘協連(230トン，1億1千万円)，山口経済連(350トン，1億6千万円)，愛媛青果連(280トン，1億3千8百万円)の農協関係工場に過ぎない。以下1億円未満，4千万円以上の売上げでは，ゼネラル・フーヅ(9千4百万円)，南海果工(6千4百万円)，神奈川県柑橘連(5千7百万円)，日本柑橘(4千6百万円)があるのみで，他は売上げ4千万円未満の小企業である。(付表2)

ジュースと一蓮托生

以上で明らかなように当業界は他業界に比較すると問題にならない程規模が弱少である。勿論「割高な原料蜜柑を搾汁するだけではもうけが少ない」といえばそれまでだが，当業界程需要筋の消費に対いする依存度の強い業界は他にあまり例を見ない。

すなわち，年間生産量のうち99%以上を占める需要元はジュース類であるからだ。今年度のコンセント業界が史上最高の好調さを示したのも33，34年度のジュース類の売行きが目覚ましい動きを示した結果によるものといえよう。従ってジュースの売行きが止まれば，それにつれてコンセントの需要も止まり，大量ストックの悪事態を招来する懸念なしとはしない。

その良い例が昭和29年である。米国産のバヤリースオレンジが，朝日ビールを通じて国内に販売された(26年末)のに刺激され，28年以降日本ビール，キリンビール等を始めとする国産ジュースメーカーが続々誕生，まさにジュースブームを招いた。

付表1 コンセントレートの年次別需給実績

(単位トン)

年次	生産量			供給量	販売実績	繰越量
	温州	夏柑	計			
27 年	94	333	427	427	329	98
28 年	247	451	698	796	538	258
29 年	653	579	1,232	1,490	1,051	439
30 年	389	260	649	1,088	907	181
31 年	611	409	1,020	1,201	1,070	131
32 年	622	510	1,132	1,263	1,207	56
33 年	933	648	1,581	1,637	1,604	33
34 年	1,100	687	1,787	1,820		

註 ① 27年～32年まで農林省調べ。 ② 33年～34年は日本果汁協会，日本果汁農協連，日刊経済通信社調べ。 ③ 34年は計画数。 ④ 年度は10月～9月の柑橘年度である。

付表2 柑橘年度(33年10月～34年9月)のコンセントレートの各社別生産量 日刊経済通信社調(単位トン)

区分	33年度生産実績			34年度生産計画			
	温州	夏柑	合計	温州	夏柑	合計	供給量
神奈川県柑橘連	83(1)	18	101(1)	75	20	95	96
静岡県柑橘協連	200	30	230	300	50	350	350
紀南柑橘加工連	10(2)	45	55(2)	10	60	70	72
山口県経済連	150(10)	200(5)	350(15)	180	150	330	345
愛媛県青果連	240(10)	40(5)	280(15)	260	55	315	330
中予島嶼部農協	40	3	43	30	5	35	35
広島果汁農協	20	5	25	40	5	45	45
農協関係計	**743(23)**	**341(10)**	**1,084 (33)**	**895**	**345**	**1,240**	**1,273**
南海果工㈱	55	80	135	50	100	150	150
三栄化学㈱	50	5	55	60	10	70	70
日本柑橘㈱	20	80	100	30	90	120	120
ゼネラル・フーヅ㈱	60	140	200	60	140	200	200
其他	5	2	7	5	2	7	7
農協以外計	190	307	497	205	342	547	547
合計	**933(23)**	**648(10)**	**1,581 (33)**	**1,100**	**687**	**1,787**	**1,820**

(注) ( )は繰越量

1959年(昭和34年) 11月号より

コーヒー飲料，缶コーヒーが起爆剤に

缶コーヒー，自販機とともに需要を切り拓く

コーヒー飲料の歴史は，昭和45年（1970年）初頭に缶コーヒーが本格発売されたことに始まる。“アウトドアでコーヒーが楽しめること”が消費者の需要を刺激，自販機とともに販路を開拓・市場を拡大していった。

本稿では，目覚ましい成長を遂げた創世記，ブランドのシェア争いが活発になり，缶コーヒー以外も発売され，さらに市場を押し上げた昭和55年～平成初期について紹介する。

“いつでもどこでも”マルチなコーヒー飲料

コーヒー飲料は，缶を中心にPETボトル，紙，チルドカップタイプ，濃縮タイプなど多彩な商品展開が特徴的だ。

市場の歴史を紐解くと，当初は“ビン入りコーヒー牛乳”として家庭や駅売店などで飲まれていたが，昭和45年（1970年）初頭に缶コーヒーが本格発売され，アウトドアでのコーヒー消費を普及させるきっかけとなった。

「コーヒー飲料」カテゴリーの原点となる缶コーヒーは，UCCが昭和44年（69年）に世界初のミルク入り缶コーヒーを発売したことに始まる。その後，ダイドー，ポッカが相次いで発売し，昭和48～49年（73～75年）にかけて「ジョージア」「サントリー」などが相次いで発売され，昭和55年～60年（80年代中盤）頃には現在につながる主要メーカーがほぼ出揃ったといえよう。以下，年代別に解説する。

黎明期，新需要を開拓した缶コーヒー

酒類食品統計月報に最初の缶コーヒーの統計月報に登場したのは昭和49年（1974年）５月号「缶詰飲料」特集内のこと。「缶詰飲料の品種別生産高」表内の「その他（コーヒー）」カテゴリーに昭和47年（1972年）120万箱（9,000t），48年（1973年）337万箱（２万5,275t）と目覚ましい成長が記されている。詳細として当時の表を掲載する（表①）。

これによると，48年（73年）の缶飲料市場で新たに台頭したコーヒーは，前年比約2.8倍の成長を遂げ，同年５月号執筆時点で同年はすでに40以上の銘柄が展開されていたという。１缶90～100円で売り出され，当時の感覚では“割高感の少なさが有利”と言われた缶コーヒーの普及により，レジャーをはじめとしたアウトドア需要の開拓が市場を急拡大させた。

49年（74年）２月には全国缶コーヒー協議会が結成。同協議会によると、同年には約20社で910万箱が出荷されたという。

上述のアウトドア需要拡大に貢献したのは自販機だ。とりわけホット＆コールド自販機が普及したことで冬季の需要も伸ばした。季節の変動にも比較的左右されない性質も拡大要因の１つとなった。

50年（75年）には缶コーヒー生産量は1,690万箱に達し，缶詰飲料内のシェアが６％から11％を占めるようになった。東京・大阪を中心とした主要消費地での競争が激しく，価格競争と自販機設置競争が展開されたようだ。ホット＆コールド自販機の普及などもあり，夏冬ともに需要が拡大し，業界では“出せば売れる”と言われた。

51年（76年）には現在のボトルコーヒーの前身ともいえるアイスコーヒー大型缶（850g）をはじめ，アメリカンコーヒーや，乳を使用しないブラックタイプのコーヒー（ただし加糖）などが加わり多様化が始まった。家庭需要を狙ったもので販路の開拓が市場をさらに拡大。同52年（77年）には3,545万箱（26万8,400kℓ）に達し，前年比39％増と大幅に拡大した。ブランドシェアはUCCを筆頭に，ポッカコーヒー，ベルミー，ダイドー，ジョージア，不二家，マイ，

サントリーと続いた。ほかではアートコーヒー，パレード，明治乳業，サンガリアなども挙がった。

①「統計月報」初の缶入りコーヒードリンクの生産・販売量（昭和49年５月号より）

	昭和47年	昭和48年	48/47（%）	昭和49年（見込）
UCCコーヒー	500	1,000	200	1,800
ポッカコーヒー	250	800	320	1,200
サインコーヒー	100	300	300	500
BMコーヒー	30	200	667	500
大同ジャマイカン	20	200	1,000	500
名糖		200	−	300
パレード		200	−	500
カプリ				400
不二家				500
日東				200
その他	300	470	157	600
合計	1,200	3,370	281	7,000

注）単位1,000C/S（実函）

コーヒーのタイプが多様化

また，同年に「コーヒー飲料等の公正競争規約」が告示（昭和53年・1978年施行）され，コーヒー豆使用量に応じた表示が整えられた。以後，缶コーヒーは，コーヒー豆使用量の多い「コーヒー」「コーヒー飲料」の比重が急速に増え，本格コーヒー感を競う場面も。従来のミルクコーヒーに加え，ブラックコーヒーが増えたほか，「カフェ・オ・レ」も登場したほか，アメリカンタイプも増加。

商品面では多様化が進んだ一方，エネルギー関連諸コストの大幅上昇やロケーション先の飽和状態で自販機ルートに限界が見えてきたこともあり「安定成長期」に入ったと言われ，品質向上による需要活性化が期待された。

ホット＆コールドで場所や季節を選ばない自販機による缶コーヒー展開が市場確立・拡大の立役者となった45～55年（70年代）は，“モンスター商材”と呼ばれるほど目覚ましい成長のうちに幕を閉じたのであった。

昭和後期，タイプや容量が多様化

昭和55年（80年）の時点ではコーヒー飲料のうち76%が缶で，ほかが紙容器やびん詰で構成された。

また，コーヒー主体の自販機は40年後半（70年代初頭）は3,000台規模だったが，57年（82年）にはホット＆コールド型自販機だけでも87万6,000台が設置され（それ以外の缶飲料自販機は47万9,000台），驚異的な普及度となった。

ちなみに，55年（80年）のシェアを抜粋すると，UCCコーヒーが2,300万箱でトップ，これにポッカコーヒーが1,000万箱，ジョージアが780万箱，ダイドーが750万箱と続いた。自販機を大量に保有する銘柄が強みを発揮しているが，“消費者の節約志向”といったワードが出てきたのがこの年だった。

また，当時は250gが主流だったが，150～190gの小型化が進んだという動きも見られた。「昭和58年（83年）５月号」の時点でポッカとダイドーは小型缶が全体の４割を占めるまでに至った。

以降も順調に市場を拡大を続けることとなるが，昭和58～59年（83～85年）には激しいシェア競争の中から多様化が進んだ。主力の乳飲料・ミルクコーヒータイプの伸びが鈍化し，ブラックタイプが増加。モカ，キリマンジャロ，ブルーマウンテン等の各種ブレンドコーヒー，炭火焙煎，アメリカン，カフェ・オ・レなど様々な商品展開が目立った。

ブランドの再編等相次ぐ

60年代初頭（85年頃）には，各社製品改良とさら

表②　缶コーヒーの生産量推移

（単位：万箱）

元号	西暦	生産量	前年比
昭和47年	1972年	120	−
昭和48年	1973年	375	312.5
昭和49年	1974年	910	242.7
昭和50年	1975年	1,700	186.8
昭和51年	1976年	2,550	150.0
昭和52年	1977年	3,545	139.0
昭和53年	1978年	4,930	139.1
昭和54年	1979年	6,200	125.8
昭和55年	1980年	7,500	121.0
昭和56年	1981年	8,700	116.0
昭和57年	1982年	10,000	114.9
昭和58年	1983年	11,970	119.7
昭和59年	1984年	14,300	119.5
昭和60年	1985年	16,500	115.4
昭和61年	1986年	18,500	112.1
昭和62年	1987年	20,750	112.2
昭和63年	1988年	23,800	114.7
平成元年	1989年	26,000	109.2
平成2年	1990年	30,000	115.4
平成3年	1991年	32,900	109.7

③ **コーヒー飲料各種の生産量(kℓ)**

日刊経済通信社調

	昭和58年	昭和59年	昭和60年	昭和61年	昭和62年	昭和63年	平成元年	平成2年
缶コーヒー	892,000	1,065,000	1,237,500	1,387,000	1,475,000	1,700,000	1,846,000	2,054,000
コーヒー乳飲料	243,000	247,000	290,000	290,000	305,000	365,000	395,000	415,000
その他コーヒー飲料	29,000	35,000	40,000	46,000	53,000	56,000	60,000	108,000
合計	1,164,000	1,347,000	1,567,500	1,723,000	1,833,000	2,121,000	2,301,000	2,577,000

※「コーヒー乳飲料」は紙容器を主体としたラクトコーヒー,「その他」はPET・紙。

なる価値向上をめざし,新ブランド(ブランドスイッチ)が集中した。

62年(87年)に「サントリー」は「ウエスト」となったほか,キリンビール(現キリンビバレッジ)はネッスルと提携解消して「ネッスル」から「ジャイブ」に変更。また,アサヒは61年(86年)に(「三ツ矢」から「NOVA」にしたが,64年(89年)には「J.O」(のちの「ワンダ」)へブランドを変更している。ほか,63年(88年)に味の素が「マックスウェルコーヒー」を「トラッド」へ切り替えるなど,主要各社がブランドを一新しそのほとんどが大幅な伸びを実現した。

その後も再編の流れは続き,平成2年(90年)にはネッスル日本(現ネスレ日本)と提携した大塚ベバレジ(現大塚食品)が「ネスカフェ」を発売,カルピスと味の素との提携による「トラッド」から「ブレンディ」への変更があった。

また,コカ・コーラグループは,ボトラーのブランドだった「マックス」を「ジョージア」に吸収統一。さらにサントリーは平成4年(92年)に「ウエスト」から現在の「BOSS」にブランド変更している。

④ **平成初期の主要缶コーヒー出荷状況(平成5年5月号より)**

日刊経済通信社調(単位:万箱)

	平成3年(1991年)	平成4年(1992年)
ジョージア	13,000	12,800
UCC	3,550	3,540
ポッカコーポレーション	3,100	3,100
ダイドー	3,445	3,440
BOSS他	1,450	1,700
ジャイブ	1,540	1,560
J.O	1,250	1,480
ベルミー	900	800
ネスカフェ	835	733
ヤクルト	620	670
ペプシ	700	690
ブレンディ	500	510
サッポロ	250	330
小計	31,140	31,353
その他	1,760	1,147
合計	32,900	32,500

“缶”以外の動向

平成5年(92年)に初めて前年割れとなるまで成長を続けてきた缶コーヒーだが,ここで,他の容器に目を移す。

57年(82年),清涼飲料にPETボトルの使用が認可されたことを背景に,62年(87年)に1.5Lの大容量が本格導入された。当初は容量が大きすぎたためか苦戦するメーカーも見られ,平成元年(89年)には900mlのコンパクトサイズが目立った動きを見せたという。同年のPET,ポリボトル入りコーヒーは380万箱規模。また,紙容器入りコーヒー(乳飲料規格)も乳業メーカーを中心に広く浸透。

このようにして拡大してきたコーヒー飲料は容器・種類の多様化も進み,拡大を続けながら平成中期へバトンを渡すこととなる。

この果実飲料が大きく伸びたのは，100％ジュースなどに消費者の嗜好が盛り上ったことと，メーカーと流通段階の積極的な販売活動によるものといえよう。

ドリンクの主なものは，48年新規発売したハイ・シーが300万c/sを生産したのをトップに，森永サンキスト類が220万c/s，バャリースが160万c/s（前年比倍増），プラッシーが140万c/s（同倍増）で，いずれも好調であった。

100％ジュースはポンジュースが40万c/sを販売しているのをはじめ，カゴメ30万c/s，アヲハタ，日魯，デルモンテ等が20万c/sから25万c/sを販売している。

49年は，ジュースをはじめとした果実飲料系の需要が依然強いと予想され，資材高，製品値上げなどマイナス要因も強いものの，前年比65％増，約2,380万c/s台が見込まれる。

うちドリンクもの1,980万c/s，ジュース400万c/s台であろう。

果肉飲料（ネクター）

ネクターも48年は797万c/s（6万1,600kℓ）に達した。これは前年に比べ45％増である。ネクター好調の原因も，自然に近い果実系嗜好が高まったためである。

不二家が330万c/s，森永が270万c/s台で市場の大半を占めている。明治，ディズニー，サンヨー等が25万c/sから40万c/sで主なブランドといえよう。

ネクターは，ピーチの需要が多く，次いでオレンジ，ミックスの順であるが，ピーチなどの原料不足が気がかりである。

49年は，嗜好傾向から見て需要増は可能なものの，値上げが需要減退を招く恐れがある。

資材と原料高で48年9月と，49年1月の2回に亘って値上げされ，今年は標準小売で100円（昨年70円）となっている。

今年のネクターはこれらの情況からみて，前年比20％増の950万c/s台が見込まれる。

野菜ジュース

野菜ジュースの48年産は649万c/s（7万6,000トン）である。これは前年比96％増である。うちトマトジュース539万c/s（70％増），野菜混合ジュースが110万c/sである。

輸入品を加えると130万c/s（倍増）となった。（表③参照）

49年産は，前年比3割程度の850万c/sが見込まれる。市場がやや荷もたれ気味なのをはじめ，価格高で，需要の伸び率は昨年よりも鈍るとみるのが普通であろう。末端価格で昨年小卸で2割値上げされている。

トマトジュースは昨年比13～4％増の610万c/s，野菜混合ジュースが240万c/s（2.4倍）と見込まれる。野菜混合は輸入ものが50万c/sが見込まれるので計290万c/sである。

昨年台頭し注目されるコーヒードリンク

㊽年の缶飲料市場で新たに台頭してきたのはコーヒードリンクであろう。概要は表④の通である。

48年は前年比約2.8倍の337万c/sを販売しており，今年も新発売を含めて40以上の銘柄が，市場に出る。49年は市場で混戦が展開されそうである。

缶容器を採用して，レジャー地をはじめとした戸

表⑤　炭酸飲料の自動販売機台数

	昭和47年	前年比	昭和48年	前年比	昭和49年
	台	%	台	%	台
コカ・コーラ，ファンタ等	228,000	134	320,000	140	400,000
ペプシコーラ，ミリンダ等	46,000	144	64,500	140	70,000
キリンレモン	10,000	125	13,000	130	15,000
サントリーソーダ	5,500	—	10,000	182	15,000
三ツ矢シルバー	3,000	600	7,000	231	10,000
リボンシトロン	800	250	4,500	562	7,000
カナダドライ セブンアップ 森永製菓 明治製菓 その他	3,600	200	15,214	423	25,750
合計	296,900	139	434,214	146	542,750

注）①合計は日本自動販売機工業会調。
②主要社別台数は日刊経済通信社推定。
③缶・壜含む。
④なお，ジュース・ドリンクの台数は昭和48年で22,456台（工業会調）。
⑤49年は見込み。

1974年（昭和49年）5月号より

外の需要を開拓したために急速に伸びたのである。現在，約100万%を販売したUCC，80万%を販売したポッカがトップにあるが，他の飲料に比べて，飲料業界の中では中小のメーカーが活躍している。

しかし，49年は不二家，明治，カネボウをはじめ，ネッスル日本，東京コカ系（トレッカ）が発売しており，今年は前述したように混戦模様を呈している。なお，缶コーヒーの品質表示規準をつくり，業界発展を期して，全国缶コーヒー協議会が結成されたのも注目される（49年2月）。

今年は各ブランドとも大幅増産を計画している他，新製品も含むと，約700万%が市場に出ることとなる。1缶90円から100円であるが，他飲料に比べ，割高感が少ないのが，有利である。

顕著な伸びを見せるといえば，100%ジュース（果実，野菜）があげられよう。

ジュースは前に述べた通りである。

新傾向としては，野菜混合ジュースの嗜好層の拡大が特に注目されよう。また，日魯サンパックのザ400のような冷凍濃縮果汁も今後新しい市場を形成して行くであろう。これはコンポジット缶（紙容器併用）を採用しているのもオリジナルな点である。

また，50%果汁も今年相当増える。

100%ジュースと違って，果汁の味がよいものを提供出来ることから，ハイ・シーをはじめ，ブラッシー50，森永サンキスト50，カルピスオレンジなど次ぎ次ぎに発売されている。

熱帯果実飲料も新しい種類のものである。

すでにグアバなどがサントリー（き釈用飲料）などで発売されていたが，今年は三井農林が日東トロピコドリンク（グアバ，パッション，パパイヤ），大都リッチランドもグアバを発売，新しい嗜好層を開拓しつつある。

その他，回収メリットの大きいといわれるオールアルミニウム缶を使った飲料も今年はかなり増える見込みである。清涼飲料では現在，キリンレモン・チェスタのみであるが，やがてペプシ，ミリンダなどにも採用される。

缶飲料は今年も次ぎ次ぎに新製品が出ているが，それは参考表の通りである。

〈参考表〉　缶飲料新製品一覧

	荷姿	小売	48年	48年メーカー計画	社名・発売年月
		円	万%	万%	
ザ・400（オレンジ・アップル）	200g×30	250	3	50	日・魯サンパック㈱48年秋・49年春発売
ザ・100（〃・グレープ）	255g×30	120	26	180	
アヲハタ野菜ジュース	195g×30	75	4	30	キューピー㈱48年夏発売
ブラッシー　〃	〃	70	4	10	武田薬品工業㈱48年　〃
雪印　〃	195g×40	70	—	5	雪印アンデス食品㈱49年1月
明治　〃	195g×30	70	—	5	明治製菓㈱49年2月
SSK　〃	200g×50	85	—	5	清水食品㈱49年2月
ベルミー　〃	195g×50	80	—	5	カネボウ食品販売49年2月
ブラッシー50（オレンジ）	255g×30	90	—	50	武田薬品工業㈱49年2月
森永サンキスト50（オレンジ）	〃	90	—	150	森永製菓㈱49年3月
ハイ・シー（オレンジ）	〃	75～90	300	800	コカ・コーラボトラーズ48年9月
カルピスオレンジ果汁	〃	90	—	50	カルピス食品工業㈱49年4月
日東トロピコドリンク（グアバ・パッション・パパイヤ）			—	15	三井農林㈱49年2月
ハワイアンピップ(グアバ)	355g×24	180	—	40	大都リッチランド49年2月
ドクターペッパー	250g×30	60	15	200	東京コカなど3社48年12月
ミスターピブ	〃	60～70	3	300	その他11ボトラー48年12月
カプリコーヒードリンク	255g×30	80	5	50	日本セブンアップ飲料48年10
不二家ミルクコーヒー	250g×30	100	5	50	㈱不二家　48年10
日東コーヒードリンク	250g×30	100	—	20	三井農林㈱　49年2月
日東レモンティー	〃	〃	—		
雪印コーヒードリンク	〃	100	—	10	雪印アンデス食品49年3月
明治珈琲キリマンジャロ	195g×40	90	—	5	明治製菓㈱　49年
オリエンタルコーヒードリンク	250g×30	100	—	5	オリエンタル　49年4月
トレッカ　〃	〃	100	—	30	大洋漁業　49年4月
ユーフーチョコレートドリンク	〃	90	—	80	〃　〃
アートコーヒースカッシュ	250g×30	100	—	10	アートコーヒー㈱49年4月

缶飲料需要を促進した自動販売機

(缶)飲料の需要を促進するのに大きく寄与しているのは自動販売機である。

炭酸飲料を中心とした自動販売機の普及台数は48年には43万4,214台(一部ジュース，ドリンク含む)で，前年比46%増である。

売上金額は1,785億円に達している。

これに，ジュース，ドリンク専門ベンダー2万2,456台が加わるのである。(以上日本自販機工業会調)

1974年(昭和49年) 5月号より

ト」。ダイエットコーラとしての大規模宣伝,「おいしくなった」の声もあって，昨年1,400万ケース（40%増)。

コーラ分野に，進出したＵＣＣ上島珈琲の「ジョルトコーラ」も話題商品であった。カフェインを多く，炭酸もきつめの“強烈さ”を売りものに，昨年380万ケースを出荷した（３月期)。今年は「ペプシコーラ」が巻き返し大攻勢を開始し，ジョルトの成果に刺激されてサントリーフーズの「アセロラコーラ」，ポッカコーポレーションの「ローヤルクラウンコーラ」など，コーラ分野に再挑戦している。

サントリーフーズの烏龍茶が缶飲料でも市場をリード,「はちみつレモン」もサントリーがリードするが，コカ・コーラ社の「モネ」が昨年飛躍した。しかしはちみつ飲料は昨秋以降減少しており，早くも銘柄間サバイバル競争へ。

この他，キリンビバレッジの「午後の紅茶」にコカ・コーラ社の「シンバ」が急追した。また,「三ッ矢サイダー」の快調,「ココア風景」の新商材を送り出したアサヒビール飲料が，コーヒー「Ｊ・Ｏ」で1,000万ケース台へ乗せたことなど。ココアではダイドードリンコが「アイスココア」（350mℓ缶)，「ココアオ・レ」などで300万ケース近い量を販売した。

大塚製薬の「ポカリスエット・ステビア」缶も話題商材であった。他銘柄が奮わない中で，新製品ステビア缶は500万ケース近い出荷で，ヒット商品となった。

今年は，コカ・コーラへチャレンジするペプシやジョルトコーラ等の“コーラ戦争”，新製品では「カルピスウオーター」，50%～70%の高果汁炭酸飲料「キリン・シャッセ」「アサヒ高級茶葉ウーロン茶」「サントリー熱血飲料」が市場活性化に一役買っている。

お茶類は今年も伸びている。缶飲料トータルに占める構成比はさらに大きくなる見通しである。

その他品目では，昨年３倍増となったココアドリンクの動向が注目点。メーカーの中には「ピークは過ぎた」と見通すところもあるが，新銘柄もなお増える傾向にある。缶入り牛乳も地味ではあるが増加傾向である。

缶コーヒー，３億ケースの大台突破

1990年実績と，91年６月現在の動向から，主要品目の成長性をみてみよう。図－１は表①の主要品目推移をみたもの。

表①　缶詰飲料の種別生産・販売実績　日刊経済通信社調（単位：千ケース実箱，カッコ内はkℓ)

	1987年	88　年	89　年	90　年	90/89	91見込
天然果汁	6,000(43.5)	7,100(51.5)	7,300(51.2)	8,000(56.0)	109.6%	9,000
果汁飲料	4,450(34.5)	3,850(30)	3,450(26.1)	3,500(26.5)	101.4	3,500
果肉飲料	7,400(57)	6,800(52)	6,550(51.1)	7,500(58.5)	114.5	8,000
果汁入清涼飲料	57,600(440)	60,100(468)	54,000(421.9)	55,000(444.9)	101.9	56,000
果粒入果実飲料	6,550(50)	5,450(41)	4,700(35.9)	5,000(38.2)	106.4	5,000
はちみつ系他	1,000(8.5)	5,000(37)	38,000(300.8)	44,500(352.5)	117.1	45,000
合計	83,000(633.5)	88,300(679.5)	114,000(887)	123,500(976.6)	108.3	126,500
コーラ	40,000(320)	42,500(352)	48,030(395)	58,000(480)	120.8	61,000
透明炭酸飲料	18,450(155)	19,100(160)	21,500(190)	31,500(262)	146.5	33,000
果汁入〃	18,950(150)	13,600(115)	10,000(85)	12,000(101)	120.0	15,000
果実着色〃	20,450(163)	22,500(185)	24,000(228)	30,000(247)	125.0	31,500
乳類入〃	8,150(62)	5,700(44)	5,000(40)	7,250(58)	145.0	7,700
その他	4,000(30)	5,600(44)	5,470(45)	8,250(68)	150.8	8,800
輸入品	10,000(85)	19,000(160)	19,000(160)	13,000(109)	68.4	13,000
合計	120,000(935)	128,000(1,060)	133,000(1,143)	160,000(1,325)	120.3	170,000
コーヒー	207,900(1,475)	245,000(1,700)	269,000(1,846)	304,000(2,054)	113.0	326,000
*	〔207,500〕	〔238,000〕	〔260,000〕			
紅茶	12,000(85)	18,500(145)	37,500(280)	54,500(443)	145.3	62,000
ウーロン茶	29,000(180)	36,200(272)	43,800(330)	55,900(413)	127.6	64,500
茶類	2,000(15)	2,000(15)	4,000(30.5)	10,000(82)	225.0	18,000
スポーツドリンク	65,000(505)	77,000(614)	80,000(647)	79,000(646.3)	101.9	80,500
栄養飲料	1,500(9)	2,000(9)	2,400(9.5)	2,400(9.5)	100.0	4,000
その他	9,000(65)	9,000(65)	14,100(106)	21,000(147)	148.9	23,500
合計	326,400(2,334)	389,700(2,820)	450,800(3,249)	526,800(3,794.8)	116.9	578,500
トマトジュース	12,000(73.5)	11,500(69)	11,000(66)	12,500(72)	113.6	13,000
野菜ジュース	4,300(27.5)	4,500(29)	5,300(34)	7,500(43)	141.5	8,500
トマト果汁	—(—)	—(—)	—(—)	—(—)	—	—
合計	16,300(101)	16,000(98)	16,300(100)	20,000(115)	122.7	21,500
総計	547,930(4,003.5)	622,000(4,657.5)	714,100(5,379)	830,300(6,096.4)	116.3	896,500
修正前総計	547,530	615,000	705,100			

注）1．年度は１～12月　2．1987年以降は輸入品含む（果実飲料の「はちみつ他」の一部など)。3．＊のコーヒーは1987年以降を修正（荷姿変更のため。カッコ内は変更以前の実数）

1991年(平成3年) 6月号より

お口の恋人
LOTTE
くちどけ
スッと爽快
LOTTE
爽
SOHI
くちどけ
スッと爽快
バニラ
種類別 ラクトアイス
微細氷入り
紙
あけくち
爽
バニラ

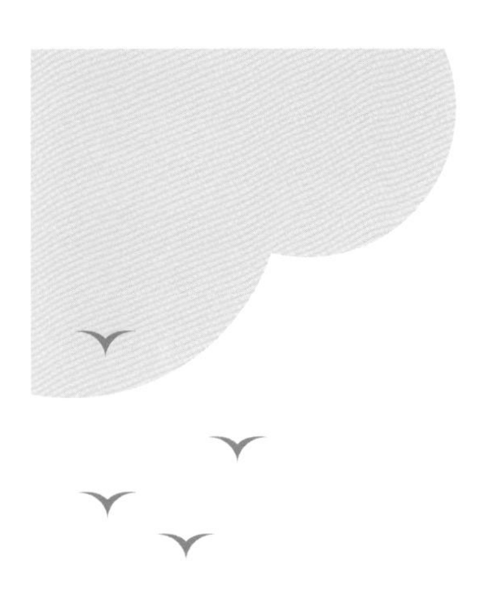

私たちは、おいしさ×健康×低負荷で

人々、社会、環境へ貢献します。

目指すべき未来「Joy for Life® ー食で未来によろこびをー」

を達成するために。

J-オイルミルズグループ

翔雲
SHOUN

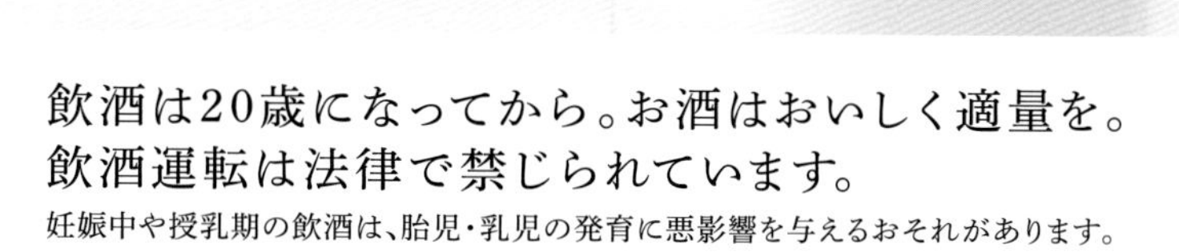

ニチレイは挑戦しています。
資源不足、フードロス、人手不足の問題。
冷凍技術を活かして、さまざまな課題の解決を目指してきました。
食に関わるすべてのいのちを、大切にしたい。
栄養をムダにすることなく、世界中においしさと健康を届けたい。
そして、時代に合った理想の食のあり方を、追求しつづけていきたい。
培ってきた冷凍技術で、おいしさへのこだわりで、
どんな課題も解決してみせる。
この熱い想いは、
ずっと冷めることはありません。
どんな課題も、
料理してみせる。
We are team N!
ニチレイ
テレビCMは
こちら ▶▶▶

世界の食の幸せに貢献します
石光商事は社員一同全力で使命に向き合います。
「ともに考え、ともに働き、ともに栄えよう」という経営理念のもと、
私たち石光商事グループは社会に必要とされ続ける企業、
社会から愛され続ける企業を目指します。
日本で、そして世界で、私たちは食の幸せに貢献します。
SUSTAINABLE DEVELOPMENT GOALS
SI 石光商事株式会社
本　社 〒657 - 0856 神戸市灘区岩屋南町 4 - 40 TEL：(078) 861 - 7791
東京支店 〒140 - 0013 東京都品川区南大井 6 - 26 - 2 TEL：(03) 6367 - 9024
福岡支店 〒812 - 0016 福岡市博多区博多駅南 1 - 15 - 22 TEL：(092) 411 - 2110
名古屋支店 〒462 - 0011 名古屋市北区五反田町 91 TEL：(052) 901 - 2161
札幌支店 〒060 - 0001 札幌市中央区北 1 条西 9 丁目 3 - 10 松崎大通ビル 5 階 TEL：(011) 206 - 9175

気分転換 & 小腹満たしに！

MATCH

NEW

マッチゼリー

- マッチオリジナルフレーバーが再登場!
- 食物繊維入り

NEW

マッチ パインソーダ

- 爽やかなパインの香りと甘さでスッキリとした味わい!
- 無果汁

マッチ

- 微炭酸でゴクゴク飲める爽やかな飲み心地!

表②　缶詰飲料の主要企業品目別動向　日刊経済通信社調（単位：万ケース）

	炭酸飲料	果実飲料（ハチミツ含）	スポーツドリンク	トマト・野菜ジュース	コーヒードリンク	ウーロンドリンク	紅茶ドリンク	その他	合計
コカ，コーラ社	9,000	2,240	2,250	—	11,500	910	1,100	—	27,000
サントリーフーズ	600	1,700	270	—	1,300	1,600	460	170	6,100
ＵＣＣ上島	570	330	40	—	3,850	180	350	330	5,650
キリンビバレッジ	900	940	216	200	1,300	340	1,590	134	5,620
ダイドードリンコ	550	530	215	—	2,600	375	170	360	4,800
ポッカコーポレーション	210	720	80	—	3,100(2,700)	360	250	80	4,800
大塚製薬	—	—	4,270	—	400	—	320	210	5,200
アサヒビール飲料	1,100	590	30	—	1,000	235	150	445	3,550
カルピス・味の素	390	690	85	—	860	320	110	45	2,500
カゴメ	32	252	16	700	122	66	15	47	1,250
ペプシコ	470	200	70	—	570	60	50	50	1,470
カネボウ	150	110	40	—	750	60	40	250	1,400
伊藤園	35	30	—	10	180	385	280	500	1,420
ヤクルト本社	20	190	52	—	545	133	50	30	1,020
不二家	220	400	—	—	170	*	*	100	890
森永	50	250	*	*	280	55	10	125	770
キッコーマン	10	40	2	395	23	24	4	22	520
利根ソフト	—	—	—	—	420	80	—	50	550
明治製菓	120	140	5	—	135	10	10	35	455
宝酒造	63	93	—	—	120	60	30	50	416
日本たばこ	35	85	*	—	130	35	20	45	350
小計	14,525	9,530	7,641	1,305	29,355	5,288	5,009	3,078	75,731
その他	1,475	2,820	259	695	1,045	302	441	262	7,299
合計	16,000	12,350	7,900	2,000	30,400	5,590	5,450	3,340	83,030

注）1．年度は1～12月（一部各社決算年度）　2．輸入品を含む（炭酸1,300万ケース果実飲料300万ケース）　3．ポッカコーヒーはショート缶（1ケース=40缶）を30缶荷姿とした（カッコ内は実箱）　4．＊はその他に含む

最もダイナミックなものが缶コーヒーの生産量である。昨年は3億ケースの大台を突破した。前年比13％増であった。今年は1～5月累計でなお10％増を持続している。コカ・コーラ社とビール会社系飲料メーカーがこのところ大攻勢をかけており，コーヒー中心のＵＣＣ，ポッカ，ダイドー3銘柄と激しい競争を続けており，最近2年はこれら7銘柄で総量の80％を占める集中ぶりとなっている。

炭酸飲料缶は1億6,000万ケース（輸入品推定量1,300万ケースを含む）で，20％増と4年ぶりに大幅な増加となった。輸入品が約32％減少したが，国内生産は約29％増加した。炭酸飲料缶は86年を底に増加傾向。その特徴は，340～350mlサイズの，いわゆるアメリカンサイズ（以下Ａ缶）が急伸したことである。アメリカからの併行輸入の急増がきっかけとなり，それまでの主流であった250ml缶にとって代わり，昨年は炭酸飲料缶トータルの81％を占めている。

これに対してコーヒーは逆に小型化が進み，全体の43％（前年は40％）を190～200ml缶が占めるに至った。また反面では，Ａ缶や280ｇ缶もアイスコーヒーなどで増加する傾向もある。

果実飲料類は輸入品（300万ケース，推定）と，はちみつ飲料を含めて昨年1億2,350万ケース。はちみつ飲料（ほとんどが果汁5％未満）が4,100万ケースを占める。昨年の伸びは8％強であったが，これは，はちみつ飲料（17％増）による。従来の果実飲料缶は輸入を含めて5％弱の増にとどまった。

果実飲料缶はこのところ紙容器やＰＥＴボトルへ移行し，缶飲料同志のシェア争い（茶類やココア類）で伸びが鈍化している。Ａ缶の比率が増えて60％を占めつつある（輸入を含む）。

お茶類は全般に好調である。

ウーロン茶5,590万ケース（28％増），紅茶5,450万ケース（45％増），煎茶と麦茶類1,000万ケース（2.5倍）という成長ぶり。

茶ドリンクスの消費はしばらく続くものと予想される。

スポーツドリンクは89年以降伸び悩んでいる。昨年も7,900万ケースで微減。ポカリスエットとアクエリアスの2銘柄に集中し，他ブランドが引き離されるばかり。特に大塚製薬のポカリが独走傾向である。

品目別構成比は徐々に変化

以上から，缶飲料の品目別構成は徐々に変化する。図－2はその構成比の推移である。

1990年の主要分野の比率を5年前の85年と比較すると，お茶ドリンクスのボリューム増がきわだっている。ウーロン茶，紅茶，煎茶類は昨年1億2,040万ケース（前年比41％増）と，はじめて1億ケース台に達し

平成初期に拡大した茶系飲料

ウーロン茶が家庭用「無糖飲料」を開拓

茶系飲料は，日本茶飲料（緑茶・混合茶・麦茶飲料），ウーロン茶飲料，紅茶等で構成される。市場形成は昭和後期に差し掛かる頃だが，平成に入り本格的に市場としての成長が始まり，現在では清涼飲料生産量の中でトップクラスのシェアとなっている。

本稿では茶系飲料それぞれの市場形成時～平成初期の動向をまとめた。

【ウーロン茶飲料】

市場創出は昭和56年，短期間で急拡大

ウーロン茶飲料の市場創出は昭和56年（81年）。同年2月に伊藤園，12月にサントリーがそれぞれ缶入りウーロン茶を発売し，家庭用では新しいカテゴリーである「無糖飲料」の市場が創出された。

無糖飲料と言えば，ミネラルウォーターも含まれるが，家庭用の市場が創出されたのは58年（83年）にハウスが「六甲のおいしい水」を発売して以降。順序からいと，ウーロン茶飲料の市場創出から2年後ということになる。

発売当初は，業界関係者からも「甘味のない飲料が商売として成立するか？」と疑問視されていたが，スナック等の業態で「水割りの代わりの飲み物」として広がったほか，サントリーが本格販売を開始した57年（82年）に，洋酒のウーロン割などの啓蒙で需要を拡大。酎ハイブームなども重なって市場は急増した。

製造メーカーは，市場創出の56年（81年）はわずか3社（伊藤園，三井農林，サントリー）で市場規模は6万5,000箱だったが，市場の急速な拡大にともない，4年後の60年（85年）にはメーカー数も100社以上に膨れ上がり，市場は1,900万箱と短期間で急速に拡大した。

【日本茶飲料】

平成初期，緑茶を中心に本格的な市場形成

日本茶飲料市場は，緑茶飲料，混合茶飲料，麦茶飲料の3つのカテゴリーで形成される無糖飲料の市場だ。

昭和55年頃（1980年代）の市場形成時は小さな市場だった。この頃の日本茶飲料は，緑茶飲料と麦茶飲料の2カテゴリーで市場を構成。

緑茶飲料は60年（85）年に伊藤園が「缶煎茶」を初めて飲料市場に投入，麦茶飲料はそれ以前に市場が創出されていたが，本格的な市場形成となったのはどちらも平成3～4年（91～92年）頃。混合茶飲料は5年（93年）にアサヒ飲料が「お茶どうぞ 十六茶」で市場を創出した。

このカテゴリーのけん引役は，なんといっても緑茶飲料だ。消費者の健康志向がその背景にあったこ

表① 茶系飲料の生産販売実績　　日刊経済通信社調

品目	単位	昭和60年	61年	62年	63年	平成元年	2年	3年	品目	4年
ウーロン茶飲料	kℓ	116,000	220,000	33,300	407,000	563,000	761,000	91,200	ウーロン茶飲料	1,090,000
	百万円	32,500	57,000	78,800	93,300	115,100	149,800	174,400		204,500
紅茶飲料	kℓ	60,000	78,750	86,000	145,000	309,000	616,200	631,000	紅茶飲料	636,000
	百万円	16,000	21,000	24,000	35,000	61,500	120,000	122,200		128,500
日本茶飲料ほか	kℓ	－	－	－	－	－	160,000	200,000	緑茶飲料	160,000
	百万円	－	－	－	－	－	38,200	42,500		32,200
	kℓ	－	－	－	－	－	－	－	麦茶飲料	100,000
	百万円	－	－	－	－	－	－	－		17,900

とは間違いないが，容器面ではPETボトルの貢献も，見逃してはならない大きなポイントと言えよう。

PETボトルの飲料市場への導入は意外と歴史は古く57年(82年)。同年2月に食品衛生法施行規制等が改正され，飲料容器としてのPETボトル使用が許可されたことを受け，製品化が始まった(もっとも製品第一号は，その頃市場のピークを迎えつつあった果実飲料だった)。

導入当初の茶系関商品は，大型の1.5ℓや2ℓで展開されていたが，平成8年(96年)の“小型PETボトルの自主規制廃止”により，市場拡大へ向けた追い風を受けることになるのであった。

表②　ウーロン茶飲料の販売推移

日刊経済通信社調(単位：千箱)

年＼区分	缶	紙・びん・PET	合計	前年比
昭和56年(1981年)	50	15	65	−
57年(82年)	400	30	430	661.5
58年(83年)	1,930	40	1,970	458.1
59年(84年)	5,850	1,000	6,850	347.7
60年(85年)	14,500	4,500	19,000	277.4
61年(86年)	23,500	10,250	33,750	177.6
62年(87年)	30,000	16,400	46,400	137.5
63年(88年)	35,700	17,550	53,250	114.8
平成元年(89年)	43,800	22,860	66,660	125.2
平成2年(90年)	55,900	32,400	88,300	132.5
平成3年(91年)	67,300	36,970	104,270	118.1

③　紅茶飲料の生産推移

日刊経済通信社調(単位：kℓ)

年＼区分	昭和60年(85年)	61(86)	62(87)	63(88)	平成元年(90)	2年(91)	3年(92)
缶	60,000	78,750	86,000	145,000	309,000	443,000	444,500
その他容器	4,400	12,500	30,600	38,000	136,000	172,000	185,000
合計	64,400	91,250	116,600	183,000	445,000	615,000	629,500

天候に左右されやすい麦茶飲料

麦茶飲料は，日本茶3カテゴリーの中では最も歴史は古いが，本格的な市場形成はカゴメ「六条麦茶」の発売(昭和63年・88年)以降で，平成3年(91年)あたりからとなる。他の飲料と比較して，“夏場に消費が集中する”といった季節性が強く，市場の増減には天候が深く関わることから年によって増減を繰り返すこととなる。

【紅茶飲料】

平成に入りPET展開で大幅成長

紅茶ドリンクは止渇性・嗜好性の両局面を持ち合わせたカテゴリー。1970年代から商品は登場していたが，本格的に消費が拡大したのは60年(85年)頃のこと。缶入りのレモンティーが主力で，自販機を中心に新規ブランドが登場したことがきっかけとなった。

それに次いで，PET商品が登場したことからブームとなり，平成元年(89年)は2.4倍，翌2年(90年)も4割近い伸びとなり市場は急成長した。缶がそれまでの250mℓから350mℓへ大容量化したことや，大型PET，紙容器の増加が影響している。

ブランドは，70年代は，缶入りの「ポッカレモンティー」「日東レモンティー」が発売され，「リプトン」(当初販売はUCC)，「ネッスル」が自販機で発売された。

60年(85年)にはサントリー，コカ・コーラが参入。次いで62年(87年)にはキリンがPETボトル入りの「午後の紅茶」を，平成元年(90年)には大塚ベバレジ(現大塚食品)が無糖の「ジャワティ」を発売した。

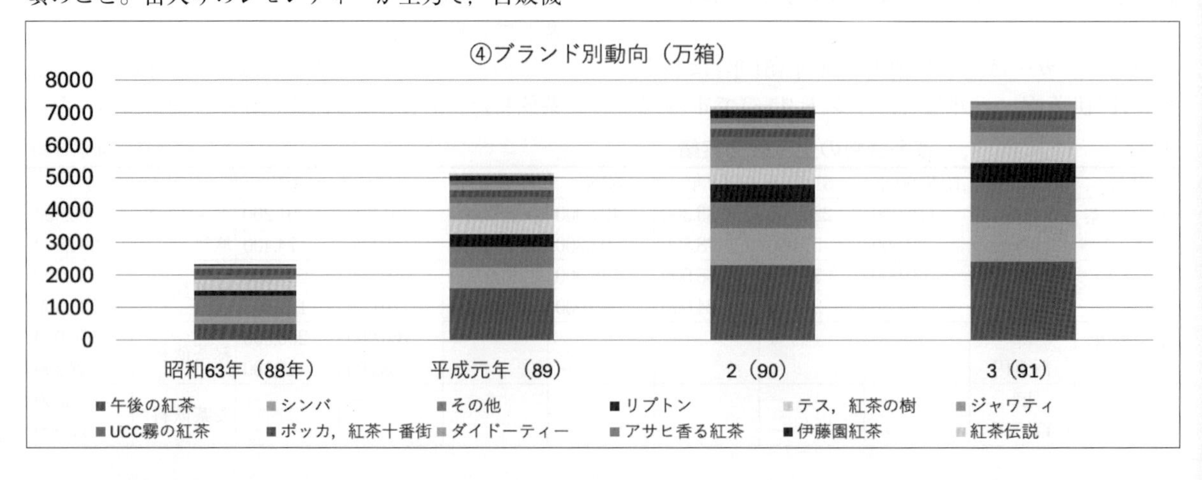

上昇気運続くか，今年の日本茶業界

缶ウーロンなどドリンクティーが市場活性化

(昨)年，日本茶の家庭消費は8年ぶりに上向いた。ウーロン茶をはじめとした“健康茶ブーム”に刺激されてかどうか。

缶ウーロンなどドリンクタイプのティー関連商品は1,000万㌦の大台を突破した。この新たな茶ブームによる茶市場の活性化は大きい。

だが，今年の新茶は，一番茶が減産必至で，通年安定供給の10万トン台を回復出来るかどうか。安値安定供給こそ，真の日本茶の消費回復へのカギでもある。

今年の一番茶収穫量，また5万トン割れか

(今)年の一番茶の摘採（収穫）は，例年より4，5日，昨年よりは2週間以上も早く進んだ。

主産地の静岡は，八十八夜（5月2日）から10日にかけてがピークで，昨年の20日過ぎとはえらい違いだ。

しかし，収量的には今年も平年をかなり下回り，4万7,000～8,000トン，一部には4万5,000トン割れ説も出るなど，5万トン台は無理のようだ。

これは，昨年の異常寒波による空前の被害が尾を引いていること，昨秋の雨不足で，堆肥を十分に吸収できず，葉に養分が行き渡らなかったこと，更に萌芽期の3，4月の天候不順，特に4月上旬の静岡など，同下旬の九州地区の晩霜害による被害が重なったためである。

これらの影響で，全般に芽数が少ないことも減収につながっているが，いわゆる“一茶半”の摘み具合により，最終的に5万トン台乗せの可能性も消えてはいない。

表①　緑茶の生産高及び防湿包装銘柄茶販売額と輸入量

区分／年度	緑茶生産高		防湿包装銘柄茶		茶輸入量			
	荒茶生産量	仕上茶販売額	販売額	対仕上茶割合	緑茶		その他の茶（ウーロン茶他）	
	トン	100万円	100万円	%	トン	100万円	トン	100万円
50年	105,455	255,900	65,000	25.4	8,860.3	3,177.4	436	385
51	100,097	266,600	72,000	27.1	8,165.2	2,517.5	449	365
52	102,301	283,700	77,500	27.3	5,506.3	2,463.9	663	511
53	104.738	302,800	82,500	27.2	4,579.4	1,908.5	692	469
54	98,039	300,700	83,000	27.6	5,627.8	2,336.5	1,270	1,316
55	102,300	328,400	88,000	26.8	4,396.5	1,998.4	4,232	4,461
56	102,300	340,000	92,000	27.1	4,143.3	1,879.1	2,909	3,060
57	98,500	343,000	97,000	28.3	2,411.0	1,105.1	2,048	2,170
58	102,700	351,600	100.000	28.4	2,422.3	1,107.6	2,675.5	2,311
59	92,500	338,000	101,000	29.9	2,643.1	1,166.8	5,270.7	4,334.7
60（予想）	100,000	347,000	104,000	30.0	2,600.0	1,150.0	9,000.0	7,600.0

注）1．荒茶生産量は農水省，輸入量は大蔵省，販売額は日刊経済通信社調（推定）　2．年度は1～12月

1985年（昭和60年）6月号より

急拡大，500億円市場突破する液体紅茶

嗜好飲料のジャンル抜け出し需要増図る

液体紅茶が急増している。アイスティーまたはソフトドリンクとして飲料市場で伸び，年間総市場規模は今年度中に500億円を大きく上回ることになろう。

市場を牽引，代名詞的存在となった「午後の紅茶」

液体紅茶製品が今年も好調に増えている。

消費の中心は缶飲料としてであり，その出荷量は昨年で1,850万％（14万5,000kℓ）になり，今年もなお35％以上の伸びを続けている（8月）ことから，年間で2,500万％以上に達することは確実である。

また，紙容器やPET容器入りの液体製品も缶ほどの勢いはないが確実に増加している。

この缶以外の液体紅茶消費規模は濃縮ものを含めて350万％（3万9,400kℓ）と推定される。その伸びは前年比21％増。今年は50％増ペースで，600万％（6万kℓ）に迫ると予想される。

液体紅茶製品は以前から「ポッカレモンティー」「名糖レモンティー」などの缶飲料が，自動販売機用商材として漸増してきたが，サントリーが「テス」，キリンビールが「午後の紅茶」をPETボトルで発売した，1985〜86年（昭和60〜61年）からきわだった伸びを見せはじめた。

銘柄として飛び出したのは「午後の紅茶」である。86年にキリン社は，1.5ℓ入りのPETボトルを発売し30万％を販売，昨年は130万％を出荷した。PETで勢いを得た同社は昨年缶飲料も発売し，昨年はPET，缶トータルで500万％を出荷，今年はアメリカン缶（340g），ダージリンティーなどアイテムを増したため上半期倍増ペース。「午後の紅茶」があたかも“液体紅茶の代名詞”的存在になってきた。

紅茶では「テス」の生まれの方が早いが，一歩も二歩も先行している「午後の紅茶」の快足ぶりにサントリーでは口惜しがる。もっとも，ウーロン茶や，今年のようにハチミツレモンの大ヒットアイテムを持つ同社が，そう何もかもうまく行くのは不公平というものである。一方，キリンは清涼飲料事業部の多角化を進める中で，はじめてのオリジナルヒット商品をつくったわけである。

サントリー「テス」の販売量は，昨年アメリカンサイズ缶（以下A缶）を主に300万％を出荷，その他では紙容器，PETで30万％を出荷しており，キリンに次ぐ量。今年はほとんどをA缶で占め，前年比60〜70％増となっており，通年で500万％以上（うちPET50万％内外）にはなると予想される。

缶入りではコカ・コーラ社が「シンバ」で230万％を販売したが，これまでのところ全社的な力は入っておらず，大販売網の割には少ない。今年はダージリンミルクティーを販売するなどアイテムを

表①　紅茶飲料の生産推移　日刊経済通信社調

区分		単位	1985年	86年	87年	88年	89年（見込）
ストレート	缶	kℓ	60,000	78,750	86,000	145,000	200,000
		億円	160	210	240	350	450
	その他容器	kℓ	4,400	12,500	30,600	38,000	58,250
		億円	10.5	27	56.2	67.2	96
濃縮紅茶		kℓ	1,200	1,500	1,850	1,400	1,300
		億円	8	10	16.5	11.3	11.1
合計		kℓ	65,600	92,750	118,450	184,400	259,550
		億円	178.5	247	312.7	428.5	557.1

注）年度は1〜12月

1989年（平成元年）8月号より

表②　液体紅茶の主要企業動向　日刊経済通信社調（単位：千%s）

	1987 年	88 年			89 年（見 込）
		缶	紙・PET	合 計	
午後の紅茶（キリンビール）	1,900 (21,800)	3,700 (29,500)	1,300 (15,600)	5,000 (45,100)	6,700
テス（サントリー）	1,850 (15,000)	3,000 (24,000)	350 (4,200)	3,350 (28,200)	4,700
シンバ（日本コカ・コーラ）	2,200 (16,500)	2,300 (17,250)	—	2,300 (17,250)	4,000
ポッカ	1,700 (12,500)	2,000 (15,000)	—	2,000 (15,000)	2,500
UCC（上島珈琲）	1,350 (10,150)	1,350 (10,150)	—	1,350 (10,150)	2,000
ホワイトノーブル他（三井農林）	1,150 (9,950)	900 (7,000)	230 (2,800)	1,130 (9,800)	1,200
リプトン（リプトンジャパン他）	1,400 (13,950)	750 (5,650)	800 (9,600)	1,550 (15,250)	1,600
ダイドー	900 (6,750)	1,000 (8,000)	—	1,000 (8,000)	1,200
カゴメ	300 (3,700)	200 (1,500)	250 (3,000)	450 (4,500)	750
その他	1,650 (15,900)	3,300 (26,950)	220 (2,800)	3,520 (29,750)	5,350
合計	14,400 (126,200)	18,500 (145,000)	3,150 (38,000)	21,650 (183,000)	30,000 (258,250)

注）1. 濃厚は含まず　2. カッコ内は容量（単位：kℓ）

増加させており，力の注ぎ方次第。

ポッカの「ミルクティー」「アイスティー」，ダイドーの「紅茶浪漫」など，UCC上島の「UCCティー」各種（今年から「東インド紅茶会社」シリーズに一新），三井農林の「日東紅茶」各種（「紅茶の国から」シリーズに一新），「リプトン紅茶」などが主なものだが，飲料企業各社が，品揃えしていることから銘柄数は40を超す。

大塚の「ジャワティー」が紅茶飲料の焦点に

先行する「午後の紅茶」，「テス」などに，強力なライバル銘柄が今年4月に誕生，今夏，相当な実績を稼いだ。大塚製薬，大塚食品，大塚化学のいわゆる大塚グループの共同出資で設立された大塚ベバレジ㈱の製品第一弾「シンビーノ・ジャワティー」である。インドネシア・ジャワ産の紅茶で，砂糖無添加，食事の場でもテーブルドリンクとして飲んで欲しいという，ストレートティードリンク。

6月は天候不順のために配荷が遅れたが，7月に入って急速に面が広がり，売れ行きも急上昇した。

都会の若者たちの間で，新しい，爽やかソフトドリンクとして瓶詰350mℓに人気が集まった。同社の目ざすところは，ハイセンスなテーブルドリンクとして瓶詰を当初拡張し，やがてアウトドアの缶の比重を高めることだが，現在はアウトドアでも瓶詰中心の動き。

大塚ベバレジでは，初年度で瓶（350mℓ，1ℓ），缶（250mℓ，340mℓ）合わせて1億4,500万本（約600万%s）の販売を計画しているが，それに近いペースで進行している。

これまで，紅茶飲料の回転が早いコンビニエンス店では午後の紅茶以外になかなか入れなかったが，サントリーテス，カゴメ紅茶園（ミルクティー）などとともに，このジャワティーが浸透しつつある。

紅茶総出荷量の24％を占める液体製品

現在，日本における紅茶の消費形態は，ティーバッグとリーフティーによるホット飲料（アイスティー消費はまだ少ない）と，インスタント粉末及び液体紅茶である。

3～4年前までは，この液体紅茶の消費は現在の3分の1であったのでめだたなかったが，メーカー

1989年(平成元年) 8月号より

表③　　**液体紅茶新製品**

＜缶入り＞

1988年

ＮＯＶＡスポーツティー340ｇ缶（アサヒ）
セイロンレモン，ミルクティー350ｇ缶（伊藤園）
午後の紅茶，ミルクティーの340ｇ缶，同イングリッシュブレンド，ダージリン，セイロンブレンドレモンティーの250ｇ缶（キリン）
ティーハニー190缶（プリマハム）
テスアイスティー350ｇ缶，同ハニーミルクティー190ｇ缶（サントリー）
ハーフタイムロイヤル，レモン，ダージリン，シナモンティー190ｇ缶（日本たばこ産業）
中国茶館・紅茶190ｇ缶（棲蘭）
シンバミルクティー250ｇ缶（コカコーラ）
ヤクルトレモンティー250ｇ缶
ベルミーレモン，同ダージリンブレンド190ｇ缶（鐘紡）
ポッカアンディーレモン，ミルク，ストレートティー345ｇ缶
ダイドー・ミアレモン，ミルクティー250ｇ缶，同・紅茶浪漫340ｇ缶
ティータイム・ダージリン，ミルク，アプリコット250ｇ缶（カナダドライ）

1989年

ＦＯ紅茶・フラクトオリゴトウ190ｇ缶（明治製菓）
不二家中国紅茶340ｇ缶
ＮＯＶＡダージリン100/350ｇ缶
伊藤園セイロンストレートティー345ｇ缶
午後の紅茶レモンティー340ｇ缶
東インド紅茶会社ストレートティー350ｇ，レモン，ミルクティー250ｇ缶（ＵＣＣ）
ストレートティー340ｇ缶（日本たばこ産業）
シンピーノ・ジャワティー240㎖缶，340㎖缶97円（大塚ベバレジ）

＜缶以外の製品＞

1988年

はちみつ家族ハニー＆紅茶1.5ℓＰＥＴ360円（カルピス）
リプトンレモンティー500㎖110円（森永）
トワイニングイングリッシュティー230㎖（小岩井乳業）
ＫＥＹハイ紅茶ミルクティー1ℓ260円
紅茶物語アイスティー900㎖ＰＥＴ300円（味の素）
ベルミーダージリンティー500ｇびん200円（鐘紡）
ホワイトノーブルティー無糖1ℓ340円（三井農林）

1989年

紅茶園アイスティーダージリン1.5ℓＰＥＴ（カゴメ）
ＮＯＶＡダージリン100ＰＥＴ900㎖，同・1ℓＬＬパック
午後の紅茶ミルクティー1.5ℓＰＥＴ，同テオレ・フィフティー160ｇ瓶
リプトンミルクティー500㎖110円，1ℓ200円，同ロイヤルティー240㎖プラカップ120円
ダクソンダージリンティー900㎖プラボトル300円，250㎖プラカップ100円
カゴメ紅茶園アイスティー1.5ℓＰＥＴ350円
ＡＧＦ紅茶物語200㎖100円
シンピーノ・ジャワティー350㎖瓶97円，1ℓ瓶194円（大塚ベバレジ）

出荷額ではティーバッグとリーフティー（1988年347億円）を凌ぐ428億円強の市場規模に脹れ上がっている。

次に，その飲用量でみてみよう。

88年における紅茶(ティーバッグ，リーフティー）の総出荷量は，史上はじめて1万トン（輸入総量では1万260トン）に達した。

このうちティーバッグやリーフティーで飲まれているのは7,000トン。残りの3,000トンのうち2,400トンが液体製品用なので，紅茶の24％が液体製品用に消費されるのである。

液体紅茶は，紅茶の夏場におけるアイスティーであり，家庭内での消費に限られていたものから，アウトドアにその飲用場所を広げた。嗜好飲料という限定領域からソフトドリンクにまで領域が広がったのが，急伸の原因である。

これまで長い間，アイスティー消費を伸ばそうとしてきた紅茶業界に代わって，清涼飲料メーカーがその原動力となって伸ばしつつある。原茶の品質アップと抽出，殺菌，ボトリング，保存技術などの向上で，風味が格段によくなったのも，消費増の原因である。

業務用・外食分野で需要増の期待

さて，この液体紅茶，外食市場でも伸びている。

三井農林では「ホワイトノーブル」銘柄を1ℓのＬＬパックで外食向けに販売しているが，今年の自社工場稼動は24時間フル生産しているという。

リプトン紅茶をはじめ伊藤園，カゴメ，ネッスル，味の素ゼララルフーヅ，ＵＣＣ，キーなど主だったメーカーも業務用の液体製品を発売しているが，一般マーケットの拡大につれて業務用・外食分野でも，増加が著しい。

紅茶飲料製品も，種類が徐々に増えてきたが，現在ではキリン「午後の紅茶」のように，5種類以上にアイテムが広がっている。そのうえ紅茶の品質が重視されてきているわけで，ダージリンミルクティーなど，ＰＥＴ製品でも新たに開発された低温無菌充塡の稼動で，相当おいしいものも出来る。

また，甘味は徐々に少ないものに移行，今年発売された大塚の「ジャワティー」などは全くの無甘味であり，この出方次第では今後，無糖の液体紅茶製品は相当増加するであろう。

（吉田順一記者）

1989年(平成元年) 8月号より

時代とともに拡大するミネラルウォーター・スポドリ

Mウォーターは平成初期に家庭用が急拡大

ミネラルウォーターは昭和４年（1929年）に堀内合名会社（現・富士ミネラルウォーター）が初めて発売したことに始まる。国産・輸入それぞれの特徴があり，時代とともに用途が拡大。業務用ルートの開拓に始まり，いつかのブームを経て，平成に入り家庭用の需要が急拡大した。

一方のスポーツドリンクは昭和55年（1980年）に缶入りタイプで発売された「ゲータレード」や「ポカリスエット」等により本格的な市場形成が始まった比較的若い市場。

本稿ではそれぞれの市場形成から平成初期までの推移をまとめた。

【ミネラルウォーター】

初期は業務用で需要を開拓

ミネラルウォーターは昭和４年（1929年）に堀内合名会社（現・富士ミネラルウォーター）が初めて発売したことに始まる。

その後，昭和36年（1961年）に布引鉱泉所をはじめ，源泉館や日本鉱泉飲料，白石興産など良質の源泉を持つ専業企業が出現，“テーブルウォーター”としてホテルやレストランで市場を切り拓いた。

また42年（67年）にニッカウヰスキー，45年（70年）にサントリーなど大手酒類メーカーが相次ぎ参入，ウイスキー等のミキサードリンクとしてのビン入り業務用の市場を創生した。46年（71年）にはコカ・コーラグループも参入。北海道コカ・コーラボトリングがエルムウォーター㈱を全額出資で設立，「エルムウォーター」を発売。

デパート，量販店で年々存在感を増す中で，品質の維持と良心的な販売を続けていく必要性が求められることから，47年（71年）には東京市場で販売するメーカー７社が集まり任意団体日本ミネラルウォーター協会が設立されている。

様々な観点で期待される新市場

「統計月報」にミネラルウォーターの特集が初めて掲載されたのは昭和46年（71年）のことだった。「今年が試金石のミネラルウォーター」と題して，“公害時代”に脚光をあびるものとしてまとめている。

ここで，「サントリーミネラルウォーター」「富士ミネラルウォーター」「ニッカミネラルウォーター」などの販売動向が掲載されている。

まとめ部分では，「環境汚染が問題となっている限り，『ミネラル』の需要は，特に大都市を中心に増え続けるだろう」「サントリーでも商品としての『水』の将来性を高く買っているし，あるビール会社でも『商品としても楽しみなものとなるだろう』と太鼓判をおしている」との表記が。

将来，温暖化や自然災害，嗜好の多様化など，複合的な要因により拡大を続けることになるが，これらの予測は間違っていないと言えよう。

なお，のちの無糖炭酸カテゴリーの中心となる「ウヰルキンソン炭酸水」が53年（78年）以降の特集で触れられており，当時は「これを含めればミネラルウォーターの市場はさらに広がることになる」とコメントしている。

社会問題から家庭用が注目浴びる

ミネラルウォーターが家庭用として注目されはじめたのは，55年頃（80年代）からである。都市部でマンションやアパートなどの水道設備の老朽化が進み，水道水に悪影響を及ぼす事例が報告され，社会問題化したことがきっかけだ。57年（1982年）には「キリンミネラルウォーター」が発売され，たちまち上

表① ミネラルウォーター主要各社の販売推移と市場規模（単位：千箱，60年以降輸入含む）

銘柄	昭和45年	昭和46年	昭和47年	昭和48年	昭和49年	昭和50年	昭和51年	昭和52年	昭和53年	昭和54年	昭和55年
サントリー	100	240	500	800	900	1,400	1,700	2,350	3,050	3,650	4,200
六甲のおいしい水	－	－	－	－	－	－	－	－	－	－	－
キリン	－	－	－	－	－	－	－	－	－	－	－
富士	150	200	250	300	250	370	400	450	450	450	450
ニッカ	50	140	200	270	250	400	480	500	520	550	550
ヌノビキ	120	150	170	180	200	200	200	130	130	130	130
カナダドライ	－	－	－	－	－	－	－	30	110	160	196
エルム	－	5	20	80	195	198	200	150	140	140	137
信玄	－	20	20	70	70	50	50	40	35	40	30
クリスタルチェリー	21	27	50	70	80	88	90	90	90	100	105
白山	4	10	12	20	35	36	45	45	50	60	68
アルプスユミアン	20	25	－	－	－	－	－	－	－	－	－
志なの	10	40	40	50	55	38	30	30	30	30	30
小計	465	817	1,222	1,790	1,980	2,742	3,165	3,785	4,575	5,310	5,896
その他	65	135	242	360	590	608	485	665	725	700	754
合計	530	952	1,464	2,150	2,570	3,350	3,650	4,450	5,300	6,010	6,650

銘柄	昭和56年	昭和57年	昭和58年	昭和59年	昭和60年	昭和61年	昭和62年	昭和63年	平成元年	平成2年
サントリー	4,200	4,000	4,000	3,600	3,300	3,300	3,500	3,700	4,100	5,500
六甲のおいしい水	－	－	120	500	450	400	550	650	1,650	3,750
キリン	350	700	800	680	680	700	720	760	830	900
富士	450	450	420	400	380	400	440	450	500	570
ニッカ	550	450	420	400	385	300	310	340	460	500
ヌノビキ	120	120	120	130	139	140	150	150	170	230
カナダドライ	220	212	195	170	122	120	120	130	140	140
エルム	30	65	55	40	28	30		53	80	115
信玄		30	25	40	40	40	30	30	40	40
クリスタルチェリー	100	110	100	90	75	75	70	70	－	－
白山	60	57	50	50	50	45	35	35	－	－
アルプスユミアン	－	－	－	－	－	－	－	－	－	－
志なの	－	－	－	－	－	－	－	－	－	－
小計	6,080	6,194	6,305	6,100	5,649	5,550	5,925	6,368	7,970	11,745
その他	920	956	1,215	2,325	2,371	560	1,605	2,032	2,880	4,055
合計	7,000	7,150	7,520	8,425	8,020	6,110	7,530	8,400	10,850	15,800

位銘柄にランクインし「破格の進出ぶり」といわれた。58年(83年)に「六甲のおいしい水」(ハウス),「山崎の名水」（サントリー）が発売されるなど家庭用に向けた商品が展開され，ほぼ同時に，日本各地の自然水，天然水，名水が相次いで発売され，ミネラルウォーター市場は拡大していった。

昭和の終わり～平成にかけては，家庭用への浸透が着実に進み，主要容器は紙から大型PET（1～1.5ℓ）となった。

輸入の台頭

昭和61年(1986年)には，フランス産の輸入が本格化したことで，輸入ミネラルウォーター市場が動き出した。

初期の主要銘柄はサントリーが取り扱っていたフランス産「ペリエ」，ハッピーワールドの韓国産「生水」。前者は，主に首都圏で高級ミキサー飲料として展開。ほか，「エビアン」は59年(84年)に伊藤忠商事を代理店，松下鈴木が発売元としてスタート。レストランやスポーツルート，高級スーパーなどで展開。ほか，「ヴィッテル」「ラムローザ」「ハワイアンウォーター」「サンペルグリーノ」など多くの銘柄が展開された。60年(85年)頃には「ペリエ」「ヴィッテル」「エビアン」のフランス主要3銘柄の勢いがあり，昭和40年代の1次ブーム，その後の名水ブームに次ぐ“第3のブーム”ともいわれた。

輸入ミネラルウォーターの動向

輸入ミネラルウォーターの市場は，前述の通り輸入が本格化した61年(86年)が市場創生と見てよいだろう。

前年の60年(85年)時点では「エビアン」「ヴィッテル」「ペリエ」などビッグブランドが輸入されていたが，その量は20万箱とわずかなもの。61年(86年)からは食品衛生法が一部改正され，非加熱無殺菌のフランス産ウォーターの輸入が本格化し3ブランド

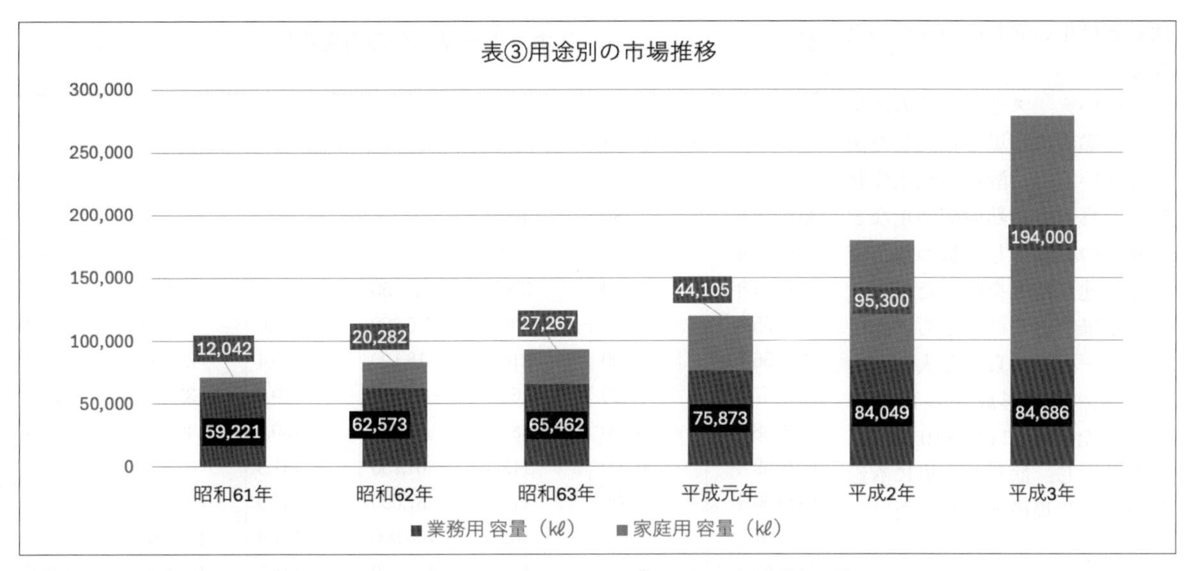

の輸入が一挙に拡大。また,「ボルヴィック」の輸入販売が開始された。表②にあるように，わずか4年で市場は4倍以上に拡大した。

家庭用が急拡大の平成初期

輸入品含む総市場は,出荷量ベースで平成3年(91年)で27万8,686kℓに達した。

小売りやギフト，宅配などによる家庭用の消費が2年連続で倍増となったのが大きく，家庭用消費は全体の3分の2を超えた。消費形態は昭和45年(70年)から平成元年(80年代)まで洋酒の割り水用としての料飲店業務用が中心であったが，2年(90年)にはじめて家庭消費が業務用を上回った。翌3年(91年)はさらに本格的な家庭消費時代その消費量は19万4,000k に達した。(表③)

一方，業務用消費量は8万4,686kℓとシュリンクはしていないものの足踏み状態に。「バブル経済の崩壊と，景気のスローダウンで業務用消費は不振だった」ところが多いとみている。

こうして家庭用が中心となったミネラルウォーター市場はさらなる拡大へ向かい平成中期へ向かっていくのであった。

表②輸入ミネラルウォーター初期の記録(単位：千箱)

銘柄	昭和60年	昭和61年	昭和62年	昭和63年
ヴィッテル	5	40	160	160
ペリエ	65	38	65	125
エビアン	5	20	42	100
ボルヴィック	–	–	25	350
生水	70	70	11	–
その他	55	25	30	190
合計	200	220	372	925

【スポーツドリンク】

昭和55年が“スポドリ元年”に

本誌ではじめてスポーツドリンクの話題が出たのは昭和55年(1980年)5月号「缶詰特集内」のこと。

この年には，明治製菓が“シュライト”を，森永製菓が“スカッシュ”をいずれも砂糖を使用せず糖度を抑えた炭酸飲料を発売。次いで武田薬品工業は“スポーツドリンク・タケダ”(200mℓ缶，100円)を発売,森永製菓も“サンキスト・スポーツレモン”,大塚製薬が“ポカリスエット”,不二家が“エナジーA”を，さらにパウダー飲料で先発している雪印乳業が“ゲータレード”の缶飲料を後に発売したという。

このことから，スポーツドリンク市場は，この頃を契機に本格市場が形成されたといえよう。それ以前では，上述の通り，粉末タイプで小さな市場が形成されていたものの，数千万から数億円程度の極めて小さい市場であり，同年が「スポーツドリンク元年」と言っても差し支えないだろう。

本誌調べによる同年の市場規模は，出荷金額ベースで86億2,000万円(液状68億2,000万円,粉末18億円)と,前年の13倍を記録し事実上のスタートを切った。液状タイプを中心に市場を急速に拡大し，市場形成からわずか6年で1,000億円の大台を突破した。

そもそもスポーツドリンクは，商品名が表す通りスポーツ時に消費される水分を補給するための飲料であり，スポーツ生理学の見地から開発された機能性飲料の元祖である。水にナトリウム塩，カリウム塩，リンサン塩などのミネラル類と各種ビタミン類やクエン酸，カルシウムなどを配合して飲みやすくしたもので，既存の止渇性や嗜好性を追及した他の飲料とは生い立ちそのものが異なる。

とはいえ，スポーツ時の飲用だけで順調に市場を拡大した訳ではない。二日酔いの脱水症状時や，真夏時の熱射病防止なども購買の動機として加わり，市場は急速な拡大を続けたのだ。優良市場であることから，飲料メーカー以外からの参入なども相次ぎ，市場形成から10年を経過した90年には1,810億円にまで拡大し，飲料総市場にも影響を与える規模に成長した。

表① スポーツドリンクの市場規模

日刊経済通信社調(単位：百万円)

	粉末		液状		合計	
	生産販売額	前年比	生産販売額	前年比	生産販売額	前年比
昭和51年	20	−	−	−	20	−
昭和52年	80	400.0	−	−	80	400.0
昭和53年	200	250.0	−	−	200	250.0
昭和54年	600	300.0	50	−	650	325.0
昭和55年	1,800	300.0	6,820	13,640	8,620	1,326.2
昭和56年	3,900	216.7	18,100	265.4	22,000	255.2
昭和57年	6,320	162.1	28,950	159.9	35,270	160.3
昭和58年	5,520	87.3	43,700	150.9	49,220	139.6
昭和59年	6,200	112.3	61,750	141.3	67,950	138.1
昭和60年	6,900	111.3	87,600	141.9	94,500	139.1
昭和61年	7,080	102.6	106,500	121.6	113,580	120.2
昭和62年	8,200	115.8	158,400	148.7	166,600	146.7
昭和63年	7,050	86.0	183,000	115.5	190,050	114.1
平成元年	7,540	107.0	179,860	98.3	187,400	98.6

表② スポーツドリンクのブランド別販売高(推定)

日刊経済通信社(単位:百万円)

	昭和62年	昭和63年	平成元年	平成2年	平成3年
ポカリスエット(大塚製薬)	75,300	76,700	84,700	92,000	91,200
アクエリアス, HI-C(コカ・コーラ)	60,300	80,700	68,000	60,600	58,900
NCAA, 熱血(サントリー)	8,000	8,180	8,950	6,300	9,950
スポーツエネルギー, スポエネライト(ダイドー)	3,800	5,000	5,600	4,700	4,950
サーフブレイク, ポストウォーター(キリン)	3,600	2,800	2,500	4,000	3,700
セーフガード(チェリオ)	2,700	2,800	2,050	1,650	1,400
ゲータレード(雪印)	2,800	2,300	2,100	1,300	1,250
ストライカー(ヤクルト)	−	−	900	900	1,220
ウイルソン(ペプシコ)	2,100	2,200	1,900	1,450	1,200
ウイリー等(ポッカ)	2,020	1,700	1,850	1,400	1,100
プリップス等(アサヒ)	730	900	800	500	1,080
テラ(味の素, カルピス※)	1,300	2,400	1,600	1,500	860
勝利(サッポロ)	−	−	−	400	500
オリンピア(上島珈琲)	800	900	850	650	480
トライアルー1(鐘紡)	1,600	1,600	900	−	−
スポーツスカッシュ(明菓)	1,000	920	−	−	−
マイスポーツ(明治屋)	200	800	800	−	−
小計	166,250	189,900	183,500	177,350	177,790
その他	350	150	3,900	3,750	2,110
合計	166,600	190,050	187,400	181,100	179,900

※90年からカルピスが取り扱い

との提携へ④有力食品問屋と有力酒メーカーとの提携（業務・資本）などであろう。

この場合，来るべき流通近代化，システム化にそなえ，その機能，取扱い商品，体制（企業）販売地域などについての見通しを必要とすることはいうまでもない。

〝流通のメーカー支配〟〝小売店のメーカー支配〟と言っているうちに〝財閥商社の流通支配化〟が進んできている。

つぎには〝財閥商社の流通支配〟から〝外資の流通支配〟に転稼されないとも限らない。

日本における流通機構のなかで，時代とともにその形や質の変化があっても，生産者と問屋と一般小売店との三段階関係は，永い歴史的背景を持つ共存共栄のものである。

（石 母 田 主 幹）

〈表3〉酒類卸売業の売上金額規模別の専業割合50%以上の企業構成比

全酒類卸売業		ビール卸売業	
売上金額規模	総売上金額に占める酒類卸売業の売上金額割合が50%以上の企業数構成比 (%)	売上金額規模	総売上金額に占める酒類卸売業の売上金額割合が50%以上の企業数構成比 (%)
1.（1億円以下）	(90.1)88.9	1.（2千万円以下）	(67.3)68.1
2.（1億円超～3億円以下）	(94.9)95.1	2.（2千万円超～5千万円以下）	(48.9)47.7
3.（3億円超～5億 以下）	(97.9)96.0	3.（5千万円超～1億円以下）	(55.3)56.7
4.（5億 超 ～7億 以下）	(91.5)92.4	4.（1億円超～2億 以下）	(51.3)55.2
5.（7億 超 ～10億 以下）	(98.1)96.7	5.（2億 超 3億 以下）	(60.0)60.0
6.（10億 超～30億 以下）	(82.6)88.1	6.（3億 超 5億 以下）	(55.4)64.8
7.（30億 超～50億 以下）	(83.9)83.3	7.（5億円超）	(23.9)26.9
8.（50億 超～100億 以下）	(52.6)68.4		
9.（100億円超）	(60.0)39.1		

資料：昭和42，43年度酒類卸売業実態調査。
（注）カッコ内は昭和42年度調査値を示す。

今年が試金石のミネラルウォーター

公害時代に企業化した〝うまい水〟〝健康な水〟

〝公害時代〟に脚光をあびるミネラルウォーター

「ミネラル・ウォーター」の存在が最近マスコミを通して一般に知られるようになってきた。マスコミ，その他報道機関がこれをとり上げている理由にはおよそ次の三つがある。

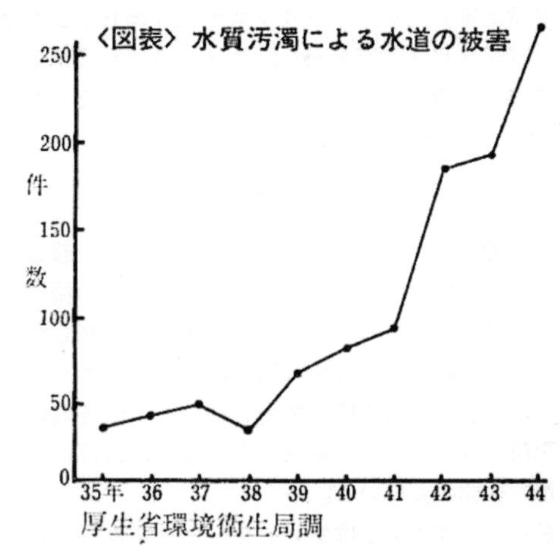

〈図表〉水質汚濁による水道の被害

厚生省環境衛生局調

公害で水がまずくなる

第一には，ここ数年の間に環境汚染が急速に進み，大都市周辺を中心に水質が悪化していることである。大都市及びその周辺の水道水は，戦前と比較して雑菌を殺すカルキ（石灰）が20倍に増え，まずくなったという。事実，地方から上京したばかりの人々は一様に「東京の水はまずくて飲むに耐えられない」とこぼす。大阪をはじめ他の大都市においてもこれは例外ではない。

また，田子の浦港が「ヘドロ」に悩む汚染港として焦点を浴びた時，歌に詠まれた「清澄」な田子の浦の末路をみた感じを与え，日本人に水の汚染の進み具合にショックを与えた。

「ミネラルウオーター」が飲料水としてハイライトを浴びるようになったのも無理はない。

うまい飲料水

第二に，ミネラカウオーターが飲料水としてうまいことである。

ミネラルウオーターとは鉱泉水のことをいい，水分中にカリウム，カルシウム，ナトリウム，マグネシウムなど各種の鉱物質を含有している。1ℓ中に1g以上の鉱物質を含んだものをいう。

一般には天然のわき水ないしは地下水をさし，有名なものには北海道の「にせこ」，山梨県の「下部町」の鉱泉などがあり，日本全国で1,200余カ所の鉱泉があるといわれている。最近ではこの鉱泉を飲みやす

1971年（昭和46年）6月号より

〈参考表〉　汚濁原因別水道被害状況

	鉄工業量水	農業	汚物汚水	土木工事	採砂等	その他
39年度	31	2	5	4	12	20
40	31	8	8	9	12	21
41	44	5	8	4	14	28
42	66	2	22	13	31	60
43	69	8	42	27	20	37
44	111	4	81	47	33	35

資料：厚生省環境衛生局調べ
注）昭和44年度末の水道統計によると，全国民約79%が水道の水を利用して生活しているが，水道水の70%は河川，湖沼の水に依存している。この水道水源は最近水質汚濁の進行が著しく，厚生省の行なった「水質汚濁による水道の被害状況調査」でも，その被害は汚濁・汚染物質の一時的増加による一時的，直接的被害である。（前頁図表参照）

くするために合成したものや鉱石を袋詰めにして水をこして飲むもの，いわゆる「合成ミネラルウォーカー」も一般に知られるようになった。

ミネラルウオーターは飲料水として，またウイスキーの水割りや，コーヒー，紅茶，粉乳などに愛飲されている。

また，胃や内臓の炎症予防や火傷，きずの治療用などに古くから使われており，こうした薬効性のあるウオーターもあるといわれている。

ミネラルウオーターがマスコミでとりあげられるようになった第三の理由は，ウイスキーやビールメーカーが，これの企業化を開始したことである。

フランスを中心としたヨーロッパ及びアメリカではこのミネラルウオーターを含めた「水」の企業化は非常に進んでおり，フランスでは「エビアン」ブランドが世界的に有名だし，アメリカでも「水」の市場が今年は約360億円になるだろうと伝えられている。

〝水〟も企業化す

日本でミネラルウオーターが壜詮めされ一般市販されるようになったのは昭和初期で，現在の堀内合名会社が「日本エビアン」という名で売りだしたのがはじめである。現在では同社は「富士ミネラカウオーター」として市販しているが，その他各地に源泉を持つメーカーが，東京，大阪など，大都市で一般市販を開始している。

さらに，昨年からはサントリーとニッカがミネラルウオーターの発売を開始するに及んで本格的な「水」の販売時代がやってきたと思われたのであろう。事実，いまではホテル，料亭やレストランはいうに及ばず，バー，キャバレー，高級食品店からデパートの食料品売り場まで，壜詰されたミネラルウオーターの販売ルートは広がっており，今後も相当なスピードで増えるだろう。

〈表1〉ミネラルウォーターの販売動向

日刊経済通信社（単位千%）

社名	銘柄	荷姿・価格	小卸	小売	45年販売	46年販売
サントリー㈱	サントリーミネラルウォーター	360mℓ×30本	円 32	円 40	100	250
堀内合名会社	富士ミネラルウォーター	360×30 780×20	36 40	45 80	150	200
ニッカウキスキー㈱	ニッカミネラルウォーター	360×24 720×24	32 56	40 70	50	100
布引鉱泉所	布引ミネラルウォーター	360×30 900×12	32 63	40 80	100	130
三井金属㈱	アルプスユミアン				20	50
塩尻酒造㈱	みすずかる信濃	360×30 720×20 1,800×10	37 60 135	50 80 180	10	20
源泉館 日本鉱泉飲料 その他	「信玄」 「クリスタルチェリー」など				30	100
合計					450 (4,860kℓ)	850 (9,180kℓ)

注）販売量における当たりの容量は360mℓ×30本を標準とした。

また，販売に乗りだす企業もここ数年の間にビール会社や酒メーカーを中心に増える気配がある。これらメーカーは既にその市場性を充分に調査済みで機会が来れば一斉に発売するかもしれない。マスコミのミネラルウオーターに対する興味はこうした時代の傾向を敏感に捉えたものであり，同時に「水」が商品としてどんどん売れることに一種のおどろきに似た感概がある。

では，商品としての「ミネラルウオーター」は現在どの位の市場規模を持っているのだろうか。

また，商品としての将来性はどうであろうか。

主要メーカーの販売状況と展望

以下，現在市販している主要メーカーの販売状況に触れながら展望してみよう。

まず商品としてこれを売る際には，「清涼飲料水」の表示が必要である。従って，食品衛生法による「清涼飲料水」の規格規準にあったものでなければならない。

ミネラルウオーターの中には，その性質から火傷，挫傷，胃腸病や皮ふ病などの薬効性があるが，化学的に証明されにくいことから，薬事法の規準を受けず，清涼飲料水として発売している。

だから，売る際は薬効性を伝える表現は一際行なわず「おいしい水」というキャッチフレーズで売っている。

45年のミネラルウオーターの販売量は約4,860 kℓ

1971年（昭和46年）6月号より

ブームをよぶスポーツドリンク

市場150～170億円に達する見通し

①億総スポーツ時代の新飲料として，また，近年はやりの健康飲料として脚光を浴びた〝スポーツ・ドリンク〟。ウーロン茶に続く異常なブームは各方面から大いなる注目を集めている。そのマーケットサイズは，ブーム初年度にして約86億円。スポーツ人口の増大とともに，今後益々市場拡大が期待されるスポーツ飲料にスポットをあててみた。

急成長の市場と主要各社の動向

（ブ）ーム２年目を迎えた今年のわが国のスポーツドリンク市場は，軽く100億の大台を抜き，150～170億円に達する見通しである。

昨春，にわかに脚光を浴びたこのスポーツドリンク。スポーツ人口の増大と云う背景はあるものの，将来性の面では全く未知数として各方面から注目を集めていた。とりわけ昨年の飲料業界は，消費の低迷に加えての異常冷夏から，史上最大の不況に見舞われた。如何にスポーツドリンクが従来の清涼飲料とは違うと云っても，ドリンクであることに変りはなく，せいぜい50億円止りとみられていた。が，年度末の各社の売上げを集計すると86億2,000万円（生販額，本誌調）にのぼっていることが明らかになった。（表②）

これは当初各社が予想した額をはるかに上回わるものであり，最悪の市場環境を乗り越えての成果と云う意味でブームの底力をみせつけた。

昨年３月までは，一般大衆には殆んど知られていなかったこのスポーツドリンク。４月の雪印乳業による“ゲータレード”の本格発売を契機として，僅か１カ月足らずで12社，13ブランドが大挙参入，メーカー主導のブーム創出がなされたことは周知の通り。（本誌55年６月号参照）

その後も新規参入は止まらず，今年４月末現在では23社・25銘柄にのぼっている。（表⑥）

こうした予想以上の実績を背景にした主要各社は，今年も３，４月にかけて①品種，アイテムの増加（タケダ，サンキストなど）②発売地域の拡大，本格セールの開始（エナジーA，ジョグアップなど）③新ブランドの導入（森永，明治など）④販路の拡大，提携（タケダ，XL－1など）⑤消費者キャンペーンの展開（ゲータレード，タケダ，サンキスト）等々，積極的な対応をみせている。また販売計画も，最低５割増から倍増と極めて意欲的だ。

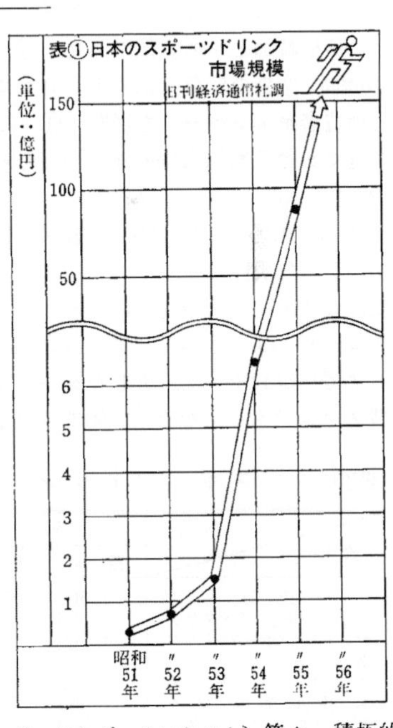

もっとも，20数社すべてがそうだと云うのではない。初年度で一応の成果を納め，スポーツドリンクの将来性にそれなりの手ごたえを感じたメーカーはせいぜい５～７社程度だろう。実績，あるいは市中の評価などを背景に意欲的なのは，決してスポーツ

1981年（昭和56年）５月号より

ドリンクとは云わず,「アルカリ・イオン飲料」で押しまくる“ポカリスエット”。スポーツドリンクのパイオニアとしてあくまで粉末に重点を置く“ゲータレード”と“ＸＬ－１”。缶入りの液状を中心に,新ジャンルの確立を目指す“タケダ”と“サンキスト”。それに我が国でのパイオニア“エナジーＡ”の６銘柄が意欲的なグループとしてあげられる。

何んと云っても驚きは,大塚の“ポカリ……”である。栄養小壜ドリンク“オロナミンＣ”60万ディラーの強力ルートと大々的な宣伝力に乗って,初年度にして一挙に200万%を出荷（実販約180万%),粉末（約2.5億円）を加え45.5億円を売上げたからだ。これは,全体（86.2億円）の５割強を占める。

今年も３月下旬から主力の缶入りと粉末,スクイズボトルを詰合せたギフトセット２種（小売3,000円と5,000円）をデパート中心に発売した他,宣伝もより強化して缶入りだけで400万%以上の倍増計画を打出している。

昨年,ほぼ計画通り粉末で約10億円達成の“ゲータレード”は,今年も粉末を主体に,①取扱店率のアップ（60%から80%へ）②各種スポーツイベントへの積極参加とマス宣伝の強化　③４月21日から(10週間）空袋の応募で毎週1,000名にＴシャツが当る消費者キャンペーンを展開　④トップブランドの意地にかけ５割以上増の20億円（粉末15億円）を目指している。

“……タケダ”は,昨年の成果を背景に,①新春早々から無炭酸のレッド缶と粉末３種を新発売　②美津濃スポーツとの提携によるスポーツルートへのテコ入れ　③３月からはグアム島招待（３泊４日,ペアで15組）をメインとしたオープン型式による消費者キャンペーンを実施　④缶入り100万%,粉末を含め前年（約９億円）の倍以上,20億円台確保をねらっている。

“サンキスト……”は,今春からオレンジを追加,５月～７月（10週間）にかけてオープン型式の「故郷クイズ」によるスポーツウオッチ（毎週300名）が当るキャンペーンを展開。前年（約６億円）の２倍,60万%,約12億円を計画。

また,“エナジーＡ”は,３月から４月にかけ発売地区を全国に拡大,40万%,約10億円と大幅増計画を打出している。ゲータとともに粉末に重点を置く“ＸＬ－１”は,新たな販売元締会社としてこの２月25日付で「エクセル㈱」（本社中央区,資本金200万円,社長江原達治氏）を設立,従来の販売会社,日本リッチライフ販売㈱,リッチライフスポーツ㈱,更に医薬,食系担当の明治製菓とのコントロールによる販売体制の強化などで最低５億円以上の販売を目指している。

この他,“スポルディング”や“クイッククエンチ”,“ザ・ソウルウォーター”,“リガッツ”以下の主要各社もそれぞれ５割から倍増の強気計画を目論んでおり,これら各社の販売計画を単純に積算すると軽く200億円の大台を突破する。

ブーム前の54年のマーケットサイズは僅か６億

表③　主要スポーツ人口（1年間に1回以上実施した人）

余暇開発センター調査より

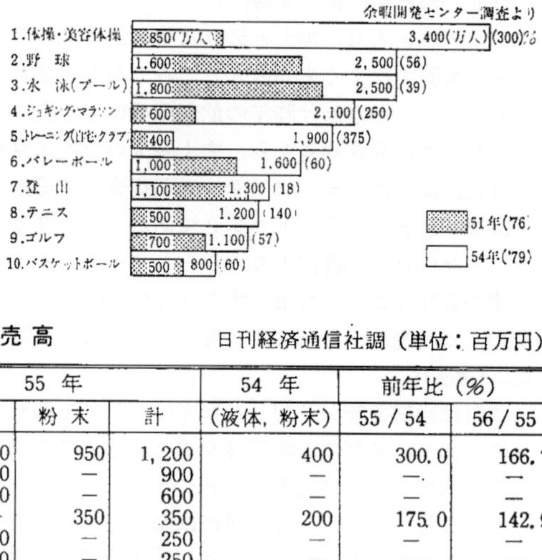

	51年('76)	54年('79)	
1.体操・美容体操	850(万人)	3,400(万人)	(300)%
2.野　球	1,600	2,500	(56)
3.水　泳(プール)	1,800	2,500	(39)
4.ジョギング・マラソン	600	2,100	(250)
5.トレーニング(自宅・クラブ)	400	1,900	(375)
6.バレーボール	1,000	1,600	(60)
7.登　山	1,100	1,300	(18)
8.テニス	500	1,200	(140)
9.ゴルフ	700	1,100	(57)
10.バスケットボール	500	800	(60)

表②　スポーツドリンクのブランド別販売高

日刊経済通信社調（単位：百万円）

銘柄 ＼ 区分	56年（見込）			55年			54年	前年比（%）	
	液体	粉末	計	液体	粉末	計	（液体,粉末）	55／54	56／55
ゲータレード	1,500	1,500	2,000	250	950	1,200	400	300.0	166.7
スポーツドリンク・タケダ	2,000	300	2,300	900	—	900	—	—	—
サンキストスポーツドリンク	1,200	20	1,220	600	—	600	—	—	—
ＸＬ－Ｉ	—	500	500	—	350	350	200	175.0	142.9
エナジーＡ	700	—	700	250	—	250	—	—	—
スポルディング	350	—	350	250	—	250	—	—	—
ザ・ソウルウォーター	300	—	300	150	—	150	—	—	—
リガッツ	—	150	150	—	80	80	50	160.0	187.5
チャージャー	—	150	150	—	80	80	—	—	—
その他	1,500	150	1,650	120	90	210	—	—	—
小計	6,550	2,770	9,320	2,520	1,550	4,070	650	626.2	229.0
ポカリスエット	7,500	350	7,850	4,300	250	4,550	—	—	172.5
合計	14,050	3,120	17,170	6,820	1,800	8,620	650	1,326.2	199.2

注）1. 年度は1～12月。　2. 販売高は各銘柄の仕切（出し値）価格を基準に,推定算出（但し,一部銘柄については,市中の評価を参考にした推定を含む）。　3. スポルディング（ロッテ）にはタイツククエンチを含む。

1981年（昭和56年）５月号より

最も飲まれる嗜好飲料へと変貌していくコーヒー

インスタント追うレギュラーの様相

コーヒーは2024（令和６）年現在，日本で最も飲まれている嗜好飲料だ。形態は多岐にわたり，いつどこでも飲むことができる。市場はレギュラー，インスタントに大別され，現在はファッション性，ニュース性の強い前者に注目が集まりがちだが，昭和はむしろ後者への関心が高く“インスタントを追うレギュラー”の時代だった。

自由化に向け注目されたインスタント

今でこそコーヒーはレギュラーとインスタントが双璧をなすが，本誌「酒類食品統計月報」で特集が本格化した時期はインスタントコーヒーが遥かに早かった。お湯で溶かすだけの革新性に加え，外資の進出が注目されたためと思われる。

1961（昭和36）年７月号では「乱戦模様のインスタントコーヒー」と題し，予想よりも早まった７月からの自由化（自動割当制）に合わせて特集。「この逆転劇には流石の国産メーカー，リパック業者も慌てふためいた。尤もな話である」と当時の驚きが窺える。

自由化確定から実施までの期間は１ヵ月となく，「寝耳に水のスピード自由化であった」からだ。それに加えて1961（昭和36）年度上期分として35万ドルの外割が５月末に決定，割当基準さえ決まれば６月中にも輸入発表される段階にまできていたことも，業者を慌てさせた原因となった。

このような自由化を早めさせた大きな原動力となったのは「『大手商社を中心とした政治的圧力？が陰にあったからだ』と見る向きが強かったが，実際はそれだけでなく『対英貿易における日本政府の政策上から生まれた結果である（当局担当官の後日談）』とする説の方が真実性が濃い」と分析している。

これに触れ本誌は「漁夫の利を得た米国」とも指摘。インスタントコーヒーは日英貿易協定による協定品目として年間70万ドル（1960（昭和35）年度）の輸入が行われていたが，英国は対日輸出の増大を望み，協定枠の拡大を要請（コーヒーのほかジュース，ココアパウダー等も）していたからだ。そこで日本側も見返りに果実や缶詰等の対英輸出増大を持ち出し，その交渉の結果，インスタントコーヒー自由化を前進させたと言われ「ところが実際フタを開けて見ると，英国よりもむしろ第三者的な米国にプラスしたことはなんとも皮肉である」と結ぶ。

フリーズドライ旋風

1973（昭和48）年２月号では，現シェアトップ２のネスレ日本，味の素AGFをはじめ多くのメーカーが製造しているフリーズドライ製品に言及。当時は新提案ながら勢力を拡大しており，特集名は「フリーズドライ製品大幅増のインスタントコーヒー」だ。

記事では「フリーズドライ製品の需要はここ２〜３年急激に伸び，1972（昭和47）年にはインスタントコーヒーの販売量の20％を占めるまでに至っている」とある。フリーズドライ製品は，コーヒーを霧状に吹いて熱風により乾燥させたスプレードライ製品とは異なり，コーヒーを瞬間冷凍，減圧させる凍結乾燥製法で「フレーバーが抜群に高いことが強み」と指摘する。価格はスプレードライ製品よりも高いが「所得増とインフレ傾向の中では消費者にとってそれほど大きな負担とはならなくなっている」と今後の増加を予測している。

フリーズドライ製品市場をけん引したのは，1971（昭和46）年から「ネスカフェ　ゴールドブレンド」を国産化したネッスル日本（現ネスレ日本）だ。それと同時にゼネラルフーヅ（現味の素AGF）も「マキシム」の輸入を大幅に増やした。

1972（昭和47）年のフリーズドライ製品供給量は約3,700トンと推定。うち生産量はネッスル日本3,150トンでシェア85％強の一強状態。販売量は約3,100

表① インスタントコーヒー生産供給量

(1973(昭和48)年,日刊経済通信社調)

社名	昭和46年		昭和47年			シェア	昭和48年(見込)	
	総供給量(t)	販売量(t)	生産量(t)	総供給量(t)	販売量(t)	(%, 対販売量)	生産量(t)	総供給量(t)
ネッスル日本	10,400	9,700	11,400	12,600	10,500	68.5	12,800	14,900
ゼネラルフーヅ	3,700	3,400	3,500	3,800	3,600	22.8	4,000	4,200
輸入元詰	741	500	800	1,041	750	4.9	900	1,191
国産ブランド	650	600	600	650	600	3.8	600	650
合計	15,491	14,200	16,300	18,091	15,450	100.0	18,300	20,941

トン,うちネッスル日本2,500トン,ゼネラルフーヅ400トン弱。ネッスル日本が圧倒的だが「輸入品は1972(昭和47)年11月から関税が下がり,幾分入れやすくなった」と今後の競争激化を予想している。「ネッスル日本以外も国産化に踏み切るか」ともある。

過去最高水準もコスト変動に右往左往

1980(昭和55)年1月号「値上げした今年のインスタントコーヒー業界の展望」では,順調な消費増とは裏腹にコストアップによる値上げという岐路に直面する業界をピックアップ。

冒頭は,1979(昭和54)年における生産量及び販売量が大幅増の見通しであることを報告。農林水産省統計による国内生産量は年間で2万7,000トン(前年比40%増),輸入量も年間では少なくとも8,300トン(前年比2.3倍),総供給量は3万5,300トン前後(前年比56%増)とそれぞれ見通し「過去最高水準である」と強調している。

要因は1978(昭和53)年からの値下げと推察。「国内生産は過去2年間減少しており,市場在庫が枯渇していたので,値下げ価格が浸透すると需要は一気に爆発し,末端消化を遥かに上回る市場在庫積み増しが行なわれた模様だ」。

一方,コーヒー生豆相場の上昇,円安などがコスト圧迫材料となり,1979(昭和54)年11～12月に値上げしたことにも言及。「楽観は許されない1980年代になる」と警鐘を鳴らす。スプレードライ製品のスタンダードで平均4.5%,フリーズドライ製品で7.8%の値上げは流通業界,その他関連業界の予想をかなり下回る上げ幅にとどまったが「できるだけ需要停滞するのを避けようとしたせいであろう」と分析。同時に「この程度の値上がりではコストを吸収できない」と先行き不安な感も記述している。

成熟を予感させる

1989(平成元)年11月号は「回復力試されるインスタントコーヒー」と厳しく問いかける特集名。

「これまで何度か減少した年があったが,翌年すぐに回復する飲み物である。今年の減少も次年度で力強い回復に向くことができるであろうか」とある。「1984(昭和59)年まで年率平均5%で伸びてきたが,以降は起伏が激しくなっている」と数字的に市場の成熟を予感させている。

これだけ厳しい言葉が並んだのは,1989(平成元)年の消費状況が「全般に芳しくない」見通しだったからだ。

最大の比重を占める家庭用市場への出荷は10月末時点で前年比10%減。ベンディング用や工業用(飲

表② インスタントコーヒー主要銘柄別生産販売量

(1980(昭和55)年,日刊経済通信社調)

社名	昭和52年		昭和53年		昭和54年	
	生産量(t)	販売量(t)	生産量(t)	販売量(t)	生産量(t)	販売量(t)
ネッスル日本	16,560	15,000	14,500	17,000	21,400	20,500
味の素ゼネラルフーヅ	5,500	5,100	5,500	5,850	7,700	7,000
丸紅	500	400	800	500	900	700
(イグアス)	200	200	300	300	400	350
三井物産	400	400	500	500	900	700
(UCC,キャプテンクック,シーカフェ他)	200	200	250	250	350	350
クライスカフェ	600	400	250	400	500	450
プレスト食品(ベスタ他)	350	250	300	300	300	300
モッコナ	60	40	60	50	80	70
その他	650	410	780	500	3,520	2,930
(USネスカフェ)			400	400	1,400	1,000
合計	24,620	22,000	22,690	25,100	35,300	32,650
(輸入量)	4,910		3,521		8,300	

料向け）も10%減少。これを裏付けるように，国内生産や輸入バルクの量は大幅に落ち込んだ。１～９月の国内生産量は15%減，輸入量は12%減少。従って総供給量は14.4%減少となった。

その原因については大きく６つを指摘。①ネッスル日本の「ネスカフェ　ゴールドブレンド」リニューアル発売準備の在庫調整　②消費税導入前後の市場在庫減少が徹底された　③残暑による出荷の出遅れ　④贈答セットの減少（中元期）　⑤レギュラーコーヒーの浸透　⑥競合飲料の増加。

表③　インスタントコーヒーの生産販売消費量

（1989（平成元）年，日刊経済通信社調）

年度	輸入含む生産量（t）	販売量（t）			1人当たり消費量		生豆消費量（t）
		小売用	自販機・原料向け	合計	（g）	（杯数）	
1982	36,636	29,000	7,000	36,000	311.1	180.0	88,050
83	37,232	30,000	7,500	37,500	313.5	187.5	90,100
84	39,585	31,500	8,000	39,500	331.8	197.5	96,700
85	39,043	30,500	8,500	39,000	325.3	195.0	99,000
86	41,433	32,000	8,700	40,700	343.2	203.5	103,900
87	42,308	32,800	9,000	41,800	344.4	209.0	106,800
88	44,746	34,500	9,500	44,000	361.0	220.0	110,200
89（見込）	40,000	32,500	9,500	42,000	327.0	171.4	97,500

家庭用市場で「ネスカフェ　ゴールドブレンド」は25%強のシェアを持っており，リニューアルに伴う調整は大きい。キャンペーンなどでの補完は一定の成果を上げ，味の素ゼネラルフーヅ（現味の素AGF）の「ブレンディ」「マキシム」も健闘したものの，完全に穴を埋めることはできなかった。

また，流通小売市場も，在庫管理は一層厳しくしており，余分なものは一切持たない。以前のように製品価格の上昇が予想された時代には，在庫保有は金利，倉庫料を差し引いても充分メリットが出たが，この数年は価格の下落が続き製品価値は下がるばかりであったため，市場は在庫減らしに専念した。「このため今年のようにリニューアル準備や消費税導入準備などで減速されると，その後の販売努力は，まるで全くの新製品を発売するのに近いエネルギーが必要となってくるのである」。

合理化，家庭用進出に取り組んだレギュラー

本誌におけるレギュラーコーヒーの特集本格化は，インスタントコーヒーよりも10年ほど遅かった。自由化で世を席巻したインスタントコーヒーに押されていたことは否めず，昭和中期～平成初期はこの状況を打破するため，喫茶店などの業務用から家庭用へと需要を開拓するフェーズだった印象だ。

1971（昭和46）年11月号の特集名は「新しい市場開拓へ乗り出すレギュラーコーヒー」。冒頭は，９月末に国際コーヒー機構（ICO）の事務局次長らが来日した時に触れ「『日本のコーヒー豆の使用量は1970（昭和45）年に120万袋を突破し，７年間で2.4倍。その成長率は非常に大きいので注目している』と賛辞を述べていた」とスタートするが，インスタントコーヒーの家庭への普及によるところが大きいことを指摘。一方「レギュラーコーヒーが喫茶店向けを中心に年々10～15%伸び，寄与していることも事実である」とある。

この市場拡大は大手焙煎メーカーの動きによるものだ。その第一は新型焙煎機の導入をはじめとした経営の合理化が活発に行なわれたこと。第二は合理化をほぼ完了した大手焙煎メーカーが喫茶店以外の新しい市場の開拓に乗り出したことだ。

第一の経営の合理化については，老朽化した焙煎機に代わって新型焙煎機を導入する業者が続々と増えていたのをはじめ，配送センターの設置，散らばっていた小規模工場をまとめて総合工場を建設するなど企業の若返りが行なわれた。「特に今年は上島珈琲本社（現UCCグループ）や木村コーヒー店（現キーコーヒー），アートコーヒーの所謂焙煎の大手三社以外の合理化が目立っている」。

第二の動きは新しい市場の開拓が始まったこと。そのひとつが家庭用の普及だ。当時家庭で飲むコーヒーは約95%がインスタントで，レギュラーの大半は業務用だった。この状況で前述の大手三社が家庭用に力を入れ始めた。木村コーヒー店が缶，煎り豆缶，デパートでの量り売りなど。上島珈琲本社は主に西日本で250g真空パックを販売し，数量はまだ少なかったものの1971（昭和46）年は前年比40%増以上となる見込みだった。アートコーヒーは200g箱をデパートで販売していたが，一般食品店まで拡げようとしていた。「家庭用の普及度はまだ低いが，やがて本格的に飲まれる時が来るだろう」。

家飲みの覇権はいまだインスタント

順調に拡大した家庭用市場だが，成長には課題がつきもの。1980（昭和55）年４月号は「家庭用レギュラーコーヒーの現状と課題」だ。

レギュラーコーヒーの1979(昭和54)年生産量5万8,261トンのうち業務用が約4万760トン,工業用が約7,000トン，家庭用は約1万500トンと推定。家庭用は1970（昭和45)年時には僅か2,000トンに過ぎなかったと推定され「相当な成長と言える」と高く評価している。一方「しかし毎度ながら家庭用はインスタントコーヒーで占められている」ともある。分かりやすく言うと，家庭で飲むコーヒーの93%がインスタントであって，レギュラーは僅か7％だったという。

表④　家庭用レギュラーコーヒーの銘柄別販売動向

（1980（昭和55)年，日刊経済通信社調）

銘柄	社名	昭和53年(億円)	昭和54年(億円)	昭和55年見込(億円)
キーコーヒー	木村コーヒー店	40	65	80
UCCコーヒー	上島珈琲	40	60	75
MJBコーヒー	日本エム・ジェー・ビー	18	20	22
HA7コーヒー	ハマヤ	14	17	20
アートコーヒー	アートコーヒー	10	12	14
マスターブレンド	味の素ゼネラルフーヅ	10	15	20
その他		38	51	54
合　計		170	240	285

消費者心理を分析すると，レギュラーコーヒーを家で飲んだことのない層と,飲んだことはあるが止めてしまった層のその理由を「『手間,時間がかかって面倒くさい』が最も大きな理由だ」と指摘。続けて，このデメリットを補うに十分な価値を伝えるべく「対面販売による口コミ教育が今後も非常に重要な役割を続けていくものと思われる」と継続した情報発信の必要性を訴えている。

また，情報発信に関連し，UCCグループやキーコーヒーによって増加傾向にあった真空パック(缶,アルミ)の将来性についても言及。「鮮度を保つ上ではこれ以上優れたものはない」と製品設計を賞賛しながらも「販路はセルフサービスのSMや,コーヒーエキスパートが必要ない一般小売店であるため，購買の動機づけが出来ない」とその販売方法に疑問を投げかけている。結果，家庭用レギュラーコーヒー市場で真空パックのシェアが17%に過ぎないことに触れ「対面販売，マスコミ宣伝を有効活用する必要がある」と締め括っている。

家庭用市場は3万トンの大台へ，缶がけん引

インスタントコーヒーに追いつくべく，1988（昭和63)年には3万トンに達した家庭用レギュラーコーヒー。1989(平成元)年9月号「転換期迎えた？家庭用レギュラーコーヒー」ではけん引役となった缶にスポットライトを当てている。

記事によると，1988（昭和63)年の缶は前年比33%増の1万2,300トンであり,1万トンの大台を初めて突破した。背景にはUCCグループ，共栄フーズ「MJB」，味の素ゼネラルフーヅ(現味の素AGF)，キーコーヒー，日本ヒルスコーヒー，ネッスル日本(現ネスレ日本)など群雄割拠の販売競争があった。価格競争も激しく「200g缶398円(3缶1,000円も)を頂点とする特売頻度は相変わらず」であったようだ。

また，製品開発や容量戦略も活発で，UCCグループ，キーコーヒー，MJBは原料価格下落を増量セールで還元。製品開発ではUCCグループ「アロマージュ」がラインアップを強化した。味の素ゼネラルフーヅ「ブレンディ370g缶」はクラフトゼネラルフーヅ社に要請したアメリカ製だ。

消費ボリュームの大きい首都圏,近畿圏,中京圏では大型缶も良く売れ,「『MJB』の400g缶,併行輸入の453g缶,日本ヒルスコーヒーなども年々大幅増」だったようだ。ただ「ボリュームと安さで伸びたのは事実」とし，今後も順調な伸びを示すかには疑問符。1989（平成元)年からアメリカ産のMJB,日本ヒルスコーヒーが453gから369gに切り替わったためで「今後日本でどう評価されていくか,今年いっぱいは待たねばならない」としている。商品はハイイールド焙煎により容積を膨張させたもので，味の素ゼネラルフーヅ「ブレンディ370g缶」もこの製法によるものだった。

他の形態を見ると，主流ではあったものの挽き売りは減少傾向。「『我も我も』と飛び付いた時代は過ぎた」と形態多様化の流れには抗えない様子を記述。ただ「コーヒーの本来の売り方を知る熱心な売り場が業績を上げてきたことも事実である。底堅い需要があるのだ」としており，これは現在も残る挽き売りを暗示しているようにも思える。

表⑤　家庭用レギュラーコーヒーの出荷実績

（1989（平成元)年，日刊経済通信社調）

年度	出荷量(t)	前年比(%)	出荷額(億円)
1983	17,700	112.9	460
84	19,500	111.4	510
85	22,200	113.8	600
86	25,000	112.6	680
87	28,400	113.6	700
88	31,300	110.2	730
89（見込）	33,000	105.3	750

今日の問題

史上空前のコーヒー豆の暴騰

コーヒー豆の内外相場は史上空前の高値を続けている。ニューヨーク市場でのブラジルコーヒーは，サントスNo.4でポンド当り63.5セント，前年の同期に比べ4割高，コロンビアに至っては75.75セント，5割高となっている。

日本向けオッファーも現在ではほとんど欧米なみの高値で，今では新市場としての特別価格は事実上消滅した。

産地は相次いで輸出価格を値上げしており，商社ではこの高値に追随できず，先物買いは完全にストップしている。

47年のコーヒー豆の輸入量は9万9,679トン（166万袋）で前年比46％と大幅増，現在の高相場を見込んで前買いを進めていたため，4月位まではまず極端な品薄すにはならないだろうが，国内市況は既に昨年から国際相場を反映して上伸を続けている。

サントス2号は47年3月には元卸でkg 420円前後だったのが，今年3月にはkg520円とやはり3割高となっている。インスタントコーヒーやアイスコーヒー向けのIBCは在庫なく，kg380円以上，昨年の同期に200円前後と90％増となっている。

今年早々には国内のコーヒー問屋は高騰の国際相場に耐えられず軒並み2割前後の値上げに追いつめられている。

一方，喫茶店などのコーヒー価格は今の相場を反映した値上げはめだってはないが，先行き値上げも充分考えられる。

こうした世界はもちろん，日本のコーヒー市場に例をみない波乱相場はドルの弱体化による通貨不安が原因であり，これで生産国と消費国の対立が，激化したためである。日本は特に円に対する産地国の圧力が加わり，その受ける波も一層大きくなっている。

まず，世界のコーヒーの生産量は1971～72年産が7,523万袋（推定），うち5,300万袋が輸出可能量で，世界の輸入需要量が5,300万～400万袋であり，ほぼ需給バランスはとれている。ここ数年の間に世界のコーヒーは供給過剰傾向から，需給バランスのほぼ均衡した形になりつつある。

こうした背景の中で，コーヒー相場暴騰の直接きっかけとなったのは，生産国と消費国の対立が表面化したためである。

その原因は，ドルの弱体化で通貨が大変動したことから始まる。

アメリカへコーヒーを輸出するブラジルなどの生産国はドルの弱体化で著るしい差損を生じるとして，コーヒー相場を上げようとしたが，アメリカなどの強い反発で，まとまらず，ついにブラジルを主体としたコーヒー生産国は，

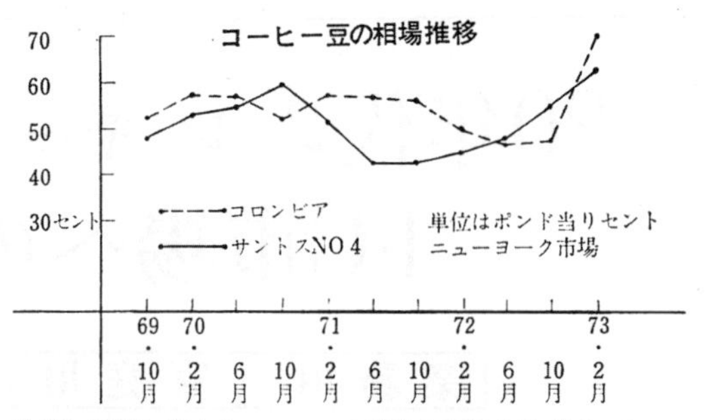

生産加盟国に対するコーヒーの輸出を制限する「ジュネーブ協定」を結び，一致してコーヒー相場のつり上げをはかった。

生産国の輸出量とその価格を管理している世界コーヒー機構（ICO）では今年1月以降の輸出割当てを決定せず，事実上自由相場に移っている。そして現在は冒頭に述べたような暴騰相場が続いているのである。

また，特に日本の場合は，ICOで決められている新市場国と決められている。新市場国制はコーヒーの未開拓市場で有望と思われる国に対しコーヒーの特別枠を設け，価格を優遇する処置であったが，ICOの機能停止で，そのメリットは完全に消滅した。

すでに日本に対する新市場国待遇処置は，数年前からはずされる動きが出ていた。年間166万袋を輸入し，強力な経済力を持つ日本はもう特別な優遇はいらないという主張が強く，すでに来年度（1973年10月以降）は欧米なみの伝統市場国へ移行する見通しが強かった。

それが通貨不安と産地国の相場つり上げで1足早く伝統国へ移行した形となっている。

新市場国向け価格は平常の場合，ブラジルもので，国際相場の6割位で手に入っていたが，それが，一挙に高騰する国際相場並みになったのだから，現在の日本のコーヒー相場は二重のショックを受けているのである。ただ円は事実上265円前後と現在のドルに対し18％内外切り上げた形になり，コーヒーの輸入に差益が出ているのがわずかな救いだが，これとても，現在の国内相場を冷やすには焼け石に水であろう。

国際相場の暴騰はいつまで続くかだが，それはまず，国際通貨が安定することが第一条件であろう。生産国としてはこれに対処するためには輸出価格を値上げせざるを得ないからである。

また，「ジュネーブ協定」による産地国の結束が，どこまで続くかも相場のゆくえに大きく影響する。

現在，消費国は過熱相場に手を出さず，生産国の在庫が増えつつある。従って在庫増に苦しくなった産地国が，一転して売りに出ることも充分考えられ，それを機に暴騰相場は落ち着きに転じる可能性が強い。

国内の商社すじではそれが早ければ4月後半にも出てくるかもしれないと予測しているが，いずれにしても，日本のコーヒー相場は事実上伝統国市場並みの価格に移行，あまり下がることは考えられない。　（Y）

1973年（昭和48年）3月号より

80年代のレギュラーコーヒー業界 I・C市場への挑戦が最大の課題

業務用、家庭用とも順調に伸びた79年

（レ）ギュラーコーヒーの生産量は順調に増加し，54年で5万6.200余トンに達した。業務用需要も大手と強力中堅主導ながら順調に回復した他，家庭用需要もついに1万トンを突破した。

しかし，家庭市場がR・Cの最大の供給先きとなるかどうかはまず，インスタントコーヒーという巨大な壁にチャレンジしなければならず，これがR・C業界にとって80年代の最大の課題となった。

環境好転も束の間，コスト上昇

（昭）和54年におけるレギュラーコーヒーの生産（輸入含む）は5万6,210トンになったと推定される。これは前年比12%増になり，好調に推移した。好調の要因は業務用需要のゆるやかながらの回復と缶コーヒードリンクなどの工業用需要の増加，家庭用コーヒーの好調によるものである。

54年における販売量を飲用杯数に換算すると約52億7千万杯となり，国民1人当りでは年間約488 gを消費，すなわち49杯分の需要があったことになる（但し人口は昭和54年統計による）。これにより，R・C業界の販売金額（メーカー出荷額）では1,200億円となると推定される。

コーヒー生豆暴騰によるR・C需要の減少は結局52年だけで済み，昭和53年下期以後は値下げ効果が大きくみるみる需要を回復，53年年間では5万123トンに達し，微増となり（表①参照・53年の統計を修正），完全に回復した。

R・C需要は54年に入っても順調に消費が増え，9月までは喫茶業務用も増加したし，家庭用R・Cや缶コーヒー向け工業用などが15%以上の増加を続けてきた。昭和50年から53年中盤にかけて吹き荒れた生豆相場乱高下の嵐をようやく乗り切り53年から54年前半のR・C業界は落ち着きを取り戻した。

が，それもつかの間の平和で，後半からは再び生豆相場が上昇したばかりか，今度は石油価格の暴騰と円安が加わってコストを圧迫しはじめた。

こうしたことを含めて54年のレギュラーコーヒー業界の動向をまとめるとおよそ次のようになるだろう。

(一)　需要は生豆暴騰前の好調な上昇ペースを取り戻した。

(二)　業務用市場では大手及び強力な中堅ロースタ

表①　コーヒーの年次別生産実績　日刊経済通信社調（単位：トン）

	コーヒー生豆輸入量	レギュラー・コーヒー					インスタント・コーヒー				
		国内生産		輸入量	製品計	前年比	国内生産		輸入量	製品計	前年比
		豆使用量	製品量				豆使用量	製品量			
昭和45年	81,372	27,370	23,000	42	23,042	115	28,776	9,592	2,970	12,562	117
46	68,448	32,606	27,400	99	27,459	119	38,436	12,812	2,679	15,491	123
47	99,679	37,128	31,200	139	31,339	114	42,585	14,195	1,834	16,029	104
48	130,441	44,300	37,200	225	36,225	115	41,340	13,780	1,205	14,985	93
49	85,355	51,550	43,300	200	43,500	120	64,500	21,500	3,750	25,250	168
50	109,400	58,300	49,000	240	49,240	113	64,200	21,400	4,110	25,510	101
51	147,469	61,000	51,250	230	51,480	105	68,700	22,900	3,960	26,860	105
52	133,835	58,200	48,880	84	48,969	95	59,200	19,707	4,913	24,620	92
53	101,560	59,500	56,000	123	50,123	102	57,500	19,169	3,521	22,690	92
54	165,000	66,700	56,000	210	56,210	112	81,000	27,000	7,840	34,840	154
55(見込)	125,000	73,800	62,000	220	62,220	111	86,400	28,800	4,200	33,000	95

注）1. 国内生産量は農林水産省調べ。2. 54年，55年は本誌推定。

1979年(昭和54年) 12月号より

戦前に国産ブランド誕生していたココア

本格的な市場形成は戦後

ココアは1919（大正8）年に森永製菓が初の国産「森永ミルクココア」を発売したが，本格的な市場形成に向かったのは戦後。現在は，日本人にも親しみやすい味覚に設計されたインスタントが市場の主役となったことに加え，長い年月をかけて明らかにされてきた健康効果の認知も重なり，ココアを知らない日本人はいないが，昭和中期～平成初期は大部分が新興の歴史だ。

昔からあった持続可能性問題

ニュース性に乏しかったかは定かではないが，本誌「酒類食品統計月報」の創刊年(1959（昭和34)年)から約10年はココアの特集がほぼない。店頭調査が時折見られたぐらいだ。

1971（昭和46)年12月号「ココアをめぐる世界の需給状況」は特集名の通りで，日本ではココアがまだ当たり前の存在ではなかったのかもしれない。

この特集を組んだのは「さる9月22日からUNCTAD（国連貿易開発会議)主催の国際ココア協定締結交渉のための準備会議がジュネーブで開かれ，そこで情報交換がなされた」からで，日本が参加したからでもある。会議は7生産国(ブラジル，カメルーン，エクアドル，ガーナ，象牙海岸(現コートジボワール)，メキシコ，ナイジェリア)と7消費国(西ドイツ(現ドイツ)，フランス，オランダ，スイス，イギリス，米国，ソ連)のほか，ドミニカ，トーゴ，スウェーデン，日本が参加したが「生産国と消費国との間に価格問題をめぐり論争点が明らかとなり結論はでなく，来年1月予定される会議に持ち越された」。

ココア産業の持続可能性，つまり適正価格取引，それに伴う生産者の生活水準向上などは令和現在も議論されており，この問題を予言しているかのようだ。

“片岡のバンホーテン”に

1970年代後半から日本市場の特集が増えてくる。1977（昭和52)年3月号「原料高だが，需要増勢のココア」では，コーヒーや紅茶に後れを取りながらも普及していく様子を分析すると同時に「バンホーテンココアの代理店異変」との表現で市場構成の変化を展望している。

当時「バンホーテンココア」のエージェントが交代。過去14年間，日本輸入食品(ジプコ)が代理店として拡売してきたが，3月末をもって契約を解消している。代わって片岡物産が4月から新たなエージェントになった。

ジプコは当時「バンホーテンココア」ばかりでなく紅茶のトップブランド「リプトン」のエージェントでもあり，いわば“商売敵”である紅茶ブランド「トワイニング」のエージェント片岡物産に「バンホーテンココア」が移ったのは「業界内では相当刺激的な出来事であった」。

ジプコはリプトンジャパンと同資本系であり，リプトン(ユニリーバグループ)系列にはオランダの大手チョコレート・ココア会社ベンスドープ社があった。本誌は「バンホーテン社としては競合ブランドの『ベンスドープココア』がジプコの系列内にあることの不満が高まり，今回の契約解消となったようである」と見ている。

ただ「片岡物産はかねてから『トワイニング』に次ぐもう1本の柱を探していた」と一方的な思惑ではなかったようだ。「特にギフトとして紅茶に組み込む輸入菓子に力を入れたようだ。物色過程の中で，ドイツの菓子メーカー，モンハイム社の傘下にあるバンホーテン社と接触したことは容易に想像できる。『トワイニング』で見せた片岡物産のマーケティング力に眼を付け，新たなエージェント契約のため強く働きかけたのである」。

片岡物産は「バンホーテンココア」の販売網を同

社としては全く新しい一般食品市場に築こうとしていた。「贈答市場ばかりでなく包括的な市場を確保するために，有力商社，有力特約店を核とする流通網を構築中で『バンホーテンココア』の将来性はこの販売網の成否にかかっていると言える」。

「ベンスドープココア」とは

「バンホーテンココア」を手放した日本輸入食品(ジプコ)が，入れ替わるように取り扱いを始めたのが，前述の「ベンスドープココア」である。

現在の市場は森永製菓「森永ミルクココア」，片岡物産「バンホーテンココア」が寡占しており，残念ながら定着はできなかったが，1977（昭和52)年3月号「原料高だが，需要増勢のココア」では「ベンスドープココアの誕生」と取り上げ，少なくとも業界内での注目度は高かった。

記事によると，当時は既に伊藤忠商事が業務用や製菓材料向けに内販し，同商事系の一貿がチョコレートを輸入販売。「ベンスドープ社は世界70数ヵ国にチョコレート，ココアを販売しているが，日本のココアの市場性にかねてから注目しおり，リプトンジャパンをエージェントとして加工販売をジプコが受け持つことで日本進出を正式に果たしたわけだ」。

ただ「ココアとしては，一般市場ではほとんど知られていないため，ジプコは始めから出直すことになる」と前途多難さも指摘。「この機に一挙にとは言わないまでもある程度強力に知名度アップのためのマーケティングを展開する必要があり，ジプコだけでなく，ベンスドープ本社のやる気がこの際重要なポイントとなろう」。

一方「業界は季節性の高い現状を打ち破ろうとして，家庭向けに水に溶けやすい顆粒状(インスタント)を前面に押し出そうとしている」市場環境の波に乗れれば吉と出るとも予測。「家庭用ココアの市場規模は非常に小さいだけにこれからの成長性が非常に期待されている。“新生ベンスドープ”も加わり，市場は活発な動きが見られるだろう」と期待をかけている。

100億円市場に

インスタントがけん引役となり順調に拡大したココア市場。1989（平成元)年4月号は「大幅増，100億円市場達成した飲料用ココア」との特集名だ。冒頭は「昨シーズンのココア市場は，暖冬にもかかわらず森永製菓，明治製菓(現明治)の大手2社が大きく販売量を伸ばし，近年にない大幅な伸びを記録した。この結果，マーケットは初の8，000トン，100億円の大台に乗せた」とある。

しかし，一方で「大手2社以外は勢いを欠き，上位集中化傾向はさらに顕著になった」と寡占化を報告。背景にはインスタント，特にミルク入りの主力化がある。「家庭用ココアは9割弱がインスタントで占められ，昨年度は7，040トン，前年比20%の大幅増，市場の伸びもこれに大きく負っている。このうち主力のミルクココアの伸びが大きく，ミルク以外は一頃の勢いがない。消費に大きく影響する気温の面ではマイナス要因が大きかったにもかかわらず，ミルクココアは特に徳用袋の寄与が目立ち，ここ2～3年着実に需要が拡大してきている」。この順風に乗ったのが森永製菓,明治製菓というわけだ。現在，明治はココア市場から撤退しているが，当時は森永製菓に迫る規模があった。

一方，ピュアは「ここ数年1，000トン前後で横這いが続いていたが,昨年は1,050トンと久々に5％の伸びを確保。メーカーサイドでも本物訴求などで需要拡大を行っているが，家庭でのケーキ作りなど製菓用や喫茶店などの営業用ユーザーに支えられている」とあり,現在における大衆向けインスタント，専門向けピュアの構図は出来上がっている。

このように平成に入ってすぐ存在感を見せつけたココア市場だが，本誌は「しかし，この伸びがミルクココアのみに大きく片寄っている点に不安が残る」と指摘。「市場規模は100億円前後と意外に小さく，層の拡大が課題となっている」とポテンシャルがまだまだあると主張している。

ユーザーの年齢層の広がりが市場拡大に寄与するとの考えを示すが「各社とも大人層への市場拡大のための製品や差別化製品を展開してはいるが，新たな製品は中々育ちにくいのが実状である。また，本物志向と言われる中で，ピュアココアの伸びもいま一つではある」と改善の余地があったことが窺える。しかし「これらの需要喚起のための努力や，ミルクココアでの受験生向け訴求などターゲットを絞った展開，食物繊維など健康イメージ訴求などがココアトータルの需要拡大に着実に寄与してきているようだ」と未来に期待をかけてもいる。

《特集》

即席しるこ インスタントココア 市場調査

本誌では昨年７月号の粉末ジュース，同11月号のインスタントコーヒーに次いで「即席しるこ」と「インスタントココア」の小売店販売動態調査を試みた。調査期間は１～２月の最盛需要期で，調査方法は東京と大阪を中心とした関東と関西市場。関西は従来方式を踏襲して，酒類小売免許を有する酒類・食料品店1,000店を無差別抽出し，関東は今回初の試みとして菓子小売店と酒類・食料品店の二本立で無差別各500店の計1,000店，合計2,000店にアンケートした。

結果は関東地区に比べ関西地区の回答成績は芳しくなかったが，関東の菓子店の回答は予想外に良く一応の市場動向が以下の集計結果によって把握いただけると思う。回答は関東128店（食料品店60店，菓子店68店）関西39店で，うち有効回答は関東118店（食料品店54店，菓子店64店）関西32店である。

しるこ，ココアとも渡辺

（一）貴店で販売している「即席しるこ」と「インスタントココア」の銘柄別売れゆきをお知らせ下さい

この回答結果は表①のⒶ・Ⓑの通りで，即席しるこ，インスタントココアとも渡辺製菓が群を抜いてトップを占めている。

即席しるこは関東・関西とも90％以上が渡辺を１位と回答し，他は明治製菓，井村屋，カンピーが僅かに１位と記されている。２位は名糖で，２位総数の40％方を占めている。３位以下は混戦だが，東京では明治，カバヤ，コッテリー，イトー，松永，井村屋などがひしめき，大阪は井村屋，カンピー等が顔を出している。総じて渡辺，名糖が即席しるこの市場をほぼ独占していることが伺われる。

インスタントココアは缶物のミルクココアなどは別にして本格的に市場に出たのは昨年暮以来であり全くの未知数に近い市場であるだけに興味ある結果が出ている。銘柄順位はやはり渡辺が関東・関西とも絶対の強味を見せているが，2位以下はやや混戦となっている。東京地区では渡辺に次いで名糖，明治ベニーの順になるが，関西地区では森永，雪印，ヒノマル，グリコ等が名糖，明治に代って上位を占めている。しかし，明治，森永，雪印は缶物が中心であり，インスタントココアとして袋詰での市場性については新顔の渡辺，名糖，ベニー等が優勢である。

表①～Ⓐ　即席しるこ

区分	東京												大阪					
	酒類食料品店						菓子店						酒類食料品店					
	1位	2位	3位	4位	5位	計	1位	2位	3位	4位	5位	計	1位	2位	3位	4位	5位	計
渡辺	48		1			49	56	2	1			59	25	5				30
名糖		11	5			16		16	13	2		31		6	2			8
明治	2	4	3	2		11	4	10	1			15	2	1				3
カバヤ			9	1		10			4	2		6						
コッテリー		6	2	1		9		4				4						
森永														2				2
ベニー				1		1		2				2						
イトー								1		4		5						
タカオカ									2		2	4						
松永		2				2			2			2						
日冷ぜんざい								3				3						
春日井								1				1						
セイセイ										1		1						
フルヤ								2				2						
最中しるこ			1			1												
東京渡辺			1			1												
トノサマ		1				1												
井村屋		2				2							2					2
ダイアマ														1				1
カンピー													2					2
合計	50	26	22	5	0	103	60	41	23	9	2	135	31	15	2	0	0	48

表①～Ⓑ　インスタントココア

区分	東京												大阪					
	酒類食料品店						菓子店						酒類食料品店					
	1位	2位	3位	4位	5位	計	1位	2位	3位	4位	5位	計	1位	2位	3位	4位	5位	計
渡辺	34	9	2			45	24	7	4			35	16					16
名糖	10	9			1	20	4	14	8	3		29		2				2
明治	4	2	1	1		8	16	2			1	19		1				1
ベニー	2	8	4			14	8	13	6	2		29			3			3
森永		2	6		1	9	2	6	2	1		11	7	4	2		1	14
雪印		1	4			5			1	5		6	4	5	1			10
フルヤ							1	6	2			9						
ヒノマル		2				2								4		1		5
コッテリー		2		1		3												
松永		2				2			2			2						
東京渡辺			1			1												
ジューレット							2			1		3						
クラウン									1		1	2						
タカオカ											1	1						
アングロ									1			1						
北日本										1		1						
カバヤ								2	1			3						
コッテリー								1				1						
グリコ															2	1		3
ネスコ													1					1
合計	50	37	18	2	2	109	57	51	28	13	3	152	28	16	8	2	1	55

1962年（昭和37年）２月号より

消費環境好条件揃うココア業界

家庭消費拡大のための販促効果に期待

(コ)コアパウダーの用途は飲料用ココアとしては家庭向け小売用（主にインスタントココア），喫茶店業務用（主にピュアココア），ベンデイング市場向け（主にインスタント）がある。また，パンや菓子用の原材料向けも多い。原料向けの中には薬やタバコなどに使われる香料としてもたくさん使われており，用途は広範囲にわたるという。

＜ココアの用途別・種別動向＞

(そ)こでまずココアの用途別，種別の動向を簡単に触れてみたい。まず，統計におけるココアパウダーの生産量は日本チョコレートココア協会でまとめる無糖，調整ココア生産量と，通関実績にみる無糖ココア輸入量である。

その推移は表①及びグラフの通りであるが，このうちの調整ココアはほとんどが，インスタントココアとみてよく，ココア生産のピークだった51年にはココアパウダー全体の51.6%がインスタントココアで，4,720トンに達した。更に52年には減少はしたが，全体の55.4%にもなっている。

しかしその後53年は前年の3分の1に急減，昭和54年の生産量は2,007トンで回復はしているが，ココア全体の30%の水準にとどまっており，ピークに比べてまだ水準は低い。

ただ，調整ココアの統計は森永製菓や明治製菓など国内銘柄であり，バンホーテン（片岡物産）やベンスドープ（日本輸入食品）が盛り込まれない（ただし輸入の無糖ココアに含まれる）ので，これを算定する必要があろう。

一方，無糖ココアパウダーは用途が広く，原料用として製菓，ベーカリー市場に向けられる他，たばこなどの香料用などに使われるのが多い。飲みものとしてのピュアタイプのココアは喫茶店などの外食向けが多く，家庭用として消費されるものより大きいといわれている。ピュアタイプココアはインスタントに比べて落ち込みが少なく，54年にはむしろ増加している。

＜51年が生産のピーク，以後低迷続く＞

(コ)コアの国内供給量がこれまで最も多かったのは昭和51年で9,154トンであった。

その内訳けは国内生産量7,585トン（日本チョコレートココア協会調べ），輸入1,569トンで，国内生産量のうち4,720トンが調整ココアである。昭和49年からこの昭和51年までの3年間，これらココアパウダーの供給量はめざましく伸びた。

その経過は表(1)およびグラフをみるとよくわかる。それまでココアパウダーの供給は年間4,000トン前後を上下していたが，この3年間とう突に急成長し，52年以後は急転直下でダウンしているため，51年をピークとする3年間が異常に見える。

この時期は家庭向けに，森永製菓と明治製菓が冬物商材のにない手として競って積極的な販売促進を展開した。その背景にはカロリーの高い健康飲料として青少年層に浸透する兆しが現われた。その消費は3月頃までが山となり，受検期の若年層の需要が伸びたといわれる。更にこの時期にココア消費が伸びる条件があったとすればおよそ次のような事項があげられる。

(1)チョコレート製品も低迷を脱して伸びた。（昭和50，51年）

(2)夏場の清涼飲料が減少を続けた。（昭和50年，51年）

(3)カルピスの虫歯問題，炭酸飲料の色素問題など青少年

表①　ココア・パウダーの供給量

（単位：数量＝トン，金額＝百万円）

		国内生産			輸入	合計	前年比（%）
		無糖	調製	小計	無糖		
昭和48年	数量	1,843	1,381	3,224	950	4,174	121.1
	金額	906	840	1,746	301	2,047	130.3
49	数量	1,731	2,251	3,982	1,152	5,134	123.0
	金額	1,363	2,148	3,511	495	4,006	195.7
50	数量	2,251	3,173	5,424	1,141	6,565	127.9
	金額	2,148	3,291	5,439	638	6,077	151.7
51	数量	2,865	4,720	7,585	1,569	9,154	139.4
	金額	2,738	5,379	8,117	847	8,964	147.5
52	数量	2,122	4,663	6,785	1,639	8,424	92.0
	金額	4,184	7,742	11,926	1,996	13,922	155.3
53	数量	2,003	1,438	3,441	1,558	4,999	59.3
	金額	3,937	1,875	5,812	2,193	8,005	57.4
54	数量	2,463	2,007	4,470	2,215	6,685	133.7
	金額	4,046	2,588	6,634	2,453	9,087	113.5

注）国内生産量は日本チョコレートココア協会調べ。輸入量は大蔵省調べ。

1980年（昭和55年）9月号より

ココア市場，回復の兆し見える

今年に期待つなぐ，昨年末からの消費増

(コ)コアの消費の回復は遅い。一昨年の小売用市場の落ち込みを昨年もカバーすることが出来なかった。

缶入りココアドリンク向けなどの原料用が順調に増えたものの，本来のココア消費が戻らなければ本物ではない。昨年末以来，ようやく売れ行きが上向いてきたが，今年はどこまで市場形成が出来るか注目されるところだ。

“事件後遺症”で，60年も減少続く

(飲)料用ココアの生産，販売量は，60年実績（見込み）で5,100トンとなった。これは出荷金額で77億円。

ココアは59年，“グリコ・森永事件”のあおりを受けて小売用が大幅にダウン。60年も後遺症で市場の回復が遅れたことから，数量で前年比3.8％減にとどまった（1～12月平均）。

これをマーケット別にみると，主力の小売用は前年比6％減少。前，中盤にわたって市場の回復が鈍く，年末に入って森永ココアを中心に急上昇したものの届かず，トータルで前年割れとなったもの。

一方，喫茶店など業務用ココアは，ここ数年横ばいを続け，昨年も同様の実績となった。小売用は約80％がインスタントココアだが，業務用はほぼ全量がピュアココアで占められる。

表①　ココアの市場別規模　日刊経済通信社調

	小売用		業務用		合計	
	数量	金額	数量	金額	数量	金額
58年	4,000	6,700	2,000	2,500	6,000	9,200
59	3,300	5,500	2,000	2,500	5,300	8,000
60	3,100	5,200	2,000	2,500	5,100	7,700
61（見込）	3,300	5,500	2,100	2,600	5,400	8,100

注）1．年度は1～12月　2．ドリンク，製菓向けなど原料用を除く

小売用市場，今年は常態に回復か

(各)市場を出荷額でみよう。60年における小売用市場規模は52億円である。

昨年は“後遺症”と，インスタントティーの攻勢やインスタントコーヒーの安売り攻勢が響き，市場の回復は困難をきわめた。しかし，年末に入ってから消費が戻りはじめ，急速に回転がよくなり，今年度へ期待を持たせる動きをみせた。

これは，厳寒期に入ったことの他に，主力消費層の小，中学生の受検シーズンに入ってきたため。昨年の同期が例の事件で，消費者離れが続いたことからみると，1年かかってようやく消費が戻って来たといえよう。

小売市場における主力銘柄の動向はおよそ次の通りであった。

森永ココアは一昨年の痛手を除々に回復させてきたが，市場における同品のアイテム数は従来の7～8品が4～5品に減っている。一度後退させた売場への復帰は，競合インスタント飲料の攻勢もあって遅れた。

12月に入ってからようやく出荷ペースが高まり，今年の1月以降も「今までの鈍さからみると異常な程のペース」となっており，同社の年度末（3月期）までには売上額で事件前の年，58年度に近い所まで回復するのではと期待。しかし歴年でみると58年水準までもう一歩であった。

12月から，実需者向けプレミアム“受験生頑張れダルマプレゼント”を実施（2月中旬まで）した。

明治ココアは，59年が大幅に伸びたが，昨年はそ

1986年（昭和61年）2月号より

順調な伸び確保した飲料用ココア

暖冬の中でミルクココア中心に健闘

(今)シーズンの飲料用ココアは，前年に続き好調なスタートを切ったが，暖冬に見舞われ一部を除き苦戦を強いられた。しかし，トータル市場はインスタント製品を中心に順調な伸びを確保した。各社とも需要層拡大を目指した展開など推進しているが，依然主力のミルクココアに負うところが大きい。

積極策奏功，2年連続の増勢

(数)年前まで需要が停滞していた飲料用ココア市場は，各メーカーの積極的な販売施策も寄与し上向きに転じている。

しかし，昨シーズンは最需要期の12～1月に記録的な暖冬に見舞われ，概ね苦戦を強いられた。そのなかで，トップシェアを誇る森永は大きく販売量を伸ばし，トータル市場は拡大。62年度（4～3月）の市場は前年比6.6％増，ほぼ7,000トンの市場規模に達したと見込まれる。一方，金額ベースでは1.5％の低い伸びで96億円にとどまった。

10年ぶりに7,000トン市場を回復

7,000トンの市場規模に達したのは，需要ピークの52年（7,500トン）以来10年ぶり。翌53年に市場が大幅ダウンして以来，漸増傾向にはあったが，6,000トン前後にとどまっていた。しかし，60年後半あたりから森永を中心に急速に需要が上向いている。

表①　ココアの市場別規模

日刊経済通信社調（単位：トン，100万円）

	インスタント		ピュア		合計	
	数量	金額	数量	金額	数量	金額
56年	4,590	6,600	1,000	2,650	5,590	9,250
57	4,900	7,000	1,000	2,600	5,900	9,600
58	5,000	7,150	1,000	2,500	6,000	9,650
59	4,700	6,200	1,000	2,400	5,700	8,600
60	5,120	6,600	1,000	2,400	6,120	9,000
61	5,540	7,160	1,000	2,300	6,540	9,460
62(見込)	5,970	7,400	1,000	2,200	6,970	9,600

注）1. 年度は1～12月。ただし60年以降は4～3月
2. ドリンク，製菓向けなど原料用を除く

昨シーズンは，秋のシーズン入り当初も温暖な気候のため消費が懸念されたが，各社の需要拡大のための新製品導入，原料価格ダウンを背景にした増量など積極施策により好調なスタートを切った。しかし，特に季節要素の強いココアは，最需要期の暖冬が大きく響き，ペースダウンした。2月以降はようやく本格的な冬が到来，消費はわずかながら回復した。

小売用ココア市場は現在，インスタントが6,000トンと85％を占め，うちミルクココアが圧倒的に多く，市場の伸びもこれに全面的に支えられている。なかでも，既存の箱，缶に比べ2割程度割安にした大型徳用袋が極めて好調。先発の明治製菓に続き，

表②　ココアパウダーの供給推移

（単位：トン，100万円）

年度	単位	国内生産			輸入	合計	前年比(％)
		無糖	加糖	小計	無糖		
56年	数量	2,684	2,070	4,754	2,616	7,370	106.5
	金額	2,879	3,164	6,043	1,113	7,156	88.8
57	数量	2,707	2,823	5,530	2,832	8,362	113.5
	金額	2,375	3,731	6,106	1,245	7,351	102.7
58	数量	2,826	2,417	5,243	3,157	8,400	100.5
	金額	2,572	3,303	5,875	1,397	7,272	98.9
59	数量	2,507	2,072	4,579	3,260	7,839	93.3
	金額	2,329	2,768	5,097	1,862	6,959	95.7
60	数量	2,602	2,270	4,872	3,841	8,713	111.1
	金額	2,585	2,926	5,511	1,936	7,447	107.0
61	数量	2,665	2,855	5,520	4,844	10,364	118.9
	金額	2,447	3,534	5,981	1,659	7,640	102.6
62	数量				5,517		
	金額				1,630		

注）1. 年度は1～12月　2. 国内生産量は日本チョコレートココア協会調　3. 輸入量は通関実績

1988年（昭和63年）4月号より

多様化し続けた茶系嗜好飲料

国内外原料が入り混じる

茶系嗜好飲料は現在，緑茶，紅茶，ウーロン茶，麦茶など一定の市場規模を超えたカテゴリーに加え，ルイボス茶やごぼう茶などニッチながら底堅い需要を持つ存在も加わって構成されている。国内外の原料が混在し，多様化，グローバル化に向かった時代を象徴しているとも言える。昭和中期～平成初期の各カテゴリーの変遷，その一部を抜粋する。

ティーバッグ，リーフの両取り狙った紅茶

茶系嗜好飲料は多くあるが，昭和中期～平成初期の本誌「酒類食品統計月報」で最も特集されたのは紅茶だ。次いで緑茶となるが，その頻度は正直に言って比較にならない。分かりやすい西洋食文化だった紅茶への注目度の高さが窺える。

1969（昭和44）年10月号では特集名「ティーバッグとリーフティーの両面作戦下の紅茶業界」の通り，新提案の域にあったティーバッグ，王道であるリーフを並行して売ろうとする業界を分析している。

記事はティーバッグが伸びる一方でリーフが停滞している状況を指摘するところからスタート。「ティーバッグの急速な普及から，ここ数年のリーフの伸びは停滞した。このため総需要は僅か２％増の5，100トンに止まる見通しである」。この状況を打破するべく，業界は並行してリーフも強化する方向へ転換。「『これではならじ』と我に返って打ち出したのが今秋の“リーフ政策”と積極的なＰＲ合戦だ」としている。

メーカー別では「最も熱心だったのは『日東紅茶』（三井農林）だ」とある。インド紅茶を前面に押し出す姿勢を見せたようだ。ただ「勿論，ティーバッグの拡売姿勢を崩したというのではない」ともあり，むしろティーバッグを伸ばすだけ伸ばし，その上でリーフを強力にプッシュする並行強化の姿勢だった。これには「日東紅茶」の過半数をリーフが占めているという理由があり「『リプトン』（現リプトン・ティーアンドインフュージョン・ジャパン・サービス）のように70％がティーバッグであるのとは事情が異なる。逆に『リプトン』にしてみれば，原茶の正規輸入割当てが望めない現状からして，リーフ政策よりは原茶手当てに有利なティーバッグ政策に重点が置かれているのも当然なのである」。この２社を追いかけたのが「トワイニング」（片岡物産）でデザイン性，直輸入による“英国製高級紅茶”のイメージが人気を博した。

大容量インスタントティーで乱戦

近年インバウンドで注目されたインスタントティーは，1987（昭和62）年２月号「100億市場射程に入れた，今年のインスタント紅茶」で家庭用市場の乱戦模様をリポート。

1986（昭和61）年市場は前年比15％増の75億円で，出荷量は缶入りの徳用サイズの寄与で20％近い増加。トップシェアの名糖産業をはじめ，三井農林，明治製菓（現明治）はいずれも270g 缶，800g 缶の比率が半々，前年800g 缶を発売した雪印食品（現在は解散）はそれが６割を占めるほどだ。いずれも競合し，店頭では目玉商材化した。

今後について「今年は缶入りミックスティー分野に味の素ゼネラルフーヅ（現味の素 AGF）が参入，一段と競争は激しくなりそうである。しかし量販店では『まだ特売訴求効果の出やすいファミリー飲料として期待』しており，強力メーカーの参入で全体のパイが更に広がる可能性もある」と展望している。

緑茶は多様化が逆風に

嗜好飲料，清涼飲料の多様化に押される現在の緑茶市場だが，これは今に始まったことではない。1981（昭和56）年10月号「明るさみえてきたか緑茶

業界」では「消費者の“お茶離れ”が叫ばれて久しい」からスタートする。

記事によると「かつては景気に左右されず，不況に強いとまで言われた緑茶も，ここ10年来，全くのジリ貧傾向」にあったようだ。コーヒーや紅茶，さらにはウーロン茶を中心とした中国茶などによる嗜好飲料の多様化が背景にあり「市場が年ごとに侵食されてきていることは言うまでもない」と非常に厳しい市場環境であったことが記述されている。

ただ，特集名の通り回復の兆しがあったようだ。「今年の新茶は全般においしかった」（業界談）との声を裏付けるかのように，5～6月の家計消費支出は金額，数量とも前年同期を上回った。

しかし，短いスパンの実績に希望を見出すのは疑問があり「特に今年の5～6月は，全国的に冷涼な天候が続き，清涼飲料などの不振で緑茶には有利な条件にあったし，昨年の場合でも7～8月は異常冷夏で量，金額とも増えている」と厳しめかつ合理的な論調。一方「一時にもせよ消費が上向いたことは，日本の伝統飲料である緑茶に対する潜在需要の深さを意味し，風味香りの良い良質茶が安く求められるよう生販各層が真剣に取り組むなら，長期的な消費回復もあながち夢ではなかろう」としている。

なお，回復の裏には競合であるウーロン茶の動きもあった。伊藤園により口火が切られた，1979（昭和54)年以降のブーム化が落ち着いてきていた。

リーフ，ドリンクともに伸びたウーロン茶

前述のように，ウーロン茶は緑茶業界を震撼させた。1988（昭和63)年3月号「1千億市場軽く突破したウーロン茶」は特集名からしてその勢いを誇示している。いったん拡大が落ち着いたかに見えたが再度上昇基調となり「ウーロン茶ブームはとどまるところを知らず，昨年もドリンクを中心に大幅な伸びを示した」と予想を裏切る展開だった。

特集執筆時点では，1983（昭和58)年の再ブームから丸4年が経過，5年目を迎えている。1983（昭和58)年時の市場規模が118億円(リーフ等の茶葉79億円，ドリンク39億円)だったが，1987（昭和62)年は1，107億円(同339億円，同768億円)。「この4年でほぼ10倍の広がりをみせた」とある。

そのけん引役となったのはドリンクであり，パイオニアの伊藤園をはじめとした大手メーカーによる多様な商品開発努力によるところが大きい。

リーフでも，100g入りを主とする缶入りやガゼット包装はもとより，200gや300g，500g以上の徳用簡易パック，1杯用，急須用，1ℓ用など多彩。ただ，やはり全てがうまくいく市場はない。急激な円高の進行で，1986（昭和61)年以降原茶価格が大幅に下落したため，輸入商社やリーフ主体パッカーの売り上げは伸び悩み，連れて採算も次第に悪化していた。このため需要増で取扱量は増えても売上金額ではマイナスというのが当時の実態。

一方「もっとも，ドリンクメーカーと消費者にとっては，この傾向は大いに歓迎である」とあり，これは「ドリンクメーカーはかつてドリンク向けブレンド原茶をkg当たり2,000円台で仕入れていたものが，今日では1,400円前後とも言われほぼ半値，コスト的に大いにプラスになっている。消費者も，従来の小売容器入りはさほど値下がりしてないが，最近発売された製品や200g以上の簡易パックはかなり値下がりしており，安くて結構おいしいウーロン茶を楽しむことができるからである」との事情だったようだ。

麦茶は今も昔も夏次第

現在の本誌でも特集が続く麦茶は，夏場の動向で年間実績がほぼ決まる季節商材。通年化は進んでいるが“夏依存脱却”はなかなか見えてこない。1984(昭和59)年5月号「首都圏・関西の麦茶市場の動向」でも同じ様子が記述されている。

冒頭は「昨年は，久し振りの“夏”に恵まれたことにより，麦茶市場は全般的には活況を呈した。しかし天候は西日本に比べ東日本，特に東北や北海道では今一つパッとしなかった模様で，冷害に泣いたところも出た」とあり，完全に天候次第の市場であることが伝わる。続けて「150億円前後の市場を抱えていると言われる麦茶は，日本古来の飲み物として根強い人気があり，かつ安定した動きを続けている。その点では極端に実績を伸ばすことはないが，かといって取り立てて大幅に落ち込むこともない」とあるが，規模に違いはあるものの現在と変わらない市場特徴の説明には親近感を覚える。

ただ，健康食品ブームに引っ張られ，パイは小さいながら“はと麦茶”が人気となり，ニュース性はあったようだ。しかし「多種多様化が進み，新製品の発売が相次いでいる。価格訴求に走るところもあれば，冬場からテレビCMを流すメーカーもある」との記述は正しいが，現在最も強く残ったのが価格訴求なのは微妙なところだ。

◇特　　集◇

日本の紅茶業界と貿易の自由化

自由化でおどろいた紅茶業界

「国際政治・経済情勢の現状から見て、日本の為替・貿易の自由化は必至である」と政府が管理貿易の引き延ばしをあきらめたのは本年の新春であった。どの業界も戦時中の永い間の統制経済になれ、戦後の管理貿易で利潤を得て企業を経営しているだけに貿易の自由化は直ちに「外国商品の圧迫」となることを恐れるのは当然である。

紅茶業界も他の業界の例外たり得なく、貿易の自由化必至の情勢と見るや、賛否両論に別かれ、なかなかの賑やかさであり、その後本年度上期紅茶の外貨割当をめぐり上期外貨枠80万＄の配分が確立するまで、紅茶の自由化論争の底流が続いていた。賛否両論は外貨割当にからんで、国産紅茶栽培業者および国産紅茶を基盤とする輸出、加工業者と輸入紅茶取扱業者および輸入紅茶を更に必要とする加工業者によってそれぞれ利害が対立し、意見が異なった。前者の場合は自由化によって国産紅茶の輸出が伸びなくなり国内消費も輸入茶の混合率が高くなり、国産紅茶の消費が減退する。そして従来成育されて来た日本の紅茶栽培が衰退するとの理由をあげ、国産紅茶の育成と国産紅茶栽培者の保護育成と輸出振興をかかげている。一方後者の場合は為替・貿易の自由化は資本主義経済では当然の事であり、日本ももはや管理貿易を何時までも続けることが出来ない情勢にある。紅茶の自由化は必ずしも国産紅茶の輸出を阻害するとは限らないし、特に国内消費は日本の紅茶消費が急速に増加しつつある現状から見て、より多くの輸入紅茶をブレンドした上級の紅茶を低廉に供給することにより、紅茶消費の絶対量が増加するから、国産紅茶も当然消費増加が期待されるとして、これまた国際情勢の変遷と自由経済の原則を大義名分としている。

農林・通産の対立も

また一部には我が国の農業保護政策は小児マヒの子供を育てるのにひとしく、雀の涙ほどの補助金を与え乍ら国際競争力のない中・小農維持政策を採っており、紅茶の育成保護政策もその域を脱し切れないとし、紅茶もこの際自由化をはかり、国産紅茶の育成もそれに対抗出来るような保護政策を採るか或いは農業経営と農家経済がもっと安定する作物に転換する方策を考えるべきだとの意見さえ聞かれた。

『自由化は早くても38年４月以降』の 農林省の案で業界、通産共に折れる

そしてこれは業界ばかりでなく、農林省と通産省との意見の対立ともなっていた事は周知の通りである。

しかしこの義論も上期外貨を従来通り特割で80万＄と決定する際、農林省特産課が徹夜作業でひねり出した「紅茶の自由化は諸般の事情から、早くて昭和38年の４月頃」との提案を通産省ものみ、業界は外割発巻がおくれて輸入紅茶の在庫が逼迫していた事等から、自由化の時期は農林省の案に従うとの意向を見せて小康を保っている現状である。

ではその農林省特産課の「紅茶と貿易自由化」という対策案はどんなものであろうか？………

結論から言うと「①茶業振興の将来の方向見地、②国産優良紅茶産業の育成の見地、③現在の紅茶輸入規制の見地等から概ね即時自由化に反対するが、早くて昭和38年４月１日から遅くとも昭和39年４月１日を自由化の目途とし、これに対応するための諸般の対策を講ずる」としている。

その内容は大要次の通りである。

（一）茶業振興の将来から見た日本の紅茶業

我が国の茶業は100年の古から政府の一貫した方針と茶業界の努力により輸出産業として着実に発展、茶は日本の最高要輸出特産品である。ところが輸出の主体をなしていた緑茶が最近米国市場における需要の減退や、北アフリカおよびその周辺諸国における中共・台湾緑茶との競争に非常に苦境に立たされている。従って今後における茶の輸出は専ら世界各国で消費しており、しかも今後更に消費の増加を見込める紅茶に重点を置いて行くべきである。

すなわち茶の世界需要は緑茶が年間５千万ポンド内外で横這いなのに対し、紅茶は年間12億ポンド以

1960年（昭和35年）８月号より

ナショナルブランド化目指す緑茶の問題点

包装技術の向上でパッカー間の拡売意欲強まる

わが国の伝統食品に〝お茶〟がある。そのお茶，すなわち緑茶にいま包装革命，技術革新旋風が吹き荒れている。年間1,500億円市場と云われる緑茶業界，その生産・消費量は微増ながらも年々増勢基調をたどり，供給面では国産茶の不足で台湾，インド，ケニアなどからの輸入が急増，消費面では小袋包装化が進んでスーパー市場での展開が目立って来た。つい数年前までお茶の専門店，しにせの大手メーカーの直営店を通じて販売されていたお茶も，かっての味噌と同様，包装化が進むにつれて販売ルートの革新，包装技術の向上とともにナショナルブランド化を目指してパッカー間の拡売意欲は一段と強まっている。

緑茶年間生産量9万3千トン，輸入7千トン

われわれ日常生活に欠かすことの出来ない〝お茶〟。その茶の歴史は極めて古い。延暦24年（805年）最澄が中国から茶の種子を持ち帰って比叡山に植えたのが始まりとされ，本格的な茶業としては天文3年（1738年）徳川吉宗の代に山城国の永谷宗円によって蒸煎茶の製法が考案され，天保6年（1835年）に山本嘉兵衛が玉露の製法をあみ出して以来，製茶法に一大変革をもたらしたとされている。（「茶製造業実態調査報告書」より）

こうして茶が商品としての生産が盛んになったのは，徳川時代の中期以降である。明治初期（9年）の茶生産量は9,062トンで，安政年間の横浜開港時（1859年）には180トンの輸出が記録され，文久年間には3,000トン台の輸出をみている。

第二次大戦に入って，茶園の1部は強制的に食糧作物に転換させられたため茶の生産は激減した。だが戦後7年にして生産量は戦前並みに回復，以降増産に向い35年に7万トン台に乗せ，41年8万トン，45年に9万トンを突破，46年は9万2,888トンを記録している。

しかし，その伸びは表①に示す通り年率2～3％に過ぎす，消費の漸増に原茶不足を招き，ここ数年台湾などから年間6～7,000トンの輸入をあおいでいる。

このような需給バランス，生産コストの上昇から数量的には微増だが，全額的にはかなり増えており40年の約518億円から43年には800億円に，そして45年には1,000億円の大台に乗せて今47年は1,400～500億円とみられ，紅茶の10倍，コーヒー市場の3倍もの大市場を形成しているのである。

この生販額の上昇は，何んと云っても小袋包装化の移行に伴なう上級茶への嗜好アップに負うところ大である。

かっては缶，またはせいぜいアルミホイルによる簡易包装が中心であったが，最近では摘みたてのお茶の味と香りをそのまま保つ真空処理二重包装技術（機械）の導入が急速に進み，これらパッカーの積

表①緑荒茶防湿包装銘柄緑茶の推定販売高

日刊経済通信社調

年度＼区分	緑茶生産高		防湿銘柄包装茶	
	荒茶生産量	仕上茶販売額	販売額	ウエイト
	トン	百万円	百万円	%
40年	77,431	51,800	6,000	11.6
41	81,816	61,500	8,000	13.0
42	84,000	72,500	10,000	13.7
43	84,436	80,900	13,000	16.0
44	89,332	97,900	18,000	18.3
45	90,944	115,700	25,000	21.6
46	92,888	133,800	32,000	23.9
47(推定)	94,500	140,400	37,000	26.4
48(見込)	96,500	145,000	45,000	31.0

注）1.荒茶生産量は農林省統計による　2.仕上茶販売額，防湿銘柄包装茶販売額は本誌推定算出。（販売価格は総理府家計調査の購入平均価格の9掛で算出）。

1972年（昭和47年）10月号より

緑茶消費後退下でウーロン茶浮上

茶業界、ジリ貧に歯止めかける対応を

今年もお茶は値上り必至。益々高くなる日本伝統のお茶に強力な競合茶が台頭した。言うまでもなくウーロン茶である。この〝ウーロンブーム〟は本物だ。作柄不良だとか，適品薄だとかを理由に，原茶の値上げばかりにかまけては日本茶は滅びる。すでにウーロン茶は昨年で1,000トンの大台を抜いた。ここ1，2年で紅茶の2分の1の3,000トンを超えそうな勢いにある。茶業界は真剣にその実態をとらえ，お茶のジリ貧に歯止めをかける対応を急がなくてはなるまい。

消費不振の中で茶価の値上り

今年も「八十八夜」(5月2日) で新茶シーズンが幕を開けた。

相い変らず消費不振が続く中で，茶価だけはドンドン値上りしている。今年もスタートのハシリこそ安かったものの，出回りが少なくジリ高傾向にある。

今年の一番茶は，史上最大とも云われた昨年のような被害（霜害）はなかったものの，春先きの天候不順（低温）や3月25日の鹿児島，昨年と全く同じ日の4月18日の静岡と京都，5月に入って2日の四国と北九州，6日の静岡山間部と断続的な霜害から全般に芽のびが悪く，不ぞろいで品質的にも心配されている。

このため，摘採や出回わりが各地区とも例年より1週間から10日遅れとなった。今年の静岡県茶市場の初ゼリは，昨年より2日遅れの4月25日。

当然のことながら玉は50トン以上と，大規模な凍霜害に見舞われた昨年の2倍近くに達したものの，その大部分は県外物（鹿児島，宮崎）が占め，県内産は約1割程度。相場も県内物キロ当り7～8,000円，九州物2,800～5,600円と昨年に比べかなり安かった。

これは，上級茶の荷もたれと高金利を反映してか，茶商側の慎重な仕入れ姿勢によるものとみられている。

こうした安値スタートも，5月の連休後は一変した。何よりも数量が思ったほど出てこないのである。鹿児島の2割方急騰をはじめ，各産地とも高値移行となった。やはり3月以降の低温と小刻みに襲った晩霜による被害（総額約25億円とも言われる）が意外と大きかったようだ。

出足慎重に対処していた問屋やパッカーも，適品薄と高値からややあせりの色を濃くしている。「もうこれ以上原茶が上っては採算がとれない」とネをあげるパッカーが多い。

緑茶の消費低迷の中でウーロン茶の人気爆発

3月2日の需給安定対策協議会で決定された今年の荒茶生産計画は，10万5,000トン（前年9万8,039トン），7.1%増だ。内訳けは，一番茶5万190トン（前年実績4万3,400トン），二番茶3万6,750トン（同3万6,000トン），三番茶1万トン（同1万400トン），四番茶1,500トン（同1,680トン），冬春秋番茶6,560トン（同6,510トン）。

「低温による芽伸びが悪かったことから摘採が遅れたが，5万トン（一番茶）そこそこはいくだろう」（茶業中央会）としながらも，玉の出回りが例年になく少ないため“お茶は一体どこへ行ったのか”と首をかしげる向きも多い。

確かに，大霜害に見舞われた昨年は6.4%減の9万8,039トンに終わったこともあろう。しかし，消

1980年（昭和55年）6月号より

巻き返しに好スタート切った麦茶市場

天候不順に泣いた昨年，徳用タイプの比率上がる

記録的な天候不順にたたられた昨年の麦茶市場は，大幅なダウンを強いられた。今年は，この巻き返しのため積極展開がうかがえ，天候にも恵まれ好調な立ち上りとなっている。最需要期の天候にもよるが，一昨年ベースへの回復が今年の大きな課題である。

冷夏でダメージ，88年市場規模は150億円割る

異常気象ともいえる記録的な長梅雨，冷夏に見舞われ，昨年の麦茶市場は12%前後のダウンを強いられた。この結果，市場規模は146億円と150億円を下回ったとみられる。

近年，麦茶は需要そのものは清涼飲料の多様化，簡便化などから大きな拡大はなかったものの，ティーバッグの普及による付加価値アップや，関連商材のウーロン麦茶などの寄与によりマーケットは着実に拡大，1984年には175億円規模に達した。翌85年はハトムギ茶が輸入原料の発ガン性物質問題でダウンしたものの，麦茶の堅調な伸びで前年水準を維持した。しかし，86年は冷夏にたたられ157億円と10%前後のダウン，87年は久々の猛暑に恵まれ復調したものの，価格訴求もあり予想外に伸び悩み165億円と前々年ベースへの回復までには至らなかった。

こうした推移のなかで，昨年の夏はほぼ全国的に梅雨明けが大幅に遅れたうえ，記録的な冷夏にたたられた。7月の日照時間は各地で観測史上最低を記録，8月も台風の連続発生で大雨が続き，本格的な夏を迎えないままシーズンを終了したといえる。

このため，飲料の中でもとりわけ天候に左右される要素の強い麦茶のダメージは大きく，ここ数年では最低の販売規模となった。更に飲料消費の多様化，特に近年のウーロン茶やスポーツドリンクといった競合要素の強い無糖の健康志向飲料の相変わらずの伸長，関連商材のハトムギ茶のダウンも依然大きく影響していることも否めない。

市場規模は麦茶類が10%減の135億円前後で，これには麦茶メーカーブランドの冷水用ウーロン茶やウーロン麦茶など関連商材を含める。ウーロン茶ティーバッグはここ数年急速に伸びてきたが，やはり家庭内で大量に作り置くという麦茶同様の商品特

表①　麦茶の市場規模推移

日刊経済通信社調（単位：百万円）

	1983	1984	1985	1986	1987	1988
麦茶	13,000	14,000	14,500	13,700	15,000	13,500
ハトムギ茶	2,000	3,500	3,000	2,000	1,500	1,100
合計	15,000	17,500	17,500	15,700	16,500	14,600

注）麦茶には関連商品のウーロン茶ＴＢ等を含む

表②　麦茶の生産推移

食糧庁調（単位：トン，%）

	1983年		1984		1985		1986		1987		1988	
	数量	構成比	数量	構成比	数量	構成比	数量	構成比	数量	構成比	数量	構成比
丸粒の袋詰	19,896	64.2	22,028	63.4	20,859	61.4	16,087	54.3	16,453	52.0	14,000	49.1
ティーバック	10,990	35.5	12,623	36.3	13,046	38.4	13,468	45.5	15,182	47.9	14,500	50.8
液体麦茶他	107	0.3	87	0.3	52	0.2	44	0.1	25	0.1	40	0.1
合計	30,993	100.0	34,738	100.0	33,957	100.0	29,599	100.0	31,660	100.0	28,540	100.0
（前年比）	(99.9)		(112.1)		(97.8)		(87.2)		(107.0)		(90.1)	

注）1．数量は工場出荷ベース　2．1988年度は本誌推定

1989年（平成元年）5月号より

国際化時代への対応を迫られた油脂業界

価値に見合った価格の形成へたゆまぬ努力

令和６年（2024年），「日清サラダ油」は誕生から100年を迎えた。「酒類食品統計月報」での食用油特集第１弾からは，すでにサラダ油といえば日清製油とのイメージが定着していたことがわかる。原料高でありながら製品価格は安いといった現代にも通じる課題が数多く見え隠れする昭和時代の油脂をひもとく。

天ぷら油は味の素，サラダ油は日清

昭和34年（1959年）の「酒類食品統計月報」９月号では，「小売店における食用油の販売動態調査」を特集。小売店における販売動態調査の第４回として食用油に焦点を合わせ，各銘柄ごとの売れ行き具合，取り引きの決済状況，品質の良否，今後の売れ行きの見通し等について，都内小売店（250軒）にアンケートを行い，その結果を集計したとしている。「一般家庭向のてんぷら油の売れる銘柄の順位を御記入下さい」との設問には，味の素を１位とするものが40，日清を１位とするもの13，豊年は12，ヤマサは６，昭和産業の４とする順位となっている。「サラダ油の売れる銘柄の順位」は日清を１位とするものが54点で，２位の味の素13点を大きく引き離していると記述。サラダ油については日清がほとんど独占的強みを発揮しているとしており，サラダ油に関しては日清が圧倒的な力を有していることがわかる。それは，令和６年（2024年）に「日清サラダ油」が100周年を迎えたことからも，いかに消費者から愛され続けたかがうかがえよう。

「最も品質の良いと思われる銘柄と，今後よく売れると思う銘柄は」の問いに対しては，「品質のよい銘柄」では天ぷら油については味の素が22点で最高，次が１点差で日清，豊年が11点で３位，サラダ油では日清が47点で断然多く味の素の７点と大差がついているとの記述がみられる。サラダ油といえば日清製油というイメージが浸透していることがみてとれる。

表①

区分	最も品質のよい銘柄			今後売れると思う銘柄		
	天ぷら油	サラダ油	計	天ぷら油	サラダ油	計
日清	21	47	68	18	30	48
ヤマサ	3		3	2		2
味の素	22	7	29	21	13	34
リノール		2	2		6	6
日華				2		2
豊年	11		11	2		2
昭和	3		3			
吉原		2	2			
不明	3	2	5			
回答数計	63	60	123	45	49	94

消費拡大が続く食用油

昭和37年（1962年）には「自主調整に入った食用油業界」と題した特集が組まれた。食用油脂の１人１日当たり消費量は26年（51年）4.29ｇであったものが30年（55年）7.52ｇ，34年（59年）には待望の10ｇ台を突破して10.25ｇ，36年（61年）12.10ｇとなった。しかしまだ欧米諸国に比べると，その消費量は非常に少ないが，10年後の46年（71年）には22～28ｇと約２倍強と推定されているとある。現在，植物油やマヨネーズ類，マーガリンといった植物性油脂の消費量は，11.9ｇといわれていることから，昭和36年（61年）には現代と変わらない量の食用油脂を摂取していたことがわかる。

消費は年々伸びているが，マーガリン，ショートニングなどの伸びが（26～27年を100とした指数は36年510）５倍強とよく，将来他の代用物に侵される心配もあるので，業界でも油のＰＲの必要性を感じているとしている。

国際競争力が必要な時代に

業界では製品・原料の自由化とともに，今後相当な苦難が予想されているとし，各社ともに大豆の自由化に備えて設備の増設・新設で大量生産が予想され，思惑相場などにより採算割れが出て，早くも業績悪化が目立ってきたと書かれている。国際競争力に打ち勝つために設備投資・販売網の確立・製品の多角化・関連業界の進出に努めているとあるが，同じことが現代でも言われており，古い課題は新しい課題でもあることを痛感させられる。油脂原料のうちで３割以上を占める大豆の自由化は，業界の最初の大きな試練となった。過去の製油業界は政府割当におんぶして来ただけに，押し寄せつつあるＥＥＣやアメリカなどの国際市場に太刀打ちできるかどうか，さらには大量の原料輸入による生産過剰からくる採算点などが問題となっているとしている。

“原料高の製品安”

大豆油は35年(60年)３月の16.5kg当たり3,200円台から下降線をたどり，原料が上昇傾向にあるのに製品は下降というアンバランスを描き，脱脂大豆が36年(61年)１～６月に値上がりしたものの，昨年末からは下降線上にあり“原料高の製品安”に悩み，出血採算を余儀なくしているとの記述がみられる。現在は，物価高騰の折，原料価格に見合った価格の形成が図られるようになってきてはいるが，36年当時でさえ“原料高の製品安”に悩んできたことをみるにつけ，相場に左右されやすい構造的な課題があったことがうかがえる。不況カルテルの結成気運が出たり，大手メーカーによる販売調整策などが協議されたが，不調に終わった。しかし，農林省の後押しもあり，今年(37年)業界一本化が実を結んで日本油脂協会が設立され，貿易自由化対策・原料対策・製油流通対策などを坂口会長(日清製油社長〈当時〉)を中心に着々とその製菓を上げて来ているとの記述からは，現代に通じる明るい未来を感じさせる。

底値感つかめず春需へ

昭和62年(1987年) 12月号の特集タイトルは「新国際化時代へ対応迫られる製油業界」。時代が進んでも，国際化はやはり古くて新しい課題となっている。62年(87年)の製油業界は上半に演じた相場の大暴落が，後遺症として下期に引きつがれ，長期低迷から脱出することができなかったとある。大暴落となった直接の原因は，昨年(61年)10～12月の処理過多，特に，ナタネ処理の増加であったとされる。２～３月にかけては，かつてない水準まで値を下げ，一部では最安値の1,500円台(大豆油斗缶)も散見されるなど急落。上銘，次銘柄を問わず値を崩し，底値感をつかめぬまま春需に入ったとある。悪夢から覚めても，上昇気流に乗ることができず，1,900円まで戻すことができたが2,000円台に乗せるまでに予想外に時間がかかったことが記されている。

新しい製油業界の波

62年(87年)の製油業界のもう一つの衝撃は日本リーバの参入であるとされ，搾油設備を持たぬメーカーの本格参入は初めてであり，それも国際的企業ユニリーバであったことに衝撃を受けたとの記述がある。家庭用食用油「ラーマサラダ油」は中京地区(愛知，三重，岐阜)で販売し，太陽の黄色をイメージ化したカラーボトルで，これまでの家庭用サラダ油容器とは全く異なり，斬新な切り口で参入してきたとある。衝撃的なデビューの割りには，人気そのものは今一つとのことだが，日本リーバとしても食用油市場へ参入したからには，やはりそれなりの目算はあってのことで，まずはシェア確保を前提とした販促を展開することだけは間違いないと書かれている。これまで，製油メーカーは原料輸入だけに目を向けていたが，もうその考えは過去のものになろうとしており，国内搾油そのものの位置づけが変わりつつあるとある。製油メーカーは現在，原油そのものの輸入にも対応できるよう自社の設備を整えているが，食料安全保障が叫ばれる時代になって，その重要性は変わらないといえる。本文は，製油企業の本当の国際化はこれからで，搾油で採算を取って

表② カナダ菜種の需給

カナダ統計局(単位：1,000トン)

項目	83/84	84/85	85/86	86/87	87/88
期初在庫	486	120	470	950	636
生産	2,638	3,382	3,508	3,820	3,744
供給計	3,124	3,502	3,978	4,770	4,380
輸出	1,498	1,456	1,456	2,120	1,900
搾油	1,159	1,290	1,232	2,014	1,890
種子等	347	286	340		
需要計	3,004	3,032	3,028	4,134	3,790
期末在庫	120	470	950	636	590

注)カナダ統計局，生産に輸入を含む

いたこれまでの経営は大きく転換せざるを得なくなるのではないかと述べ，その意味では，日本リーバの参入は新しい製油業界の波として，将来の方向を考える機会を与えたとも言えると締めくくられている。

“円高メリット”を享受？

昭和62年(87年)には，「大きく好転した食用加工油脂業界　円高に加え，原料相場大暴落が相乗効果」と題した特集が組まれている。食用加工油脂業界は，昨年(63年)“円高メリット”を享受して史上空前の利益率を計上。円相場の暴騰と，主要原油価格が石油ショック以前の水準まで大暴落した相乗効果で，収益面で大きな恩恵を得たとされる。業界では61年(86年)4月から製販価格の引き下げに踏み切り，製品価格は純植タイプでキロ当たり20円，動植タイプでキロ当たり10円(場合によってはそれ以上の値引きのケースも見られたが)値下げして，ユーザーに円高還元を実施したとある。製販価格の値下げは，円相場が対米ドル換算200円を割った時点で，大手製パンメーカーなどが値下げ要求をうちだし，190円を割って一般ザラ場のユーザーが騒ぎ出したのがきっかけとあり，落ち着いてきたとはいえ原料高で円安の現在とは，全く違った様相を呈している。

今年も円高メリットを生かして“2匹目のドジョウ”となりえるかどうか，ギリギリのところにあることは確かなようだと結論づけている。今から思えば，うらやましい状況には違いない。　(川田岳郎)

《特　集》

小売店における
食用油の販売動態調査

最近食用油の需要は年々堅実に伸びている食糧庁の油脂需給計画による国民一人1日当り油の需要量も30年 7.52g から31年8.21g、32年 8.66g、33年 9.32g、そして今年度は9.73g となっており、食生活における栄養改善の深透からますますこの傾向は強まるものと思われる。これと平行して、消費者(購売者)の銘柄撰択の度合も強まってきている。

そこで、今回小売店における、販売動態調査の第4回として食用油に焦点を合わせ、各銘柄毎の売れ行き具合、取引の決済状況、品質の良否、今後の売行きの見とおし等について都内小売店（250軒）にアンケートを行い、その結果を集計した。勿論対象店が東京都酒類商業協同組合加盟の食料品酒類の小売店の中から無差別に抽出したものであるので、販売ルートの比重の点から、或るメーカーによっては、アンケートに現われる結果が不利になってくることは当然で、その点のハンデを考慮した上で参考にして頂きたい。例へば豊年、昭和というメーカーの場合充分実勢を反映しない結果も出ていると思われるのでその点はお断りしておく。また回答の記入は自店で取扱っている銘柄だけに限られている。

本社 第4回 アンケート

売行順位　天ぷら油は味の素1位
日清はサラダ油で圧倒的

（一）「一般家庭向のてんぷら油の売れる銘柄の順位を御記入下さい。」 この問に対して1位から5位まで記入してもらった結果、2位以下を記入してないもの、又は3位以下以下を記入してないものもかなりあったが、1位については回答者95店のうち80店が記入してあり、味の素を1位とするものが40、日清を1位をするもの13、豊年は12で、ヤマサの6、昭和の4という順位になっている。また、2位では、日清が31点で最高、味の素が17点で次ぎ、豊年12点、つづいてヤマサの8という結果になっている。1位から5位までの集計では、味の素が、最高で57点、日清が54点で2位、豊年35、ヤマサの20点という順序になっている。

付表①　天ぷら油の売れる銘柄の順位

銘柄 順位	日清	昭和	味の素	豊年	日華	ヤマサ	岩井	花王	計
1位	13	6	40	12	2	6			80
2位	31		17	13		8			69
3位	10	2		10		2	2		26
4位					2	4		3	9
5位							2	2	4
計	54	8	35	35	5	20	4	5	190

（二）「サラダ油の売れる銘柄の順位」についての回答結果は付表②のとおりで、回答記入数72点中、1位のランクでは、日清を1位とするものが、54点で断然優位を占めて、2位味の素の13点を大きく引き離している。2サラダ油については日清がほとんど独占的強みを発揮している。2位のランクでは、味の素が54点中34点と過半数以上を占めており、豊年は2位、3位合計で9点にすぎない。

②　サラダ油の売れる銘柄の順位

順位	日清	昭和	味の素	豊年	富国	リノール	吉原	不明	計
1位	54	2	13			2	2		73
2位	6		34	5	2	2	2	3	54
3位	2	2	4	4		3			15
3位						2			2
5位									
計	62	4	51	9	9	9	4	3	144

（三）「天ぷら油の売れゆき割合を百分比で記入して下さい」に対し回答記入数82で、天ぷら油をサラダ油の売行き割合を天ぷら、90に対し、サラダ10%つまり、9対1と答へたものがもっとも多く、34点で全体の約41%を占めている。

1959年（昭和34年）9月号より

（特）（集）

自主調整に入った食用油業界

待望の10g台に

食用油脂の１人１日当り消費量は昭和26年4.29ｇであったものが、30年7.52ｇ、34年には待望の10ｇ台を突破して10.25ｇ、36年12.10ｇとなった。しかしまだ欧米諸国に比べると、その消費量は非常に少ないが、10年後の46年には22～28ｇと約２倍強と推定されている。なお和和26～27年を 100 とした指数は、30年177、34年260、36年 309 と３倍の伸びを示している。（表①）

このように消費は年々伸びているが、これはマーガリン、ショートニングなどの伸びが（26～27年を100とした指数は36年510）５倍強と良く、単体は2.7倍（270）からみて、将来他の代用物に侵される心配もある。これについては、業界でも油のＰＲの必要性を感じている。なお36年の油脂生産量は50万トンで需給バランスは（消費実績45～46万トン）とれている。（表②）

期待はずれの大豆自由化

しかし業界では製品・原料の自由化とともに、今後相当な苦難が予想されている。たとえば昨年７月からの大豆自由化である。各社ともに大豆の自由化に備えて設備の増設・新設で大量生産が予想され、思惑相場などにより採算割れが出て、早くも業績悪化が目立って来た。国際競争力に打ち勝つために設備投資・販売網の確立・製品の多角化・関連業界への進出に努めている。

油脂原料のうちで３割以上を占める大豆の自由化は、業界の最初の大きな試練となった。過去の製油業界は政府割当におんぶして来ただけに、押し寄せつつあるＥＥＣやアメリカなどの国際市場に太刀ち打ち出来るかどうか、さらには大量の原料輸入による生産過剰からくる採算点などが問題となっている。

表①　食用油脂の年次別消費実績
食糧庁調（単位　トン）

年次	消費実績			伸長率	1人1日当り消費量
	単体	マーガリンショートニング他	計		
昭和 9～11年平均			78,000	%	g 2.98
26	(113,094) 117,358	(19,486) 20,732	(123,580) 138,090	100	4.29
27	(123,095) 127,511	(25,405) 27,139	(148,500) 154,650		4.74
28	(133,443) 139,202	(36,067) 38,298	(169,510) 177,500	121	5.34
29	(127,811) 133,760	(52,659) 56,980	(180,470) 190,740	130	5.60
30	(186,510) 194,673	(58,660) 64,677	(245,170) 259,350	177	7.52
31	(212,060) 223,810	(58,310) 64,444	(270,370) 288,250	197	8.21
32	228,306	77,366	(288,101) 305,672	209	8.66
33	243,455	89,573	(312,120) 333,028	228	9.31
34	280,766	99,648	(355,916) 380,414	260	10.52
35	325,586	111,073	(403,204) 436,659	298	11.76
36	330,069	122,752	(418,619) 452,819	309	12.10
37（計画）	349,570	144,260	(454,420) 493,830	337	13.00

注）①年度は会計年度　②（　）内数字及び１人１日当り消費量は精製油としての数量である。

表②　年次別油脂生産及び原料処理実績
食糧庁調（単位　トン）

品目	34年度		35年度		36年度	
	原料処理	油脂生産	原料処理	油脂生産	原料処理	油脂生産
国産						
なたね	219,003	86,297	171,389	65,347	233,133	90,675
からし	—	—	—	—	—	—
大豆	2,687	399	3,797	558	4,981	760
米糠	185,148	32,384	225,352	38,927	233,573	40,347
あまに	2,214	592	1,700	482	1,333	345
桐実	—	—	25	7	—	—
その他	2,612	301	11,057	1,136	8,880	1,151
小計	411,664	119,900	413,320	106,457	481,900	133,278
輸入						
大豆	840,433	147,173	914,738	162,573	935,575	167,087
落花生	173	58	—	—	96	29
胡麻	9,838	4,309	19,045	8,804	10,738	4,894
コプラ	48,125	34,219	74,239	47,195	88,287	55,989
菜種	21,942	8,589	52,036	19,470	19,973	7,481
芥子	492	180	—	—	20	7
棉実	100,755	19,170	83,818	16,254	93,172	18,051
あまに	82,162	31,235	83,121	30,982	104,006	38,363
ひまし	26,339	11,081	27,211	11,938	30,977	13,520
カポック	30,665	6,876	33,175	7,138	38,335	8,235
パーム核	31,535	17,797	27,292	13,252	26,533	12,912
サフラワー	59,831	21,955	90,857	32,380	88,206	31,455
米糠	1,239	182	160	26	—	—
ひまわり	1,757	506	22,964	9,113	16,506	6,032
大麻	20	6	—	—	5,699	2,148
その他	2,512	964	13,721	5,404	3,265	1,451
小計	1,275,817	304,297	1,442,377	364,529	1,461,388	367,554
合計	1,669,481	424,270	1,855,697	470,986	1,943,288	500,932

1962年（昭和37年）５月号より

大きく好転した食用加工油脂業界

円高に加え，原料相場大暴落が相乗効果

食用加工油脂業界は，昨年“円高メリット”を享受して史上空前の利益率を計上した。円相場の暴騰と，主要原油価格が石油ショック以前の水準まで大暴落した相乗効果で，収益面で大きな恩恵を得た。しかし，今年は円相場の再然によって2年連続の製販価格の引き下げを求められ，逆に円高デメリットにもなりかねない。

足踏み状態脱し，3.2%の伸び示す

日本マーガリン工業会がまとめた，61年度の食用加工油脂生産高は合計65万9,923トン，前年比3.2%増と，久々に高い伸長率をみせた。

食用加工油脂の生産高を年次別にみると，56年に3.9％増と高い伸長率になって以来，57年1.1％，58年1.8％，59年0.4％，60年0.4％と伸長率が急速にダウンして，過去2年間はほとんど伸び率は止まり，足踏み状態だった。しかし，61年はファットスプレッドが初登場し，さらに家庭用マーガリンが回復するという2つの要因から前年を大きく上回った。

マーガリンの生産高は，合計23万8,143トンで1.2%減。うち，家庭用は8万6,524トン，4.3％増，学給用2,701トン，17.9%減。業務用14万8,918トン，3.8％減。ファットスプレッドは家庭用1,887トン，学給用28トン，業務用1万6,542トンの合計1万8,457トン。ショートニングは15万2,230トン，2.4%増。

精製ラードは純製2万401トン，0.7％増，調製8万4,224トン，0.2％減，合計10万4,625トン，0.1％減。食用精製加工油脂は5万5,024トン，2.8%増。また，その他食用加工油脂は9万1,444トン，0.2%減となった。

ところで，農林水産省は4月7日の大豆・油糧等需給協議会の席上，62年度食用加工油脂の生産高は合計66万2,030トンという計画をまとめた。

家庭用マーガリン8万7,000トン（前年対比0.6%増），学給用マーガリン2,500トン（7.4％減），業務用14万6,000トン（2％減）の合計23万5,500トン（1.1%減）。ファットスプレッド合計2万3,030トン（24.8%増）。ショートニング15万3,000トン（0.5％増）。精製ラード10万3,500トン（1.1％減）。食用精製加工油脂5万5,000トン（前年並み）。その他食用加工油脂9万2,000トン（0.6％増）という見通しである。

大豆油相場，1年間で半値近くに下落

シカゴ大豆相場は過去2年間，年平均価格がbu当たり5$台（期近）という記録的な安値が続き，相場は完全に沈黙している。

61年の年平均価格はbu当たり5$20セント台で，前年の年平均価格5$50セント台，51年以来9年ぶりの超安値の記録を塗りかえた。

ところで，主要原油のひとつ大豆油の価格はシカゴ大豆相場の記録的な安値，円相場の暴騰による相乗効果で，年間を通じほぼ一本調子の大暴落。

年初は斗缶当たり2,900円中心から，年央には2,300円台，年末は2,000円の大台を割るなど，ジリジリと水準を下げ，年間平均価格を算出すると，斗缶当たり2,300円と，前年の4,000円にくらべほぼ半値ちかい驚異的な安値だ。

食用加工油脂メーカーの原料大豆油購買価格をみると，最大手ミヨシ油脂の場合，精製大豆油の購買価格は60年3月がキロ当たり209円，6月229円，9月219円，12月141円で，年平均価格はキロ当たり200円。ところが，61年3月は118円。6月106円，9月102円，12月85円と，年平均価格はキロ当たり

1987年（昭和62年）5月号より

新国際化時代へ対応迫られる製油業界

体質強化へ向けて乱売に終止符を

(製)油産業は原料の国際化から，資本，搾油，製品の国際化へと大きく変革しつつある。

量産体制と販売競争に終始している現況では，求められる体質強化は遠のくばかり，これから起こるであろう新国際化時代へ対応できるのであろうか。それを前提に今年の業界の回顧と展望を考えてみた。

斗缶の不振など需要は全般に後退

(可)食油の62年（１～12月）の出荷数量（原油ベース）は前年比１％強の減少と推定した。

油糧生産実績の１～10月の原油ベースは126万2,592トンで，前年同期比1.2％減，これに11，12月を29.5万トンと推定（前年比1.7％減）し，年間トータルでは156万トンとみた。

なお，大豆・油糧等需給協議会での可食油の需給見通しは，国内生産を3.4％増，同消費を1.6％増との見込でスタート。しかし，油価の下落や油粕需要の低迷もあって計画とのギャップが拡大した。

ただ，昨年の出荷量が５％弱の異常な伸びであったことからすると，今年の数量は前年比でマイナスであるが，60年対比では３％強の伸びとなっている。つまり，過去の伸び率からみると，実需を反映した数量でもあったともいえる。

ただ心配なのは，総務庁の家計調査による一世帯当たりの購入数量が大幅に落ち込んでいることである。60年の年間トータルで前年比３％減，61年が0.2％減，そして，62年１～９月累計で8.5％減，年間でみても７～８％減は避けられないであろう。ここに来て，植物油と成人病，肥満といった健康問題が知らず知らずに消費者に浸透し，食用油の需要促進を押えているという考えも成立する。何故ならば，購入単価は100ｇ当たり29円28銭で前年同期に比べ５円58銭，率にして16％もダウンしている。つまり，16％も価格が安くなったのだから，消費量が５％前後伸びてもおかしくない。それが逆に8.5％もマイナスになっている実態を考えると，価格以外の何かが消費者心理に影響していると言えるのではないか。

７，８月は贈答ニーズということもあって，購入数量が大幅に増えるのが例年だが，逆に今年は前年に比べ４％前後のダウンとなっている。この数字は今年の中元の不振を物語るものである。

では，10月までの原料処理であるが，大豆は308万9,752トンで前年比2.6％減，四半期別では１～３月が93.1％，４～６月が98.2％，７～９月が101.0％，10～12月を105万トンの98％とみると，年間処理量は380万トンで約10万トン減の3.6％減となる。

なたねの１～10月処理実績は130万1,210トンで前年比11.6％増，四半期別では１～３月が113.6％，４～６月が117.4％，７～９月が110.2％と第３四半期まで２桁台の伸びを示した。しかし，９月頃からなたねの処理調整が本格的に進み，10～12月では45万6,000トンの98.3％と推定，年間予想処理量は160万2,000トンで13万1,000トン増の8.9％増

表①　植物油脂の消費実績　（単位：トン）

年次別	食用					非食用	輸出用
	単体油	マーガリン ショートニング	その他 加工用	計			
				原油	精製油		
昭和57年	1,014,110	228,066	330,942	1,573,118	1,490,758	197,401	19,071
58	1,040,841	237,645	341,753	1,620,239	1,535,223	205,886	23,926
59	1,043,365	240,186	338,530	1,622,081	1,537,815	211,134	25,529
60	1,073,584	232,628	384,717	1,690,929	1,602,601	208,456	16,789
61	1,155,108	250,376	383,610	1,789,094	1,694,973	213,202	16,727
62年見込	—	—	—	1,820,400	1,724,724	218,200	22,200

注）1. 農林水産省「我が国の油脂事情」より　2. その他加工用はマヨネーズ用，食用加工脂属等

1987年(昭和62年) 12月号より

急成長した昭和の市販用マーガリン

バター代替品から機能性商品に成長

マーガリンは、精製した油脂に粉乳や発酵乳・食塩・ビタミン類などを加えて乳化し、練り合わせた加工食品。1869年に、ナポレオン3世が当時フランスで不足していたバターの代替品を求めたことから誕生した。そして現在、マーガリンは品質や風味が改良され、バターとは異なる機能性をもつ食品として成長した。

昭和25年，食の欧風化背景に伸長

マーガリン類はバターの代用品として商品化され，戦後の食生活の洋風化とマーガリンの品質向上によって急成長した。昭和20年(1945年)代には，植物性硬化油の採用，脱臭技術の進歩，ビタミン強化などの機能性が向上。原料によって色々なタイプを作り出せるという，バターとは違った長所も認められたことから，当初「人造バター」と呼ばれたマーガリンは，統一名称も「マーガリン」に改められた。

昭和40年，バターとの競合など課題も

昭和40年(1965年)代後半には，パンに塗りやすいソフトタイプが普及。粉食普及という国策に伴ない，学校給食がパン食になったこともマーガリン産業の発展に大きく寄与した。一方，バターとの競合は続いており，マーガリンの位置付けには，新たな疑問も浮上していた。

本誌「酒類食品統計月報」の昭和38年(1963年) 12月号では，「問題の渦中にあるマーガリン業界」と題し，「マーガリン業界は，最近しばしば話題になるバター攻勢，あるいは原料油の高騰，また貿易自由化という問題を控えその対策が叫ばれている」と指摘。戦後順調に発展を続けてきたマーガリン業界が迎えた試練期について，以下のレポートをまとめている。

マーガリンは元々バターの代用品として19世紀末のヨーロッパに生まれ，以来時代の推移と共に改良され今日に至った。発生過程からみても，当然バターと競合。実際に酪農保護政策から，各種の法律を設けてマーガリンの生産を抑制した国が数多くあった。国内の市販用マーガリン，バターの生産量推移をみると，昭和26年(1951年)から5年間はマーガリンの生産がバターを上回り，同31年(1956年)から4年間は逆にバターがマーガリンを抜き，同35年(1960年)から4年間は再びマーガリンがバターを上回っている。一見すると，バターが増加すればマーガリンが減少し，マーガリンが増加すればバターが減少するといった関係にみえる。

しかし，実際には，バターの増減は需要よりもバター自身の生産環境によるところが大きい。このため生産のカーブも不規則となっている。一方マーガ

表① 市販用マーガリンの年次別・月別生産量

	昭和50年		51年		52年		53年	
	実数	前年比	実数	前年比	実数	前年比	実数	前年比
1月	3,964	127.5	4,895	123.6	5,738	117.2	4,262	74.3
2	4,235	79.5	4,981	117.6	5,979	120.0	6,002	100.4
3	4,998	87.6	5,714	114.3	6,048	105.8	6,908	114.2
4	6,003	109.2	6,712	111.8	6,210	92.5	6,838	110.1
5	4,833	83.9	6,013	124.4	5,116	85.1	6,688	130.7
6	4,757	84.00	6,151	108.3	4,898	95.1	5,604	114.4
7	3,873	108.2	4,337	112.7	4,336	99.9	5,049	116.4
8	3,834	133.6	5,069	132.2	3,931	77.5	5,273	134.1
9	5,276	110.6	6,828	129.4	5,780	84.7	6,583	113.9
10	6,267	98.1	7,442	118.7	7,238	97.3	7,198	99.4
11	5,561	89.5	6,767	121.7	6,228	92.0	6,605	106.0
12	4,382	87.1	5,924	135.2	5,299	89.5	5,586	105.4
合計	57,983	96.8	69,833	120.2	66,802	95.7	72,597	108.7

注)日本マーガリン工業会調、単位：トン，%。

リンは需要に密着した生産が行われ，生産即消費と考えられる。マーガリンはバターが増えても減ってもほとんど一定の傾向で年々増加し，同31年(1956年)から同38年(1963年)まで一度も前年比でマイナスを示したことがない。

また，長期的には昭和30年(1955年)を100とした指数では，同37年(1962年)にはバターが256，マーガリン241とほとんど同様に伸長している。先に触れた諸外国のマーガリンに対する規制政策が次第に少なくなっていることなどを勘案すると，マーガリンとバターの関係を，お互いに食い合う関係にあるとみるのは誤りではないだろうか。

では，現状に限ってみた場合はどうか。これは影響なしとしない。明らかに高級マーガリンなど一部のものは，バターの極端な安いものに市場を奪われたことは事実だろう。しかし，そういう現状の中でも，市販用マーガリ生産・消費は増え続けている。

結論として，日本の現在の段階ではバターもマーガリンもまだまだ伸びる余地が大きく，一時的な食い合いがあっても全体としてはむしろ相互に補い，マーガリンとバターを合わせた市場の拡大にプラスし合っていると考えられる。

表④　市販用マーガリンの一世帯当たり購入状況

	実数			前年比(%)		
	支出金額 円	数量 g	価格 100g当たり円	支出金額 円	数量 g	価格 100g当たり円
昭和47年	684	1,547	44.2	109.9	104.9	104.8
48	749	1,656	45.2	109.5	107.1	102.2
49	1,143	1,925	59.4	152.6	116.2	131.3
50	1,518	2,030	74.7	132.8	105.5	125.9
51	1,592	2,289	69.6	104.9	112.7	93.1
52	1,496	2,289	65.3	63.9	100.0	94.1
53	1,576	2,381	66.5	105.3	104.0	101.9
54	1,628	2,549	63.8	103.3	107.0	95.8
55	1,863	2,794	66.6	114.4	109.6	104.4
55年1月	115	178	64	115.0	114.3	100.0
2	157	243	64	118.9	119.2	100.0
3	173	272	63	108.1	109.1	98.4
4	171	266	64	114.0	113.2	100.0
5	152	232	66	107.8	105.8	103.1
6	146	213	68	109.8	103.5	106.3
7	142	206	69	117.4	111.8	106.2
8	148	214	69	125.4	118.00	106.2
9	147	214	68	106.5	98.4	107.9
10	167	244	68	122.8	113.6	107.9
11	164	241	68	110.1	101.9	107.9
12	181	267	68	120.7	110.5	109.7

注）総理府調。

自由化直前のマーガリン市場について

マーガリンの貿易自由化は昭和39年(1964年) 10月の見通し(本誌昭和38年12月号)。もっとも，大豆油の自由化が前提で，大豆の免税問題もあり，必ずしも確定したものとはいえないが，いずれにしてもこの頃と考えて大差はない。現在の世界のマーガリンの主要生産国，生産量及び輸出入量をみると最大の生産国はアメリカ，次いで西独，英国，オランダなどのヨーロッパ諸国。世界の総生産量は約400万トンといわれる。国際貿易高は，その生産量に比較すると小さく，最大の輸出国オランダの同37年(1962年)の輸出は9,957トンで，バターの1/10以下。これは，マーガリンがバターに比べ単価が安いにもかかわらず，バターと同じ扱いを必要とし，輸送・保管の経費がかさむこと，国内産業保護政策上の輸入禁止。あるいは関税障壁などが原因と思われる。

日本の現行関税率は35%だが，自由化は日本にどんな影響を与えるのだろうか。

地理的に最も近く世界壮大の生産量をもつアメリカを例にとると，小売り価格は円本と同様に安いものと高いものとの幅が非常に大きくかつ種類も多い。そこで，銘柄もので植物性原料油の普通品(日本の高級品に相当)をとってみると，ポンド日本円にして100円前後，特殊品で150～160円。一般に円本の同品質のものに比べるとかなり安く，その他スーパーマーケットなどが自己のブランドで売っているものには相当安いものもあるようだ。これは小売価絡のため，輸出価格はさらに安くなる。しかし，冷蔵輸送すると運賃が1ポンド20円以上もかかり，関税35%を加えると逆に日本の国内同等品と同じかやや高くなってしまう。ヨーロッパの場合も価格はアメリカより安いが運賃は大幅に上昇する。このようにみると自由化されたからといって，一度に入ってくるとは考えられない。実際の取引では，出血輸出でも操業度の向上でカバーすることや，輸出費用の合理化によるコストダウンも考えられる。自由化は業界にとって決して軽視できない問題といえるだろう。

メーカーの変遷

雪印乳業は昭和14年(1939年)，「雪印マーガリン」

のブランドで販売を開始。また同38年(1963年)には明治乳業が参入した。日本リーバの前身は豊年製油とユニリーバの合弁会社・豊年リーバで，同41年(1966年)にマーガリン，ショートニング，ラードの製造販売を開始。同52年(1977年)に現社名に変更した。味の素の参入は同45年(1970年)で，同46年(1971年)には業務用ショートニングの生産販売も開始した。

しかし味の素は平成5年(1993年)，「マリーナ」の商標権を日本リーバに譲渡するとともに市販用市場から撤退。その後日本リーバから事業を引き継いだＪオイルミルズも事業を終了した。その後の市販用マーガリン市場は，雪印メグミルクと明治で市場の約8割を占めている。

表③ バターの一世帯当たり購入状況

	実数			前年比(%)		
	支出金額 円	数量 g	価格 100g当たり円	支出金額	数量	価格
昭和47年	621	774	80.3	101.6	96.9	104.9
48	622	731	85.0	100.2	94.5	105.9
49	781	805	97.0	125.6	110.1	114.1
50	910	778	116.9	116.5	96.9	120.5
51	880	682	128.9	96.7	87.7	110.2
52	826	622	132.8	93.9	91.1	103.00
53	824	596	138.8	99.7	95.9	104.5
54	814	590	138.6	98.8	99.0	99.8
55	778	551	141.6	95.6	93.3	102.1
55年1月	50	35	141	100.0	99.2	101.4
2	61	43	142	107.0	102.4	103.6
3	64	45	141	87.7	86.1	101.4
4	52	37	141	85.2	83.4	102.2
5	58	41	141	89.2	88.6	100.7
6	54	38	143	85.7	83.7	102.1
7	58	41	144	98.3	97.6	101.4
8	58	40	144	96.7	93.1	103.6
9	62	44	141	93.9	91.9	102.2
10	69	49	142	101.5	100.4	101.4
11	70	50	140	92.1	90.9	101.4
12	122	89	137	105.2	99.6	104.6

注)総理府調。

49年，オイルショックを経験

昭和48年(1973年)に発生した第四次中東戦争は，日本にオイルショックを引き起こした。本誌昭和50年(1975年)5月号には，当時の概況が次の様に取り上げられた。

昭和49年(1974年)の食用加工油脂の総生産量は45万7,716トン，前年比2・5%の減産で，品種別では学給用，業務用マーガリン，ショートニング，精製ラードが前年実績を下回り，その他加工油脂がほぼ前年並み水準を維持。こうしたなかで市販用マーガリンは，前年比24%増と大幅な増加となり，生産実績も5万9,900トンと6万トンに迫った。

市販用マーガリンはここ数年1ケタ台の伸び率で推移しており，需要の伸びもあまり大きくはなかった。前年時点の生産計画も万5万1,000トンの見込みだった。業務用マーガリン，ショートニング等が減産しているだけに，その増加率は注目を集めた。

大幅増産の背景には，消費が順調に増加したことに加え，1～3月にかけて発生したオイルショックによる仮需要，さらに6月および11月に実施された2回の価格改定を前にした仮需要が大きく作用した。

昭和48年(1973年)～49年(1974年)，オイルショックによる物価の高騰が激しく，政府は石油製品の新指導価格決定とともに，総合物価対策を決め，「生活関連物資等の臨時価格抑制対策」を打ち出した。これにより，市販用マーガリンは価格監視品目に指定され，値上げについては農林省に申請認可を必要とするものとなった。当時，インフレが激しくマーガリン原料抽脂も高騰。市販用マーガリンも値上げが必要なことから，3～4月にかけて当局に対し，価格改訂の申請が出された。

価格改訂の理由は，米国の食糧輸出規制に端を発した油脂価格の上昇で，それがオイルショックでさらに高騰し，同49年(1974年)4月現在の原料油脂価格は，前年同期比45%以上上昇した。これに人件費の上昇が3割を越えるものであったことから，油脂価格はさらににアッフする気配を示し，マーガリンメーカーの採算も極度に悪化。このため値上げ申請は平均33%だった。

農林当局は，各メーカーごとに審査，専業メーカーである豊年リーバに対し平均33%のアップを承認した。これに伴ない豊年リーパは，ラーマゴールデンソフトの標準小売価格を150円から200円に，同スティックを130円を170円にそれぞれ引き上げた。

しかし，この豊年リーバの後で認可された，雪印ネオマーガリンの場合は，33%の申請に対し，10%カットした「23%アップ」の認可となった。アップ率算定は，「①原料及び包装資材のコストアップ分のみ値上げを了承する　②その他の経費の上昇分はすべて企業努力で吸収　③コスト計算上企業利益は総原価に対して３％に押える」というもので，企業にとっては厳しいものだった。これを受けて雪印乳業ではネオマーガリン130円を160円に，同ソフト150円を185円に，モアソフトマーガリンは170円を200円の値上げを実施した。次いで価格改定を行なった味の素のマリーナ，，明治ニュートーストの小売り価格は，雪印乳業と同様だった。

最初に実施したラーマゴールドマーガリンの価格が他に比べ高くなったため，農水省のとった措置に対する批判の声も少なくなかった。このことは市場における競争の不利を招くこととなり，後日豊年リーバは上げ幅を修正。他社の価格水準にそろえることになった。

値上げの影響で市場の動きが鈍化したが，原料油脂価格はその後も上昇を続け，10月現在で前年同期に比べ2.5倍に高騰。各メーカーは再度農水省に値上げを申請し，審査が終了した10月末から相次いで価格改定が行われた。

申請した値上げ率は36.3％だったが，前回同様カットされ，認可されたのは24.6％の値上げだった。この結果，ソフトタイプの小売価格は230円に，ハード物は200円となった。ソフトタイプとハードタイプの価格差は20円だったものが，昭和49年（1974年）５～６月の値上げで25円に，10～11月の値上げで30円に拡大。ソフトタイプ製品の開発で「100円」の価格ラインを破ったマーガリンは，「200円」の大台に乗せた。

昭和56年をピークに漸減へ

昭和55年（1980年）には，でマーガリンの規格に入らない油脂系スプレッドが，ローファットを売り物に市販用マーガリンの主流に成長した。しかし，同58年（1983年）には食パンの需要減退から市販用マーガリンが戦後初めて２年連続のマイナスとなり，その後の市場は縮小傾向に転じている。

本誌「酒類食品統計月報」の昭和56年（1981年）５月号では，「市場価格安定してきた市販用マーガリン業界」と題した特集が組まれている。その中でピークだった同55年（1980年）の市販用マーガリン業界について，①市場価格が安定　②在庫整理が進む　③タイプ別では徳用もの（450g・400g）が成長　④ブランドロイヤリティーのユーザーが増加―などを指摘。

また，「市場価格対策は昭和44年（1969年）下期から推進されてきたが，同55年（1980年）３月までは，チラシ特売価格はまだ２ケタ価格が散見された。年度が変った４月からは，各社が販促費をカットするなど量販店納入価格の底上げを推進。時折安売りもみられたものの，特売価格は128～138円が一般的になった」としている。以下，当時の概況は次の通り。

月が進むに連れ，屈販店の条件付き製品の在庫が消化されるに従い，特売価格は上昇，高値で148～158円となってきた。４月で７～８円方上伸していた仲卸価格も，６月時点では13～18円方締まり，164～153円となってきた。定番価格にしても下値は徐々に上昇。168～188円から178～188 円となってきた。このように市場実勢価格の建て直しをはかった背景には，第２次オイルショックを契機としたエネルギーコストの上昇はもちろんのこと，原料油脂価格の高騰があった。本来ならば，製品価格の改定が実施される状況にあったが，標準小売価格（225g215円）に対し，市場価格があまりにもかい離しすぎているため，まずこれを回復させることが優先された。従って価格が回復した段階で価格改定も考慮されたが，その後原料油脂価格が緩んできたこともあり，「市販用マーガリンは価格改定の機会を逸した」とする声も聞かれた。

平成元年，ファットスプレッドが拡大

平成元年（1989年）の家庭用マーケットは，日本リーバが主力マーガリン製品「ラーマソフト」を，本物・ライト志向を満足させる油脂分70％の製品に全面的にリニューアルし，マーガリンからファットスプレッドに切り替えた。ファットスプレッドは油脂含有率が35％以上75％未満と，マーガリンの80％以上より低脂肪で，果実及び果実加工品，チョコレート，ナッツ類のペーストなど風味原料を添加することができるため，製品のバラエティ化が容易で，以降，市場に台頭していく。

表③　市販用マーガリンの販売状況

日刊経済通信社調

	53年			54年		
	実数	前年比	シェア	実数	前年比	シェア
雪印	35,300	107.0	48.7	36,700	104.2	47.7
マリーナ	15,400	110.0	21.2	16,100	104.5	20.9
ラーマ	11,000	110.0	15.2	12,500	113.6	16.2
明治	9,000	128.5	12.4	10,000	111.6	12.9
合計	72,500	109.8	100.0	77,000	106.2	100.0

《特》《集》

マーガリンとマヨネーズの市場調査

この調査は①最近乳製品、特にバターが不足しているので、これに替るテーブル用マーガリンが、バター不足によりどのような売れゆきの変化を来たしているか。②最近マヨネーズの消費が急激に増加しているため、既存のメーカーの増産は勿論のこと食品界の大手会社がマヨネーズの生産販売を初めており、これが市場にどのように浸透しているか。ともに注目される問題なので特別に調査をしたものであり、我が社の市場調査品目としては初めてのもので調査項目などの不備な点が多々あると思います。今後この二品目も調査をもっと綿密なものにして、年2回以上の定期調査をしたいと考えております。

調査対象は東京都小売酒販組合の組合員のうちから1,000軒を無差別に抽出してアンケートしたもので、回答率はあまり芳しくなく91店であった。

マーガリンの部

総体的には増伸

(一)マーガリンの売れゆきは最辺伸びていますか。

この回答結果は表①に見られる通り一番多い回答が「横這いである」の44.0%、続いて「伸びている」が34.1%、「減っている」が16.5%となっており、「横這いである」と「伸びている」を合わせると78.1%となるから、マーガリンの売れゆきは総体的には増伸していると見てよいと思う。

表 ①

区　分	回答数	比　率
伸びている	31	34.1%
減っている	15	16.5
横這いである	40	44.0
無記入	5	5.4
計	91	100.0

バター値上げ影響なし

(二)3月から4月にかけてバターが値上がりしましたが、このためバターからマーガリンに乗りかえたお客様がありますか。

これに対する回答は表②の通り「ありません」が80.2%、「あります」がタッタ6.6%、「無記入」(判らないと見られる)が13.2%となっており、(一)の「マーガリンの売れゆきが伸びている」事実と照らし合わせると、マーガリンはバター不足のために売れゆきが伸びたのでなく、マーガリンはマーガリンそのものが単独で消費増加を見ていることになる。

この消費増加の原因が何であるかは、この調査ではおこなわれないから判らないが、おそらく ①マーガリンの品質がよくなっていること ②食生活の変化がマーガリンを必要とする傾向にあること ③消費者がマーガリンの使用方法を知って来たことなどのためと思われる。

表 ②

区　分	回答数	比　率
あります	6	6.6%
ありません	73	80.2
無記入	12	13.2
計	91	100.0

はかり売りは減る

(三)貴店ではマーガリンの「はかり売り」をしていますか。

結果は表③の通り「していませ」んが圧倒的で72.5%を占め、「しています」が6.6%に過ぎない。これは調査対象が酒の小売店であるためと考えられ、もし対象がパン屋や菓子店になるともっと様相が変るものと思われる。なお「はかり売りをしている」との回答の大半が「はかり売りは横這い」か或いは「はかり売りは減っている」との回答の多いことは、家庭向マーガリン(テーブルもの)の品質がよくなったことと、意匠がキレイになり消費者の購売力をそそっているとも考えられる。

表 ③

区　分	回答数	比　率
はかり売りをしている	6	6.6%
はかり売りをしていない	66	72.5
無名入	19	20.9
計	91	100.0

多い値引き

(四)貴店で売っているマーガリンの値段をお知らせ下さい。

この回答は表④の通りであるが、相当値引きものも出ていることがわかる。カートンの種類も225g、180g、25gなど多種あるが、225gで回答したものが一番多いので表は225gを標準に整理、180gと225gがそれぞれ1表の回答数のものは別々に掲載したことをおことわりしておきます。

1961年(昭和36年) 5月号より

マーガリン業界，今年の焦点

全国的に展開される雪印，豊年リーバ　味の素の販売競争

昨年10月にマーガリン戦線に参加した味の素(株)が，今年の3月にその市場を全国に拡げていった。また豊年リーバも東北地区に販路を拡大，家庭用マーガリン市場は，雪印を中心に豊年リーバ(株)，味の素(株)三社の販売競争が，全国的に開始されたのである。

再び活況を帯びてきたマーガリン業界

マーガリン業界は，昨年の生産が後半振わず，悲観ムードが漂っていた。また市場の荷動きも一時足取りが重くなってきたが，3月頃から次第に好転，活気を帯びてきた。

45年のマーガリン・ショートニングの生産状況は，家庭用マーガリンが5万トン台に達したが，前年に比べ9.1%増と増加率は10%ラインを割った。40年以降の生産状況を振り返ってみると，42年に増加率が鈍化したが，年率10%台で伸びてきた。また5年毎に倍増に近い伸びを見せていた(表1)。

しかし，昨年は年率でこそ9.1%の伸びを示したものの，4月に10%近い減産となったのをはじめ，8月以降伸び率が鈍化，11月，12月と減産した。

業務用マーガリンは4月に大巾な増加率を示し，1月に13%増加した以外は，増加率は鈍く，9～11月は減産を記録した(表2)。

マーガリンをはじめ固型油脂業界は全体に伸び悩み傾向がみられ，特にショートニングの低調が目立つ。

〈表1〉マーガリン・ショートニング生産状況

日本マーガリン工業会調

	実数			指数		
	マーガリン		ショートニング	マーガリン		ショートニング
	家庭用	業務用		家庭用	業務用	
30年	8,517トン	36,710トン	20,408トン	100.0	100.0	100.0
35年	13,602	29,427	45,637	159.7	80.1	223.6
40年	25,860	33,942	64,449	303.0	92.4	315.8
41年	33,131	39,932	68,421	388.9	108.8	335.3
42年	35,502	43,706	75,379	416.8	119.0	369.4
43年	40,041	48,618	79,115	470.1	132.4	387.7
44年	45,989	56,758	83,893	539.9	154.6	411.1
45年	50,180	57,950	77,038	589.2	157.8	377.5

家庭用マーガリンの昨年の11月，12月の減産は，豊年リーバ社のニューラーマ発売に備え，〝ラーマ〟の生産を手控えたためとも受け取れ，必ずしも悲観材料ではない。従って農林省の46年の生産計画では，家庭用マーガリンは昨年比13%増の5万7,000トンの目標となっている。(表3)

バターとの競合性を強めたマーガリン

バターの代用品としてスタートしたマーガリンは，植物性製品によりそのイメージチェンジをはかり，「バターの代用品を卒業，独立商品」として歩みはじめた。それが，更にソフトマーガリンの開発でより一層，イメージを高め，バターとの競合性が強くなってきた。

バターは44～45年と過剰時代にあったが，今年は供給不足に転じ，カルトンバターのメーカー出荷量も受注の80%に減少している。前回の供給不足の時(40～42年)には市場は混乱，品物を確保することは困難な状態にあった。

従って貴重品的な扱いとなり，他の商品との抱き合わせ販売が，通例となっていた。バター1%でトラック1台分の商いをしたいという極端な例もあった。

1971年(昭和46年) 5月号より

安定成長期に入ったマーガリン業界

注目される今年の消費動向

昨年のマーガリン生産は，家庭用が前年の増産の反動で減産となったが，業務用は引き続き増産され，対照的な現象を呈している。

今年に入いっても家庭用は1～2月は減産が続いてあり，需要見通しも前年比5％前後の伸びと推定されている。一部に云われているように家庭用マーガリンは成熟商品に達したのか。これを占なうものとして，今年の消費動向が注目されてくる。

業界の価格競争是正の表明も現実的に困難

家庭用マーガリンの市場価格は，昨年春以来立て直し策が講じられてきているものの，実情はまだまだ厳しいものとなっている。51年7月に原料油脂価格の値下がりを背景に値下げが行なわれた。これが引き金となって価格競争に拍車をかけ，ソフトマーガリンは100円以下の特売価格が続出，消費者の購買意欲を刺激，消費増につながったのである。

その後，過当競争是正の動きが強まり，52年春に油価が値上がりしてきたことから，実勢価格を段階的に修正，スーパーの定盤価格も160～180円台へと戻していった。しかし，消費環境は厳しく，実勢価格の上昇で購買力は後退するため，スーパーにおいても特売による刺激効果を図っていることはいうまでもなく，その価格はマチマチである。

今年の3月中の一部首都圏における特売価格を見ると，158円～98円の間で展開されている。98円の特売価格の頻度は〝明治トースト〟が多く目につく。

特売価格の傾向は，158円，148円，138円，128円118円，108円，98円と末尾を8円とする価格が目につく他，155円，145円，125円，129円，137円といった価格で展開されている。

これをブランド別に分けて見ると，〝雪印ネオソフト〟の特売価格は巾広く打ち出されているが，概して158円，148円の価格には雪印製品が多い。味の素KKのマリーナは，128円，138円の価格で展開されており，比較的価格に巾がない。ラーマソフトは，大体120円台の特売価格が中心で時には98円も

表①　家庭用マーガリンの生産推移　日本マーガリン工業会調（単位：トン）

	48年		49年		50年		51年		52年		53年	
	実数	前年比	実数	前年比	実数	前年比	実数	前年比	実数	前年比	実数	前年比
1月	2,864	109.9	3,109	108.6	3,964	127.5	4,895	123.6	5,738	117.2	4,190	73.0
2	4,046	127.2	5,312	131.3	4,235	79.7	4,981	117.6	5,979	120.0	5,894	98.6
3	4,595	102.5	5,705	124.1	4,998	87.6	5,714	114.3	6,048	105.8	6,753	111.7
4	3,838	92.5	5,498	143.3	6,003	109.2	6,712	111.8	6,210	92.5		
5	4,135	100.0	5,761	139.3	4,833	83.9	6,013	124.4	5,116	85.1		
6	3,946	105.7	5,665	143.5	4,757	84.0	6,151	108.3	4,898	95.1		
7	3,902	82.7	3,581	91.8	3,873	108.2	4,337	112.7	4,336	99.9		
8	3,592	105.0	2,870	79.9	3,834	133.6	5,069	132.2	3,931	77.5		
9	3,689	106.3	4,772	129.4	5,276	110.6	6,828	129.4	5,780	84.7		
10	4,846	108.5	6,388	131.8	6,267	98.1	7,442	118.7	7,238	97.3		
11	4,703	109.7	6,215	132.1	5,561	89.5	6,767	121.7	6,228	92.0		
12	4,102	101.8	5,029	122.6	4,382	87.1	5,924	135.2	5,299	89.5		
計	48,258	106.4	59,903	124.1	57,983	96.8	69,833	120.4	66,802	95.7	17,765	94.8

1987年(昭和53年) 5月号より

新しい動きみられるマーガリン市場

F・スプレッドに転身した“ラーマ”,ミヨシと不二が業務提携

今年の家庭用マーガリン類の市場は，“ラーマソフト”がJAS分類上ファットスプレッドへ前面リニューアルを図り，大きな注目を集めている。逆に，業務用マーケットは消費税導入にともなう仮需で，久々に好スタートを切った。と同時にミヨシ油脂と不二製油の提携など業界は新しい動きが出ている。

88年食用加工油脂生産量は3.9%増と回復

マーガリン・ショートニング・精製ラードなど食品加工油脂生産高は，1987年は3%ダウンと74年の石油ショック以来13年ぶりに前年実績を割り込み，業界関係者を慌てさせた。

しかし，88年は合計67万7,112トン，3.9%増とやや回復をみせた。

内訳は表①の通りであるが，マーガリンのうち家庭用は7万8,405トン（2.4%減），学給用2,118トン（9.0%減），業務用15万2,862トン（2.1%増）と業務用の増加が全体の伸びを支えた。ファットスプレッドは家庭用8,862トン（51.6%増），学給用35トン（前年並み），業務用1万8,846トン（4.8%増）と家庭用の大幅増が目立つ。精製ラードでは純製2万2,589トン（10.4%増），調製6万9,254トン（0.9%増）。

農水省は4月6日の大豆・油糧等需給協議会で1989年度（平成元年度）の食用加工油脂生産量の計画をまとめたが，表①にみられるようにマーガリンの4.4%減と対照的にファットスプレッドの40.7%増が目立つ。

＜家庭用＞　“ラーマ”の転身でF・スプレッドに拍車

今年の家庭用マーケットは，大手の日本リーバが3月から主力マーガリン製品「ラーマソフト」を，本物・ライト志向を満足させる油脂分70%の製品開発に成功したことから，全面的にリニューアルして，JAS分類上,マーガリンからファットスプレッドに切り替えた。これが大きな反響を呼んでいる。

周知の通り，ファットスプレッドは油脂含有率が35%以上75%未満と，マーガリンの80%以上より低脂肪で，果実及び果実加工品，チョコレート，ナッツ類のペーストなど風味原料を添加することができるため，製品のバラエティ化が容易なうえ，若い女性のダイエット志向から中高年齢層まで，幅広く訴求効果が可能となっている。

このため，ファットスプレッド市場には大手クラスが次々に参入。雪印乳業の「雪印ネオソフト　クリームブレンド」を筆頭に，「雪印ネオソフトハーフカロリー」「ネオエクセレント」や味の素の「マリーナクリーミーテイスト」「マスタードマリーナ」，また，明治乳業は「ボーデンリッチブレンド」「ボーデン発酵スプレッド」を新発売。さらに同社

表①　食用加工油脂生産量　農水省調（単位：トン）

	マーガリン	ファットスプレッド	ショートニング	精製ラード	食用精製加工油脂	その他食用加工油脂	合計
1985年	241,031(▲4.2)	−	148,597(0.6)	104,677(4.5)	53,512(4.8)	91,640(6.3)	639,457(0.4)
86	238,143(▲1.2)	18,457(−)	152,230(2.4)	104,625(0)	55,024(2.8)	91,444(▲0.2)	659,923(3.2)
87	232,467(▲2.4)	23,863(29.3)	152,681(0.3)	90,348(▲13.6)	54,950(▲0.1)	97,538(6.7)	651,847(▲1.2)
88	233,385(0.4)	27,743(16.3)	163,662(7.2)	91,843(1.7)	57,094(3.9)	103,385(6.0)	677,112(3.9)
89(見込)	223,000(▲4.4)	39,035(40.7)	167,000(2.0)	91,000(▲ 0.9)	58,000(1.6)	108,000(4.5)	686,035(1.3)

注）1. 年度は1〜12月　2. カッコ内は前年比増減（▲）率

1989年（平成元年）5月号より

戦後の転換期で成長したしょうゆ市場

家庭での需要は減少するも業務用が成長

日本国内の経済成長や人口増加に伴い，昭和の時代に規模を拡大させてきたしょうゆ市場。その成長過程では，業務用の成長やPET商品の誕生などの明るい話題があった一方，乱売対策など業界としても問題への対応に苦労した点もあったようだ。以下，主な出来事を本誌バックナンバーより紹介する。

特集開始時は既に量り売りが過去のものに

本誌「酒類食品統計月報」にてしょうゆの特集を開始したのは創刊第２号となる昭和34年(1959年)４月号。この特集では，東京都内の210店舗を対象にアンケートを行い，小売店でのしょうゆ販売状況を調査している。大見出しには，「消費者は通帳払いが60%。手形決済四印は25日が通る」とあり，当時の一般生活者がどのように商品を購入していたかがうかがえる。

アンケートの内容に目を向けると，「お客様が醤油の銘柄を指定する割合は…」とあり，この結果は「ほとんど全部」指定するが35.1%，「80～90%」指定するが35.1%となり，80%以上指定する割合が70.2%となり，銘柄指定率が非常に高いことがわかっている，次に，「指定する銘柄」についてのアンケート(表①)も行っており，その結果はキッコーマンに１位が集中。次いで，ヤマサ醤油が２位に集中，ヒゲタ醤油３位に集中という結果となっている。

また，前述の大見出しにあるように，購入方法についてのアンケートも実施しており，「お客様の支払方法はどのように行われていますか」との調査に対しては，「通帳と現金両方」が56.1%，「通帳だけのもの」が12.2%となっており，小売店は一般家庭に対しても通帳で月末，もしくはそれ以降(１ヵ月程度)に集金に回る手法をとっていたようだ。

そのほか，「醤油の量り売りと壜詰との売れ行きの割合は…」との調査もあり，これに対する最も多い回答は，「量り売り１～10%で壜詰99～90%」となっており，当時の記事では“量り売りはすでに過去のものとなりつつあるようだ。つまりそれだけ消費者の生活水準が良くなったとみるべきである”とあり，国内の経済成長具合が見て取れる。

これらアンケートの回答に対し，当時記事ではしょうゆの東京市場における販売は，①「銘柄の宣伝が大切であること」 ②「それだけに銘柄の強弱が明確になってきている」 ③「それが消費者の銘柄指定割合にも表れ，手形の済度にも表れている」との分析をしている。

表①　　**指定銘柄の順位(酒類食品統計月報 S34年４月号より)**

日刊経済通信社調

銘柄	一位	二位	三位	四位	五位	六位以下	回答無し	計
キッコーマン	50	6					1	57
ヒゲタ		11	39				6	56
ヤマサ	7	39	7	1			2	56
マルキン				11	6	1	39	57
ヒガシマル		1	1	6	5	3	41	57
キノエネ			3	6	2	1	45	57
カギサ			1	2		2	52	57
タカラ				1	1	2	52	56
キッコーショー					2	2	53	57
フジ上				1			56	57
計	57	57	51	28	16	11	－	－

近代化促進法や乱売対策など転換期

昭和40年(1965年)1月号では,「しょうゆ業界の現状とその活路」として特集が組まれている。リード文には,“醤油産業の「斜陽化」が囁かれるようになってからもう久しい。年間生産量の伸び率からみてもその暗雲はぬぐえない食生活の高度化によって締め出された産業のひとつをここにみることができる。そこで醤油業界の現状をながめてみよう”と記載されている。当時のしょうゆ業界は,業者数5,023と現在よりもはるかに多い状況。昭和38年の出荷量は全体で104万4,676kℓ(表②)となっており,これを階層別に分析すると,①2万9,001kℓ以上0.1% ②1,801～2万9,000kℓ1.1% ③541～1,800kℓ4.2% ④91～540kℓ27.3% ⑤0～90kℓ67.3%となっている。当時記事では,①は“業界を代表する大手5社が最高層に位いし,その頂点で「キッコーマン醤油」は燦然と輝く星である”と記載。一方で,最も構成比の大きい⑤については,“全業者5,023のうち3,379業者は主として小売業を兼ねた製造業者で,中小企業近代化促進法の基本計画案の適正生産規模に該当しない”としている。

中小企業近代化促進法は,39年4月に業種が指定され,基本計画案及び実施計画案の作成作業が開始したもの。同法については同号にて解説されており,“この近代化は5ヵ年,43年目標に進められるもので,設備の合理化によるコストダウンそれに伴って品質の向上が最も大きな狙い。これに要する資金を政府のあっせん,確保という点で恩点がある。前述のように企業格差は避けられない事実で,その結果,品質の格差は当然派生する問題である。そこで,近代化を促進して,醸造生産方法を主体に,地域的な特色を尊重しつつ全国的に品質の水準を高める。つまり,中小企業は製品の独自性を生かして業界の中にシッカリと根をおろせ,ということになる”と解説しており,この時代が政府の介入により業界の転換期となっていることがうかがえる。

そのほか,当時の業界の経過についても触れており,その一つに「注目される銘柄品乱売対策」という項目がある。ここでは,当時問題視されていたスーパーマーケットでの乱売への対策について解説されている。当時の記事では,“業界にとって最も頭を痛めたた問題である。スーパーマーケットにおける乱売は,いわゆる客足引きのオトリ商品で,その宣伝方法は「不当表示」としてこの対策に取り組んだ。しかし,何ら決め手はなく,「チラシ」を証拠品に関東地区から公取陳情攻撃を開始した。公取としても仕入れ価格を割った場合には規制できるが,完璧な証拠を手にしない限り動き出すことはできない。この問題の弱点はその辺にある。つまり,公取側とすれば安く消費者に品物が入手できることは大いに歓迎する立場にある。また,事務的に醤油だけに取り組むことは無理なことであり,危険が生ずる。あくまで〈慎重固守〉は公取の更新,なかなか御腰を上げないのも無理はない”とりており,相当の苦労が垣間見える。

家庭用が需要減も業務用の伸長で業界が成長

しょうゆ市場は,昭和48年(1973年)に24年現在

表② 醤油の主要銘柄別推定生産量(酒類食品統計月報 S40年1月号より)

日刊経済通信社調

銘柄	37年	38年	前年対比	39年(見込)	占有率(39年)
キッコーマン(キッコーマン醤油)	200,802	226,351	112.7	255,000	23.5
ヤマサ(ヤマサ醤油)	49,800	55,900	112.2	62,600	5.8
ヒゲタ(銚子醤油)	34,300	37,000	107.9	41,500	3.8
マルキン(丸金醤油)	31,500	35,500	112.7	39,500	3.6
ヒガシマル(ヒガシマル醤油)	27,800	31,000	111.5	34,400	3.2
小計	344,202	385,751	112.1	433,000	39.9
イチビキ(イチビキ)	13,800	14,000	101.4	14,400	1.3
和田寛(和田寛食料)	11,000	11,500	104.5	12,000	1.1
ニビシ(日本調味料)	10,000	10,500	105.0	11,000	1.0
キノエネ(キノエネ醤油)	9,500	10,300	108.4	10,900	1.0
サンビシ(サンビシ)	9,000	9,200	102.2	9,500	0.9
キッコーショー(正田醤油)	8,500	8,800	103.5	9,100	0.8
富士甚(富士甚)	8,300	8,400	101.2	8,500	0.8
小計	70,100	72,700	103.7	75,400	6.9
その他	594,172	586,225	98.7	578,000	53.2
合計	1,008,474	1,044,676	103.6	1,086,400	100.0

の統計上，史上最高出荷量である129万4,155klを記録し，最盛期を迎えている。同年の市場を分析した当時の特集に目を向けると，昭和49年(1974年)1月号では，大見出しに“多難な醤油業界，安定供給確保が鍵”としており，最盛期を迎えつつある中でも様々な課題が山積していたようだ。

出荷量についての記載をみると，“5年連続増産は決定的，今年は出荷面で苦境に”とある。戦後，人口の増加もあり4年連続での増産は3回あったが，5年連続は初の出来事だったようだ。このように，好調が継続していたしょうゆ業界であったが，この翌年となる昭和49年(1974年)は様々な要因から減産が懸念された。昭和48年(1973年)末のオイルショックにより，一部メーカーでは容器，資材不足,長距離輸送のマヒが発生。昭和49年(1975年)は，オイルショック，インフレという以上な状態で幕開けし，食品全般に原材料不足で製品出荷規制が行われている。これについて，当時記事では，“流通段階においては扱い量が限定されて，量的に主化可能な商品への仮需要が必然的に生じて来よう。常識的な需給のバランスという過去の考え方では醤油といえども通らないことになろう”と解説している。

当時の需要構造に目を向けると，家庭用が伸び悩む中で業務用が好調に推移していたようだ。総理府統計局(当時)による1世帯当たりのしょうゆの購入数量推移は，昭和38年(1963年)以来連続して減少しており，しょうゆの需要は減少～横ばいの状況となっている。一方，業務用は外食産業の成長と調理済み食品の需要増から堅調な推移(表③)となっていたようだ。これについて当時の記事では,“大手メーカーは別として次銘柄の中堅クラスの醤油の出荷量が伸びているのも業務用，加工用の需要に負うところが非常に大きくなって来ている。最近加工食品が例えば食酢の場合，合成酢，酢酸使用から醸造酢への転換が進んだように加工食品原料においても本醸造醤油への転換が考えられる時代になってきている”と解説している。

容器革新で拡大するPET容器

昭和52年(1977年)，キッコーマンがしょうゆの容器としてPETボトルを採用。これを機に，PET商品の需要は拡大の一途を辿った。PETボト容器商品が市場に登場して2年後の昭和54年(1979年)1月号の特集では，その需要の高まりについて触れている。当時の記載では以前より存在していた“ポリ容器”と一括での表現になっているが，“46年頃は全容器の7.3%と低いものであったが，52年には22%に達している。そのことは壜ものや，樽や缶の需要減である。また，外食産業などの成長からその他のローリーもののウェイトも今後高まって来るものとみられる。ポリ容器は1Lパック中心であるが，今年度から注目を集めている1.8Lハンディタイプ(ポリ)などの登場や贈答用缶の生産，出荷抑制によるポリびんセットの強化策などもポリ容器のウェイトを更に高めてい来るとみられている”と分析。その後，PETボトル容器は順調に需要を拡大させ，昭和62年(1987年)には全容器のうち30%を占める規模にまで成長している。当時の状況について特集した平成元年(1989年)1月号では，“ポリ容器のウェイトが年々高まっている。55年頃は全出荷量の28%を占めており，壜ものは44.6%を占めていた。62年は壜が全体の30.8%を占め，ポリ容器は40.7%を占めた。とくに壜は2L，1.8Lの減少が目立つ。とくに2Lびんはしょうゆ用のリンクびんとしてメーカーの財産的存在であったのが全体の10%にも満たない”と記載。また，家庭用でのPET容器の伸びについても触れており，“1Lポリは家庭用への移行で全出荷量の30%に達している。樽・缶はほとんど缶に移行し，大口業務用の主力として

表③　醤油の家庭用と業務用の年次別推移(酒類食品統計月報 S49年1月号より)

日刊経済通信社調

年次	醤油需要量(kℓ)				比率	
	家庭用	前年比	業務用	前年比	家庭用	業務用
39年	707,273	−	333,407	−	68.0	32.0
40年	730,010	103.2	299,911	90.0	70.9	29.1
41年	719,664	98.6	309,316	103.1	69.9	30.1
42年	683,838	95.0	403,356	130.4	62.9	37.1
43年	667,029	97.5	359,614	89.2	65.0	35.0
44年	662,841	99.4		110.7	62.5	37.5
45年	667,443	100.7	454,143	114.1	59.5	40.5
46年	681,636	102.1	457,080	100.6	59.9	40.1
47年	688,022	100.9	502,757	110.0	57.8	42.2
48年推定	719,600	104.6	530,400	105.5	57.6	42.4

全体の14%を占める”などと分析している。

“未曾有の難局”へ

昭和56年(1981年)1月号の特集では,「新局面に立つ醤油業界」という大見出しのもと,業界が非常事態に直面している旨を解説している。リード文では,“昨年末の製品値上げ後は過去のパターンを大きく覆す非常事態に直面している。その最大の要因はPB商品名その値上げの大幅な遅れによるNB商品などと大きな価格差が消費者の価格訴求傾向に乗ってPB需要を伸ばし,製品市況を全般に押し下げる結果を生み出した,品質,ブランド力格差以上の価格差がもたらした結果でNB商品も対抗上下方修正で挑む結果となった根本的な供給過剰問題を抱えて,再び脱脂大豆,小麦,輸送経費,人件費,公共料金,電力及びエネルギーのコストアップ要因が強まっているが,市場環境の悪化の中で,今後の価格改定は難しく,コスト競争激化の新年を迎えることになろう”と,当時の状況を分析している。

特に,価格の問題は長く継続しており,2年後の昭和58年(1983年)1月号においても「脱却できない？価格訴求」として触れられている。この時点では,家庭用需要が減少傾向の中,しょうゆをベースとした二次加工品の拡大が進み,業務。加工分野への販売シフトが原因の一つとされている。家庭用においては定番価格での回転が悪く,目玉的な価格によって需要のバランスが保たれている状態だったようだ。価格の問題は平成に入っても続いており,根深い問題だったといえよう。

◇醤油小売店へのアンケート◇

消費者は通帳払いが60%

手形決済 四印は25日が通る

次最上は30~25日

醤油の消費が頭打ちとなっているが、消費増があまり見込まれないだけに業界内部では各銘柄の販売競争が激しさを加えて来ている。市場におけるこの競争が、(イ)どの様な形でおこなわれるか、(ロ)銘柄の強弱がどのように現われているか、(ハ)小売店の醤油販売の意向はどうか……等々について去る3月、東京都内210店にアンケートして見た。回答店数は57店（27.6%）以下順次その動態をのぞいて見よう。

お客が醤油の銘柄を指定する割合は………

表①

割合	回答数	回答比率
殆んど全部	20	35.1%
90~80%	20	35.1
80~70%	7	12.2
70~60%	4	7.0
60~50%	2	3.5
50~40%	1	1.8
40~30%	—	—
30%以下	2	3.5
回答なし	1	1.8
計	57	100.0

これに対する回答は表①に見られるように「殆んど全部」指定するが35.1%、「80~90%」指定するが35.1%で80%以上指定すると回答した店が70.2%となり、醤油の銘柄指定率が高いことを物語っている。

指定する銘柄の順位は………

この回答は表②で見られるようにキッコーマンが1位に集中、次いでヤマサが2位に集中、ヒゲタが3位に集中している。各調査小賣店でもそれぞれ問屋系列の関係から自店で最も多く取扱う銘柄を上位に回答する場合はあるにしても、一応市場の傾向がうかがえると思う。

表②

銘柄	一位	二位	三位	四位	五位	六位以下	回答なし	計
キッコーマン	50	6					1	57
ヒゲタ		11	39				6	57
ヤマサ	7	39	7	1			2	57
マルキン				11	6	1	39	57
ヒガシマル		1	1	6	5	3	41	57
キノエネ			3	6	2	1	45	57
カギサ			1	2		2	52	57
タカラ				1	1	2	53	57
キッコーショー					2	2	53	57
フジ上				1			56	57
計	57	57	51	28	16	11	—	—

容器別の売行き割合
罐では18立 壜で2立

「容器別の売れ行き割合はどんな比率ですか？…」

この問は小売店自体が醤油の容器をあまりよく知っていない様で、この欄の回答が非常に少ないことは注目すべきことである。然し一方少ない回答の中でも缶詰では18l、9l、5l に集中されている。びん詰では2l が絶対的に強く、1l、150ml、900ml の順になっているのも、購入者の心理状態を反映している。

表③

容器別		80~100%	50~80%	20~50%	20%以下	回答なし	計
缶詰	18立	25	1	4	1	26	57
	9立	1	3	6	5	42	57
	5立	1	1	8	6	41	57
	3.8立				2	55	57
	1.9立			1	1	55	57
びん詰	2立	31	3			23	57
	1立				38	19	57
	900m立				8	49	57
	120m立				4	53	57
	680m立				1	56	57
	150m立				10	46	57
	100m立				3	54	57
	70m立				1	56	57

1959年（昭和34年）4月号より

酒類・食品業界の回顧と展望

醤油業界の現状とその活路

醤油産業の「斜陽化」が囁さやかれるようになってからもう久しい。年間生産量の伸び率からみてもその暗雲はぬぐえない。食生活の高度化によって締め出された産業のひとつをここにみることができる。そこで醤油業界の現状をながめてみよう

醤油業界の構造

(初)めに、古い伝統にささえられてきた醤油業界の構造をながめてみる。表①は醤油業者5,023業者の、年間の出荷量を基準に作成した業界の立体図である。日本経済の二重構造を、伝統ある醤油業界にその縮図をみることができる。

年間出荷量29,000kℓ以上は名実共に業界を代表する大手5社が最高層に位いし、その頂点で「キッコーマン醤油㈱」は燦然と輝く星である。

第二階層が年間1,801～29,000kℓを出荷するクラス。この上層部に「次最上」の5～10社が頑張るが、表②に示したように、生産において大手5社と次最上クラスとの間に15,000～18,000kℓの断層をみることができるから、ピラミッド型のこの構造図の上で最高層と第二階層との間に空間が生じている。

いずれにしても、年間1,800kℓ以上を出荷する業者が全国で60業者、これが全体に占める比率は1.2％である。一方最下層部（0～90kℓ=500石以下）は全業者5,023のうち3,379業者、実に67.3%を占める。これは主として小売業を兼ねた製造業者で、近代化促進法の基本計画案の適正生産規模に該当しない級である。

(こ)の図表は年間出荷量を基準したものだが、企業形態からながめてもこの構造はより鮮明となる。

38年に食糧庁が実施した醤油工場経営調査によれば、個人組織で経営しているものが2,547業者で、全体の50.7%。これら業者はその運営にあたっては企業経営の感覚ではなく、家計と密接なつながりをもつ生業的経営感覚である。近代的な経営のセンスは微塵もない。「500石を下る零細業者は結構儲かっているのが実情で、器の水も澄んでおり、あえて近代化促進法の指定を受け、下の沈澱物をかき混ぜて水を濁すこともなかろう」とは業界人の話。やはり底辺は底辺なりに生きる道があるのだろう。

(株)式会社組織のものは1,014業者で、全体に占める比率は20.2%。これは、法人組織のものとしては最も多い。しかし、その多くは資本金の少ないところに特徴がある。

その他組織としては、有限会社、組合組織、合資会社、合名会社であるが、これら4種で1,462業者、全体の29.1%。その運営は個人組織の色彩の濃いものが多い。しかし合資、合名会社などは創立以来変更しないで現在に至り、生産量も多く、強固な販売基盤をもつものもある。つまり、醤油業者は小数の大メーカーと大多数の小、零細メーカーとによって構成された業界である。

表① 醤油業界の構造

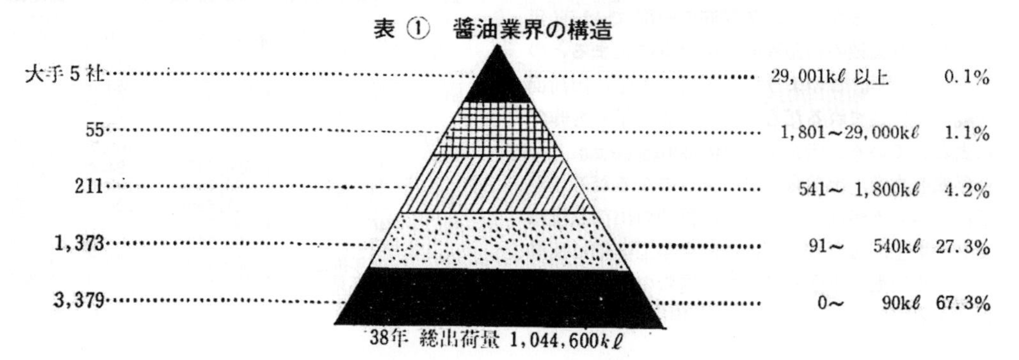

38年 総出荷量 1,044,600kℓ

1965年(昭和40年) 1月号より

酒類食品産業の回顧と展望

多難な醤油業界，安定供給確保が鍵

政府もエネルギー面で、強力な援助をはかれ

今年の醤油業界は安定供給が出来るかどうかが最大のポイントとなろう。醤油が調味料のなかで最も支出金額が高く，加工食品のなかでも最も高いところにある。すなわち生活必需品としての要素が高い商品だけに石油，電力などのエネルギーカット，空容器などの資材，原料面の不足から安定供給が可能であろうか。醤油業界をとりまく情勢は前途多難の様相を呈している。

昨年は世界的な農産物の不作から大豆など油脂原料の高騰で，原料脱脂大豆は4,000円まで暴騰（1昨年平均で1,700円前後）するという空前の高値を記録，醤油製品価格を年2回値上げするという業界でも過去かつてない非常事態を招いた。そして更に石油パニックで追打ちをかけられたというのが醤油業界の現状である。

5年連続増産は決定的，今年は出荷面で苦境に

48年度の醤油の出荷量は前年比5～6％前後の増加になるものとみられる。生産量も出荷量をやや下回る5％増の125万kℓ前後と推定され，5年連続増産は達成される可能性が強くなった。

戦後，3回の4年連続増産はあったが，5年連続は初めてのケースとなる。48年度の10～12月の確定数字が出ないので増加と断定出来ないが，可能性が強い。48年の増加は年2回という値上げの仮需要に助けられたが，1回目の値上げの仮需要はむしろ47年12月に集中した傾向があった。このため1～10月頃まで順調に増加しているが，年末の石油パニックにより一部のメーカーでは容器，資材不足，長距離輸送のマヒなどがあったが，12月分の出荷状況がひとつのポイントとなろう。業界筋の一部では前年（47年）12月実績の70％程度の出荷量に止まるとの見方をしている。このように今年度の生産，出荷面で苦境に追い込まれるだろうという兆が早くも昨年末に表われていると云えよう。(47年12月は値上げ仮需の月)

今年度の生産，出荷量はどのようになるだろうか

石油パニックがなくても昨年の醤油の出荷状況は需要もやや上回ったものだけに，今年上半期は反動として前年同期を下回るペースで進むのが常識的な見方である。

しかし今年は石油パニック，インフレという異常な状態で幕明けし，食品全般に原資料不足で製品出荷規制を行なっており，流通段階に於いては扱い量が限定されて，量的に出荷可能な商品への仮需要が必然的に生じて来よう。常識的な需要と供給のバランスという過去の考え方では醤油といえども通らないことになろう。

一応49年度の生産量は5％減の118万kℓ台と見込んだ。昨年は各月のメーカー在庫が例年の7～8万kℓを割る6万kℓ台で推移しており，とくに後半から年末にかけて（1昨年が9万kℓ台）在庫が減少したのでないかとみられる。

表①　年次別醤油の生産量　農林省調

年次別	生産量(A) (kℓ)	前年比 (%)	生産量(B) (kℓ)
昭和 39 年	1,040,680	99.6	1,144,748
40 年	1,029,921	98.6	1,132,913
41 年	1,028,980	99.9	1,131,878
42 年	1,087,194	105.7	1,195,913
43 年	1,026,643	94.4	1,129,307
44 年	1,060,786	103.3	1,166,865
45 年	1,121,586	105.7	1,233,745
46 年	1,138,716	101.5	1,252,588
47 年	1,190,779	104.6	1,309,856
48年推定	1,250,000	105.0	1,375,000
49年見込	1,187,600	95.0	1,307,000

注）生産量（B）は未報告分を10％加算した数字。

1974年（昭和49年）1月号より

新局面に立つ醤油業界

過去のパターンを変えた値上げ

“しょうゆ業界の未曾有の難局……”の全醤工連の臨時総会の声明文を待つまでもなく，昨年年初の製品値上げ後は過去のパターンを大きく覆す非常事態に直面している。

その最大の要因はPB商品などの値上げの大幅な遅れによるNB商品のなどと大きな価格差が消費者の価格訴求傾向に乗ってPB需要を伸ばし，製品市況を全般に押し下げる結果を生み出した。品質，ブランド力格差以上の価格差がもたらした結果でNB商品も対抗上下方修正で臨む結果となった。根本的な供給過剰問題を抱えて，再び脱脂大豆，小麦，輸送経費，人件費，公共料金，電力及びエネルギーなどのコストアップ要因が強まっているが，市場環境の悪化のなかで，今後の価格改訂は難かしく，コスト競争激化の新年度を迎えることになろう。

55年度醤油出荷118～119万klの前後

55年度の醤油の出荷量は前年比５％前後減の118～119万kℓ前後と推定される。

54年度は年末，11月頃から値上げ仮需要が出たことから4.4％増の125万kℓと48年，51年の120万kℓ台に次いで三度目の記録となった。

55年度は製品値上げの年で，過去のパターンからみると当然増が予想されたが，現実は５％前後のダウンとなってしまった。

この背景としては消費の冷込み，調味料の多様化による競合関係などもあげられるが，やはり，値上げ気運が54年11月６日の次最上銘柄の正田の値上発表によって出たことである。

このため11月は前年比15.9％増，12月５％増と仮需要が出ており，３万kℓ前後が年度末に繰り込まれたと推定される。

仮に54年度分を３万kℓ差引いて考えると前年比1.9％増，55年度は３万kℓプラスして122万kℓ台で前年比0.2％程度の増加ということになる。

このような考え方をすると必ずしも55年度の出荷量は悲観的な見方とはならない。

表①　年次別の醤油の生産及び出荷量　農林水産省調

年度	生産量		出荷量	
	kℓ	前年比	kℓ	前年比
昭和30年	973,800	—	—	—
35年	1,024,384	—	—	—
45年	1,121,586	105.7	1,125,742	106.2
46年	1,138,716	101.5	1,134,193	100.8
47年	1,190,779	104.6	1,177,131	103.8
48年	1,274,987	107.1	1,294,155	109.9
49年	1,213,350	95.2	1,199,155	92.7
50年	1,120,494	92.3	1,127,243	94.0
51年	1,226,528	109.4	1,230,076	109.1
52年	1,157,249	94.4	1,155,997	94.0
53年	1,194,600	103.2	1,197,798	103.6
54年	1,252,431	104.8	1,250,721	104.4
55年推定	1,189,800	95.0	1,194,000	95.5
56年見込	1,188,000	99.8	1,187,000	99.4

今年度は昨年後半のメーカーの拡売意欲も反映して上期は荷もたれが続き，前年同期比４～５％減，後半横這いとみても年間で１～２％減に止まれば上々とみなければならないだろう。これから推定すると117万kℓ台と47年水準の出荷量に逆戻りすることも考えられる。（表①参照）

1981年（昭和56年）１月号より

技術革新で成長したみそ業界

昭和末期にはカップブームも

古くより日本の食生活を支えてきたみそ業界。戦後はまだ農家の自家醸造などが残存じており，それを含め大小さまざまなメーカーの商品が人々の食生活に浸透していた。昭和40年代には技術革新により小袋商品が一般化。技術革新により大量生産の時代へと突入したようだ。以下，主な出来事を本誌バックナンバーより紹介する。

発展途上のS30年台みそ業界

本誌「酒類食品統計月報」にてみその特集を開始したのは昭和35年(1960年) 11月号から。「大豆自由化に期待する味噌業界」との見出しのもと，特集を組んでいる。

まず,当時のみその生産数量について触れている。昭和35年の生産量は約50万tを超える水準に。これについて“昭和10～11年の約60万tに比べると約10万tばかり下回っている。また昭和30年以降今年までの生産量は51～53万tの間をさまよい,ッ生産もどうやら50万tの一線で提着した感が強い。したがって，味噌の生産，出荷量を表面に表れた数字だけで観察した場合,「斜陽産業」のレッテルは拭い得ない事実と言えよう。しかし今日のように消費生活が向上し，食料品店やデパートに多種類の食品が潤沢に出回れば，味噌の需要も減るのは当然といわねばなるまい”と解説。

次に国民1人当たりの消費量に触れ,「1日当たり30g」という数値に着目しつつ，“斜陽産業といえども味噌業界のの食品工業における地位は極めて大である”と述べている。なお，この「1日30g」という数値は生産量50万tと当時の人口を考えるとやや大きなものだが，これは農家の自家醸造を加えて換算されたものである。当時，みその自家醸造を行っていた農家は500万世帯ほどあったようで，2024年現在とは異なる環境出会ったことが窺える。

前述のように斜陽産業としながらもみそ業界の地盤の強固さ解説しているが，次の項では「安定産業か斜陽産業か」の判断について触れている。この頃のみそ業界は著しい需要の増減がなく，一定戦に定着した歩みを見せていることから，“斜陽産業と安定産業と判断するにはここ1～2年で明らかになる”としている。この理由については，“①味噌の主原料である大豆が明年7月(あるいは4月)から自由化となり，割安な米国大豆が自由に手当でき，原料面でのゆとりが転機となって品質向上による需要開拓が期待されること。②一昨年から長野，東京を中心に味噌の製造(醸造)工程におけるオートメ化が進み，コンベアーシステムによる作業の能率化と，自動製麹装置のふきゅうが盛んにおこなわれ，味噌企業の合理化が急テンポで進んでいること。③食品のインスタント化ブームに乗り現在試販程度の粉末みそ，味噌スープ，チューブ入り押し出し味噌などが

表①　みその年次別生産実績
(酒類食品統計月報1960年11月号より)

食糧庁調査(単位：t)

年度	生産数量	指数	年度	生産数量	指数
昭和9年	596,996	100	昭和23年	354,255	59.0
10	600,750		24	352,838	58.8
11	600,750		25	249,413	41.8
12	568,320	97.4	26	310,418	51.7
13	581,655	97.0	27	381,713	63.6
14	597,184	99.6	28	447,240	74.6
15	563,329	93.9	29	478,245	79.7
16	441,476	73.6	30	522,540	87.1
17	480,225	80.1	31	530,078	88.4
18	525,848	87.7	32	520,176	86.7
19	486,296	81.1	33	514,974	85.9
20	290,606	48.4	34	505,354	84.2
21	262,076	43.7	35 .	558,786	93.2
22	188,490	31.4			

今後の研究により完全製品化され消費が増えるものとみられる点。④中小味噌メーカーの企業合同が拡大されつつある点，等々まだまだ発展産業的要素を兼ね備えているからである”とし，その後の業界の発展に期待を寄せている。

小袋の普及など技術革新で大量生産時代へ

みそ業界の昭和30～40年台生産量は，ほぼ横ばいの状態が続く。しかし，しょうゆ業者と共に中小企業近代化促進法の指定を受けたから，近代化基本計画に基づき，各地で近代向上が続々と竣工したようだ。これについて昭和42年(1967年) 2月号の記事では“小袋包装の普及化と共に発酵食品から工業食品へと進み，大量生産時代に入った。また，宣伝力のある大型メーカーとの企業格差，流通段階などで大きく変貌しようとしている”などと解説している。

当時は小袋の普及が注目されていたようで，同号では「小袋の普及が流通段階を変える」との見出しで当時の状況を解説。容器別の出荷状況について触れ，“34年当時は樽が75.8%，段ボール(小袋詰)が12.3%，その他11.9%の比率で，大手14社(3,750t以上の規模)では小袋詰は平均をわずかに上回る14.8%を占めていた。ところが，37年には全体で樽が61.6%，段ボール(小袋詰) 19.5%，その他2.3%，段ボール(その他) 16.6%と34年当時に比べて小袋詰は7%以上の上昇となった。3,750t以上の大手17社をみると樽48.6%，段ボール(小袋詰) 24.2%，段ボール(その他) 27.1%，その他0.1 5で，小袋詰は34年当時に比べ6%弱の上昇を示している”としており，この当時は大手を中心に小袋商品が増加していたことが窺える内容となっている。

価格問題に直面

時代は移り昭和50年(1975年)。みそ業界は価格問題に直面していた。当時の状況を昭和51年(1976年) 2月号では，“味噌業界は上半期が景気後退，減速経済への移行による経済環境の変化で消費停滞による乱売，下半期の後半では値上げ問題が浮上したが，乱売，値崩是正の声が強い時だけに値上げ問題は年越しとなり，減速経済下の値上げが如何に難しいかを物語る年であった”と解説している。

また，これらの原因については“外的要因として，最も大きなことは消費の停滞であり，内的要因としては，①49年11月の大豆高騰時に再び物不足が来るとの予想から大量生産したその反動。②昨年1月1日の出荷分から日付表示が行なわれた結果，製品の市場流通を早めようとする在庫調整。③大豆がトン当り88,000円前後まで値下り(今日では80,000円前後)生産コストが下ったことによる値引き。④構造改善の結果，集約化された工場の過剰生産。⑤公正取引規約で現物付が禁止された結果，値引き横行等が乱売値崩に直接影響，kg当り200円を大巾に下回る価格が，ナショナルブランドの中から多発化

表②　主要メーカーの推定出荷量(酒類食品統計月報1976年2月号より)

日刊経済通信社調(単位：トン)

社別	46年		47年		48年		49年		50年推定		51年見込	
	数量	前年比	数量	前年比	数量	前年比	数量	前年比	数量	前年比	数量	前年比
宮坂醸造	25,000	102.0	26,400	105.6	26,000	98.5	26,800	103.1	27,200	101.5	27,500	101.1
竹屋	23,500	106.8	24,600	104.7	24,100	98.0	22,200	92.1	23,000	103.6	23,500	102.2
マルコメ味噌	19,000	102.7	19,500	102.6	23,300	119.5	24,000	103.0	23,700	98.8	24,000	101.3
かねさ味噌	17,200	107.5	18,100	105.2	19,800	109.4	22,000	111.1	21,000	95.5	22,500	107.1
ハナマルキ	17,900	108.5	18,900	105.6	18,700	98.9	22,000	117.6	23,500	106.8	24,600	104.7
マルダイ味噌	19,000	108.6	21,300	112.1	22,000	103.3	22,500	102.3	23,000	102.2	23,500	102.2
岡崎マルサン	8,500	113.3	11,000	129.4	15,000	136.4	18,000	120.0	19,000	105.6	21,000	110.5
山印味噌	14,000	105.3	14,800	105.7	14,400	97.3	16,000	111.1	16,900	105.6	17,700	104.7
かねこみそ	11,300	104.6	12,200	108.0	12,400	101.6	12,400	100.0	12,000	96.8	12,500	104.2
イチビキ	11,000	104.8	11,700	106.4	13,800	117.9	14,700	106.5	14,700	100.0	15,000	102.0
日本清酒	10,000	100.0	10,500	105.0	10,500	100.0	10,500	100.0	10,500	100.0	11,000	104.8
益子味噌	9,500	100.0	10,100	106.3	10,200	101.0	9,800	96.1	9,800	100.0	10,000	102.0
小計	185,900	105.6	199,100	107.1	210,200	105.6	220,900	105.1	224,300	101.5	232,800	103.8
その他	390,253	100.3	396,828	101.7	404,470	101.9	388,540	96.1	366,800	94.4	372,200	101.5
合計	576,153	102.0	595,928	103.4	614,670	103.1	609,440	99.1	591,100	97.0	605,000	102.4

されたのである”と分析している。

なお，昭和50年のメーカー別出荷量(表②)は，宮坂醸造がトップの2万7,200t。次いで2位マルコメ味噌2万3,700t，3位ハナマルキ2万3,500t，4位は同率で竹屋とマルダイ味噌が2万3,000tとなっており，2024年現在とは順位が異なる結果となっている。

カップ商戦が本格化

昭和50年代後半になると，カップ入りみそが市場に定着し始めた。昭和58年(1983年)2月号では，カップ入りみその動向について触れている。当時の記事では，“新しい市場を形成しているカップ詰みそとだし入りみそ市場の動向をみてみたい。カップ詰みそを一般市場に普及させたのは，大手マルコメの参入であった。カップ詰そのものは全く新しいものではなく，丸型を中心に，差別化商品として定着してはいた。しかし，宣伝力や市場をリードするだけの力のないメーカーでは，将来，売れるであろうと判っていても，消費者の目をとらえることができない”と解説。そのうえで，昭和56年(1981年)にマルコメが角型カップ詰「米つぶつぶ」と「米こし」を発売したことを“カップみそブームの火付役”としつつ，“マルコメの場合はただカップ詰としただけではなく，機能性を重視した角型，デザイン面でも「みそのイメージ」を変える斬新的な色を採用。伝統食品の中に新しい感覚を植付けようとした点，価格構成も買い易いものでなければとした点が今日の市場を形成”と分析している。なお，その他のメーカーの動向は，ハナマルキはカップ詰に新しい工夫「瞬間密封生味噌」(クイック・フレッシュ・パック)を加え，カップ詰容器の利点を追求。その他各社は何等かの形でカップ市場に参入しており，スーパーのPB商品も加わり，「カップ詰ブーム」が発生したようだ。

《特　集》

大豆自由化に期待する味噌業界

年間50万トンの線で定着

「味噌」は日本人にとって欠かすことの出来ない調味食品である。古来から今日に至るまで愛用されて来たが，あまりにも馴れすぎた食生活のためかややもすると，みそそのものに無感心になりがちで，ひいては「みそクソ」などと飛んだ言葉のアヤでみそを軽視する傾きがないでもない。

今日の生産量は付表①の通り，約50万トン強に達している。しかし，昭和10～11年平均の約60万トンに比べると約10万トンばかり下廻っている。また昭和30年以降今年までの生産量は53万～51万トンの間をさまよい，生産もどうやら50万トンの一線で定着した感が強い。従って味噌の生産，出荷量を表面に現われた数字だけで観察した場合，「斜陽産業」のレッテルは拭い得ない事実といえよう。

付表①　　味噌の年次別生産実績

食糧庁調査（単位　トン）

年　度	生産数量	指数	年　度	生産数量	指　数
昭和9年	596,996	100	昭和23年	354,255	59.0
10	600,750		24	352,838	58.8
11	600,750		25	249,413	41.6
12	568,320	94.7	26	310,418	51.7
13	581,655	97.0	27	381,713	63.6
14	597,184	99.6	28	447,240	74.6
15	563,329	93.9	29	478,245	79.7
16	441,476	73.6	30	522,540	87.1
17	480,225	80.1	31	530,078	88.4
18	525,848	87.7	32	520,176	86.7
19	486,296	81.1	33	514,974	85.9
20	290,606	48.4	34	505,354	84.2
21	262,076	43.7	35	558,786	93.2
22	188,490	31.4			

（注）①指数は昭和9～11年平均を100とした。
②年度は1～12月。③35年は食糧庁生産計画。

1人当り日量約30g

しかし今日のように消費生活が向上し，食料品店やデパートに多種類の食品が潤沢に出廻れば，味噌の需要も減るのは当然といわねばなるまい。むしろ国民1人当り日量約30g平均の消費量を維持していることを思えば，斜陽産業といえども味噌業界の食品工業における地位は極めて大であるといえよう。

今50万トン強の生産量で1人当り日量消費約30g平均と述べた点にチョット疑問を抱く読者もあろうかと思う。何故なら，この数をそのまま9,300万の国民で試算すると日量消費は約20g弱にしか達しないからである。この数字はいずれも工業生産によるものであって，500万世帯を有するといわれる農家の自家醸造みそが加わっていないためで，これを加えると平均日量消費は約30gに達するというもの。

今年の生産計画558,786トン

味噌には米みそ，麦みそ，豆みその三つに大別され，これが更に甘，辛に分れて多種多様である。食糧庁では毎年年度初めに厚生省栄養調査に基ずき，味噌，醤油等の生産計画を立てることになっているが，昭和35年度の味噌生産計画は米味噌363,211トン（65%）麦みそ139,639トン（25%）豆みそ55 878トン（10%）計558,786トンとなっている。この基準は国民1人当り日量消費量を市部25.5g，群部32.5gとしている。

さて，みそといえば誰しも口にするのは信州みそ，佐渡みそ，仙台みそである。生産，出荷量の多いのはもとより，工業生産における好立地条件に恵まれ，好品質とオートメ化によるコストダウン等で業界の指導的役割を果している。

殊に上田，諏訪，松本，長野，上伊那，飯田，佐久等262工場を有する長野県下で生産される信州味噌は約124,000トン約80億円で全国生産の24.3%を占めている。そしてこのうち90%方を県外に出荷，長野県産業の重要な部門を占めている。県外出荷先の主なところは東京都に約56,000トン，大阪20,000トン，神奈川14,000トン，静岡7,500トンの外，兵庫，群馬，愛知，京都，山梨，埼玉等の各県に出荷，遠く北海道にも毎年2,000トン余の出荷を行っている一大味噌王国である。

次いで生産量の多いのは大消費地である東京で約39,000トン，以下愛知の3,8000トン，新潟，北海道福岡の各30,000トンが続く。（付表②参照）

1960年（昭和35年）10月号より

大量生産時代を迎えた味噌業界の問題点

高まる小袋詰の普及と再認識される品質向上

醗酵食品から工業食品へ

味噌業界は小袋包装の普及とともに各地に近代的な大型工場が出現，醗酵食品から工業食品へと大量生産時代に入り，資本力，宣伝力をもって市場の拡大をはかっている。加えて流通段階の拡充，強化の動きも活発化して，各大手メーカーのシェア競争は，一段と激しさを加えている。そして食品と同様にブランドを売る商品となりつつある。

反面，醸造食品としての価値を下げるような傾向をいましめる声が高く，良質品の生産，販売をあくまでもベースにした競争が望まれている。

41年生産，6年ぶりで50万t台

味噌の41年生産量は51万トン台に達し，35年以来6年振りの50万トン台となった。表①によると過去，数%の増減はあったものの，ほぼ横ばい状態に推移し，この傾向は今後も続くものとみられる。

反面，農家の自家醸造などはこの実績に入っていないので，年々農家の自家醸造は減少し，買い味噌に代っていることからみて，表①の生産量の増加に多少寄与してもという期待はある。しかし，全体的な消費量の減少がそれを上回っているものとみたい。

昭和25年を100とした指数は42年推定で，208.7と倍以上の伸び率を示しているものの，これは戦後の食糧難時代の20〜30万トンを基準にしたものであって，戦前の昭和10年頃の60万トンの生産量に比べると10万トン程度の減少となっている。

近促法による生産目標は42年，56万6千8百トンとなっている。この生産量は生産月報の報告もれなどを考慮（栄養調査，みそ工業調査月報，工業統計，家計調査，農業生計調査などにより推計したもの），38年度を基準に伸び率をかけて算出したものである。これが味噌の総生産量と仮定すると先きに生産月報調査による生産量の減少あるいは横ばいはあてはまらないことになる。

消　費　動　向

消費動向はどうなっているであろうか。その傾向をみるため表②の総理府の1世帯当りの家計調査動向を参考にしてみた。

人口5万以上の都市に於いては，41年購入数量が17キロ645グラムで40年に比べて603グラムの減少となった。

支出金額は2千45円で前年比8円増となった。数量の減少，支出金額の増加は100gに対する平均単価の上昇によるもので前年に比べて，0.43円のアップとなった。この上昇傾向は値上げによるもの，袋

表①　味噌年次別生産量　食糧庁調

年次別	生産量（トン）	前年比（%）	昭和25年を100として	近促法による生産目標
昭和30年	522,540	109.3	209.5	—
31年	530,078	101.4	212.5	—
32年	520,176	98.1	208.6	—
33年	514,974	98.9	206.5	—
34年	505,354	98.1	202.6	—
35年	505,086	99.9	202.5	—
36年	482,357	95.5	193.4	—
37年	453,955	94.1	182.0	—
38年	476,533	104.9	191.0	520,000
39年	473,846	99.4	189.9	531,700
40年	492,650	103.9	197.5	543,400
41年	510,304	103.6	204.6	555,100
42年推定	520,510	102.0	208.7	566,800

注）昭和25年生産量249,413トン，味噌工業生産月報より。

1968年（昭和43年）2月号より

価格改訂後の味噌業界の問題点

市場正常化と消費拡大が最大の鍵

本年の味噌業界は価格改訂後の市場正常化と消費拡大が最大の鍵となろう。価格改訂問題は年越しの難産で漸く日の目を見る様になったが，問題点の処理は全て改訂後に残されている。加えて絶対消費量が伸び悩み，新しい食品類に地盤を浸食されているのが現況だ。

昨年は価格問題で一年が暮，残ったのは業界の不振感のみであったが，本年はそれを一掃し，味噌への信頼，基礎調味料としての位置確立を真剣に考える年である。

値上げ問題，年を越した50年の味噌業界

昨年度の味噌業界は上半期が景気後退，減速経済への移行による経済環境の変化で消費停滞による乱売，下半期の後半では値上げ問題が浮上したが，乱売，値崩是正の声が強い時だけに値上げ問題は年越しとなり，減速経済下の値上げが如何に難しいかを物語る年であった。

味噌業界のダンピング問題がどこに起因しているかを考えると外的要因として，最も大きなことは消費の停滞であり，内的要因としては，①49年11月の大豆高騰時に再び物不足が来るとの予想から大量生産したその反動。②昨年1月1日の出荷分から日付表示が行なわれた結果，製品の市場流通を早めようとする在庫調整。③大豆がトン当り88,000円前後まで値下り（今日では80,000円前後）生産コストが下ったことによる値引き。④構造改善の結果，集約化された工場の過剰生産。⑤公正取引規約で現物付が禁止された結果，値引き横行等が乱売値崩に直接影響，kg当り200円を大巾に下回る価格が，ナショナルブランドの中から多発化されたのである。

特にナショナルブランドの中にはレギュラー品の値崩れ防止の意味から徳用品（低価格商品）を発売，（タケヤみそ徳用，ナガノみそ朝つゆ，神州一の旅路），200円のラインを割る製品で味噌業界の安売り競争に対抗しようとした。

この安売競争はスーパーのPB商品売価にも影響，他業界よりPB化の進んだ味噌業界ではナショナルブランド，地方有力ブランド，それにPBが加わり，乱売の絶える時がなかったとも言える。

しかし，味噌メーカーにとり原料の破砕精米が49年10月からトン当り90,100円（32.1%アップ），50年4月に11,200円（24.3%アップ），50年9月に136,800円（22.1%アップ）と49年9月末に比べ1年間に2倍

表①　味噌の年次別生産及び出荷数量　食糧庁調

年次別	生産数量	前年比	昭和40年を100として	出荷数量	前年比	昭和40年を100として
	t	%		t	%	
昭和40年	492,650	103.9	100	489,794	102.7	100
41	510,304	103.6	103.6	507,268	103.5	103.6
42	534,352	104.7	108.5	535,175	105.5	109.3
43	538,155	100.7	109.2	529,100	98.8	108.0
44	526,952	97.9	107.0	539,193	101.9	110.4
45	552,206	104.7	112.1	565,075	104.8	115.4
46	560,710	101.5	113.8	576,153	102.0	117.6
47	573,821	102.3	116.5	595,928	103.4	121.7
48	590,137	102.8	119.8	614,670	103.1	125.5
49	587,228	99.5	119.2	609,440	99.1	124.4
50推定	562,000	95.7	114.1	591,100	97.0	120.7
51見込	573,240	102.0	116.4	605,000	102.4	123.5

注）出荷量のうち仲間売りは46年が22,033t，47年25,901t，48年30,248t，49年35,200t。50,51年は日刊経済通信社調。

表②　味噌の一世帯当りの年間支出金額購入数量

総理府統計局調＝家計調査より

	支出金額		購入数量		平均価格100g当たり	
	年間(円)	前年比	100g	前年比	年間(円)	前年比
		%		%		%
昭和40年	1,934	108.0	177.99	100.4	10.87	107.6
41	1,963	101.4	173.90	97.7	11.29	103.9
42	1,967	100.2	171.31	98.5	11.48	101.7
43	2,054	104.4	166.18	97.0	12.37	107.8
44	1,985	96.6	157.14	94.5	12.63	102.1
45	2,135	107.5	157.62	100.3	13.55	107.3
46	2,328	109.0	155.54	98.7	15.08	111.3
47	2,356	101.2	149.21	95.9	15.67	103.9
48	3,069	130.3	152.62	102.3	20.08	128.1
49	3,553	115.8	143.41	94.0	24.67	122.9
50年1～10月	2,833	99.0	113.90	98.0	24.9	101.2
49年1～10月	2,862	—	116.20	—	24.6	—

1976年（昭和51年）2月号より

Alcoholic beverage & Foods Industry
Statistics Monthly Report

SUNTORY

BOSS

155年と1秒。

155th
1GOGO!
SHIRAKO

伝統を守るだけでは伝統はつくれない。
伝統を誇るだけでは未来はつくれない。
私たちは155年もの間、海を愛し、海の力を信じてきました。
私たちは155年もの間、おいしさからはじまる
お客様のしあわせな1秒1秒に寄り添ってきました。
いただきますからはじまるやさしい世界。
ごちそうさまの後に広がるあたたかい世界。
日常に溶け込むように存在している
幸福な風景をこれからも守りたい。
経験と想像力のかけ算で海苔の可能性を極限まで追い求めながら
明日につながるおいしさをお届けします。
155年は振り返るためではない。
次の1秒を刻むためにある。
155年の次の1秒をあなたの笑顔のために。

のりは1秒で微[illegible]になる。

こころ、はずむ、おいしさ。
エバラ
さあ、焼肉しようぜ！
エバラで、焼ニコ！
焼肉のたれ
売上
No.1
焼肉は、エバラ！
※インテージSRI+焼肉のたれ市場
2023年1月～2023年12月（黄金の味シリーズ売上合算金額）
エバラ
おいしい
レシピ
エバラ食品工業株式会社
お客様相談室 0120-892-970 www.ebarafoods.com

アルテミラ株式会社
www.altemira.co.jp
アルミの技術で夢のアルミライを®
アルミ缶リサイクル一貫処理システムで
環境にやさしいアルミ缶を提供し続けます
本　社　東京都文京区後楽1-4-25　日教販ビル８F
お問合せ窓口／人事・総務部　TEL 03-3830-6130　FAX 03-3830-6131

このうまさ、百年品質。
純良焼酎 寳 宝焼酎
極上
純良焼酎
寳
商標 登録
宝焼酎
25
PREMIUM
樽貯蔵熟成酒3%使用
焼酎甲類
"GOKUJO" TAKARA SHOCHU
糖質ゼロ
プリン体ゼロ
●一般的に焼酎甲類には糖質・プリン体は含まれていません
●食品表示基準による ●100㎖当たりプリン体0.5㎎未満を「プリン体ゼロ」と表示
飲み継がれる、おいしさを
宝焼酎
SINCE 1912

課題を抱えつつも成長した食酢市場

醸造酢の拡大に支えられる

戦後の食酢市場は，メーカーの乱立や醸造酢論争などの課題を抱えつつも，人口増加と食の多様化によりその規模を拡大させてきた。日本経済の成長に伴い，生活水準上昇したことで生活者の求める品質が上昇し，醸造酢を中心に需要が増加したようだ。以下，主な出来事を本誌バックナンバーより紹介する。

成長過程の昭和30年代

本誌「酒類食品統計月報」にて食酢の特集を開始したのは昭和38年(1963年) 11月号。「最近の食酢業界の実情」として行われており，当時は食生活の改善普及と酢の医学的効用等消費者の認識が高まったことで，消費量が増加していたことを記載している。その内容について当時記事では，“終戦後，原料アルコールの統制で酢酸作用を主体とした剛性酢が多かったが，統制撤廃後，消費者の食生活の高度化にともない醸造酢という良質なせいひんが多く用供され，近年になり醸造酢が一般消費者の調味料等に多く生産されるに至っている。またマヨネーズ，サラダソース，フルーツビネガー類の原料として他部門に活発な動きをみせている。しかし，年々８％前後の伸び率にとどまっているのはやや物足りない感じがする”としている。なお，当時は2024年現在の状況と異なり，醸造酢と合成酢が市場に混在している状況にあったようで，昭和37年時点の生産比率は半々程度となっていた。

当時の食酢の消費状況は１世帯当たり年間2.4Ｌと現在と比較して非常に多いものとなっていた。当時記事を見ると，食酢の年間１世帯当たりの購入数量は，31年2.88Ｌ，32年2.64Ｌ，33年2.58Ｌ，34年2.5Ｌ，35年2.59Ｌ，36年2.5Ｌ，37年2.43Ｌと減少傾向。金額については，値上げの影響とフルーツビネガーなど高単価商品が出現したこと，大瓶の大量買いから小瓶での購入に移行したことから，単価が上昇している。

大小数多のメーカーが存在

当時の業界構造に目を向けると，食酢メーカーは1,500 ～ 2,000程度存在。これについて当時の記事では，“うち，食酢中中央メンバーが約800，非メンバーが700 ～ 1,200と多い。食酢メーカーといっても２～３人でやる家内工業的な物が多く，品質も化学薬品を使用した安い合成酢が多いと云われている”などとし，各メーカーの生産状況について“50％以上を占める生産量を誇って名実ともに業界No.1はミツカン酢で昨年実績は20万６千石。今年度は23万石に達するとみられている。マルカン酢はミツカンに次ぐ大手で本誌推定によると37年８万石，38年

表①　主要調味料の年間１世帯当たりの購入数量，支出金額および平均価格(全都市)

総理府統計局調べ(単位・円)

年度	ソース(100mℓ)			醤油(100mℓ)			みそ(100g)			酢(100mℓ)			食用油(100mℓ)			うま味調味料		
	金額	数量	平均価格	金額	数量	平均価格	金額	数量	平均価格	金額	数量	平均価格	金額	数量	平均価格	金額	数量	平均価格
31年	203	24.82	8.19	2195	363.74	6.04	1693	240.19	7.05	144	28.77	4.98	877	44.47	19.72	397	1.77	223.50
32	220	25.63	8.56	2238	357.64	6.26	1695	237.60	7.13	137	26.43	5.17	841	53.39	18.54	414	1.92	216.20
33	247	28.57	8.65	2251	351.71	6.40	1682	232.35	7.24	138	25.78	5.34	913	50.36	18.13	464	2.23	208.50
34	245	28.26	8.68	2179	340.95	6.39	1641	222.06	7.39	138	25.03	5.53	975	51.60	18.89	518	2.59	199.52
35	253	29.09	8.69	2175	333.22	6.53	1699	223.46	7.61	148	25.94	5.69	1036	53.41	19.40	569	3.05	186.76
36	268	28.73	9.31	2150	305.21	7.04	1655	195.62	8.46	161	25.14	6.39	1042	53.98	19.30	604	3.47	174.20
37	312	29.40	10.61	2131	286.32	7.44	1668	182.01	9.16	172	24.30	7.08	1096	55.72	19.67	765	4.34	176.27

は９万石を突破するものとみられる。タマノヰは第３位にタンクされ年間３～４万石程度とみられる。その他，雑賀，久保，横井等業務用を中心としたメーカーがひしめいている”と記載している。

このように，上位メーカー2024年現在とあまり変わらない顔ぶれだった食酢業界だが，中小メーカーが2,000社という状況は生産量や企業の実態が明らかになっていない状況だったようだ。また，家内工業的な小規模メーカーが安価な合成酢を生産することで醸造酢など良心的な商品を混乱に招くことも危惧している。これに対し，当時の気にでは「業界の組織化を」という題目でその問題点と解決に向けた取り組みを提案。“業界の良識ある人々は業界の組織化を叫んでいる。現在食酢秋桜買いがPRを中心とした運動を続けているが，その組織は他調味業界に比べて弱弱しい。また非組織員も多い。現在はまだ新陳代謝の段階であろうが，他の観点大手産業の進出もぽつぽつ話題として出て来ている。日魯ハインツの西洋酢，宝醤油(ヒゲタ醤油)の進出，キユーピーのビネガー類積極販売等は今後その数は増であろう。食糧庁と業界を中心とした食酢の合理化，金外貨の方向へ進む野には業界実態把握も早急に必要となって来ているのではないだろうか。まず地方の組織化が第一段階だと云う声を多く聞くようになった今日である”と，業界の問題点を解説している。

醸造酢への移転すすむ

前述のように，戦後間もない時期の食酢業界では，醸造酢と合成酢が混在する市場環境となっていたが，昭和41年(1966年) 12月号での特集では，醸造酢の構成比拡大について触れている。当時は生産量の伸びに鈍化がみられていたが，その中で醸造酢メーカーの伸長率が高いものとなっていた。当時の記事では，“表②は醸造酢と合成酢との推定生産量である。醸造酢といっても酢酸を適当に使用するケースもあり，その実態を明確にすることができないので，アルコール，酢酸の用途から換算したものである，。35年当時は合成酢のウェイトが半分以上を占めていたが，ミツカン，マルマン，タマノ井などの醸造酢を主体とするメーカーの生産量の増大からこの比率も37年には逆転し，その後も合成酢の伸び悩みに反して，醸造酢の上昇から40年には58対42という比率になって来ている。このように醸造酢と合成酢の生産量の増減の原因は食生活の高度化があげられる”と，当時の社会環境の変化によって合成酢の需要が減少した旨を分析している，その

表②　醸造酢と合成酢の推定生産量

日刊経済通信社調(単位：kℓ，％)

年次別	醸造酢	前年比	合成酢	前年比
35年	56,580		66,420	
36年	65,072	115.0	67,728	101.9
37年	72,400	111.3	71,000	104.8
38年	80,496	111.2	74,304	104.7
39年	90,750	112.7	74,250	99.9
40年	97,100	107.7	70,900	95.9

うえで，“消費者の口は年々肥えて来ており，従来安いはかり売りを私用していたものも価格は多少高くても良質なものに推移している。業務用も同様でおいしいものが喜ばれている。しかし，一世帯当たりの１ヵ月当たり支出金額20円前後と調味料の中でも最も低い金額からみて，価格の面で大きな影響はないとみられる。半面，多少の酢酸の配合では醸造酢か合成酢か専門家でもはっきりと分からないと云われ，この辺に問題が残されている”と記載されており，当時は醸造酢の基準が曖昧なものであったことが窺える。

醸造酢論争，表示問題へ発展

醸造酢の定義についての論争は長らく続いたようだ。昭和43年(1968年) 11月号の時点で既に「表示問題がクローズアップされた食酢業界」との見出しのもと，当時の業界で発生した醸造酢論争について触れている。当時存在した食酢は，①100％醸造酢　②醸造酢に増量材の氷サク酸を混ぜて作った合成酢　③氷サク酸をうちめて作ったサク酸酢。この３つが存在する中で，各メーカーは「自社製品は醸造酢である」との主張をすることとなり，「醸造酢とは何か」という論争に至ったようだ。最終的には，農林水産省の上層部より食品油脂課へ問題解決に乗り出すよう指令が出され，表示問題にまで発展した。この問題は，日本農林規格(JAS)が制定された昭和54年(1979年)まで長らく続くこととなる。JAS制定が決定した当時である昭和53年(1978年) 12月号の記事では，“永年の懸案である日本農林規格及び品質表示基準が難航の末にやっと農林翠連勝案が11月にまとまり，来春頃の告示待ちとなった”と記載しており，相当の年数をかけて苦労の末に基準が決定したとみられる。

「酢大豆」ブームなど成長続く食酢市場

表③ 食酢の年次別需給動向

日刊経済通信社調

年次別	食酢生産量(kℓ)			輸入量(ℓ)	輸出量(ℓ)	総供給量(kℓ)	前年比(%)	国民1人当たり年間消費量(ℓ)
	醸造酢	合成酢	合計					
1982年	314,200	8,700	322,900	341,195	1,473,257	321,768	105.3	2.71
83	323,940	8,600	332,540	481,389	1,741,399	331,280	103.0	2.77
84	334,900	8,600	343,500	430,421	2,116,428	341,814	103.2	2.85
85	343,000	8,400	351,400	501,517	2,351,897	349,550	102.3	2.91
86	350,900	8,400	359,300	538,920	2,227,966	357,611	102.3	2.95
87	363,500	8,200	371,700	677,968	2,417,237	369,961	103.5	3.04
88	369,100	8,200	377,300	549,197	1,880,000	370,369	100.1	3.02
89(見込)	377,600	8,000	385,600	550,000	1,800,000	384,350	103.8	3.12

前述のように，表示問題などの課題を抱えてきた食酢業界だが，市場規模そのものは増加の一途をたどってきた。年による増減のばらつきはあるものの基本的には続伸傾向が続き，昭和63年(1988年)には推定生産量37万7,300kℓ（表③）まで成長している。当時の平成元年(1989年）2月号の記事では，“輸出入とも年々増加しており，とくに国際化にともない輸入量が漸増傾向にある。輸出は海外工場の本格稼働とともに，日本からの輸出は減少するのではないだろうか”としており，バブル期の隆盛がみえる記載となっている。また当時のブームである「酢大豆」などについても触れており，“低迷を続けていた米酢，純玄米酢など高価格酢の需要が再び首都圏など中心に上昇してきた。これは酢大豆によるもので，最近では酢大豆ばかりでなく「酢ピーナッツ」「酢カリフラワー」など，穀類，果実，野菜を素材に酢漬けした健康志向の食物として女性週刊誌など体験談をもとに紹介されている。これはメーカーが意図としたものでなく，消費者サイドから沸き上がった体験にもとづく健康法であるが，このブームで高価格酢需要は再び上昇機運に乗ってきている”などと紹介。そのほか，食酢をベースとした加工調味料の台頭についても触れ，“消費者の食酢に対する健康イメージから一段と促進するものとみられる”としつつ，“食酢の調味料としての効用が食品業界に注目されており，しょくすじゅようが低迷する中で，ぽん酢類など新しい型での二次加工品の育成。強化は食酢メーカーの基盤強化と他調味料分野への反攻を意味しており，それだけメーカー間の競争激化を生むだろう”と分析している。

焦点・今日の食品業界

最近の食酢業界の実状

食酢は年間一世帯2.4l使われ、食生活に不可欠の食品であるが、その業界の実態は食糧庁など関係官庁でも、あまりあきらかにされていないのが実状である。そこで本紙では、はじめて食酢業界の実態について、その概観をまとめてみた。

はじめに

最近、食生活の改善普及と酢の医学的効用等消費者の認識が高まるにつれて年々その消費量は増加の一途をたどっている。とくに終戦後、原料アルコールの統制で酢酸作用を主体とした合成酢が多かったが、統制撤廃後、消費者の食生活の高度化にともない醸造酢という良質な製品が多く要求され、近年になり醸造酢が一般消費者の調味料等に多く生産されるに至っている。またマヨネーズ、サラダソース、フルーツビネガー類の原料として多部門に活潑な動きをみせている。しかし、生産は年々8％前後の伸び率にとどまっているのはやや物足りない感じがする。

食酢の伸び率

食酢は醸造酢と合成酢があり、その比率は明らかでない。ミツカン、マルカン酢等大手メーカーはほとんど醸造酢であるが、家内工業的なものや1～2人で作る合成酢は多く、その生産量、業者数も不明である。表①は全国食酢協会が推定した生産量である。35年123,000kℓ、36年132,800kℓ、37年143,400kℓ、38年154,800kℓで年間伸び率はわずか8％と過去数年同じ伸びである。これは表③の原料アルコールの使用量からみても8～9％程度の自然増に過ぎない。

醸造酢と合成酢の生産比率半々

さて次に醸造酢と合成酢の生産比率であるが、本誌が専売公社の食酢アルコール販売実績から推計すると醸造酢を作る場合に94に対して6の割合で使用すると仮定すると37年は25万石しか生産されないことになる。アルコールを酒のメーカーから買うと税金がかかるため、買うメーカーは少ないと云われている。

このため97対3、96対4程度にプラス酢酸の使用法も考えられ、醸造酢は？となると非常にむづかしくなる。表③～Ⓐから推定してこの倍数が醸造酢とみて合成、醸造の生産比率は5対5の半々とみられている。今後消費者の味覚の高度化にともない、すでに即席的なアミノ酸醤油が一般市場から姿を消して行くように合成酢の比重は下降し、醸造酢のウェイトは大きくなろう。

一世帯年間2,4l使用

消費者の食酢と他の調味料との購買意欲はどのようなものであろうか。表④は主要調味料品の年間一世帯当りの購入数量、支出金額および平均価格（全都市）である。食酢の場合、数量は31年2.88ℓ、32年2.64ℓ、33年2.58ℓ、34年2.5ℓ、35年はやや伸び2.59ℓ、36年2.5ℓ、37年2.43ℓと年々減量している。この傾向を示しているのは斜陽化を伝えられるみそ、醤油と同一であることは一考を要するのではなかろうか。しかし反面、金額においては製品値上りとフルーツビネガー等の高度製品の出現や大壜による大量買いから小壜による当用買に移行しつつあることを示している。

表①　食酢の年次生産量　　全国食酢中央会調

年度	数量 kℓ	数量 石換算	前年対比
35年	123,000	682,000	%
36	132,800	736,000	107.96
37	143,400	795,000	107.98
38	154,800	858,000	107.95
39　推定	168,700	935,000	109.00

表③　食酢アルコール使用量　　専売公社調

年度	数量 kℓ	数量 石	前年対比
33年	1,753	9,720	%
34	1,926	10,680	109.9
35	2,087	11,570	108.4
36	2,246	12,450	107.6
37	2,460	13,640	109.5
38　推定	2,700	14,970	110.0

1963年（昭和38年）11月号より

表示問題がクローズアップされた 食酢業界

業界の協調と品質向上が環

今年の食酢業界は〝100％醸造はミッカ酢だけ〟のミッカン酢の一大広告キャンペーンに端を発した〝醸造論争〟が話題の焦点となり，その中から表示問題が大きくクローズアップされた。

表示問題は業界始まって以来の規模に発展しており，来年度にかけて最大の難問題として注目されている。食酢業界の業者数，生産量など基本的な実態把握は皆無で暗中模索の状態のなかで展開された表示問題だけに中小メーカーにとっては青天の霹靂の出来事として無視出来ないところに追込まれている。

コンスタントな伸び

食酢業者数は全国食酢中央会加入者で約500社と言われ，アウトサイダーを含めると800〜1,000社に達するとみられる。

一方，生産量はどの程度になるかとみると，これもまた食酢中央会の推定に依存するしか方法はないのが実情である。

42年推定生産量は17万7千kℓ（約98万1千石），一説によるともっと多く，120万石程度とみるむきもある。

全国食酢中央会の推定生産量は主要メーカーの動向，アルコール使用量などを加味したものとみられる。

表①は食酢の年次別推定生産量で，39年度までコンスタントに年間7〜8％前後の増勢を続けていたが40，41年が約2％増，42年3.5％増とやや伸びが低下している。

しかし，43年は値上げや食酢の消費者段階へのPRも浸透して来ているので10％前後の伸びは期待出来よう。

この推定生産量の動向をみると大幅な伸びはないがコンスタントに伸び，食酢として間接的にでも，マヨネーズ，ソース，ケチャップ，ドレッシング類などとして需要は伸びている。

表①　食酢の推定生産量　食酢中央会調

年次別	数量		前年比 %
	kℓ	石換算	
35年	123,000	683,000	
36年	132,800	738,000	107.9
37年	143,400	797,000	107.9
38年	154,800	860,000	107.9
39年	165,000	917,000	106.6
40年	168,000	933,000	101.8
41年	171,000	950,000	101.8
42年	177,000	981,000	103.5
43年見込	194,700	1,079,000	110.0

推定生産量

表①の推定生産量のなかに現在問題となっている〝醸造酢はどの程度生産されているか〟ということになるとまった不明である。

食酢のなかに於ける醸造酢の定義がない現状において各社それぞれマイペースで，醸造酢でありますと唱えているのでは，我々が推定するのは危険なことである。

それをあえて推定を試みたのが表②である。

醸造（合成）酢(A)とあるのは完全醸造酢ではないか，サク酸の使用が低い醸造酢というやや漠然とした推定数量である。合成酢，サク酸酢(C)とあるのはサク酸のウェイトが高いものと推定した数量。すなわち(A)と(C)をプラスしたものが食酢の推定生産量表①となる。

1968年（昭和43年）11月号より

酒類食品産業の回顧と展望

今年度の食酢業界の現状と問題点

アルカリ性食品＝健康食品としてイメージアップ

食酢の一世帯当たりの年間支出金額はしょう油，みそ，ソース，マヨネーズ，ケチャップ，カレー類，化学調味料などの主要調味料群のなかで最も低く，それだけ家庭で直接消費される量よりも業務用，加工用で消費される量が多い製品であると言えよう。

食酢のアルカリ性食品＝健康食品としてのイメージアップ，地位向上に各社が努力して来ているが，来年度のJAS及び品質表示制定を契機に新らしい方向が生まれて来るものと期待されている。以下，53年における食酢業界の状況をふりかえり，その問題点についてみてみよう。

今年度の食酢生産量28万kl前後

今年度の食酢の生産量は3％前後増の28万kℓ前後が見込まれている。

食酢の生産量は過去3～5％前後のコンスタントの伸びを示していたが，49年の仮需要反動以降，50年，51年と横ばい傾向を示していた。不況に強い食酢と言われながらこの低成長下では例外とはならないのでは…とみられていたが，52年5％弱増と再び増勢をみせ，根強い需要増ペースを回復している。昭和35年を100とした指数は52年で221.1と倍以上の伸張をみた。

とくに食酢を原料としているマヨネーズ類，ケチャップ，ソース，漬物などの需要も良いことから間接的な需要にも支えられている。

今回は食酢の総供給量をベースにして市場規模を算出した。（表①参照）

表①　食酢の年次別総供給量

日刊経済通信社調

年次別	食酢の総供給量			総合計	前年比
	食酢メーカー生産量	前年比	酢酸換算生産量		
	kℓ	%	kℓ	kℓ	%
45年	196,300	103.9	139,300	314,600	103.5
46年	204,300	104.1	148,300	326,300	103.7
47年	219,500	107.4	137,400	342,400	104.9
48年	229,300	104.5	134,300	351,700	102.7
49年	252,757	110.2	124,700	361,957	102.9
50年	256,973	101.7	135,000	377,268	104.2
51年	259,148	100.8	131,400	376,886	99.9
52年	271,965	104.9	140,400	404,184	107.2
53年見込	280,200	103.0	140,400	415,600	102.8

注）①食酢メーカー生産量は表②の農林省調。
②酢酸換算生産量は表⑥の酢酸工業会調で100％食酢代用として計算。
③総合計は食酢メーカー生産量のうち合成酢を差引き，酢酸換算生産量を加えたもの。

それは表②のメーカー生産実績に酢酸の食品用使用量（食酢代用100％と仮定）を加えたもの。酢酸を使用したものは醸造酢の混合割合が多くても合成酢となるので酢酸換算生産量は醸造酢混合割合ゼロとして試算したものとなった。

仮に52年14万kℓ（酢酸の食酢換算）としても醸造酢50％混合すると合成酢は28万kℓと倍にふくれあがることになる。農林省集計のメーカー生産量は8,000kℓしか合成酢があがっていないことから，業務用，加工用で酢酸を食酢代用として直接使用されているものとみられる。

いづれにしても，合成酢も食酢であることから総供給量は52年で40万kℓ強と大きな市場規模となる。仮に食酢代用を半分としても34万kℓという数字となり，今後，自家製造的な合成酢市場がメーカー生産の醸造酢，合成酢へ転換が進むとすれば，まだまだ食酢の需要の規模は拡大するものとみられる。

食酢の総供給量（生産量）40万kℓという考え方は味噌業界にみられる農家などの自家醸造というメー

1978年(昭和53年) 12月号より

ウスターソース類，生産量増加も競合激化に直面

中濃，専用ソース登場で多様化

長く日本の家庭の食卓を支えてきたウスターソース。1960年代は消費量が年々増加，中濃ソースの登場もあって生産量を伸ばした。しかし，他の調味料との競合もあって次第に需要は頭打ちに。お好み・焼そばソースの台頭で生産量を維持したが，基盤であるウスター類の需要活性化が課題として突き付けられることになった。

食卓の欧米化による需要増加で生産量拡大

昭和35年（1960年）3月号の酒類食品統計月報に「陽のあたるソース業界」と題した特集が掲載された。日本の食生活が欧米風に変わってきたこともあり，ソースの消費は年々増加し，家庭に欠かすことのできない調味料となってきた。同34年の生産量は9万8,500kℓほど，同35年は10万kℓ突破は確実とみられている。同34年の社別推定生産量をみると，カゴメ，ブルドックソース，キッコーマン，イカリソースといった，現在の業界大手メーカーの名前が並んでいる。

この頃のソース業界は将来の需要増という明るい見通しがあった半面，欧米並みの品質に近付ける質的向上，メーカー間の過当競争の排除，農村への需要開拓等，課せられた問題もあった。

大手メーカーのシェア拡大，中濃ソースが登場

これまで毎年伸びを示してきたソース需要だが，昭和42年（1967年）に若干の減産，1世帯当たりの消費量も減少するなど，停滞の兆しが出て来た。

その流れの中で，大手メーカーの伸長，中堅メーカーの後退が目立つようになった。特に中小のメーカーは企業合同，協業化，あるいは転廃業と業界内部の再編成の動きも出てきている。同43年（1968年）の推定シェアは，カゴメ19%，イカリ11%，ブルドック10.6%，キッコーマン6.5%，チキン4.0%となっている。また，これら大手メーカーが中濃ソースを発売したことは大きなトピックだった。ウスターととんかつの中間を狙ったもので，積極的な宣伝，拡大策もあって，需要動向の主流に乗っていくことになる。

市場規模は300億円へ

昭和47年（1972年）度の生産量は14万3,000kℓまで伸長，同48年の市場規模はいよいよ300億円への到達が確実となった。ソースの品質向上やメーカーのPRが成果をあげたほか，肉類・ハンバーグ類といったメニューの人気も後押しした。その一方，マヨネーズ・ドレッシング類，焼肉のたれ類，ケチャップなどのカテゴリーとの競争から総需要としては伸び悩み傾向にあった。

大手メーカーのシェアは年々上昇し，5社（カゴメ・ブルドック・イカリ・キッコーマン・チキン）の生産シェアは60%を超え，過半以上を占めるに至った。大手メーカー間のシェア競争は熾烈化する様相を呈しているが，その中でも，独自の業務用ルートや小回りの利く製品供給能力で存在感を示す中小・地方メーカーも出てきている。

中濃・濃厚のウエイトが高まる

昭和40年代後半は需要の頭打ちがみられたソース市場だったが，同50年代に入って上昇の兆しがみられてきた。また，他カテゴリー商品との競合で，業界内のシェア競争ではなく，ソースの今後を真剣に考えるというムードが高まってきた。

ソース類の生産量の比率をみると，製品の多様化を反映して，ウスターがやや降下し，中濃・濃厚の

ウエイトが高まってきた。また，お好みソースは主に中国地区で生産されている。当時の有力メーカーが地盤とする場所をみてみると，ブルドック，キッコーマン，ユニオンソース，チキンは関東，カゴメ，コーミは東海，イカリ，オリバーは近畿とそれぞれ地域性が表れており，これは現在も続いている。

“ソース周辺商品”の開発に注力

昭和59年(1984年)のソース類の出荷量は15万kℓ前後。市場では，既存のウスターソースから，広義のソース類への拡大に向けた努力が展開されており，製品群を多様化することで活路を見出そうとしていた。

大手メーカーの生産量は家庭用需要の減少で伸び悩みの傾向。一方，外食機会の増加もあって，中小メーカーが需要を伸ばした。大手にとっては家庭用が大きなウエイトを占めるが，他カテゴリーとの競合，ソース類に類似した商品の台頭などもあって，レギュラーソースの汎用性が狭まっていた。このような状況から，各メーカーともバーベキュー・デミグラス・ピザソースなど“ソース周辺商品”の開発に注力するようになる。なお，この年の5月には関西の中堅メーカーが業務用製品の値上げを実施。これを皮切りに，大手メーカーも6～7月に相次いで値上げを実施した。

お好みソースの生産量拡大

昭和62年(1988年)度の生産量は14万kℓ台を割り込み，4年連続の減少。ソース類と他調味料との競合激化を受け，大手を中心に商品の多様化が促進されたが，基幹となるウスターソースの地盤沈下を招き，メーカー間の格差が生じてきた。

その中で生産量を増やしてきたのが，お好みソースと焼そばソース。お好みは，同58年は1万kℓに満たなかったが，62年には約1万4,000kℓへと大幅増，焼そばも約6,500kℓまで伸びた。いわゆる“かける”ソースではなく，用途訴求の専用ソースとしたことが成功した。お好みソースを主力とするのがオタフクソースで，業界全体が低迷する中，売上高を大きく伸ばしてきた。特色ある商品を武器に関東・関西を中心に販路開拓を進め，大手に迫る勢いをみせている。

ウスター類の需要活性化が課題

平成3年(1992年)度の生産量は約14万8,000kℓ，お好み，焼そばソースの伸びにより前年を上回った。主力3品(ウスター，中濃，濃厚)は低迷。ソース類は多様化し，広義の意味でのソースが市場を賑わしているが，ウスターソースの低落傾向に歯止めがかかっていない。商品開発面でも大手中心にお好み，焼そばソースへの比重が高くなってきている。

同年の推定生産量は，ブルドックが3万200kℓ，カゴメが2万7,800kℓ，オタフクが1万5,300kℓ，イカリが1万3,000kℓ，キッコーマンが7,700kℓ，コーミが6,300kℓとなっている。ここ数年，オタフクが顕著な伸びを示している。

課題はやはり，ウスターソース類の落ち込みへの対応で，この悩みは今もなお続いている。ソースの多様化が進む中ではあるが，基盤となるウスター類の需要活性化は無視することはできない。

表① ソースの年次別生産量

日刊経済通信社調(単位：トン)

年度別	ウスターソース	中濃ソース	濃厚ソース	お好みソース	その他ソース	合計
1959年	－	－	－	－	－	98,500
68	－	－	－	－	－	145,000
72	－	－	－	－	－	143,696
77	66,324	32,757	31,917	4,295	2,250	137,543
84	62,100	38,100	33,150	10,500	6,150	150,000
88	49,145	33,149	30,595	14,370	12,260	139,519
92	45,825	34,173	32,246	23,302	12,747	148,293

表② ソースの社別推定生産量推移

日刊経済通信社調(単位：kℓ)

社別	1959年度	68年度	72年度	77年度	84年度	88年度	92年度
ブルドック	6,950	15,400	18,700	26,750	31,000	28,100	30,200
カゴメ	11,950	27,500	24,500	28,050	31,500	28,700	27,800
オタフク	－	－	－	－	－	7,400	15,300
イカリ	5,500	16,000	23,000	20,300	18,500	16,500	13,000
キッコーマン	6,200	9,400	14,300	11,600	10,200	7,900	7,700
コーミ	－	－	－	7,200	7,600	7,100	6,300
チキン	3,900	5,800	6,400	－	－	－	－
その他	64,000	70,900	56,796	43,600	51,200	43,800	48,000
合計	98,500	145,000	143,696	137,500	150,000	139,500	148,300

◇特　集◇

貿易自由化にも自信

今年は10万kl突破へ

食生活の改善普及につれ、ソースの消費は年々増えて来た。今日では醤油・味噌とともに家庭生活に於いては欠かすことの出来ない必要調味料品となって来たことは、云うまでもなく、欧米風に日本の食生活が変って来たことを意味するものであるといえよう。

33年度の生産量は95,400kl（524,700石）に達し昨34年度は98,500kl程度は達成されたものと見られ今年は待望の10万kl（55万石）突破は確実である。この数字はちょうど醤油の生産量の1割に当る数で戦前から見れば約50%の増加を示している。（付表①参照）今後更に伸びる数多くの要素を持っているだけに将来を楽しめる業界といえる。その理由は①戦後の食生活改善運動がまだ完全に全国に浸透していないため、農村等地方の需要増が期待出来る。②或る程度競合する（関接的に）と見られる醤油の需給が伸び悩んでいる。③消費者のソースの使用価値に対する関心の高揚。④国民の体力増強に伴なう肉食の普及。等々があげられ、しかもソースの衰退を予想する素材は全く見当らない。

付表①　ソースの年次別生産量

区　分	生産(kl)	前年対比(%)	生産指数(%)
昭和9～11年平均	65,280	—	100
12	77,940	119.0	119
13	75,600	96.9	116
14	69,840	92.3	107
15	60,480	86.5	93
16	51,300	84.8	79
17	48,060	93.6	74
18	24,140	50.2	37
19	10,620	43.9	16
20	5,760	54.2	9
21	23,940	415.6	37
22	26,640	111.2	41
23	36,000	135.1	55
24	30,600	85.0	47
25	43,200	141.1	66
26	52,200	120.8	80
27	61,200	117.2	94
28	72,000	117.6	110
29	79,200	110.0	121
30	84,600	106.8	130
31	90,000	106.3	138
32	93,600	104.0	143
33	95,400	101.9	146
34	98,500	103.2	150

注　34年度は推定

以上のようにソースの将来は明るい。今後も年1割～2割方の上昇は望めよう。しかし如何に食生活の改善といっても米食に変るパン食の如きようにー時はパン食が普及、3度に1度はパン食をとる傾向が見られたものの、今日ではパン食が停滞、パンの需要が減るとともに業務用バター・マーガリンがひと頃に比べ減って来ている実例もあり、食生活の改善にあぐらをかいていたのでは醤油のまき返し或いはソースに直接競合する新製品、新調味料等に油揚げをさらわれる事態なしとは云えない。

都市別1世帯当り消費量
名古屋が1位、東京は3位

では今日のソースの消費状況はというと、総理府統計局調査によると都市の1世帯（家族5～6人平均）当りの年間ソース購入量は2,857ml（1升5合7勺）である。

付表②　ソースの消費調査

主要都市年間一世帯当り（単位100ml）（33年）
総理府統計局編家計調査年報

都市名	購入数量	購入金額	都市名	購入数量	購入金額
		円			円
東京	38.96	300	松本	15.08	163
横浜	32.43	273	岐阜	38.50	348
名古屋	42.66	405	松阪	17.43	168
京都	25.51	246	大津	26.95	241
大阪	35.92	320	奈良	30.18	287
神戸	40.23	335	鳥取	13.69	130
札幌	15.17	151	広島	25.16	193
帯広	10.72	126	防府	17.82	170
青森	10.21	141	徳島	37.79	323
仙台	17.05	168	今治	17.75	165
高崎	29.26	200	福岡	20.40	192
千葉	35.14	263	長崎	13.58	106
富山	15.91	184	都城	20.65	170
甲府	35.57	284	鹿児島	23.23	138

うち東京都は3,896ml（2升1合4勺）で、名古屋4,266ml（2升3合6勺）、神戸4,023ml（2升2合1勺）に次いで第3位となっているのは面白い。

文化生活のバロメーターをソースの使用普及度で測定していた人々にとっては東京の第3位が疑問に思われるかも知れないが……。（付表②）

1960年（昭和35年）3月号より

待望の300億円台に乗る今年のソース市場

だが，全糖化への難問抱える零細メーカー

今年度のソース業界は順調な出荷状況で10%前後の生産量の伸びが期待されている。販売額（メーカー出し値）においても上半期の値上げも寄与して320億円前後に達しよう。

昨年は2.2%増の14万3,000klで41年以来2年連続の増産となった。販売額も250億円前後（推定生産量10%を加算すると270〜280億円）となり，今年は待望の300億円台乗せと3年連続増産は確実視されている。

チクロ問題に続いてサッカリンの使用禁止問題が出ており，10月末までという期間は経過したものの，零細メーカーにとって当面全糖化への難問を抱えていると云えよう。

47年度の生産量14万3,696 kl

47年度の生産量は14万3,696$k\ell$で前年比102.2%と僅かではあるが増産した（表①参照）。大手メーカーの生産量が，横ばい傾向であったことから本誌昨年10月号では5%程度の減産を予想した。この増産の要因は，中小メーカーの上位クラスの生産量が伸びたこと，生産数量の集計方法をメーカー単位から工場単位にしたため報告が大幅に増えたことによるもの。（46年度は179企業であったのが47年度は201工場。2工場以上持っている企業は大手メーカーでも3〜4社程度で殆んど1企業1工場とみると20企業前後の回答増となる）。

48年度は大手メーカーの出荷状況が10月末現在では，平均20%前後の伸び率を示しており，年度末は15%以上の伸び率が見込まれることから，中小メーカーの伸び率を数%に見込んでも，全体で12〜13%増の16万$k\ell$台乗せが期待出来よう。悪くても10%前後の伸びは確保したいところで，零細メーカーのサッカリン使用禁止問題がからんでいるだけに中小メーカーの生産量にどのような変化が表われるかがポイント。

今年度の大手メーカーの伸び率の見込みが15〜20%増となっているのは，相次ぐ値上げによる仮需要によるもので46年度のチクロ問題，全糖化による値上げ時ほどの仮需要はなかったため，46年度の伸び率を下回っている。

表①　ソースの年次別生産量　農林省調

年次別	推定生産量	農林省集計生産量	前年比	33年比	生産量比率	
					ウースター	濃厚
	$k\ell$	$k\ell$	%	%		
39 年	124,200	112,884	103.9	149.8	64.9	35.1
40 年	135,700	123,371	109.3	163.6	62.9	37.1
41 年	141,500	128,612	104.3	170.7	61.5	38.5
42 年	138,700	126,048	98.1	167.1	59.1	40.9
43 年	140,200	127,476	101.1	168.7	59.8	40.2
44 年	136,600	124,205	97.4	164.6	55.9	44.1
45 年	134,300	122,116	98.3	161.8	55.2	44.8
46 年	154,700	140,655	115.2	186.5	54.2	45.8
47 年	158,000	143,696	102.2	190.5	54.2	45.8
48年見込	179,300	163,000	113.4	216.1	53.5	46.5

表②　ソースの1世帯当たりの購入数量　総理府統計局調

年次別	価格（円）	数量（100$m\ell$）	前年比（%）	支出金額（円）	前年比（%）	人口5万以下都市支出（円）
40年	13.09	25.84	98.6	339	105.9	373
41年	13.75	26.43	102.3	363	107.1	399
42年	14.57	25.02	94.7	364	100.3	400
43年	15.18	25.06	100.2	380	104.4	406
44年	16.32	23.66	94.4	386	101.6	415
45年	19.62	25.04	105.8	491	127.2	528
46年	22.91	25.52	101.9	585	119.1	623
47年	25.67	25.62	100.4	658	112.5	702
48年1〜6月	27.17	12.96	105.0	353	112.8	374
47年1〜6月	25.33	12.34	97.2	313	111.8	333

48年度は月報集計による見込み。

1973年（昭和48年）11月号より

安定成長続けた戦後マヨネーズ類市場

ドレッシングも並んで成長

マヨネーズ・ドレッシング類は戦後，人口の増加や経済成長に加え，野菜の生食習慣の定着に伴い成長を続けてきた。その成長は安定的なもので，野菜価格の変動やメーカーの生産調整などの要因を除くと，ほぼ毎年のように伸長している。以下，昭和の主な出来事を本誌バックナンバーより紹介する。

S 36年小売店調査ではマヨの売れ行き増加

本誌「酒類食品統計月報」にてマヨネーズ・ドレッシング類の特集を開始したのは昭和36年(1961年)５月号。「マーガリンとマヨネーズの市場調査」として，東京都小売酒販店組合組合員のうち1,000件を無差別に抽出してアンケートを実施。回答件数は91件と乏しいものであったが，どもメーカーの商品・容量帯を購入しているかなどの調査結果を公表している。

マヨネーズの銘柄別順位は(表①)は，キユーピーが圧倒的な１位という結果に。また，“売れ行きの良い容器は？”との問いでは，「ポリ袋」が圧倒的に多く63.7%を占め，「チューブ入り」「びん詰」が道立15.4%と続く。これについて当時の記事では，“「ポリ袋」が売れるのは①割安であるばかりでなく②「チューブ入り」や「びん詰」のように使用の場合，最後に容器に中身が残らない事が大きな原因のようである。家庭の主婦の経済観念がシッカリしていることを物語っているような気がする”と述べている。そのほか，“前年と比較してマヨネーズの販売高は増えたか？”との問いには，「２～３割方増えた」が25.3%，いくらかでも「増えた」が84.4%，「５割方増えた」が3.3%となっており，当時のマヨネーズの需要増加具合が窺える。当時特集の結びでは調査を振り返り，“消費の増加が急速に伸びているが，新しい銘柄に対する消費者の信用度が薄いことが特に注目される点である。これは新発売した銘柄の今後のＰＲの方法を反省しなければならない事と思う”などとしつつ，“マヨネーズは前年比２～３割方の増加が多いが，５割方増加の店も相当あることは，食生活にマヨネーズが取り入れられている伸長率(消費増)が２～～３割以上の増加であることを物語っており，今後の対策いかんによっては更に販売増を望めるものと思われる”と分析している。

急成長するマヨネーズ市場

本誌のマヨネーズ類単独特集は昭和年40年(1965年)７月号から。「伸び悩むマヨネーズ業界の見通し」というタイトルのもと特集を組んでいる。当時，戦後食生活の洋風化に伴い，その市場規模は過去16年間で倍に成長しており，年間伸び率は平均30%台と大幅なものであった。しかし，39年は伸び率８%と当時の水準からすると低いものに。この低調な伸び率について，当時の記事ではまず原料面からのアプローチで分析。その結果，食用油や卵の価格はさほど影響をもたらしておらず，原料を要因とする停滞ではない旨を伝えている。原料に次いで，野菜価格に着目した分析も実施したところ，同時期に野菜価格がやや高騰しえ知多ことが判明。このことが生産量伸長の鈍化につながっているとの分析をしてい

表①　マヨネーズ銘柄別購買順位
(酒類食品統計月報1961年5月号より)

日刊経済通信社調

銘柄	1位	2位	3位	計
キユーピー	83	3	−	86
雪印	2	14	−	16
あけぼの	1	13	−	14
ヒノマル	−	8	−	8
クラブ	−	5	−	5
ハリマ	−	1	−	1
ユツカ	−	1	−	1
無記入	5	46	91	142
計	91	91	91	273

る。また，業界の調整段階と重なったことについても触れ，“企業採算を無視した生産，販売が無理をきたし，商品として利益を重視していく方向に来たことで調整段階も終わったとみられる。このように慎重な生産がなされたことも生産の伸び悩みが出たと考えられる”と分析した。

このように一旦は伸びが鈍化したマヨネーズ市場だが，昭和40年(1965年)には再び生産量が22％増と２ケタ増加(表②)となった。これについて特集した昭和41年(1966年)５月号では,「盛り返したマヨネーズ業界の動向」というタイトルで当時の動きを解説。“マヨネーズの40年供給量は５万3,000tと年間１人当たりの消費量は542gと27年当時に比べ70倍の大幅な量になっている。39年は一時提な伸び悩みがあった。これは野菜の需給のアンバランスからくる価格の高騰による要因が強く，野菜の生食傾向が進んでいる今日，マヨネーズ需要は生野菜の関係を強く認識させた”と記載しており，当時の食生活の変化によりマヨネーズの需要が高まってることが窺える。

表②マヨネーズの供給量(酒類食品統計月報1966年5月号より)

年度	生産量 トン	輸入量 トン	合計 トン	前年比 %	年間1人当り 供給量 g
昭和26年	281		281		
27	671		671	239	7.8
28	1,414		1,414	211	16.3
29	2,270		2,270	161	75.7
30	3,680		3,680	162	41.2
31	5,550	105	5,655	154	62.7
32	7,104	99	7,203	127	79.2
33	9,483	64	9,547	133	104.1
34	11,679	69	11,748	123	126.8
35	15,574	46	15,620	133	167.2
36	23,390	139	23,529	151	249.5
37	30,823	85	30,908	131	324.7
38	40,242	277	40,519	131	418.4
39	43,347	267	43,614	108	449.6
40	53,052	270	53,322	122	542.4
41推定	64,600	250	64,850	122	655.1

味の素社が参入

前述のように成長を重ねてきたマヨネーズ類業界だが，昭和42年(1967)に味の素社が参入することとなる。当時記事では味の素社の参入について，“総合調味料メーカーの多角化の一環として，将来性のある安定成長を下マヨネーズに指触を動かしたのは当然であろう。過去３～４年前に味の素のレッツサラダ(粉末ドレッシングのようなもの)なるものをテストセールしたがこれは本格発売するに至らなかった。この時から生野菜の消費拡大を見込んだマヨネーズ，サラダドレッシング部門への進出意欲はあったものとみられる。加えて，原料の食用油，卵，調味料とコーンプロダクツ(クノール食品は味の素と折半出資)の技術を持っていれば条件が揃いすぎている”と記載している。そのうえで，味の素社参入後の業界について，“各社の宣伝合戦が，逆にマヨネーズ需要拡大に拍車をかけて高度な成長を期待したい”と業界の発展を願う旨を記載している。

表③　マヨネーズとドレッシング類の生産推移
(酒類食品統計月報1976年5月号より)

年次別	ドレッシング		マヨネーズ		計	
	生産量 t	前年比 %	生産量 t	前年比 %	生産量 t	前年比 %
45年	4,519		113,055		117,574	
46年	5,769	127.7	124,819	110.4	130,588	111.1
47年	5,639	97.7	131,440	105.3	137,079	105.0
48年	9,327	165.4	145,081	110.4	154,408	112.6
49年	9,968	106.9	129,318	89.1	139,286	90.2
50年	11,110	111.5	134,600	104.1	145,710	104.6

表④　液状ドレッシング類の社別推定生産量(酒類食品統計月報1989年4月号より)

日刊経済通信社調(単位：千 c/s，百万円，％)

社名	1986年			1987年			1988年		
	数量	金額	前年比	数量	金額	前年比	数量	金額	前年比
キユーピー	6,288.5	14,464	113.4	6,878.5	15,821	109.4	7,072.0	16,266	102.8
ライオン	1,159.5	2,665	115.8	1,300.0	2,990	112.1	1,242.8	2,858	95.6
日清製油	855.5	1,968	89.0	794.3	1,827	92.8	759.5	1,747	95.6
中埜酢店	856.8	1,971	100.0	1,292.3	2,972	150.8	1,756.0	4,039	135.9
ケンコー	590.0	1,534	124.7	678.7	1,765	115	821.5	2,136	121
味の素	431.3	1,121	136.8	550.3	1,431	127.6	1,816.5	4,178	330.1
その他	138.8	319	183.8	208.8	480	150.4	187.8	432	89.9
計	10,320.4	24,042	111.8	11,702.9	27,286	113.4	13,656.1	31,656	116.7

ドレッシングも安定成長

昭和40年代はマヨネーズ類の安定的な成長と同様に，ドレッシング類も成長を続けている。野菜価格の状況により前年比でマイナスとなった年はあるが，安定的に成長を重ね，昭和50年(1975年)には1万t台の生産量に達している(表③)。昭和51年(1976年)5月号では，当時のドレッシング類の状況について，“出荷ベースで50億円前後，80％方が実質消費と仮定しても40億円の市場ということになる。過去，出荷ベースで高い伸び率を示してきたが49年に各社とも生産，主化調整して需要に見合った需要体制を整えた。このため，49年は減産を余儀なくされたものの，不況下における割高感からくるドレッシング需要の頭打ち説を覆す結果が出ている。ドレッシング類の需要はマヨネーズ同様に着実に伸びている”と記載している。

その後も安定的に成長を続け，昭和63年(1988年)には生産量が5万t台に達している。当時の生産状況(表④)は，キユーピーがトップで2位の4倍近くの生産量となっている。2位の味の素社は昭和63年に大躍進。サラダ周りのフルラインアップ，新しいイメージ，新しいジャンルのサラダソース3品や，業務用の液状ドレッシングを発売したことで前年の3倍を超える生産量となっている。当時の記事では，“最近，摂取する野菜に対する感覚が変化，バリエーションが出てきている。加えて需要構造の変化がともなってきており，その対応も急ピッチに進んでいる”と分析している。なお，当時のマヨネーズ類の生産状況は，キユーピーがトップで14万7,570t。次いで味の素社3万9,700t，ケンコーマヨネーズ1万9,740 t，オリエンタル酵母7,310t，エスエスケイフーズ3,960t，丸和油脂5,490tとなっており，上位メーカーは2024年現在とほぼ変わらない顔ぶれとなっている。

《特》《集》

表 ④

銘柄別	最高・最低値		記入数の一番多い価格	
	仕入(円)	小売(円)	仕入(円)	小売(円)
雪印	63～75	75～85	68	80
雪印ネオ	75～85.20	90～100	85	100
金リス	65～70	75～80	68	80
銀リス	48～50	55～70	50	60
明治	65	75	—	
〃	80	100	—	
ミヨシ	35	40	—	
〃	45	60	—	
森永	68	80	—	
〃	85	100	—	
バターリン	85～88	100～110	—	
コロナ	—	100	—	

雪印とリスがおさえる

㈤貴店で売っているマーガリンの銘柄別の売れゆき順位をお知らせ下さい。

この回答結果は表⑤の通り雪印とリス印が殆んど市場をおさえており、森永がこれに続いていることが注目される。回答結果を集計して見て強い銘柄ほど1位、2位、3位と各位に回答して来ている。このことは、たとえ某印専売店ですと言い乍らも、お客の名指しによって強い銘柄は店頭におかなければならないことを反映しているものと考えられて興味深い。

表 ⑤

銘柄	1位	2位	3位	計
雪印	46	9	5	60
雪印ネオ	14	6	6	26
金リス	6	19	4	29
銀リス	1	2	5	8
リス印	3	—	—	3
森永	1	3	1	5
ミヨシ	1	—	—	1
バターリン	—	1	—	1
コロナ	—	—	1	1
無記入	19	51	69	139
計	91	91	91	273

マヨネーズの部

キューピーが圧倒

㈠貴店で売っているマヨネーズの銘柄別の売れる順位をお知らせ下さい。

この結果は表①を見れば明らかな通り、絶対にキューピーの独占率が強く、クラブを除いては発売年月の古い雪印、あけぼの、ヒノマルの順となっていることは注目される。また大手会社の銘柄の強いのには今更のごとく考えさせられるものがある。

銘柄	1位	2位	3位	計
キューピー	83	3	—	86
雪印	2	14	—	16
あけぼの	1	13	—	14
ヒノマル	—	8	—	8
クラブ	—	5	—	5
ハリマ	—	1	—	1
ユツカ	—	1	—	1
無記入	5	46	91	142
計	91	91	91	273

需要はポリ袋詰に

㈡一番売れゆきのよい容器はどの容器ですか。

この回答結果は「ポリ袋」が圧倒的に多く63.7%を占め、その中でも100gポリ袋が一番多い。そして「チューブ入り」と「びん詰」が同率の15.4%となった事もおもしろい。「ポリ袋」が売れるのは①割安であるばかりでなく②「チューブ入り」や「びん詰」のように使用の場合、最後に容器に中味が残らない事が大きな原因のようである。家庭の主婦の経済観念がシッカリしている事を物語っているような気がする。

容器別	回答数	小計	比率
			%
50gポリ袋	6	58	63.7
100gポリ袋	35		
200gポリ袋	15		
225gポリ袋	2		
100gチューブ入り	10	14	15.4
200gチューブ入り	4		
225gびん詰	5	14	15.4
450g 〃	9		
無記入	5	5	5.5
計	91	91	100.0

拡がる価格差

㈢貴店で売っているマヨネーズの値段をお知らせ下さい。

この結果は表③の通りであるが、回答者が容器をまちがって記入したと思われるものも1～2あったが、そのまゝ集計した事をおことわりしておきますしかし何れにしても仕入れ、末端ともに相当のひらきのあることは事実のようで、最近どの商品でも銘柄と銘柄の競争もさる事ながらに、問屋と問屋或いは小売と小売の競争の激しさを反映している。

銘柄	容器	仕入(円)	小売(円)
キューピー	50gポリ袋	19.50～21	23～25
〃	100g 〃	34～40	35～45
〃	200g 〃	68～73.50	80～85
雪印	100gチューブ	38～40	40～45
〃	200g 〃	71～72	80
あけぼの	100g 〃	35～36	40～45
〃	200g 〃	72	85
ヒノマル	100g 〃	—	45
〃	200g 〃	71	80

伸び悩むマヨネーズ業界の見通し

マヨネーズの消費は限界点にきたかうどか。最近の停滞状況のなかでの問題点を検討し，今後の方向を探ってみた。

はじめに

マヨネーズ業界は戦後食生活の洋風化にともない過去16年間で倍と年間伸び率も平均30%台を記録，その間大手水産会社のマヨネーズ業界進出で市場の混乱はあったものの，38～9年とようやく落着いたムードとなって来た。ところが39年（4～3月）の生産量が前年比8%増と過去かってない伸び率の低下をみた。特に年度後半(39年10～40年3月)は前年比4.8%減となった。このように39年度の生産量の停滞はどこに起因しているか，40年度の見通しを含めて問題を絞ってみよう。

39年度から伸び率大巾低下

まず供給量の面からみてみよう（表①参照）。

昭和26年の生産量は281トンとほんの僅かな数量で食料事情の好転，食生活の洋風化にともない31年までは倍から50%以上の急増をみせた。しかし生産量の増加とともに伸び率はやや落ちているが，それでも平均30%台の伸びを示し，調味品の中では伸びの最も良いものと注目され，将来まだまだ伸びる製品とみられていた。

ところが39年度は前年比8%増と，37，38年の各31%増に比べて大巾な伸び率の低下で，半年前までは予想だにされなかったことである。

一方，輸入品の面でも38年4月自由化された年は前年比約3.3倍の277トンと輸入増されたが，その後，国産品の強い抵抗にあい，39年は横ばい状態となった。

これ等の国産，輸入の供給面での低滞が目立っている。年間一人当り供給量は38年418g，39年449gと30gも増えていることは，自然増とは云えないまでも過去80g程度の増加に比べて物足りない気がする。

表① マヨネーズの総供給量と1人当りの供給量

年度	生産量	輸入量	合計	前年比	年間1人当り供給量
	トン	トン	トン	%	g
26年	281		281		
27	671		671	238	7.8
28	1,414		1,414	211	16.3
29	2,270		2,270	161	75.7
30	3,680		3,680	162	41.2
31	5,550	105	5,655	154	62.7
32	7,104	99	7,203	127	79.2
33	9,483	64	9,547	133	104.1
34	11,679	69	11,748	123	126.8
35	15,574	46	15,620	133	167.2
36	23,390	139	23,529	151	249.5
37	30,823	85	30,908	131	324.7
38	40,242	277	40,509	131	418.4
39	43,347	267	43,614	108	449.6
40推定	48,000	250	48,250	111	494.4

注）①生産量（4～3月度）はマヨネーズ協会集計による ②輸入量（1～12月）通関実績による ③39年（1～12月）のマヨネーズ生産量は本紙101頁参照。

39年度月別供給量推移

そこで39年度の各月別の供給量をみると（表②参照）国産の供給面では39年4月～6月までは順調な伸びがみられるが，7～9月の最盛期に横ばいあるいは前年実績を下廻っている。

10月には26%増とやや良かったものの，11月以降40年3月まで減産が続いている。一方輸入の方は7～9月の最盛期と12月の年末需要に増えた以外は2月を除いていづれも前年を下廻っている。

輸入量は数量的には全供給量の2%にも達していないので問題外である。いづれにしても夏場の伸びなやみと11月以降の減産が前年比8%の微増に終ったことになる。

以上のように供給面の過去にかってない停滞はどこに起因しているのか。一口にいって消費停滞ということになる。では消費の停滞は一時的なものか，マヨネーズ消費が限界に来たかについて検討してみよう。

1965年（昭和40年）7月号より

味の素の進出で波乱含みのマヨネーズ業界

キューピーを中心に既存メーカーの攻防戦がポイント

㊷年度（42年4月から43年3月）のマヨネーズの生産量は7万565トンで輸入量を加えると7万953トンの総供給量で前年対比15%増となった。これはメーカーの売上げ金額（kg当り280円と仮定）でほぼ2百億円台に達したことになる。また1世帯当りの年間購入金額は697円と前年比13円アップとなっている。

近年，15～16%前後の増加を示しているマヨネーズ業界にあって年間743億円，利益金26億円（43年3月，42年9月の各期合計）の調味料業界のトップメーカーが3月11日から京浜地区に発売したことで，キューピーを中心に平穏だったマヨネーズ業界に大きな刺激を与え，キューピー対味の素のマスコミ宣伝合戦は，今までかつてないものになった。このように一現象にしても今年は味の素の動向を中心に，キューピーを筆頭とした既存メーカーの攻防が最大のポイントみられる。

高水準の増勢つづく

42年度生産量はついに7万トンの大台をわずかではあるが突破，メーカーの販売額でほぼ2百億円となった。

表①はマヨネーズの年次別供給量の推移である。32年7,203トンに比べて10年後の42年にはほぼ10倍の7万953トンとなった。しかし，基礎数量の増大から37年頃まで30～50%の年間伸び率も39年の生野菜高騰時のわずか8%増を契機に40年22%，41年16%，42年15%増とやや伸び率が低くなったものの，年間1万トン前後の増加を記録し，依然高い基調を続けている。

生産量は7万565トンであるが，うち食糧庁集計による生産量は7万265トンである。これは味の素㈱の生産量は含んでいない。2，3月の発売時の生産量を300トンと見込んで加えたもの。

輸入量は388トン（フレンチドレッシング，サラダドレッシングを除く）と38年の自由化の年の267トンから年々少しずつであるが増加の傾向にある。

表①　マヨネーズ類の供給量　日刊経済通信社調

年度	生産量	輸入量	合計	前年比	年間1人当りの供給量
昭和27年	671トン	トン	671トン	238%	7.8g
28年	1,414		1,414	211	16.3
29年	2,270		2,270	161	25.7
30年	3,680		3,680	162	41.2
31年	5,550	105	5,655	154	62.7
32年	7,104	99	7,203	127	79.2
33年	9,483	64	9,547	133	104.1
34年	11,679	69	11,748	123	126.8
35年	15,574	46	15,620	133	167.2
36年	23,390	139	23,529	151	249.5
37年	30,823	85	30,908	131	324.7
38年	40,242	267	40,509	131	418.4
39年	43,347	267	43,614	108	449.6
40年	53,052	270	53,322	122	542.4
41年	61,598	311	61,909	116	625.3
42年	70,565	388	70,953	115	709.5
43年見込	83,000	300	83,300	117	830.0

注）①生産量は4～3月。輸入量は1～12月，但し輸入にはフレンチドレッシング及びサラダドレッシングは除いた。②生産量は食糧庁調と43年2,3月の味の素の推定生産量300トンと見込んだもの。輸入量は大蔵省調。

これらの数量を加えて42年の供給量は7万953トンとなった。年間1人当りの供給量は709.5gとなっている。

1968年（昭和43年）5月号より

即席カレー，大手３社の寡占市場へ

トライ&エラーを経てブランドも淘汰

高度経済成長の中，家庭の味を象徴する存在であった即席カレー。「バーモントカレー」を発売したハウス食品が先駆し，「ゴールデンカレー」のエスビー食品が追随，これに江崎グリコを加えた大手３社が次第に市場を席捲。新製品のトライ＆エラーを経て市場が成熟する中，メーカーもブランドも淘汰されていくことになった。

各社が基幹商品を発売，市場拡大へ

昭和44年(1969年)年10月号の酒類食品統計月報に「200億円台突破必至のカレー業界」と題した特集が掲載された。

即席カレーの歴史を振り返ると，同38年にハウス食品が子どもも食べられる「バーモントカレー」を発売したことが市場拡大の大きな契機となったことが挙げられるが，同44年度は即席カレーだけで190億円台を見込み，純カレーを含むカレー類としては200億円台突破は必至，という規模感だった。

その背景として，同41年にエスビー食品から「ゴールデンカレー」，江崎グリコ「ワンタッチカレー　濃厚肉汁(スープ入り)」，同43年にハウスから「ジャワカレー」といった商品がそれぞれ市場に投入されており，年を経るごとに品質のレベルアップ，新規需要開拓がされていた。また，同43年に大塚食品が「ボンカレー」をテスト発売し，翌年本格販売に乗り出したことも大きなトピック。市場に登場したレトルトカレーはその後，規模を拡大していくことになる。

辛口タイプの商品が台頭

拡大を続けてきたカレー類の生産量は，昭和46年(1971年)度に減産を迎えた。前年度の生産増強で在庫増となったことも背景にあるようだ。消費面をみると，成長期から安定期へと移行し，嗜好の変化もあって市場では辛口タイプのウエイトが徐々に高まってきた。ハウスは「バーモントカレー」から〈辛口〉を発売し，グリコは超辛口タイプの「ワンタッチカレー　ブラック」を発売するなど，辛口タイプの商品ラインアップ拡充の動きがあった。

大手３社の寡占化が進む

昭和50年(1975年)度の即席カレーの市場規模は500億円前後へと成長したが，ハウス，エスビー，グリコの大手３社の寡占化が進行してきた。業界の構造はこれまで主に６社で構成されていたが，後退したメーカーが出てきたことで，大手３社の生産集中度が年々高まってきた。

75年度の銘柄別売り上げ状況は，ハウス「バーモントカレー」41.4%，エスビー「ゴールデンカレー」19.6%，ハウス「ジャワカレー」「印度カレー」がともに7.6%，グリコ「ワンタッチカレー」が6.8%。この５銘柄で80%を超えるシェアを占めており，ブランドの強さや販売網の差が数字となって出ていると推察される。

即席カレー市場の大手３社体制はこの時点で確立されており，商品の改廃やリフレッシュを経ながら，今もなお続いている。

表①　即席カレー・純カレーの国内生産量

日刊経済通信社調(単位：トン)

年度	即席カレー	純カレー
1968年	46,700	2,380
71	63,165	2,370
75	67,900	2,100
81	86,617	1,968
86	88,534	2,568
89	89,200	2,500
92	96,900	2,417

表②

即席カレー類の社別販売額推移

日刊経済通信社調（単位：百万円）

社　別	1968年度	71年度	75年度	81年度	86年度	89年度	92年度
ハウス食品	7,845	14,362	30,100	42,800	46,000	47,000	52,800
エスビー食品	1,707	5,100	12,300	20,500	22,000	23,600	26,200
江崎グリコ	2,132	2,030	4,500	4,000	6,500	4,100	4,300
オリエンタル	1,650	1,100	1,000	400	350	350	250
キンケイ食品	577	1,115	880	–	–	–	–
明治製菓	–	–	–	540	370	370	400
メタル食品	–	800	900	580	–	–	–
その他	1,485	1,200	600	600	1,100	80	140
合　計	15,396	25,707	50,280	69,420	76,320	75,500	84,090

※社名は当時のもの

市場は成熟，700億円規模に

昭和56年（1981年）度の家庭用市場は前年の値上げ浸透もあって700億円規模に到達，前年度から2ケタ近い伸びを示した。

大手3社をみると，ハウスは「バーモントカレー」の売り上げが300億円を突破し，即席カレーのトータル売上高は428億円へと伸長した。戦後のベビーブームの世代が家庭を持ち，その子どもが成長期に入っているという時代背景もあって，「バーモントカレー」のシェアが拡大したとみられる。

エスビーは看板商品の「ゴールデンカレー」が売上構成の74％を占め安定的な需要を確保。加えて，高級品の「ディナーカレー」の売上高も好調。そのほか新製品を発売し，カレー料理の提案も並行して行っている。一方，グリコは売り上げがダウンし，シェアを奪われた格好。「ワンタッチカレー」「デラックスソフト」の品質，パッケージ一新を図り，リフレッシュキャンペーンを展開した。

市場全体をみると，価格の是正が課題と指摘されている。値上げにより一時的に回復した市場価格ではあるが，特売価格の中にスポット的な超安値が散見されるという。業界全体が成熟し，メーカー側の販促展開が市場の動向を左右する側面があるようだ。

食のファッション化が進行

昭和61年（1986年）度の家庭用市場規模は730億円で，ここ数年間で消費実態に大きな変化はなく，市場そのものは完全に成熟した。

成熟市場の中で，各社は個性的な商品による需要喚起を狙った取り組みを展開，大人のカレー，辛さのカレー，具のカレーなど，即席カレーでも食のファッション化が進んでいる。

10年ぶりの値上げ

平成元年（1989年）度のカレー類売上高は，家庭用即席カレーが710億円，レトルトカレーが420億円と，レトルトの台頭がいよいよ顕著となってきた。

家庭用の売上高は，ハウスが450億円前後，エスビーが約211億円，グリコが41億円で，大手3社体制は変わらず。業界は平成2年（1990年）に10年ぶりの値上げを実施。6月にエスビーとハウスが，7月にグリコが価格を引き上げた。これについて本誌は，新価格体系の浸透が下期の重点施策で，同時に，これまでに崩れていた特売価格をどこまで引き上げられるかが最大のポイントとしている。また，平成3年（1991年）4月からの牛肉の自由化を見据え，焼肉のたれやすき焼きわりしたといった関連調味料との競争激化，牛肉メニューの頻度アップを巡る競争が起こると指摘している。

2社5銘柄で9割に迫るシェア

平成4年（1992年）度の売上高は，家庭用即席カレー777億円，レトルトカレー460億円。厳しい景況の中，内食化傾向を反映し，ボリュームがあり経済的なカレーが見直された。

銘柄別順位は，1位ハウス「バーモントカレー」44.1％，2位エスビー「ゴールデンカレー」20.6％，3位ハウス「ジャワカレー」10.9％，4位エスビー「ディナーカレー」5.3％，5位ハウス「ザ・カリー」5.3％で，2社5銘柄で88.4％を占めている。

いよいよ即席カレー市場はハウス，エスビーの2強となり，販促面からみても両社の存在は揺るぎないものとなっている。とは言え，成熟市場であるだけに，常に消費刺激策を講じ，食卓での登場頻度アップを図っていかなければならず，その状況は現在も続いている。

200億円台突破必至のカレー業界

注目される新規メーカーの積極参戦

ここ2～3年需要停滞，過当競争による中小メーカーの業績悪化がみられた即席カレー業界は昨年から今年にかけて新規メーカーの積極参戦，製品の多様化，高級化などの動きにともない需要は上向き，44年度はメーカーサイドでの売上高は即席カレー類だけで190億円台乗せも夢ではなくなった。

カレー類（即席カレー，純カレーを含む）では200億円台突破は必至とみられ，今年は業界の現ムードが一時的なものかどうか，今後の需要を占う意味でひとつの転期を迎えていると云えよう。

頭打ち続けるカレー業界

カレー業界は一部の大手メーカーを除き，42，43年と各メーカーとも伸びの頭打ちを続け，むしろ売上げ減少傾向を示していた。42，43年の生産量は40，41年の20%台の伸び率に比べて2%台の伸びという低調なものであった。

その間各メーカーとも需要拡大への打開策としてエスビーが従来の普及品，40～60円ものという常識を破る100g100円小売の高級品ゴールデンカレーを発売，グリコが従来ワンタッチに肉汁を入れた濃厚肉汁入りに内容をレベルアップして価格も引上げ，キンケイがヨーグルトカレー120g70円（これは失敗に終った），ハウスが大人向きジャワカレー125g80円などを市場に送り出し，品質のレベルアップ，新規需要開拓への多様化がみられた。

既存のこのようなメーカーの動きに，昨年2月からゼネラルフーズが既存の即席カレーが固型中心であるのを顆粒状の〝ルーミックカレーフレッシュ〟で業界に進出，続いて昨年2月に大塚製薬の子会社，大塚食品工業が完全調理した〝ボンカレー〟180gをテストセール，今年から本格発売に乗り出した。キンケイも顆粒状の明治キンケイデラックスカレーを出して巻返しをはかるなど新規製品，メーカーも加わって需要拡大に大きく消費層にアッピールして来

表①　年次別カレー類の需給動向

日刊経済通信社調

年次	国内生産量		輸入カレー粉 インスタントカレー含む	輸出カレー粉	総供給量	前年比
	即席カレー	純カレー				
	トン	トン	kg	kg	トン	%
昭和32年	9,800	2,200	38,600	15,900	12,023	136.2
33	12,000	2,600	52,000	27,000	14,625	121.6
34	15,850	2,800	45,500	22,200	18,623	127.3
35	19,500	2,900	31,800	37,000	22,395	120.3
36	23,000	3,100	79,900	41,000	26,139	116.7
37	25,000	3,200	255,800	34,500	28,421	107.6
38	26,500	3,300	66,600	56,600	29,810	104.9
39	29,000	3,500	86,700	46,200	32,541	109.2
40	36,500	3,500	6,300	46,500	39,460	121.3
41	44,400	3,800	1,409	59,530	48,142	124.0
42	44,800	4,500	14,234	41,703	49,273	102.3
43	46,700	4,500	1,285	36,851	50,265	102.0
44見込	59,800	4,400	1,500	40,000	64,162	127.6

注）輸入及び輸出は大蔵省関税局調べ

1969年(昭和44年) 10月号より

700億円市場となった即席カレー

業界全体の問題を長期的に展望する時期に

(即)席カレーは700億円市場となり，年間消費も1世帯当り2kgを突破し，安定成長を堅持している。

しかし，市場が拡大すればするほど，メーカー側の販促活動が市場の動きを大きく左右してくる。それだけに，メーカーにとっては消費者の需要の変化を的確に把握する必要がある。

なお，今年は大手3社のキャンペーンが時を同じく実施されたことは，色々な意味で注目された。

56年度，伸びた家庭用，業務用は減少

(56)年度（4～3月）の即席カレーの生産量は8万6,617トンで前年対比1%増となった。うち家庭用は約8万トン前後，業務用6,000トン前後と推定され，家庭用が伸び，業務用は減少した。

家計消費統計による1世帯当りの年間購入数量は2kg台に乗り，支出金額も2,071円となった。伸び率では数量で前年対比3%増，金額で9.9%増となり，金額のアップは家庭用の値上げ浸透によるものだ。

カレー缶詰とレトルト包装カレーでは，カレー缶詰の伸び率が1桁台の4.2%増，レトルト包装カレーは14.8%増となった。カレー缶詰の伸び率鈍化は，外食産業の不振を反映，レトルトカレーは経済性や簡便性が現在の家庭消費とマッチし，3年振りに2桁台の伸びに回復した。

即席カレーそのものは，不況時に強い商品とされ，全般的な消費低迷の中にあっては比較的順調に推移してきた。しかし，業界全体はすでに爛熟期に入っているだけに，メーカー側の販促展開が市場の動向を大きく左右するようになってきた。

1世帯当たり支出金額，年間2,000円を超える

(即)席カレーの1世帯当りの購入数量は表③で示す通りであるが，年間消費数量2,079gに3,635万世帯を単純に掛けると7万5,570トン，金額は753億円となる。g当りの単価は99.6銭となり，1g1円のラインに近づいた。

月別の消費数量は，年間を通じてそう大きな変化はなくなりつつある。4半期毎に52年と56年の構成比をみると，1～3月は52年で23.5%，56年は24.6%，4～6月は52年25.5%，56年24.8%，7～9月は52年26.4%，56年25.4%，10～12月は52年24.6%，56年25.2%となり，年間を通じ消費の格差はなくなってきている。つまり，最も需要の多い6～8月の消費量は52年が528g，56年は533gで伸び率は0.9

表①　即席カレー及び純カレーの生産量

農林水産省調（単位：トン，%）

年次別	即席カレー	前年比	純カレー	前年比
昭和51年	70,801	101.9	2,410	107.3
52	75,108	106.1	2,013	83.5
53	73,123	97.4	1,734	86.1
54	81,673	111.7	2,016	116.3
55	85,782	105.0	2,218	110.0
56	86,617	101.0	1,968	88.7
57年見込	88,400	102.1	1,900	96.5

注）57年は日刊経済通信社推定

表②　カレー缶詰とレトルト包装カレーの生産量

（単位：千実函，%）

年次別	カレー缶詰	前年比	レトルト包装カレー	前年比
昭和51年	501	123.1	3,730	92.3
52	515	102.3	4,237	113.6
53	752	146.0	5,287	124.8
54	890	118.4	5,720	108.2
55	1,185	133.1	5,993	103.8
56	1,235	104.2	6,808	114.8

注）カレー缶詰は日本食肉缶詰工協組調　レトルト包装カレーは日缶協調

1982年（昭和57年）9月号より

戦後に登場し急成長しためんつゆ類市場

数多のメーカーが市場に参入

めんつゆ類が市場に登場したのは昭和27年（1951年）頃と伝えられている。その後，しょうゆメーカーは勿論のこと，しょうゆ以外の多数のメーカーも参入。多くの商品が上市したことに加え，人口増加や経済成長も重なり昭和期に市場は急成長した。以下，主な出来事を本誌バックナンバーより紹介する。

小売店らが可能性を感じた「そばつゆ類」

本誌「酒類食品統計月報」にてめんつゆ類の特集を開始したのは昭和39年(1964年)８月号。当時は「液体新調味料類」(そばつゆ類，バーベキュー類)として小売店の販売動態調査を行っていた。調査対象は，東京と大阪の酒類小売販売組合店から無作為に抽出された1,000店。当時の数年前にしょうゆメーカーなどから発売された「そばつゆ類」の売れ行きやその将来性に関するアンケートを実施した。以下，その結果を紹介する。

「貴店で販売している『そばつゆ類』の売れゆきのよい順に３つ挙げて下さい」との問い(表①)では，東京と大阪で大きく異なる結果が出ている。東京は，１位ヒゲタ，２位キッコーマン，３位おいしる，４位麺素，５位アミ印，６位マルキン。一方，大阪は１位キッコーマン，２位麺素，３位マルキン，４位ヒゲタ，５位味一，６位みかの。全国的な販売力の強いキッコーマンは上位となっているが，その他は地域性が出る結果となっている。これについて当時記事では，“「そばつゆ類」は「バーベキュー類」と異なり日本古来の食生活につながっているためか「バーベキュー類」に比べて，販売力の強さがそのまま銘柄の順位を左右しているように考えられる”と分析している。

表①　「そばつゆ類」の売れゆき順位(酒類食品統計月報1964年8月号より)

日刊経済通信社調

東京					大阪				
銘柄別	1位	2位	3位	計	銘柄別	1位	2位	3位	計
ヒゲタ	56	52	6	114	キッコーマン(まんみ・めんみ)	18	20	18	56
キッコーマン(まんみ・めんみ)	46	41	4	91	麺素	18	12	9	39
おいしる	4	3	9	16	マルキン味	16	12	8	36
麺素	2	1	5	8	ヒゲタ	9	3	9	21
アミ印		4	4	8	味一	8	7	6	21
マルキン味	2		2	4	みか	8	6	3	17
ダンチ		1	3	4	マルテン	2	6	3	11
坂上			3	3	sじ	4	3	1	8
島田屋			2	2	味源	2	3	3	8
マルテン		1		1	つゆ	1		2	3
おつゆの素		1		1	ヒガシマル		1	2	3
キンケイスープ		1		1	カゴメ		1		1
バビキ		1		1	(守)		1		1
うしまる		1		1	二津味			1	1
スガキヤスープ			1	1	㋭			1	1
イチビキ			1	1					
計	110	107	40	257	計	86	75	66	227
無効および無記入				11	無効及び無記入				

「最近『そばつゆ類』の売れゆきはどうですか」との問いでは，こちらも東京と大阪で大きく異なる結果に。東京は「売れゆきが毎年増えている」が最多の62.2％だが，大阪は「売れゆきは横ばいである」が56.0％で最多となっており，当時の大阪では需要が頭打ちとなっていたことが窺える。これは，「そばつゆ類」が大阪にて発見・発売され，東京よりも歴史が古いことが主要因と考えられていた。

「今後『そばつゆ類』の売れゆきが伸びると思いますか」との問いでは，先の質問と異なり東京，大阪ともに「今後伸びる」と回答したものが最多となっている。当時の記事では，“特に注目される点は，大阪で「売れ行きが横ばい」の傾向が強いにもかかわらず「今後伸びる」と期待していることである。したがって大阪市場の頭打ち傾向は「伸長率の鈍化」または「一時的な不況や流通改革などによる停滞」と見るべきなのかもしれない。いずれにしても「今後伸びる」との回答が東京79.4％，大阪56.4％と高いことはこの商品に対する希望をあらわしていることであり，メーカーも一考を要する点であろう”と述べている。そのほか，特売に関する問いもあり，ここでは「特売が行われていない」との回答が東京58.9％，大阪37.4％となっており，当時は販売競争が激しい商品群であったことがわかる。

多数のメーカー参入で市場は拡大

前述のように小売店から成長が期待されていためんつゆ類だが，本誌で初めて単独の特集を行ったのは昭和42年（1967年）３月号。この号では，「競争激化途上のめん類用液体調味料」とのタイトルで当時の状況を解説している。昭和41年の生産量（表②）は，１万3,500kℓ，前年比112.5％。ここまでの推移について当時記事では，“27年に麺素が初登場して以来，

表②　液体調味料推定生産量
（酒類食品統計月報1967年3月号より）

日刊経済通信社調

年次別	生産数量	前年比	石換算	金額
	kℓ		石	億
35年	2,000		11,080	3.6
36年	4,200	210.0	23,268	7.6
37年	6,500	154.8	36,010	11.7
38年	7,900	121.5	43,766	14.2
39年	9,600	121.5	53,184	17.3
40年	12,000	125.0	66,516	24.0
41年	13,500	112.5	75,000	27.0

33年頃にダンチ。34年頃にキッコーマン，イチビキなどの登場で35年には2,000kℓ台に達した。その後島田屋，キッコーマンの改良品，丸金などや全国各地に中小ブランドが続々登場したころで，第１期の乱立時代を迎えた。生産量も37年で6,000kℓ台に達した。第２期はキッコーマン，マルキン，イチビキ，麺素，ダンチ，おいしるなど主力銘柄に続いて，大手醤油メーカーのヒゲタ，ヒガシマルが登場。7,900kℓ台になった。39，40年は第３期調整段階に入って，これら有力ブランドの進出とともに各地の中小ブランドの後退で，逆に大手ブランドのシェアの集中度がみられた。ついに40年は１万kℓ台を突破し，１万2,000kℓ台に達した。41年はやや中堅銘柄の伸び悩みもあって全体では20％台の伸びがやや低下。10数％の伸びにとどまったものとみた”と解説している。

同時期は，粉末系のスープも好調に推移しており，その推定生産量は39年900t，40年1,500t，41年2,000tと順調に成長している。このカテゴリーが注目され始めたのは昭和39～40年頃で，ヒガシマルが好調に推移していたほか，九州勢のメーカーがトップクラスにランクされていたようだ。しかし，液体系と比較して規模は小さいものとなっており，当時記事では，“液体系と粉末系の需要を見通すと，粉末系が台頭してきたものの，液体系（特に濃縮）じゃ価格，風味に関してやや優れたものを持っており，粉末系に直ぐ替わるとは思われない。粉末系は輸送の面などに便利さはあるが，品質的にまだ液体が消費者に好まれているようである”と解説している。

S52年，市場は100億円規模に

めんつゆ類は，戦後の経済成長に伴う所得の増加や人口増加に伴い，その規模を順調に成長させてきた。そして，昭和52年（1977年）には100億円の市場規模まで発展した。しかし，本誌昭和53年（1978年）３月号では，“当時のメーカー数から考えると達成までの時間はやや遅い”との分析がなされている。それまでの業界変遷について当時記事では“大きく分けて３点が考えられる。その第１点は，永坂更科の「缶入りストレートつゆ」の台頭による「缶つゆブーム」。第２点は，そば専門店の味を追求。かつお風味を生かした「品質改良」。第３点は桃屋のつゆに刺激され，特殊ビンを使用した２倍濃縮ものがにんべん，イチビキ，永坂更科から発売され「２倍濃縮ものブーム」である。また，販売量そのものを見ると，景気の変動や異常気象等の要因により伸び

率には多少の増減はあるが，毎年着実に増加していることも見逃せない。これは①消費の定着化とともに新規需要層が多少なりとも増加している。②メーカーの品質改良。③比較的新規参入もしやすい業界であるため，それが一つの需要喚起にも繋がっている等の理由が考えられる”と分析している。

２倍濃縮タイプのブーム到来

昭和52年(1977年)に100億円規模へと達しためんつゆ類市場だが，当時は２倍濃縮タイプの商品がブームとなっていた。２倍濃縮タイプは，桃屋が昭和51年(1976年) ５月にテスト販売を開始し，次年度に本格発売。52年にはにんべんが230ml タイプの卓上びんを発売したが，他メーカーはその動向を探っている状態だった。昭和53年(1978年)に入ると，イチビキ，永坂更科，丸金醤油が参入。そして，同年に桃屋が大徳利を発売し，ブーム的な要素が強まったようだ。当時の記事ではこれについて，“表③で製品一覧表を明示してみたが，錯塩から今年にかけて急増している。２倍濃縮の元祖は言うまでもなく桃屋である。２倍濃縮物の利点は①希釈率が簡単で味も均一なものができる。②開栓後の消費も早く風味が落ちない。③回転率が高い等が考えられるが，ストレートものと，の薄くものの問題点を解決した点が一番の利点であろう。つまり，ストレートものはやや割高であるし，濃縮ものは風味，希釈の点でやや難点があるとされる”と解説している。

表③　２倍･３倍濃縮つゆの製品一覧表(酒類食品統計月報1979年3月号より)

日刊経済通信社調

社名	銘柄	容量	荷姿	標準小卸	標準小売
		mℓ	本	円	円
桃屋	つゆ	200	48	160	200
	〃	400	24	280	350
にんべん	つゆの素(卓上瓶)	200	30	160	200
	〃(特大瓶)	580	12	304	380
イチビキ	めんどころ･ひやむぎつゆ	240	20	120	160
永坂更科	つゆ	260	15	240	300
丸金醤油	そうめんつゆ小豆島	200	20	160	200
	うどんつゆ讃岐	200	20	160	200
	そばつゆ屋島	200	20	160	200
キッコーマン醤油	麺のつゆ	200	20	160	200
日清製粉	つゆの素	290	20	224	280
ヤマキ	つゆ	200	30	144	180
盛田	名代更科つゆ	200	30	160	200
梅もと	そうめんつゆ	300	24	208	260
	ひやむぎつゆ	300	24	208	260
	そばつゆ(もり用)	300	24	208	260
ヤマモリ食品	つゆ	250	24	160	200
日本丸天醤油	めんのつゆ	200	20	160	200
ヒガシマル醤油	つゆ	200	24	160	200
	〃	400	12	280	350
※ヒゲタ醤油	特選つゆ	200	20	128	160
	〃	360	20	200	250
※ヤマサ醤油	めんつゆ	200	30	120	150
	(関東向け)	360	24	192	240
※富士製粉	ふじの里つゆ	200	20	160	200
		500	12	304	380

注)※印は３倍濃縮。

昭和末期には400億円を超える市場規模に

２倍濃縮ブームなどを経て更なる成長を遂げためんつゆ類市場だが，昭和63年(1988年)には415億円の市場規模にまで成長した。当時の主要メーカー同行は，販売数量ではにんべんが桃屋を抜きトップに。しかし，販売金額では桃屋がトップの座を維持していたようだ。希釈別の動きをみると，高濃縮品は順調に規模を拡大させているが，２倍濃縮は以前のブームが一服したようでやや低調な動きとなっている。一方，ストレートつゆは多くのメーカーが新製品を投入したことで，急激に規模が拡大している。このように成長が続くめんつゆ市場だが，当時の大きなトピックはミツカンの市場参入だろう。昭和63年(1988年)，同社は中京地区，中・四国の一部，北海道でのテストマーケティングを実施し，翌年に全国発売に踏み切った。ミツカンの参入前よりめんつゆ業界では競争激化により市場は拡大していたが，平成以降は競争激化によりその規模はさらに拡大することとなる。

『液体新調味料類』の小売店における販売動態

日刊経済通信社調査部

本社では6月1日～6月30日までの1ヵ月間にわたり「液体新調味料類」の小売店における販売動態を調査した。これは，数年前醤油，ケチャップ，ソースなどのメーカーが発売した「そばつゆ類」と「バーベキュー類」の販売動態を調査したものである。

最近これらのメーカーの間でもこうした「新調味料の将来」についていろいろな見方がおこなわれてきており，生産者，卸店ともに参考資料として役立つものと思われる。

調査にあたって

調査の方法は東京と大阪の酒類小売販売組合員店からそれぞれ1,000店を無差別に抽出し，これに対してアンケートをおこなったものである。回答数は東京117店，大阪105店であった。回答中に1～2店「そばつゆ」と「バーベキュー」とを区別しないと思われるものもあったが，無理な分類もできないので回答票に忠実にそのまま集計したことをおことわりしておきます。

そばつゆ類の売れゆき銘柄順位

㈠ 貴店で販売している「そばつゆ類」の売れゆきのよい順に3つをあげて下さい。

この結果は表①の通りであるが，東京と大阪では銘柄順位が大部入れ変っている。すなわち，東京では1位がヒゲタで，2位キッコーマン，3位おいしる，4位麺素，5位アミ印，6位マルキン味の順になっているが，大阪では，1位キッコーマン，2位麺素，3位マルキン味，4位ヒゲタ，5位味一，6位みかの順であり，全国的な販売力のつよいキッコーマンが東京2位，大阪1位となっていることは注目される点である。

また後の項でも触れるが「そばつゆ類」は「バーベキュー類」とことなり日本古来の食生活につながっているためか「バーベキュー類」に比べて，販売力の強さがそのまま銘柄の順位を左右しているように考えられる。

表①　「そばつゆ類」の売れゆき順位

東京					大阪				
銘柄別	1位	2位	3位	計	銘柄別	1位	2位	3位	計
ヒゲタ	56	52	6	114	キッコーマン（まんみ・めんみ）	18	20	18	56
キッコーマン（まんみ・めんみ）	46	41	4	91	麺素	18	12	9	39
おいしる	4	3	9	16	マルキン味	16	12	8	36
麺素	2	1	5	8	ヒゲタ	9	3	9	21
アミ印		4	4	8	味一	8	7	6	21
マルキン味	2		2	4	みか	8	6	3	17
ダンチ		1	3	4	マルテン	2	6	3	11
坂上			3	3	あじ	4	3	1	8
島田屋			2	2	味源	2	3	3	8
マルテン		1		1	つゆ	1		2	3
おつゆの素		1		1	ヒガシマル		1	2	3
キンケイスープ		1		1	カゴメ		1		1
バビキ		1		1	(守)		1		1
うましる		1		1	二津味			1	1
スガキヤスープ			1	1	㋭			1	1
イチビキ			1	1					
計	110	107	40	257	計	86	75	66	227
無記入および無効				11	無記入および無効				14

最近の「そばつゆ類」の売れゆき

㈡ 最近「そばつゆ類」の売れゆきはどうですか。

この結果は表②の通りである。これも東京と大阪

1964年（昭和39年）8月号より

競争激化途上の めん類用液体調味料

まだ潜在需要が大きい液体調味料

麺類の需要は日本人の食生活に根強いものがある。食糧庁の41年度第1回の消費者に対するアンケート（本誌前号に紹介）でうどん類の家庭調理が圧倒的に多く，総理府の一世帯当りのめん類購入数量もわずかではあるが増えている。

シーズンインを迎えるめん類用液体調味料業界にとっても，2月下旬頃から年度方針，特売などを打ち出し，家庭調理のなかにまだまだ多い潜在的需要を求めてスタートした。今年の業界は新しい方向の粉末系と濃縮液体系とをからまして，新登場のヤマサを加え，例年にないシエア競争に活況を呈するものとみられる。

液体調味料の生産動向

42年の液体調味料の生産量は1万4～5千kl台に，生産額も30億円台に達するものと期待される。一方，めん類用粉末スープも10数億円台が期待出来そうである。

表①は液体調味料の年次別推定生産量である。27年に麺素が初登場して以来，33年頃ダンチ，34年頃キッコーマン，イチビキなどの登場で35年には2千kl台に達した。

その後島田屋，キッコーマンの改良品，丸金などや全国各地に中小ブランドが続々登場したことで，第1期の乱立時代を迎えた。生産量も37年で6千kl台に達した。

第2期はマン，マルキン，イチビキ，麺素，ダンチ，おいしるなど主力製品銘柄に続いて，大手醤油メーカーのヒゲタ，ヒガシマルが登場，7千900kl台になった。39，40年は第3期調整段階に入って，これらの有力ブランドの進出とともに各地の中小ブランドの後退で，逆に大手ブランドのシエアの集中度がみられた。

表①　液体調味料推定生産量

日刊経済通信社調

年次別	生産数量	前年比	石換算	金額
	kl	・	石	億
35年	2,000		11,080	3.6
36年	4,200	210.0	23,268	7.6
37年	6,500	154.8	36,010	11.7
38年	7,900	121.5	43,766	14.2
39年	9,600	121.5	53,184	17.3
40年	12,000	125.0	66,516	24.0
41年	13,500	112.5	75,000	27.0

ついに40年度は1万klを突破し，1万2千kl台に達した。41年度はやや中堅銘柄の伸びなやみもあって全体では20%台の伸びがやや低下，10数%の伸びに止まったものとみた。

注目されてきた粉末系

めん類用粉末系は表③の通りで（スープ別添したものは除して）41年に生産量は2千トン台に達したものとみられる。

ラーメンスープ，中華スープなどと一線をひくとが非常に困難なため，大ざっぱな推定にとどまった。粉末系が注目されだしたのは39～40年頃でヒガシマルの伸びは特筆されるものがあり，九州勢を含

1967年（昭和42年）3月号より

競争激化するめんつゆ業界

積極的販促活動の時期到来

(本)年度のめんつゆ業界は，2倍濃縮ものの台頭と，天ぷらつゆ，煮ものつゆ等，つゆ類の多様化が顕著となってこよう。

昨年は桃屋の本格参入がめんつゆ業界に刺激を与え，トータルマーケットも100億円台を達成したが，その反面，メーカー間の競争はますます厳しくなってきた。以下，めんつゆ類業界の昨年度実績と，本年度の状況つき解説してみた。

100億円台に達しためんつゆ業界

(め)ん類用液体調味料の昨年の販売数量は約24,450kℓ，前年比16%増となった。

伸び率だけを見ると16%増と高い伸びを示しているが，内容的に見ると大巾に伸びたのは2～3社で，そのメーカーを除くと前年比7%前後の伸びに留まる。

金額ベースでは100億円台に乗せ，107億円となったが，めんつゆの販売年数及び販売メーカー数から見ても100億円台に乗せるにはやや時間がかかり過ぎたといえる。

めんつゆ類のここ数年の業界変遷を見ると，大きく分けて次の三点が考えられる。

その第一点は，永坂更科の「缶入りストレートつゆ」の台頭による“缶つゆブーム”。第二点は，そば専門店の味を追求。かつお風味を生かした“品質改良”。第三点は桃屋のつゆに刺激され，特殊ビンを使用した2倍濃縮ものがにんべん，イチビキ，永坂更科（本年から）から発売され“2倍濃縮ものブーム”である。

また，販売量そのものを見ると，景気の変動や異常気象等の要因により伸び率には多少の増減はあるが，毎年着実に増加していることも見逃せない。これは①消費の定着化とともに新規需要層が多少なりとも増加している。②メーカーの品質改良。③比較的新規参入もしやすい業界であるため，それが一つの需要喚起にも繋っている等の理由が考えられる。

表① めんつゆ類の推定販売量　日刊経済通信社調

年次別	販売数量	前年比	販売金額
昭和47年	15,900kℓ	114.5%	36.56億円
48	17,770	111.8	50.20
49	18,270	102.8	62.50
50	20,154	110.3	82.05
51	21,080	104.6	89.23
52年推定	24,456	116.0	107.72
53年見込	26,470	108.2	118.46

注）缶つゆ類の数量及び一部他のつゆ類の販売数量，金額を含む。

昨年は天候異変，特に，関東地方の長雨で需要の落込みが心配されたが，その後，暖冬異変で乾めん需要も増加したことから返品も少なく，年間としてはまずまずの状況であった。

では，昨年の生めん，乾めんの一世帯当りの購入状況であるが，ゆでうどん・そばの場合は1～6月累計の購入量は前年比1.7%減程度であったが，7～11月累計の購入量は9.4%と大巾に減少している。これは暖冬異変による影響である。

逆に乾めんの購入状況は1～6月累計の購入量はほぼ前年並み，7～11月累計では5.3%増となり，1～11月累計でも前年同期比2.7%となっている。そのことが，後半のめんつゆ需要にも影響したものと思われる。

また，昨年の話題の中心となった桃屋のつゆは，2倍濃縮の200mℓ特殊びんと，これまでにない新企画が功を奏し，めんつゆ類業界に新風を送りこんだことには間違いない。

1978年（昭和53年）8月号より

みりん風・発酵調味料価格優位性活かし成長

オイルショック後は2ケタ成長続く

昭和のみりん風・発酵調味料市場は，本みりんと比較して安価という価格の優位性を活かし着実に成長を重ねてきた。特に，オイルショック後の成長は顕著であり毎年のように2ケタ成長。このように順調な動きだった同市場だが，安価ゆえの価格競争に陥るといった問題点もあったようだ。以下，主な出来事を本誌バックナンバーより紹介する。

特集開始時は100億円規模の市場に

本誌「酒類食品統計月報」にてみりん風・発酵調味料の特集を開始したのは昭和53年(1978年)8月号。当時の市場は，新規参入メーカーの急速な伸長もあり，全体で100億円の規模が目前になるまで(表①)に成長していた。この市場状況について当時の記事は，“みりん風調味料(旧新みりん系)は50年に1万2,000klから順調に二桁台の伸びを示し，52年には1万7,580kl，54年度には50年実績の倍近い数量に達するものとみられる”とその勢いを解説。また，“家庭用のウエイトは70～80%%前後を占めており，とくに大手メーカーでは90%台に至っている。酸酵調味料(旧しおみりん)が加工用，業務用主体ならば，みりん風調味料(甘味調味料)は家庭用需要を深く掌握しつつあると云える”と，みりん風調味料，発酵調味料それぞれの違いを紹介している。

しかし，昭和53年当時の発酵調味料は，家庭用への進出があったようで，“味彦など家庭用の進出が目立って来ている。このしおみりん系の家庭用の商品表示をみると「本醸造みりん風調味」「みりん風・発酵調味料」と「醸造調味料」「醸造発酵調味料」と「みりん風」表示とそうでない商品があり，メーカーによってまちまち。また，それだけに製品内容は多様化傾向にある。発酵調味料の家庭用のウェイトは52年実績の1割をやや下回っているが，徐々にウェイトを高めている。それだけ加工用，業務用のウェイトが高く，水産練製品，漬物，たれ類，佃煮，せんべい，そば屋など幅広い需要があるとともにこれらの業種の需要動向が大きく反映して，価格や量的に不安定要素がからんでいる。得意先によって急増，横這い，減少と波が激しい”などと述べている。

オイルショック以降2ケタ増続く

みりん風・発酵調味料は，昭和48年(1973年)のオイルショック時に40%近い成長を見せた。その後，昭和49～50年(1974～1975年)に反動減となったが，昭和50年以降は2ケタ増を継続して成長している。

好調なみりん風・発酵調味料市場であったが，ひとつの問題を抱えていた。その問題とは表示問題である。当時,「新みりん」という表示をしていたが，本みりんと異なる製法であったことからその表示に対し排除命令が出されている。昭和50年10月からは，「みりん風調味料」の表示の商品にほとんどのメー

表① みりん風・発酵調味料類の年次別推移(酒類食品統計月報1978年8月号より)

日刊経済通信社調

区分	単位	50年		51年		52年推定		53年見込	
		数量	前年比	数量	前年比	数量	前年比	数量	前年比
みりん風調味料	kℓ	12,200	108.6	14,750	120.9	17,580	119.2	20,900	118.9
(甘味調味料・旧新味醂)	千円	4,352,000	110.0	5,261,000	120.9	6,271,000	119.2	7,455,000	118.9
発酵調味料	kℓ	10,400	113.4	12,680	121.9	15,180	119.7	17,650	116.3
(しお味醂)	千円	2,184,000	114.5	2,637,000	120.7	3,142,000	119.2	3,705,000	117.9
合計	kℓ	22,600	111.3	27,430	121.4	32,760	119.4	38,550	117.7
	千円	6,536,000	111.5	7,898,000	120.8	9,413,000	119.2	11,160,000	118.6

カーが切り替えたようだ。この切り替えで一時的に伸長にブレーキがかかったが，甘味調味料としての優れた特性が消費者に浸透し，早期の立ち直りを見せた。

当時の伸長の背景などについては，“本みりんとは別に新しい調合の甘味調味料分野を確立したことである。本みりんの糖分およびアミノ酸とアルコールの相乗効果による酒精調味料としての特性に比べると内容的に違いがあり，カビなどの防腐効果もアルコール分を含むと含まないとで差異が生じる。みりん風調味料メーカーもカビ防止のため，完全無殺菌室の工場でのびん詰など問題点の解決に努力しており，効果もあげて来ている。金額的にも酒税のある本みりん300ml 末端210円に対して，みりん風調味料は末端160円が 平均的な価格で50円の格差がある。また，実勢価格はスーパーなどに売られているみりん風調味料はもっと安く，50円以上の大差がみられる。すなわち，本みりんとみりん風調味料との品質格差は別にしても消費者の購入価格が安いという利点がある”などとその優位性を解説している。

“拡大”と“採算”の二極化進む

時代は進み昭和58年(1983年)。みりん風・発酵調味料市場は依然として２ケタ増が継続していた。しかし，過当競争を主要因にコストが上昇したことで，業界は量的拡大と採算重視の二極化が目立つようになってきたようだ。当時の状況について，昭和59年(1984年)８月号では，“新製品など目立ったものもなく，企業としても量的拡大をはかるメーカーよりも，採算重視と専業メーカーの食品多角化への志向がみられる。その背景には，需要の高度成長期が終わって安定成長期を迎えて，価格訴求だけでは量が伸びなくなって来ていることと，54年の値上げ以来，価格が据え置かれており，コストプッシュ要因が高まっていることである。みりん風調味料業界ではJASの設定が進められており，来年度中には具体的な動きがみられるものと期待されている”などと解説。また，発酵調味料の表示問題についても触れ，“公取委の表示問題が難航しており，「醗酵みりん」という名称問題が，公取委サイドで解決した型とはなっているが，具体的に動き出すまでには公取委の体制及び業界内外の動きからみて時間がかかりそうである。みりん風業界は家庭用のウエイトが高いだけに，価格改訂問題がJAS設定という動きとともに表面 化する可能性がある”などと分析している。

なお，昭和59年当時の主要みりん風調味料(甘味系)メーカーの生産動向(表②)は，１位がキング醸造。次いで，２位福泉産業，３位ミツカンとなっている。発酵調味料については，家庭用に限るが１位はキング醸造。次いで２位味彦，３位は同率でキッコーマンとキッコートミとなっている。

平成初期のみりん風は家庭用のみで200億規模に

平成初期には，みりん風・発酵調味料では業務・加工用のメーカーの力関係に大きな差が出ていた。特に，発酵調味料はその傾向が強い状況にあったようだ。平成元年(1989年)の実績について，平成２年(1990年)８月号では“みりん風調味料は全生産量のうち家庭用が79.3%，業務・加工用が20.7%の比率となっている。一方，発酵調味料は全生産量のうち家庭用が30.4%，業務･加工用が69.6%の比率。金額ベースの比率ではみりん風は家庭用85.9%，業務・加工用14.1%と家庭用比率は高ま る。発酵調味料でも家庭用52.3%，業務・加工用47.7%と低単価の加工用が含まれているため倍以上の格差がある。89年度の推定出荷額はみりん風で247億円弱，うち家庭用はついに200億円台乗せの212億円前後，業務・加工用は35億円弱とみられる。一方，発酵調味料は179億円弱。うち家庭用が93億4,000万円強，業務･加工用は85億4,000万円前後とみられる”などと解説している。

表②　みりん風調味料のみの推定生産量(酒類食品統計月報1984年8月号より)

日刊経済通信社調(単位：kℓ)

社名	57年		58年		59年見込	
	生産量	前年比	生産量	前年比	生産量	前年比
キング醸造	9,400	113.3	10,500	111.7	12,000	114.3
福泉産業	7,700	105.5	8,500	110.4	9,400	110.6
オーバイ	4,900	104.3	5,200	106.1	5,500	105.8
ミツカン	3,600	138.5	4,600	127.8	5,900	128.3
合同酒精	1,300	104.0	1,300	100.0	1,400	107.7
イチビキ	1,250	113.6	1,250	100.0	1,250	100.0
キッコートミ	1,000	90.9	1,000	100.0	1,000	100.0
マルキン醤油	950	100.0	900	94.7	800	88.9
盛田	900	100.0	900	100.0	950	105.6
ジーエスフード	900	100.0	850	94.4	850	100.0
その他	1,930	114.5	1,715	88.9	1,750	102.0
計	33,830	109.9	36,715	108.5	40,800	111.1

着実に伸びる みりん風調味料・醱酵調味料

問題は過当競争による「利益なき戦い」

みりん風調味料，醱酵調味料は50年の表示問題，主力需要先の200カイリ問題，不況による業務用，加工用の需要不振などマイナス要因を乗り越えてようやく上昇気流に軌道修正がなりつつある。反面，価格はパニック以降据置かれており，コストプッシュの要因が強まっているなかで，過当競争による「利益なき戦い」を余儀なくされているのが現状である。とくに業務，加工用では需要不振を反映して価格サービスが量的拡大の尖兵となっており，一部メーカーにおいては目先の商売から長期的な展望に立った採算に乗った商売への転換がみられる。家庭用ではみりん風調味料や醱酵みりんが新らしい調味料として本みりんとの競合関係のなかで着実な伸びをみせている。

今年のみりん風及び醱酵調味料，計画100億円台

みりん風調味料といえばアルコールを殆んど含まない甘味調味料（旧・新みりん）とアルコール醱酵による醱酵調味料（しおみりん）を総称しているメーカーが多い。

しかし，業務用，加工用の醱酵調味料に於いてはそれぞれの特性を生かした表示をしており，家庭用においてはも製品特性を生かしたみりん表示をしている。みりん風調味料と云えば旧新みりん系（甘味調味料）と云われるほど圧倒的な家庭用シェアを占めている。このため今回は慣習上，甘味調味料を**みりん風調味料**，アルコール含有の塩分添加の醸造調味料を**醱酵調味料**という呼び方で区別して動向をみることにした。

みりん風及び醱酵調味料の53年度の各社の計画，上半期の実績などを加味した売上げ高は待望の100億円台，前年比18%前後増の111億円に達するものと推定した。数量にして3万8,000 kℓ（前年比17%前後増）となる。この数字はあくまで見込みであって，達成率90%としても，やっと100億円台スレスレということになる。

過去，年間10億円台の着実な伸びを示しており，とくに新規参入メーカーの急速な伸張による数字の上積せ，家庭用のウェイトの上昇が金額的な伸張を促進しているものとみられる。

この内訳けをみると，みりん風調味料（旧新みりん系）は50年に1万2,000 kℓから順調に二桁台の伸びを示し，52年には1万7,580 kℓ，54年度には50年実績の倍近い数量に達するものとみられる。このな

〈表1〉　みりん風・醱酵調味料類の年次別推移　　日刊経済通信社調

区分	単位	50年		51年		52年推定		53年見込	
		数量	前年比	数量	前年比	数量	前年比	数量	前年比
みりん風調味料（甘味調味料・旧新味淋）	kℓ	12,200	108.6	14,750	120.9	17,580	119.2	20,900	118.9
	千円	4,352,000	110.0	5,261,000	120.9	6,271,000	119.2	7,455,000	118.9
醱酵調味料（しお味淋）	kℓ	10,400	113.4	12,680	121.9	15,180	119.7	17,650	116.3
	千円	2,184,000	114.5	2,637,000	120.7	3,142,000	119.2	3,705,000	117.9
合計	kℓ	22,600	111.3	27,430	121.4	32,760	119.4	38,550	117.7
	千円	6,536,000	111.5	7,898,000	120.8	9,413,000	119.2	11,160,000	118.6

注）しお味淋系でもみりん風調味料としているメーカーもあるが醱酵調味料のなかに入れた。また，旧新味淋系のメーカーが生産しているしお味淋系の製品は醱酵調味料に含む。

1978年（昭和53年）8月号より

〈表5―ロ〉　みりん風調味料（甘味調味料）の価格表　日刊経済通信社調

社名	銘柄（商品名）	容量・荷姿	標準価格 卸(円)	小売(円)	備考
合同酒精	みりん風調味料ゴードー「ハチミ」	300mℓ×24	144	180	
	〃	600mℓ×12	264	330	
	〃	1.8ℓ×10		850	
	〃	18ℓ缶		7,500	
	醸造調味料ゴードー「ハチミ」	300mℓ×24	144	180	塩みりん
	〃	1.8ℓ×6		670	
	〃	20ℓキュービー		6,000	
キッコウトミ	トミーみりん風調味料（あいちみりん風調味料）	300mℓ×20	128	160	あいちみりん風調味料は東京地区のみ使用
	〃	1.8ℓ×10	600	750	
	〃	18ℓ	5,300	6,500	
	〃	250mℓ×24	128	160	塩みりん
	〃	550mℓ×15	235	300	
	〃	1.8ℓ×6	624	780	
	〃	18ℓ	5,500	6,700	
盛田	ヤマイヅミみりん風調味料	300mℓ×20	128	160	
	〃	500mℓ×12	208	260	
	〃	1.8ℓ×10	600	750	
	ヤマイヅミ本醸造みりん風調味料	300mℓ×20	136	170	塩みりん
	〃	1.8ℓ×6		870	
福泉産業	みりん風調味料「新味料」（福泉）	300mℓ×24	128	160	
	〃	720mℓ×12	270	340	
	〃	1.8ℓ×10	600	750	
	〃	18ℓ缶	5,300	6,500	
	みりん風醗酵調味料「福味」	300mℓ×24	150	185	塩みりん
	〃	1.8ℓ×10	630	750	
	〃	18ℓキュービ	5,400	6,500	
かもめ食品工業	みりん調味料「味福」	300mℓ×25	120	160	50年から本格発売 業務用主体
	〃	900mℓ×15	特定筋		
	〃	1.8ℓ×6(10)		750	
	〃	10ℓキュービ		3,200	
	〃	18ℓ缶		5,600	
キング醸造	日の出「新味料」	150mℓ×24×2	87	105	その他 日の出本みりんに300mℓ, 500mℓ, 1.8ℓ,「醇」500mℓがある。
	〃	300mℓ×24	152	190	
	〃	500mℓ×15	240	300	
	〃	1.8ℓ×6	713	890	
	〃	18ℓキュービ	6,500	8,100	
	「料理酒」	300mℓ×24	160	200	塩みりん
	〃	500mℓ×15	256	320	
	〃	1.8ℓ×6	784	1,000	
	〃	18ℓキュービ	6,800	8,500	
	W&Kクッキングシェリー	300mℓ×24	144	180	
	〃	500mℓ×15	208	260	
	〃	1.8ℓ×6	600	750	
	みりんエスカット	500mℓ×12	710	900	
丸金醤油	みりん風調味料「味源」	300mℓ×24	128	160	
	〃	1.8ℓ×10	600	750	
	〃	18ℓ	5,300	6,500	
	ゴールド「味源」	300mℓ×24	145	180	塩みりん
	〃	1.8ℓ×10	640	800	
	〃	18ℓ	6,500～7,000		
富士醸造	みりん風調味料富士錦	300mℓ×24	128	160	
	〃	1.8ℓ×10	750～800		

1978年（昭和53年）8月号より

二極化進む　みりん風・醗酵調味料

攻勢に転じた本みりん，ＪＡＳ問題も日程にのぼる

みりん風・醗酵調味料業界の58年度の生産量は７万4,000 kℓ，前年比10.7％増と依然２桁台の伸びを示し，59年の計画でも11.5％増を見込んでいる。内訳をみると，みりん風が57年度に次いで58年も１桁台の伸びとなっているのに対し，醗酵調味料は加工用などの多様化した用途の開発，基礎数字の低いこともあるが，低迷した家庭用に料理酒タイプで活路をみい出すなどして２桁台を維持している。

今年度の特徴的な動きは，過当競争からのコストプッシュ要因が一段と強まって，量的拡大志向と採算重視志向との二極分化が目立って来たことや，増税を回避出来た本みりん業界の「本」みりんの訴求での差別化の展開，みりん風調味料のＪＡＳ設定などの動きがあげられる。

生産量 依然２ケタ増を維持

みりん風・醗酵調味料業界は，依然２桁台の伸びを示しているものの，ここ数年10％台スレスレの伸びで，基礎数字の増大から今後，伸張率の低下は避けられない様相を示している。

年次別生産の推移をみると，55年10.8％増，56年12.7％増，57年13％増，58年10.7％増と，各年度とも特殊な要因が作用して伸び率の高低がみられる。

みりん風調味料は，55年度の製品値上げ以降は56年7.5％，57年9.9％，58年8.5％とそれぞれ１桁台の伸びで推移し，高度成長時代が終わり，安定成長期に入っている。

醗酵調味料は70％強が業務・加工用だけに，その動向が需要の伸びを大きく左右し，56年にみられるＰ・Ｇの摂取許容量問題で，高アルコールもの（50％前後）への代替需要に支えられ18.8％増をみた。

最近では，パン業界分野への積極アプローチなど，製品の多様化により新規分野開拓が進む。57年は16.3％増，58年は12.9％増，59年は11.9％増を見込む。

金額ベースでは値上げ，高級化で数量ベースの伸びより若干高いが，58年では全体で247億円，うちみりん風が152億円，醗酵調味料が95億円となった。（表①参照）

表①　みりん風・醗酵調味料類の年次別生産推移　日刊経済通信社調

区分	単位	55年 数量	55年 前年比	56年 数量	56年 前年比	57年 数量	57年 前年比	58年 数量	58年 前年比	59年 数量	59年 前年比
みりん風調味料（甘味調味料）	kℓ	28,625	111.3	30,785	107.5	33,830	109.9	36,715	108.5	40,800	111.1
	100万円	11,827.9	128.8	12,750	107.8	14,012	109.9	15,200	108.5	16,900	111.2
醗酵調味料（しお味淋系）	kℓ	23,915	110.3	28,410	118.8	33,040	116.3	37,290	112.9	41,710	111.9
	100万円	6,100	127.8	7,260	119.0	8,333	114.8	9,510	114.1	10,700	112.5
合計	kℓ	52,540	110.8	59,195	112.7	66,870	113.0	74,005	110.7	82,510	111.5
	100万円	17,927.9	128.5	20,010	111.6	22,345	111.7	24,710	110.6	27,600	111.7

注）1．みりん風調味料メーカーの生産しているしおみりん系は醗酵調味料分野に加算　2．醗酵調味料主体のメーカーの生産しているみりん風調味料（甘味系）はみりん風調味料分野に加算

1984年（昭和59年）８月号より

値上げが焦点のみりん風・発酵調味料

先行する市場価格建て直しは可能か

みりん風・発酵調味料業界は，表示問題とともに製品値上げ問題がクローズアップされてきた。

しょうゆなど主要調味料が人件費や物流費のアップから続々値上げに踏み切っているのに，家庭用を中心としたみりん風・発酵調味料業界は，それに歩調を合わせた値上げが至難な特殊な環境下にある。

その背景には，兼業の新規参入メーカーと専業メーカーとの企業体質の差異，他業種からの千差万別のメーカー入り乱れてのシェア拡大〜価格訴求合戦で，市場価格は建値と大きく遊離している状況がある。

値締めなしで値上げはできない環境下で現実に値締めができるのか，時間的余裕もないだけに厳しい見通しだ。各社の値上げへの綱引きが注目されよう。

89年生産量は9.7%増

今年度のみりん風・発酵調味料類の生産計画は前年比10.5%増の14万5,775kℓ，金額（メーカー出荷額）では470億7,000万円，前年比10.6%増の予定。

87年，88年と2桁の伸びをみたが，89年実績は数量9.7%増，金額9.6%増と1桁台の伸びにとどまった。

89年度の内訳をみると，みりん風調味料（アルコール1%未満，甘味系）が6万2,155kℓ，前年比8.6%増，発酵調味料（アルコール平均12〜13%，塩みりん系）は6万9,755kℓ，前年比10.7%増となった。

みりん風は基礎数字の増大とともに81年から1桁増で推移していたが，88年に大手メーカーの新規参入もあって11.5%増と2桁の伸びをみたものの，昨年は再び1桁増に落ち着いた。発酵調味料は業務・加工用のウエイトが高いこともあるが，87年から89年まで2桁増を続けている。家庭用では味の素などの新規参入も寄与している。

90年の計画ではみりん風が前年比7.2%増と昨年実績より低いのは，量より採算を重視するメーカーが増えたことの表われである。一方，発酵調味料は前年比13.4%増と依然意欲的である。（表①参照）

値下げも寄与，本みりんは大きく伸びる

一方，競合関係にある本みりんはどうか。昨年の製造者の出荷量は9万708kℓ，前年比6.3%増と1980年の15%増（値上げ仮需）以来の大きな伸び。酒税改正が大きく影響している。

昨年4月の消費税導入とともに酒税が改正され，4月から本みりんは値下げ（300mℓで小売5円）となった。本みりんの年度は4〜3月累計であるため，88年度末の3月は4月から値下げになるため買

表②　本みりん（味淋）の出荷・消費数量推移

国税庁調（単位：kℓ，%）

年次	製造者の出荷（移出）数量				販売消費数量			
	本みりん	本直し	計	前年比	本みりん	本直し	計	前年比
1985年	77,593	2,264	79,856	103.4	74,156	1,780	75,940	104.1
86	79,195	2,262	81,458	102.0	75,227	1,754	76,983	101.4
87	82,649	2,282	84,931	104.3	78,846	1,800	80,658	104.8
88	83,217	2,133	85,355	100.5	82,394	2,064	84,456	104.7
89	90,708		90,708	106.3				

注）1. 年度は4〜3月　2. 89年から本みりん，本直しは一本化された

表①　みりん風・発酵調味料類の年次別推定主産推移

日刊経済通信社調

区分	単位	1986年		87年		88年		89年		90年見込	
		生産量	前年比	生産量	前年比	生産量	前年比	生産量	前年比	生産量	前年比
みりん風調味料（甘味系）	kℓ	46,900	108.2	51,330	109.4	57,225	111.5	62,155	108.6	66,645	107.2
	百万円	18,330	106.0	20,027	109.3	22,747	113.6	24,671	108.5	26,387	107.0
発酵調味料（しおみりん系）	kℓ	49,500	109.3	55,275	111.7	63,035	114.0	69,755	110.7	79,130	113.4
	百万円	12,280	110.6	14,008	114.1	16,085	114.8	17,885	111.2	20,683	115.6
合計	kℓ	96,400	108.8	106,605	110.6	120,260	112.8	131,910	109.7	145,775	110.5
	百万円	30,610	107.8	34,035	111.2	38,832	114.1	42,556	109.6	47,070	110.6

注）1. みりん風調味料メーカー（売上構成比が発酵調味料より高いメーカー）の生産している発酵調味料はみりん風調味料へ加算　2. 発酵調味料メーカー（売上構成比がみりん風調味料より高いメーカー）の生産しているみりん風調味料は発酵調味料分野へ加算

1990年(平成2年) 8月号より

登場初期より伸長が期待された焼肉のたれ類

平成初期には600億円台が目前の市場に

2024年現在では馴染みの深い焼肉のたれ類だが，その歴史は意外と長い。昭和30年代末にしょうゆメーカーなどが「バーベキューソース」として上市したのがその始まりで，その後食肉系のメーカーなどが参入し，その市場を拡大させてきた。以下，主な出来事を本誌バックナンバーより紹介する。

今後の伸びが期待された昭和30年代末期

本誌「酒類食品統計月報」にて焼肉のたれ類の特集を開始したのは昭和39年(1964年)８月号。当時は「液体新調味料類」(そばつゆ類，バーベキュー類)として小売店の販売動態調査を行っていた。調査対象は，東京と大阪の酒類小売販売組合店から無作為に抽出された1,000店。この，焼肉のたれの前身ともいえるバーベキュー類のアンケートの売れ行きやその将来性に関するアンケートを実施した。以下，その結果を紹介する。

「貴店で売っている『バーベキュー類』の銘柄を売れゆきのよい順に３つあげて下さい」との問いの結果(表①)は，東京は１位カゴメ，２位マルキン，３位キッコーマン，４位ヒゲタ，５位イカリの順番。一方，大阪は東京の結果と異なり，１位マルキン，２位カゴメ，３位キッコーマン，４位イカリ，５位ハグルマの順。これは，東京，大阪ともに発売の早い銘柄でしょうゆ，ソースの販路を持っている銘柄が強いという結果となっている。

「今後『バーベキュー類』の売れゆきが伸びると思いますか」との問いでは，やや興味深い結果が出ている。東京では売れゆきが増えていないにもかかわらず，将来については，今後伸びるが52.8%と最多の回答に。一方大阪は東京よりも売上げ伸長度 が高いにもかかわらず，今後横違いであるが67.8%となっている。これについて当時の記事では，“この調査による本項に限り東京地区は『バーベキュー類』の将来性を高く評価していることになる。そして項の東京の売れゆき不振はメーカーのPR不足か，あるいはこうした商品が酒小売店から乾物屋，調味料専門店，スーパーマーケットへ移動したのか。その辺はメーカー自身の売れゆき状況から判断できるものと思われる”と解説している。そのうえで，結びとして“『バーベキュー類』も銘柄は増えているが『そばつゆ類』よりは少なく，ローカル商品が少ないことそして品質に対する，販売店，消費者の目が高い”としつつ，“肉食が増えて来ている現状から見れば，いかに料理させるか，そしていかにバーベキュー類を消費させるかをもっと検討すれば今後一層伸びる商品といえよう”と分析している。

300億円台目前の規模に

焼肉のたれ類としての単独特集が初めて行われたのは昭和55年(1980年)５月号にて。当時の焼肉のたれ類市場は，300億円の規模が目前となるまでに成長していた。ここまでの業界の推移について当時

表①　「バーベキュー類」の売れゆきのよい銘柄順位
(酒類食品統計月報1964年８月号より)

日刊経済通信社調

東京					大阪				
銘柄別	1位	2位	3位	計	銘柄別	1位	2位	3位	計
カゴメ	56	19	6	81	マルキン	82	9	1	92
マルキン	31	37	4	72	カゴメ	10	31	6	47
キッコーマン	16	18	12	46	キッコーマン	1	13	8	22
ヒゲタ	1	3	2	6	イカリ	1	12	7	20
イカリ		2	1	3	ハグルマ		2	3	5
ブルドック		1		1	蛇の目		1	2	3
ヒメユリ		1		1	ヒガシマル	1			1
				0	エリネード			1	1
				0	ヒゲタ			1	1
計	104	81	25	210	計	95	68	29	192
無記入及び無効				12					

表②　焼肉のたれ類の主要メーカーの販売推移（酒類食品統計月報1980年5月号より）

社別	53年			54年推定			55年見込		
	数量(kℓ)	金額(億円)	前年比	数量(kℓ)	金額(億円)	前年比	数量(kℓ)	金額(億円)	前年比
エバラ食品	16,000	108.0	144.0	17,900	130.0	120.4	20,000	155.0	119.2
日本ハム	3,500	21.0	140.0	5,500	33.0	157.1	7,200	45.0	136.4
さくら物産	−	−	−	1,800	25.0	−	3,600	50.0	200.0
桃屋	3,900	25.0	125.0	3,400	22.0	88.0	2,900	20.0	90.9
大昌食品	2,500	16.3	108.7	3,100	19.3	118.4	3,500	23.0	119.2
ベル食品	1,100	5.7	103.6	1,200	6.1	107.0	1,200	7.0	114.8
三和フーズ	1,500	5.0	125.0	1,900	6.3	126.0	1,900	7.0	111.1
プリマハム	900	5.4	108.0	1,000	6.0	111.1	1,100	7.0	116.7
柏原産業	550	4.0	114.3	600	4.5	112.5	600	5.0	111.1
タマノ井酢	600	4.3	122.9	600	4.5	104.7	600	5.0	111.1
小計	30,550	194.7	132.9	37,000	256.7	131.8	42,600	324.0	126.2
その他	5,800	35.1	91.2	5,700	34.3	97.7	4,900	32.0	93.3
計	36,350	229.8	124.2	42,700	291.0	126.6	47,500	356.0	122.3

の記事では，“昭和37年頃，カゴメ，三和フーズが参入して注目を集めた。とくに38年頃からカゴメ，イカリ，キッコーマン，マルキンなど大手メーカーが「バーベキューソース」を発売し，びん詰のほかに缶入りまで登場して話題を呼んだ。39年から40年にかけて上野食品工業所，辰己屋，ダイナミック食品などの専業メーカーも参入，その後，醤油，ソース，あるいはハムなどの兼業メーカーが続々発売して，とくに42年にエバラ食品が参入し，肉屋ルートを中心にした市場拡大が再び焼肉のたれブームを招いたと云っても過言でない。50年頃には当社の調査では家庭用，業務用，加工用を含めたメーカー数（PBブランドを除く）は56社に達し，その後，新旧の交替などもあったが54年度末で60社を超えたものとみられる”と解説している。

昭和和54年（1979年）の市場全体の販売額は，291億円。生産量は4万2,700kℓとなっている。これについては，“第一次オイルショック時は56億円前後が，年率30～50%前後増と加速度をつけて，51年166億円,52年はやや伸び悩んで180億円台に，53年200億円台，53年以降は基礎数字の増大とともに20%台にペースがダウンしたものの，着実な伸張を示している。しかし，メーカー数の増大とともに総需要の伸びがメーカーの拡売意欲とにギャップが生じて来ており，販売力，宣伝力の強いメーカーの伸びに比べて，ローカルブランドの伸びのペースダウンが目立って来た。そして大手対中小の格差の拡大が一層促進されていると云える”と解説している。

なお，当時の主要メーカーの動向（表②）は，エバラがダントツの1位。前年に「黄金の味」を発売しており，小売300円という高価格であるにもかかわらず好調な動きとなっていたようだ。その背景は在来品がしょうゆベースであったものをフルーツベースというオリジナル商品として出したことで，今までの商品に満足しない需要層を品質面からとらえたものとみられている。

食肉新時代の平成初期には500億円超市場に

平成初期には，焼肉のたれ類市場の規模は500億円を超えるものに成長した。平成元年（1989年）の生産量は8万1,520kℓ，売上高578億4,000万円と600億規模が視野に入る状況となった。当時の状況について平成2年（1990年）7月号では，“牛肉を中心とした食肉需要対応の調味料の相次ぐ発売による上積み分と，依然好調な業務・加工用分野の伸びによる。今年はやはり2桁の伸びに近い 9.4%増の8万9,200kℓを見込み，金額で600億円台乗せが見込まれる。一方，農林水産省の集計による88年度（4～3月）の生産量は7万8,637kℓ,前年比6.6%増。89年 度は集計中であるが，8万台に乗せるものとみられる。内訳を金額ベースで推定すると，89年度は，家庭 用371億円,前年比5%増，業務・加工用は207.4億円，前年比17.4%増となった。過去の推移をみると，家庭用は年率2～4%増，最近は再び牛肉自由化関心から5～6%と1ポイントほどアップ。業務・加工用は過去から2桁台の伸びを持続しており，基礎数字の増大とともにややベースダウンしているものの，牛肉自由化により再びペースアップも予想される。いずれにしても，業務・加工用の需要の伸びが良いことから新規メーカー，既存の家庭用全体のメーカーの積極参入も目立ち，この分野の激戦も一段と強まる様相”と解説している。

れていない〟との回答が東京58.9%，大阪37.4%で，東京では6割の販売自粛率，大阪は3割強の自粛率ということになる。この商品も，なかなか販売競争が激しいことである。

表⑤　「そばつゆ類」の特売の有無

東京			大阪		
区分	回答数	百分比	区分	回答数	百分比
特売がおこなわれている	25	% 22.3	特売がおこなわれている	34	% 34.3
特売がおこなわれていない	66	58.9	特売がおこなわれていない	37	37.4
値引きがおこなわれている	6	5.4	値引きがおこなわれている	11	11.1
現品付が多い	15	13.4	現品付が多い	17	17.2
計	112	100.0	計	99	100.0
無記入および無効	15		無記入および無効	17	

バーベキュー類の銘柄売行き順位

(六)　貴店で売っている「バーベキュー類」の銘柄を売れゆきのよい順に3つあげて下さい。

表⑥で明らかな通り，東京はカゴメ，マルキン，キッコーマン，ヒゲタ，イカリの順であるが，大阪はマルキン，カゴメ，キッコーマン，イカリ，ハグルマの順であり，東京，大阪ともに発売を早くした銘柄で醤油，ソースの販売網を持っている銘柄が強いということになる。

ただキッコーマンはマルキンやカゴメよりおくれて販売したとはいえ「そばつゆ」としての〝めんみ〟と「バーベキュー」としての〝まんみ〟との区分が永い間おこなわれていなかったことが，「そばつゆ」のイメージをつよくさせて「バーベキュー」のイメージをうしなった結果ではなかろうか。

その点「バーベキュー」としてのカゴメとマルキンの打出し方は発売当時から明確であったことが，いまだに小売店の記憶にものこっており，それがつみかさねられているのであろう。

⑥表　「バーベキュー類」の売れゆきのよい銘柄順位

東京					大阪				
銘柄別	1位	2位	3位	計	銘柄別	1位	2位	3位	計
カゴメ	56	19	6	81	マルキン	82	9	1	92
マルキン	31	37	4	72	カゴメ	10	31	6	47
キッコーマン	16	18	12	46	キッコーマン	1	13	8	22
ヒゲタ	1	3	2	6	イカリ	1	12	7	20
イカリ		2	1	3	ハグルマ		2	3	5
ブルドック		1		1	蛇の目		1	2	3
ヒメユリ		1		1	ヒガシマル	1			1
					エリネード			1	1
					ヒゲタ			1	1
計	104	81	25	210	計	95	68	29	192
無記入および無効				12					

バーベキュー類の売行き動向

(七)　「バーベキュー類」の売れゆきはどうですか。

表⑦の通り，東京，大阪ともに〝横這いである〟が最高で東京は48.2%，大阪36.6%つぎに〝売り出し当時のように売れない〟が東京32.2%，大阪33.7%となっており，〝売れゆきが増えている〟は東京19.6%，大阪29.7%とひくい。

しかしそのなかでも東京が大阪よりも伸長率の鈍化していることはどういう理由なのであろうか。食生活の進化度合からいっても東京が伸びなければならない筈であるのに伸び率が鈍化するのはまだ早いような気がする。東京地区への宣伝の不足か，あるいは大阪の消費者の方がより合理的なせいかも知れない。

いづれにしてもこの点とその理由はあらためて調査をしなければならない。

表⑦　「バーベキュー類」の売れゆき

東京			大阪		
区分	回答数	百分比	区分	回答数	百分比
売れゆきが増えている	22	% 19.6	売れゆきが増えている	30	% 29.7
売れゆきが横這いである	54	48.2	売れゆきが横這いである	37	36.6
売り出し当時のように売れない	36	32.2	売り出し当時のように売れない	34	33.7
計	112	100.0	計	107	100.0
無記入および無効	8		無記入および無効	7	

バーベキュー類の品質順位

(八)　「バーベキュー類」の品質がよいと思う順に銘柄3つをあげて下さい。

表⑧の通り(六)項の売れゆきのよい銘柄順と同様の傾向が見られることは，「そばつゆ類」と同様である。だた，「バーベキュー類」の場合は「そばつゆ類」よりもそれがはっきり出ていることである。

これを裏がえせば「バーベキュー類」の販売には小売店も或程度品質の検討をおこなっており，「そばつゆ類」よりも品質に対する関心度が高いといえるのかも知れない。

バーベキュー類の売れゆき見通し

1964年(昭和39年) 8月号より

300億円台乗せ必至の焼肉のたれ

今年はコスト競争で厳しい環境を生み出す

今年度，300億円台乗せ必至の焼肉のたれ類業界ではコストアップ要因が強まるなかで，コスト競争という厳しい環境を生み出している。

原油事情からコスト高はたれ業界も例外でなく，ソースや醤油兼業メーカー，業務用中心のメーカー，専業の一部メーカーで相次いで値上げに踏切ったものの，エバラなど大手メーカー群は依然沈黙を続けており，むしろ当面価格据置きで一気にシェア拡大をはかる動きにある。

60社を超えた焼肉のたれメーカー

焼肉のたれ業界は昭和37年頃，カゴメ，三和フーズが参入して注目を集めた。とくに38年頃からカゴメ，イカリ，キッコーマン，マルキンなど大手メーカーが“バーベキューソース”を発売し，びん詰のほかに缶入りまで登場して話題を呼んだ。

39年から40年にかけて上野食品工業所，辰己屋，ダイナミック食品などの専業メーカーも参入，その後，醤油，ソース，あるいはハムなどの兼業メーカーが続々発売して，とくに42年にエバラ食品が参入し，肉屋ルートを中心にした市場拡大が再び焼肉のたれブームを招いたと云っても過言でない。

昭和50年頃には当社の調査では家庭用，業務用，加工用を含めたメーカー数（PBブランドを除く）は56社に達し，その後，新旧の交替などもあったが54年度末で60社を超えたものとみられる。

300億円産業へ浮上，高い家庭用のウエート

本紙推定のたれ類の54年販売額（メーカー出し値）は291億円，4万2,700$k\ell$となった。

第一次オイルショック時は56億円前後が，年率30～50%前後増と加速度をつけて，51年166億円,52年はやや伸び悩んで180億円台に，53年2百億円台，53年以降は基礎数字の増大とともに20%台にペースがダウンしたものの，着実な伸張を示している。

しかし，メーカー数の増大とともに総需要の伸びがメーカーの拡売意欲とにギャップが生じて来ており，販売力，宣伝力の強いメーカーの伸びに比べて，ローカルブランドの伸びのペースダウンが目立って来た。そして大手対中小の格差の拡大が一層促進されていると云える。（表①参照）

次にたれ類の家庭用と業務用の動向をみてみよう。（表②参照）

表① 焼肉のたれ類の年次別生産推移

日刊経済通信社調

年次別	数量（$k\ell$）		金額（百万円）	
	生産量	前年比	販売額	前年比
昭和48年	9,100	121.3	5,600	124.4
49年	14,400	158.2	8,800	157.1
50年	19,500	135.4	12,800	145.5
51年	25,400	130.3	16,600	129.7
52年	29,500	116.1	18,500	111.4
53年	36,350	123.2	22,980	124.2
54年推定	42,700	117.5	29,100	126.6
55年見込	47,500	111.2	35,600	122.3

表② 焼肉のたれ類の家庭用と業務用比率

日刊経済通信社調

年次別	家庭用		業務用	
	販売額(千万円)	比率	販売額(千万円)	比率
52年	1,507.0	81.5	343.0	18.5
53年	1,901.0	82.7	397.0	17.3
54年	2,442.0	83.9	468.0	16.1
55年見込	2,900.0	81.5	660.0	18.5

1980年(昭和55年) 5月号より

新たな展開求められる焼肉のたれ類

大市場・関東への販売戦略強化目立つ

焼肉のたれ類業界は，家庭用は食肉需要の伸び悩みから低い伸びにとどまっているが，業務・加工用は依然として高い伸びを示している。このため，家庭用主体のメーカーの業務用攻勢が強まっている。

消費者ニーズの多様化に対応し，キメ細かな製品開発とメニュー提案型商品が増加しているなかで，ローカルメーカーの大消費市場・関東への販売拠点の強化が目立ち，″東部戦線異状あり″の様相を呈してきた。

60年生産量，業務・加工用の寄与で8.1％増

今年度の焼肉などのたれ類の生産計画は前年比9％弱増の6万2,900kℓ，金額で8％増の456億円を目指す。しかし実際には，総需要の伸び悩みから433億円，前年比2.6％増程度か。

昨年は業務・加工用の伸びによって5万7,750kℓ前年比8.1％増，422億円，前年比7.4％増となった。57年までは高品質の需要が伸びたことや一部の値上げによって，金額の伸びが数量の伸びより高かったが，最近は業務・加工用の単価の低い製品の伸びが高いため，量的な伸び率が金額の伸び率を上回る逆の傾向がみられる。（表①参照）

対照的な家庭用と業務用

金額ベースで家庭用と業務・加工用の経過をみると，57年度を境に大きな変化がみられる。

家庭用は57年の10％近い伸びを境に低成長期に入った。58年6.7％増，59年3.2％増，60年には2.7％増と年々伸び率は低下。家庭用のウエートの高いメーカーの伸び率が微増にとどまっていることでもその傾向が窺える。

一方，業務・加工用は，主要メーカーを新規に加えたこともあって57年14.6％，58年11.2％と伸び，日本食研など加えたこともあって，59年20.1％，60年25.8％と高い伸びとなった。家庭用の主力メーカーも業務用拡大をはかったこともあり，家庭用の1桁の低い伸び率と大差を示した。（表②参照）

業務用主力地区の伸び顕著

表③は農林水産省集計の焼肉のたれ類の年次別生産量であるが，新規のメーカーなど加わって統計が充実されたこともあって，59年は21.2％の大幅増，60年も5万8,000～6万kℓ前後と推定される。それも59年度がピークで，今後は2桁前後から1桁台へと，落ち着いた生産推移がみられよう。

次に農林水産省集計の焼肉のたれ類の地域別生産動向をみてみよう。

59年は前年対比でいずれも高い伸びを示している。北海道はベル食品，空知農協などを主要メーカーとして前年比90％の大幅増，東北は会社更生法を申請した和田寛食料，上北農産加工などを主要メーカー

表①　焼肉等のたれ類の年次別生産推移
日刊経済通信社調（単位：kℓ，100万円）

年次別	数量		金額	
	生産量	前年比	販売額	前年比
56年	41,400	105.2	31,190	106.9
57	48,850	108.3	34,390	110.3
58	48,600	108.4	36,970	107.5
59	53,400	109.9	39,290	106.3
60	57,750	108.1	42,190	107.4
61(見込)	62,900	108.9	45,580	108.0

表②　焼肉等のたれ類の家庭用と業務用比率
日刊経済通信社調（単位：100万円）

年次別	家庭用			業務用・加工用		
	販売額	前年比	比率	販売額	前年比	比率
56年	25,967	106.6	83.3	5,223	108.5	16.7
57	28,406	109.4	82.7	5,985	114.6	17.4
58	30,315	106.7	82.0	6,655	111.2	18.0
59	31,300	103.2	79.7	7,990	120.1	20.3
60	32,140	102.7	76.2	10,050	125.8	23.8
61(見込)	33,650	104.7	73.8	11,930	118.7	26.2

表③　焼肉等のたれ類の年次別生産量
農水省調（単位：kℓ，％）

年次別	数量	前年比
56年	34,970	115.1
57	39,679	113.5
58	42,392	106.8
59	51,369	121.2
60(推定)	58,000	112.9

注）60年は日刊経済通信社推定

1986年（昭和61年）7月号より

食肉新時代へ積極策とるたれ類業界

牛肉自由化は需要開拓～たれ類消費増につながるか

焼肉のたれ類など食肉需要関連の調味料は来年4月の牛肉自由化をひとつの転機として，家庭用市場を中心に新旧メーカー入り乱れて活発な動きが展開されている。

焼肉のたれ類はここ数年，家庭用3～4％増，業務・加工用が2桁台の伸びと，業務・加工用の伸びが全体の需要を押し上げた形で推移してきた。

しかし一昨年の牛肉の輸入枠拡大，1991年4月の自由化という方向が打ち出されてから，牛肉対応商品の開発，既存製品の見直しなど食肉需要への関心が一段と高まってきた。とくに自由化前夜の昨年から今年にかけて，新旧メーカー入り乱れての食肉関連調味料の発売が相次いでいるが，牛肉を中心とした需要がいまひとつ盛り上がってないため，供給面が先行し供給過剰気味に推移している。しかし各社の積極的な拡売意欲，キャンペーンが需要を活性化し，来年に向け盛り上がりをみせるものとみられる。

89年度生産量は8万kℓ突破

焼肉のたれ類の1989年度の生産量は8万1,520kℓ，前年比10.2％増，売上高（メーカー出し値）は578億4,000万円，前年比9.2％増と推定した。2桁増は牛肉を中心とした食肉需要対応の調味料の相次ぐ発売による上積み分と，依然好調な業務・加工用分野の伸びによる。今年はやはり2桁の伸びに近い9.4％増の8万9,200kℓを見込み，金額で600億円台乗せが見込まれる。

一方，農林水産省の集計による88年度（4～3月）の生産量は7万8,637kℓ，前年比6.6％増。89年度は集計中であるが，8万kℓ台に乗せるものとみられる。（表①，②参照）

内訳を金額ベースで推定すると，89年度は，家庭用371億円，前年比5％増，業務・加工用は207・4億円，前年比17.4％増となった。

過去の推移をみると，家庭用は年率2～4％増，最近は再び牛肉自由化関心から5～6％と1ポイントほどアップ。業務・加工用は過去から2桁台の伸びを持続しており，基礎数字の増大とともにややペースダウンしているものの，牛肉自由化により再びペースアップも予想される。いずれにしても，業務・加工用の需要の伸びが良いことから新規メーカー，既存の家庭用主体のメーカーの積極参入も目立ち，この分野の激戦も一段と強まる様相。（表③参照）

単価上昇，食肉需要は軒並み減少

では食肉需要，特に家庭用需要動向をみてみよ

表①　焼肉等のたれ類の年次別生産推移

日刊経済通信社調（単位：kℓ，百万円）

年次別	数量		金額	
	生産量	前年比	出荷額	前年比
1985年	58,350	109.3	42,560	108.3
86	63,370	108.6	45,480	106.9
87	66,980	105.7	47,900	105.3
88	74,000	110.5	52,980	110.6
89	81,520	110.2	57,840	109.2
90見込	89,200	109.4	63,200	109.3

表②　焼肉等のたれ類の年次別生産量

農林水産省調（単位：kℓ，％）

年次別	数量	前年比
1985年	61,295	119.3
86	64,280	104.9
87	73,740	114.7
88	78,637	106.6
89見込		

表③　焼肉のたれ類の家庭用と業務用比率

日刊経済通信社調（単位：百万円）

年次別	家庭用			業務用		
	販売額	前年比	比率	販売額	前年比	比率
1985年	32,250	103.0	75.8	10,310	129.0	24.2
86	33,060	102.5	73.1	12,180	118.1	26.9
87	33,800	102.2	70.6	14,100	115.8	29.4
88	35,320	104.5	67.6	17,660	125.2	32.4
89推定	37,100	105.0	64.1	20,740	117.4	35.9
90見込	39,400	106.2	62.3	23,800	114.8	37.7

1990年（平成2年）7月号より

戦後急成長したハムソー市場

ブランドが確立，ＳＭに販売シフト

創刊号は，戦前（昭和９～11年）水準との対比から記事が始まるが，食肉加工品については「増勢が顕著で，昭和32年(1957年）の全生産量は戦前の3,340トンに対し12倍強と急速に発展。特にハムの伸長率がめざましく約16倍，ベーコンは６倍強，ソーセージは約９倍の伸長率。東京都内における屠畜数が戦前比約２倍強であるのに比べても異常な増加率だ」と勢いのある様子を伝える。業界自体が若い産業で絶対量が少ない点，デパートでの歳暮用贈答品の売れ行きの増加からも，まだまだその増勢が続くと予測している。

魚肉も交え市場が急成長

昭和34年(1959年)７月号では，「伸びゆくハム，ソーセージ」の特集が組まれ，「食料業界の中で戦後急ピッチで伸びたものは数多く，中でもハム・ソーセージと魚肉ハム・ソーセージの伸びが著しい」とする。畜肉ハムソーが戦前から高級食品として存在したが，魚肉ハムソーが昭和29年(1954年)に登場し，大衆食品として定着したことが畜肉ハムソーの普及にも一役買い，「共存共栄」の関係にあったようだ。だが，この年あたりからの動きとして，畜肉ハムソーでは副原料に魚肉を使うことで安価な大衆食品への道を取る一方，魚肉側は食生活の向上に伴う消費者の嗜好の変化に合わせて畜肉を使用し始

表①－2　魚肉ハム・ソーセージの生産実績推移

日本魚肉ソーセージ協会調(トン，％)

		ソーセージ	ハム	計	前年比
昭和31年	(1956)	21,765	4,341	26,106	－
32年	(1957)	30,273	7,944	38,217	146
33年	(1958)	40,716	8,474	49,190	129
34年	(1959)	52,373	12,324	64,697	132
35年	(1960)	67,910	17,533	85,442	132
36年	(1961)	76,008	15,899	101,907	119
37年	(1962)	76,832	37,298	114,125	112
38年※	(1963)	89,495	28,875	118,369	104
39年※	(1964)	94,769	33,983	128,752	109

※38年からはJAS検査数量

表①－1　食肉加工品の生産実績推移

日本食肉加工協会調(トン，％)

		ハム類			ベーコン	ソーセージ	合計	前年比
		ロース・ボンレス	プレス	計				
昭和9～11年平均		－	－	1,702	251	1,387	3,341	－
28年	(1953)	1,478	8,868	10,346	666	4,005	15,011	118
29年	(1954)	1,649	13,014	14,663	805	5,646	21,117	141
30年	(1955)	2,138	16,795	18,795	1,044	7,237	27,076	128
31年	(1956)	3,177	20,037	13,795	1,414	10,134	34,760	128
32年	(1957)	3,701	23,605	27,306	1,624	12,390	41,320	119
33年	(1958)	4,652	27,027	31,679	2,036	18,850	52,565	127
34年	(1959)	4,949	28,728	33,677	2,043	26,527	62,247	118
35年	(1960)	4,866	29,310	34,176	2,223	37,801	74,200	119
36年	(1961)	6,575	40,347	46,922	2,614	49,772	99,308	134
37年	(1962)	8,474	49,068	57,542	2,810	63,832	124,184	125
38年	(1963)	6,437	48,253	54,690	2,350	56,644	113,684	92
39年	(1964)	6,849	54,599	61,448	2,706	60,317	124,471	110

める質的転換に向かい，「共存共栄は雲行きが怪しくなりそうだ」としている。

食肉加工品の生産量は昭和９年までは2,000トン台前半に止まるが，戦後大きく拡大し，昭和33年には５万トンを突破(表①)。昭和33年12月現在の業者数は全国で453工場(実動300程度)。ほとんどが小企業であることが１つの特色であり，水産大手に比べると企業体の大きさが比にならないとしながらも，関西の大手４社として伊藤ハム栄養食品(現伊藤ハム)，竹岸畜産工業(プリマハム)，徳島ハム(日本ハム)，鳥清畜産工業(同)，関東では群馬畜産加工販売農協からなる高崎ハムが挙げられている。

昭和37年(1962年)３月号の特集「追いつ追われつの魚肉と畜肉」の見出しどおり，昭和34年に魚肉ハムソーが畜肉ハムソーを上回った。豚肉の高騰による畜肉製品の値上げ，魚肉製品の品質向上と競争激化による値下がりにより，昭和35年はさらにその差が広がる。だが，昭和37年は再び畜肉ハムソーが魚肉ハムソーを上回り，特売禁止や原料値上がりによる品質低下による魚肉ソーセージの減少，豚肉の値下がりによる畜肉ソーセージの好調を逆転の要因として分析している。

貿易自由化と業界再編

食肉加工品の生産内訳は，昭和30年(1955年)には約７割がハム製品だったが，昭和33年ごろからソーセージが急激に増え，昭和35年にはハムを上回りほぼ同等の生産量となった。ベーコンはまだ日本人の味覚に合わないのか，増加基調にあるとはいえハム，ソーセージとの差は大きい。昭和40年ごろは大手メーカーの工場分布が全国的となり，特に関東・近畿地区に一様に工場が設置されていったとある。売り上げトップはプリマハムで，ボランタリーチェーン制を採用し，総合食肉メーカーとして需要を拡大。生肉販売にも注力するプリマハムとは対照に加工専門メーカーとしての性格を示す伊藤ハム栄養食品は，生産設備の増強と販路拡張を進め，加工製品の生産販売においてはプリマハムを上回る。徳島ハムと鳥清ハムの合併で誕生した日本ハムは，近畿以西を主盤地としていたが合併後は関東方面への拡充をはかり工場を配置。魚肉ハムソーからスタートした丸大食品は畜肉部門へも本格進出し，近畿以西を地盤に営業活動を行ってきたが，同じく関東での営業所開設や新工場建設に着手している。

市場の著しい拡大とともに，原料肉確保のため，海外ミートプラントの設立など海外資源開発もクローズアップされている。また，貿易自由化による輸入ハムソー製品との競合に備え，経営合理化のための業務提携や合併も進む。昭和38年(1963年)に徳島ハムと鳥清ハムが合併し，日本ハムに商号変更，昭和45年(1970年)は年末までにソーセージが輸入自由化される流れのなか，雪印食品工業とアンデスハムが業務提携し雪印アンデス食品に，続いてケンコーハムが明治乳業と資本業務提携し明治ケンコーハムとして再スタートした。また，自由化を前に資本上陸を断念した米国スイフト社が日本ハムと業務・技術提携してスイフトブランドの国内生産・販売を開始している。国内の消費傾向は高級品の消費が増えつつあり，ハムではロースもの，ソーセージではフランクフルトの伸び率が高くなっている。

コンシューマー製品の登場

昭和48年(1973年) 11月号の特集では「ブランド化の浸透進むハム・ソーセージ」と題し，ハムの高級化とソーセージの伸びを指摘している。年初にメーカーから「高級化嗜好」が打ち出され，この年の上半期はロースハム，ボンレスハムがそれぞれ前期比２ケタ伸長した反面，ハム製品の７割を占めるプレスハムが原料急騰もあり減少，ソーセージは堅調に推移した。一方，外国製品の進出でブランド化が課題となる。日本ハムと提携するスイフト，プリマハムと提携するオスカー・マイヤー等，世界有数の食肉メーカーの日本進出により,「コンシューマーパック」という新語がもたらされた。食肉加工品は一般食品とは異なり，食肉店との特約店制度による独自のルートで流通してきた。元来の店頭切り売りに対し，コンシューマーパック製品の登場は，包装充填機の開発に伴い衛生面での安全性を確保しながら，流通経路を拡大することを可能にした。一般食品ルートにハム・ソーセージを乗せる役割を果たし

表②　大手５社の食肉加工品の販売状況(昭和50年)

	総販売量	前年比	ハム	前年比	ソーセージ	前年比
伊藤ハム栄養	72,213	106.8	25,815	101.3	46,398	110.7
プリマハム	49,060	108.3	29,391	98.6	24,459	101.8
日本ハム	53,850	100.9	25,562	104.3	23,498	112.9
丸大食品	31,462	126.4	15,628	126.6	14829	118.2
雪印食品	26,718	109.5	14,732	102.0	11,986	120.5

※昭和51年10月号から抜粋

つつあり，同時にブランド化の浸透を進めることにもつながっていく。

年率約10％平均の伸びを示してきた食肉加工品業界だが，昭和47年（1972年）以降，経済，社会情勢の変化とともに成長率は次第にダウン。特に49年はＡＦ－２問題もあり、生産量は初めて前年を下回った。翌50年は7.8％増と若干回復。51～52年に２ケタ台の伸びに戻ったのはソーセージの伸びがけん引したもので，特に大手メーカーを中心に皮なしウィンナーソーセージの宣伝・拡売策が活発だった。皮なしウィンナーは10年早く先駆けて「ウイニー」を発売した日本ハムが，ウイニー坊やのキャラクターを起用しながら積極的にキャンペーンを展開。大手，中堅メーカーからも相次いで商品が発売され，昭和50年はウィンナーソーセージの生産量の半分近くを皮なしウインナーが占めるまでとなった。ポークソーセージ，あらびきタイプも増えており，ロースハムなど単味品では採算的に厳しく，プレスハムの人気も落ちてきたなかで，量産できるソーセージの多様化が図られていく。

大手５社の昭和50年の販売実績は表②のとおり。設備投資面では関東地区の営業強化を中心に，販路拡張，売上増加のため営業所の増設に各社注力している。従来の精肉店ルートでの販売から，スーパーでの販売へ移行が進んでいくが，丸大食品が早くから試みルートセールス方式によって成果を発揮した。要冷蔵で店頭でスライスするハムなどは一般店頭では扱い難かったが，包装商品の台頭，スーパーにおける冷凍・冷蔵ショーケースの普及が相乗効果となり，スーパーでの販売ウエイトの高まりにつながった。一方，原料事情に左右されるカテゴリーではあるが，豚価の落ち着きとともに製品価格の安売り競争が顕著となりつつある。

「シャウエッセン」登場と高級ブーム

昭和53年（1978年）以降は落ち着いて推移したが，昭和58年以降は伸び幅が大きくなり，ギフト商戦での好調が度々取り上げられている。昭和60年（1985年）頃から主力製品の増産傾向がみられ，ロースハム，ウインナーソーセージの小売価格が上昇する。手造りを訴求する商品（昨今でいうクラフトか）や，ソーセージのオールポーク・あらびきタイプなど品質訴求型製品が伸長した。手造りハムのブームにより，ギフト商戦での伸びが著しく，食肉加工品が歳暮の中心的存在として存在感を高めた。さらに中元期においても百貨店の保冷配送体制の確立により徐々に浸透し，ＳＭでも配送体制を充実させるのに加え，メーカーの保冷箱による全国配送システムの展開が本格化し，中小スーパー，精肉店での対応も可能になった。中元期は業界平均でも20％近い伸びとなり，ギフトの好調が寄与し，業界全体に品質・味の面での訴求機運が高まってる。

このなかで，高級ソーセージ製品が一大ブームとなる。日本ハムが昭和60年（1985年）２月に「シャウエッセン」を発売。発売当初は単月１億円だった売り上げが11～12月には10億円にまで拡大。翌年には月平均15億円前後の売り上げ規模で推移し,「ウイニー」をはるかにしのぐ大型商材に成長した。その後各社が相次いで高級ソーセージに本格的に参入し，活発な販促展開で市場が一気に拡大していく。

伊藤ハムは先行して手造りタイプのウインナーをロングサイズで発売していたが，ブームに対応してレギュラーサイズに方向転換し,「手造りウインナーバイエルン」として発売。さらに「グルメウインナー」「今夜のごちそうシリーズ」など高級ソーセージ分野の品揃えを拡充。丸大食品は「手づくりディナー・ドゥ」を発売し，当初の予想をはるかに上回る年間180億円前後の売り上げペースとなる。ウインナーでは先行商品があるためフランクフルトタイプで導入したのが成功の要因で，主要店での定番化が急速に進んだ。量目を競合品と比べて徳用タイプにしたことも寄与しており，続いてワンランク下のクラスを強化するためポークとチキンのあらびきウインナー「味づくりジェンヌ」を発売している。プリマハムはあらびきタイプの先発商品として「ポーク＆ビーフウインナー」を発売後,「手造りワイゼン」に意匠を変更して再発売した。雪印食品はあらびきタイプの「手造り超あらびきウインナー」「同フランク」「ボイルウインナー」「手造りあらびきシャルムベック」を順次展開している。

従来ヒット商品が出ると,すぐに類似品が追随し,供給過剰から価格競争に走るパターンが通例化しているが，急激なブームに対し懸念の声も出始める。過去の反省から，業界では協会で決定した“手づくり”のメーカー自主基準を守り，市場を育成していこうという機運が高まっている。

多様化に向かうハムソー市場

昭和の終わりから平成にかけての市場は，上級タイプのウインナーが落ち着きをみせるなか，コ・エクストルージョン方式の自動製造ラインによる新タイプの極細ウインナーソーセージに市場の関心が動

表③　**食肉加工品の生産状況**

（トン，％）

		ハム	前年比	ベーコン	前年比	ソーセージ	前年比	合計	前年比
昭和40年	(1965)	66,614	108.4	2,955	109.2	66,309	109.9	135,878	109.2
41年	(1966)	79,063	118.7	3,642	123.2	72,187	108.9	154,892	114.0
42年	(1967)	85,735	108.4	4,282	117.6	82,783	114.7	172,800	111.6
43年	(1968)	94,535	110.3	4,546	106.2	92,036	111.2	191,117	111.0
44年	(1969)	105,802	111.9	5,049	111.1	103,396	112.3	214,247	112.1
45年	(1970)	117,090	110.7	6,520	129.1	105,840	102.4	229,450	107.1
46年	(1971)	124,360	106.2	8,100	124.2	118,380	111.8	250,840	109.3
47年	(1972)	134,990	108.5	9,980	123.2	124,420	105.1	269,390	107.4
48年	(1973)	137,880	102.1	11,880	119.0	129,280	103.9	279,040	103.6
49年	(1974)	131,812	95.6	16,034	135.0	129,778	100.4	277,624	99.5
50年	(1975)	138,531	105.1	16,950	105.7	143,800	110.8	299,281	107.8
51年	(1976)	154,942	111.8	18,887	111.4	160,341	111.5	334,170	111.6
52年	(1977)	176,469	113.9	24,507	129.8	177,876	110.9	378,852	113.4
53年	(1978)	180,629	102.4	28,697	117.1	176,646	99.3	385,972	101.9
54年	(1979)	185,663	102.8	33,727	117.5	179,695	101.7	399,085	103.4
55年	(1980)	184,389	99.3	37,401	110.9	181,283	100.9	403,073	101.0
56年	(1981)	182,900	99.2	40,192	107.5	188,136	103.8	411,229	102.0
57年	(1982)	182,601	99.8	42,917	106.8	187,462	99.6	412,978	100.4
58年	(1983)	184,701	101.2	45,544	106.1	203,525	108.6	433,770	105.0
59年	(1984)	185,403	100.4	50,593	111.1	211,523	103.9	447,518	103.2
60年	(1985)	184,315	99.4	54,272	107.3	227,512	107.6	466,099	104.2
61年	(1986)	182,129	98.8	57,606	106.1	257,845	113.3	497,581	106.9
62年	(1987)	185,603	101.9	63,109	109.6	267,612	103.8	516,322	103.8
63年	(1988)	181,605	97.8	68,475	108.5	277,839	103.8	529,133	102.5
平成元年	(1989)	185,794	102.3	71,378	104.2	282,880	101.8	540,053	102.1

※昭和48年までは農林省調，49年以降は日本食肉加工協会調。

いていく。

順調に拡大してきた羊腸詰あらびき高級ウインナー類だが，ポークをベースにビーフやチキンをミックスした製品も増加し，昭和63年（1988年）にオールポークウインナーは初めて前年を割り込んだ。代わって，コ・エクストルージョン方式の自動製造ラインによるうす皮タイプのソーセージが成長分野の１つとなる。伊藤ハム「ポークビッツ」，日本ハム「ミニポルカ」，丸大食品「ミルト・ポウ」などが発売された。また，高級ウインナーブームに対し，「ポーク＆ビーフ」「チキン＆ポーク」の価格対応品や，絹びきを特徴とした商品など，商品の多様化が進んだ。

８年ぶりの値上げが実施された平成２年（1990年）は，値上げ後の売価ゾーンが600円台になる高級ウインナーへの影響が大きかった反面，200円前後商品への影響はほとんどみられず，一部量目変更などの対策で２ケタ増となる商品もみられた。値上げが一巡して以降は，高級あらびきタイプはブランド集約へ向かうと同時にブランド支持が強まる一方，価格競争による低価格商品へのシフトがあり，２極化の様相を見せ始めた。またヘルシー志向も注目され始め，ハムソー市場は嗜好の多様化が進んでいく。

（**赤松裕海**）

海外資源開発がクローズ・アップされる
食肉加工業界の動向

10年間で5倍に伸びた食肉加工品

わが国の食肉加工品（ハム・ソーセージ，ベーコン）の消費は食生活の洋風化に伴ない年々増加。ここ10年の間に5倍の伸張をみた。品種別ではソーセージの伸びが著しく次いでハム，ベーコンの順で伸びている。一方，原料肉資源は国内肉の不足，牛肉の高騰もあって，原料肉の確保は業界にとって大きな課題となっている。

このため必要とする原料肉を確保のため，海外に肉資源を求め，プリマハム，雪印食品工業がブラジルにミートプラントを設立補給をはかっており，またほかにも補給をはかろうとする動きもあり，今後の海外資源開発がクローズアップされている。以下業界の現状を眺めてみよう。

伸びるハムとソーセージ

（食）肉加工品の生産量は昭和30年は2万7,000トンでその約70%はハム製品であった。その後34年頃からソーセージが急速に増え，翌35年にはハムの生産量を追いこし，昨年40年はハム6万6,450トン，ソーセージ6万6,309トンとほぼ同様の生産となった。ベーコンはまだ日本人の味覚に合わないのか生産量は10年で2倍になったとはいえ，ハム・ソーセージとの差はますます開いていくばかりであり，今後の商品といえよう(表1，表2―ィ，ロ)。

39年，40年の地区別生産状況は（表2），（表3）の通りで大都市を有する地区の生産が多く，関東，近畿の両地区で70～80%を占めている。また大手メーカー（伊藤ハム栄養食品，プリマハム，日本ハム，アンデスハム，雪印食品工業，丸大食品）の工場分布も全国的に設置され，特に関東，近畿地区には一様に工場を設置している。

国内原料資源枯渇化す

肉加工品の生産が増える反面，国内で生産される枝肉の量は豚を除いては各種類とも減産傾向にあり，現在の家畜飼養状況からみて国内資源の増加は望み少なく，いきおい海外に求める傾向が強くなっている。

〈表1〉　食肉加工製品の生産量　農林省調(単位トン)

	ハ　ム	ベーコン	ソーセージ	合　計
30年	18,795	1,044	7,237	27,076
31	23,214	1,414	10,132	34,760
32	27,309	1,623	12,390	41,322
33	31,679	2,036	18,850	52,565
34	33,677	2,043	26,527	62,247
35	34,176	2,223	37,801	74,200
36	46,922	2,614	49,772	99,308
37	57,542	2,810	63,832	124,184
38	54,690	2,350	56,644	113,684
39	61,448	2,706	60,317	124,471
40	66,450	2,955	66,309	135,877

注：37年まで日本食肉加工協会資料より。

食肉加工メーカーの国産枝肉の総仕入量は38年16万5,000トン，39年16万9,000トン，40年13万3,000トンとなっており，種類別では豚肉が増えている他は牛，馬，めん羊など，39年を境に減少，仕入れ割合は豚38%，めん羊35%，馬14%，牛10%（表3）。

このうち実際に加工原料に使用された量(表4)は38年12万トン，39年12万5,900トン，40年11万2,000トンと仕入量ほどの減少率はなく，馬，めん羊など

1966年(昭和41年) 10月号より

ブランド化の浸透進むハム・ソーセージ

高級化と子供向き製品で拡売を目ざす今年の動き

スイフト，オスカー・マイヤーなど世界有数の食肉メーカーの日本進出もあって，食肉加工業界もいま大きな転換期に入った。以下，今年の食肉加工メーカーの動向から，今後の問題点を探ってみた。

前半期，ハムの高級化とポークソーセージの伸び目立つ

今年に入ってからの食肉加工品の生産は，1～6月で12万3,860トンと前年同期比2.2%の微増にとどまった。これはハムの減少，特にプレスハムの減少とソーセージの微増に起因するとみられる。（表1参照）

内訳をみると，今年始めに打ち出された〝高級化嗜好〟といったメーカーサイドの姿勢を反映して，ロースハム，ボンレスハム等がそれぞれ前期比12.7%，17.7%増と伸びた。反面，ハム製品全体の約7割を占めるプレスハムの生産が1～6月で3万9,430トン，前期比4.6%減となったことは，原料マトンの急騰により，高級単味品等への移行化が数字で現われているといえる。

ソーセージは，1～6月計で6万1,590トン，前期比3.6%の微増であった。これは，ポークソーセージ，ウィンナーソーセージ，フランクフルトソーセージの静かな人気に支えられたためといえる。

今年上半期の生産動向は以上の通りだが，下半期の，特に秋の大手食肉加工メーカーによる消費拡大策をみながら，食肉加工品に対するメーカーの動向を探ってみよう。

下半期の主要食肉加工メーカーの動向

プリマハム（株）＝〝レッツゴー・OM・セール〟と銘打ち，6月1日～7月31日まで，10月1日～11月30日の2回，オスカー・マイヤーとの提携を記念した販売店及び販売員向けキャンペーンを全社的に行なっている。このキャンペーンは，ボクシングのタイトルマッチを想定するゲーム方式のもので，期間＝ラウンド数，対象者＝挑戦者，対象品目＝挑戦相手，家施方法＝試合規定となっている。

それによると挑戦相手は，①同社の製品及び販売生肉，②得意先の新規開拓，③フランクで，試合規定は，販売員が期間中に，挑戦相手（対象品目）の販売目標数量を挑戦状（応募カード）で，チャレンジし，成績により，グリーンスタンプ社発行のプリマOMスタンプを発行するというもの。

伊藤ハム栄養食品（株）＝9月21日から10月20日まで，消費者キャンペーン〝くまごろうラジオプレゼントセール〟を行なった。対象商品はランチフルト，ランチウィンナー，レトルトハンバーグ他。応募方法は，対象商品のパックについた点数を切りとり，4点分まとめて同社へ送

〈参考表〉　食肉加工品（1～6月）生産量

	計	ハム							ソーセ			
		小計	ロースハム	ボンレスハム	骨付きハム	ラックスハム	プレスハム	混合プレスハム，その他	小計	ポークソーセージ	ウインナーソーセージ	フランクフルトソーセージ
47年	269,390	134,990	18,620	4,390	180	1,370	93,710	16,720	124,420	1,670	64,740	21,980
48年1月	15,080	6,460	890	230	0	70	4,270	1,000	8,060	80	4,330	1,410
2	21,770	10,280	1,260	310	0	80	7,150	1,480	10,530	110	5,600	1,870
3	20,210	9,150	1,250	350	10	110	6,140	1,290	10,160	110	5,460	1,780
4	21,020	9,730	1,160	330	10	100	6,770	1,360	10,500	140	5,630	1,840
5	23,160	10,790	1,150	330	10	120	7,610	1,570	11,440	150	6,330	1,840
6	22,610	10,800	1,300	370	10	110	7,490	1,520	10,900	160	5,880	1,740
1～6月	123,860	57,210	7,010	1,920	40	590	9,430	8,220	61,590	750	33,230	10,480
前年同期比	102.2	99.5	112.7	117.7	28.5	95.1	95.4	109.3	103.6	108.6	105.5	103.8

（単位：トン　比率：%）

1973年（昭和48年）11月号より

回復基調にある食肉加工品の生産動向

ソーセージ類の多様化で企業効率を図る業界

今年の食肉加工品の生産量は順調な足取りで推移，年間生産量は33万トン前後に達しようとしている。これを支えている要因は需要の回復で，生産も回復基調の様相を呈してきている。昨年は高値で悩まされた原料肉も，今年は比較的落ち着きを見せており，製品価格は去る４月の値上げで一段落した形となった。食品業界全般に需要が伸び悩みのなかにあって，２桁台の伸び率を示している食肉加工業界の動向を探って見た。

50年度から回復，年率10％の増加に戻るか

年率約10％平均で伸びてきた食肉加工業界は，昭和47年以降，経済，社会状勢の変化と共に成長率は次第にダウン，特に49年は AF_2 問題もあって生産量は，前年実績を下回るという，業界にとって初めてのマイナス生産を経験するに至った。

翌50年には前年比7.8％増と若干回復，今年は１～６月累計で14万8,000トン，11.4％増と２桁台の伸び率を示している。この増加率は主としてソーセージの伸びに負うところが大きく，特に大手メーカーを中心として「皮なしウインナーソーセージ」の宣伝，拡売策がプラス作用をなしているといえよう。

この１～６月の伸び率を後半も維持するとすれば，今年の年間生産量は10％方の増産が期待できる状況にある（表①）

しかし，業界の見方は厳しく現在の増産は，需要が元の水準に回復してきた結果にすぎない，との受け止め方をしている。それは47年以降，年平均５％の増加率で推移してきたとすれば，48年28万トン，49

表①　食肉加工品の生産状況　単位：トン

	実数				前年比（％）			
	合計	ハム	ベーコン	ソーセージ	合計	ハム	ベーコン	ソーセージ
45年	229,450	117,090	6,520	105,840				
46年	250,840	124,360	8,100	118,380	109.3	106.2	124.2	104.3
47年	269,390	134,990	9,980	124,420	107.4	108.0	123.2	105.1
48年	279,040	137,880	11,880	129,280	103.5	102.1	119.0	103.9
49年	277,624	131,812	16,034	129,778	99.5	95.6	134.9	100.4
50年	299,281	138,531	16,950	143,800	107.8	105.1	105.7	110.8
50年１月	14,251	5,813	615	7,823	89.8	83.8	93.9	94.5
2	19,937	8,466	1,329	10,142	111.3	115.0	128.2	106.5
3	22,435	9,791	1,423	11,221	113.4	118.4	122.4	108.3
4	24,965	11,560	1,451	11,954	107.3	106.3	116.6	107.3
5	26,408	11,696	1,402	13,310	105.0	101.0	100.7	109.2
6	24,951	11,456	1,492	12,003	110.0	107.0	106.3	113.7
7	26,904	13,029	1,606	12,269	104.5	102.3	99.9	107.7
8	25,127	12,333	1,301	11,493	104.3	100.5	88.1	111.0
9	27,096	12,376	1,405	13,315	119.7	117.9	106.2	123.0
10	27,610	11,422	1,615	14,573	116.2	114.8	116.3	117.4
11	27,491	13,173	1,739	12,579	102.9	99.3	107.9	106.3
12	32,106	17,416	1,572	13,118	107.8	100.4	89.6	120.1
51年１月	16,882	6,703	782	9,397	118.5	115.3	127.2	120.1
2	21,973	9,242	1,265	11,467	110.2	109.2	95.2	113.1
3	26,567	12,264	1,511	12,792	118.4	125.3	106.2	114.0
4	27,117	12.123	1,482	13,512	108.6	104.9	102.1	113.0
5	27,642	12,181	1,464	13,997	104.7	104.1	104.4	105.2
6	27,965	12,626	1,587	13,752	112.1	110.2	106.4	114.6
１～６月	148,146	65.139	8,093	74,917	111.4	110.8	104.9	112.7

注）48年迄は農林省調，49年以降は日本食肉加工協会調。

1976年（昭和51年）10月号より

高級ソーセージブームの現況と展望

手づくりウインナー中心に，新製品投入相次ぐ

(ハ)ム・ソーセージ業界では今年に入り，手づくりウインナーを中心とした高級ソーセージ製品が一大ブームとなり，各主要メーカーの新製品投入が相次いでいる。市場は先行する日本ハムの「シャウエッセン」に丸大食品の「ディナー・ドゥ」が追い上げ，伊藤ハムが「バイエルン」，プリマハムが「ワイゼン」と，主力製品の競合がここにきて一段と激化しており，この分野での対応がソーセージ市場全体のカギを握っている状態だ。

上期のソーセージ類，14％増に迫る勢い

(食)肉加工品の61年1～6月の生産状況（表①参照）によると，ソーセージ類が前年同期比113.6％と大幅に伸長しているのが目立っている。

これは，昨年来からの高級ソーセージブームを反映したもので，ウインナー，フランクフルトの両品目を中心に，原料肉に豚肉を100％使用したオールポークソーセージが，昨年7月以降，前年比160％以上の伸長を続けているためで，今年に入っても同傾向で推移している。

特に，各社の新製品投入が一巡，需要期を迎えた今年の3月単月では，ポークソーセージで194.7％とほぼ倍増に近い生産状況となっている。

特に「おいしい，品質の良い製品が伸びている」（日本ハムソー工組）と指摘されるように，一昨年頃から，オールポークタイプやあらびきタイプなど，熟成期間をおいた高級志向商品の発売で，高級ソーセージ分野の素地は確立しつつあったと言えるが，昨年2月に手づくりウインナー「シャウエッセン」を発売した日本ハムがブランド戦略に成功。その後，相次いで，プリマハム，伊藤ハム，丸大食品など大手が本格的に参入，活発な販促展開で市場が一気に拡大，これが，ソーセージ類の中でも上級ウインナー中心に大幅な生産増となった背景と言える。

一方，昨年以降ギフト向けの手づくりハムは，ロースなどの高級単味品中心に堅調な伸びが続いており，今中元期も主要百貨店，量販店などでハムギフトが低温配送体制の浸透により，品目別売り上げの上位にランクされる例が多く，例えば日本ハムでは出荷ベースで30％増，伊藤ハムでも2ケタ増となるなど好調を持続しており，各メーカーともに高級単味品を中心としたギフト対応を強化，基礎ベースの大きくなっている歳暮期よりも，中元期に充分な伸長の余地があるとして，強気の対応を

表①　食肉加工品の年次別生産状況　日本食肉加工協会調

		数量（トン）			前年比（％）		
		59年	60年	61年1～6月	59年	60年	61年1～6月
ハム類	ロース	64,149	70,155	26,542	109.1	109.4	104.8
	ボンレス	25,948	24,318	9,640	97.8	93.7	94.9
	骨付	193	210	47	96.2	108.9	113.3
	ラックス	194	345	121	91.6	177.8	110.1
	ベリー	107	105	33	140.0	97.5	80.0
	ショルダー	2,511	3,043	1,066	112.7	121.2	112.5
	その他	6,926	7,013	2,925	99.5	101.3	96.0
	小計	100,029	105,189	40,375	105.3	105.2	101.8
プレスハム		28,281	25,037	10,685	88.3	188.5	85.4
チョップドハム		53,775	51,085	23,396	98.8	95.0	94.2
ベーコン類	ベーコン	39,301	42,357	21,361	116.3	107.8	106.2
	ロース	1,096	1,487	380	92.3	135.8	78.2
	ショルダー	7,744	7,468	3,635	105.2	96.4	109.1
	その他	2,453	2,959	1,497	76.4	120.6	118.3
	小計	50,593	54,272	26,875	111.1	107.3	106.6
ソーセージ類	ウインナー	112,579	126,702	72,166	106.1	112.5	120.5
	フランクフルト	39,633	42,324	22,389	105.0	106.8	112.3
	リオナ	470	486	236	91.2	103.5	109.5
	ボロニア	18,498	18,581	8,321	100.9	100.4	101.1
	ドライ	8,258	7,893	3,184	95.4	95.6	94.4
	セミドライ	4,282	3,969	1,483	91.6	92.7	86.9
	レバー	30	33	15	134.5	112.3	90.8
	レバーペースト	37	35	19	123.6	94.1	104.5
	加圧・加熱	1,261	1,175	604	92.8	93.2	102.2
	無塩漬	4,678	5,245	2,815	116.3	112.1	108.5
	その他	15,107	14,986	6,319	102.1	99.2	91.6
	小計	204,831	221,429	117,551	104.4	108.1	113.6
	混合プレス	3,318	3,004	1,351	102.9	90.5	93.4
	混合ソーセージ	4,921	4,228	1,583	92.2	85.9	70.1
	加圧・加熱混合ソーセージ	1,771	1,855	776	91.4	104.7	79.1
	小計	10,010	9,087	3,709	95.3	90.8	79.2
合計		447,518	466,099	222,591	103.2	104.2	105.8

1986年（昭和61年）10月号より

国際情勢に翻弄される製粉業界

小麦粉輸出拡大も狙う

さまざまな課題はありながらも国家管理のもと，着実な成長を遂げてきた製粉業界。一方，ソ連の大量買付けやチェルノブイリ原子力発電所の大事故など，国際情勢に大きく左右されてきたことも否めない。昭和から平成初期にかけて，大手と中小の格差拡大，人手不足による物流経費増といった現代的な課題が浮かび上がる製粉業界の変遷からみえてくるものとは。

小麦輸出を伸ばす絶好のチャンス

昭和39年(1964年)の「酒類食品統計月報」２月号では「今年の製粉業界を展望する」と題した特集が組まれた。製粉業界は派手ではないが主食につながっているだけに安定性に富み，地味ながら着実な成長を遂げている産業であるとしながらも，昨年(38年)の製粉業界は近来になく波乱に富んだ年だったと記す。内には国産小麦の半作以下という大凶作，外にはソ連の大量買付けがあったと述べる。慢性的な小麦の供給過剰に悩んでいた世界小麦市場は，昨年(38年)ソ連の大量買付けを契機として情勢は一変，市況は強気に移り，今年もまず強調で推移しようというのが大方の見方であるとする。ソ連の買付けによって，わが国の製粉業は一面高い小麦を買わされるわけだが，その反面ではこれがプラスともなっているとし，それは東南アジアへの小麦輸出が好転したことだと記す。東南アジアへの輸出は昨年(38年)前半には伸び悩んでいたが，ソ連の買付け，欧州小麦の減産による輸出不能などから，地理的にも有利な日本の小麦粉を東南アジア諸国が買付けてきており，小麦粉輸出を伸ばす絶好のチャンスであるとされている。現在，輸出に関する展示会などで品質の高い国内産小麦をアピールする展示が行われることがあるが，38年(63年)に国内産小麦に注目が集まっていたことは特筆すべきことがらだろう。

昭和35～38年国別小麦輸入量

大蔵省税関局調(単位：トン)

国別	35年	36年	37年	38年
カナダ	1,325,767	1,459,086	1,206,642	—
アメリカ	980,684	798,504	880,462	—
オーストラリア	307,194	354,645	446,462	—
その他	64,329	18,742	28,660	—
合計	2,677,974	2,630,977	2,562,226	3,178,461

大手製粉と中小製粉の格差が拡大

わが国の小麦粉消費量は昭和10年(1935年)に比べ約３倍に増え，ここ数年の年成長率は平均６％であるが，大手製粉は10％以上の伸びを示し，中小製粉との格差は次第に拡大しつつあるとの記述がみられる。現在，農業競争力強化支援法の施行などで製粉業界の再編が進んでいるが，大手と中小の格差は，39年(64年)ですでに開いていたことがみてとれる。粉食は食生活の構造変化に伴ってますます普及の方向に進んでいるので，今後の小麦粉消費も順調に増加してゆくことは明らかであるとの記述もみられる。一方，小麦粉二次加工業界はますます大型化する傾向にあり，製粉会社との中間にある問屋は得意先の確保等の面で色々苦しい立場に追い込まれてゆくと指摘し，粉二次加工の大型化は強まりこそすれ弱くなることはないから，問屋企業はさらに弱い立場に立たされることとなると結論づけられている。

平均37％の小麦粉値上げ実施

10年後，昭和49年(1974年)の特集では「値上げでスタートした製粉業界の現状と問題点　市場の混乱防止に充分な配慮が必要」との見出しがつけられている。製粉各社は1月1日から平均37％の小麦粉値上げを実施。今回の値上げは昨年（48年〈73年〉）12月1日から政府が小麦の売渡し価格を平均35％値上げしたのに伴なうものだが，値上げでスタートした今年の製粉業界には包装資材の手当て難，配送難などの問題が二次加工業界も含めておこっており今年の小麦粉生産予測は極めて見通し難の状況にあるとしている。戦後最大といわれる大幅値上げとなっただけに，その影響は特に二次加工品の価格にはねかえるのは必至であり，全体の小麦粉需要量にどのような変化が出るか注目されると述べる。今後の小麦粉需要は二次加工製品の消費動向に左右されることになるわけだが，なかでもパン，即席めん，生めんなどの消費動向は大きなカギを握ることになるものと見られるとしている。

値上げ後の第一関門である新価格への移行はスムーズに通過したが，中小ユーザー筋を中心とする値上げ前の仮需，消費者の買いだめなどの動向から見れば，先行き値崩れ，乱売の不安もあるとの記述もあり，現在と変わらず，仮需や買いだめが行われていたことが読み取れる。

関係悪化を懸念

昭和61年（1986年）の特集タイトルは「食管と現実の歪みが交錯する製粉業界　製粉の地位低下に危機感募る」。製粉業界にとって食管制度そのものが経営の基盤となっており，農業政策の根幹であることからしか，制度そのものを否定することはできないが，今日の状況をみると生産者（政府・輸入），製粉業界，粉二次加工業界の利害は全く別のところにあり，業績が低下すればするほど，その関係は悪化していくものであると記されている。日本の二次加工メーカーが東南アジアに進出し，逆輸入をするというケースや，半製品にして輸入するというケースもこれからは考えられ，二次加工メーカーの国産離れを助長することにもつながりかねないという危機感が語られている。製粉業界は大手4社で63％の生産シェアを占めているが，日産能力100トン以下の小企業が89社もあって，全てを満足させるような解答は無理であるが，現状のままでは全てがジリ貧に陥り，体力の弱いものから消えることにもなりかねない。その意味からも，業界としての独自の指針を早急に確立すべきではないかと，強い口調での提案がなされている。現在は，大手企業のグループに入る企業や家族経営で後継者がおらず廃業を決めた企業など，製粉業界の再編が進んでいる。

放射能汚染問題が大きな影響を与える？

世界の貿易量からみると，ソ連の小麦輸入量が前年の2,810万トンから1,700万トンに激減したこともあって，需給関係そのものは非常に緩和したとみられていたが，ソ連ウクライナ共和国のチェルノブイリ原子力発電所の大事故の影響で，ソ連や近隣諸国（主にスウェーデン，ポーランド）の農産物に放射能汚染が懸念され，国際穀物市況は一斉に反発，新穀の作柄状況とともに，この汚染問題が穀物市況に大きな影響を与えてこようと予測。もし，放射能汚染がウクライナの穀倉地帯に被害を広げた場合には，穀物輸入に踏み切らざるを得なくなり，今後の市場価格はソ連の動きにかかってきたとの指摘がみられる。過去から現在に至るまで，世界の穀倉地帯とも呼ばれるウクライナ，そしてソ連（現ロシア）の動向が小麦需給に多大な影響を与えていることが読み取れる。

物流経費増で粉価改訂検討を提案

平成2年（1990年）5月号は，「内外環境変化する製粉業界　人手不足～物流経費増で粉価改訂も検討課題」と題した特集。製粉業界にとって眼下の問題は，他の業界が同様に抱える配送経費の上昇に伴うコストアップと指摘。構造的な問題に発展した人手不足は輸送，荷役労働者の求人難，さらには賃金の大幅アップを招き，それに対応せねばならぬ企業の収益を圧迫していると，令和6年（2024年）の特集にそのまま同じ文章を持ってきたとしても違和感のない文言が綴られている。それに加えて，好景気の恩恵を受ける業界とは異なり，食品業界は恩恵からはみ出した業界であり，需要の伸び悩み，配送の小口化，交通事情の悪化からメーカー，卸とも採算が悪化，物流経費増を主因とする価格改定を実施する方向にあると記されている。現在は好景気ではないにせよ，物流経費増を主因とする価格改定は行われており，共同配送の仕組みなどを取り入れてもなお，物流の2024年問題に象徴されるような，人手不足等に起因する問題はしばしば起こっており，製粉業界が取り組んできている課題は，今に始まったものではないことを痛感させられる。記事は，売渡麦価とは関係なく，現在の物流費上昇に対応するための粉価改訂も前向きに検討してみる必要があるのではないかと締めくくられていた。　（川田岳郎）

今年の製粉業界を展望する

製粉業界は派手ではないが主食につながっているだけに安定性に富み、地味ながら着実な成長を遂げている産業である。昨年の製粉業界は近来になく波乱に富んだ年であった。内には国産小麦の半作以下という大凶作、外にはソ連の大量買付けがあった。今年は開放経済体制に入るときでもあり、これがどう動いてゆくか、製粉業界にとっては注目される年となろう。

キーポイントになる内麦の作柄

今年の製粉業界の動向を左右する一つのポイントは内麦の作柄如何にかかっている。

昨年の国産小麦収穫予想量は当初150万トンが見込まれていたが、実収は半作以下の715,500トンと前年より916,000トンと実に56％の大減産であった。これは作付面積の減反（前年比9％減）と4月下旬以降の長雨などによる被害が大きく響いたもので、反当収量も前年比48%と半減した(表①参照)。

このため政府買上げは103万トンの予定が1/3強の37万トンしか集荷できず、38年（1～12月）の小麦輸入量は飼料用を含めて3,178,461トンと、37年の2,562,226トンに比べ616,235トン＝24%も増え、食糧輸入額の 3.2%を占めている（表②③参照)。

さて39年の国産小麦生産予想はどうか。作付面積は37年以降続いている作付面積の減少が今年も緩漫ながら継続する見込みであり、39年度の内麦政府買入量は90万トンが予定されている。

小麦需要は主食用は318万トンを想定、飼料用小麦から生産される小麦粉分を差引いて278万トンを主食用売却予定数量とし、これに学校給食用の委託加工麦と輸出原材料小麦を合わせて合計304万トンを見込んでいる。このうち内麦によってまかなわれ

表①　昭和37、38年度小麦収穫量　農林省調

区分	作付面積	反当収量	収穫量	作況指数（平年比）	前年との比較			
					作付面積	反当収量	収穫量	
							前年との差	前年比
37年産	(641,400ha) 646,700町歩	252kg	1,630,000 t	106%	99%	93%	△ 152,000 t	91%
38年産	(583,700ha) 588,600町歩	122kg	715,500 t	49%	91%	48%	△ 916,000 t	44%

表②　昭和35～38年の小麦輸入状況　大蔵省税関局調（単位　数量＝トン、金額＝千円）

月別	35年	36年	37年		38年		Ⓑ／Ⓐ	Ⓓ／Ⓒ
	数量	数量	数量 Ⓐ	金額 Ⓒ	数量 Ⓑ	金額 Ⓓ		
1月	176,686	157,940	243,073	6,192,994	152,110	3,806,376	62.5%	61.4%
2	133,784	220,591	193,748	4,931,769	163,274	4,277,848	84.2	86.7
3	293,687	216,543	144,522	3,766,505	224,434	5,641,732	155.2	149.7
4	163,743	236,822	201,377	5,195,410	275,561	6,970,917	136.8	134.1
5	270,817	184,237	255,846	6,549,679	264,139	6,650,487	103.2	101.5
6	166,779	235,758	248,108	6,291,345	207,147	5,234,653	83.4	83.2
7	288,513	284,434	223,998	5,553,827	329,768	7,984,505	147.2	143.7
8	280,496	299,473	272,884	6,921,224	351,693	7,917,519	128.8	114.3
9	275,522	200,708	235,030	5,893,997	309,347	7,596,328	131.6	128.8
10	266,630	221,564	292,603	6,196,826	346,008	8,554,484	118.2	138.0
11	192,882	220,721	148,787	3,791,374	289,983	7,010,227	194.8	184.8
12	168,437	221,244	152,250	3,849,696	264,997	6,622,336	174.0	172.0
計	2,677,974	2,630,977	2,562,226	65,134,646	3,178,461	68,267,412	124.0	104.8

1964年(昭和39年) 2月号より

値上げでスタートした製粉業界の現状と問題点

市場の混乱防止に充分な配慮が必要

製粉各社は1月1日から平均37%の小麦粉値上げを実施した。今回の値上げは昨年12月1日から政府が小麦の売渡し価格を平均35%値上げしたのに伴なうものだが，値上げでスタートした今年の製粉業界には包装資材の手当て難，配送難などの問題が二次加工業界も含めておこっており今年の小麦粉生産予測は極めて見通し難の状況にある。ここ10数年来の製粉企業は安定した原料供給とコスト見通しの上に平静のうちに推移してきたが今年は難問が山積して一転して厳しい環境におかれることになりそうである。

政府の小麦新売渡し価格平均35%アップ

昨年11月29日，食糧庁は小麦の新売渡し価格を表①，②の通り各食糧事務所長あてに12月1日から実施する旨通達した。政府所有小麦の新売渡し価格は平均で35%アップ。うち国内産小麦は普通小麦（正味60kg俵一包装）二類二等で38.3%アップ，外国産小麦は33～35.5%（デュラムは57～59%）アップといずれもこれまでにない大巾な値上げとなった。

これに伴ない製粉各社も12月6日の日東製粉を皮切りに昭和産業，日清製粉，日本製粉などが相次いで「平均37%の1月1日値上げ実施」を特約店筋に通知した。

小麦粉の等級別値上げ巾（メーカー出し値）は1等粉で630円，2等粉で570円，3等粉で370円（いずれも25kg一袋当り）である。

戦後最大といわれる大巾値上げとなっただけに，その影響は特に二次加工品の価格にはねかえるのは必至であり，全体の小麦粉需要量にどのような変化が出るか注目される。

メーカーの最大関心事，二次加工品の需給動向

今年の製粉各社の生産見通しはエネルギーカット問題などがからみ難しいが現在のところ原料面での不安はない。昨年末時点で玄麦は3月積み（6月需要分）まで手当てされており，食糧庁も1ー

表①　国内産小麦の政府売渡価格　食糧庁調

種類	銘柄	等級別価格			
		1等	2等	3等	等外上
		円	円	円	円
普通小麦（正味60キログラム俵一包装につき）	第一類	2,660	2,635	2,545	2,364
	第二類	2,645	2,620	2,530	2,349
強力小麦（正味60キログラム俵一包装につき）	伊賀筑後オレゴン	2,735	2,710	2,620	2,439
	眞坊主，農林二七号，ハルヒカリ	2,685	2,660	2,570	2,389
	農林六七号，アオバコムギ	2,645	2,620	2,530	2,349
普通小麦（正味30kg紙袋入りのもの一包装につき）	第一類	1,325	1,312	1,267	1,177
	第二類	1,317	1,305	1,260	1,169
強力小麦（正味30kg紙袋入りのもの一包装につき）	伊賀筑後オレゴン	1,362	1,350	1,305	1,214
	眞坊主，農林二七号，ハルヒカリ	1,337	1,325	1,280	1,189
	農林六七号，アオバコムギ	1,317	1,305	1,260	1,169

表②　外国産小麦の政府売渡価格
（正味100kgにつき大型Dの麻袋込）　食糧庁調

産地銘柄	価格	旧価格対比
	円	%
アメリカ産ウエスタン・ホワイト	4,649	135.1
アメリカ産ソフト・ホワイト		
アメリカ産(ダーク)・ハードウインター(13.0%のもの)	4,757	134.1
アメリカ産(ダーク)・ハード・ウインター(セミハード)	4,695	134.7
アメリカ産(ダーク)・ハード・ウインター（オーデイナリー）	4,642	135.2
アメリカ産(ダーク)・ノーザン・スプリング	4,788	133.8
No. 1カナダ産ウエスタン・レッド・スプリング（13.5%のもの）	4,872	133.0
オーストラリア・ビクトリア産（SOFT）	4,649	135.1
オーストラリア・ビクトリア産（F. A. Q）	4,634	135.3
オーストラリア・ウエスタン産（F. A. Q）	4,618	135.5
オーストラリア・ニューサウス・ウエルズ産（F.A.Q）	4,631	135.3
オーストラリア産・プライム・ハード（13.0%のもの）	4,722	134.4
アメリカ産ハード・アンバー・デユラム・ホイート	5,735	159.0
カナダ産アンバー・デユラム・ホイート	5,862	156.9

1974年(昭和49年）2月号より

食管と現実の歪みが交錯する製粉業界

製粉の地位低下に危機感募る

今年の製粉業界はフスマ価格の大幅な下落，パンを中心とした粉二次加工品の伸び悩み，マカスパ，ビスケットの製品輸入の増加，加えて内麦の増産など，これまでにない厳しい環境下にある。

製品需要の停滞とともに食管制度の歪みが，メーカーの背に大きくのしかかってきた。つまり，食品業界の中で製粉の相対的地位が年々低下するとの危機感でもある。

生産者，製粉，粉２次業界の乖離が拡大

製粉業界にとっては食管制度そのものが経営の基盤となっており，農業政策の根幹であることからして，制度そのものを否定することはできない。しかし，今日の状況をみると生産者（政府・輸入），製粉業界，粉二次加工業界の利害は全く別のところにあり，業績が低下すればするほど，その関係は悪化していくものである。

特に今年は円高ドル安という絶好の輸入環境からして，製品輸入の動きは非常に活発化してこよう。事実，韓国からの手延そうめんの輸入が全乾麺（全国乾麺協同組合連合会）の総会でも緊急議題にのぼった。最近販売されたのは「高麗高級寒製手延素麺」（内容量300ｇ，小売248円）で西友で販売され，国内の産地ものに比べ40～50円方安い。

乾めんの輸入量は53～55年が1,000トン台で推移，ピーク時の54年には1,730トンに達していた。その後，56年，57年には100～200トン台に激減。58年にはＣＧＣが韓国産乾めんを発売し，705トンと再び増え，59年586トン，60年442トンと推移。その間，韓国では1983年９月には自由化政策の一環として小麦の自由化を実施，自由化を契機に粉２次製品の輸出の動きが注目されていた。

今年に入ってからの輸入量そのものは前年を下回り，品質的にもまだ国産品と差はあるものの，このところの円高や韓国の製粉メーカーがオーストラリア産のＡＳＷ（普通小麦）を積極的に購入しているとの情報もあり，本格的に乾めん攻勢をかけることも考えられる。日本の半分以下の原料価格で作られる韓国産乾めんが日本市場に攻勢をかけ，しかも同じ様な品質にレベルアップした場合は，スパゲティ業界と同じ様な結果になりかねないとの懸念が強い。

パスタの輸入は10年前にわずか757トンであったものが，昨年は実にその34倍の２万5,000トンを突破，その煽りを受けて国産ものは58年以降マイナス成長となっている。ただ，スパゲティの場合は生産が大手製粉メーカーに集中しており，自らも輸入品を取り扱うことで輸入攻勢に対応しているが，乾めんの場合は中小メーカーが多いだけに，対抗策として「食管制度を見直す運動を大々的に行ったら」という発言も出てくるわけだ。

表①　小麦の需給計画　食糧庁（単位：1,000トン）

会計年度	供給				需要				持越
	持越	買入		計	食糧用		飼料用	計	
		内麦	外麦		内麦	外麦			
昭和56年	1,328(269)	488	5,480(1,360)	7,296(1,629)	471	4,128	1,337	5,936	1,360(292)
57	1,360(292)	632	5,403(1,294)	7,395(1,586)	547	4,123	1,301	5,971	1,424(285)
58	1,424(285)	599	5,506(1,335)	7,529(1,620)	626	4,098	1,320	6,044	1,485(300)
59	1,485(300)	652	5,508(1,301)	7,645(1,601)	632	4,131	1,315	6,078	1,567(286)
60(見込)	1,567(286)	777	5,179(1,212)	7,523(1,498)	698	4,088	1,240	6,026	1,497(258)
61(計画)	1,497(258)	690	5,407(1,362)	7,594(1,620)	727	4,053	1,340	6,120	1,474(280)

注）1. カッコ内は飼料用で内数　2. 食糧用とは，主食用と固有用途用（しょう油等）の合計

1986年（昭和61年）５月号より

内外環境変化する製粉業界

人手不足～物流経費増で粉価改訂も検討課題

製粉業界は内外価格差解消と流通・配送経費等によるコストアップを別個の問題と捉え，緊急措置として粉価改訂を考えるべきときにきている。管理下の消費者麦価に対応した粉価と企業経営からみた粉価を同一にみることはできないからである。

経費増と粉流通の健全な育成という面から，粉価というものを見直すことも必要だ。

深刻化する物流経費増

製粉業界にとって眼下の問題は，他の業界が同様に抱える配送経費の上昇に伴うコストアップだ。

構造的な問題に発展した人手不足，これは輸送，荷役労働者の求人難，さらに賃金の大幅アップを招き，それに対応せねばならぬ企業の収益を圧迫している。特に，小麦粉卸業界にとってはより深刻な問題とされ，配送業務の人員確保すら困難となってきている。

それに加えて，好景気の恩恵を受ける業界とは異なり，食品業界は恩恵からはみ出した業界であり，需要の伸び悩み，配送の小口化，交通事情の悪化からメーカー，卸とも採算が悪化，物流経費増を主因とする価格改訂を実施する方向にある。

粉二次加工業界でも即席めんが袋物で10円，カップ物で15円の値上げ，乾めん，生めん，パン業界でも対応策を考えているようだ。現実に，中小のパン，ウインドベーカリー等では品種によって値上げしている商品もある。大手菓子メーカーでも価格改訂を検討，明治製菓では6月にスナック菓子，キャンデーの値上げを実施,秋にはチョコレート,ガム,ビスケットなどの製品も値上げする予定である。

ただ，製粉業界の場合，内外価格差解消のために値下げ運動を展開している背景があり，また輸入小麦粉調製品との関連もあって，値上げは逆効果になるとの見方もある。しかしそれならば，現在の物流問題に身を削って対処し，内外価格差の解消まで待つというなら，今世紀中は無理と覚悟をしなければなるまい。ただ，その間に食糧庁側が物流費の上昇を織り込み，大幅な売渡麦価引き下げを実施するとの保証があれば，それなりに対応することもありうる。残念ながらその可能性はない。以前のフスマの値下がりを考慮した時は，円高差益もあったからで，今年は逆に予算上の為替差損が拡大，来年

表①　小麦の需給計画　食糧庁（単位：千トン）

会計年度	供給				需要				持越
	持越	買入		計	食糧用		飼料用	計	
		内麦	外麦		内麦	外麦			
1985年	1,567(286)	777	5,149(1,181)	7,493(1,467)	702	4,077	1,184	5,963	1,530(283)
86	1,530(283)	774	5,134(1,142)	7,438(1,425)	772	4,038	1,158	5,968	1,470(267)
87	1,470(267)	742	5,047(1,110)	7,259(1,377)	753	3,956	1,146	5,855	1,404(231)
88	1,404(231)	895	5,117(1,188)	7,414(1,419)	769	3,908	1,173	5,850	1,564(246)
89実行	1,564(246)	813	5,081(1,203)	7,458(1,449)	857	3,888	1,200	5,945	1,513(249)
89計画	1,514(250)	940	5,293(1,321)	7,747(1,571)	874	3,967	1,300	6,141	1,616(271)

注）1. カッコ内は飼料用で内数　2. 食糧用と固有用途用（しょう油等）の合計

表②　食糧用小麦需要計画　食糧庁調（単位：千トン）

需給／種別	1989年度実行見込							90年計画						
	供給			需要			期末在庫	供給			需要			期末在庫
	期首持越	買入	計	主食用	固有用途	計		期首持越	買入	計	主食用	固有用途	計	
内麦	466	813	1,279	826	31	857	422	422	940	1,362	846	28	874	488
外麦	852	3,878	4,730	3,749	139	3,888	842	842	3,972	4,814	3,825	142	3,967	847
合計	1,318	4,691	6,009	4,575	170	4,745	1,264	1,264	4,912	6,176	4,671	170	4,841	1,335

注）1. 固有用途は醤油用等　2. 沖縄の需給数量を含む　3. 実行見込は予算作成時の数値

1990年（平成2年）5月号より

主食・準主食として成長続けたパン

ホームベーカリーが脅威の時代も

学校給食のメインがパンから米飯に移り，ホームベーカリーが出現するなど，さまざまな脅威にさらされながらも，食卓の主食・準主食として着実な成長を遂げてきたパン。平成を迎えるころには，それまでの試行錯誤が，空前のソフトパンブームとして結実する。

製パン用小麦粉，戦前の10倍以上に

昭和38年(1963年)の「酒類食品統計月報」3月号では，「パン業界の現状と問題点」と題した特集が組まれている。戦後の一時期，米の不足で急激に消費が増えたパン食は，米の豊作とともに消費者が米食を好むようになったことで，30年(55年)を頂点に34年(59年)まで漸減。35年(60年)からは再び増勢に転じ，37年(62年)までは漸増の傾向にある。戦前7万トン程度であった製パン用小麦粉は37年(62年)には10倍以上となり，当時では主食または準主食に変わってきているとの記載がある。パン全体では伸びる方向だが，その内部では大きな変化を生じ，パン業界の優劣を決するのはここ数年といわれており，業界は再編成期にあるとのことで，昭和25年(50年)には東京都内に1,600軒あったパンメーカーが，38年(63年)3月では800軒程度に半減。これは山崎製パン，第一屋製パン，船橋食品，明治パン，あけぼのパン，木村屋，中村屋，敷島製パン，神戸屋など大手業者の進出によって，街の中小ホームベーカリーが自家製造・自家販売から仕入品による販売に転換を余儀なくされたことを物語っていると綴られている。消費者が銘柄品を好むようになってきたことも見逃せない事実であるとし，スーパーマーケットの発展とともにスーパー店におけるパンの売り上げが増えつつあることは，今後さらにこの傾向に拍車をかけると述べられている。

学校給食パンの加工賃は安く

パン業界にとって学校給食パンの委託加工は加工賃が安くそう魅力のあるものではないが，定期的な操業のために引き受けている業者が多いとは，38年(63年)から令和にまで通じる問題である。さらに，「学校給食は1年365日のうち180日，すなわち1年の半数しか仕事がないわけであり，この点ではそう安定性のある仕事とはいえない」との記述は，給食でのパン食が平均で週1日程度となり，米飯が主流となった現在からみると，1年の半数「も」仕事があったと思わざるを得ない様相を呈している。

小麦粉は国家管理下に置かれ規制

原料面からパン業界をみると，主原料の小麦粉が政府の管理下におかれて輸入を規制されていることが痛いと記され，小麦粉が自由化されれば粉は今よ

表①　パンの年次別生産量

年別	生産量	前年比(%)
昭和30年(1955年)	794,750	92.3
31年(56年)	759,990	95.6
32年(57年)	718,718	94.6
33年(58年)	716,980	99.8
34年(59年)	707,938	98.7
35年(60年)	719,004	101.6
36年(61年)	788,194	109.6
37年(62年)	831,929	105.5

注）①単位＝小麦粉トン。
②算出基礎＝小麦粉一袋(22kg)あたりイースト450kg使用とし，イースト販売実績より換算。
③昭和30～36年は食糧庁調査，37年は日刊経済通信社調査。

りもずっと安く手に入ることとなり，パンの価格も値下げされて消費も増えるとされているとの記述がみられるが，原料高が続く現在，国家による貿易制度が保たれている小麦に対しては緊急措置や激変緩和措置が取られていることを鑑みるに，現代的な視点からみると，必ずしも自由化が値下げをもたらすわけではないことがわかる。

山崎製パン，市場の４分の１占める

昭和62年(87年)８月号では，「製パン業界，積極化する大手の攻勢」と題した製パン特集が組まれており，パンの総需要が依然低迷していると記されているが，大手製パン各社は業態開発を積極的に進め，付加価値の高い新型店やＣＶＳの出店など川下作戦を展開，地方や海外進出など販売エリアの拡大広域化を図るなど，水平垂直多角化の動きが一段と強まっていると指摘。60年(85年)商業統計からパンの商店数をみると60年のパン小売業の商店数は製造小売が9,165店で57年(82年)に比べ5.5％増加したのに対し，非製造小売は１万9,439店で25.9％減少。販売額では製造小売の16.3％増に対し，非製造小売は16％減となったことから，いわゆるリテールベーカリー（製造小売業)が台頭し，ホールセールベーカリー（製造卸業)が浸食されていることが考えられると結論づける。大手と中小メーカー別の生産量からみると，大手(パン工業会26社)のシェアが年々高まり，61年(86年)には大手が59％に対して，中小が41％となっており，中小は学給パンの比率が高く，学給パンの落ち込みが大きく響いているとする。時代が下って昭和も61年を過ぎているにもかかわらず，中小のメーカーは学給パンの動向に左右されていることがみてとれる。

61年度(86年度)には，トップの山崎製パンは関西ヤマザキとの合併により24.9％と市場の４分の１を占めるに至った。

ホームベーカリーが脅威に

62年(87年)の製パン特集では，冷凍パン生地への言及もみられる。冷凍パン生地は，生産面ではロスの低減，販売面では省人，省力化のメリットがあり，需要面でもクロワッサンなど欧風パンのニーズが高まっていることから，大手製パンメーカーでも積極的に取り上げており，ヤマザキのヴィ・ド・フランスをはじめ冷凍生地を使用したチェーン展開も急速に進んでいることを紹介。冷凍生地化は家庭市場にも広がり，大手各社は相次いで冷凍(半焼き)パンを発売。現状では，浸透度はいまひとつだが，電気オーブンの普及率から今後の市場性はあるものと書かれているが，令和になっても焼成後冷凍パンの家庭への浸透はいまひとつとの印象をぬぐえない。

表②　昭和60年(1985年)商業統計によるパンの商店数

通産省調

分類	商店数		従業者数		年間販売額		売場面積	
	店	60/57	人	60/57	百万円	60/57	㎡	60/57
菓子・パン卸売業	8,871	▲5.5	71,661	▲1.7	3,521,868	7.4	—	—
菓子・パン小売業	150,416	▲14.5	373,531	▲7.6	2,477,527	▲3.9	4,071,802	▲13.2
パン(製造)	9,165	5.5	50,408	12.9	299,140	16.3	312,367	6.9
パン(非製造)	19,439	▲25.9	41,124	▲21.4	332,753	▲16.0	524,203	▲24.2

表③　パンの大手・中小企業別生産量の推移

食糧庁調(単位：小麦粉使用トン，％)

区分	種類別	食パン		菓子パン		その他パン		学給パン		合計	
	年	数量	シェア	数量	シェア	数量	シェア	数量	シェア	数量	シェア
大手企業	55	413,918	60.3	151,760	53.2	48,335	54.4	5,852	4.6	619,865	52.1
	57	420,829	61.1	154,278	54.0	58,182	57.7	4,204	3.6	637,493	53.5
	59	433,214	63.7	162,625	56.3	81,737	65.7	3,987	3.6	681,563	56.7
	61	422,599	65.2	171,067	58.2	96,995	69.1	3,366	3.6	694,027	59.0
中小企業	55	272,717	39.7	133,411	46.8	40,597	45.6	122,703	95.4	569,428	47.9
	57	268,111	38.9	131,408	46.0	42,668	42.3	112,609	96.4	554,796	46.5
	59	246,506	36.3	126,417	43.7	42,765	34.3	105,474	96.4	521,162	43.3
	61	225,669	34.8	122,975	41.8	43,275	30.9	89,754	96.4	481,673	41.0

パン業界にとって脅威となっているのが,「自動パン焼き機」(ホームベーカリー)の出現とあり, 発売当初から人気を呼び品切れ状態が続いたとある。現在に至るまで, たびたびホームベーカリーブームはみられるが, 62年(87年)の段階では, 関西方面の食パン需要に影響しているとの声も聞かれるとのことなので, 相当な売れ行きだったのだろう。

平成に入り,「ソフトシリーズ」大ヒット

平成2年(1990年)8月号では, 前年に「ソフトシリーズ」がヒットしたパン業界の様相を伝えている。特集タイトルは「需要拡大3年目迎えたパン業界」とつけられており, 平成元年(89年)に山崎製パンが発売したソフトタイプの食パン「ダブルソフト」(200円)が消費者ニーズに合致し, 5～12月で約120億円を売り上げる大ヒットとなったことを伝える。2年(90年)に入っても「ダブルソフト」の売れ行きは好調で, 食パンの3割弱を占める程度にまで成長。1～3月で売上高50億円を計上している。パン業界は, 前年のソフトブームを引き継いで, 食パン, 菓子パンなど全般にソフト化が浸透, 需要拡大の基盤を構築していると概観。敷島製パン, 第一屋製パンなど, パン, 和・洋菓子類の製造販売から, 多角化, 新規分野へと事業を拡大する大手メーカーの動きも出てきたと分析。山崎製パンが先行しているが, 新規事業で収益をアップさせる動きが, 大手メーカーを中心にますます広がると予想している。

(川田岳郎)

パン業界の現状と問題点

パン食は青少年層を中心に根強い地盤を確保し頭打ちといわれながらもここ10年間で30%伸びているが今後はどうか？

戦後の一時期米の不足で急激に消費が増えたパン食は、米の豊作とともに消費者がまた米食を好むようになったことも原因して30年を頂点にその後34年まで漸減した。しかし、35年から再び増勢に転じ、昨37年までは別表の通り漸増の傾向をたどっている。戦前7万トン程度であった製パン用小麦粉は昨年には10倍以上に増え、間食的であったものが、今日では主食または準主食に変ってきている。これは学校給食等でパン食が青少年層を中心に根強い地盤を確保、頭打ちといわれながらもここに10年間で約30%伸びているのである。昨年の推定生産量を見ると前年比5.5%増え、大都会とその衛星県の伸びが大きい。（別表・府県別生産量参照）

再編成期にあるパン業界

パン全体では伸びる方向にあるが、その内部では大きな変化を生じ、パン業界の優劣を決するのはここ数年といわれている時だけに、業界は再編成期にあるといえよう。昭和25年には東京都内に 1,600軒あったパンメーカーが、38年3月現在では800軒程度に半減してしまった（全国のパンメーカー数は約8,000軒)。これは山崎製パン、第一屋製パン、船橋食品、明治パン、あけぼのパン、木村屋、中村屋、敷島製パン、神戸屋など大手業者の進出（中小メーカーの吸収・合併、生産能力の増強、販路拡張など）によって、街の中小ホームベーカリーが自家製造・自家販売から仕入品による販売に転換を余儀なくされたことを物語っている。そしてその裏面では、消費者が銘柄品を好むようになってきたことも見逃せない事実である。またスーパーマーケットの発展とともにスーパー店におけるパンの売上げが増えつつあることは、今後さらにこの傾向に拍車をかけることとなろう。

伸びる大手業者

このように大手業者のシェアーは次第に上昇、今日では都内の食パンの40%を占めているといわれ、さらにシェアー拡大を目指して数年のうちには都内の食パンの80%近くが大手業者の手に帰すと予想されている。とにかく大手業者はここ数年毎年30～50%の売上げ増を記録、今後も年20%程度の増加が見込まれている。

しかし、大手業者にも問題はある。それはパンという商品の性質、とくに〝新鮮さ〃が要求されることである。この点は包装によってある程度カバーできるが、それにしても工場の地理的条件と輸送面との制約が問題となる。この他、甘味・形体等に対する消費者の嗜好性も強いので、1本（3斤）の食パンを1斤づつ切ってもらって買う習慣も無視できない。これは逆にいえば、そこにこそ中小メーカが自分の店の特徴を出してゆくことで存続してゆける条件でもあるのだ。

以下、大手業者を中心としたパン業界の動向を探ってみた。

山崎製パン，業界のトップへ

山崎製パン 昭和23年創業、資本金2億4,000万円（3月15日に倍額強の増資を発表、新資本金を5億円とする)。日産小麦粉処理能力は市川1,000袋（1袋22kg)、両国150袋、杉並1,200袋のほか傍系の横浜工場（旧ミリオンパン）150袋と板橋の喜多パン700袋を合せて3,200袋である。そして現在都下北多摩郡久留米町に新工場を建設中で、第1期

表1　パンの年次別生産量

年　別	生　産　量	前　年　比
30　年	794,750	92.3%
31　年	759,990	95.6
32　年	718,718	94.6
33　年	716,980	99.8
34　年	707,938	98.7
35　年	719,004	101.6
36　年	788,194	109.6
37　年	831,929	105.5

注）① 単位＝小麦粉トン。
② 算出基礎＝小麦粉一袋（22kg）当りイースト450kg使用とし、イースト販売実績より換算。
③ 30～36年は食糧庁調査、37年は日刊経済通信社調査。

1963年（昭和38年）3月号より

製パン業界，積極化する大手の攻勢

目立つ小売店業態開発，エリア広域化にも注力

(パ)ンの総需要が依然低迷している。その中で大手製パン各社は業態開発を積極的に進め，付加価値の高い新型店やＣＶＳの出店など川下作戦を展開，さらに地方や海外進出など販売エリアの拡大広域化を図るなど，水平垂直多角化の動きが一段と強まっている。

減少～横ばい傾向脱却できず

(パ)ンの生産量は56年の121万1,062トン（原料小麦粉使用量）をピークに減少傾向にあり，昨61年は117万5,700トンとなった。しかし，この落ち込みは米飯給食の普及による学給パンの落ち込み（前年比7.6％減）が響いたもので，学給パンを除く市販パンの生産量は108万2,580トン，前年比0.5％増とわずかながら回復した。

特に7月以降，学給パンを含めても前年を上回るペースで推移したため，パンの需要も底を打ったかに見えた。

ところが，今年に入り1～6月累計で60万1,717トン，前年同期比0.4％減と依然低迷が続き，消費ベースでみてもパンの家計支出金額は1～5月累計で1万133円，前年同期比1.7％減となっている。7月は昨年は冷夏に救われたが，今年は猛暑によりパンの消費はダウンしたものとみられる。

問題は9月以降の秋需から年末にかけて回復するかどうかにかかっている。大手メーカー各社は，新製品やキャンペーンなどで積極策に出るものと思われるが，パンの総需要は今年も横ばいにとどまる見通しである。（表①，②，④）

表①　パンの年次別生産量の推移　食糧庁調（単位：原料小麦粉使用トン，％）

種別／月別	食パン		菓子パン		その他パン		学給パン		合計	
	数量	前年比	数量	前年比	数量	前年比	数量	前年比	数量	前年比
昭和55年	686,635	103.1	285,171	100.6	88,932	109.6	128,555	93.9	1,189,293	101.8
56	703,279	102.4	293,995	103.1	91,190	102.5	122,598	95.4	1,211,062	101.8
57	688,940	98.0	285,686	97.2	100,850	110.6	116,813	95.3	1,192,289	98.4
58	682,248	99.0	288,245	100.9	111,556	110.6	111,670	95.9	1,193,719	100.1
59	679,720	99.6	289,042	100.3	124,502	111.6	109,461	98.0	1,202,725	100.8
60	652,518	96.0	291,097	100.7	133,169	107.0	100,810	92.1	1,177,594	97.9
61	648,268	99.3	294,042	101.0	140,270	105.3	93,120	92.4	1,175,700	99.8
62（見込）	642,500	99.1	299,500	101.9	148,000	105.5	86,000	91.3	1,175,000	99.9

注）1．年度は1～12月　2．62年見込は日刊経済通信社推定

表②　パンの月別生産量　食糧庁調（単位：原料小麦粉使用トン，％）

種別／月別	食パン		菓子パン		その他パン		学給パン		合計	
	数量	前年比	数量	前年比	数量	前年比	数量	前年比	数量	前年比
61年1月	49,084	97.8	21,438	100.6	10,779	107.2	7,995	95.9	89,296	99.3
2	53,026	99.5	22,954	99.9	11,001	105.9	10,071	94.1	97,052	99.7
3	59,838	99.2	25,188	99.6	12,390	102.5	6,316	93.4	103,732	99.3
4	59,402	99.7	25,549	100.4	12,176	103.3	6,777	93.4	103,904	99.8
5	58,314	98.8	26,372	100.7	12,288	105.1	9,951	93.8	106,925	99.5
6	55,236	99.4	25,947	98.9	11,643	104.4	10,237	90.7	103,063	98.9
7	54,476	100.4	25,952	101.3	12,260	107.3	6,576	93.2	99,264	100.9
8	50,571	100.0	23,378	100.6	11,457	107.2	434	75.5	85,840	100.9
9	50,566	99.0	23,971	100.2	11,067	105.1	8,471	99.8	94,075	100.1
10	53,373	100.0	25,257	101.9	11,873	107.0	10,086	90.9	100,589	100.2
11	51,649	99.5	23,934	102.5	11,299	104.4	8,433	80.6	95,315	98.7
12	52,733	98.8	24,102	106.2	12,037	105.3	7,773	95.0	96,645	101.0
62年1月	47,947	97.7	21,738	101.4	11,045	102.5	6,691	83.7	87,421	97.9
2	51,070	96.3	23,370	101.8	11,384	103.5	8,906	88.4	94,730	97.6
3	59,019	98.6	26,327	104.5	13,178	106.4	6,018	95.3	104,542	100.8
4	59,471	100.1	26,131	102.3	12,805	105.2	6,356	93.8	104,763	100.8
5	59,057	101.3	26,658	101.1	12,760	103.8	8,051	80.9	106,526	99.6
6	55,449	100.4	25,846	99.6	12,676	108.9	9,764	95.4	103,735	100.7

1987年（昭和62年）8月号より

需要拡大3年目迎えたパン業界

秒読み段階に入った製品値上げ

パン業界は，昨年「ソフトシリーズ」がヒット，今年もその勢いを持続して需要は拡大の方向に転じ始めた。一方で，人件費・流通経費など諸経費の高騰は依然解消されず，加えてイーストが値上げされたことにより，いよいよパンの値上げも秒読みに入ってきた。また，収益改善として，新規事業にも乗り出すメーカーの動きが目立ってきた。

需要増に寄与したソフト系

パンの生産量は1981年の121万1,062トン（原料小麦粉使用ベース）をピークに減少していたが，88年の生産量118万994トン（前年同期比0.5％増）以降，徐々に回復，89年も118万7,570トン（同0.6％増）と増加した（表①，②）。

昨年は，全体に1～2月が自粛ムードの中で低調，春先までそのあおりを受けたが，各メーカーが新製品を投入。食パンでは特に山崎製パンの「ダブルソフト」がヒット。これを口火にソフト系が注目を集め，各社ソフト系の商品を開発，消費者にも受け入れられて全体の需要を高めた。生産ベースで1～4月が前年比2.7％減に対し，5～12月は同2.9％増，9～12月では3.3％増となったのは，ソフト系によって食パンの需要が掘り起こされたものである。

菓子パンは，6月に主原料である小麦粉価格引き下げに伴い，標準菓子パン（あんパン，ジャムパンなど）を2円値下げするなど苦しい展開をみせたが，通年ではここ数年の好調機運を持続。特に秋口以降は，食パンの需要増が菓子パンにも好影響して，10～12月で前年比2.8％増，12月には同3.7％増にまで伸ばした。

89年1～12月累計の品種別生産量は，食パン66万2,521トン（同1.0％増），菓子パン31万275トン（同1.2％増），その他パン14万3,572トン（同1.6％増）と，学給パン（7万1,202トン，同7.6％減）を除いて概ね順調。

また，家計調査からみると，89年1～12月の全国1世帯当たりのパン（食パン，菓子パン，その他パン）の消費支出金額は2万5,549円（同1.8％増）と上昇機運を示した（表④）。

ところで，ここ数年続いていたパン総生産量の落ち込みは，学給パンが，米飯給食の普及から減産に追い込まれているところによる影響が大きい。学給パンを除いた市販パンのみの生産量は81年（ピーク時）以降，82年と85年にこそ前年割れ実績となったものの，その都度回復に転じ，88年はついに110万トン台に乗っている。実は，ピークの81年でも食パン，菓子パン，その他パンの計では108万8,464トンと110万トンに満たず，3品種に限れば既に“パンの回復”という段階は経過した，という見方もできるのである。ちなみに，同計で81年実績を越えたのは87年からのこと。

今年もスタートは順調

今年第1四半期（1～3月）でみると，前述のとおり前年実績が芳しくなかったこともあり，1月2.8％増，2月2.5％増，3月1.1％増（前年同月比）と推移。トータルで29万2,234トン，前年同期

表①　パンの年次別生産量の推移　食糧庁調（単位：原料小麦粉使用トン，％）

種別／年別	食パン 数量	食パン 前年比	菓子パン 数量	菓子パン 前年比	その他パン 数量	その他パン 前年比	学給パン 数量	学給パン 前年比	合計 数量	合計 前年比
1984年	679,720	99.6	289,042	100.3	124,502	111.6	109,461	98.0	1,202,725	100.8
85	652,518	99.0	291,097	100.7	133,169	107.0	100,810	92.1	1,177,594	97.9
86	648,268	99.3	294,042	101.0	140,270	105.3	93,120	92.4	1,175,700	99.8
87	651,106	100.4	299,417	101.8	140,669	100.3	84,284	90.5	1,175,476	100.0
88	656,012	100.8	306,638	102.4	141,270	100.4	77,074	91.4	1,180,994	100.5
89	662,521	101.0	310,275	101.2	143,572	101.6	71,202	92.4	1,187,570	100.6
90（見込）	673,800	101.7	321,100	103.5	147,400	102.7	66,000	92.7	1,208,300	101.7

注）1．年度は1～12月　2．90年見込は日刊経済通信社推定

1990年（平成2年）8月号より

主食化への道を歩んだホットケーキミックス

「朝食」「おかし」の域からは抜け出せず

昭和30年代（1950～60年代），年成長率30～40%と驚異的な伸びを示したホットケーキミックス。家庭用プレミックスは，電子レンジや自動製パン器など新たな家電による需要にも支えられながら，食の楽しさをもたらしてきた。ケーキミックスは主食化への期待も背負っていた一方，年を追うごとに家庭用プレミックスの伸び率は鈍化し，プレミックスの消費拡大のためには，ホームクッキングの風潮を啓発することが先決との意見も聞かれるようになる。時代が求めたプレミックスとは，どのようなものだったのだろうか。

“ケーキミックス時代”も夢ではない？

昭和37年（1962年）の「酒類食品統計月報」11月号では，「新局面に入ったホットケーキミックス」と題した特集が組まれている。ホットケーキミックス類の37年の生産量は１万6,000トン台に達するものと推定され，32年（57年）には3,400トン台だったものが，35年には8,500トン，36年１万2,000トン，37年１万6,000トンと，年間30～40%の驚異的な増加率が示されている。翌年の38年（58年）には２万トン突破が見込まれるとされている。一方，アメリカではケーキミックスが主食化しているのに比べ，日本ではまだ「おやつ」の域を出しいないとされ，一時増えたパン食も，米の豊作を反映してまた米食中心となり，パンの生産量は停滞気味であると指摘している。最近は我が国でも家庭電化の普及と主婦のレジャー利用もあって，ケーキミックスの需要は増えてきており，7，8人分100円（１人分12～13円）はそう安いものではないが，パン１個15円に比べて，手間は別としても，見た目のおいしさ，栄養面からして，近い将来の“ケーキミックス時代”も決して夢ではないと結論づける。

アメリカと日本の普及率は，業者の話によるとアメリカで80%程度が主食化，日本では地方は１%も危ういが，六大都市では３～４%とみられているとし，消費者が使い方を知らないということもあり，ＰＲの必要が痛感されると述べる。しかし，令和に入っても，ホットケーキが主食として食べられているかに関しては，一部には休日の朝食として食べられているとは言えそうであるが，米飯に代わる主食となり得ているかは疑わしい。あくまで，「おやつ」としての域に留まっているのではないか。

良質な原料小麦粉による割高感

37年（62年）の段階では，製品450 gで100円は高いから，安くしたら需要はまだ伸びるだろうとの声が多いが，メーカーでは「原料費から見ても100円がギリギリの採算点である」といっていると述べて

表①　年間推定生産量

（単位：トン）

年度	数量
昭和32年（1957年）	3,400
33年	5,200
34年	6,500
35年	8,500
36年	12,000
37年	16,000

表②　37年（62年）の社別推定生産量

（単位：トン）

社名	数量
森永製菓	3,700
ホーム食品	2,700
昭和産業	2,500
オリエンタル酵母	1,600
明治製菓	1,300
日新化工	1,200
三共（富士製粉）	1,000
その他	2,000
合計	16,000

いる。原料小麦粉は外国のウェスタン・ホワイト種という良質を使用するためこれが原価の80％を占めているとし，製粉会社側から思うような品種の原料手当てができないというハンデを負っていると指摘。製粉会社が国内の小麦粉需要が麺類等に増え，それに追われて，輸入に手間のかかるウェスタン・ホワイトのような品種を毛嫌いすることもあって，ホットケーキ業者の希望する原料小麦粉手当ては，なかなか思うようにはいかないことも製品が割高につく一因といわれていると要因を分析している。

伸び率が鈍化

37年(62年)から10年後，47年(72年)３月号では，「家庭用プレミックス業界，再出発の意欲増大　森永，日清両社，業界立て直しに積極的」との見出しで特集が組まれた。プレミックスは洋風食品，レジャー食品として脚光を浴びていたが，40年(65年)以降消費は頭打ちとなり，業界内の拡売意欲も低下気味であったが，業界のトップグループである森永製菓，日清製粉が先頭になって，業界の立て直しに着手，ようやくにして明るい話題が出てきたと述べる。

わが国ではプレミックスといってもその意味はほとんど理解されておらず，消費者に理解されているのはホットケーキミックスで，日本のプレミックスの95％（家庭用)強と総消費量の大半を占めていると指摘。欧米諸国ではホットケーキミックスの需要は少なく，パンミックス，種々のケーキ用ミックスが主体をなしているといわれるとの記述がある。日本では，米を主食の中心とし，麺類，最近ではパンが主食分野へ大きく普及しており，そうしたなかで，気候風土の関係もあるが(湿度が高い)調理技術の面では“煮る”（炊く，ゆでる等)ことを得意とし，“焼く”技術，習慣は極めて少ないので，ミックスの調理器具であるオーブンの普及は低く，その使用度はさらに低いとみられると記されている。37年(62年)には，年30～40％の成長率を記録したホットケーキミックスだが，40年(65年)以降の消費量は伸び悩んでおり，45年(70年)は対40年(65年)比で13％増，平均すると年間伸び率では微増であると語られている。現在からすると，５年で13％増とは驚異的な伸び率にも思えるが，当時は，ホットケーキを中心にした消費拡大にはプレミックス業界の限界が感じられるところでもあると記されるほどに苦境に立たされていたことがわかる。

ホームクッキングの風潮を醸成

ホットケーキミックスの消費形態はほとんど「おやつ」であり，次に「朝食」というパターンを持っているとし，ホットケーキミックスは独自のもつ“おいしさ”のほかに“調理する楽しさ”等が商品のもつ大きな生命となっているとの記述がみられる。おやつとしては，わが国には菓子の種類が多く，四季に応じた果実，飲料等も豊富で，ホットケーキの競合食品は数多く，ホットケーキは調理に手間がかかり，価格的にも割高で，消費拡大の大きな壁となっているとされる。

ミックスを調理する食習慣の少ないわが国では消費拡大の難しさがあるといえ，プレミックスの消費拡大をはかるには家庭における調理(ホームクッキング)の風潮を啓蒙することが先決であると指摘。従来はホットケーキミックスを中心に拡売を進めてきたが消費者のミックスを使った調理を啓蒙するには商品の多様化をはかり，消費者の調理意欲を高めることも大切とし，その意味では日清製粉，森永製菓の「パンケーキミックス」，日清製粉の「電子レンジ専用ミックス」がまだ少ない生産数量ではあるが，今後の柱商品となる可能性は大きいと述べる。

表③　主力メーカー別の生産数量

（単位：トン）

	40年(1965年)	41年	42年	43年	44年	45年	46年見込
森永製菓	5,700	6,200	6,300	6,700	6,200	6,800	7,000
日清製粉	4,000	4,400	4,400	4,500	4,800	5,800	5,500
小計	9,700	10,600	10,700	11,200	11,000	12,600	12,500
雪印アンデス食品	1,000	1,200	1,300	1,300	1,000	1,000	1,000
昭和産業	900	1,200	900	1,000	700	900	800
明治製菓	300	350	300	400	250	500	550
その他	600	800	1,150	1,000	900	300	350
合計	13,500	14,150	14,350	14,900	13,850	15,300	15,200

新たな家電が需要を呼び込む

62年(87年) 10月号では,「新時代商品が芽吹く家庭用プレミックス　成熟市場の中で,差別化商品の開発がカギ握る」との見出しが付けられている。秋需本番を迎えた家庭用プレミックスだが,ホットケーキ,天ぷら粉に次ぐ商品が育っておらず,過去10数年生産量にほとんど変化はないとの指摘がみられる一方,競合するファーストフード,惣菜等の著しい伸びからみると,むしろ横這い推移は大健闘といった分析がされている。

加糖の市場規模はおよそ100億円で,全体の80%弱をホットケーキが占めており,前年にはハウス“レンジグルメ”のヒットによる電子レンジ対応商品が話題をさらったとある。今秋は日清食品が“カップDEレンジ”で参入と,電子レンジ普及率が50%を超えたこともあり賑わいをみせているとの記述がみられる。また,“自動製パン器”についても触れられ,スイッチひとつで“焼きたてパン”が食べられるとあって評判はウナギ登りと評する。普及台数は62年(87年) 6月末時点で27～28万台とあり,9月末で75万台程度に達したとのこと。一時のような“入荷・即売”状態ではなくなり,店頭にならんでいるとしている。“パンの素”となるミックス粉を供給する各メーカー側も大きな期待を寄せているとされ,現状では各家電メーカーと組んだ日清が独走中であるとの記載がある。

同時期の製パン特集でも,パンの脅威になる恐れがあるとして家庭用自動製パン器を取り上げており,当時のブームの大きさがわかる。　(川田岳郎)

【特　集】

新局面に入ったホットケーキミックス

年成長率30～40％

ホットケーキミック類の今37年の生産量は16,000トン台に達するものと推定される。表①によると32年は3,400トン台であったものが、35年8,500トン、36年12,000トン37年16,000トンと年間30～40％の増加率を示している。そして明38年は20,000トン突破が見込まれる。なお37年生産量のうち日本ケーキミックス協会加入6社（森永製菓、ホーム食品、昭和産業、オリエンタル酵母、明治製菓、日新化工）が12,600トン、アウトサイダー3,000トンと推定されている。

まだ低い普及率

アメリカではケーキミックスが主食化しているのに比べ、日本ではまだ「おやつ」の域を出しいない一時増えたパン食も、米の農作をも反映してまた米食中心となり、パンの生産量は停滞気味である。これは勿論、食生活の構造から言っても当然のことであるが、最近はわが国でも家庭電化の普及と主婦のレジャー利用もあって、ケーキミックスの需要は増えてきている。7～8人分100円（1人分12～13円）はそう安いものではないが、パンの1個15円に比べて、手間は別としても、見た目の美味しさ、栄養面からして、近い将来の〝ケーキミックス時代〟も決して夢ではない。

それではアメリカと日本との普及率はどの程度であろうか。業者の話によるとアメリカで80％程度が主食化、日本では地方は1％も危いが、六大都市では3～4％程度とみられている。これは消費者が使い方を知らないということもあり、PRの必要が痛感される。

採算点ギリギリ

さて製品450gで100円は高いから、安くしたら需要はまだ伸びるだろうとの声が多い。しかし、メーカーでは「原料費から見ても100円がギリギリの採算点である」といっている。原料小麦粉は外国のウェスタン・ホワイト種という良質を使用するためこれが原価の80％を占めている。そして製粉会社側から思うような品種の原料手当てが出来ないというハンデを負っている。

これは製粉会社が国内の小麦粉需要が麺類等に増え、それに追われて、輸入に手間のかかるウェスタン・ホワイトのような品種を毛嫌いすることもあって、ホットケーキ業者の希望する原料小麦粉手当ては、なかなか思うようには行かないことも製品が割高につく一因ともいわれている。

原料高と自由化の挾み打ち

ホットケーキミックスは今年10月からの自由化予定品目であったが、業界の反対運動もあって来年4月頃に延期された。自由化になった場合の国産品への影響はどうであろうか。米国のハンツ、フィリスベリー、ゼネラル等の大手メーカーが未開拓の日本市場を見逃すわけはない。しかし米国品は日本人にとってフレーバが強過ぎるとか防湿包装に難があるなどの欠点が指摘されている。そこで、日本人の好みは日本人でなければ作れないとの強気の業者もいるが、どう関税障壁を高くしても、安価に豊富な原料をもつ輸入品には太刀打ち出来まいと見る向きが大方の意見である。このように国産ホットケーキミックス業界は〝原料高と自由化の挾み打ち〟に追い込まれているというのが現状である。

表①　年別推定生産量

年度		数量
昭和	32年	3,400トン
	33年	5,200
	34年	6,500
	35年	8,500
	36年	12,000
	37年	16,000

表③　37年の社別推定生産量

社名	数量
森永製菓	3,700トン
ホーム食品	2,700
昭和産業	2,500
オリエンタル酵母	1,600
明治製菓	1,300
日新化工	1,200
三共（富士製粉）	1,000
その他	2,000
合計	16,000

表③　ホットケーキミックスの原価計算（450g）
日刊経済通信社調

区分	原料配分率	原価
小麦粉	75％	30円
砂糖類	12	9
乳製品，油脂類	13	12
計	100	51
加工・包装費		5
メーカーマージン		7～10
合計		63～66

1962年（昭和37年）11月号より

Alcoholic beverage & Foods Industry Statistics Monthly Report

伊藤園
いつの日も、
僕のそばには
お茶がある。
お〜いお茶
心と身体、
ささえてくれる。
伊藤園
日本のお茶
お〜いお茶
緑茶
Oi Ocha
Unsweetened
Green Tea
RECORD HOLDER
世界でいちばん
飲まれた緑茶。
※記録名「最大の無糖緑茶飲料ブランド(最新年間売上)」
正式英語記録名:Largest unsweetened green tea RTD brand - retail, current
記録対象ブランド:「お〜いお茶」ブランド対象年度:2023年1月〜12月/「お〜いお茶」ほうじ茶製品を除く

もちっ
パスタは「麺」で、もっとおいしくなる!
「いつも」を「すごい!」にするパスタ。
オーマイ
PREMIUM
オーマイプレミアム
もちっと
おいしい
スパゲッティ
オーマイプレミアム「もちっとおいしいスパゲッティ」
nippn 株式会社ニップン https://www.nippn.co.jp

Tasting Nippon
シャトー・メルシャンは求め続ける。
日本独自の自然観と審美眼、
匠の手仕事から生まれる
調和のとれた日本庭園のようなワインを。
はじめに、ぶどうありき。
この国でしか育むことのできないぶどうを育み、
個性あふれるワインで、日本を表現していく。
四季折々の自然を、食を、文化を、
伝統を、革新を、そして、心を。
シャトー・メルシャン。
このワインは、日本を味わうために生まれた。
Tasting Japan.
At first, we should care for the grape quality.
Château Mercian is in constant pursuit of just one aim.
Grapes that can only be grown here in Japan.
To express Japan itself through wine
full of character of these grapes.
Nature as it cycles through the four seasons, food, culture. The affection for nature and aesthetic particular to Japan and the beauty that comes only from the hand of a skilled artisan, encapsulated in a wine as elegantly balanced as a Japanese garden.
Château Mercian.
Wines created to bring you
the taste of Japan.
Château Mercian
Mercian
城の平
桔梗ヶ原メルロー
椀子
STOP! 20歳未満飲酒
ストップ!20歳未満飲酒・飲酒運転。お酒は楽しく適量で。
妊娠中・授乳中の飲酒はやめましょう。のんだあとはリサイクル。
メルシャン株式会社
www.chateaumercian.com

内容品に合わせてケース高さを自動変更
自動高さ可変封函システム
Ranpak automation
Cut' it®
EVO
TOMOKU
supported by 日本製紙ユニテック
省人化や高騰する物流費に対して
様々なソリューションを提供
お問い合わせ先
株式会社トーモク　〒100-0005　東京都千代田区丸の内 3-4-2 新日石ビル
TEL：03-3215-0335 開発営業第二部　担当：今村

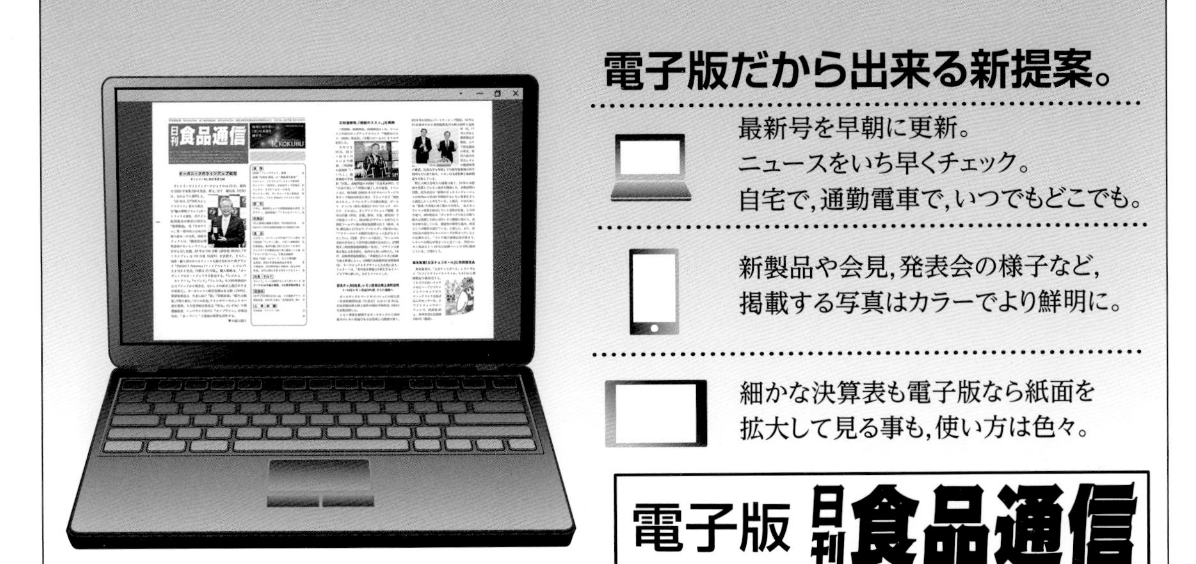
オフィスのPCで,移動中のスマートフォン,タブレットで。
電子版だから出来る新提案。
最新号を早朝に更新。
ニュースをいち早くチェック。
自宅で,通勤電車で,いつでもどこでも。
新製品や会見,発表会の様子など,
掲載する写真はカラーでより鮮明に。
細かな決算表も電子版なら紙面を
拡大して見る事も,使い方は色々。
電子版 日刊食品通信
半年：45,100円(税込)
㈱日刊経済通信社

「100年も先のことは、わからない」
なんて言うのはやめよう。
そう決めました。
サントリー
天然水の森
PROJECT.
サントリーの天然水は、森に降った雨が、
およそ20年かけて
森の大地でゆっくり濾過され、
ミネラル分を授かって
おいしくなった地下水。
健やかな森の力を借りて生まれます。
天然水を未来につなぐために、
森を元気にする。
それが私たちの大事な仕事になりました。
これからも、ずっとずっと
水と生きていけますように。
水と生きる SUNTORY
天然水の森
検索

Alcoholic beverage & Foods Industry
Statistics Monthly Report

家庭用
プレミックス業界,再出発の意欲増大

森永，日清両社，業界立て直しに積極的

欧米との食生活構造の差ひびく

（成）長食品として期待されていた家庭用プレミックス業界は，昨秋のシーズン入りとともに再出発を期した。

プレミックスは洋風食品，レジャー食品として脚光を浴びていたが，40年以降消費は頭打ちとなり，業界内の拡売意欲も低下気味であった。しかし，業界のトップグループである森永製菓，日清製粉が先頭になって，業界の立て直しに着手，ようやくにして明るい話題ができたようだ。

わが国ではプレミックスといってもその意味はほとんど理解されていない。消費者に理解されているのはホットケーキミックスで，日本のプレミックスの95%（家庭用）強と総消費量の大半を占めている。欧米諸国ではホットケーキミックスの需要は少なく，パンミックス，種々のケーキ用ミックスが主体をなしているといわれている。

もっとも，日本と欧米との食生活には大きな違いがある。欧米ではパン食が主食として取扱われており，調整技術にしてもホームベーキングの普及が高い。主食以外のおやつとしての分野でもミックスを取り入れたベーキングの習慣があり，プレミックスの調理度はきわめて高いといえる。

日本では，米を主食の中心とし，めん類，最近ではパンが主食分野へ大きく普及している。そうした中で，気候風土の関係もあるが（湿気が高い）調理技術の面では〝煮る〟（炊く，ゆでる等）ことを得意とし，〝焼く〟技術，習慣は極めて少くない。従ってミックスの調理器具であるオーブンの普及は低く，その使用度はさらに低いとみられる。

〈表1〉　プレミックスの年次別生産動向

	家庭用		業務用		合計	
	生産数量（トン）	前年比（%）	生産数量（トン）	前年比（%）	生産数量（トン）	前年比（%）
昭和35年	6,300	116.7	2,700	122.7	9,000	118.4
36年	7,400	117.5	3,500	129.6	10,900	121.1
37年	8,500	114.9	4,800	137.1	13,300	122.0
38年	10,000	117.6	5,500	114.6	15,500	116.5
39年	12,000	120.0	6,000	109.1	18,000	116.1
40年	13,500	112.5	7,000	116.7	20,500	113.9
41年	14,150	104.8	11,500	164.3	25,650	125.1
42年	14,350	101.4	15,800	127.0	28,950	112.9
43年	14,900	103.8	18,200	115.2	32,400	111.9
44年	13,850	92.0	20,360	111.9	34,210	105.6
45年	15,300	110.5	22,100	108.5	37,400	109.3
46年見込	15,200	99.3	25,000	113.1	40,200	107.5

注）1．同表は日刊経済通信社推定，2．年度は9～8月

ホットケーキミックス（家庭用）がわが国で最初に発売されたのは昭和6年頃ホーム食品からアメリカの食品として発売され，戦後は昭和23年オリエンタル酵母が出している。昭和32年には森永製菓，昭和産業，日新化工が現在あるホットケーキミックスを発売している。35年に6,300トン，40年に13,500トン，45年に15,300トンと総生産量は少くないが一応その成長率は目ざましいものとなってた。

しかし，40年以降の消費量は伸び悩みで，45年は対40年比で13%増，平均すると年間伸び率では微増である。どうやら，ホットケーキを中心にした消費拡大にはプレミックス業界の限界が感じられるところでもある。

ピンチを脱し再び消費拡大へ

（し）かし，消費の伸び悩みの中で業界に採算確保に乗り出し，消費拡大へ再出発を期した。

数年来の消費量の伸び悩みで業界は安売りによる乱売合戦を展開，各社は採算を無視する大変な過当競争へと突入した。成長食品と期待されながらも採算悪化で業界に大きなショックをあたえ，ハウス食品工業に続き森永ゼネラルミルズ，明治乳業等が次々に生販を中止した。その他にも数社が従来の拡売意欲を失いつつあり，業界は大きなピンチをむかえていた。ところが，トップメーカーである森永製菓が昨秋のシーズン入りから，ホットケーキミックスを品質，量目ともアップし，価格も20円アップの120円（小売）にした。これに続き，日清製粉，雪印アンデス食品，明治製菓も値上げに追随した。

主力各社の20円値上げへの意向は「シエアが多小減っても仕方ない」との堅い決意のもとに行われ，

1972年（昭和47年）3月号より

新時代商品が芽吹く家庭用プレミックス

成熟市場の中で，差別化商品の開発がカギ握る

(秋)需本番を迎えた家庭用プレミックス。ホットケーキ，天ぷら粉に次ぐ商品が育っておらず，過去10数年生産量にほとんど変化はない。

一般的に市場は飽和状態に入ったと言われるが，競合するファーストフード，惣菜等の著しい伸びからみると，むしろ横這い推移は大健闘とも言える。

以下，電子レンジ対応品，自動製パン器ミックスと新時代商品も登場してきた同業界をレポートしてみた。

健闘みせる無糖，加糖は再び苦戦

(61)年の家庭用プレミックス生産量は，加糖が2万5,643トン，前年比2.5％減，無糖は3万1,171トン，同0.8％増，合計で5万6,814トン，同0.7％減であった。無糖がかろうじて5年振りに前年実績をクリアしたものの，加糖は再び前年割れとなった。今年1～6月の生産量でも，無糖は1万4,833トン，3.4％増と健闘しているものの，加糖が9,811トン，1.0％減と苦戦している。

ここ数年の傾向をみても，既に市場は"成熟段階"に達したようで，加糖は57年の2万6,712トンをピークに，無糖は56年の3万2,491トンをピークに増減を繰り返している。

プレミックス全体に占める比率をみても，10年前は40％以上あったものが業務用に押され，60年に30％を割り，昨年は28.4％と減少の一途をたどっている。業務用は時代の流れに乗り，今後もかなりの伸びを示すとみられ，家庭用比率は更に減少していくだろう。

表①　家庭用プレミックスの生産量

日本プレミックス協会調(単位：トン，％)

年　次	加　糖	前年比	無　糖	前年比	計	前年比
55年	22,850	120.3	30,831	101.3	53,681	108.6
56	24,463	107.1	32,491	105.4	56,954	106.1
57	26,712	109.2	32,116	98.8	58,828	103.3
58	26,540	99.4	31,891	99.3	58,431	99.3
59	25,481	96.0	31,579	99.0	57,060	97.7
60	26,291	103.2	30,926	97.9	57,217	100.3
61	25,643	97.5	31,171	100.8	56,814	99.3
62(1～6月)	9,811	99.0	14,833	103.4	24,644	101.6

注）自動製パン器対応ミックスは含まれていない

加糖・無糖別市場動向

(で)は，加糖・無糖別に最近の動向をみてみよう。

☆　加　　糖

市場規模はおよそ100億円。全体の80％弱をホットケーキが占める。他は蒸しパン，ドーナツ，クレープ，パンケーキ，スポンジケーキ等。

昨年はハウス"レンジグルメ"のヒットによる電子レンジ対応商品が話題をさらった。製粉系でも日清が"ふっくら蒸しパン"，今春は鳥越が"ママのおはこ"と続き，今秋即席麺大手の日清食品が"カップＤＥレンジ"で参入と，電子レンジ普及率が50％を越えたこともあり賑わいをみせている。

他の新製品はスイートポテト等ライフサイクルが短く，昨年，今年と各メーカーの新製品投入はめっきり減り，秋需本番に突入してもかつてのような華々しさはなくなっている。

ホットケーキに関しては昨年，森永の戦略がズバリ的中。生産量も600トン増と好調。日清はレンジ対応品と既存品の食い合いで大幅減。ただし，今季はディズニーで上乗せ確実で数字を戻し，更に増加

1987年(昭和62年) 10月号より

昭和の即席麺，混沌の黎明期から3,000億円市場になるまで

高度成長で高まった簡便・時短ニーズにいち早く特化，国民食に

1958（昭和33）年８月25日，日清食品が「チキンラーメン」を発売。即席麺の歴史は幕を開けた。お湯をかけて２分間で食べられるこの商品は，「魔法のラーメン」と呼ばれ爆発的にヒット。以降あまたのメーカーが市場参入，市場は目覚ましい発展を遂げる。だが，その黎明期はメーカー増大による過当競争，公正競争規約による需要減退，相次ぐ倒産と混迷を極めた。本特集では，即席麺誕生～昭和末期までの即席麺市場にスポットを当て，混沌の黎明期から3,000億円市場になるまでの20余年を振り返る。

【1960（昭和35）】

「チキンラーメン」誕生，第一期黄金期到来

即席麺は1960～61年，1963～65年にかけて２度の黄金期を迎える。その間若干の起伏はあるものの需要が年ごとに急上昇。生産量は59年の5,100トン（12億6,000万円）から61年には10万トンに増加。翌62年，明星食品が初のスープ別添タイプ即席麺「支那筍入　明星ラーメン」を発売。新技術の開発が可能となり，消費者の圧倒的な支持を得て爆発的ヒット。即席麺に新たな潮流をもたらした。続いて東洋水産もスープ別添タイプに全面切り替えを行った。「日清焼そば」（日清食品），「長崎タンメン」（サンヨー食品）他社も新商品を続々発売した。

【1964（昭和39）】

新規メーカーが続々参入，過当競争に

1964（昭和39）年下半期以降，その勢いに翳りが見え始める。急激な需要増加で品不足に陥り，多くのメーカーが市場参入を図った。1965年生産実績は14万6,000トンで前年比37％増。メーカー数は360社にもなっていた。翌年には生産量20万トン・500億円市場となり，即席麺は国民食として確固たる地位を確立した。
しかし「即席ラーメン」と銘打つだけで売れる時代は終わりつつあった。拡張に次ぐ拡張と無軌道な過剰設備投資が需要をはるかに上回る増産を招き，過当競争は激化。市場の混乱を招いた。67年に登場し流行した麺重量100gの大判タイプも，安売り合戦で採算が摂れない状況だった。年商５億円以上の中堅メーカーの倒産も相次ぎ，生産高は急速に鈍化した。

この原因として挙げられるのは，66年４月から実施された公正競争規約の景品付特売規制，そして消費の急速な鈍化である。公正競争規約については，全国的に販売体制が確立することで大手メーカーにとっては販売経費の節約につながり，中小も大手の大がかりな特売の規制で自己ブランドの優位性が保たれ，双方に有利に動くとみられていた。しかし施策はメーカーの思惑とは大きく外れ，消費者の購買意欲は大きく低下した。

【1966（昭和41）】

市場安定化と需要回復へ

この状況を打開すべく，66年下半期から大手メーカーを中心に市場安定と需要回復にメスを入れるべく動き始めた。その方針として，価格体系の改善，流通パイプの再編成，不良製品の整理と嗜好にマッチした新製品の開発，ＰＲ戦術の再検討などを打ち立てた。価格については，中小企業団体法に基づいた業界統制，生産・設備制限と並行した適正売価の調整を行うべく，1968（昭和43）年７月「全日本即席麺中小企業団体連合会」が発足。大手メーカーが所属する日本ラーメン工業協会（現：日本即席食品

工業協会）も，足並みを揃えることを表明。業界を上げて適正価格の維持の推進に取り組むこととなった。大手を中心に値上げ政策を遂行，68～69年にかけて３度にわたる値上げを実施。中小もこれに続き，市場回復と業界安定に努めた。その結果，メーカー仕切り価格が約20%アップ。また，協会が出荷数を制限し，在庫調整のための生産制限を実施した。メーカーは協会に毎月生産報告をすると同時に，100%JASの受検を義務付け価格の安定を図った。これにより，問屋の過剰在庫による値崩れを防いだ。販促に関しては，値引きを期間限定にし，POPコンクールや大陳コンテスト，チラシ配布によるサンプリングなどを実施して回転促進を狙った。

また，この頃には大手５社の寡占市場となっていた。即席麺市場は寡占業界と言われて久しいが，70年代初頭にはすでに大手５社（日清食品・東洋水産・サンヨー食品・明星食品・エースコック）がシェア８割以上を占めていた。その理由は1960年代半ばの過当競争期に中堅メーカー以下が続々と倒産・撤退。資金力のある大手メーカーが新製品の開発に取り組み市場を拡大した。ここに66～70年度大手５社の売上高・シェア率の表を掲載する（表②）。大手５社の占有率は約80%を占め，中堅メーカーを含めた上位15社で90%以上のシェアを独占。中堅メーカーまで現在とほぼ同じ顔ぶれが揃っている。

大手５社は潤沢な資金力を元手に，さらなる高品質化・ラインアップ増強に取り組んだ。

62年，スープ別添タイプの発売を契機に，バラエティーは一気に多様化。小麦粉・でんぷんの品質改良，マイクロ波乾燥などの新技術も加わり，高品質化が進んでいった。1966年発売の「サッポロ一番」は，ガーリックをきかせた新しい味で，乾燥ネギを加えた新しい工夫がなされていた。同年発売の「明星チャルメラ」（明星食品）がホタテ貝の味をベースに「木の実のスパイス」を別添。1968（昭和43）年「出前一丁」（日清食品）はごま油ラー油付きで，袋麺のバリエーション増と高品質化が進んだ。

さらに即席麺の技術革新は続く。1968年（昭和43年），明星食品の子会社だったダイヤ食品が，初のノンフライ即席麺「サッポロ柳めん」を発売。1969（昭和44年）に入ると，明星食品，日清食品，サンヨー食品もそれに続いた。食感がよくスープ本来の味を楽しめるノンフライ麺は一躍ブームとなった。

【1971（昭和46）】

カップ麺の登場，即席麺はさらなる飛躍へ

70年以降，ノンフライ麺ブームも一巡し，市場には再び沈滞ムードが漂い始めた。しかしカップ麺の登場で，市場は再び動き始める。1971年，日清食品が初のカップラーメン「カップヌードル」を１個100円で発売する。発泡スチロール性の縦型カップに味付け麺とフリーズドライの具材を収納し，包装材・調理器具・食器の役割を果たす新発想の加工食品は革新的だった。しかし今までにない形態の即席ラーメンに多くの小売店は戸惑いを見せた。デパートや駅の売店，レジャー施設，自衛隊などにも販路を広げるとともに，供給の安定に努めた。高度消費時代を迎えて価値観やライフスタイルも大きく変化していく中で，「カップヌードル」は急速に普及。他社もカップラーメンの開発に乗り出す。

そして，1973（昭和48）年のオイルショックをきっかけに市場は高付加価値路線へと向かっていく。インフレの影響は即席麺にもおよび，原材料価格高騰で大幅にコストアップ。値上げを余儀なくされた。物価高騰から消費者の商品に求めるクオリティーは厳しくなり，独創性のある商品が続々と生まれていく。

表①　**即席麺主力メーカーラーメン部門売上高**

日刊経済通信社調（単位：億円，%）

	日産設備能力	1966年	67年	68年	69年	70年	70/69年	シェア
明星食品	330	81	105.8	122.4	144	165.0	114.7	21.8
日清食品	300	87.22	82.8	122.0	157	180.0	114.9	23.8
サンヨー食品	280	79	96.0	115.0	130	145.0	111.5	19.2
エースコック	200	60.5	67.5	82.0	83	92.0	110.8	12.2
東洋水産	130.0	31.1	33.4	44.3	56.91	65.0	114.2	8.6
大手５社計	1,240	339.2	385.4	485.6	570	647.0	113.4	85.5
その他	490.0	121.3	124.6	114.3	108.8	110.0	101.1	14.5
総合計	1730.0	460.5	510.0	599.9	679.2	757.0	111.5	100.0

【1972（昭和47）】

市場が1,000億円に突入

1970（昭和45）年以降，市場は横ばい状態が続いていたが，71年の「カップヌードル」発売を機に，新規メーカーが続々と即席麺市場に参入する。73年までにカップ麺を製造するメーカーは16社・29商品まで増加した。新規参入が相次いだ理由はその利益性の高さにある。袋麺の価格が１袋35円のなか，１個100円という破格の価格設定ながら，その簡便性から若者を中心に需要が急速に伸びていった。その将来性と利益性の高さに各社は魅力を感じていたのは言うまでもない。価格改定効果もあり，市場はついに初の1,000億円台を実現した。

【1973（昭和48）】

カップ麺拡大，袋麺が停滞へ

1972（昭和47）年には１億食だったカップ麺の生産量も，1975（昭和45）年には10億食を突破。カップ麺は大きく拡大する。ラインアップも増加し，焼そばと和風麺が拡大。1975（昭和50）年，角型容器の「ペヤングソースやきそば」（まるか食品），翌76年には「日清焼そばU.F.O.」が登場しヒット。双方とも２社の主力商品として今も売上を支えている。和風麺では，75年に「マルちゃん・きつねうどん」「同・天ぷらそば」（東洋水産），翌年「日清のどん兵衛　きつね」（日清食品）が発売となる。こちらも和風麺の主力品として現在も市場を牽引している。

【1975（昭和49）】

袋麺のエリア化，ご当地ラーメン登場

オイルショック後，日本の消費市場は成熟期へと移っていった。物が飽和したことで，消費者の消費行動も変化。体験・経験の価値に重きを置くようになったことで，即席麺のエリア化・個性化も進んだ。各社は地域限定商品の開発や，ご当地ラーメンの商品化に取り組み，1979（昭和54）年には「うまかっちゃん」（ハウス食品）が登場する。豚骨スープを主にした九州ラーメン独特の味付けと人気ドラマをパロディー化したCMが好評となり，一躍ヒット商品となった。

中小メーカーはエリア戦略を徹底することで地域シェアを獲得。サンポー食品（佐賀），マルタイ泰明堂（福岡）など地元メーカーが，九州で好まれる豚骨ベースの商品を拡充し九州エリアで不動の地位を確立した。

一方でナショナルブランド化を目指す大手メーカーは，大盛りやミニカップなど，サイズのバリエーションを取り揃え，多様化する消費シーンに対応した独自性のある商品の開発に注力していった。

【1980年（昭和55）】

高付加価値袋麺がブームに

1980年以降は高付加価値化がさらに進んだ。1981（昭和56）年に，高級袋麺の先駆けとして「中華飯店」（明星食品）が登場。一般的な袋麺が70円の時代に，同シリーズは280～300円と高価格であることも大きな話題となった。翌年「中華三昧」シリーズを１食120円で発売。他大手も相次いで本格中華をイメージした高級袋麺を発売し，市場に高級麺ブームをもたらした。

【1983年】

市場の軸足は袋麺からカップ麺へ

破竹の勢いで拡大するカップ麺によって，1983（昭和58）年に即席麺市場はついに3,000億円を突破。しかし85年を境に市場は再び鈍化した。一時期ブー

表② 1980～89年即席麺類の生産食数および総出荷額推移

日刊経済通信社調

		1980年	1981年	1982年	1983年	1984年	1985年	1986年	1987年	1988年	1989年
即席麺生産食数（1000食）	袋麺	2,800,000	2,730,000	2,800,000	2,710,000	2,590,000	2,580,000	2,640,000	2,500,000	2,400,000	2,250,000
	カップ麺	1,470,000	1,500,000	1,410,000	1,520,000	1,630,000	1,850,000	1,960,000	1,930,000	2,060,000	2,340,000
	合計	4,270,000	4,230,000	4,210,000	4,230,000	4,220,000	4,430,000	4,600,000	4,430,000	4,460,000	4,590,000
	前年比（%）	104.7	99.1	99.5	100.5	99.8	105.0	103.8	96.3	100.7	102.9
総出荷額（百万円）	袋麺	142,800	145,500	158,500	160,500	159,300	157,380	161,000	151,500	145,500	135,900
	カップ麺	144,100	147,000	139,600	152,000	163,000	177,600	188,000	185,000	200,000	234,500
	合計	286,900	292,500	298,100	312,500	322,300	334,980	349,000	336,500	345,500	370,400
	前年比（%）	117.4	102.0	101.9	104.8	103.1	103.9	104.2	96.4	102.7	107.2

ムとなった高級ラーメンの衰退から袋麺が伸び悩んだことが大きな要因である。

時を同じくして，中間価格帯のカップ麺が存在感を増していく。1983年発売の「わかめラーメン」(エースコック)は，ベーシックな醤油味かつ健康志向に対応した商品として，東日本を中心に定着。関東エリアのカップ麺シェア２割近くを獲得するなどし，他メーカーからもわかめ入りラーメンが次々と発売される。

1984年(昭和59年)に発売された「明星　青春という名のラーメン」(明星食品)は，人気タレントを起用したCMやキャッチーな商品名，簡便性から若者を中心に人気となり，同年の明星食品の売上高は２ケタ伸長。以降の縦型カップラーメンブームの火付け役となった。

時を同じくして大盛カップ麺も台頭する。エースコックは1988年に，大盛カップ麺「スーパーカップ1.5倍」を発売。増加していたコンビニでの販路拡大と，そこに集まる若者たちからの支持を得て大ヒットした。各社も相次いで参入し，大盛りカップ麺は平成元年に市場規模500億円・カップ麺全体のシェア20%を占めるまで拡大。袋麺からカップ麺へと徐々に需要の軸足は移っていった。

そして平成元年，即席麺生産量は合計46億3,000万食と最高記録を更新。うちカップ麺が24億食を占め，ついに袋麺を上回った。生産金額は3,700億円超，食品業界でも指折りの大市場となった。

国民食として不動の地位を確立

「チキンラーメン」に始まる即席麺の歴史は，高度経済成長を背景にメーカーのたゆまぬ技術革新により驚異的な拡大を見せ，昭和中期～後期までのわずか20余年で一大市場を形成した。メーカーは時代の変化に合わせた付加価値をとどまることなく創出し，即席麺は高品質かつ豊富なバリエーションで国民食として不動の地位を確立した。

平成に入ってからは生タイプ麺の登場で，即席麺の可能性はさらに広がりを見せる。生麺のおいしさを持ちながら常温流通を可能にしたこの麺によって，スパゲティ，焼きそばなど新たな商品が開発されていく。後編ではこれを起点に，平成～令和の即席麺業界を追っていく。

高品質ラーメン開発にむかう即席麺業界

高級ラーメンの開発と、企業体質改善がヤマ

市況の立直しに成功した44年度の即度ラーメン業界は，高品質ラーメンの開発，企業の多角化に伴なう新規事業の開拓といった大きな夢を持って昭和45年度を迎えた。内需の頭打ち傾向から数量的な伸びは低かった。しかし，市況の立直しで金額的な増大と企業収益は大幅に好転した。僅か一年で〝モト〟をとった大手各社は，経営にゆとりを持ち，多額の金をかけて新商品の開発，新規事業の開拓にスタートを切ったのである。今年はどうやら，〝高級ラーメン〟の開発と〝企業体質の強化〟が決戦の分れ目となりそうだ。

値締め策浸透し，軌道にのった即席ラーメン

昨年度の即席ラーメン業界は，内需が今ひとつパッとしなかったものの，輸出の好調，市況の立直しから近年にない好況をみた。

この好況を反映して，44年度の企業収益は大幅に向上，大手5社は16.7%の増収（ラーメン部門は15.6%増）31%の増益をほぼ確定した。

これは一昨年来，三次に亘る大手メーカーの意欲的な値締政策が，末端まで浸透したゝめである。一時的(夏場)な市況のゆるみはあっても，いったん軌道に乗った引締めはすぐ元に戻る好慣習を生んだ。

一方，需給面でも，かつての過剰生産は次第に薄れ，需給のバランスがとれて来たことも大きい。消費，特に内需は近年頭打ちの傾向にあるとは言え，昨年は約35億食（43年32億食）で9.4%の伸びと推定される。

これは夏場不需要期における冷し中華，焼そばでの積極的な需要拡大策を。またシーズンには嗜好を変えた新商品を――と常に目先きをかえ消費者の嗜好をゆさぶるようなメーカーの意欲的な需要拡大姿勢が，〝頭打ち〟といわれながらも即席ラーメンを今日まで成長させて来た最大の要素となっている。

また忘れてならないのは輸出の好調だ。昨年はベトナム特需を含め，東南アジア，米国などを中心に約12,300トン，21億円（11月末現在で11,752トン，19億9,737万円）の輸出を記録している。

日清食品が昨年暮，アメリカに現地法人の「アメリカ日清食品㈱」（本社ロスアンゼルス市，資本金30万ドル＝日清食品40%，味の素40%，三菱商事20%出資）の設立を発表したのも，海外市場への積極攻勢に他ならない。

すなわち，昨年度のラーメン業界の収穫は，第一に市況の立直しであり，第二は新商品（特にアルファー化麺）による需要の喚起である。第三に，大手を中心とした企業体質の向上があげられる。

さて激動の70年代の幕明け，今年のラーメン界はどう動くだろうか。まず当面の問題点，現在の市場動向から占ってみたい。

今後の需要予測

第一の問題点としては，需要予測である。年間35億食という基本数字の増大もさることながら，

表①　即席ラーメン大手5社の業績　　日刊経済通信社調

区分／社名	43年度				44年度			
	売上高	内ラーメン部門	利益金	配当	売上高	内ラーメン部門	利益金	配当
	百万円	百万円	百万円	%	百万円	百万円	百万円	%
明星食品	25,100	12,235	582	24	30,294	15,000	800	30
日清食品	15,911	12,199	285	20	19,000	14,500	450	20
サンヨー食品	12,000	11,800	550	100	13,500	13,000	700	100
エースコック	8,276	8,200	135	30	8,600	8,500	150	30
東洋水産	11,890	4,426	189	15	14,000	5,500	180	15
合計（平均）	73,177	48,860	1,741	37.8	85,394	56,500	2,280	39.0

注）①決算期は，明星食品43年9月期，44年9月期，日清食品は，44年3月期，45年3月期(見込)。サンヨー食品は43年12月期，44年12月期(推定)。エースコックは43年12月期，44年12月期(推定)。東洋水産は44年3月期，45年3月期(見込)。②日清食品以外は非上場。

1970年（昭和45年）2月号より

戦後の経済成長を反映する流通菓子

～50年代から急成長も80年代に頭打ち直面～

菓子は戦後，高度経済成長に伴う国民所得の増大とともに急速に拡大，食品産業のなかでは嗜好品に分類されるにもかかわらず，生活必需品に匹敵する２兆円を超える市場に成長した。その原動力となったのは，国内メーカーの急速な成長に並行した大量生産の確立による低価格な商品供給，さらにそれを専業とする菓子卸による，様々な販売業態をカバーする全国規模のネットワーク化が大きく貢献している。

30～70年代チョコ スナック拡大

大分類でみると，菓子は中間流通を通して小売店に販売する流通菓子と個人事業主が主体で店舗を構え販売する直売菓子に分けられる。戦前は菓子専業店が多く，流通菓子はビスケット，キャンディが中心で小売店でのばら売り，量り売りが主であった。

戦後４年を経過した1950年の市場規模は数量72万4,000トン，生産金額790億円で，流通菓子は３割程度だった。60年には101万トン，生産金額2,476億円と金額では10年間で3.2倍強拡大した。特に，甘味不足を反映して，キャラメルやドロップなどキャンディが大きく拡大。菓子全体でもシェアトップでビスケット，米菓が続き，チョコレートはカカオ豆の関税割り当てという障壁があり，４番目の市場規模にとどまっている。

70年代に入ると数量では60年代ほどの伸びはないものの，トータルで150万トンへ到達したあとは鈍化。その一方で，生産金額は年率７～８％増で拡大し，73年には7,500億円を突破した。このように数量の伸びが鈍化し，金額ベースで大きく伸びたのは，①高額・高級化と多品種化の進行　②スナック菓子などの軽量菓子が増大　③日本経済の高度成長政策によるインフレの影響によるものだ。

特に，チョコレート，スナック菓子，そしてビスケットは大型装置産業であり，規模の大型化が大量生産時代の幕開けを迎えた。チョコレートは原料のカカオ豆が60年10月の自由化され，65年にはロッ

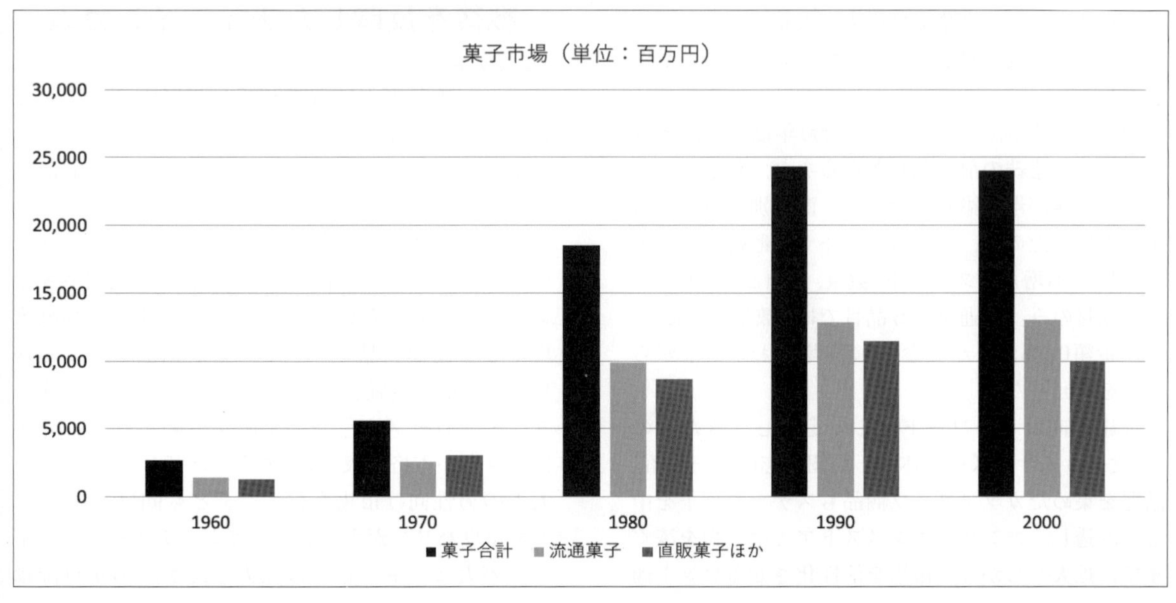

テが参入すると一気に拡大し，70年末には生産量が5倍に拡大。これに伴い，商品も子ども向けから大人向けまで幅広く登場し，80年代にはトップに躍り出た。

スナック菓子も50年代の小麦あられから始まり60年後半のコーンパフが市場の黎明期にあたる。そして70年半ばから成型ポテトチップが登場。現在主流の生ポテトチップスもカルビーが本格生産を開始したことで，5年間で市場は2.4倍増になった。

80年以降，総合メーカーが躍進

80年代に入ると明治製菓(現明治)，ロッテ，森永製菓,江崎グリコ,不二家の大手総合菓子メーカー5社のシェアが一段と上昇する一方，成長分野へ注力した中堅専業メーカーも躍進。その一方，淘汰も徐々に始まり中小，零細企業の倒産は増え，菓子産業は大手資本による上位寡占を迎えることになる。

拡大著しいスナック菓子はカルビーが独走し，湖池屋も急伸。ビスケットはヤマザキナビスコ(現ヤマザキビスケット)，東京東鳩製菓(現東ハト)が独自の技術力でシェアを拡大する。しかし，81～83年の成長率は3.7%と鈍化。パッケージと脱酸素剤の改良により半生ケーキや機能性商品が登場するものの，既存分野とのカニバリでトータル市場の拡大にはつながらなかった。消費者ニーズの多様化が進むと同時に，それに伴う新商品の乱発は，80年代後半から顕著に表れてきた。

90年代に入ると，市場規模は92年の2兆5,699円をピークに横ばいが続き，バブル崩壊後の消費不振が重くのしかかってきた。流通菓子でもスナック菓子，ビスケット，米菓では従来の大箱，レギュラーサイズから個食に対応したカップもの，小袋商品が急増した。

消費低迷が続いた90年から2000年は，微減とはいえ，5年連続の前年割れとなるなど，菓子産業の苦しい実態が浮き彫りになった。商品別でみると前年を上回ったのは，チョコレート(数量8.2%増，生産金額5.9%増)，ビスケット(数量，金額とも1.9%増)の2品目のみ。流通菓子6品目では，数量1.3%増，生産金額0.6%増，小売金額0.3%増とわずかながら前年を上回った。

健康志向はキーワードとして定着してきたものの，食べきりサイズを主体とした個食志向は一段落。話題を集めたカップタイプ商品もスナック菓子を中心に浸透し，コンビニエンスストアでは袋物を凌ぐまでに拡大。しかし，市場を活性化させるヒット商品はわずかで安心感のあるロングセラー商品への回帰がみられた。明治製菓「フラン」,江崎グリコ「ムースポッキー」のほかは,不二家「ミニミニペコちゃん」に代表されるキャラクター商品の急増が目立った。

90年代最後の年はムクチョコレートが大幅増となる反面，ライト感覚のチョコスナックが苦戦。そのため，各社ともチョコスナックに注力。従来の低年齢を対象にした商品から，中高生から20～30歳代のヤングミドル女性層を対象にした商品へとターゲットを広げ，チョコスナック活性化に努めた。その中で「フラン」「ムースポッピー」が2商品が話題を独占。2品とも供給能力を大幅に上回る需要が殺到し，一時販売停止を余儀なくされた。

また，キャラクター商品も盛り上がってきた。97年は「ポケモン」「ハローキティ」などアニメキャラクターっが中心であったが，98年はロッテ「ビックリマンチョコ2000」，不二家「ミニミニペコちゃん」，明治「365日のテディベア」など70，80年代のリバイバル商品や，自社企画商品が次々と登場。また，卵型チョコレートの中にキャラクターが入ったフルタ製菓「チョコエッグ」，伊・フェレロ「キンダーサプライズ」が精巧なオマケで人気となり，大人を中心にコレクションブームの火付け役となった。

一部カテゴリー,商品に注目が集まるものの,キャンディ，スナック菓子の苦戦は深刻だった。特に，キャンディは通年商品として拡大したハードキャンディののど飴が低迷。スナック菓子も，遺伝子組み換えトウモロコシに対する不安感から，コーンスナックが苦戦を強いられた。

戦後を反映したチューインガム

チューインガムは戦後1945年以降から，中小零細メーカーが数多く登場。世界最大のガムメーカーの米国のW・リグレー社を中心とする輸入品から国内生産の動きが芽生えた。

55年からは戦後創業のロッテ，ハリスの2大メーカーが中心となって市場を拡大。特に，消費者キャンペーンはエスカレートし，100万円現金や高級乗用車など高額商品のプレゼントが相次いだことから，公正取引協議会により景品表示法が制定。オープン・クローズド懸賞の上限が定められた。57年にロッテが本格的板ガム「グリーンガム」を発売し，大人の男性向け市場を拡大。子ども向けも69年にカネボウハリスがキャンディガム「チューイングボン」の大ヒットで市場は拡大したが，70年以降は大型商品もなく市場は縮小した。　戦後から70年代にかけては，子どもから中高生向けの風船ガム，味ガムが多く，大人向けはミントやフルーツなど一部商品に限られていた。しかし，85年ごろから口臭除去，眠気防止の機能性ガムが登場，大人向け市場が注目を集めだした。さらに，シュガーレスガムが登場したことで，市場は再び拡大基調をたどり，90年には960億円，93年には1,000億円を突破した。

戦中，戦後の中心だったキャンディ

キャンディは，前後から1960年代までに急激に伸長し，65年には生産量で19万トンのピークを向かえている。

市場の変遷をみると，①戦後から60年まではキャラメル，ドロップ，②60年代半ばから80年代はフルーツ，ミルクなどハードキャンディと子ども向けソフトキャンディの台頭　③80年代から2000年まではのど飴の拡大とグミキャンディの登場－に分けられる。

戦後から60年代までは，キャラメル製造の大手企業，ドロップ製造の中小専業メーカーという構図に分かれる。キャラメル製造には練乳が必要なため，森永製菓やカバヤ食品は乳業会社を設立するなど大規模化を進める。一方，ドロップ製造は製造設備が簡素で比較的小規模で始めることができたため，カンロ，味覚糖，佐久間製菓など専業メーカーが次々と設立され，メーカー数は約1,000社超までに膨れ上がった。

甘味不足のため市場は順調に拡大したが，60年代に飽和状態になったことから，キャラメルは62年に7万5,000トン，ドロップも同年の2万トンをピークに減少傾向となった。さらに，と黒ショック，84年の合成着色料「114号」事件が影響し，86年まで10万トンまで下落した。

キャラメル，ドロップが伸び悩む半面，っく題してきたのがハードキャンディと呼ばれる分野だ。香料の開発が進んできたこともあり，フルーツフレーバーからミント，さらにはバターボールに代表されるミルク系など幅広い商品が登場し，70年代以降の主力カテゴリーとして拡大する。

さらに，手薄な子ども向け商品としてソフトキャンディが登場し，幅広い年代を対象とした商品が出そろう。特に，グミキャンディは大人気となり，わずか3年で150億円規模まで拡大。しかし，急激に市場拡大した反動で，ブームは数年で収束した」。

ビスケット，国内・海外ブランドが競合

ビスケットが大きく伸長したのは1950年代から69年までの10年間で，数量で35％増，金額で23％増と拡大した。初期は前後創業した中小の専業メーカーが乱立していたが，大手総合・専業メーカーが大量生産可能な大型のバンドオーブンを導入したことにより，手ごろな価格の低価格品が増えて，スーパーの特売の目玉商品として拡大してきた。

70年代は外囲系メーカーと国内メーカー・放射との合弁が相次ぎ，ヤマザキナビスコ（71年），日本サンシャイン（同），明治マクビティ（73年）が誕生。従来からのハードビスケットに続き，クッキータイプのソフトビスケットが急速に人気を集め，76年には29万2,000トンに達したが，乱売合戦ので減少傾向をたどった。

80年代に入るとプリントビスケット，さらにはソフトタイプの半生のチョコレートケーキが人気となり生産量も復調し26万トン台を維持。84年を過ぎると半生ケーキブームも沈静化し，拡大を続けてきたシフト系の落ち込みも響き，87年には22万7,000トンまで下降した。

90年代から拡大してきたには大手組織小売業によるプライベートブランド商品。コンビニルートでは個食向けの食べきりサイズで価格も100円程度の手軽さを訴求。ナショナルブランド商品ではカバーできないドーナッツなどの半生やソフトケーキの品ぞろえを充実。量販店では個食対応とともに，2～3人家族を対象とした内容量をラインアップした。

チョコレート　大人向け商品で拡大

チョコレートが大きく伸長するのは，80年以降に大人向けのムクチョコやチョコスナックの開発が進んできたことに始まる。成長カテゴリーは，①ムクチョコ　②デザートチョコ　③ナッツ系チョコ　④玩具チョコに分類されるが，85年からはデザートチョコが注目を集めた。

このカテゴリーにはチョコスナックやセンターソートが含まれるが，ライト感覚で中高生をターゲットにしたチョコスナックの割合が高い。しかし，ロッテ「ティラミス」に代表される洋菓子で人気メニューを再現した商品が続々と登場，高価格高付加価値商品の新たな流れが生まれた。

戦後原材料不足だったチョコレートは，原料のカカオ豆が1960年10月に自由化されて以来，毎年

30％以上の成長率を示し，62，63年は５割増，64年にはロッテが参入，69年までに生産量は約５倍に伸びた。しかし，以降は伸び率が鈍化し73年までで数量で12.4％増，金額で60％増となった。

70年代後半になると大手メーカーが「価格＝価値」の商品政策を重視。ロッテのマイクロ・グラインド製法導入に代表される技術開発，大人向け・ギフト商品開発など本物志向・高級化が進み，78年には15万トンと突破。

84年は114号事件の影響でマイナスとなったが，88年はグルメチョコレートブームで再び増勢。91年はティラミス人気で94％増。しかし，ブームはブームは長くは続かず，人気はスナックチョコへとシフトし18万トン台を推移した。98年はココアブームがチョコレートにも波及し，高ポリフェノールタイプが市場をけん引。99年もムクチョコが大きく伸び，初の20万トン突破となった。

一方，メーカー間の攻防に目を移すと，本格的に国内生産が始まった60年代は明治製菓，森永製菓，江崎グリコ，ロッテ，不二家の大手５社で市場の80％以上を占めており，原料チョコレートを購入して自社商品として生産する中小メーカーと二極分離していた。この傾向は70年代前半まで続くが，中堅メーカーの攻勢で79年以降は上位５社のシェアは80％を割った。トップは明治製菓が85年まで独走。77～80年は，主力の「ポッキー」を値上げした江崎グリコが２位に浮上した。80年代前半は低迷していた板チョコが復活。新商品も登場したことから各社とも売り上げを伸ばす。

86年にロッテが「ビックリマンチョコ」の大ヒットで急接近。88年には「VIP」のヒットで600億円に乗り，トップに躍り出た。89年に不二家はネスレ日本と合弁で「ネスレマッキントッシュ」を設立し，「キットカット」を移管。

90年代にはいるとデザートチョコが人気となり，91年に明治，ロッテがティラミスチョコを発売。明治は100億円を100億円を超えるヒットとなり再びトップに。江崎グリコも「ポッキー　つぶつぶいちご」が120億円の大ヒットで３位に浮上。中堅ではネスレマッキントッシュが２ケタ増を続け，大手５社に続く位置を確保している。95年にブルボンが攻勢をかけ100億円に迫るが，以降シェアをダウン，順位の変動は見られない。

スナック菓子　ポテトチップで市場拡大

スナック菓子は，菓子では比較的新しいカテゴリーで，1960年代は小麦あられが中心で，その後スナックタイプの「かっぱえびせん」が登場。70年代からは「カール」「キャラメルコーン」などコーン系が主体となり拡大。75年からはカルビー「ポテトチップス」，「湖池屋ポテトチップス」の生ポテトチップス，ナビスコ「チップスター」，エスビー「5/8チップス」といった成型ポテトチップスの発売で市場は一気に拡大した。

80年からはポテト系が急伸。オートフライヤーなど大量生産が可能な製造設備の大型化が進み，多品種開発が据えた。そのため，売り上げが大きく伸長し，トップのカルビーが500億円を突破。85年には市場規模は75年比で数量2.8倍増，金額3.3倍増となり，90年代までは年平均で2.5％増と拡大を続ける。

実態調査

菓子産業の現状

洋菓子類の問題点

和菓子から洋菓子へ

昨年後半から国際砂糖相場が高騰し、ニューヨーク相場は1962年1月の安値1ポンド当り2.05セントに比べて現在は7セントで3倍以上となっている。この糖価高騰で一番困ったのは砂糖を主原料とする菓子業界である。そこえもってきてまた菓子の自由化も近いとあれば、菓子業界にとって問題は深刻である。菓子は和菓子から洋菓子に消費者の嗜好が移ってきている。戦前の昭和13年は、和菓子8対洋菓子2の割合であったが、今日ではこれが逆転して洋菓子の比率の方が多くなっている。

原料にしても、外国は砂糖・小麦粉・乳製品などすべて自由に入手できるのに対して、わが国の業界はこれらがいずれも自由化されておらず、外国に比べて倍以上高い原料を使っている。菓子は60%が原料代とされているだけに、これでは外国品に太刀打ちできない。従って製品コストも問題にならないほど高くついている。

また、全国で7万余軒といわれる菓子製造者のうち、その殆んどが家族従業者を中心とした零細企業（企業といえない程零細）であり、これらが今後どう存続してゆけるか等、今日の菓子業界は多くの問題をかかえている。そこで本号では洋菓子類に焦点をしぼって、菓子産業の現状についてふれてみた。

3,000 億円突破した菓子

昨37年の菓子推定生産量は1,084千トンで、36年の1,027千トンに比べ5.6%増え、生産金額は初めて3千億円の大台を突破して3,077億円に達した(表1参照)。36年に比べ最も伸びたのはチョコレートの40%で、以下チャインガム22.2%、洋生菓子13.5%、ビスケット・クラッカー13%、その他9.7%、キャンデー4.8%増、キャラメルは前年並み、焼菓子と米菓子はここ5年間安定した生産を示して横這い、減ったのはドロップ4.8%と近年漸減傾向にある和生菓子の3%減である。

昭和30年を100とした生産指数で見ると、伸びた順位はチュウインガム338、チョコレート262、洋生菓子218、その他179、ビスケット・クラッカー171、米菓112、焼菓子105と続いている。減ったのはキャラメルの16.7%減が目立ったが、36〜37年は75,000トンとほぼ安定、固定需要から考えて今後は7万トン台を維持して推移すると見られている。次に減ったのは和菓子の11.2%減であるが、これは年々減少して斜陽化にある。またドロップス・キャンデーも10%減っているが、ドロップスはまだ多少の減少が予想され、キャンデーはこの線で推移しよう。

チョコレート

菓子のなかで近年目覚ましい伸びを示しているのがチョコレートである。**<チョコレートを制するものは菓子を制す>**といわれるだけに、大手メーカーは競って設備の増強に着手、ここ数年間の投資額は百億円以上といわれ将来は菓子類の主導権を握ろう

表1　昭和34〜37年の菓子生産（推定）　全国菓子協会調（単位　数量＝トン　金額＝億円）

品種	昭和34年		昭和35年		昭和36年		昭和37年		B/A	指数(30年=100)	37年金額百分比
	数量	金額	数量	金額	数量(A)	金額	数量(B)	金額			
キャラメル	72,000	202	72,000	207	75,000	227	75,000	227	100.0	83.3	7.4%
ドロップス	96,000	192	104,000	208	21,000	50	20,000	48	95.2	90.0	1.6
キャンデー					84,000	161	88,000	176	104.8		5.7
チョコレート	22,000	154	24,000	195	30,000	246	42,000	350	140.0	262.5	11.4
チュウインガム	12,000	100	14,000	128	18,000	155	22,000	188	122.2	338.4	6.1
焼菓子	126,000	251	126,000	251	126,000	251	126,000	251	100.0	105.0	8.2
ビスケット・クラッカー	160,000	285	200,000	360	200,000	360	226,000	407	113.0	171.2	13.2
米菓	153,000	310	153,000	310	153,000	310	153,000	310	100.0	112.5	10.1
和生菓子	165,000	634	165,000	634	165,000	634	160,000	615	97.0	88.8	20.0
洋生菓子	45,000	239	49,000	258	52,000	274	59,000	313	113.5	218.5	10.1
その他	103,000	124	103,000	124	103,000	124	113,000	192	109.7	179.3	6.2
合計	954,000	2,491	1,010,000	2,675	1,027,000	2,792	1,084,000	3,077	105.6	121.7	100.0

1963年(昭和38年) 5月号より

70年代を迎えた菓子業界の現状と今後の課題

国際化時代を迎え大転換に直面する菓子業界と今後の課題

本格的な国際化時代を前にして中小・零細企業が多く構造的に立遅れている菓子業界はまさに混屯とした状況下にある。

国際化の先兵は世界最大の菓子総合メーカーであるナビスコの進出であり，つづいてボーデン社，リグレイ，キャドバリー等の巨大外資企業が続々と日本上陸を計画しているといわれ，菓子業界は厳しい局面にさらされようとしている。

ここ数年来菓子の総需要が停滞気味のなかで，菓子の感覚が〝甘い〟ものから〝塩味〟への傾向が強まりひとつの転換期にさしかかっているとみられている。以下，菓子業界の厳しい実体をみてみよう。

〈表1〉 菓子類の年次別生産量，生産金額

	キャラメル（全国菓子協会推定）			ドロップ（全国菓子協会推定）			キャンデー（全国菓子協会推定）			チョコレート（日本チョコレート・ココア協会推定）		
	生産数量	生産金額		生産数量	生産金額		生産数量	生産金額		生産数量	生産金額	
	トン	億円	%	トン	億円	%	トン	億円	%	トン	億円	%
昭和37年	75,000	170	対37年比	20,000	36	対37年比	88,000	132	対37年比	56,711	290	対37年比
38	65,000	170	100.0	12,000	28	93.3	84,000	150	113.6	83,517	473	163.1
39	66,000	185	108.8	12,000	28	93.3	93,000	175	132.6	102,453	580	200.0
40	63,000	179	105.3	12,000	28	93.3	103,000	207	156.8	98,486	548	189.0
41	60,000	169	99.4	12,000	34	94.4	114,000	287	217.4	109,016	646	222.7
42	54,000	146	85.9	12,000	32	88.9	114,000	287	217.4	110,526	665	229.3
43	51,000	140	82.3	12,000	32	88.9	121,000	309	234.1	120,050	725	250.0
44	51,000	140	82.3	12,000	32	88.9	118,000	318	240.9	108,457	691	238.3

	ビスケット・クラッカー類（全国ビスケット協会推定）			米菓（全国菓子協会推定）			チューインガム（全国菓子協会推定）			焼菓子（全国菓子協会推定）		
	生産数量	生産金額		生産数量	生産金額		生産数量	生産金額		生産数量	生産金額	
	トン	億円	%	トン	億円	%	トン	億円	%	トン	億円	%
昭和37年	205,500	290	対37年比	132,000	396	対37年比	22,000	141	対37年比	126,000	189	対37年比
38年	255,400	378	130.3	141,000	435	109.8	26,000	165	117.0	126,000	208	110.0
39年	240,600	350	120.7	142,000	474	119.7	29,000	182	129.1	126,000	227	120.1
40年	252,900	364	125.5	143,000	514	129.8	30,000	187	132.6	125,000	225	119.0
41年	262,510	403	138.9	145,000	522	131.8	32,000	198	140.4	130,000	230	121.7
42年	310,200	500	172.5	148,000	540	136.4	32,000	198	140.4	127,000	235	124.3
43年	297,200	490	168.9	161,000	580	146.5	32,000	198	140.4	123,000	235	124.3
44年	275,000	495	170.7	185,000	666	168.2	34,000	211	149.6	123,000	235	124.3

	和生菓子（日刊経済通信社推定）			洋生菓子（日刊経済通信社推定）			その他の菓子			菓子類総合計（年次別）		
							日刊経済通信社推定	（工業統計表）				
	生産数量	生産金額		生産数量	生産金額		生産数量	生産金額		生産数量	生産金額	
	トン	億円	%	トン	億円	%	トン	億円	%	トン	億円	%
昭和37年	240,000	850	対37年比	110,000	470	対37年比	△ 730,000	△ 800	対37年比	1,805,211	3,764	対37年比
38年	240,000	850	100.0	110,000	470	100.0	△1,000,000	1,095	136.9	2,142,917	4,422	117.5
39年	250,000	870	102.3	120,000	520	110.6	△1,200,000	1,336	167.0	2,381,053	4,927	130.9
40年	280,000	910	107.1	135,000	580	123.4	△1,270,000	1,525	190.6	2,512,386	5,267	139.9
41年	300,000	930	109.4	145,000	630	134.0	△1,380,000	1,662	207.7	2,689,526	5,711	151.7
42年	300,000	940	110.6	160,000	700	148.9	△ 650,000	853	106.6	2,017,726	5,097	135.4
43年	280,000	940	110.6	180,000	800	170.2	△ 620,000	△ 800	100.0	1,997,250	5,249	139.4
44年	280,000	940	110.6	190,000	860	183.0	△ 600,000	△ 760	95.0	1,976,457	5,348	142.1

注） 1. △印は日刊経済通信社推定。
2. 和生菓子，洋生菓子，その他菓子（生産量）については「工業統計表」と「全国菓子協会」の統計に基づき推定算出した。
3. 生産金額の右側の比率は対37年比である。

1970年（昭和45年） 7月号より

「質」と「発想」の転換が要求される菓子業界

54年度の菓子業界，数量微減，金額微増

（マ）スプロ化で発展して来た菓子業界は，手造りし好の中で量的限界を迎えた。全国菓子協会の発表によると，54年度の菓子生産は174万9,200トン，1兆6,474億円と数量微減，金額微増に終った。以下，その動向をみてみよう。

54年度の菓子業界の特徴

（54）年度の菓子生産が数量で微減，金額で微増におわったのは，第1にビスケットの不振と成長品目のスナック菓子が頭打ちになって来たためだ。金額面では和・洋生菓子の値上げや高単価のチョコレートが数量面で横這いに転じたこと，チューインガムが高単価へ移行したことなどによる。

昨年の大きな流れとしては，①上場大手4社が何れも減収・減益傾向にあること。

②明治製菓，森永製菓などマスプロメーカーがギフト市場を重要視し始めたこと。

③カンロ，味覚糖などキャンデー専業メーカーが生ゼリーに新規参入し脱キャンデー色を図ったこと（今年は飲料部門に参入）。

④菓子離れ現象の続く中で健康性を意識したアイデア商品が多くなったこと。

⑤そして，米菓を中心とした値上げなどが挙げられる。

表①　菓子推定生産数量及び金額　全国菓子協会調

品目 ＼ 年度・数量・金額	52年 生産数量	52年 単価	52年 生産金額	52年 小売金額	53年 生産数量	53年 単価	53年 生産金額	53年 小売金額	54年 生産数量	54年 単価	54年 生産金額	54年 小売金額
	トン	円/kg	億円	億円	トン	円/kg	億円	億円	トン	円/kg	億円	億円
キャラメル	39,000	823	321	458	38,000	830	315	450	38,000 (100.0)	840 (101.2)	319 (101.3)	455 (101.1)
ドロップ	7,900	670	53	76	7,900	683	54	77	7,700 (97.5)	690 (101.1)	53 (98.1)	75 (97.4)
キャンデー	84,000	750	630	900	82,000	770	631	901	80,000 (97.6)	780 (101.3)	624 (98.9)	891 (98.9)
チョコレート	117,000	1,692	1,980	2,750	110,000	1,809	1,990	2,764	112,000 (101.8)	1,810 (100.1)	2,027 (101.9)	2,815 (101.8)
チューインガム	37,000	1,157	428	611	37,500	1,251	469	670	38,500 (102.7)	1,345 (107.5)	518 (110.4)	740 (110.4)
焼菓子	94,000	700	658	940	90,000	720	648	926	87,000 (96.7)	760 (105.6)	661 (102.0)	944 (101.9)
ビスケット	281,000	568	1,594	2,277	267,000	600	1,602	2,288	253,000 (94.8)	628 (104.7)	1,589 (99.2)	2,271 (99.3)
米菓	219,000	899	1,969	2,625	219,000	878	1,923	2,575	217,000 (99.1)	904 (103.0)	1,961 (102.0)	2,625 (101.9)
和生菓子	295,000	882	2,602	3,252	295,000	906	2,673	3,341	295,000 (100.0)	933 (103.0)	2,752 (103.0)	3,440 (103.0)
洋生菓子	183,000	1,347	2,465	3,081	185,000	1,399	2,588	3,235	188,000 (101.6)	1,445 (103.3)	2,717 (105.0)	3,396 (105.0)
スナック菓子	142,900	889	1,300	1,857	171,000	932	1,593	2,276	177,000 (103.5)	954 (102.4)	1,690 (106.1)	2,414 (106.1)
その他	242,000	552	1,336	1,908	251,000	569	1,428	2,040	256,000 (102.0)	610 (107.2)	1,562 (109.4)	2,231 (109.4)
合計	**1,741,800**	**880**	**15,336**	**20,735**	**1,753,400**	**908**	**15,914**	**21,543**	**1,749,200**	**942**	**16,473**	**22,297**
対前年比(%)	—	—	107.5	107.6	100.7	103.1	103.8	103.7	99.8	103.7	103.5	103.5

(注)「その他」の生産金額及び小売金額を52年にさかのぼり修正。

1980年（昭和55年）5月号より

爆発的成長した昭和の冷凍食品

～コールド・チェーン構想が契機に～

冷凍食品がわが国で本格的に企業化されたのは昭和33年(1958年)，同36年（1961年）に水産各社が一斉に家庭用市場に乗り出した。しかし，当時はコールド・チェーンの欠如や戦前の“冷凍魚”というマイナスイメージで冷凍食品をみていたため，冷凍食品の認識不足や解凍技術の不慣れが普及を遅らせた。同37年（1962年）頃から業務用の需要が急増し，家庭用は同42年（1967年）になって上向きに転じ，急速に需要を伸ばした。

昭和28～34年にかけて大手水産４社が相次ぎ参入

戦前，戦時中の冷凍魚の域を脱し，「冷凍ショーケース（フリーザー）の中に入れて販売されている包装食品」が初めて世に出たのは昭和28年（1953年）。その開拓者は日本冷蔵（現ニチレイ）。続いて，大洋漁業（現マルハニチロ）がトライアルで生産を開始，日本水産（現ニッスイ）が同33年（1958年），日魯漁業（現マルハニチロ）が同34年（1959年）から相次いで進出し，大手水産４社の競争が始まった。同35年（1960年）から日魯漁業と大洋漁業が本格操業を開始した。本誌「酒類食品統計月報」昭和36年（1961年）９月号では，「発展期をむかえた冷凍食品」と題した特集が組まれた。

冷凍食品の国内生産高は，統計が開始された昭和33年（1958年）が数量1,591トン・金額２億3,400万円，同34年（1959年）同2,728トン・同５億8,700万円，同35年（1960年） 4,559トン・９億300万円と３年間で約３倍に成長した。なお，広義の冷凍食品生産高はこれを上回る。(表①)

また，冷凍ショーケースの台数は，昭和33年（1958年） 250台，同34年（1959年） 2,500台，同35年（1960年） 8,300台と大きく伸びた。同36年（1961年）時点でのショーケースの配置は東京と地方が半々の比率で，東京では約６万軒の小売店のうち約4,000店が冷凍食品を扱い，これは15軒に１軒の割合。都内デパートは23軒のうち大半が扱い，地方のデパートは約半数がショーケースを置いていた。

冷凍食品業界は破竹の勢いで発展し，昭和36年（1961年）頃の需要は，小売店頭販売と学校給食がほぼ半々だった。一般家庭での電気冷蔵庫の普及は，同35年（1960年）に約120万台で，業界の発展にはフリーザー付家庭用電気冷蔵庫の普及率と，店頭での冷凍ショーケース増配も密接に関係していた。(表②)

家庭用は昭和42年から急拡大

昭和36年（1961年）の業務用と家庭用の割合は、本誌推定で51：49とほぼ半々だったが，一般店頭販売に苦戦した各社は業務用への転換した。当時は社会的，経済的に冷凍食品の発展を支える諸条件が整備されていなかった。業務用は，同37年（1962年）頃から，団体給食，ホテル，旅館，レストラン等に

〈表１〉　冷凍食品国内生産高

日本冷凍食品協会調（単位：数量トン，金額億円）

	工場数	国内生産量			生産金額
		業務用	家庭用	合計	
1960年	－	－	－	4,559	9
1965年	－	－	－	26,468	38
1970年	296	89,632	51,673	141,305	308
1975年	578	226,907	128,224	355,131	1,396
1980年	646	355,762	206,403	562,165	2,820
1985年	735	567,937	210,409	778,346	4,346
1990年	856	773,598	251,831	1,025,429	5,674

おいて労働力不足から省力化が最大の課題で，規格化された衛生的な半調理済食品で価格が一定し，計画的に大量仕入れできる冷凍食品は一躍脚光を浴びた。昭和38年(1963年)の本誌「酒類食品統計月報」では「冷凍食品業界は世に出てようやく10年目にして黎明期の段階を終え発展期を迎えた」と記している。また，昭和39年(1964年)に開催された東京オリンピックの選手村の食堂で冷凍食品が果たした役割も大きく，その後の業界発展に大きなプラスとなった。

家庭用は，昭和42年(1967年)になって上向きに転じ，急激に需要が増えた。これは業界の普及宣伝活動と，スーパーなど流通革命の担い手である大型量販店が冷凍食品を積極的に取り扱い始めたことが最大の要因。

これにより，生産量は同44年(1969年)までの10年間で45.3倍，金額は38.9倍と躍進を続け，5年間でも数量5.1倍，金額6.6倍，年率30%台の伸びを見せた。業務用と家庭用の数量ベースの割合は，昭和43年(1968年)業務用75.5%・家庭用24.5%から，同44年(1969年)で業務用70.7%・家庭用29.3%と家庭用の比率が大きく増えた。

生産数量は，昭和33～40年(1958～1965年)までの冷凍食品普及協会(現日本冷凍食品協会)による調査では大手水産4社，同41年(1966年)は極洋，同42年(1967年)弥生食品(現ヤヨイサンフーズ)，同43年(1968年)加ト吉(現テーブルマーク)が加わった。

昭和46年(1971年)の本誌2月号では，日本冷凍食品協会に加入している215社(うち機器メーカー8社)のうち認定工場は240工場。しかし，季節商品の下請けなどを加えると300～400社にものぼるといわれ，メーカーが乱立しているが早くも整理期に入った感があると解説している。

この頃には，本格的な普及発展期へと突入。先発・後発メーカー激突の様相が強まり，昭和42～45年(1967～70年)までに乳業系メーカーや，東洋水産，日東食品(現日東ベスト)，エム・シーシー食品，フレック・日本酸素などが相次いで参入。加えて，コールド・チェーン作りの担い手と自負した大手商社の進出も目立ったほか，問屋も対応を強化した。

爆発的成長の背景に政府によるC・C構想

冷凍食品が爆発的に成長した背景は，昭和40年(1965年)に科学技術庁から出された「食生活の体系的改善に資する食料流通体系の近代化に関する勧告」，いわゆるコールド・チェーン構想の躍進，PRだった。そのコールド・チェーン(C・C)の主役を演じたのは冷凍魚時代から設備，経験，推進基盤を有していた大手水産会社だった。生産，供給面のインフラ整備が，普及宣伝活動による消費者の認識の高まり，労働者不足，流通革新など社会環境の変化により，需要家，消費者に結びついた。

1970年代初めに年率40%台成長

1970年代初めには年率40%台の伸びを見せた。国内生産量は昭和45年(1970年)に14万トン(金額308億円)，同55年(1980年)に56万トン(2,820億円)，平成2年(1990年)には102万トン(5,674億円)と100万トンの大台に乗せた。

業務用と家庭用の比率は，昭和45年(1970年)で業務用65%・家庭用35%，同55年(1980年)で業務用63%・家庭用37%，平成2年(1990年)で業務用75%・家庭用25%となった。

〈表2〉 日本の電機冷蔵庫・電子レンジ普及率

内閣府消費動向調査年報(単位:%)

	電気冷蔵庫	電子レンジ
1960年	10.1	−
1965年	51.4	−
1970年	89.1	2.1
1975年	96.7	15.8
1980年	99.1	33.6
1985年	98.4	42.8
1990年	98.2	69.7

〈表3〉 調理冷凍食品生産高

日本冷凍食品協会調(単位:数量トン，金額億円)

	フライ類		フライ類以外の調理品		冷凍食品合計生産高	
	数量	金額	数量	金額	数量	金額
1960年	2,068	2.8	681	1.7	4,559	9
1965年	7,349	10	1,593	2.5	26,468	38
1970年	37,075	77	26,580	75	141,305	308
1975年	113,594	426	127,737	551	355,131	1,396
1980年	193,672	883	208,874	1,092	562,165	2,820
1985年	252,084	1,334	288,579	1,595	778,346	4,346
1990年	360,282	1,912	428,526	2,382	1,025,429	5,674

また，生産数量の品種別構成比は，主役の調理品が年々拡大。1970年代前半で30％だったのが，80年代では70％にまで上昇，平成７年（1995年）には80％にまで高まった。（**表③**）

昭和63年に凍菜輸入量が30万トン突破

財務省貿易統計による冷凍野菜輸入高は，冊子で記録される最古データ昭和40年（1965年）で181トン（金額3,200万円）から，同45年（1970年）8,474トン（10億円），同50年（1975年）2.5万トン（45億円），同55年（1980年）14.1万トン（263億円），同60年（1985年）18.0万トン（381億円），平成２年（1990）年には31万トン（600億円）に達した。（**表④**）

なお，貿易統計では昭和51年（1976年）までは「冷凍野菜」とひとくくりで表記。その後，同52年（1977年）から「ばれいしょ」，「豆」，「その他（野菜）」の３品目別とした。次いで同57年（1982年）から「枝豆」が登場し４品目となり，同63年（1988年）から「えんどう」，「いんげん」，「ほうれん草」，「スイートコーン」，「混合野菜（コーン主体）」，「混合野菜（コーン以外）」を追加して主要10項目になった。さらに，平成７年（1995年）に「ブロッコリー」，同８年（1996年）に「さといも」が加わった。

〈表４〉　冷凍野菜輸入高

財務省貿易統計（単位：数量トン，金額億円）

	輸入量	金額
1965年	181	0.3
1970年	8,474	10
1975年	24,954	45
1980年	140,756	263
1985年	179,605	381
1990年	305,144	600

〈表５〉　冷凍食品国内消費量と消費金額

（単位：トン）

	国内生産量	冷凍野菜輸入量	合計消費量	国民１人当たり消費量（kg）
1965年	26,468	181	26,649	－
1970年	141,305	8,474	149,779	1.4
1975年	355,131	24,954	380,085	3.4
1980年	562,165	140,756	702,921	6.0
1985年	778,346	179,605	957,951	7.9
1990年	1,025,429	305,144	1,330,573	10.8

（単位：億円）

	国内生産額	冷凍野菜輸入額	合計消費額	国民１人当たり消費額（円）
1965年	38	0.3	38	－
1970年	309	10	319	－
1975年	1,396	45	1,441	－
1980年	2,821	263	3,084	2,634
1985年	4,347	381	4,728	3,906
1990年	5,674	600	6,274	5,075

1. 国内生産量・金額は日本冷凍食品協会調 2. 冷凍野菜輸入量・金額は財務省貿易統計　3. 年度１～12月

((特)) ((集))

発展期をむかえた冷凍食品

28年にスタート

「冷凍食品」はいまやインスタント時代、レジャー時代にふさわしい優れた完全保存食品として脚光をあび、その発展振りは他のインスタント食品をしのぐめざましいものがある。

我が国の冷凍食品の歴史は極めて浅い。すなわち戦前、戦時中の冷凍魚の域を脱し、今日一般に定義づけられているいわゆる「ショーケース（フリーザー）の中に入れて販売されている包装食品」が初めて世に出たのは戦後の28年のことである。その開拓者は日本冷蔵である。その後、日冷に続き大洋漁業がトライヤルであったが生産を開始、さらに日本水産が33年、日魯漁業が34年から相次いで進出し、大手水産4社の競争が始まったのである。

このように大手水産4社が進出し、35年から日魯漁業と大洋漁業の2社も本格操業を開始するに及んで冷凍食品業界は黎明期の段階を終えて発展期を迎え、今年がその第一年度といわれている。その間、業界は生産の増大に対処して、冷凍食品の啓蒙・普及宣伝の目的をもって従来の冷凍水産協会（冷凍魚団体）を34年12月5日に改組、社団法人冷凍食品普及協会(会長木村鉱二郎氏)として新発足している。

付表1　全国冷凍食品生産高
冷凍食品普及協会調（単位　トン）

品種	昭和33年	34年	35年	同数量構成比	同金額構成比
				%	%
水産ラウンド類	8.0	91.7	307.5	6.7	15.3
水産ステーキ類	10.0	18.0	105.5	2.3	4.3
フライ類	66.0	86.0	254.5	5.6	5.1
スチック類	1,215.0	1,209.1	1,815.7	39.8	26.1
野菜類	139.0	490.0	588.3	12.9	11.1
フルーツ類	107.0	486.3	780.9	17.1	17.3
畜産類	—	—	28.5	0.6	1.9
その他加工品	46.0	347.0	680.1	14.9	18.8
合計	1,591.0	2,728.1	4,559.0	100.0	100.0

付表2　冷凍食品伸長度
冷凍食品普及協会調

品種	昭和33年	34年	35年
水産ラウンド類	100	1,146	3,844
水産ステーキ類	100	180	1,055
フライ類	100	130	386
スチック類	100	99	149
フルーツ類	100	470	770
野菜類	100	352	423
畜産類	100	—	100
その他加工品	100	754	1,478
合計	100	172	286

3年間で約3倍

過去3カ年のデーターをみると、冷凍食品の全国生産高は33年1.591トン(233,760千円)、34年2,728トン（488,028千円)、35年4,559トン（903,372千円）と急激に伸びている(付表1）。これは33年を100とした指数で表わすと 34年172、35年286で、実に過去3年間に2.86倍もの伸長振りである(付表2）。ただし広義の意味の冷凍食品生産高はもっと多くなる(参考表)。

これを種類別にみると、比率はスチック類が最も多いが、伸び率は35年には僅か1.49倍と最低である(付表1.付表2)。スチックの伸びの鈍化は35年の金額の構成比率が数量の構成比を下廻っていることでも明らかなように、供給過剰のきらいがないとはいえない。最も伸びの著るしいのは水産ラウンド類で、これにその他加工品、ステーキ類、フルーツ類、野菜類等が続いているが、35年からお目見得した畜産類の台頭が最も注目される(付表2)。

参考表　冷凍食品類の生産・消費量(34年度)
冷凍食品協会調（単位　トン）

品種		生産	輸出	国内消費
農産	果物	2,500	1,500	578,500
	野菜	800		
	計	3,300		
水産		746,000	167,500	1,800
その他(スチック類)		1,500		1,500
合計		750,800	169,000	581,800

（注）水産品は母船式冷凍魚を含む（国内消費は若干の輸入畜肉パンは除く）。

日水、ついに日冷を追越す

過去3カ年の生産実績を各社別にみると、33年に日本水産が戦列に加わるに及び、冷凍食品業界の地図は大きくぬりかえられた。すなわち従来独占を続けて来た日本冷蔵の独占体制は除々に崩れ、遂に昨35年には日本水産が日本冷蔵を追い越してその立場は逆転した(付表3)。そして今年の見通しは本社調査によれば日本水産40%、日本冷蔵35%となるものと予想され、35年度から本格的に乗出した大洋漁業、日魯漁業は2社で僅かに10%にとどまる低調さで実力伯仲までにはまだほど遠い。4社のうち最も

1961年(昭和36年)より

期待される
冷凍食品の現状と問題点

オリンピックでは不発におわったが……

冷凍食品業界は1964年の東京オリンピックを目指して一大飛躍を期したが，その期待もむなしく不発に終り，いぜんとして黎明期の段階を脱し切れなかった。

しかし，ことオリンピックに関しては冷凍食品が果した役割りは大きく，帝国ホテルの村上チーフコックは「もし冷凍食品がこの世になかったら東京オリンピックは満足に行なわれなかっただろう」とさえいっている。

確かに一流ホテルのコック長が冷凍食品を実際に使用し，認識したことは全長い目でみれば，東京オリンピックの開催は業界発展のため大きなプラスであったといえる。

生産の動向

さて，冷凍食品の生産動向をみると，本格市販が開始された33年から38年までの5年間に生産は約12倍（金額では14倍）という急増ぶりである。しかし，38年には伸びは大きく鈍化，約20%の増にとどまった。

そして39年はオリンピックの年として期待されながらも予想外に伸び悩み，前年比14%増の20,350トンに終わったものと推定される（表①）。もっともここでいう冷凍食品とは〝前処理をほどこし急速凍結を行なって包装された規格品で，凍結のまま保存販売される食品〟をいい，いわゆる凍魚を含んでいない。また数字は冷凍食品普及協会（会長木村鉱二郎日本冷蔵社長）傘下の大手水産 4 社に限り，他の中小企業製品は含まれていない。今40年も恐らく微増にとどまると予想される。

品種別の動向

品種別の動向をみると，38年までは水産類が5年間に335倍に著増したのをはじめ，フライ類が大きく伸びた。また35年から新しく登場した畜産品（ブロイラー類）が急激な伸びをみせた。調理品も急増，その他商品も冷菓の台頭で年々増えた。

しかし，39年にはスチック類やその他が前年を下回わり，水産品，フライ類，調理品の伸びが鈍化した。畜産類は水産品に代る第2の商品として業務用で増え続け，39年には前年比30.5%の増となった。果実，野菜も生鮮の高値を反映して増えた。

全般の傾向としては水産品は開き，セミドレス，

表①　冷凍食品生産量の推移　　日刊経済通信社調（単位：t）

	33 年	34	35	36	37	38	39	40	39/38	40/39
水産類	18	110	413	2,890	5,530	6,392	6,500	6,500	101.5	100.0
フライ類	66	86	254	1,041	1,866	2,249	2,300	2,350	101.4	102.2
スチック類	1,215	1,209	1,814	2,626	2,244	2,429	3,400	2,350	98.8	97.9
野菜類	139	496	588	1,226	1,969	2,465	2,900	3,200	117.6	110.3
果物類	107	486	781	1,340	2,091	2,205	2,600	2,900	113.4	111.5
畜産類	—	—	28	328	1,074	1,686	2,200	2,800	130.5	127.2
調理品類	46	347	681	628	1,061	1,092	1,100	1,200	100.7	110.0
その他	—	—	—	733	269	473	450	450	95.1	100.0
計	1,591	2,728	4,559	10,812	16,104	18,991	20,350	21,650	107.2	106.4

1965年（昭和40年）より

躍進する冷凍食品産業の問題点

普及発展期へ突入、新旧メーカー激突の様相強まる

躍進つづける冷凍食品，5年間で数量5.1倍

わが国における冷凍食品産業は，このところ成長著るしく，特に一般家庭用の需要が急激に増え始めたことは，漸く開発期を終え，本格的な普及発展期に突入したことを物語っている。しかし，業界は先発，後発メーカー入り乱れて早くも〝戦国時代〟の様相を呈している。

わが国における冷凍食品の生産は近年目ざましい伸びをみせている。日本冷凍食品協会の調べによると，昭和44年度（1～12月）の生産高は256工場（協会員161社，215工場，員外38社，41工場，合計199社，256工場）で，12万3,499トン（前年比41%増），228億4,700万円（同45%増）に達した。

これはこの10年間に数量で45.3倍，金額で38.9倍もの驚ろくべき成長ぶりで，最近5カ年間でみても実に数量で5.1倍，金額で6.6倍，年率30%台の伸びをみせている。

そして業務用（学校，工場などの集団給食用，ホテル，レストラン，病院，自衛隊向け販売）と家庭用（デパート，スーパーなどの小売店又は宅配組織で一般家庭向けに販売）との割合いは，44年度の場合（数量），業務用71.7%，家庭用28.3%で，43年の家庭用20.8%に比べて家庭用の比率が大きく増えている。しかしまだ圧倒的に業務用の比率が高い。

更に44年度の品種別生産の比率をみると，数量では水産物32.7%（金額37.2%），野菜類18.2%（同10.5%），果実類4.9%（同2.9%），畜産物3.2%（同5.8%），調理食品（フライ類，ステック類を含む）39.1%（同42.5%），その他1.9%（同1.0%）などとなっていて，調理食品が最も多い。

しかし，実際の生産数量は冷凍食品協会が調査した数量をはるかに上回っている。これは33～43年までの統計（冷凍食品普及協会調査）のうち40年までは日本冷蔵，日本水産，大洋漁業，日魯漁業の4社，41年は極洋（旧極洋捕鯨），42年弥生食品，43年加ト吉が加わっているが，その他は全てアウトサイダーとなって数字に入っていない。44年度は日本冷凍食品協会（44年6月，冷凍魚協会と冷凍食品普及協会を発展的に改組）がアウトサイダーを含めて調査したが，それも正確なものではない。

表①　冷凍食品の年度別生産高　日刊経済通信社調

年度	生産数量（トン）	生産金額（100万円）	前年対比（%）	
			生産数量	生産金額
昭和35年度	6,000	1,100		
36	15,000	3,000	250.0	272.7
37	25,000	3,900	166.7	130.0
38	32,000	5,400	128.0	138.5
39	36,000	5,000	112.5	92.6
40	56,000	7,000	155.6	140.0
41	68,000	12,000	121.4	171.4
42	98 000	20,000	144.1	166.7
43	120,000	28,000	122.4	140.0
44	160 000	40,000	133.3	135.7
45	220,000	55,000	137.5	137.5
46	300,000	80,000	136.4	145.5

（注）46年度は見込み。

本社が調べた生産数量は44年度で16万トン，金額（蔵出し）にして380～400億円，45年度は22万トン，550億円に達したと推定される。最も多い見方では44年度に450～500億円，45年度650～750億円にのぼったとの見方があるが，これはやや多すぎると思われる。

何れにしても，45年度に500億円を大きく上回ったのは間違いあるまい。46年度は800億円，47年度は1,000億円の大台乗せ必至だ。

メーカー数にしても現在，日本冷凍食品協会に加入しているのは215社（うち機器メーカー8社）であるが，このうち協会の認定工場は240工場である。

しかし季節商品の下請けなどを加えると実にその数は300～400社にものぼるといわれる。いかにメーカーが乱立しているかが伺えるが早くも整理期に入った感があり，こゝ1～2年が新規参入，整理のヤマとなろう。

1971年（昭和46年）より

ふりかけ類，子どもから大人へとユーザー拡大

おむすびの素が市場に登場

丸美屋食品工業の「のりたま」や永谷園の「お茶づけ海苔」といった，市場を代表する看板商品を中心としながら，新商品やキャラクター商品の改廃を経て歩んできたふりかけ類市場。特に昭和の終わりから平成にかけては，ふりかけユーザーを子どもから大人へと拡大することで成長を続け，おむすびの素の登場により市場の裾野が広がった。

オイルショック以降に市場が伸長

本誌「酒類食品統計月報」昭和50（1975）年９月号には，「順調に伸びるお茶づけ，ふりかけ類」と題した特集が組まれた。お茶づけ，ふりかけ類は昭和48年に起きたオイルショック以降の成長が急激で，減速経済の中で経済的価値が高く評価されてきた。

ふりかけ類の販売額は昭和35年は22億円程度だったが，同38年には140億円と驚異的な増産を記録。しかし同39年から大減産し，同40年以降は60億円台と低迷。その後，同48年は80億円近くまで回復してきた。同49年度の売り上げは99億円程度と推定。シェアは，丸美屋が50％近くを保持。同41年に三井物産と業務提携し，業界内で安定した地位を築いた。そのほか，広島の三島食品，田中食品，静岡の日本ふりかけ，日本栄養食品，愛知の丸一（浜乙女），丸愛などが有力メーカー。

お茶づけは永谷園の独占市場となっており，売り上げは順調に推移。同50年に100億円を突破した。永谷園は同47年発売の「さけ茶づけ」，48年の「梅干茶づけ」がヒットし，安定需要を確保。そのほか，江崎グリコや伊藤園が市場に新規参入している。

永谷園がふりかけに参入

昭和54年（1979）度のお茶づけ・ふりかけの市場規模は約282億5,000万円，前年度比4.8％増。お茶づけは107億円，5.9％増。永谷園の伸びが市場を牽引した。一方，ふりかけは175億円，4.1％減。市場が停滞した。

永谷園がふりかけに本格参入したことがトピックで，「すし太郎」のヒットを機に，一昨年秋に「すしふり」を発売。これが反響を得たことで，第２弾「味ぶし」を２月に北海道・九州で発売。その後全国展開となり，タレント起用の集中スポット投下もあって，好調な売れ行きとなった。永谷園のふりかけ本格参入について，本誌は「これまでの業界勢力図を大きく改変することになりそう」としている。また，ふりかけはこの頃，キャラクター商品がヒットするかどうかが業績に与える比重が高く，数年前にヒットした丸美屋の「ロボコン」に続くものとして日本栄養食品の「ドラえもん」が注目されている。なお，同55年には原料費・エネルギー関係の生産コスト，流通経費の上昇により，各メーカーが価格改定を実施している。

おむすびの素が登場

昭和57年（1982年）度の市場規模は約410億円，

表①　お茶漬け・ふりかけ・おむすびの素の年度別販売額

日刊経済通信社調（単位：百万円）

年度別	お茶漬け	ふりかけ	おむすびの素	合　計
1974年	9,900	9,900	−	19,800
79	10,700	17,550	−	28,250
82	13,100	27,973	−	41,073
89	17,650	28,770	4,300	50,720
91	18,850	34,860	6,050	59,760
93	16,950	35,310	6,750	59,010

表②　ふりかけ・お茶漬け類の主要社別販売額推移

日刊経済通信社調（単位：百万円）

社　別	1974年度	79年度	82年度	89年度	91年度	93年度
永谷園	9,160	10,300	16,100	18,000	25,050	24,000
丸美屋	5,200	5,600	6,800	7,050	8,500	8,940
ミツカン	–	–	–	4,100	4,400	4,750
三島食品	1,680	3,100	3,100	3,600	3,700	3,850
ニチフリ食品	890	2,700	3,100	3,050	3,000	3,200
田中食品	840	1,450	1,650	1,620	2,550	2,700
その他	2,030	5,100	10,287	13,300	12,560	11,570
合　計	19,800	28,250	41,037	50,720	59,760	59,010

※社名は現在のもの。

0.3％減と前年割れ。お茶づけはシェア８割を占める永谷園が苦戦し，約131億円，11％減とマイナスだった。ふりかけは約280億円，５％増。市場の成長は減速したものの，丸美屋の「のりたま」「かつお」，永谷園の「鮭っ子」「味ぶし」，ニチフリ食品の「おかか」，三島食品の「のり香味」といった各社のメイン商品は堅調だった。

また，ふりかけの派生商品として，この頃からおむすびの素が登場。ミツカンの「おむすび山」のほか，永谷園，ハウス食品も新商品を発売。おむすびの素はこの時点ではまだ，“スキ間商品”といった位置付けだったようだが，年が経つに連れ存在感が出てくることになる。

「混ぜ込みわかめ」「おとなのふりかけ」発売

1980年代終盤に入り，今となっては食卓の定番となった人気商品が相次いで登場した。昭和63年（1988年）には丸美屋から「混ぜ込みわかめ」が，そして平成元年（1989年）には永谷園から「おとなのふりかけ」がそれぞれ発売された。

平成元年度の市場規模は507億円，7.6％増でいよいよ500億円台に突入。お茶漬けは176.5億円，11.1％増。白子の「お茶漬サラサラ」が想定を超える売り上げとなったこともあって２ケタ増。フリーズドライ生のりが消費者に評価されたことが実績を押し上げた。ふりかけは287.7億円，5.8％増。永谷園の「おとなのふりかけ」などのアイテムが，ふりかけユーザー層を子どもから大人へと広げたことで好調な伸びを示した。おむすびの素は43億円，6.2％増。この時点では，ミツカンの「おむすび山」がダントツの強さで推定シェアは90％超。

永谷園がふりかけ首位を奪取

平成３年（1991年）の市場規模は598億円，7.3％増と好調な伸びを示し，600億円まであと一歩に迫った。お茶づけは190億円，6.8％増。首位の永谷園は昨年発売した「おとなのお茶づけ」がプラスオンし，シェアが上昇。これに白子が続く。

ふりかけは349億円，3.3％増。ここに来て「おとなのふりかけ」の好調が持続した永谷園が丸美屋を僅かながら上回り，シェアトップに立ったとみられる。当時は量販店の定番に“おとな商品”が矢継ぎ早に入り，大袋入りのパッケージやキャラクター商品が苦戦していた模様だ。

おむすびの素は60億円，34％増で大幅に伸長。これまではミツカンの独占市場だったが，ここでも永谷園のおとなシリーズが存在感を示し，追い上げをみせている。

市場は９年ぶりの前年割れ

平成５年（1993年）の市場規模は590億円，1.8％減と９年ぶりのマイナスを記録した。これまでの市場活性化の原動力となっていた「おとな」シリーズに陰りが見え，市場が減速した。

お茶づけは169.5億円，7.6％減。永谷園の「おとなのお茶づけ」がピークを過ぎ，主力のレギュラー品も落ち込んだ。市販用が低調な中，海苔メーカーのギフト商品投入などでギフト市場は過熱傾向。

ふりかけは353億円，2.9％増。市場で長く定番となっている商品は，丸美屋「のりたま」，三島「瀬戸風味」など数少なく，これまで新製品によって市場を活性化し，規模を伸ばしてきた。業界は「おとなのふりかけ」の次となる商品を模索している状況。

おむすびの素は67.5億円，8.8％減。ミツカンの「おむすび山」はリフレッシュ効果で伸長したが，永谷園が失速した。

市場は過去数年の急成長から一服状態にあり，踊り場の状態からいかに脱却するかを課題として，平成初期を終えた。

順調に伸びるお茶づけ,ふりかけ類

市場の安定化に一層配慮するとき

お茶づけ，ふりかけ，即席みそ汁，お吸物業界は，減速経済の中でその経済性，簡便性が認められ，再び脚光を浴びて来た。

特にふりかけは種類，メーカー数も多く，市場は再び荒模様を呈して来ている。お茶づけを除きふりかけ，即席みそ汁，お吸物は過去に手痛い経験をしているだけに，市場の安定化には一層気を配らねばなるまい。同時に即席食品の生命である「経済的で簡便，味が良い」を重視し，トータルマーケットの拡大をはかるべきではないか。

オイルショック以後,急速に成長した市場

お茶づけ，ふりかけ，即席みそ汁，お吸物の49年度の総売上げは約250億円で前年比24.5%増と順調な伸びを示している。

特に，これらの製品は48年のオイルショック以降の成長が急激で，それ以前をみると45年が前年比3%増，46年4%増，47年14%増であったが，48年には20.2%，49年24.5%とそれぞれ20%台の売上げ増をみた。

50年度を見込でみても，各社の強気な姿勢が伺われ，前年比22%増の310億円となっている。うちお茶づけ類は112億円で前年比13.1%，ふりかけは26%増，即席みそ汁は50.1%増，即席お吸物が1.5%の微増となっている。

表①　お茶づけ，ふりかけ，即席みそ汁，お吸物の年次別推定販売額　日刊経済通信社調(単位：百万円)

区　分	44年	45年	46年	47年	48年	49年	50年見込
お茶づけ	3,900	4,300	5,100	7,400	9,000	9,900	11,200
ふりかけ	6,560	6,760	6,830	6,660	7,990	9,900	12,500
即席みそ汁	1,750	1,605	1,438	1,500	1,880	3,865	5,800
即席お吸物	1,650	1,610	1,480	1,370	1,480	1,744	1,771
合計	13,860	14,275	14,848	16,930	20,350	25,409	31,271

表②　お茶づけ，ふりかけの社別推定販売額　日刊経済通信社調(単位：百万円)

社　名	44年	45年	46年	47年	48年	49年	50年見込
永谷園	3,130	3,650	4,800	6,720	8,250	9,160	9,800
丸美屋	2,750	3,080	3,200	3,500	4,100	5,200	5,970
三島食品	1,210	1,350	1,300	1,250	1,500	1,680	1,800
田中食品	800	780	730	710	720	840	940
日本ふりかけ	340	350	450	550	750	890	1,000
丸一	550	400	420	430	450	500	570
丸愛	530	400	230	250	300	350	400
東京ナガイ	400	350	200	150	170	210	250
日本栄養食品	150	150	200	200	350	490	560
江崎グリコ	—	—	—	—	—	—	1,400
日本ハム	—	—	—	—	—	—	340
伊藤園	—	—	—	—	—	—	170
その他	600	500	400	300	400	480	500
合計	10,460	11,060	11,930	14,060	16,990	19,800	23,700

ふりかけが26%の大巾増が見込まれているのは，新規メーカの参入や，需要増を見込んだ生産者，再度ふりかけを販売の主力とするメーカーも現われているためである。

お茶づけ，ふりかけ類は減速経済の中で，その経済的価値が高く評価され，数量ベースでも比較的安定した需要が見込まれている。

また，両製品とも米食関連製品であり，減速経済の中で再度見直された業界でもあるため，新規参入メーカーも多く，各分野での大手である江崎グリコ，日本ハム，伊藤園がお茶づけ，ふりかけ業界に参入した。

ではここでこれらの製品の歴史を概観してみよう。ふりかけ類は昭和35年にふりかけ22億円，茶づけ7億円，合計29億円程度であったが，38年のピーク時にはふりかけが140億円と驚異的な増産を記録したものの，39年から大減産し，業界は一転，不況産業に転落した。

40年以降は業界の淘汰が進み，マーケットも60億円台と低迷してしまった。

茶づけ類はその点，永谷園の販売編成も行なわれたが売上げは順調に推移し，50年度には100億円突破となるが，マーケットは永谷園の独占市場となっている。

即席みそ汁，お吸物もふりかけと同様な経過を

1975年(昭和50年)９月号より

500億市場を達成したお茶漬け・ふりかけ業界

活発な差別化商品投入が市場を活性化

昨年のお茶漬け・ふりかけ市場は，食品業界が低成長に推移している中で，好調な伸びを示した。相次ぐ新製品攻勢に加え，ふりかけ需要の高年齢層へ焦点をあてた製品開発など，たゆまぬ努力が奏効したといえよう。

今年は大手メーカー参入も噂されており，一層市場は活性化し，ふりかけ市場規模は300億円の大台となりそうだ。

89年度は８％に迫る高い伸び

1989年度のお茶漬け・ふりかけ市場は本誌推定で507億円，前年比7.6％増と500億円台に達した模様。内訳はお茶漬け176.5億円，11.1％増，ふりかけ287.7億円，5.8％増，おにぎりの素43億円、6.2％増と好調な伸びを示し，特にお茶づけは２ケタの伸びとなった。

この高い伸びは，これまでの商品内容と異なるコンセプトをもった差別化商品の投入により，市場が大いに活性化したためとみられ，市場に投入された新製品メニューは昨年から今年にかけて50アイテムにものぼった。多数にのぼる新製品の中で売れ筋がでてくると，すぐにも同タイプの新製品の投入がみられ，店頭はいつになく活性化されたとみられる。

一方，キャラクターは有力商品不在の中で，これまでとは異なるファンシーキャラクターが前面に出つつあるが，相変わらず消長を繰り返し，トータルでは前年並みの水準とみられる。

昨年の大きな特徴は何といってもフリーズドライ生のり（ＦＤ）が消費者に高く評価されてきたことだ。これは白子がお茶づけ市場で22億円もの販売実績をあげ，永谷園の独壇上といわれる中で12％ほどのシェアを獲得し，業界での大きなエポックとなった。この動きに刺激され，高級化・差別化商品の開発，新製品投入にはずみがついてきており，ＦＤ生のりを使用した製品を始め，高級素材を使用したメニュー提案型商品の発売，さらに健康ブームを反映して鉄分・カルシウム素材のふりかけなど，市場は大いに活性化した。

その反面，量販店等のスペースは広がっておらず，定番化するにも条件面や販促としてＴＶＣＭ等販促面での肩替わりが必要なケースもでており，結果として市場競争は一段と厳しくなっている。

新しい方向与えたＦＤ生のり

お茶づけ市場は，上述した通り白子が倍増ペースとなったことや，永谷園の新製品も順調に推移し，大幅な伸びとなった。特に永谷園は今期から売り上げの集計方式を純売上高としたため，例年より数億

表①　お茶づけ・ふりかけ類の販売金額　日刊経済通信社調（単位：百万円，％）

年次別	お茶づけ		ふりかけ		おむすびの素		合計	
	販売量	前年比	販売量	前年比	販売量	前年比	販売量	前年比
1984年	14,030	102.0	27,250	105.2	3,220	72.7	44,500	101.0
85	14,280	101.8	25,450	96.3	3,970	123.3	43,700	98.2
86	14,500	101.5	26,900	105.7	4,120	103.8	45,520	104.6
87	15,900	109.7	26,780	99.6	4,030	97.8	46,710	102.6
88	15,880	99.9	27,200	101.6	4,050	100.5	47,130	100.9
89	17,650	111.1	28,770	105.8	4,300	106.2	50,720	107.6
90（見込）	18,750	106.2	31,980	111.5	4,400	102.3	55,130	108.7

注）1985年から一部メーカー数字を調整し，合計金額を見直した

1990年（平成２年）６月号より

寡占化が進んだ昭和の包装もち

保存期間1年,「切りもち」が大ヒット

「ハレの日」の食品として代表的な存在だったもちは，お正月を前に親族が集まり,“杵と臼で搗く”ものだった。昭和32年(1957年)，新潟県の白玉粉製造メーカーが閑散期対策として工業化を開始。恒常的な人口増と経済発展,核家族化の進行もあって,もちはやがて“搗くもの”から“買うもの”へと変わっていった。

昭和53年，消費量は減少傾向

もちは古来から特別な存在として敬われ，ハレの日の食べ物として日本人の生活に根付いてきた。昭和30年(1955年)代にもち製造メーカーが新潟県や米どころを中心に増加し，もちがひとつの産業として発達したことで，様々なもちが市場に出回るようになった。

家計調査によると,同39年(1964年)のもち米ともち製品を合計した一世帯当たりの年間購入数量は11. 76kg。しかし，同53年(1978年)には7.04kgにまで減少した。もちは家庭で作るには手間のかかる食品で，さらに食の洋風化が逆風になった。なお,全国の世帯数から単純に計算すれば,もちの市場規模は約1,000億円。そのうち,包装もちは2割から3割と考えられる。

昭和52年(1977年)，もち米の購入数量が一時的に増加した。同51年(1976年)に家電のもちつき機が発売され，包装もちメーカーは打撃を受けた。しかし，同53年(1978年)には生産・販売台数ともかなり減少し，一時的なブームにとどまった。

昭和52年度(1977年)の生産量は3万5,400トンで17.7%減。51年(1976年)から続いた原料もち米の不作や作付面積の減少，種子もみの不足によるもち米の供給減が響いた。この結果，自由米市場では1俵(60kg当たり)3万円の史上最高値を記録。同53年(1978年)産もち米作付けが大幅に増加し，一転して供給過剰となった。

その後も原料もち米は年ごとに供給の過剰と不足を繰り返し，それによる価格の乱高下が発生。包装もちは，常に原料事情に悩まされる市場といえる。

アイテムの変遷

包装もちは，昭和32年(1957年)頃から新潟県内の白玉粉製造業者が通年操業を企図し，冬期の閑散期に正月用の切り餅を製造したのが始まりといわれる。その後，カビとの戦いに明け暮れ，研究の結果，防腐剤を使用しなくても長期保存に耐えるハムソーセージタイプの包装もち(なまこもち)が開発された。同時期に木村食品工業で板もちが開発され，なまこもちに替わる主流商品として成長した。

切もちは昭和46年(1971年)頃に現れ，その後大量に出回るようになった。切もちには，①加圧・加熱殺菌法　②ガス充填法　③脱気法—など製法の違う種類があった。このうち圧力釜を使って殺菌処理した①の製品が佐藤食品工業所の積極的なテレビ広告によって急成長した。

昭和48年(1973年)，切りもちが上市されると，板もちに変わる爆発的なヒット商品となった。同年

表①　包装もちの生産高

全国餅工業協同組合調(単位：トン，%)

	52年		53年		54年	
	生産量	比率	生産量	比率	生産量	比率
切りもち	23,000	65.0	26,100	70.0	29,900	71.9
板もち	10,300	29.1	8,950	24.0	6,800	16.3
鏡もち	2,100	5.9	2,250	6.0	2,800	6.7
生もち等	–	–	–	–	2,100	5.0
合　計	35,400	100.0	37,300	100.0	41,600	100.0

注)年度は9～8月

に発売された「サトウの切り餅」（佐藤食品工業所）は，レトルト殺菌釜，ロータリー真空機という革新的な機械を導入し，１年の保存期間を実現した。包装もちは年末商材という商品特性から12月に生産販売が集中するため，通年商材化は包装もち業界の課題だった。１年保存が利く「サトウの切り餅」は通年商品であるとともに封を切ってももちを余らせることなく使い切ることができる消費者が求めていた商品だった。

昭和64年，多角化図る大手メーカー

昭和39年（1964年）にハムソーセージタイプの「なまこもち」か包装もちとして開発されて以来，同47年（1972年）には「鏡もち」，同48年（1973年）に「殺菌切りもち」，同53年（1978年）に「生切りもち」，同58年（1983年）に無菌１個包装「生切りもち」が登場。この時点で，今ある商品がほぼ･出そろった。

平成を目前に包装もち市場は成熟期に入ったようだ。同50年（1975年）代には２ケタの急成長を遂げたが，平成時代を前に横バイ，もしくは微増傾向が続いた。メーカーサイドでも「包装もち市場は成熟段階に入り，今後はその中でいかにシェアを伸ばすかか課題」という声が聞かれた。

以前から，包装もちを主体とするメーカーは端境期の商品としてゼリー，飲料，菓子類などを手掛けてきたが，もちの需要期には生産能力の多くをそちらにふり向けなくてはならず，もう一つの柱商品を育てるのは困難というのが実状だった。

このような中で，メーカーが本格的に取り組み始めたのが，包装米飯，冷凍米飯類で，包装米飯には佐藤食品工業，越後製菓，樋口敬治商店，新潟食品が，冷凍米飯には木村食品が参入した。これらの米飯類は消費者の簡便性志向，個食化というニーズに対応したものとして期待された。米飯類も品質が問われるが，包装もちの大手メーカーはそのほとんどか米どころ新潟にあり，米についての経験，技術が豊富であるところが強みとなった。

米飯類はメーカーの多角商品化の一つの方向だが，本来の商品である包装もちに関しても新たな取り組みが始まった。全国餅工協組が主導して不需要期を中心に通年販売にも耐える商品として，「即席もち」の需要拡大を図るもので，以前から「即席もち」は販売されていたが，その即席性や，他の食品に合わせることができるといった便利性を訴求した。

また，高品質もちにも期待が集まっている。全国餅工業協同組合が行ったアンケートによると，９割以上の人が包装もちを購入する場合，もち米100％のものを選ぶという。かつてはパッケージやデザインでの差別化や，「色もち」の展開など，いくつかの工夫か試みられたが，結局消費者か求めていたものは「本来のもちらしいもち」だということが確認された。

本物志向に対応し，最高品質といわれる「こがねもち米」を使いった高級感や味を訴求した商品は，包装もちの新たな可能性として平成時代に存在感を増していくことになる。

表④　全国１世帯当たりの家計調査

総理府調

	もち米			もち		
	金額（円）	数量（kg）	価格（円）	金額（円）	数量（kg）	価格（円）
50年	1,198	3.17	378.5	2,583	4.62	558.9
51	1,267	2.99	424.2	2,713	4.48	605.7
52	1,541	3.14	490.2	2,830	4.20	673.3
53	1,550	3.09	501.8	2,749	3.95	696.4
54	1,452	3.01	482.3	2,758	3.96	697.1

表③　包装もちの販売集中度

日刊経済通信社調

社名	52年		53年		54年	
	販売高	シェア	販売高	シェア	販売高	シェア
佐藤食品工業	68	37.8	83	41.5	100	46.1
日東あられ	35	19.4	37	18.5	40	18.4
木村食品工業	24	13.3	25	12.5	29	13.4
樋口敬治商店	17	9.4	19	9.5	20	9.2
新潟食品工業	8	4.4	8.5	4.3	8.5	3.9
マルシン食品	7.6	4.2	7.2	3.6	7.5	3.5
その他	20.4	11.3	20.3	10.2	12	5.5
合計	180	100.0	200	100.0	217	100.0

注）単位：億円

寡占化傾向強まる包装もち業界

価格競争から品質・企画競争の時代へ

本格シーズンを迎えた包装もち業界は，原料もち米も昨年来潤沢で生産に拍車が掛っている。特に今シーズンは大手メーカーの設備増強から一層の寡占化がみられそうだ。それとともに，これからは価格競争から，品質競争・企画競争の時代へ入ったといえよう。

減少傾向の一人当りもちの消費量

国民一人当りのもちの消費数量そのものは，やや減少傾向で推移している。

総理府統計局の家計調査によると，もち米ともち製品を合計した総需要は，39年には一世帯当り年間の購入数量が11.76kgもあったものが，53年には7.04kgにまで減少している。

特に，もち米の購入数量が大幅に減っている。これは，もちに限らず赤飯にしても，家庭で作るには手間のかかる食品であり，食生活が多様化，洋風化する中で，米の消費減退と同様にもち米の購入が減少する傾向にある。これは，もち米の価格が年々上昇を続けてきたこともかなり影響している。

もち製品の購入数量もオイルショック以降減少傾向にある。家計調査の47年にもち米が減って，もちが大幅に増えているが，これは総理府の調査内容に変更があったことによる。46年までは賃もちの分をもち米の項目に入れていたが，47年からもちに分類された。つまり，家計調査の「もち」は賃もちを含めたもち製品ということである。

全国の世帯数から単純に計算すれば，もちの市場規模は約1,000億円。そのうち，包装もちは2割から3割と考えられる。人口の増加分も考慮すれば全体の市場は拡大しており，包装もちの市場も伸びる余地は十分にあるといえるが，一人当りの消費量の落ち込みが懸念されるところである。

52年にもち米の購入数量が増えているが，これは51年に発売された家電のもちつき機の影響が考えられる。電機もちつき機の生産・販売状況は表②の通りであるが，メーカーの宣伝攻勢によって52年頃はヒット商品としてかなりの数が出回り，包装もちも打撃を受けたようだ。しかし，これも一時的なブームだったようで，53年には生産，販売台数ともかなり減少している。

53年度生産量3.7万トン，5.4%の増加

包装もち（板もち，切もち，鏡もち）の53年度（包装もち年度53年9月～54年8月）の生産量は3万7,300トンで前年対比105.4%の増加であった。（表③）

これは包装もちの全国団体である全国餅工業協同組合（38社，代表佐藤勘作理事長）のまとめた生産量であり，アウトサイダーの生産量は含んでいない。また，全農との契約栽培の原料もち米買受け実績に基づいた生産量と思われるので，自由米いわゆるヤミ米による加工分は除外されており，実際の生産量はさらに増えると推定される。

1昨年の51年度の生産量は4万3,000トン，昨年の52年度は3万5,400トンで51年対比82.3%と急激に落ち込んだ。

これは51年，52年と続いた原料もち米の不作や作付面積の減反，種子もみの不足などによるもち米の供給減が響いたことによる。

52年の原料事情は，包装もちや米菓業界など需要家団体の契約申込み量25万トンに対して最終集荷数量は17万

表① 全国一世帯当り年間の支出金額，購入数量，平均価格 （総理府調）

	もち米			もち		
	金額	数量	価格	金額	数量	価格
45	1,297	6.24	207.65	683	2.54	269.3
46	1,220	5.78	211.14	767	2.64	290.2
47	686	3.14	218.45	1,673	5.18	323.2
48	886	3.05	290.40	2,085	4.92	423.9
49	1,078	3.04	354.89	2,485	4.75	523.5
50	1,198	3.17	378.46	2,583	4.62	558.9
51	1,267	2.99	424.20	2,713	4.48	605.7
52	1,541	3.14	490.22	2,830	4.20	673.3
53	1,550	3.09	501.83	2,749	3.95	696.4

注）金額，価格：円，数量：kg

② 電機もちつき機の生産・販売状況 通産省調

	生産		販売		月末在庫
	数量（台）	金額（百万円）	数量（台）	金額（百万円）	数量（台）
52年1～12月	874,608	13,526	1,141,234	18,374	351,301
53年1～12月	196,523	2,731	580,869	9,975	80,109
54年1～7月	105,701	1,385	63,933	886	159,453

1979年（昭和54年）11月号より

生志向さらに進む包装もち業界

新しいジャンルに育つか"即席もち"

シーズン本番を目前に控えた包装もち商戦は，序盤戦は今夏の残暑が厳しかったものの，例年並みの出足をみせている。昨シーズンは自粛ムードの影響が心配されたが，業界全体としては予想以上の伸びで，今年の動向が注目される。

88年度生産量減少の中で，生もちは増加続く

全国餅工業協同組合がまとめた1988年度（昭和63年度）の包装もちの生産量は５万6,400トン，前年比95.9％で2,400トンの減産となった。（表①）

種類別では，完全に主流となった生もちが，生産量３万6,700トン（前年比103.4％）と唯一前年を上回り，構成比でも65.1％と高い割合を占めている。

鏡もちは，87年までほぼ順調な伸びを示していたが，昨年は生産量が6,500トン（前年比84.4％）と後退。殺菌切りもちは生産量１万900トン（同81.3％）と依然減少傾向，構成比も20％を切り19.3％。板もちは生産量2,200トンで前年と変わらず。

自粛ムードの影響が心配された包装もちだが，結果的には過去最高を記録した87年の数量には及ばなかったものの，これに次ぐ生産量となっている。

88年度産原料もち米は1,000万トンを割る

原料もち米の需給では，1988年度産水陸稲の収穫量が，作付面積および単収が減少したため５年連続の豊作とはならず，前年より69万2,000トン減少，993万5,000トンとなった。

88年度産の水稲の作況指数は97で「やや不良」。北海道，九州が平年を上回る生育状況だったのに対して，東北地方は長雨による低温と日照不足のため，冷害が広がり，出穂期以降も天候不順が続いた結果，秋田と山形が「不良」，その他の県は「著しい不良」。東北平均でも作況指数85の「著しい不良」。

東北各県は水稲もち米の主要配分県であるが，全国でみると，88年産もち米の集荷実績は水稲もち米が27万8,885トン（前年比113.0％），陸稲もち米は2万494トン（同82.2％）で，合計29万9,379トンと87年産を３万トン近く上回っている。

12月の自主流通協議会もち米部会で決定されたもち米価格（60kg，１等，ＧＡ着オンレール渡し）

表①　包装もちの生産量　（単位千トン）

種類＼年次	1986年		87年		88年	
	生産量	比率	生産量	比率	生産量	比率
板もち	2.6	5.0	2.2	3.7	2.2	3.9
殺菌切りもち	13.4	25.5	13.4	22.8	10.9	19.3
鏡もち	7.4	14.1	7.7	13.1	6.5	11.5
生もち	29.1	55.4	35.5	60.4	36.7	65.1
冷凍もち	0	—	0	—	0.1	0.2
合計	52.5	100	58.8	100	56.4	100

注）年度は９～８月

表②　水・陸稲もち米作付面積
新潟県餅工業協同組合調（単位：ha）

区分＼年次		1986年		87年		88年	
		面積	前年比	面積	前年比	面積	前年比
水稲	全国	80,018	95.6	90,024	112.5	92,150	102.4
	新潟県	6,441	94.2	7,130	110.7	7,648	107.3
陸稲	全国	12,842	93.0	12,904	100.5	13,046	101.1
	新潟県	63	75.9	79	125.4	91	115.2
合計	全国	92,860	95.3	102,928	110.8	105,196	102.2
	新潟県	6,504	93.9	7,209	110.8	7,739	107.4

1989年（平成元年）10月号より

養殖技術の確立で大量生産へ

平成初頭で100億枚台

海苔は，戦後に養殖技術を確立したことから大量生産時代を迎えた。高度成長の波にも乗り，拡大したギフト市場でも大きな存在感を示し，平成初頭には100億枚台の需給規模となった。バブル崩壊後は贈答需要の減少や外食チェーン，ＣＶＳの出店増などから業務用市場でのニーズが高まった。一方，参入企業も多く価格競争の激化や天然産物であるノリ漁の相場動向への対応も迫られてきた。戦後昭和から平成初頭まで激動の時代を本誌から振り返る。

養殖技術の確立で大量生産へ

海苔は，人口採苗などの技術を確立した昭和30年(1955年)代から大量生産が始まった。40年代(1965年)に入るとそれまでの40億枚前後から60億枚に達し48年(1973年)に96億枚を記録したが，需給バランスが崩れたことで価格は暴落した。このため翌49年(1974年)には水産庁の通達による計画生産が行われるようになった。需給に見合うよう生産抑制を図ることを目的に実施され，50年(1975年)以降は70億枚台の生産を維持し，ほぼ需要に見合う生産量を維持した。その後，58年(1983年)に100億枚台に乗せ，平成年代初頭(1992年)にはほぼ100億枚が需給バランスとなった。

種類別では，焼・味付海苔が昭和50年(1975年)に50億枚台，60年(1985年)に70億枚台，平成２年(1990年)に80億枚台の大台に乗せた。

一方，海苔の業態別消費量の構成比は昭和52年(1977年)頃までは一般家庭用に普及したため圧倒的なシェアを占めた。その後，贈答用の拡大で1980年代にピークを迎えた。平成年代に入ると業務用が躍進。外食などのチェーン化，ＣＶＳのおにぎり需要の拡大を背景に４割を超えた。

ギフト市場が大きく拡大

高価だった海苔は，大量生産時代に入って以降，末端価格は徐々に下がったが，それでも50年代までは高級品の位置づけで，贈答用など百貨店の上位を競う売り上げをみせた。本誌昭和53年11月号では「鎬ぎを削る加工海苔贈答市場」と題して当時の歳暮期の贈答海苔セットの動向をレポートしている。当時の消費形態は，家庭用55％，業務用15％，贈答用30％と推定された。家庭用がやや鈍化した一方，業務用はおにぎりチェーン，のり巻チェーンなどの外食産業の進出，贈答用は利幅の高いセットに新規参入するメーカーが増加したことな

表① ノリ生産量

全海苔漁連調

年度	昭和35 (1960)	45 (1970)	50 (1975)	55 (1980)	60 (1985)	平成2 (1990)
生産量(100万枚)	1,965	6,045	7,154	8,300	9,400	9,100
平均単価(円)		11.58	11.27	14.22	11.41	10.21

表② 海苔の種類別生産量

日刊経済通信社調(単位：100万枚)

年度	焼・味付海苔	その他	合計	構成比(％)		
				焼・味付	その他	合計
昭和50 (1975)	5,045	2,105	7,150	70.6	29.4	100
55 (1980)	5,581	2,719	8,200	67.9	32.1	100
60 (1985)	7,115	2,285	9,400	75.7	24.3	100
平成２(1990)	8,018	1,604	9,100	88.1	11.9	100

どでともに順調な伸びをみせた。

特に，贈答用市場は従来の百貨店に加え一般小売店，スーパーなど新市場の開拓で規模を拡大，流通面も海苔専門業者のほか，酒・食品問屋の手を借りることで地方の店頭にも数多く並べられるようになった。百貨店では，老舗海苔銘柄が堅実な伸びをみせ，平均単価も3,000～4,000円クラスから5,000円クラスへアップ，1万円クラスの高額セットが予想以上の良い動きとなったことを新しい傾向として伝えている。

一方，当時の一般小売店，スーパーの贈答市場は年々着実に伸びてきており，百貨店の窓口の少ない加工海苔メーカーにとって大きなチャンスを見出そうとしていた時期でもあった。特に，ギフトに積極的な姿勢だったビッグスーパーは百貨店に対抗し，「標準小売価格の1割引き」を贈答セットにも採用し，懸案事項であった配送問題を一挙に解消，全国宅配制度の導入を図った。

例えば，ダイエーでは，全国主要102店で相互宅配を実施，食品など約200品目の贈答セットのうち，約130品目（食品は70品目）を配送対象商品としたことで大きく売り上げを伸ばした。首都圏に約130店を持っていた西友ストアーやジャスコも同様にギフト売り上げを拡大した。急成長していたスーパーの贈答市場でも売り上げ上位品目だった海苔は，加工ノリメーカーのセットを中心にアイテム数も増加傾向をたどった。

一方，贈答市場拡大に伴い，メーカー間の価格競争は年々激しくなっていった。その後，バブル崩壊後の平成年代以降，徐々にギフト市場の減少傾向が続くことになる。

多くの企業が市場に参入

大量生産時代を迎えてから製造・卸・小売など多くの企業が市場に参入してきた。贈答需要では，老舗ブランドの山本海苔店，山本山，山形屋海苔店が百貨店でリード役となったほか，卸では小浅商事をトップに地方でも中小規模の企業が地場をカバー。製造では白子，大森屋，ニコニコのりの全国ブランド，地方の有力メーカーを含めて市場を支えてきた。海苔の品質で価値を訴求するメーカーが増加する一方で，低価格競争に走る流通サイドも多く，収益確保に向けた攻防が激しくなった時代でもあった。

この後，平成年代の中盤以降はギフト需要の低迷や生産者の後継者不足，気候変動による不漁など産業構造の根幹にかかわる変化に対応していくことになる。

表③ 海苔の推定消費量

日刊経済通信社調（単位：億枚）

年度	昭和51（1976）	比率（%）	55（1980）	比率（%）	60（1985）	比率（%）	平成2（1990）	比率（%）
家庭用	45	60	33	43	43	43	40	38
業務用	8	11	21	27	32	32	45	43
贈答用	22	29	23	30	25	25	20	19
合　計	75	100	77	100	100	100	105	100

大量生産時代本格化す加工ノリ業界

変貌をとげつつある加工ノリ企業の経営形態

ノリの全消費量に占める割合が年々高くなっている加工ノリは，消費の拡大にともない大量生産時代を迎えている。かつては小規模経営の目立ったノリ専業メーカーも48年を境に積極的な設備投資を展開，焼・味付ノリを中心とした加工ノリの大量生産，大量消費時代は本格化の兆しをみせている。

ノリの51年度生産50億 6,919 万枚と前年を上回る

このほど農林省では「51年度（1～12月）の焼・味付ノリ生産量」（表1）を発表した。これによると，全国の51年度生産量は51億 5,429 万枚で，前年の50億6,919万枚を約8,000万枚上回わる増産となり，対前年比 1.7% 増の伸びを示した。

この総生産量は一部寿司用のノリも含んでいるが，その他のソバ用，ふりかけ用ノリが例年加工ノリ全消費量のそれぞれ2～3%程度とみられているため，51年度の加工ノリ総生産量は約55億万枚と推定される。

次に，焼・味付ノリの県別生産量（表1，2参照）をみると，生産量第1位は愛知県の9億 8,041 万枚，第2位はややここ数年伸び悩んでいる東京の7億9,750万枚，第3位は大阪の7億4,823万枚と続き，以下10位までの主要生産県は（表2）の通りである。

また，前年同期に比べ大きく生産を伸ばした県は徳島県（瀬戸内海区），千葉県，神奈川県，栃木県などでそれぞれ前年比50%以上の伸びを示している。

反面，前年を大幅に下回った県は鹿児島県，群馬

〈表1〉　焼・味付ノリの県別生産高　農林省調（単位：千枚）

道府県名	海区	51年度生産枚数	50年度生産枚数	51／50
北海道	(沿海)	41,931	33,582	124.9
	(非沿海)上川	12,610	12,300	102.5
	空知	13,366	10,340	129.3
青森	太平洋北区	—	—	—
	日本海北区	—	—	—
岩手		515	590	87.3
宮城		92,877	82,751	112.2
福島		48,410	43,592	111.0
茨城		—	—	—
千葉		187,984	122,364	153.6
東京		797,505	653,907	122.0
神奈川		89,721	59,703	150.3
静岡		221,204	153,719	143.9
愛知		980,412	1,040,940	94.2
三重		34,470	37,233	92.6
和歌山	太平洋南区	—	—	—
	瀬戸内海区	10,000	14,400	69.4
徳島	太平洋南区	—	—	—
	瀬戸内海区	15,006	8,000	187.6
高知		—	—	—
愛媛	太平洋南区	—	—	—
	瀬戸内海区	19,720	22,320	88.4
大分	太平洋南区	—	—	—
	瀬戸内海区	49,555	53,455	92.7
宮崎		—	—	—
秋田		—	—	—
山形		—	—	—
新潟		332	716	46.4
富山		18	18,136	

道府県名	海区	51年度生産枚数	50年度生産枚数	51／50
石川		—	—	—
福井		—	—	—
京都		10,652	19,090	55.8
兵庫	日本海西区	2,167	2,333	92.9
	瀬戸内海区	100,501	308,018	32.6
鳥取		—	—	—
島根		—	—	—
山口	日本海西区	10,971	11,202	97.9
	瀬戸内海区	71,265	52,569	135.6
福岡	東シナ海区	396,675	440,724	90.0
	瀬戸内海区	—	—	—
佐賀		150,163	132,164	113.6
長崎		133,191	117,912	113.0
熊本		432,489	389,441	111.1
鹿児島		25	24,000	0.1
沖縄		250	1,800	13.9
大阪		748,234	658,680	113.6
岡山		6,755	8,976	75.3
広島		425,716	423,563	100.5
香川		11,420	12,680	90.1
栃木		17,300	11,509	150.3
群馬		12,207	77,771	15.7
埼玉		—	—	—
山梨		—	—	—
長野		6,000	5,760	104.2
岐阜		—	—	—
滋賀		—	—	—
奈良		2,679	2,959	90.5
合計		5,154,296	5,069,199	101.7

注）生産高は本所所在地および工場所在地のいづれかによる。

1977年（昭和52年）11月号より

史上最高，大豊作下の加工海苔業界 (1)

"豊作貧乏"に泣く生産者，加工業者は一息つく

1988（昭和63）年度漁期の乾海苔生産は，去る4月10日の兵庫共販を最後にすべて終了したが，共販出荷量は前年度実績を6.3%も上回る106億枚と100億枚の大台を突破，過去最高だった83（昭58）年度の104億枚を上回る史上最高を記録した。しかし共販平均単価は1枚当たり10円53銭と前年を25.6%も下回る73年以来の最安値で典型的な"豊作貧乏"となった。このため生産者（漁家）にとっては一転して厳しい年になったが，反面，原料安で加工海苔業界は一息ついている。

史上最高を記録した88年度共販出荷量

1988年度漁期の原料乾海苔の生産を振り返ってみよう。

88年度全国海苔共販出荷量は106億100万枚と87年度の94億2,100万枚を大きく上回り，過去最高だった87年度の104億1,600万枚を上回る史上最高を記録した。この共販数量以外の共販にかけない庭先販売や自家消費などを加えた88年度の最終総生産量は108億枚に達し，87年度の96億枚を大きく上回ったものの，過去最高の58年度並みにとどまった。

一方，共販単価は平均1枚当たり10円53銭（87年度13円59銭）と前年を22.5%も下回り，83年以来の最安値を記録した。このため，共販金額は1,115億8,000万円（87年度1,280億円）と前年度を下回り，総生産金額は1,137億円（87年度1,305億円）に落ち込んだ。

相場上昇が空前の大増産の引き金に

1988年度の海苔生産は，豊作予想ながら下物在庫皆無という好条件に恵まれて順調な滑り出しをみせた。空前の増産安値となったのは，秋芽の好調，年明けの大量出荷による価格暴落などがみられ，赤ぐされによる品質低下もあったものの，後半の相場上昇によるものだ。

全漁連海苔事業推進協議会は88年度漁期対策として，①需要に見合った適正生産量の確保，②製品向上＝消費者に歓迎されない粗悪品の排除，③漁家経営の合理化――を目指し，具体的対策として，①漁期の設定＝生産終期3月20日，共販終期3月末日（兵庫の一部は生産終期3月末日，共販終期4月10日），②不良品対策＝全国最低基準価格3円，3円未満は不良品として消却，③製品向上対策＝食品製造の原点に立ち衛生管理を重視，不良品を排除しつつ生産に取り組み，製品向上を図る，④計画生産量（目標生産量）を80億枚とする――という計画生産のもとにスタートした。

88年度漁期の海苔共販は，年内生産が秋芽，冷凍網とも海況，気象条件に恵まれて海苔の栄養塩，伸びとも良好で，前年比60.6%増の36億8,100万枚と過去最高だった86年度の31億7,900万枚を大きく上回る史上最高を記録。平均共販価格も大幅増産を反映して1枚当たり14円79銭（前年比72.0%）と安かったにもかかわらず，年内共販金額は544億3,900万円（同115.6%）に達した。

このように各地の初共販は相場形成が例年とほぼ同水準で始まったが，その後の好調な生産から流通業界に100億枚をはるかに超える大増産を記録するのは確実との予想が出たため，これが相場下落の引き金になった。

その後年明けに生産ベースが例年並みに戻ったため，下物を中心に堅調相場になり，漁期末に至った。そして前漁期の特徴として，上物と下物が極端に少なく，量が多くて不人気の札値10～15円の中級品に集中していることで，価値のある札値9円以下，特に3～5円の下物は需要も十分あるにもかかわらず色の白いものが出ず，前年よりかなり少な

1989年（平成元年）7月号より

コスト増に直面した加工海苔市場(2)

原料高で今期の収益悪化は不可避

1991年度漁期の原料乾海苔生産が98億枚（1,096億円）と一転して増産に転じ，1,000億枚の大台を回復したが，加工海苔業界は単価アップで大幅コストアップとなり，収益を大きく圧迫し，厳しい環境が続いている。

計画生産は増枠

1992年度の海苔漁期対策が決まった。7月末の全漁連のり事業推進協議会の総会で新年度計画生産（生産調整）数量を88億6,000万枚（91年度85億枚）に増枠することを決めたもので，90年度の90億枚に次ぐ生産枠である。その他の漁期，下物対策などはすべて従来通りとなった。91年度の生産が85億枚の目標を大きく越えたため，実態に合わせてとられた措置である。92年度も枠内におさまるかどうかきわめて疑問である。

数量が増えて単価が上がれば生産者（漁家）は潤うが，それを原料とする加工海苔業界や問屋業界にとっては，コスト増に拍車をかけるだけで，いっそう収益を圧迫することになる。

大量生産の主因は？

加工海苔（焼・味付）は乾海苔の75%以上を原料としているが，その生産量は乾海苔の増産を反映して年々増加，89年78億枚，90年80億枚，91年82億枚に達した。その市場規模（出荷額）は88年2,720億円，89年2,830億円，90年2,910億円，91年2,960億円になったものと推定される。

加工海苔業界は，大手加工メーカーを中心に設備投資意欲

表①　主要海苔業者の売上ランキング　日刊経済通信社調（単位：百万円）

順位 91年	順位 90年	社名	所在地	業態	決算期	1989年度	90年度	91年度	92年度（見込）
1	1	小浅商事	愛知	卸	9	23,000	23,000	22,900	23,000
2	2	白子	東京	製造	3	22,260	22,900	22,590	23,500
3	3	浦島海苔	熊本	製造	9	16,800	16,800	17,790	18,500
4	4	小善本店	東京	卸	4	15,700	16,000	16,500	16,500
5	7	ニコニコのり	大阪	製造	3	14,500	15,300	16,300	17,500
6	5	山本海苔店	東京	製造・小売	2	15,600	15,700	16,000	16,000
7	6	山本山	東京	製造・小売	2	15,300	15,300	15,500	15,500
8	8	大森屋	東京	製造	9	11,900	12,930	13,840	14,900
9	9	山形屋	東京	製造・小売	4	11,200	11,400	11,500	11,500
10	10	永井海苔	愛知	製造・卸	8	8,890	8,870	10,000	11,000
11	11	浜乙女	愛知	製造・卸	3	7,300	7,400	7,500	7,500
12	12	高岡屋	東京	製造・卸	10	6,700	7,340	7,300	7,300
13	13	東京ナガイ	東京	製造	3	6,100	6,280	6,770	8,600
14	15	サン海苔	佐賀	製造	3	6,300	5,990	5,900	5,900
15	14	大洋漁業	東京	製造	3	5,300	5,700	5,800	6,500
16	16	丸善海苔加工販売	東京	製造	4	5,500	5,500	5,600	5,800
17	17	大島屋	兵庫	製造	8	4,200	4,300	4,400	4,500
18	18	大森水産	東京	製造・卸	8	4,100	4,000	4,000	4,000
19	20	松谷海苔	兵庫	製造	11	3,500	3,750	3,750	3,700
20	19	やま磯	広島	製造	3	3,720	3,720	3,720	3,800
21	21	マルアイ	愛知	製造	9	3,400	3,500	3,900	4,300
22	22	中野恒蔵商店	愛知	卸	12	3,300	3,300	3,300	3,300
23	23	宝海苔	大阪	製造	3	2,550	2,500	2,500	2,550
24	24	広島海苔	大阪	製造・卸	10	2,120	2,200	2,200	2,100
25	25	通宝海苔	熊本	製造・卸	8	2,200	2,100	2,100	2,100
26	26	川森屋	東京	製造・卸	4	1,980	1,900	2,000	1,800
27	27	大乾	大阪	製造・卸	3	1,800	1,800	1,800	2,000
27	27	磯美人	愛知	製造・卸	10	1,700	1,800	1,800	1,500
29	29	三国屋	愛知	製造・卸	3	1,560	1,550	1,550	1,500
30	30	花菱乾物	大阪	製造・卸	6	1,500	1,450	1,450	1,500
31	31	福徳海苔	佐賀	製造	4	1,400	1,400	1,400	1,400
31	31	カネヒ海苔	広島	製造	5	1,400	1,400	1,400	1,400
31	31	桃太郎海苔	大阪	製造	11	1,400	1,400	1,400	1,400
31	31	尾河	愛知	製造・卸	8	1,400	1,400	1,400	1,400
35	35	みの屋海苔店	東京	製造	4	1,300	1,200	1,200	1,200
36	36	川島屋	東京	卸	3	1,150	1,100	1,100	1,100
36	36	川合海苔店	東京	製造・卸	3	1,200	1,100	1,100	1,100
36	36	鶴亀海苔	大分	製造	9	1,100	1,100	1,100	1,100
39	39	駒屋	愛知	製造・卸	8	1,000	1,000	1,000	1,000
39	39	女王海苔食品	熊本	製造	3	1,000	1,000	1,000	1,000
41	41	朝日工業	東京	製造	10	900	900	900	900
42	42	東亀市商店	広島	製造	9	900	900	900	900
43	43	七福屋	大阪	製造・卸	6	880	880	880	880
43	43	丸徳海苔	広島	製造	9	860	880	880	880
45	45	宝食本舗	兵庫	製造	8	850	850	850	850
46	46	木村海苔	熊本	製造	9	710	710	710	700
47	47	東海屋	大阪	製造・卸	9	700	700	700	700
47	47	マルカイ	広島	製造・卸	3	700	700	700	700
49	49	前田屋	広島	製造	9	700	650	650	650
50	50	明治屋	東京	製造・卸	2	600	600	600	600

注）1. 各社決算年度　2. 永井海苔，東京ナガイは販社他を含むグループ計

1992年（平成4年）8月号より

消費者意識変化反映するベビーフード

缶からレトルトと時代に合わせた容器へ

国内のベビーフード市場は，1950年代に試行錯誤を繰り返し商品を投入。当時は缶詰が主流であり，外資と国産品との販売競争が起こった。その後，急成長を続ける中，1969年にグル曹問題とチクロ騒動によるダブルパンチに見舞われた。しかし1970年の生産は1月以降，ベビーフード協議会の共同キャンペーンも功を奏してか，かなり回復基調に乗り，同年の生産量は前年比10％増の90万に達した。

1970年代に入ると粉末タイプが人気を博し，シェアを拡大。また1970年中頃からは主要容器が缶詰から瓶詰へと移った。

さらに1980年代は，母親の意識の変化を背景に，技術の進歩によって今までにない商品が続々と発売された。また，労働環境や社会環境の変化などにより，母親の意識や行動に変化がみられた。これらの変化を受けて，かつてのような「手作り派」，「ベビーフード派」という分類ではくくれない消費者像を意識した商品開発が進んだ。1987年にカップ容器入り「レトルトタイプ」の商品が発売され，大ヒットとなったことで，各社が相次いで新商品を投入し，市場が大きく活性化した。またメーカーの新規参入も相次いだ。売り場もそれまでのSM，GMSに加えて，薬系のドラッグストアへと広がり，価格競争という激戦の時代に突入した。

国産ベビーフード缶登場
外資産と販売合戦に

国内の育児食品は乳製品（調製粉乳）に比べてベビーフードの普及が遅れていたが，1963年あたりからようやく時代の脚光を浴びるようになってきた。

先進国欧米のベビーフード市場は，1928年に米・ガーバーが世界で初めてベビーフードを発売。その後35年間で目覚ましい伸びを示した。

日本国内は，1947年～49年の3年間“ベビーブーム”を巻き起こし，人口1,000に対する出生率は33～34（270万人）と戦前戦後を通じての最高を記録。1950年を境にその後は漸減傾向をたどり，1955年には出生率も20を割り，1962年にはついに16.8（159.5万人）と10年間に半減した。

しかし，1962年はまたやや増加傾向に転じて出生率も17.0と上向き，出生数も161.6万人と前年に比べ3万人増加した。また1962年から63年かけては戦後2度目の結婚ブームといわれ，婚姻率も9.8（92.8万人）に上昇しているだけに，ここ数年間の出生率は160万人台を維持する見通し。

日本のベビーフードの消費は，まだまだ大都市が中心であり，大都市の出生数は30万人強であり，実際にベビーフードを消費するのはこのうちの20～30％すなわち10万人以下にすぎなかった。

国産ベビーフード缶として登場したのは1958年の和光堂のレバー75g缶であった。これはキユーピーで製造したものであったが，130円という高値のため消費者の抵抗も大きかった。

本格的に起動にのったのが1959年の明治製菓の「明治ママリー」で，値段も安く手ごろであったため，国内ベビーフード缶の出発点ともなった。

これに続いて，和光堂，キユーピー，武田薬品（清水食品），輸入品としてガーバー（明治屋），ビーチナット（国分商店）等が登場，1963年から日魯ハインツ，明治屋ガーバーの国産品が登場した。外資2社の進出は国内外にセンセーションを巻き起こし，

表①

ベビーフードの社別製品内訳

日刊経済通信社調

	製品	明治製菓		和光堂		キユーピー		日魯ハインツ		明治屋（ガーバー）		ビーチナット（国分商店）	
		容量	小売価格	容量	小売価格	容量	小売価格	容量	小売価格	容量	小売価格	容量	小売価格
果実・デザート類	オレンジ(生)ジュース							75g	35円				
	アップルパイナップル(生)ジュース							75g	35円	90g	50円		
	オレンジプディング							75g	35円				
	りんご	75g	35円	75g	35円	75g	35円	75g	35円	90g	50円	134g	100円
	もも	75g	35円	75 g	35円	75g	35円	75g	35円	90g	50円	134g	100円
	バナナ	75g	35円					75g	35円			141g	100円
	洋梨(西洋なし)			75g	35円	75g	35円	75g	35円			134g	100円
	混合果実							75g	35円	90g	50円		
	カスタード							75g	35円				
	みかん(みかん果汁)	80g	35円	78CC	35円	78CC	35円						
	りんごとあんず											134g	100円
	りんご果汁			70CC	35円	70CC	35円						
	穀類と果実							75g	35円				
野菜類	にんじん	75g	35円	75g	35円	75g	35円	75g	35円	90g	50円	134g	100円
	ほうれん草	75g	35円	75g	35円	75g	35円	75g	35円	90g	50円	134g	100円
	えんどう豆とにんじん							75g	35円				
	クリームコーン							75g	35円			134g	100円
	グリーンビーンズ							75g	35円			134g	100円
	スイートポテト							75g	35円				
	混合野菜	75g	35円	75g	35円	75g	35円	75g	35円	90g	50円		
	えんどう豆(ピース)			75g	35円	75g	35円					134g	100円
	野菜スープ			70CC	35円	70CC	35円					134g	100円
	トマトスープ											134g	100円
	トマト			75g	35円	75g	35円						
野菜・穀類と魚・肉類	卵黄			80g	35円	80g	35円	75g	35円				
	卵黄と野菜			80g	35円	80g	35円	75g	35円				
	魚と野菜(まぐろ野菜)	75g	50円	80g	50円	80g	50円	75g	35円				
	レバー野菜(野菜とレバー)	75g	50円	80g	50円	80g	50円	75g	35円	90g	50円	134g	100円
	ベーコン野菜(野菜とベーコン)							75g	35円			134g	100円
	鶏肉野菜			80g	35円	80g	35円	75g	35円				
	鶏肉ライス							75g	35円				
	牛肉野菜(野菜と牛肉)	75g	50円	80g	50円	80g	50円	75g	35円	90g	50円	134g	100円
	牛肉うどん							75g	35円				
	牛肉スパゲティ							75g	35円				
	チーズライス							75g	35円				
	牛肉とヌードル											134g	100円
	チキン・ヌードル・ディナー											134g	100円
	野菜とハム											134g	100円
	穀物・卵黄とベーコン											134g	100円
魚肉類全体	チキンスープ			70CC	35円	70CC	35円					134g	100円
	レバー（あるいは野菜入り）	75g	75円							90g	70円		
	鶏肉(〃)									90g	70円		
	牛肉(〃)	75g	75円							90g	70円		
	まぐろ(〃)							75g	35円				
その他	プリン	75g	35円							90g	50円		
	バニラカスタードプリン												
	ジュニアフード	ナシ		75g35円3種		75g35円3種		75g35円13種		ナシ		ナシ	

注）1964年2月号掲載

国産対外資の販売合戦が開始された。

ショックから立ち直るベビーフード缶

本格的に市場に登場してから，ようやく満10歳となった国内のベビーフード缶詰業界は，1969年10月末のグルタミン酸ソーダ有害説とチクロ騒動によるダブルパンチに見舞われ，突然静かなるブームにストップがかけられ,初めて壁に突き当たった。

国内のベビーフード缶詰生産は1960年に４万8,500c/s，61年7万600c/s，62年10万5,000c/s，63年33万1,000c/s, 64年29万7,000c/s, 65年56万4,000c/sと５年間に11.6倍と驚くべきハイペースの伸びをみせた。

1966年，67年はやや伸び悩んだが，68年には前年比実に34%もの急増をみせた。そして69年もこのペースを維持できるかと思われた矢先，突然の災難がおとずれた。それはチクロ旋風の中で起こったグルタミン酸ソーダ問題である。ニクソン米大統領の栄養問題担当顧問であるメイヤー博士の発表に端を発し，米国ワシントン大学のオルニー博士がＬ－グルタミン酸ソーダの有害性を問題視したもの。これに対し，米国のベビーフードメーカー３社はグルタミン酸ソーダ(グル曹)使用中止を発表。これは日本のベビーフード業界に動揺を与えた。

まずトップを切ってキユーピーがベビーフードにグル曹を使用することを中止する意向を表明。明治屋ガーバー，日魯ハインツも本社の指示に従う方針を明らかにした。

そしてキユーピー，和光堂，明治製菓，日魯ハインツ，明治屋の５社で結成している日本ベビーフード協議会の緊急会議が開かれ,「国産製品にはグル曹は一部製品にわずか使われているだけで，使用していても母乳中の天然グル曹と同程度で全く心配はない。しかし一般に不安が広がっているので，今後グル曹の添加量を100g中0.2g以下に減らす」との自主規制方針を打ち出し，厚生省に伝え，了承を得た。このグル曹ショックに拍車をかけたのがチクロの使用禁止措置。ベビーフードにはもともチクロは一切使用されていないが，缶詰であるだけに影響は免れなかった。二重のショックをベビーフード業界が受けたことで同年11月以降の売上は激減。しかし1970年の生産は１月以降，ベビーフード協議会の共同キャンペーンも功を奏してか，かなり回復基調に乗り，前年比10%増の90万に達した。

表②　ベビーフード缶詰の社別生産実績

（単位：４打函）

ブランド	製造元	1968年（推定）	1969年（予想）	1970年（推定）	1970年シェア
キユーピー	キユーピー挙母工場	120,000	130,000	160,000	18.0
和光堂	〃	250,000	270,000	310,000	34.8
明治	明治製菓小田原工場	70,000	70,000	80,000	9.0
明治ガーバー	明治屋食品工場	240,000	260,000	280,000	31.5
ハインツ	日魯漁業久里浜工場	80,000	70,000	60,000	6.7
合　計		760,000	800,000	890,000	100.0

注）日刊経済通信社調

缶詰から，瓶詰や乾燥・粉末タイプへ

ベビーフード缶瓶詰の生産は1969年の94万c/sをピークに年々減少傾向を辿り，ついに1974年には56万c/sと大きく落ち込んだ。これはチクロショック後の需要停滞に加え，重金属問題やオイルショック後の需要の大幅落ち込みが輪をかけたものである。

一方で，1970年代に入り「乾燥ベビーフード」が拡大。これまでの穀類中心から，果汁，野菜，肉類に至る品目にまで拡大した。1968年に明治乳業が「粉末果汁」，和光堂が「米がゆ」を発売し，「乾燥ベビーフード」の品目が一気に増加した。また容器別では，缶詰に代わって「瓶詰ベビーフード」が品目を増やし，1976年以降その傾向が特に強く，実質化志向が進んだ。瓶詰の需要増は単価が安く経済性が買われ，中身が見えて清潔感があり，重金属の心配がないなどが支持された。

レトルトタイプなど新製品で活性化

1980年代は，母親の意識の変化を背景に，技術の進歩によって今までにない商品が続々と発売された。また，労働環境や社会環境の変化などにより，母親の意識や行動に変化がみられた。これらの変化を受けて,かつてのような「手作り派」,「ベビーフード派」という分類ではくくれない消費者像を意識した商品開発が検討されるようになった。

1982年以降順調に回復。1984年には和光堂がフリーズドライ製法によるベビーフードを発売。この製法により，品質の変化が少なくシラスやブロッコリーなどの緑色野菜の素材が利用できるようになり，幅広い食材をベビーフードに取り入れることが

可能となった。

1987年には明治乳業がカップ型のレトルトベビーフード「赤ちゃんレストラン」を発売。カップ型容器を使用することにより，適度な大きさと固さの具が入り，開封が容易ですぐ食べられるようになった。この商品が大ヒットとなり一気にシェアを拡大。

製品別ではドライ製品の伸長率が大きく，新感覚のニューミセス層は高級感，グルメ，ファッション，簡便性を求める土壌が広がりつつあり，この頃から製品に関わるコンセプトやネーミングなどソフト面にも工夫がなされるような変化がみれらた。ウェット製品は缶詰と瓶詰だが，缶詰タイプは重金属問題発生後，1987年以降生産されておらず，市場から姿を消した。瓶詰も需要は後退しており，ウェット製品はジリ貧が続く。

1989年度は新製品数が約360アイテムと前年の262品から一挙に100アイテムも増加。1年の間に業界6社全てが新製品を次々と投入し，新製品ラッシュの様相を呈した。

新規参入で市場に新たな動き

日本ベビーフード協議会が集計した1992年のベビーフード市場規模は198億4,400万円，前年比12.7％増と2ケタ増を記録。このうち国産が195億1,000万円，輸入瓶詰が3億3,400万円となった。レトルト製品はトップブランドの明治乳業に次いで，1990年に和光堂と森永乳業，91年にキユーピーが相次いで参入し，市場が急速に拡大。さらに1993年5月から雪印乳業が参入。6月には大塚製薬がネッスル日本と販売提携して乳幼児向け食品を発売。ネッスルが製品供給を行い，大塚製薬が発売元となり薬局ルートをはじめ流通，販売を担当。さらにピジョンが同年秋から市場に参入し，レトルトカップ容器「赤ちゃんの和食」を発売した。また，各社から「ビーフシチュー」「ミネストローネ」「ツナドリア」といった商品が発売され，総じて「赤ちゃんにもグルメの味」などと報じられた。

売場については、SM，GMSの売り場そのものは縮小傾向にある中で，逆に薬系は郊外型の大型ドラッグチェーンの増加で着実に売り場が拡大。販売ウエイトも高まっている。売場拡大は歓迎となるものの，SM，GMSではみられなかった価格訴求が進行しており，ベビーフード市場も激戦の時代を迎えた。厳しい状況の中，レトルトでのバラエティ化や有機農法品など差別化を図った商品投入に活路を開いている。キユーピーの5大アレルゲンを用いないシリーズも新たな流れとなった。

表③ ベビーフードの販売集中度

日刊経済通信社調（単位：百万円）

	1987年			1988年			1989年		
	銘柄	販売額	シェア	銘柄	販売額	シェア	銘柄	販売額	シェア
1	和光堂	3,200	34.0	和光堂	3,300	33.0	和光堂	3,500	33.3
2	キユーピー	1,450	15.4	明治	1,700	17.0	明治	1,800	17.1
3	雪印	1,300	13.8	キユーピー	1,500	15.0	キユーピー	1,700	16.2
4	明治屋ガーバー	1,250	13.3	雪印	1,450	14.5	雪印	1,600	15.2
5	明治	1,200	12.8	明治屋ガーバー	1,150	11.5	明治屋ガーバー	1,000	9.5
6	ビーチナッツ	1,000	10.6	ビーチナッツ	900	9.0	ビーチナッツ	900	8.6
合計		9,400	100.0		10,000	100.0		10,500	100.0

注）年度は各社の決算期

ベビー・フードは缶詰業界の成長部門

ベビー・フード

その現状と将来性

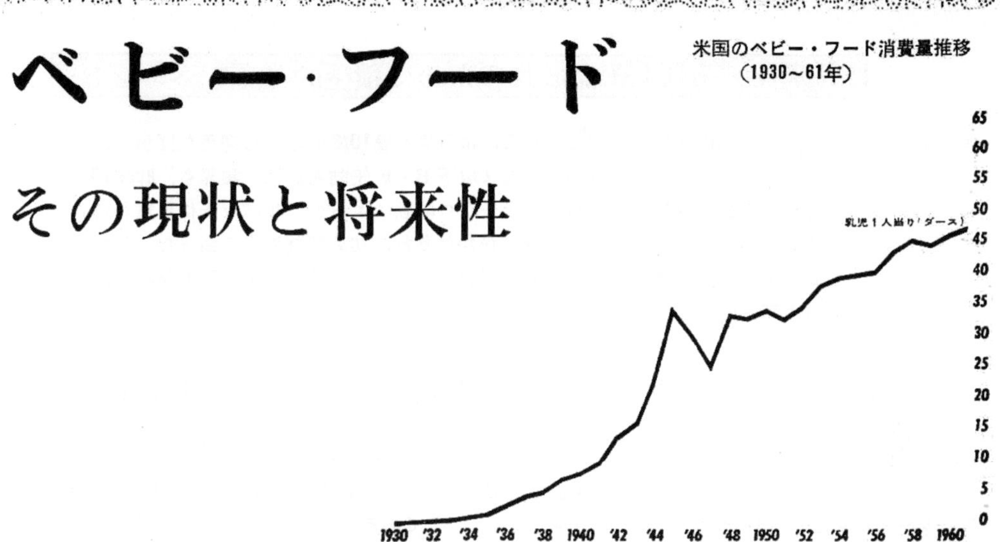

わが国の育児食品は乳製品（調製粉乳）に比べてベビー・フード（以下B・Fと略称）の普及が遅れていたが、今年あたりからようやく時代の脚光を浴びるようになってきた。今春日魯ハインツ、今夏に明治屋ガーバーの国産品が発売され、メーカーは既存の明治製菓、キューピー、和光堂とあわせ5社となった。（なお武田薬品〈製造は清水食品〉は現在休業中）。そこで本号ではB・Fの現況とその将来性等についてスポットをあててみた。

先進国のB・F

わが国の現況を語る前に、先進国欧米のB・Fにふれておこう。B・Fは1928年米国ガーバー社が発売したのが世界最初で、米国ではその後35年間に目覚ましい伸びを示し、今日では穀類、野菜、果実、肉、デザートの各種130種類を製造。メーカーはガーバー、ハインツ、ビーチ・ナット、クレープ、リビー、肉製品専門のスィフト、穀類のケロッグ、パブラムなどで年間5,500万c/sを生産、ジュニアー・フード（J・F）の4,000万c/sを合わせると約1億万c/sに達している(表①参照)。米国では95%の乳児がB・Fで育てられ、その消費量は1日400万缶といわれる。乳児1人当り消費量も1930年の12缶が、1940年には約100缶、1950年には400缶となり、現在は560缶（47ダース）となっている（上掲グラフ参照）。なおこのほかの主な国では、カナダ410缶、英国210缶、オーストラリア180缶がある。

表①　米国のB・F生産推移
（単位　1,000 c/s）

年	缶詰（20オンス2打換算）	壜詰（1ポンド2打換算）
1941	3,900	500
2	5,750	1,500
3	7,340	3,700
4	10,220	6,800
5	13,590	10,200
6	15,780	12,900
7	11,880	13,700
8	16,900	18,000
9	16,430	16,400
1950	17,470	19,400
1	16,070	18,100
2	17,970	20,500
3	21,170	24,600
4	21,180	27,100
5	21,280	26,000
6	21,840	26,500
7	22,000	27,500
8	22,000	30,000
9		32,300

欧米でB・Fが普及したのにはさまざまな要因（育児学の発達、冷蔵庫の普及、生野菜等の入手困難、時間・手間のムダなど）が考えられるが、なんといっても母親のB・Fに対する認識の高いことにある。もちろん、ここまでくるにはB・FメーカーのPR、小児科医の協力などがあったであろうが、母親の側に新しい育児法を積極的に受け入れる素地があったことは見逃せない。このことは、これから伸びていこうとしている日本のB・F界にとって他山の石となろう。

わが国の人口動態

さて、わが国の現状はどうであろうか。まず出生数を見てみよう。最も大きな変化は戦前の多産多死型から戦後は少産少死型に移ったことである。戦後

1963年（昭和38年）9月号より

シヨックから立直るベビーフード缶

将来性あるB•F缶詰成長のために積極的キャンペーンを

(本)格的に市場に登場してから，ようやく満10歳の誕生日迎えたばかりのわが国のベビーフード缶詰（以下B・F缶詰と略称）業界も，昨年10月末グルタミン酸ソーダ有害説とチクロ騒動によるダブルパンチに見舞われて突然静かなるブームにストップがかけられ，初めて壁に突き当った。しかし，年が明けて1970年は年初来，消費者のB・F缶詰への不安感も薄れて再び上向きに転じ，ショックから立直りつつある。

ガーバーとハインツの上陸で激動したB・F業界

(わ)が国のB・F缶詰の歴史はまだ日が浅い。去る33年に和光堂がキューピーと提携して企業化，レバー75g缶(小売130円)をテストセールしたのが〝国産化第1号である。しかしこれは高値のため消費者の抵抗に会って売れず，販売を見合わせた。そして本格発売に成功したのが34年春の明治製菓の〝明治ママリー〟である。

これに自信を得てキューピーが35年3月，和光堂が36年3月，日魯ハインツが38年4月，明治屋（ガーバー）が38年8月に相次いで企業化，発売を開始したのである。

ここで注目されるのは米国最大のB・Fメーカーであるガーバー・プロダクツ社と米国のB・F3大メーカーの一つであるH・J・ハインツ社の日本上陸である。すなわちガーバーは日本総理店の明治屋と提携して国産化，〝明治屋ガーバー〟ブランドで売出した。ハインツは日魯漁業との合弁会社，日魯ハインツで国産化した。この外資2社の進出は国内外にセンセイションを巻き起し，国産対外資の販売合戦が開始された。

ハイペースの成長に水をさした〝食品公害問題〟

(わ)が国のB・F缶詰生産（ジュニアーフードを含む）は35年4万8,500%，36年7万600%，37年10万5,000%，38年33万1,000%，39年29万7,000%，40年56万4,000%と5年間に11.6倍と驚ろくべきハイペースの伸びをみせた。

41年以降は42年までやゝ伸び悩んだが，43年には前年比実に34%もの急増をみせた。そして44年もこのペースを維持出来るかと思われたが，突然の災難が後半におとずれた。(表1参照)

それはチクロ旋風の中で起ったグルタミン酸ソーダ問題である。これはニクソン米大統領の栄養問題担当顧問，メイヤー博士が10月23日「グルタミン酸ソーダを幼児食品から取除くべきだ」と発表したことに端を発したものである。米国でL－グルタミン酸ソーダの有害性を問題にしたのはワシントン大学のオルニー博士で，同博士は生れたばかりのネズミとサルに市販のベビーフードに含まれている30倍ものグル曹を静脈注射したところ脳細胞が破壊され，目の網膜に障害が起きたというもの。

このオルニー博士の実験は実験方法が生れたばかりの動物に大量の静脈注射をするという常識はずれのものであり，その量を成人の体重に換算すると240gにもなり，この量ではどの生物にも害が出るのは明白で，わが国では厚生省でも食品衛生調査会毒性部会で〝無害〟検討済みとの見解を明らかにしたのに続き，28日には日本化学調味料工学協会の鈴木会長がこれに反論，キャンペーンを展開した。

ところが，米国最大のB・Fメーカー，ガーバー社がB・Fにグル曹を添加することを中止すると24日発表，ガーバーとともにB・F3大メーカーのH・J・ハインツ，ビーチナットの両社も使用中止を発表した。

この米国のB・Fメーカー3社のグル曹使用中止は直ちにわが国のB・F業界に動揺を与えた。先ず

1970年（昭和45年）2月号より

新製品で活性化図るベビーフード業界

フリーズドライ分野での競争は激化

ベビーフード業界は，出生人口の減少により総供給量は1987（昭和62）年をピークに，マイナス成長下にある。しかし，市場では新製品が続々と登場し，活性化を図っており，今年は新製品の拡販が企業の業績を大きく左右することになりそうだ。

出生率減少の中で市場活性化

ベビーフードは商品の性格上，出生動態に左右される。近年，出生数は1974（昭和49）年以来マイナスが続くが，フリーズドライ製品など高価格商品の投入で市場活性化を図っていることと，社会的には核家族化で赤ちゃんの扱いに不慣れなニューミセス層の増加，有職主婦の増大によって，その市場規模は拡大，88年に100億円（メーカー出額額）の大台に乗せ，89年度は105億円と推定される。

製品別では，ドライ製品の伸長率が大きく，新感覚のニューミセス層は高級感，グルメ，ファッション，簡便性を求める土壌が広がりつつある。当然，ネーミングも大切な訴求ポイントのひとつである。ウェット製品は缶詰と瓶詰だが，缶詰タイプは重金属問題が発生し，87年以降生産されておらず，市場から姿を消した。瓶詰も需要は後退しており，ウェット製品はジリ貧が続く。

大手メーカー調べによると，ドライとウェット製品の市場占有率は，ドライが57%，ウェット43%の比率。ドライ製品ではフリーズドライ製品が全盛で，その市場規模は約30億円と推定している。

また，流通チャネル別では，薬局，薬店ルートが52%と過半数を占め，スーパー38%，デパート及びCVSが10%。

供給は，国産は87年が約3,600トン，88年3,600トン，89年3,500トンと，ほぼ横這い。輸入製品は森永乳業と明治屋の2社だけが販売しており，全輸入量の約90%が森永製品である。87年1,100トン，88年1,100トン，89年1,050トンと微減が続く。これは，輸入製品の容量が小型化したことと，ドライ製品の需要増によるものである。また，総供給量は87年が4,800トン，88年4,750トン，89年4,600トンと，出生数の減少に伴いマイナスが続く。（表①）

業界各社の動向

次に，大手クラスの売上実績と今年の見通しをまとめてみよう。（表②）

和光堂＝業界トップの同社は，今年5月から初のレトルト製品“ジュニアディナー”10品種を全国で新発売，待望の大型新製品と位置づけ，レトルト市場に参入。また，2月にフリーズドライふりかけ“お子さまごはんのトッピング”シリーズにカレー味を追加。同時に，乳幼児向けの鉄・ミネラル飲料“フェカシー”を新発売。販促は小売店向けにジュニアディナー発売記念キャンペーン，消費者向けに

表①　ベビーフードの需要動向　日本ベビーフード協議会調（単位：トン）

区分			果実・果汁類		野菜・穀類		肉・卵類		混合品類		計	
			実数	前年比	実数	前年比	実数	前年比	実数	前年比	実数	前年比
87年	乾燥品	生産量	472	99.6	398	100.0	29	100.0	242	111.0	1,141	102.0
		輸入量	—	—	—	—	—	—	—	—	—	—
	瓶詰	生産量	1,017	96.8	344	107.5	107	167.2	1,029	119.9	2,497	108.9
		輸入量	599	117.2	213	114.5	4	80.0	321	116.7	1,137	116.4
	合計	生産量	1,489	97.6	742	103.3	136	146.2	1,271	117.4	3,638	106.4
		輸入量	599	117.2	213	114.5	4	80.0	321	116.7	1,137	116.4
88年	乾燥品	生産量	450	95.3	399	100.3	40	137.9	257	106.2	1,146	100.4
		輸入量	—	—	—	—	—	—	—	—	—	—
	瓶詰	生産量	930	91.4	316	91.9	50	46.7	1,187	115.4	2,483	99.4
		輸入量	568	94.8	239	112.2	3	75.0	315	98.1	1,125	98.9
	合計	生産量	1,380	92.7	715	96.2	90	66.2	1,444	113.6	3,629	99.8
		輸入量	568	94.8	239	122.2	3	75.0	315	98.1	1,125	98.9
89年	乾燥品	生産量	415	92.2	398	99.7	31	77.5	332	129.2	1,177	102.7
		輸入量	—	—	—	—	—	—	—	—	—	—
	瓶詰	生産量	836	89.9	348	110.1	33	66.0	1,123	94.6	2,340	94.2
		輸入量	561	98.8	196	82.0	2	66.7	299	94.9	1,059	94.1
	合計	生産量	1,251	90.7	746	104.3	64	71.1	1,455	100.8	3,517	96.9
		輸入量	561	98.8	196	82.0	2	66.7	299	94.9	1,059	94.1

注）1. 年次は1～12月　2. トン未満四捨五入　3. スープ類は混合製品に含む

1990年（平成2年）7月号より

“激戦の時代”迎えたベビーフード

出生率低下のもとで薬系ルートでの競争激化

ベビーフード市場は，出生率の低下状況の中で安定した伸びをみせている。

新規メーカーとして大塚製薬，ピジョンが参入したのも活性化の要因だが，スーパードラッグを中心とした売場面積の広がりも一役買っているようだ。しかし，販売競争の激化や価格訴求も進んでおり，新たな問題も生じてきている。

200億円の大台突破した小売市場

日本ベビーフード協議会集計による1993年（平成5年）のベビーフード市場規模は，204億3,000万円（小売りベース）と200億円の大台を突破した。しかし伸長率は前年の12.7％増から一転，3.0％の伸びにとどまった。（表①）

この数字は国産品及び輸入品を対象に，小売金額をベースに算出したもので，国産品201億200万円（前年比3.0％増），輸入品瓶詰3億2,700万円（同9.0％増）の内訳。種類別では，乾燥品のドラムドライ製品が60億6,200万円（同5.3％増），フリーズドライ製品が36億9,400万円（同3.9％減），合計97億5,700万円（同1.6％増）。レトルト製品は66億300万円（同8.6％増），瓶詰製品37億4,100万円（同2.2％減）。

生産量ではトータルで6,479トンと前年比0.2％増とほぼ横這い。レトルトの11.7％増が目を引く。（表②）

種類別の動きとしては，乾燥品には大きな変化はない。ドラムドライで米飯類の伸びが高い。これはレトルトも同じ傾向にあり，多少は米不足の影響もあったようだ。全体的にみると果実・果汁類は生産量ベースで2ケタ減，逆に野菜・穀類がプラスの傾向。レトルトではピジョンが新規参入，この数字もオンされている。また，外数ながら大塚製薬の果汁「オーガニック」もかなりの実績をあげている。

輸入瓶詰は，ピュリナジャパンの「ビーチナッツ」製品が91年秋から販売され話題を呼んだが，日付表示がネックとなり昨年5月で撤退，以後大きな動きはない。

主要メーカーの業績と近況

次にメーカー別の昨年度業績と近況をみてみよう。

和光堂＝昨年も全般的に好調な動きをみせ，2ケタ弱の伸びで50億円弱の実績となった。

主力のフリーズドライ製品は横這いの動きを堅持。「手作り応援」シリーズでは和風だし，洋風だしとホワイトソース，トマトソースが売れ筋の中心。レトルトの「ジュニアディナー」シリーズも続伸。“かむ力”を育てるベビーフードとして完全に定着，2ケタ台の伸びをみせている。5月からは和風メニューの充実を図り，「筑前煮」「かれいの葛あんかけ」を新発売した。

昨年度からのベビー菓子シリーズも，初年度とし

表①　　ベビーフードの年次別需給動向

（単位：トン，百万円）

	1988年	89年	90年	91年	92年	93年
国　産	3,629	3,517	4,551	5,307	6,466	6,479
輸　入	1,125	1,059	461	199	179	194
総供給量	4,754	4,576	5,011	5,505	6,645	6,673
市場規模	—	—	—	17,601	19,844	20,430

注）1. 年次は1～12月　2. 日本ベビーフード協議会調べ

1994年（平成6年）7月号より

包装容器は酒類食品業界の鏡

社会問題に関わる側面も

包装容器の歴史は酒類食品の歴史と密接に関係している。売れた製品を包む容器もまた，売れるからだ。また，喜ばしくはないが，社会問題にもなりうる。昭和中期は缶とびんの時代だが，乳業界の変革で紙容器が割って入る。PETボトルは1977（昭和52）年に醤油で採用されたのが始まりだが，世を席巻するのは1982（昭和57）年の食品衛生法改正により清涼飲料で解禁されてから。その後は酒類，乳飲料にも採用され，液体分野では主要容器になっていく。本誌「酒類食品統計月報」での各時代を象徴する特集を取り上げる。

飲料缶普及に伴ったゴミ問題

今も昔も変わらず，産業の発展には環境問題がつきもの。1973（昭和48）年8月号では「空き缶回収と食品産業の問題点」と題し「町田市空き缶回収条例の波紋」と取り上げている。

記事は「日本経済の急速な成長は大量消費時代をもたらし，同時に豊富な輸入資源に裏付けられた量産によって，使い捨て時代をもたらしている。しかし，大量生産，使い捨てに伴なう廃棄物処理の対応策が遅れたためPCB，水銀などの産業廃棄物公害からここで触れるゴミ公害にまで頭を痛めなければならない結果となった」と当時の環境問題を指摘。

多様なゴミ公害のうち，本誌では空き缶問題を議論。「最近は観光地以外の都市部でも，空き缶の処理に頭を痛めるようになった。清涼飲料缶が増えたため，市街道路に投げ棄てられる量が年々増えているためである。特にそれは，東京，大阪，名古屋，神戸など大都市の周辺で目立ち，ベッドタウンと言われるこれらの周辺都市で大きな問題となり，環境美化運動の一環として空き缶処理の解決が叫ばれるようになった」。この代表例として，東京都町田市の空き缶回収条例をピックアップしている。

当時，町田市の空き缶回収条例が全国の都市に大きな波紋を広げた。その内容は，清潔な生活環境を保ち，資源を再生利用するために空き缶を効率的に回収処理するというもの。そのため事業者が“回収処理に必要な措置”をすることを義務付け，市長が定める空き缶回収方策に応ずる義務を付け加えた。町田市の場合は，東京周辺の通過者が多く，市街地いたるところに缶を捨てていた。購買者や市民の責任だけでなく，販売業者に回収の責任を課すことによって，このゴミ公害を解決しようとしたのだ。

空き缶をはじめとした廃棄物規制は全国市長村会，全国清掃会議でも当時は重大問題として取り上げ，町田市の条例内容もすべてこれらの会員に配布された。

これらの動きについて本誌は「今度の空き缶回収条例あるいはその規定の特徴は事業者（メーカー，販売者）が売った後までの最終責任を負担すべきであるという考え方が強調されていることである」と指摘。「産業公害が大きな社会問題となり，産業廃棄物に対する企業の責任が厳しく追求される現代では，市町村など地方自治体が自己処理の責任を持つ一般廃棄物も，遂にメーカーや販売者である企業にも責任を負担させるようになった所に大きな特徴がある」。

ワンウェイびんに注目した酒類業界

一度使ったら細かく砕き，ガラス原料としてリサイクルするワンウェイびん。環境負荷は再使用するリターナブルびんの方が低いが，ワンウェイびんはリサイクル先が多様で，この両容器にはそれぞれ特徴がある。

1970（昭和45）年1月号「ワンウェイびん時代来たる」はワンウェイびんの本格展開に合わせた特集

で，冒頭は「日本にも本年からワンウェイびん時代が開幕する。第一にワンウェイびんとしてスタートするのは1.8ℓと300㎖の清酒用。1.8ℓのコンパクト軽量びんは昨年12月中旬に日本硝子，山村硝子，広島硝子，新日本硝子，ヤマト硝子の５社が灘，伏見，広島の３地区で発表会を行った」とある。

本誌は，特に1.8ℓびんが酒類業界を変えると予想。「この新1.8ℓびんの出現により，懸案であった1.8ℓびんの荷役が６本入に変わることが大きな変革になるものと見られる」。ビールが24本入からポリ函の使用により20本入になり，ビールの荷役が一大変革となったことにも重ねている。

背景には卸，小売業界に店員が集まらなくなる原因の一つとして，清酒やビールの荷役の苦痛が挙げられていたことがある。当時は小売店に女性店員が多くなってきており，今後の方向としては女性にも持てる包装単位にしなければならなかった。「卸業界では既に1.8ℓびんの６本入を提案している。明治以来続いている清酒の荷役も，ここで新しい1.8ℓびんの出現により大きく変わろうとしているのである」。また「当面は清酒業界がワンウェイ化を進めるだろう」としながらも「ビール，飲料メーカーの決断が早ければ，その速度は急速に増す」と予測している。

紙容器牛乳，圧倒的存在感も課題あり

環境問題を背景に再評価されている紙容器だが，多くの人が思い浮かべるのは今も牛乳だろう。1979(昭和54)年２月号「牛乳，紙容器時代に入る」は「牛乳容器は紙容器が過半数を占めたことにより，びんから紙への移行期が終わり，まさしく牛乳紙容器時代へと入った。飲用牛乳の消費拡大が叫ばれる中で，どのように紙容器による販売展開をしていくかが重要となってこよう」と展望している。

当時の乳業界は生乳増産基調の中で，消費拡大の必要に迫られた。「そのため，農水省予算，畜産振興事業団助成を受けて，『全国牛乳普及協会』を設立，業界挙げて消費拡大を繰り広げていく予定である」。

実際，当時の牛乳消費の動向は決して芳しいものではない。生産者乳価値上げに伴う，牛乳値上げが７～８月にかけて実施され，それがすべての要因というわけでもないが，消費は伸び悩み傾向だった。

この中で，牛乳の販売価格も一時沈静化していたものの，年末，年始にかけ極端な安売りが出るなど乱れてきていた。このような安売りに対し，牛乳専売店は再三，メーカーに対しても抗議行動を行なったが，根絶することは難しかったようだ。

本誌はこの背景を「牛乳が余っているということもあるが，大型紙容器化，量販店の比率の伸長という変化があることは指摘されてきているところである」と説明。大手メーカーが大きな位置を占める専売店による宅配ルート，中小，農協プラントが大きな比重を占めるスーパールートというように販売ルートが二極分化してきており，大手のプライスリーダーとしての力は著しく弱まっていた。「価格の決定に対しても生産者→大手メーカー→系列専売店という値上げの図式にも無理が生じてきており，紙容器時代の新しい価格決定のあり方が求められている」と指摘している。

多分野に広がるPETボトル，主役は清涼飲料

清涼飲料容器の80%近くを占めるPETボトル。当然，PETボトル市場をけん引してきた存在だ。1986（昭和61)年９月号「清涼飲料がけん引するPET容器」はその拡大の歴史の一部を切り取っている。

記事は「今年のPET容器業界は，すっかり主力に定着した清涼飲料用が大幅増」とスタートする。PETボトル入り清涼飲料は，ボトラーの販売ルートの拡大と定着，割安，簡便性などからホームサイズ製品として急速に消費を拡大。同年上半期の同容器入り果実飲料は前年比2.4倍，炭酸飲料は47％増と記録的な出荷量を達成した。また，史上未曽有と言われた清涼飲料新製品の発売と市場の活性化，これに伴うPETボトル清涼飲料への新規参入ボトラーの増加なども寄与。「主力ボトラーの上期実績は，最大手のコカ・コーラ，ペプシ，キリン，アサヒ，サントリー，サッポロなど各社が大幅な２ケタ増を達成した」。

また用途別では，益々採用を拡大。従来の醤油，ソース，食用油，ドレッシング，みりん等の調味料類をはじめ，酒類ではビール，清酒，焼酎に加え「最近ではサントリーがわが国初のワイン『サントリーワイン葡萄の詩(1.8ℓ)』にも採用，一段と酒類食品業界に定着してきている。清涼飲料でも，最近爆発的に消費を伸ばしているウーロン茶や好調なスポーツドリンクにも採用，成績は好調だ」。

今後については，一段と技術革新が進んでいたことを引き合いに出し「特にレトルト殺菌分野までの耐熱PETの開発と，缶詰分野並みの大量生産体制が確立されれば，将来飛躍的な市場拡大が予想される」としている。

多角化による経営安定へ
体質改善を急ぐ製缶業界

製缶業界はいまや〝総合容器メーカー〟あるいは〝総合包装メーカー〟へ脱皮すべく体質改善を急いでいる。

転換する製缶業界

わが国製缶産業の歴史は故高碕達之助氏によって大正６年（1917年）に東洋製缶が創立されたのに始まり，その歩みはかなり長い。

その間缶詰業界とともに歩み続けた製缶業界は缶詰の著るしい伸びに支えられて発展，今日の地歩を築いたが，36年に至り製缶業界は大きな転機に立たされた。それは缶詰業界が日ソ漁業交渉による鮭鱒蟹の減少，原料事情悪化による農産缶の減産，不漁による魚介缶の減産など缶詰の生産が頭打ちとなったからである。

36年下期にとられた景気調整策の影響を他の産業ほど受けなかったこの業界も缶詰の沈滞ムードには運命をともにせざるを得なかったのである。そうして今後の缶詰業界の国際環境を考えると決して明るいとは云えず，多角化による経営の安定をはかるのには必然であった。

頭打ちの食缶の生産状況

製缶業界の主力製品は食缶（缶詰用空缶〜サンタリー缶）であったが，この缶詰用空缶の頭打ちにつれて各社が経営の多角化のために18ℓ缶（５Ｇ缶），雑缶（美術印刷缶，菓子，洗剤缶）に力を入れる一方，最近ではエアゾール缶やプラスチック容器（合成樹脂容器）の開発に力を入れ始めた。いわゆる〝製品の多様化〟を急ピッチで推し進めているのである。先ず食缶からみて行こう。

表①　空缶，缶詰の生産実績　（単位　千c/s）

区　分	空　缶	缶　詰
34（A）	47,950	37,960
35	56,080	47,223
36	63,270	51,526
37	60,696	48.171
38（B）	65,078	53,135
B/（A）	135.7%	142.1%

食缶の生産は表①のように34年には，47,950千c/sだったのが，38年には65,078千c/sと過去５年間に 3.6倍も伸びている。しかし，37年には缶詰が戦後初めて対前年比減を記録したのと同時に食缶も前年比 4.5%の減を招いた。

38年（１～12月）の製缶数量（日本製缶協会々員12社）を社別，缶型別にみると表②の通りである。先ず社別にみると，トップメーカー東洋製缶の市場シエアーは50.3%と前年の51.8%を更に下廻わっていることは注目される。また東缶系の北海製缶も14.5%にシエァー減少の反面大和，九缶の八幡製鉄系２社と本州製缶，四国製缶の東缶系２社の増加は，注目される。表③のように34年対比では大手４社は軒並み増えているが中小は大巾に減った。

そして缶型では，特１号，２号，３号，４号，５号，６号，平３号，ツナ１号，ツナ３号，Ｃ１号，Ｐ３号，Ｏ３号などが大巾に増えている。

このうち，２号，４号，５号が大巾に増えていることは果実缶詰が38年に大巾に増産されたことを物語っている。しかし，７号，８号，Ｋ缶，Ｆ７号，ツナ２号，Ｃ２号，小１号，200g缶，マッシュルー

1964年（昭和39年）８月号より

乳業界の構造変革を引き起した紙容器の普及

牛乳の流れの変化の中で過当競争表面化す

牛乳流通の合理化の旗手として，時流に乗って普及してきた紙容器は牛乳壜に代わり，牛乳容器の主流となった。この紙容器の普及は，宅配から量販店指向へと流通形態を大きく変革したばかりか，生産者の製造販売への進出を容易にした。そして，いま業界の構造そのものを変革するほどの勢力をつけてきた。以下，牛乳紙容器の周辺を探ってみた。

牛乳流通の変化を招いた紙容器の進出

牛乳の販路は，紙容器によって，量販店ルートが開拓された。折からの高度経済成長に乗って，大量消費時代を演出した量販店の伸長で，牛乳の販売も増加，それにつれて紙容器牛乳も急激な増加を見た。

その相互作用が，量販店の販売比率の高まり，宅配の減少という牛乳流通の変革を招く結果となっている。

畜産振興事業団が京浜，中京，阪神，北九州の大都市周辺を対象に行なった「牛乳消費動向調査」によれば，51年で既にスーパーなど店頭購入のみという世帯が52.5%の比率となっている。(表①)

この結果は限られた地域であり，また京浜の64.3%に対し，北九州では36%と低く，まだ宅配の根強いことを示している。しかし，スーパー，コンビニエンスストアなど，地方への出店に比例して，宅配が徐々に減少していることは否定出来ないし，首都圏に於ては，量販店からの購入比率が，過半数を越えたとも見られている。

紙容器の導入は，流通合理化を目指したもので，宅配の回収労力の減少，容量大型化による隔日配達など合理化を進めると見られていたが，スーパーの台頭と新販路の開拓，これによる農協プラントの新規参入と，大きく伸びたことから宅配減少という皮肉な合理化を進めてしまった。

農協牛乳は，生産者の市乳化促進という目的のもとに，成分無調整牛乳としてスーパーを販路に成長，消費者の自然指向ともマッチし，業界の加工乳中心を無調整主体へと変えた。

このような業界の様相変化は，時の流れであり，紙容器が全ての直接の要因となっているわけではないが，間接的に業界の転機のきっかけとなったことは確かである。では次に，牛乳紙容器の実情を統計から見てみよう。

表①　牛乳の購入方法別割合

		宅配のみ	宅配と店頭から	スーパーなど店頭からのみ
総平均	46年	62.9	9.4	22.8
	47	61.3	18.5	20.2
	48	37.0	35.5	26.5
	49	17.2	45.0	37.0
	50	10.2	43.6	46.2
	51	9.6	37.9	52.5
京浜地域	46	58.2	6.6	28.6
	47	59.4	14.0	26.6
	48	32.5	35.5	29.0
	49	13.0	35.0	52.0
	50	9.0	34.5	56.5
	51	4.4	31.3	64.3
中京地域	47	74.0	6.0	20.0
	48	37.0	39.0	24.0
	49	18.0	49.0	33.0
	50	8.0	45.0	47.0
	51	9.3	34.7	56.0
阪神地域	46	70.4	9.4	13.8
	47	54.7	31.3	14.0
	48	46.0	32.0	22.0
	49	21.0	50.0	27.0
	50	13.0	44.0	43.0
	51	12.0	40.5	47.5
北九州地域	49	22.0	55.0	21.0
	50	12.0	60.0	28.0
	51	15.3	48.7	36.0

注）畜産振興事業団「牛乳の消費動向調査」より。

1978年(昭和53年) 2月号より

製びん業界，今年は史上最高の需要に

容器回収・リサイクリングシステムも新局面迎える

今年の製びん業界は，史上最高の需要が見込まれている。軽量ワンウエイびんは，昨年10億本を突破，今年は12億本が予想され，動向が大いに注目されるところである。

軽量ワンウエイびんが大幅需要増に貢献

昨年の製びん業界は，軽量ワンウエイびんが大ヒット，需要は久方振りに大幅増加を記録した。加えて，食料・調味料びん，1.8ℓびん，洋雑酒びんなど主力びんが好調だったことも寄与。

酒類食品業界が昨夏の天候が冷夏模様から一転，猛暑到来で夏物製品の消費を伸ばしたのが大きい。特に，清涼飲料では，主力の炭酸飲料が5年振りに需要を回復，ビールも数多くの新製品攻勢で販売量を伸ばしたなどが大きな要因といえる。また，史上最高といわれる清涼飲料新製品群の発売，この中で軽量ワンウエイびんの記録的な採用，しかも〝主力商品〟への採用が増大し，一層需要を盛り上げたといえる。

一方，業界では，こうしたワンウエイびんの増大に対応。〝売る〟ばかりでなく，資源の有効利用，リサイクリング，事前の散乱防止策などに乗り出した。〝飲料を飲んだ〟あとのガラスびんを回収，再資源化する「カレットセンター」の設立，リサイクリングを一層拡大，強化するための巾広い統一団体である「ガラスびんリサイクリング推進連合」（仮称）の設立（59年3月末）など，業界は本格的ワンウエイびん時代に備えて全力を上げて取り組んでいる。

こうした状況の中で，今年は引き続き軽量ワンウエイびんが好調，全体的に需要も出足がよく，市場は盛り上がりをみせており，史上最高の出荷量が見込まれている。

200万トンの大台回復した58年出荷量

58年の製びん出荷量は，214万7,000トン（速報値）と，4年振りに200万トンの大台を回復。前年比13.4％の大幅増を記録した。（表①）

前述した通り，①軽量ワンウエイびんが爆発的にヒット，②7，8月の西日本を中心とする猛暑，③全体的に酒類食品業界の消費上向きなどが要因。これに，④春先の清酒，秋のビール，焼酎など一連の酒類の値上げに伴う仮需があり，⑤300種ともいえる史上空前の清涼飲料新製品群の新発売，⑥同様にビールの新製品発売などで，一層需要を伸ばしたといえる。

特に清涼飲料びんとビールびんは，こうした理由から30％以上の伸びを記録。中でもビールびん（大）は，今まで大幅に低迷していただけに，明るい材料といえる。食料・調味料びん，薬びんは，例年のことながら着実に増大。

洋雑酒びんは，昨今爆発的ブームを引き起こしている焼酎，ワインの消費増大で10％以上の2桁増を記録。また，紙パック，ペット容器など容器の多様化と消費の伸び悩みで，長期低落傾向だった1.8ℓびんは，久々に需要が回復。ビールびん同様業界に明るい材料を提供した。ワンウエイびんが増大する中で，ややもすれば忘れられがちになっていたリンクびんが復活したことは，まだ需要に占めるウエイトが高いだけに，業界にとっては朗報といえる。ただ，この中でドリンクびんだけは，さすがに天井打ちとなり，初の実績割れとなった。

本数からみた製びん出荷量は，86億本（前年比15.6％増）となった。（表②）

年間10億本以上出荷しているのは，ドリンクびん，

1984年（昭和59年）6月号より

需要衰えないペット容器市場

耐熱ボトルの性能向上など技術革新が需要を開拓

ペット容器業界は，主力の清涼飲料用が昨年は異常気象にもかかわらず炭酸，果実飲料が好調に伸び，加えて新分野のスポーツドリンク，ウーロン茶の大幅増が寄与，需要は2ケタ増を記録した。

今年は，消費税導入と製品数増大による過当競争激化の中で，主力の清涼飲料市場は一段と“製品差別化”が強まる情勢にあるが，企業間格差が拡大しそうな気配だ。

冷夏をはねかえしたペット容器

昨年のペット容器業界は，酒類食品用の需要が一部を除いて好調に伸び，トータルでは2ケタ増の成長を達成した。

特に，主力のペット清涼飲料は，記録的な低温多雨にもかかわらず，果実飲料が堅調に伸び，炭酸飲料も前年に続いて2ケタ増を達成，加えて，新分野飲料のウーロン茶，スポーツドリンクの需要が大幅に伸びた。

また，酒類用で，清酒カップ物の堅調な増加，焼酎大型ボトル（2.7ℓ，4ℓ）の需要拡大。調味料用では，だし醤油，つゆ類，焼そばソース，ポン酢，たれ類，ドレッシング類などのペット新製品が目立ち，こうした新製品の寄与もあって需要は順調な伸びを達成。加えて，大手メーカーのペットみりんの本格発売などもあり，以上から昨年のペット容器業界は好調な実績を達成したといえる。

一方，吉野工業所，東洋製缶，大日本インキ化学工業，三菱樹脂などを中心とする容器メーカーは，一段と技術革新，生産体制などを強化。容器は機能，器質のアップをはかったほか，特に技術的に難しいといわれる耐熱ボトルの性能向上などもあり，一層需要に拍車がかかった。

こうした中で，主力飲料メーカーは，各社概ね好調な実績を達成したが，メーカーの品揃え強化（製品数増大）などによる販売店の吸収限界などから，乱売・過当競争が一層激化がした。

特に，主力販売ルートであるスーパー，ＣＶＳは“棚が満杯”の状態であり，それだけ条件も厳しかったとみてよく，販売力の差が明暗を分けたともいえる。

表① ペット容器の用途別生産量（推定）

日刊経済通信社調（単位：トン）

種類	1986年	87年	88年	89年予測	前年比(%)	
					88/87	89/88
醤油	11,000	11,330	11,560	11,790	102.0	102.0
ソース	2,000	2,000	2,000	2,000	100.0	100.0
食用油・ドレッシング・みりん	1,430	1,580	1,660	1,750	105.1	105.4
ビール	2,850	2,280	2,000	2,000	87.7	100.0
清酒・焼酎	1,470	1,764	1,880	1,980	106.6	105.3
清涼飲料	26,000	41,600	49,920	55,000	120.0	110.2
酒類・食品計	44,750	60,554	69,020	74,520	114.0	108.0
化粧品	1,210	1,270	1,270	1,300	100.0	102.4
洗剤	8,600	9,030	9,490	9,680	105.1	102.0
その他	200	400	460	500	115.0	108.7
非食品計	10,010	10,700	11,220	11,480	104.9	102.3
合計	54,760	71,254	80,240	86,000	112.6	107.2

注） 1. 化粧品は目薬，クリーム等容器含む 2. 洗剤は，シャンプー，リンス等容器含む 3. 清酒，焼酎にはウイスキー等容器含む

1989年（平成元年）3月号より

1960年代後半から急成長した自販機

飲料の主要チャネルへ

自販機市場は飲料向け，特に清涼飲料が大半を占める。1962（昭和37）年にアメリカから本格導入され，1967（昭和42）年には100円硬貨改鋳に伴う硬貨の大量流通でより大衆化した。当然，清涼飲料市場の拡大にある程度重なってもいる。本誌「酒類食品統計月報」での取り上げもこの時系列に沿っており，1960年代後半から特集の定番化に向かった。

増台の歴史，初期の飲料は炭酸が主役

1960年代後半からしばらくは増台に次ぐ増台の歴史だ。1972（昭和47）年4月号では日本自動販売機工業会(現日本自動販売システム機械工業会)の統計を紹介し「大幅増」と表現した。その要因は「全般的な売上個数の増加，ロケーションの配置効率の上昇，平均価格の若干値上げ等が挙げられよう」と記述している。

記事によると，各自販機の1971（昭和46）年12月末総普及台数は31％増の139万1,470台に達した。総台数に占める機種別割合は，飲料(酒類含む)22.1%，菓子・食品12.5%，タバコ5.8%，切符1.2%，その他19.8%，自動サービス機(両替機・コインロッカー・靴磨機)38.6%となった。単一機種として最も台数の多いのは，炭酸飲料(主にコーラ)自販機の21万3,500台で，総普及台数の15.3%に当たった。

製品，サービスの年間売上金額の合計は6,590億3,872万円を記録し，42.5%増，即ち1,967億1,587万円の増加をもたらした。

当時売上高の最大比重だったのは乗車券(切符自販機)で，全体の36.2%となっている。乗車券が設置台数に比較して売上高が圧倒的に高いのは，利用頻度が極めて高いことによるものだ。

10年間で10倍の市場に

勢いは止まらず，1977（昭和52）年3月号「自販機売上高1兆7,000億円」では「国民1人当たり1万5,000円の買い物をしている」とその隆盛ぶりが見て取れる。

1976（昭和51)年の普及台数は10.8%増の309万6,290台。「これは，1966（昭和41)年当時と比較して約10倍の台数，従って自販機は過去10年間で10倍の成長をしたことになる」。年間で見ると実質30万704台の自販機が全国の酒販店や店頭，屋内に設置されたことになり「1974（昭和49)年の商業統計で対比すると飲食料品小売業だけで1商店当り4.3台，これに飲食店を含むと1店当り2.5台の自販機を何らかの形で保有していることになる」。

一方で売上高は22%増，3,000億円増の1兆7,499億円。「売上高を普及台数で割った単純計算では切符自販機の売上金額が入っているため，一概に言えないが，1台当たり年間で56万5,000円売ったことになる」。

また，酒類食品自販機は100万台時代に突入。18.4％増の130万7,115台で，種類別構成比では42.2%を占めた。「他の食品関係以外の自販機が比較的10%内外で停まったのに比べ，極めて順調な推移を辿った」。売上高は合計で26%増の6,084億8,640万円を記録。単純計算で1台当たり46万5,500円を売り上げた。

自販機全体の中で最も台数が多く，飲料部門中71.8%を占める炭酸飲料自販機(多少缶ジュース類を含む)は23.5%増となった。「これは炭酸飲料自販機そのものよりもむしろ1975（昭和50)年ごろから急増した缶コーヒーの影響が大きく寄与したと思われる。従って販売効率の良い“ホット or コールド”が増加した」。また，牛乳自販機は酒類食品の中で台数，金額とも一番伸びたが「これは云うまでもなく大手乳業メーカーの紙容器自販機の展開が影響している」。特に売上金額が70%近い伸びとなったのは容量の大型化による価格アップのため。「牛乳紙

容器の普及率が全体で47.3%と50%近くを占めてきている実態から見て，今後さらに台数は増加が見込まれる」。コーヒー・ココアの自販機も30%増の9万3,000台と10万の大台にあと一歩と迫った。ほとんどはインスタントコーヒーで夏，冬切り換え用の“ホット or コールド”，冷たい氷入りのアイスコーヒーとホットコーヒーを同時に販売出来る“ホット&コールド”が人気に応えて台数を伸ばした。レギュラーコーヒー用は9,000台ほどだった。

飽和状態と言われた酒類自販機は買替需要が増加し8.8%増。中でもビール自販機は10.4%増と順調に推移した。機種別では清酒4万2,456台(売上高264億円)，ビール6万7,217台(526億円)，ウイスキー5,077台(20億円)。

オペレーターの課題は常にある

自販機産業には欠かせないオペレーターだが，オペレーション効率の悪化，過度なロケーションフィーなどに直面している。ただ，業界課題は産業が成熟し，台数減の傾向になったからではなく，隆盛期でも存在した。1978（昭和53)年1月号の特集名は「自販機オペレーターの現状と問題点」だ。

本誌は「オペレーターの企業環境は1973（昭和48)年のオイルショック以来益々厳しくなってきているのが実情である」と指摘。①不景気による絶対消費量の減退　②加えて残業の減少，臨時雇用の削減などからくる自販機1台当たりの売り上げの減少　③さらに工場などの操業率低下と大型連休の普及拡大などインドアを主体とする専業オペレーターにとって社会的条件が悪化，などを挙げている。

加えて「このような社会的条件の悪化は免れないにしても当面，業界に横たわる諸問題を片付けるだけでも，またその解決の糸口を開くだけでもオペレーター産業の将来性と成長過程に大きな隔たりが出て来るのではないか」と先行き不安さを懸念。

具体的には①当面のコストアップをいかに吸収していくか　②消費者と自販機の接点をどういう形で見い出してゆくか　③消費者のニーズにいかに対応すべきか　④アウトドア自販機との調和。これらは①が主にコーヒー原料の値上がりだ。②は「社会的位置付けをはっきりさせる必要がある」としている。成年雑誌や酒類が社会問題化したためだ。③は飲料自販機の頭打ちが表面化してきたためで，自販機にマッチする食品などの開発を提案している。「普通オペレーター業は原価率が50%を超えるとコンスタントに利益確保が出来ないのが常識である。ところが，食品の場合はこの条件にマッチするものが意外と少ない」からだ。「採算性の良いコーヒーや清涼飲料部門に走りがちになる」と業界の体質にも問題があるとしている。④は前述の成年雑誌や酒類に加え，自販機転倒による幼児死亡事故など社会問題にどう向き合っていくかを問うている。

業界揺れた消費税転嫁

市場が大きくなれば競争は激化する。その手段は価格になりがちで，自販機も例外ではない。1989(平成元)年7月号は「利益志向への転換迫られる自販機オペレーター」とある。消費税の転嫁が遅れていたからだ。本誌は消費税転嫁について「各社のロケ争奪戦，シェア競争が激しく実施が遅れている」と厳しく指摘している。

実態を見ると，転嫁形態はプール方式で各オペレーターの実態によって異なり様々で，中には40通り400種形態というところもあったが，一般的なのは，インスタントコーヒー10円アップの60円から70円がほとんどだった。

本誌が調査推計した，製品転嫁率は全国平均で約30%。3大都市圏では関東地域が20～30%，東海地域60%，近畿地域が10%未満の転嫁率で，地域，オペレーターによって大きな格差が生じた。東北地域などは60%弱とみられる。

転嫁が遅れていたのは，先の過当競争のほか，①ユーザーにより実態が異なる　②オペレーターの体質に格差があり，なかなか実態に合わないなどが主原因，だったようだ。

同問題については当時「業界団体の日本自動販売協会が中心となり，関係省庁指導のもと，大手オペレーターのユニマット，アペックス，ナショナルベンディング，富士ベンディング，ゼネラル・ミッションなどが転嫁を積極的に進めた」が「業界には専業オペレーターのほかに大手ボトラー，ディーラーもおり，体質が異なることもあって，遅れの原因ともなっている」と一筋縄ではいかない状況。

「大手のコカ・コーラの影響は大きく，東海地区では中京コカが積極的に対応したこともあって各社が促進，転嫁率が60%と高いのは評価される。こうした例をみるまでもなく消費税転嫁は本来やるべき国策であり，長期的展望からみても企業体質強化などの面からプラスであり，各オペレーター，ボトラー，ディーラーは改めてこの問題を再認識，消費税の転嫁を最優先課題として促進することが必要である」と檄を飛ばす。

急成長後の新段階に入った自動販売機

総需要抑制策で大きく響いた今年の自販機業界

（年）率30～50％増以上の急速な成長を遂げ，一躍，花形産業となったわが国自動販売機産業は今や普及台数200万台，中身商品金額9,700億円（48年度実績）と1兆円に近づく押しも押されぬ産業に台頭した。しかし，金融引き締め，総需要抑制策は今年も好調と予測された同業界にも大きな影響を与え，今年上半期（1～6月）の出荷台数は史上初の前年実績を割る結果となった。更らには酒類の深夜販売禁止，空缶，紙カップの廃棄問題などが表面化，これを境に第一段階の成長から従来とは，異った第二段階へとステップを踏み始めた同業界についてスポットをあててみた。

飛躍的に発展した自販機、今年は停滞色濃い

（昭）和30年代前半に登場した手抜カップ式ジュース自動販売機（以下自販機と呼ぶ）にはじまったわが国自販機産業は48年度普及台数が220万4,503台，前年比23.8％増，中身商品金額9,693億920万3,000円，同32.5％増と好調に推移した。

一方，同年の出荷台数も20万9,130台，金額にして408億9,798万8,000円，前年比それぞれ23.6，35.9％増と順調に終った。

しかし，今年度は金融引き締め，総需要抑制策の浸透と不況感で需要は停滞，食品メーカーは設備投資を押えるなどの波を被り，上半期（1～6月）の出荷台数は前年比15.8％の落ち込みとなった。

種類別にみても過去，数10年の間，自販機業界の牽引であり，発展の主流をなした飲料自販機が前年実績を割り，業界はこれを境に第一段階の成長を終え，第二段階への予想以上に厳しい道を歩み始めたとみられる。

そのなかで，飲料主導型から加工食品，生鮮食料品へと各メーカーは目を向け始め，ロケーションも単体からフルライン化（各種自販機を一カ所に設置），更らには無人店舗・大型の無人スーパーと規模は拡大してゆく傾向にある。

だが，それに伴って，酒類，タバコ自販機の深夜営業，空缶，紙カップなど廃棄物公害，食品衛生法の完備化など問題が表面化，その対応策に迫まられることになった。以下，業界の現状と問題点，見通しについて述べてみた。

表①　年度別自動販売機普及台数及び年間自販金額　日本自動販売機工業会調

機種	中身商品	46年度		47年度		48年度		48/47	48/47
		普及台数	自販金額（千円）	普及台数	自販金額（千円）	普及台数	自販金額（千円）	普及台数（％）	自販金額（％）
飲料自動販売機	炭酸飲料	213,500	106,750,000	296,936	101,588,228	434,214	178,531,560	146.2	175.7
	牛乳	47,240	24,801,000	40,762	11,700,600	41,230	12,553,704	101.1	107.3
	コーヒー・ココア	9,530	3,812,000	17,312	5,797,872	34,971	13,532,400	202.0	233.4
	ジュース，ドリンク他	5,750	2,812,000	16,130	5,470,650	22,456	10,187,289	139.2	186.2
	酒・ビール	32,350	28,002,880	73,569	45,306,030	93,869	56,983,446	127.6	125.8
食品自動販売機	ピーナツ・ガム他	168,820	10,273,500	179,982	7,625,700	171,272	6,585,250	95.2	86.4
	パン・ケーキ他	2,010	1,507,500	2,195	681,372	3,248	1,088,800	148.0	159.8
	弁当・シュウマイ・サンドイッチ・インスタント麺他	420	1,347,000	4,338	4,246,560	15,809	15,653,875	364.4	368.6
	アイスクリーム・氷	670	167,500	863	191,750	1,119	362,750	129.7	189.5
タバコ自動販売機	たばこ	81,330	78,076,800	131,573	86,226,930	187,648	114,169,419	142.6	132.4
切符自動販売機	乗車券	10,620	238,248,000	13,902	322,207,800	14,875	383,336,400	107.0	119.0
	食券・入場券・貸靴券他	6,050	44,809,200	8,910	42,272,500	10,625	62,187,350	119.2	147.1
その他自動販売機	切手・はがき・印紙・証紙	970	535,125	1,009	321,750	1,037	371,750	102.8	115.5
	カミソリ・靴下・チリ紙他	79,880	8,422,000	79,284	11,313,850	99,196	12,604,350	125.1	111.4
	新聞・雑誌	3,630	816,750	4,937	975,150	6,468	2,243,475	131.0	230.0
	生理・産制用品	58,350	5,775,000	75,313	5,189,000	96,355	8,118,300	127.9	156.4
	おみくじ・パチンコ玉・酸素・保険証書他	132,340	24,984,750	232,935	34,061,875	257,797	39,629,000	110.7	116.3
	両替機	10,110	—	17,869	—	25,588	—	143.2	—
自動サービス機	コインロッカー・靴磨機・ヘアドライヤー・コインテレビ他	527,900	77,897,715	582,751	46,329,480	686,726	51,170,085	117.8	110.4
合計		1,391,470	659,038,720	1,780,570	731,507,097	2,204,503	969,309,203	123.8	132.5

1974年（昭和49年）11月号より

低迷の中で大幅に伸びるコーヒー自販機

主力の清涼飲料自販機は不振続く

今年の飲料・食品自販機業界は，主力の清涼飲料自販機が低迷する中でコーヒー自販機の需要が大幅に伸びている。いずれも紙カップ式コーヒー自販機だが，各社の新製品発売も活発で，今回はこれに焦点を当ててみた。

全体では今年も伸び悩み，3年連続実績割れも

飲料・食品自販機業界は，55年に実績を割って以来，長期低迷に苦しんでいる。

今年も主力の清涼飲料自販機が伸び悩み，業界全体では，3年連続実績割れの可能性が出てきた。これは，①普及台数の飽和，②酒類食品業界の消費低迷，③ボトラーの設備投資抑制，④ディーラー需要の低迷──などが主な原因である。

トータルでは，一時40万台（54年）近くあった出荷量は，昨年30万台を割り，業界は長期不況に突入したといってよいだろう。

特に需要の大半（60%以上）を占める清涼飲料自販機の動向は，業界浮沈の鍵となっている。今年1～8月の実需状況をみても，カップ式自販機を除いて清涼飲料自販機はすべて全滅，浮上の兆しがみえそうもない。しかし，こうした中にあって，カップ式コーヒー自販機の需要が伸びていること，アイス

表①　食品・飲料自販機1～8月の出荷実績　日刊経済通信社調(単位:金額1,000円，前年比%)

種類	中身商品		57年1～8月 台数	57年1～8月 金額	前年比 台数
菓子	ピーナツ，ガム，キャンディー		84		271.0
	おつまみ，ポップコーン等		637		66.0
食品	カップ式食品（専用）		1,354		133.5
	汎用食品（マーチャンダイザー）	常温	240		82.2
		ホット・コールド	105		74.5
	調理式食品	めん類	88		114.3
		米飯類	385		2,750.0
		レンジ式（ハンバーガー等）	127		186.8
	その他（缶詰・袋詰等）		521		3,256.3
	菓子・食品計		**3,541**	**1,087,742**	**135.3**
飲料	清涼飲料（ジュース・ドリンク含）	ボトル	11,077	40,908,987	65.9
		カップ	11,516		156.2
		カン	8,850		71.7
		ホット or/& コールド	85,310		92.1
		パック	1,250		48.5
	コーヒー（カップ式）	卓上式	4,703	8,496,844	295.4
		フロア式	10,681		104.1
	乳飲料（牛乳・乳酸菌飲料）	ボトル	82	6,194,599	25.6
		紙・ポリ容器	12,237		59.8
	アイスクリーム・氷		6,120		429.2
	酒類	酒	5,577	7,309,848	88.1
		ウイスキー	200		55.4
		ビール	15,095		55.5
	その他	お茶他	—		
	飲料計		**172,698**	**62,910,278**	**86.5**
合計			**176,239**	**63,998,020**	**87.1**

1982年（昭和57年）11月号より

問題点噴出した飲料・食品自販機業界

苦境に積極的に対応し，需要喚起のバネに

(60)年の飲料・食品自販機業界は，２ケタ成長を遂げた前年並みの実績にとどまりそうだ。

今年は，業界の安定成長のためにも昨年多発した“毒入りドリンク事件”，酒類自販機の規制など諸問題に積極的に取り組み，むしろこうした状況下にこそ徹底した需要喚起策が急務となっている。

60年の出荷台数は前年並みにとどまる

(一)昨年久方振りに２ケタ成長（14％増）を遂げた飲料・食品自販機業界だが，60年は前年並みの実績にとどまる見通しとなった。

主力の清涼飲料自販機が，２年連続の夏の猛暑などから，ボトラー，オペレーターの投資（展開）が活発化し，前半は順調に伸びたが，後半に入り一転して需要に急ブレーキがかかった。

昨年は，周知の通り“毒入りドリンク事件”の多発，公衆衛生審議会の酒類自販機規制強化，カップ式自販機の衛生管理などが問題となり，こうした諸問題が業界に大きな波紋と影響を与えた。

こうした諸問題については，業界は展開するユーザーと一層連携を強化し，今後の業界の発展のためにも積極的に取り組み，むしろこうした状況下にこそ前向きな需要喚起策が必要とみられる。

消費の多様化を反映して，富士電機，三洋電機，サンデン，東芝，久保田など大手自販機メーカーの新製品開発は相変わらず旺盛。機械は外観，機能両面から一段と“高性能，多機能”化が進んだのも昨年の特徴といえる。しかし，酒類食品業界の安定成長，自販機ロケーション（設置場所）の飽和などから，市場環境は厳しさを増しており，業

表① 飲料・食品自販機１～９月の出荷実績

日刊経済通信社調（単位：100万円，前年比％）

種類	中身商品		60年１～９月 台数	60年１～９月 金額	59年１～９月 台数	59年１～９月 金額	60/59（％） 台数	60/59（％） 金額
菓子	ピーナッツ，ガム，キャンデー		79	22	377	812	21.0	2.7
菓子	おつまみ，ポップコーン等		357		3,369		10.6	
食品	カップ食品（専用）		2,034	1.342	2,334	1,428	87.1	94.0
食品	汎用食品（マーチャンダイザー）	常温	205		234		87.6	
食品	汎用食品（マーチャンダイザー）	ホット・コールド	106		92		115.2	
食品	調理式食品	めん類	83		63		131.7	
食品	調理式食品	米飯類	1		6		16.7	
食品	調理式食品	レンジ式（ハンバーグ等）	98		149		65.8	
食品	その他（缶詰・袋詰等）		380		409		92.9	
	菓子・食品計		3,343	1,364	7,033	2,240	47.5	60.9
飲料	清涼飲料（ジュース，ドリンク含）	ボトル	15,185	61,108	11,090	56,168	136.9	108.8
飲料	清涼飲料（ジュース，ドリンク含）	カップ	9,499		10,313		92.1	
飲料	清涼飲料（ジュース，ドリンク含）	カン	6,020		5,004		120.3	
飲料	清涼飲料（ジュース，ドリンク含）	ホットor/&コールド	125,815		117,127		107.4	
飲料	清涼飲料（ジュース，ドリンク含）	パック	—		—		—	
飲料	コーヒー（カップ式）	卓上式	4,488	17,479	6,891	16,017	65.1	109.1
飲料	コーヒー（カップ式）	フロア式	17,489		16,110		108.6	
飲料	コーヒー（牛乳・乳酸飲料）	ボトル	17	7,402	30	8,606	56.7	86.0
飲料	コーヒー（牛乳・乳酸飲料）	紙・ポリ容器	16,889		16,925		99.8	
飲料	アイスクリーム・氷		3,091		6,996		44.2	
飲料	酒類	酒	16,098	10,691	8,385	15,469	192.0	69.1
飲料	酒類	ウイスキー	50		278		18.0	
飲料	酒類	ビール	10,296		19,729		52.2	
飲料	その他	お茶他	—	—	—	—	—	—
	飲料計		224,937	96,680	218,878	96,260	102.8	100.4
合計			**228,280**	**98,044**	**225,911**	**98,500**	**101.0**	**99.5**

1986年（昭和61年）１月号より

勢い加速する飲料食品自販機業界

中身商品の売上高は2兆円を突破

飲料食品自販機業界は，主力の清涼飲料自販機が大幅に伸び，出荷量は2年連続20％台の伸び率を記録した。

自販機による中身商品の売上高は2兆1,000億円に達した。

今年は，引き続きビール4社を中心に清涼飲料メーカーの活発な投入が予想され，需要は好調の見通しだが，消費税の導入で予断を許さない状況となってきた。

88年出荷量は2年連続20％台の増加

昨年の飲料食品自販機業界は，低温多雨という異常気象の中で，清涼飲料の需要も堅調な伸びにとどまったが，対照的に自販機出荷量は2年連続20％台の伸び率を達成した。

特に清涼飲料自販機は，中身商品の相変わらず旺盛な新製品発売，缶コーヒー，スポーツドリンク，ウーロン茶など新分野飲料の需要好調，飲料メーカーのシェア争奪激化などから需要は前年比40％の

表①　自動販売機の普及台数及び金額

日本自動販売機工業会調(単位：台，100円万)

種類	中身食品	普及台数			自販金額(中身商品売上高)		
		1988年	87年	88/87	88年	87年	88/87
飲料自販機	清涼飲料	1,893,330	1,882,860	100.6	1,327,640	1,150,470	115.4
	牛乳	144,200	146,990	98.1	119,398	113,999	104.7
	コーヒー・ココア	253,260	246,570	102.7	207,297	188,508	110.0
	酒・ビール・ウイスキー	202,820	195,630	103.7	347,704	299,316	116.2
	飲料小計	2,493,610	2,472,050	100.9	2,002,039	1,752,293	114.3
食品自販機	ピーナッツ・チョコレート他	96,800	105,420	91.8	15,065	15,813	95.3
	パン・ケーキ・おつまみ他	24,460	23,290	105.0	11,374	10,481	108.5
	弁当・インスタント麺類他	70,800	71,550	99.0	86,344	86,861	99.4
	アイスクリーム・氷	43,960	41,460	106.0	13,452	12,438	108.2
	食品小計	236,020	241,720	97.6	126,235	125,593	100.5
飲料・食品計		2,729,630	2,713,770	100.6	2,128,274	1,877,886	113.3
たばこ自販機	たばこ	431,500	407,600	105.9	1,230,293	1,129,867	108.9
切符自販機	乗車券	18,000	17,200	104.7	1,091,232	990,720	110.1
	食券・入場券・貸靴券	16,490	15,380	107.2	141,583	124,578	113.7
	切符小計	34,490	32,580	105.9	1,232,815	1,115,298	110.5
その他自販機	切手・はがき・証紙他	1,210	1,250	96.8	1,443	1,470	98.2
	カミソリ・靴下・チリ紙他	147,930	152,510	97.0	48,156	41,373	116.4
	新聞・雑誌	15,080	16,620	90.7	10,828	10,106	107.1
	生理・産制用品	72,330	74,570	97.0	18,813	18,299	102.8
	乾電池・玩具・カード・テープ他	666,620	617,100	108.0	215,175	172,758	124.6
	その他小計	903,170	862,050	104.8	294,415	244,006	120.7
自販機合計		4,098,790	4,016,000	102.1	4,885,797	4,367,057	111.9
自動サービス機	両替機	118,040	114,830	102.8	－	－	－
	玉・メタル貸機	49,280	44,800	110.0	－	－	－
	コインロッカー・コインテレビ等	972,780	925,710	105.1	74,097	69,229	107.0
	小計	1,140,100	1,085,340	105.0	74,097	69,229	107.0
合計		5,238,890	5,101,340	102.7	4,959,894	4,436,286	111.8

注）年度は1～12月

1989年(平成元年) 4月号より

酒類食品卸売業

前回値上げ時（平成初期）業績好転

本誌恒例の「酒類・食品問屋の業績ランキング」がスタートしたのは1970年（昭和45年）のこと（今年で55回を数える）。
当時は電話こそ普及していたものの，Faxもない時代だった。当然「ニュースレリース」なども存在せず，新商品情報等の情報や商況は現代以上に卸売業各社に依存していた。
第1回の業績ランキングとともに，当時とバブル期（昭和末期～平成初期）を振り返ってみる（※当時はすべて単体決算がベースとなっている）。

1970年(昭和45年)の卸売業ランキング30社

第１回「酒類・食品問屋の業績ランキング」が掲載されたのが1970年（昭和45年）８月号「進展する酒類食品問屋の再編成とその問題点　その二」の解説記事中にて。

当時は流通構造の変革に伴い，問屋の経営内容の悪化，信用不安の増大，倒産の続出が大きな要因となり，総合商社を軸に急速に展開され始めた頃で，「商社の核に入らないで，独自の系列化を進め，商勢拡大を図っている問屋やメーカー系列問屋の再編成も進んでいた」のである。

売り上げランキング上位30社の顔ぶれを列記すると（※社名は当時のもの），国分商店（東京），明治屋（東京），日本酒類販売（東京），小網（東京），広屋（東京），松下商店（大阪），北海道酒類販売（北海道），北洋商事（東京），升喜（東京），ボーキ佐藤商店（福島）がベスト10。

さらに雪印物産（東京），湯浅（東京），中泉（東京），北酒連（北海道），祭原（大阪），島屋商事（大阪），梅沢（愛知），鈴木洋酒店（東京），野田喜商事（大阪），近辰商店（東京）が20位まで。

続いて加藤産業（大阪），逸見山陽堂（東京），旭食品（高知），関東明治屋商事（東京），新生商事（福岡），仁木島商事（東京），荒井商店（東京），西野商店（東京），弥谷（大阪），関西明治屋商事（東京）となっている。

平成以降入社の読者には，現在の上位社も変わらぬ一方で，もしかしたら聞き慣れぬ卸の社名もあるのではないだろうか。いわば卸売業再編成前夜といった時代であり，この直後に体験する「第一次オイルショック（1974年，昭和49年）」などを経て，「第二次オイルショック（1980年，昭和55年）」，「バブル期（1986年12月～1991年２月，昭和61年～平成３年）」を迎えることになる。

トップの国分商店の昭和44年12月期売上高は958億円。フランチャイズチェーン作りという新しい問屋の系列化，グループ化を推進。翌45年12月期には売上高1，440億円と大台を一気に突破している。全国に本支店７ヵ所，営業所・出張所17ヵ所を持ち，全国ネットワーク化も進め，その上で卸の系列化，業務提携も活発に進めていた。20社近い中小食品問屋に資本参加し，業務提携。あくまでも合併ではなく，資本参加の形で，相手の２次店，３次店に経営主体の確立を任せ，自社で手の届かない地域や単独小売店にキメ細かいセールスを行っていくために作られたものである。

この号の記事見出しをピックアップしてみると，「急進展する問屋再編成と問屋格差拡大」「急速に商圏拡大を図る梅澤」「小網の二次店吸収による商圏拡大」「注目される中堅卸同志の合併（静岡の山千代商店と山清の合併＝ヤマキの誕生）」「急進展する問屋再編成と問屋格差拡大（北洋商事と山田商事の大型合併）」「強まる総合商社量販店との結合の強化（系列化に積極的な三菱商事，三井物産）」など。

「急進展する問屋再編成と問屋格差拡大」では，「今後酒類食料品問屋は，卸売機能を巡って華々しく競争が展開されるが，大手の問屋は物流機能を強化し，小売店，とりわけ量販店との取り引きが拡大していること，量販店も卸機能を持ってメーカーと次第に直結，全国的なマーチャンダイジングが求められることなど，流通経路は一段と圧縮される情勢下にあって，二次店など中小問屋は地盤が沈下する。必然的に大手問屋の傘下に入るか，商社の傘下に入るか，メーカーの傘下に入るか，あるいは二次店同士で合併するか，いずれかの方法を取らねばならない」とあり，一部は令和現代でも変わらない部分が記されている。

続いて「強まる総合商社量販店との結合の強化」を紹介すると，大手商社は貿易，資本の自由化に伴い，開発輸入，総合化を一層進め，量販店との結びつきも一層強まる。量販店対策の上からも，問屋の系列化による販路拡大が必要となるわけで，総合商社の問屋系列化施策は金融能力をテコに一段と積極化しよう。

とりわけ三菱商事と三井物産は問屋の系列化に積極的である。三菱商事は自ら国内販売（卸）にはタッチせず，北洋商事，野田喜商事，新菱商事など系列下の一次問屋に販売を一任，二次店の系列化は北洋などに一任している。

三井物産は長井藤商店，万栄本店，高崎商店，ヤマムロなど二次店にテコ入れし，流通パイプの拡大を図っている。自らが一次店性格を有し，卸機能を持っている体質から来たものだー。

1990年（平成２年），第20回卸売業ランキングから

続いて第20回の業績ランキングを掲載した1990年（平成２年）８月号をピックアップする。

この年は，「今年６月で『岩戸景気』の42ヵ月を抜いた超大型の内需景気に乗って，過去２年間順調に業績を伸ばしてきた酒類・食品卸売業界も，1989年度（平成元年）の業績は大きく鈍化した」との記述からスタートしている。いわゆるバブル崩壊前夜の時代だ。

当時の酒類・食品卸売業上位200社の売上高は９兆3，189億円，102.5％，純利益250億円，91.7％の水準だった。89年４月に酒類の級別制度廃止などで酒税法が改正され，高級酒類が値下げとなり，酒類売り上げが軒並み減収となったこと。また，好景気による人手不足から人件費，とりわけ物流費の急騰が大きく収益を圧迫した一とある。

人手不足は令和でも社会問題化しているが，この当時は好景気が背景にあるという部分は現代と大きく異なっている。

好況下でも酒類の値下げで業績が悪化も，当時も猛暑での夏物商材好調もあり，一気に業績は回復している。いつの時代も天候要因に左右される場面は変わらないようだ。

小売業からの多頻度小口配送要求高まるも，用車難・人手不足

また，「小売業からの多頻度小口配送要求は強まる一方」との記述もあり，「人手不足による用車難は料金の急騰に拍車をかけている。数年前まで２トン車１台当たり１日１万5，000～１万6，000円だったものが，今では２万円台。ビールや清涼飲料の需要が急増する夏場は運転手不足で用車もままならず，スポット料金は３万円～３万5，000円に跳ね上がった。問屋ならずとも，メーカーも頭を抱えている。加えて，大都市圏での慢性的な交通渋滞は，小売側の要求に100％応えるのは不可能な時代ともなっており，用車代の高騰とともに，一部では１回あたりの商品がまとまらない中小小売店向けの配送を中止するところも出始めている。このことは，売り上げを犠牲にしても利益重視の経営方針にはっきりと転換したことを意味する。日本加工食品卸協会が，かねて卸のマージンアップをメーカーに要請。その『新価格体系にかかる業態別物流コストの実態調査』を実施，その結果を明らかにした。１ケース当たりの卸店の物流費は，量販店が252円58銭で，平均売上単価の6.71％。ＣＶＳは220円27銭で，同9.6％を占めている。すなわち『現行の卸マージンは，割戻金を含めても6.5～８％程度』といい，欧米など諸外国と比べても日本のマージン率は最も少ない。こうした卸の窮状を理解して取引改善したメーカーは，調査対象70社中，わずか11社だった」。35年前の記述ではあるが，令和現代でも課題として積み残されている部分や，運転手不足・人件費高騰も同様である。

グループ売上高１兆円を超えた国分と菱食

この年のランキングでは，国分と菱食がグループ売上高で１兆円を超えた。「21世紀に向けた中・長期計画を策定し，系列卸の再編，統合を含むグループの体質強化を積極的に推進していた。

卸売業ランキングでは，上位100社で2.7％の増収，101～150社1.5％の増収，151～200位で0.6％と微

増収となっている。上位21社までが年商1，000億円規模を達成していた。

食品・酒類・菓子上位10社

当時の主要カテゴリー別の売上ランキングでは，食品（加工食品）が菱食4，048億円，国分3，673億円，明治屋2，662億円，加藤産業2，008億円，島屋商事1，848億円，松下鈴木1，758億円，旭食品1，553億円，雪印物産1，277億円，西野商事1，018億円，梅沢925億円が10位まで。

酒類は日本酒類販売2，741億円，国分2，693億円，明治屋1，630億円，小網1，496億円，広屋890億円，中泉825億円，三陽物産805億円，松下鈴木753億円，升喜743億円，北海道酒販663億円が10位まで。

菓子は山星屋1，026億円，高山925億円，サンエス830億円，橘高609億円，タジマヤ365億円，ハセガワ347億円，種清338億円，田中製菓316億円，シコクヤ292億円，正直屋273億円が10位まで。

食品は卸売業全体の順位とリンクするが，酒類と菓子は専門問屋が上位を占めている。この傾向は令和現代でも同じような傾向が見られる。

流れとしては大手の酒類食品総合卸売業は，この後カテゴリーとして急成長する冷凍・チルドの部門も含め「フルライン卸」を標ぼうしていくことになる。平成末期には「フルライン化」もメガ卸ではほぼ完了したと思われた。しかし，販売業態としてドラッグストアがクローズアップされ，令和現代も新たな得意先として期待を集めており，冷凍チルドの温度帯商品，品ぞろえとしての酒類，菓子は伸びしろも大きく，この2カテゴリーに強い独立系卸や地域卸と連携，もしくはグループ化を図りたいとする動きが活発化している。この傾向は今後も続いていくと見られる。増収となっている。上位21社までが年商1，000億円規模を達成していた。

業績好転した1990年度（※商品値上げが寄与）

続く1990年度（平成2年度）の概況を見ると，「物流費高騰の下で，値上げが寄与」の見出しとなっている。息の長い大型景気とビールや加工食品の一斉値上げが寄与，企業業績が大きく貢献した。

令和現代に「30数年ぶり値上げ」と見出しが躍った，前回の値上げがこの時である。

卸売業200社の業績も「平均で6.2％増収，15.2％の大幅増益（最終利益）」を記録している。

業績好転の最大の要因は，①酒類や菓子，一般加工食品の一斉値上げが寄与したこと，②内需に支えられた好景気から，ビールに代表されるように，値上げに関係なく消費が堅調だったこと，③一昨年（1989年）の酒税法改正で，高級酒類の大幅値下げの影響から，酒類卸の前年度売上高が軒並みダウンしたが，その反動があったことーとある。

そして値上げラッシュはメーカー側の製造コストアップ吸収策もあるが，それ以上に近年の異常な物流コストの高騰に伴う卸側のマージンアップ要請に応えた意味合いが強い。値上げ効果について，「ほとんどが物流費のアップに食われた」とする卸が多いが，中には「11～12月で5％，年間で0.4％の寄与率で，体質改善に寄与した（菱食）」と分析する卸もある。

しかし，人手不足による人件費や物流費の高騰は依然経営を圧迫しており，国分は「物流費を含めた販管費が28％，一般管理費が10％それぞれアップした」，菱食も「販管費は10％増，運賃諸掛りは18.8％増の約13億円にものぼった」とある。当時からコスト増への対応は最大にして，最優先であった。

日本の酒類食品卸売業は江戸時代に発展

なお，最後に「日本の酒類食品卸売業」の歴史を辿ってみる。酒問屋の町として知られ，現在も酒類・食品メーカーの本社や拠点が多く存在する東京・新川（茅場町から八丁堀界隈）では，江戸時代に灘・伏見などの下り酒の輸送手段が馬による陸上輸送から，廻船による海上輸送に変わり，江戸周辺の酒類商が集積し，それまでの木材中心の商い（木場に移転）から，「酒問屋の町・新川」が生まれた。菱垣廻船や樽廻船が往来し，江戸新川は酒問屋をもって天下に知られ」と言われるほどだった（※全国卸売酒販組合ＨＰから引用）。

また，参勤交代制度により，江戸と全国各地の往来が盛んに行われていたことで，生活に欠かせない食品の流通が盛んになったほか，そのご当地の食文化や食習慣も時間を積み重ねることで江戸に影響や変化をもたらし，各地の特産物や名産品の現金化のための販売も盛んとなった。これら特産物，名産品の特徴や知識も広がりを見せ，前出の新川などを経由した水上物流の仕組みも整備されていった。

国分が「広く食品販売を主とする卸売業を開始」したのが1880年（明治13年）の事。その後食品・缶詰の販売開始が1887年（明治20年），ビールの販売開始が翌1888年（明治21年）とある。

流通再編下で商社のリスクは当然その体質からも避けられないが，今後の問屋再編においては大手商社を中心にとりわけ三菱商事と三井物産の両社の対決の形で進められよう。

そして今後の総合商社の対酒類食品問屋系列化政策はすでに自主流通米制度の採用によって清酒メーカーへ接近を強めていることから量販店対策と併行して酒類問屋への接近，介入を強めることは間違いない。すでに三菱商事が広屋と提携しているが，このほかにもかなりの噂さが出ており，住友商事，丸紅飯田，伊藤忠商事，トーメンなどの動きともからんで今後ますます総合商社の系列化政策は複雑かつ積極化し，かなりの酒問屋が商社の傘の下に入ることは容易に想像出来る。　（吉 村 記 者）

《参考表》　**酒類食料品問屋100社の売上げ高**　日刊経済通信社

順位	社名	所在地	前期		前々期		順位	社名	所在地	前期		前々期	
			決算期	売上高	決算期	売上高				決算期	売上高	決算期	売上高
1	㈱国分商店	東京	44/12	95,859	43/12	83,261	51	㈱藤三商会	京都	44/9	5,524	43/9	4,471
2	㈱明治屋	東京	45/2	61,574	44/2	49,012	52	㈱渡喜商店	仙台	45/2	5,400	44/2	4,800
3	日本酒類販売㈱	東京	45/3	58,574	44/3	49,393	53	武田食糧㈱	甲府	44/12	5,313	43/12	4,562
4	㈱小網	東京	45/3	43,160	44/3	37,493	54	秋田県酒類卸㈱	秋田	45/3	5,271	44/3	5,025
5	㈱広屋	東京	45/3	34,039	44/3	30,538	55	㈱高崎商店	東京	44/7	5,245	43/7	5,307
6	㈱松下商店	大阪	44/9	27,888	43/9	24,467	56	福島県酒類卸㈱	福島	45/3	5,062	44/3	4,700
7	北海道酒類販売㈱	札幌	45/3	20,921	44/3	19,060	57	㈱古屋商店	横浜	44/5	5,005	43/5	43,80
8	北洋商事㈱	東京	44/12	20,743	43/12	19,030	58	㈱稲井善八商店	塩釜	45/3	5,000	44/3	4,500
9	㈱升喜	東京	45/3	20,620	44/3	15,878	59	千葉県酒類販売㈱	千葉	45/3	4,665	44/3	4,200
10	ボーキ㈱佐藤商店	郡山	44/12	20,517	44/12	16,906	60	㈱滋賀県酒販	大津	45/3	4,611	44/3	4,414
11	雪印物産㈱	東京	45/3	20,316	44/3	18,186	61	㈱大和商店	大阪	44/11	4,471	43/11	3,999
12	湯浅㈱	東京	45/5	20,160	44/5	17,388	62	㈱丸主	東京	45/3	4,415	44/3	3,546
13	中泉㈱	東京	45/3	19,849	44/3	17,532	63	㈱増田商店	大阪	44/12	4,117	43/12	3,850
14	北酒連㈱	札幌	45/3	19,094	44/3	17,800	64	池田商事㈱	東京	45/3	4,110	44/3	3,223
15	㈱祭原	大阪	44/9	18,438	43/9	15,900	65	㈱岩本商店	東京	45/2	4,080	44/2	3,445
16	島屋商事㈱	大阪	45/3	18,252	44/9	8,186	66	㈱山形丸魚	山形	44/8	3,943	43/8	3,518
17	㈲梅沢	名古屋	44/11	16,667	43/11	12,898	67	㈱神戸小西酒商店	神戸	44/9	3,727	43/9	3,230
18	㈱鈴木洋酒店	東京	45/3	8,366	44/9	7,932	68	あいち醸造食品㈱	名古屋	45/12	3,722	43/12	3,377
19	野田喜商事㈱	大阪	44/9	15,520	43/9	12,100	69	花菱乾物㈱	大阪	45/6	3,692	44/6	3,318
20	㈱近辰商店	東京	45/3	15,837	44/3	13,514	70	岩瀬商事㈱	大阪	45/6	3,609	44/6	3,273
21	加藤産業㈱	大阪	44/9	13,929	43/9	11,464	71	㈱日比野商店	東京	44/9	3,590	43/9	2,990
22	㈱逸見山陽堂	東京	44/10	13,093	43/10	10,468	72	㈱大乾	大阪	44/6	3,476	43/6	3,097
23	旭食品㈱	高知	45/3	12,000	44/3	10,000	73	新潟県酒類販売㈱	新潟	45/3	3,400	43/3	2,980
24	関東明治屋商事㈱	東京	45/2	11,766	44/2	9,727	74	㈱知多加	名古屋	44/10	3,359	43/10	2,920
25	新生商事㈱	小倉	44/8	11,334	43/8	8,774	75	㈱丸い伊藤商店	北見	45/1	3,298	44/1	2,957
26	仁木島商事㈱	東京	45/3	10,857	44/3	7,353	76	新潟酒販㈱	新潟	45/3	3,287	44/3	2,950
27	㈱荒井商店	東京	45/3	10,695	44/3	10,330	77	㈱岡永	東京	45/1	3,254	44/1	3,319
28	㈱西野商店	東京	45/5	10,450	44/5	9,420	78	大橋㈱	京都	45/3	3,158	44/3	2,705
29	㈱弥谷	大阪	45/3	9,995	44/3	8,632	79	㈱ヤマト松井本店	東京	44/12	3,000	43/12	3,400
30	関西明治屋商事㈱	東京	45/2	9,955	44/2	8,394	80	中村角㈱	広島	45/2	2,900	44/2	2,600
31	㈱牧原本店	東京	44/6	9,886	43/6	9,105	81	㈱森田商店	東京	45/3	2,850	44/3	2,850
32	㈱メイカン	名古屋	44/10	8,626	43/10	7,453	82	亀井通産㈱	熊本	44/10	2,835	43/10	2,290
33	㈱喜多本店	大阪	45/3	8,452	44/3	7,765	83	佐竹商事㈱	名古屋	45/3	2,807	44/3	2,530
34	長野県酒類販売㈱	長野	45/3	8,413	44/3	8,119	84	吉川酒類㈱	東京	44/9	2,802	43/9	2,085
35	㈱山泉商店	名古屋	44/5	8,140	43/5	6,807	85	旭興業㈱	東京	45/5	3,239	44/5	2,698
36	㈱中塚商店	大阪	45/3	7,500	44/3	6,514	86	㈱うしまとや商店	大阪	44/9	2,681	43/9	2,390
37	㈱丸善商店	東京	44/12	7,085	43/12	6,664	87	南海酒販㈱	堺	44/9	2,657	43/9	2,263
38	㈱丸一	名古屋	45/3	6,934	44/3	5,587	88	㈱山本商店	静岡	44/12	2,631	43/12	2,240
39	雪印商事㈱	大阪	45/3	6,748	44/3	5,279	89	㈱丸ヨ西尾	札幌	44/9	2,569	43/9	2,349
40	新菱商事㈱	東京	45/3	6,162	44/5	6,274	90	㈱新見義広商店	広島	45/1	2,350	44/1	1,860
41	㈱トーカン	名古屋	44/9	6,541	43/9	5,329	91	㈱知屋商会	東京	45/5	2,300	44/5	1,950
42	アカシヤ商事㈱	大阪	44/12	6,531	43/12	6,016	92	兵庫県酒類食品㈱	神戸	44/4	2,300	43/4	1,960
43	㈱ヤマムロ	東京	44/11	6,412	43/11	7,408	93	佐賀酒類食品㈱	佐賀	44/6	2,265	43/6	2,114
44	㈱長井藤商店	大阪	45/3	6,355	44/3	5,471	94	㈱東京北洋	東京	44/12	2,264	43/12	2,296
45	群馬県卸酒販	前橋	45/3	6,328	44/3	5,740	95	㈱北村商店	名古屋	44/12	2,255	43/12	2,088
46	㈱金星	東京	45/3	6,300	44/3	5,200	96	ヒノマル日水㈱	東京	45/3	2,167	44/3	1,638
47	福島県酒販㈱	福島	45/3	6,005	44/3	5,453	97	㈱須川屋	名古屋	44/11	2,004	44/11	1,644
48	住商フーズ㈱	東京	44/9	5,875	44/9	4,816	98	㈱小田万	東京	45/3	2,000	44/3	1,800
49	㈱昭和	名古屋	45/3	5,708	44/3	4,655	99	三新食品㈱	東京	44/9	1,500	43/9	1,200
50	㈱平喜商店	静岡	44/9	5,616	43/9	4,870	100	㈱箕輪食品	宇都宮	44/8	1,480	43/8	1,250

注）①上記100社は入手分のみ　②鈴木洋酒店は年2回決算　③島屋商事の43年9月期は半期決算。④単位百万円

1970年（昭和45年）8月号より

上位100社は2.7%の増収，6.8%の減益に対し，101～150位では1.5%の増収，15.9%の減益で，151～200位では0.6%の微増収，21.1%の大幅減益と下位ほど業績が悪化，大手との格差拡大をはっきり示している。

21社が1千億の大台を突破

総売上高ランキング（表⑦）では，首位の国分以下11位の広屋までは変わらず，上位30社では，山星屋（19位），三友食品（20位），西野商事（21位）の3社がそろって1,000億円の大台達成と，サンエス（29位）及びグループ決算ながら中村博一商店（30位）両社の高増収によるランクアップが目立つ。

31～60位では，東京雪販（34位），藤三商会（44位），三英食販（51位），東亜商事（55位）の9%～2ケタ増収と，昨年7月に名古屋日冷スター販売（年商50億円）を吸収合併したユキワ食品（57位）の9ランク上伸が目につく。

61～100位では，東北の名門，丸大堀内商店（62位）と北海道雪販（86位）の15%台の大幅増収や，ヤグチ（71位），高瀬物産（73位），名給（80位），尾家産業（83位）など業務用主体卸の好業績も目立った。

101～150位では，大善（104位），菱和酒販（140位）の2ケタ増収や，新東酒販（115位），岡山県酒販（120位），神酒連（136位）など酒類卸の減収ながら増益卸も目につく。

151～200位では，前年変則決算（11カ月）のシートウネットワーク（166位）を除いて2ケタ増収はなく，わずかにヒノマル日水（174位），三箇（183位），北西酒販（199位）の7～9%増収が目立つ程度。

松下鈴木，純益で7位に躍進

表⑤　1989年度　純利益ベスト30

日刊経済通信社調

純益順位 89年	純益順位 88年	会社名	純利益 百万円	純利益 前年比	89年度売上順位
1	3	日本酒類販売(株)	1,553.0	112.6	4
2	2	加藤産業(株)	1,541.4	105.4	7
3	5	東海澱粉(株)	1,233.4	114.8	15
4	4	国分(株)	1,152.0	102.6	1
5	7	正栄食品工業(株)	777.0	85.4	38
6	9	ヤマエ久野(株)	760.0	94.9	12
7	—	松下鈴木(株)	700.0	752.7	5
8	12	(株)マルイチ産商	669.0	103.7	16
9	10	ボーキ佐藤(株)	641.0	83.8	10
10	6	(株)菱食	622.5	59.8	3
11	1	明治屋	620.0	23.5	2
12	23	島屋商事(株)	550.0	210.7	8
13	11	(株)高山	542.4	83.6	23
14	14	ユアサ・フナショク(株)	533.0	101.4	14
15	15	東亜商事(株)	526.0	122.0	55
16	13	(株)トーホー	481.0	78.6	39
17	20	協組長崎県酒販	423.3	147.0	66
18	19	長野県酒類販売(株)	381.2	116.6	52
19	18	(株)サトー商会	379.2	108.7	87
20	—	(株)昭和	352.8	212.8	42
21	21	中泉(株)	352.6	126.4	18
22	25	岩手酒類卸商業協組	336.4	131.5	92
23	26	南九州酒販(株)	331.3	138.3	90
24	—	(株)廣屋	312.0	155.2	11
25	—	千葉県酒類販売(株)	310.0	306.6	54
26	24	(株)タジマヤ	291.0	112.4	58
27	22	(株)トーカン	282.5	103.9	36
28	—	福島県南酒販(株)	251.4	137.2	60
29	29	西野金陵(株)	250.7	113.7	48
30	28	宮崎酒類販売(株)	249.9	107.6	144

注）1. (株)削除はグループ　2. 商業組合組織の純利益は，当期剰余金から利用分量配当金を除いて計上

純益ベスト30社は表⑤の通りで，トップは日本酒類販売の15億5,300万円。2位加藤産業，3位東海澱粉，4位国分まで10億円台を計上したが，前年より明治屋，菱食の2社が10億円台を割ってそれぞれ

表⑥　部門別売上高上位10社

日刊経済通信社調

89年度順位	食品売上高 会社名	食品売上高 億円	食品売上高 前年比	酒類売上高 会社名	酒類売上高 億円	酒類売上高 前年比	菓子売上高 会社名	菓子売上高 億円	菓子売上高 前年比
1	菱食	4,048.4	106.0	日本酒類販売	2,741.8	94.9	山星屋	1,026.3	107.8
2	国分	3,673.0	105.8	国分	2,693.0	98.7	高山	925.7	105.9
3	明治屋	2,662.0	102.3	明治屋	1,630.0	93.3	サンエス	830.0	109.6
4	加藤産業	2,008.6	105.7	小網	1,496.4	96.1	橘高	609.8	105.1
5	島屋商事	1,848.5	106.7	広屋	890.4	94.4	タジマヤ	365.0	100.6
6	松下鈴木	1,758.2	106.4	中泉	825.0	95.9	ハセガワ	347.4	104.2
7	旭食品	1,553.0	108.0	三陽物産	805.0	95.5	種清	338.6	106.2
8	雪印物産	1,277.3	104.8	松下鈴木	753.5	101.0	田中製菓	316.8	106.8
9	西野商事	1,018.9	104.2	升喜	743.7	98.8	シコクヤ	292.0	105.0
10	梅沢	925.3	100.2	北海道酒販	663.2	96.7	正直屋	273.5	104.0

注）1. 食品，酒類売上高の一部は，売上構成比からの算出を含む　2. 菓子売上高は，食品その他を含む総売上高

1990年(平成2年) 8月号より

11，10位に後退した。

目立つのは７億円を計上して復配した松下鈴木が２年ぶり７位に再ランク入りしたこと。さらに昭和（20位），廣屋（24位），千葉県酒販（25位），福島県南酒販（28位）の４社もベスト30入りしたことである。

部門別にみた売上高ベスト10

一般加工食品，酒類，菓子の部門別売上高ベスト10は表⑥の通りで，食品のトップは菱食，酒類は日酒販，菓子は念願の1,000億円を達成した山星屋で不動。２位以下も食品と菓子は変わりないが，酒類では松下鈴木が９月期決算のため，値下げ影響が半期で１％ながら唯一の増収となり，３年ぶりに升喜を抜いて８位に上がった。

また，上位10社の平均増収率は，食品が5.3％で前年（4.5％）を0.8ポイント上回り，菓子も前年（8.2％）比２ポイントダウンながら6.2％と依然高水準の伸びにある。

ただ，酒類だけが前年の4.1％増収から一転しての3.7％減収が，結果として全体の伸び足を引っ張ったと言えよう。

今年度の業績は一挙に回復へ

以上から，1989年度の業績悪化は，消費の低下を意味するものではなく，売り上げ的にはあくまでも高級酒類の値下げによる一時的な目減りであり，収益の悪化は物流費の急騰にあったと言える。

人件費や物流費の負担増は，当面解消しがたいものの，酒類の値下げ影響は物量で減らない限り単年度で解消する。

特に今年度は，好景気持続下で猛暑によるビールや飲料など夏物商材が極めて好調であること。卸に配慮したビールや加工食品の値上げラッシュが寄与するなどの好材料から，一気に業績は回復に向かう見通しにある。

（調査部・小坂）

表⑦－１　1989年度　全国酒類・食品問屋200社の業績ランキング(1)　日刊経済通信社調

売上順位 89年	売上順位 88年	会社名	所在地	決算期	売上高（百万円） 89年度	売上高 88年度	売上高 89/88	純利益（百万円） 89年度	純利益 88年度	純利益 89/88
1	1	国分㈱	東京	1.12	658,000.0	639,600.0	102.9	1,152.0	1,123.0	102.6
2	2	明治屋	東京	2. 1	477,300.0	485,700.0	98.3	620.0	2,639.0	23.5
3	3	㈱菱食	東京	1.12	412,673.1	389,653.3	105.9	622.5	1,041.0	59.8
4	4	日本酒類販売㈱	東京	2. 3	348,705.0	356,121.0	97.9	1,553.0	1,379.0	112.6
5	5	松下鈴木㈱	大阪	1. 9	251,173.0	242,335.0	103.6	700.0	93.0	752.7
6	6	㈱小網	東京	2. 3	235,310.0	236,643.0	99.4	136.0	125.0	108.8
7	7	加藤産業㈱	西宮	1. 9	200,860.1	190,005.9	105.7	1,541.4	1,462.1	105.4
8	8	島屋商事㈱	大阪	2. 3	184,850.0	173,204.0	106.7	550.0	261.0	210.7
9	9	旭食品	高知	2. 3	166,822.4	157,946.0	105.6	245.8	834.1	29.5
10	10	ボーキ佐藤㈱	郡山	1.12	146,590.0	141,793.0	103.4	641.0	765.0	83.8
11	11	㈱廣屋	東京	2. 3	133,162.0	137,439.0	96.9	312.0	201.0	155.2
12	13	ヤマエ久野㈱	福岡	2. 3	129,234.0	125,285.9	103.2	760.0	801.0	94.9
13	14	雪印物産㈱	東京	2. 3	127,733.0	121,924.0	104.8	—	—	—
14	12	ユアサ・フナショク㈱	船橋	2. 5	125,788.0	132,271.7	95.1	533.0	525.6	101.4
15	15	東海澱粉㈱	静岡	1. 6	120,315.3	108,208.2	111.2	1,233.4	1,074.0	114.8
16	18	㈱マルイチ産商	長野	2. 3	106,367.0	101,408.2	104.9	669.0	645.0	103.7
17	17	㈱祭原	大阪	1.12	⊗105,700.0	103,594.0	102.0	—	—	—
18	16	中泉㈱	東京	2. 3	103,943.9	106,409.0	97.7	352.6	279.0	126.4
19	22	㈱山星屋	大阪	1.10	102,631.5	95,166.0	107.8	103.8	102.2	101.6
20	21	三友食品㈱	東京	2. 3	102,114.0	96,611.0	105.7	6.4	13.0	49.2
21	19	西野商事㈱	東京	2. 3	101,887.4	97,828.2	104.1	—	— (249.7)	—
22	20	㈱梅沢	名古屋	2. 3	96,729.9	96,961.0	99.8	42.6	40.8	104.4
23	25	㈱高山	東京	2. 2	92,567.0	87,369.1	105.9	542.4	649.1	83.6
24	23	㈱升喜	東京	2. 3	90,904.0	91,456.0	99.4	153.0	131.0	116.8
25	27	仁木島商事㈱	東京	2. 3	88,628.6	83,840.1	105.7	7.8	40.1	19.5
26	24	三陽物産㈱	大阪	2. 3	87,420.0	91,075.5	96.0	(454.0)	(158.4)	(286.6)
27	26	北海道酒類販売㈱	札幌	2. 3	84,935.1	85,667.2	99.1	112.5	237.0	47.5
28	28	カナカン㈱	金沢	2. 1	84,546.8	79,568.4	106.3	—	—	—
29	32	㈱サンエス	東京	1. 8	82,999.0	75,733.0	109.6	(429.4)	125.5 (321.0)	— (133.8)
30	35	中村博一商店	神戸	1.11	⊗79,100.0	⊗67,287.0	117.6	—	—	—
31	31	雪印商事㈱	大阪	2. 3	77,007.0	75,949.0	101.4	74.0	(87.0)	—
32	29	㈱北酒連	札幌	2. 3	75,150.1	78,167.6	96.1	124.8	202.7	61.6
33	34	㈱メイカン	名古屋	1.10	74,277.6	70,363.4	105.6	45.5	210.3	21.6
34	36	東京雪印販売㈱	東京	2. 3	73,309.0	65,999.0	111.1	55.0	54.0	101.9
35	30	㈱合食	神戸	2. 3	72,469.2	76,578.1	94.6	167.4	354.0	47.3
36	37	㈱トーカン	名古屋	1. 9	71,537.9	65,379.5	109.4	282.5	272.0	103.9
37	33	㈱サンヨー堂	東京	1.10	70,776.0	70,727.2	100.1	93.0	92.8	100.2
38	38	正栄食品工業㈱	東京	1.10	64,875.4	64,459.0	100.6	777.0	909.9	85.4
39	40	㈱トーホー	神戸	2. 1	62,756.0	59,144.0	106.1	481.0	612.0	78.6
40	39	※㈱飯田	八尾	2. 2	62,030.0	63,029.8	98.4	113.0	102.5	110.2

付　録

～誌面を飾った「あの時」の掲載広告集～

1959年(昭和34年)創刊号より

世界最高の品質

アサヒ ゴールド

朝日麦酒株式会社

1959年(昭和34年)創刊号より

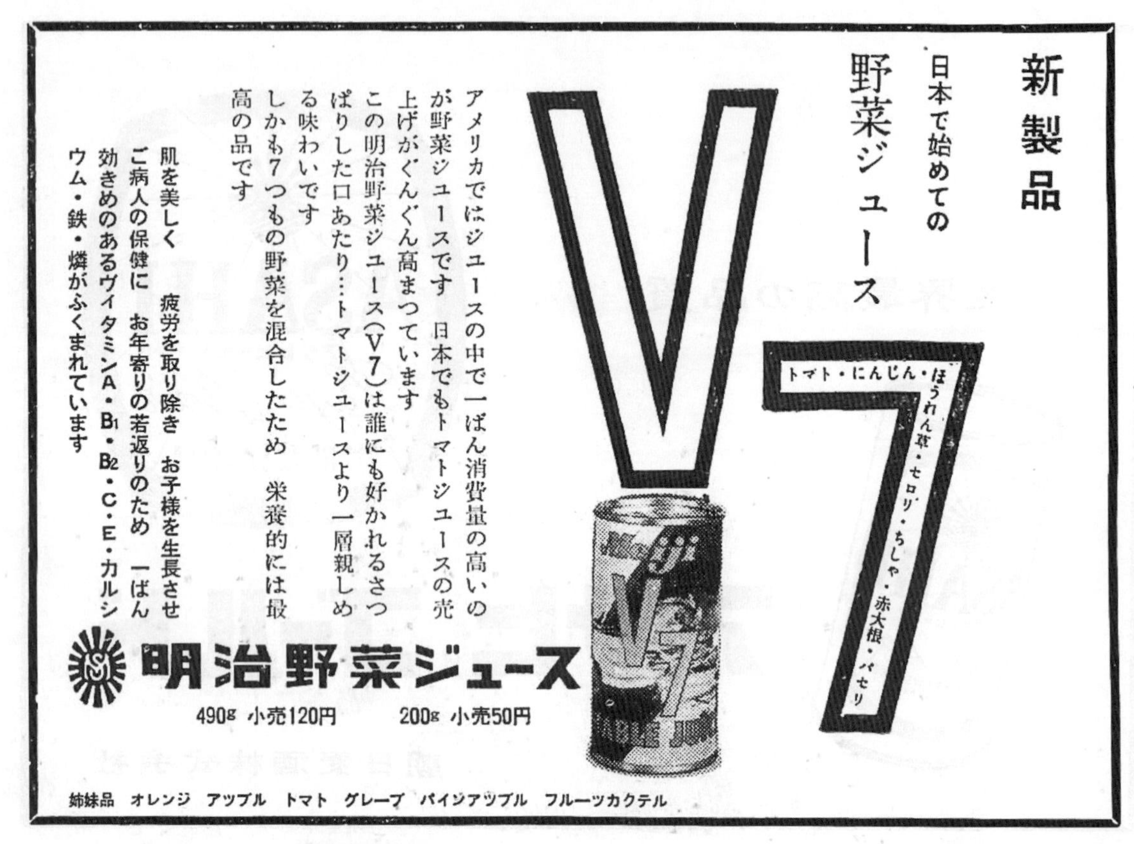

1959年(昭和34年)創刊号より

モルトのきいた
本格ウイスキー
ゆたかな
味とコク…

本格モルト
オーシャンウイスキー

オールド 1,250円 ・ デラックス 500円
角びん 320円 ・ ポケット 120円

祝 創業五周年

賞品総額 6,000万円

王冠で当る！ ゴールデンスターサービス

特賞 200万円……………2本

1等 トヨペット クラウン デラックス 又は現金 100万円……4本

2等 ■オートバイ（ホンダドリーム号300cc） ■ヤマハピアノ（88鍵） ■ダイヤモンド指環（銀座和光特選） 以上のうち一品…30本

3等 ■日立14型テレビ・電気冷蔵庫組合せ ■日立ステレオ ハイファイ電蓄・8石トランジスターラジオ組合せ ■ダイヤモンド指環（銀座和光選）………以上のうち一品…100本

4等 ■ヤシカ8ミリカメラ EⅢ型……………300本

5等 ■高級腕時計（紳士用セイコーローレル 又は 婦人用セイコーフェミローレル）……………5,000本

6等 ■サロンエプロン……………50,000本

●応募方法　王冠裏のコルクを外すと星が出ます．その王冠を集めてお送り下さい　星の数3ツ毎に抽選券を1枚お送り致します

●送り先　東京都渋谷局区内　カルピス懸賞係
●締切り　昭和35年9月10日　●抽選期日　10月末日
●当選発表　11月上旬　全国有名新聞紙上
●引換期間　昭和35年12月31日限り以後無効（当日消印有効）

滋強飲料 カルピス

上段：1959年(昭和34年) 4月号(オーシャンウイスキー)下段：1960年(昭和35年) 7月号(豪華懸賞広告)

1959年(昭和34年) 4月号より(上段:豪華懸賞広告　下段:統計月報“祝創刊”広告)

洋酒づくり60年

トリスには
サントリーの
原酒がフルに
入っています

サントリー姉妹品

トリスウイスキー

大瓶 330円　ポケット 120円

ストレート・ハイボール・オンザロックにおすすめください

洋酒の寿屋

＊明治屋のジュースで

ピアノが当る・車が当る

●特賞/10本・河合のグランドピアノまたは三菱500国民車＊＊1等/40本・三菱最新型電気冷蔵庫または最新型8ミリ撮影機・映写機セット●2等/400本・三菱最新型トランジスタラジオ●3等/16.000本・明治屋濃縮ジュース(500cc瓶)★★★期間(2月15日～8月15日)抽せん日9月4日

抽せん券は明治屋の濃縮ジュース各種●350mlで1枚●500mlで2枚●1800mlで3枚●明治屋のマイコーラ500mlで2枚●明治屋のマイラック500mlで2枚

●マイジュース　各種　250円　330円　1000円
●マイコーラ　マイラック　250円

株式会社 明治屋

1960年(昭和35年) 3月号より(下段：豪華懸賞広告)

清酒・新清酒・焼酎
発泡酒・新ビール・薬味酒
ウイスキー・ポートワイン
ぽん酢・新味淋

福泉醸造工業株式会社

本社 静岡県吉原市　東京営業所 中央区新川2の4

＊明治屋のマイジュース マイラックで
車が当る・ピアノが当る

●特賞／10本・三菱500国民車デラックス　●1等／25本・河合アップライトピアノ（メールヘン）　●2等／100本・ブリヂストン自転車（スカイウエイ2型）内装3段変速・発電ランプ付　●3等／250,000本明治屋の缶ジュース　★期間2月15日～9月15日★抽せん日10月上旬

抽せん券●マイジュース各種・350mℓで1枚・500mℓで2枚・1800mℓで3枚●マイラック500mℓで2枚

1961年（昭和36年）2月号より（下段：豪華懸賞広告）

四季のくらしと装いを 

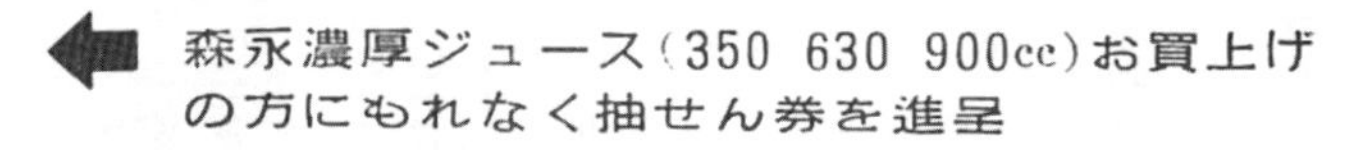

森永濃厚ジュース(350 630 900cc)お買上げの方にもれなく抽せん券を進呈

●景　品

1等	東洋紡製品10万円分	10本
2等	ポラロイドカメラ（1分間写真機）	50本
3等	森永食品の詰合せ	1000本
4等	森永スープ（2袋）	10000本

●メ　切　昭和36年9月30日
●発　表　昭和36年10月15日（主要新聞紙上）
●送り先　東京高輪局区内
森永製菓株式会社食品PR係

森永濃厚ジュース

オレンジ・パイン・グレープ・オレンジサワー パッションサワー・250円・300円・500円

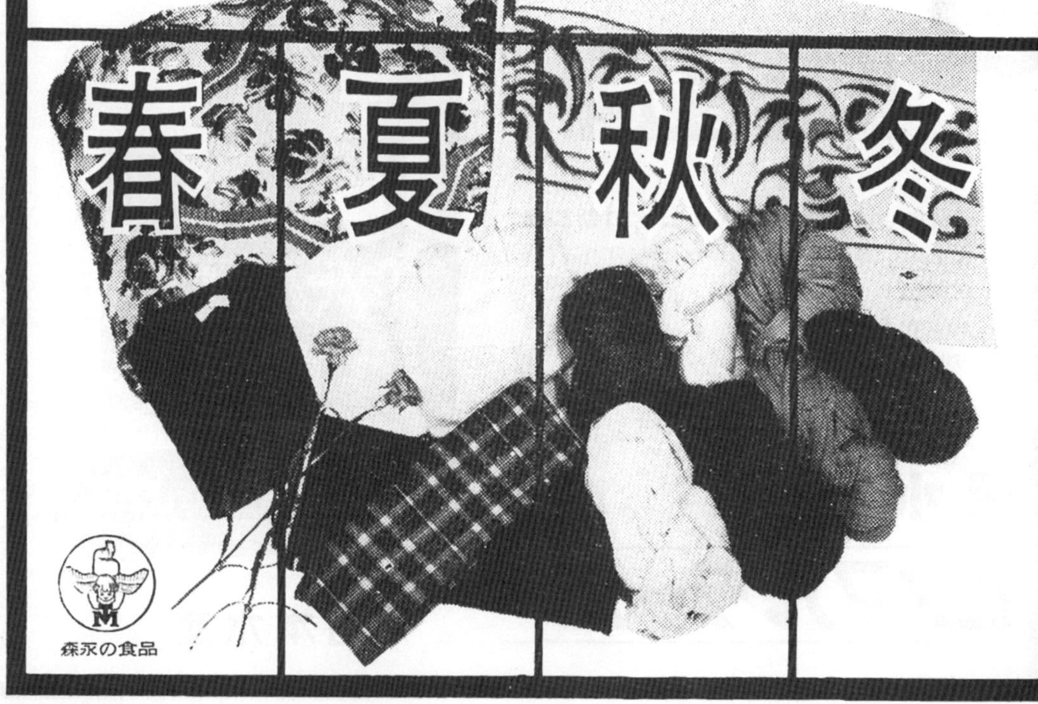

森永の食品

1961年(昭和36年) 2月号より(豪華懸賞広告)

新発売

品質のよさで定評のある日水の新製品
若とり、卵、貝柱、えびなど、蛋白質脂肪、ビタミン、カルシウムを含む栄養豊かな材料をつかい、調味料も特に吟味してあります。器に入れ熱湯を注ぐだけで、おいしいラーメンができる便利なインスタント食品です。

日水の
ヒノマルラーメン

標準小売価格三〇円

日本水産

1961年（昭和36年）2月号より（上段：豪華懸賞広告）※翌1962年に景品表示法が施行

●このたび、寿屋ではアメリカの**ローヤルクラウンコーラ社**と提携、コーラ原液を輸入して、缶詰製品化し新発売いたすことになりました。
コーラは、ご存じのとおり、アメリカやヨーロッパで、他の飲料にくらべ、ずばぬけて飲まれており、そのそう快な味と香りが現代人の好みにピッタリとくるお飲みものです。

ご拡売のポイント

●日本ではじめての缶入り…
●すぐ冷えます　●かさばりません　●軽くて携帯に便利です　●旅行・ハイキングに　●観劇に

●びん入りもあります
●オン・ザ・ロックでコップ2杯分がたっぷりとれ、お徳用です　●ウイスキーなどに割ってしゃれたカクテルをお楽しみいただけます。

京浜・京阪神ではびん入りも発売いたしております

ROYAL CROWN

洋酒の寿屋が
選んだ本場の味

ローヤル クラウン コーラ

1961年（昭和36年）5月号より（日本初の缶入りコーラ）※現サントリー食品インターナショナル㈱

大森駅上空から、新工場と羽田国際空港をのぞむ〈日本学生航空連盟アサヒビール号から撮影〉

1962年（昭和37年） 5月号より（アサヒビール東京大森工場完成）

1962年（昭和37年）6月号より（森永ミルク・バター）

1964年(昭和39年) 1月号より(東京オリンピック開催前年)

エースコックの
可愛いい子ブタのマーク！

即席ワンタンメン
ワンタンとラーメンが同時に楽しめるダブルタイプ　2～3分煮込むだけで出来上り　スープの味が又格別です。

即席スパゲティ
日本で初めての即席スパゲティー粉末ケチャップ付ーサッとお湯に入れて5分間、本場イタリアの味が簡単にご家庭で味える新製品です

即席トンメン
あっさりしたおいしさは若い方向き、あなたもきっとお気に召す……ヤングタイプ

即席エースラーメン
ずばりNo.1即席ラーメンのエースです。おいしさ、便利さともに最高級のスペシャルタイプ

即席スープメン
スープが飛びっきりおいしい…！焼そば、鉄板焼等にご利用していただけるユーティリティタイプ

即席カレーラーメン
ピリッときいた快よい刺激、本場のカレーの風味が心にくいまでに生かされています。ぐっとパンチのきいたハードタイプ

エースコック

1964年（昭和39年）9月号より（エースコック新キャラクター初掲載）

ハワイへ毎月11人！

カメラを毎日11台！

4月1日ー8月31日

●森永コーラスのTVヒット番組〈ただいま11人〉の出演者11人が出題する11問のホームクイズ。正解者から抽せんで毎月11名さまをハワイへご招待！

●森永コーラスのかえせん台紙で、毎日11名さまへフジカ・ラピッドS(フジカラー1本つき）を贈呈。超スピード、大量サービスです。

●くわしくは3月下旬、全国同時発表。ご期待ください。

ことしも乳酸飲料なら……

純乳酸飲料 森永コーラス

1966年（昭和41年）2月号より（景品表示法施行以降の懸賞広告）

1966年（昭和41年）5月号より（ペプシイメージイラスト広告）

これが即席めん!?とびっくりするほどのおいしさ。　あの昔懐しいチャルメラの音が聞こえる……味です。定評ある技術と経験から生れた自信作です。

安心してご販売いただける明星製品に、またひとつ新らしい魅力が加わりました

新発売

姉妹品

明星ラーメン　明星手打風タンメン　明星焼そば

1966年(昭和41年) 9月号より(明星チャルメラ新発売・初掲載)

創立50周年を迎えて

野田に醤油醸造をはじめて四〇〇年ご販売店各位の格別のお引立により「キッコーマン」は日ごとに親しまれ年ごとに愛されて、いまや〝世界のキッコーマン〟として広く知られるようになりました。

ここに、創立五〇周年を迎えるにあたり心を新たにして「よりよい品をより安く、より多く」をモットーにたのしく、豊かな食生活を通じて、食品業界にいささかなりとも貢献したいと存じております。

今後とも、一層のご愛顧のほど心からお願い申しあげます。

昭和四十一年十一月

キッコーマン醤油株式会社

1966年（昭和41年） 11月号より（キッコーマン創立50周年）

野に....
山に....

清酒一級(180ml)

ワンカップ大関

コップに入った清酒 ─フタはワンタッチで開きます。さわやかな酔いをワンカップ大関で！ご旅行、ご家庭で…みんなで気軽にお飲みください。

大関酒造株式会社

1967年(昭和42年) 2月号より(ワンカップ大関初掲載)

反響が凄い!

特選(セレクト)モルトから生まれたセレクトウイスキー

1969年(昭和44年) 2月号より(サントリーウイスキー「セレクト」)

まっ赤に熟したもぎたてトマトの
フレッシュパック　さわやかなおいしさが
続々ファンをつくっています
さあ　あなたのお店にどんどん積んで
どんどん売ってください

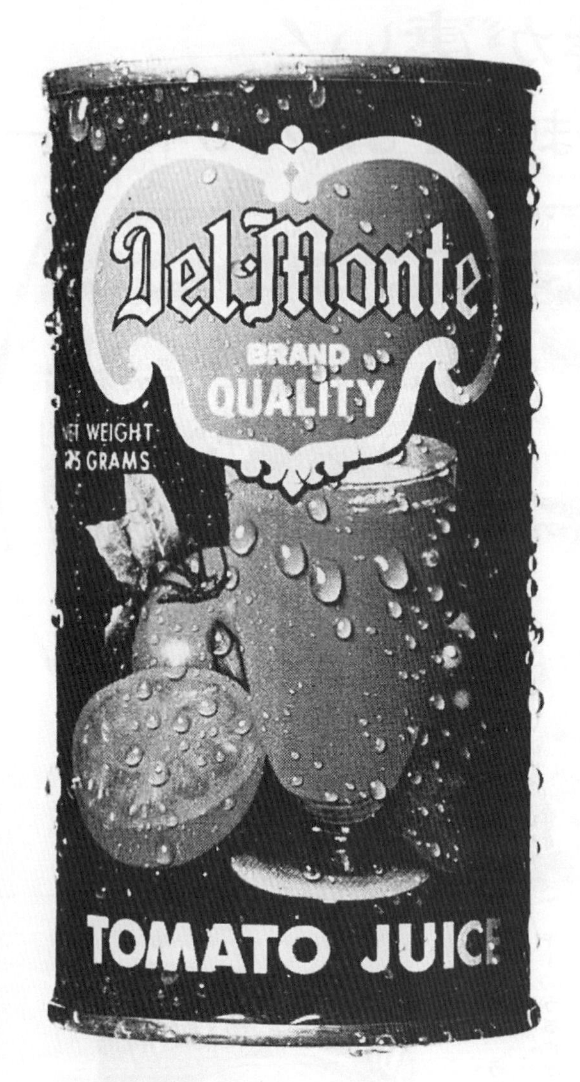

100%トマト
デルモンテ
トマト ジュース
キッコーマン醤油株式会社

●便利な6缶パックもあります

1969年（昭和44年）8月号より（デルモンテトマトジュース）

これからはわしの土俵だ

生活がらくになって

いいものの味がわかってきた

選択がきびしくなればなるほど

私の商売はうまくゆく

ニッカの誇り得るのは

品質と技術だけだ

①ゴールド&ゴールド
特級(760mℓ)………1,900円
②オールドニッカ
特級(720mℓ)………1,450円

ニッカウ井スキー株式会社

1969年(昭和44年) 8月号より(ニッカウヰスキー)

宮内庁御用達　大倉酒造株式会社

本　店	〒612	京都市伏見区南浜町247番地	電話(075)(611)0111番代表
東京支店	〒104	東京都中央区新川2丁目3番地	電話(03)(551)9261～5番
大阪支店	〒530	大阪市北区東寺町3番地の2	電話(06)(358)0036・0167番
灘支店	〒657	神戸市灘区新在家南町3丁目1の8	電話(078)(87)0321～4番
京都支店	〒604	京都市中京区六角通東洞院東入	電話(075)(221)0126～8番
名古屋出張所	〒451	名古屋市西区天塚町1丁目95番地	電話(052)(521)5518番代表

1969年（昭和44年）10月号より（月桂冠キャップエース）

ペプシがなければ　はじまらない!!

コーラはペプシ

1970年（昭和45年）1月号より（大阪万博パビリオン「ペプシ館」）

万博でのサントリー館出展を記念して サントリーEXPO'70ウイスキー　新発売

＜サントリー＞は万博に業界で唯一、単独のパビリオンで参加しています。この出展を記念して、ＥＸＰＯ'70ウイスキー、限定版を新発売いたします。洋酒づくり70年の努力をこめ、70年代の世界のウイスキーとして誇りをもっての新発売です。発売期間は万博開催中に限らせていただきますので、お早目にご用意ください。万博の人気とともに、かならずや好評を博する、自信のウイスキーです。

世界のウイスキー

サントリー

1970年（昭和45年）3月号より（大阪万博パビリオン「サントリー館」）

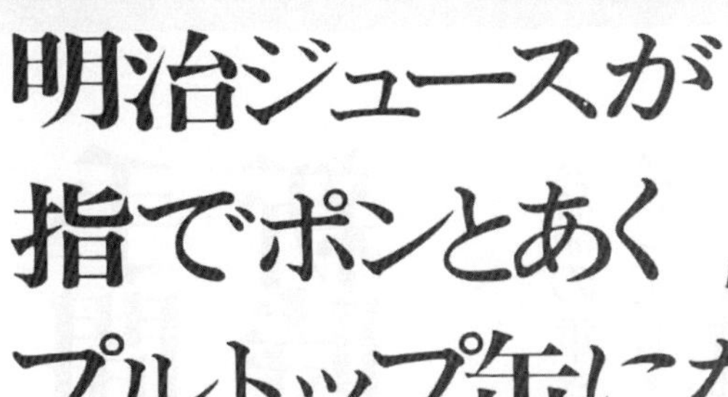

フレッシュ・ニュース

またも、日本で初めて！

日本で初めて缶入りジュースを開発した明治製菓が、そのパイオニア精神を再び発揮して、プルトップ方式を採用しました。飲む楽しさに、あける楽しさが加わって、ますますお客さまを魅了することでしょう。

容量も大巾アップ デザイン一新

これを機に従来の195gを255gに増量。ごらんのように、デザインも一新して、新時代にふさわしいイメージになりました。

理想の濃度45%を実現

最も飲みやすい濃度を追求して、ついに実現した理想の45%。ここに、ほどよい口当りと豊かな風味が、見事生まれました。

明治ジュース　全糖

内容量 255g

★姉妹品★　グレープ　パイン

こちらもプルトップ缶になった！
デザインも変った！

明治ネクター
ピーチ　オレンジ　バーモント

1970年（昭和45年）3月号より（プルトップ型缶容器初掲載）

1971年（昭和46年）3月号より（牛乳紙パック初掲載）

1974年(昭和49年) 6月号より(ロッテ板ガム)

100円足して ロバートブラウン、という お客様がふえています。

ロバートブラウンへ切りかえるお客様が着実に増加しています。手頃な値段で、しかも、スコッチ原酒（モルト）をたっぷりと使っているという事実が広く浸透してきた訳ですね。さあ、このうまさを、より多くの方にお薦めください。

ROBERT BROWN
Deluxe Whisky
BLENDED AND BOTTLED BY KIRIN-SEAGRAM LIMITED

スコッチの血筋をひく高級ウイスキー
ROBERT BROWN
ロバートブラウン／760ml・2300円
キリン・シーグラム株式会社

1974年（昭和49年）7月号より（キリンシーグラム「ロバートブラウン」）

1974年(昭和49年) 9月号より(清酒「富貴」)

サントリーが、缶入りカクテルをつくりました。

新発売
―首都圏のみ発売―

pop

SUNTORY pop COCKTAIL gin & tonic PRODUCED BY SUNTORY LTD

SUNTORY pop COCKTAIL whisky & co PRODUCED BY SUNTORY

SUNTORY pop COCKTAIL gin fizz PRODUCED BY SUNTORY LTD

ジントニック
のどを流れるときの清涼感がたまらない魅力。すっきりした切れ味です。

ウイスキーコーラ
サントリーウイスキーのコーラ割り。さすが！とうなずくおいしさです。

ジンフィズ
ほのかに甘く、ほのかにすっぱい。レモンの香りが、さわやかです。

旅先で、レジャーの場所で、手軽に、スピーディーにカクテルが楽しめるポップカクテル。サントリーならではの話題の新製品、アウトドア・ドリンクスの決定版です。よろしくお引き立てください。
●ジントニック、ウイスキーコーラ、ジンフィズの3種。つめたく冷やしてお飲みいただくよう、お願い致します。

製造・販売サントリー株式会社

カクテルが 光の中に 飛び出した

サントリー ポップ カクテル

容量200mℓ　各150円

●未成年者の飲酒は法律で禁じられています。

1974年（昭和49年）10月号より（サントリー RTD「ポップカクテル」）

1975年（昭和50年） 7月号より（サンヨー缶詰イメージ広告）

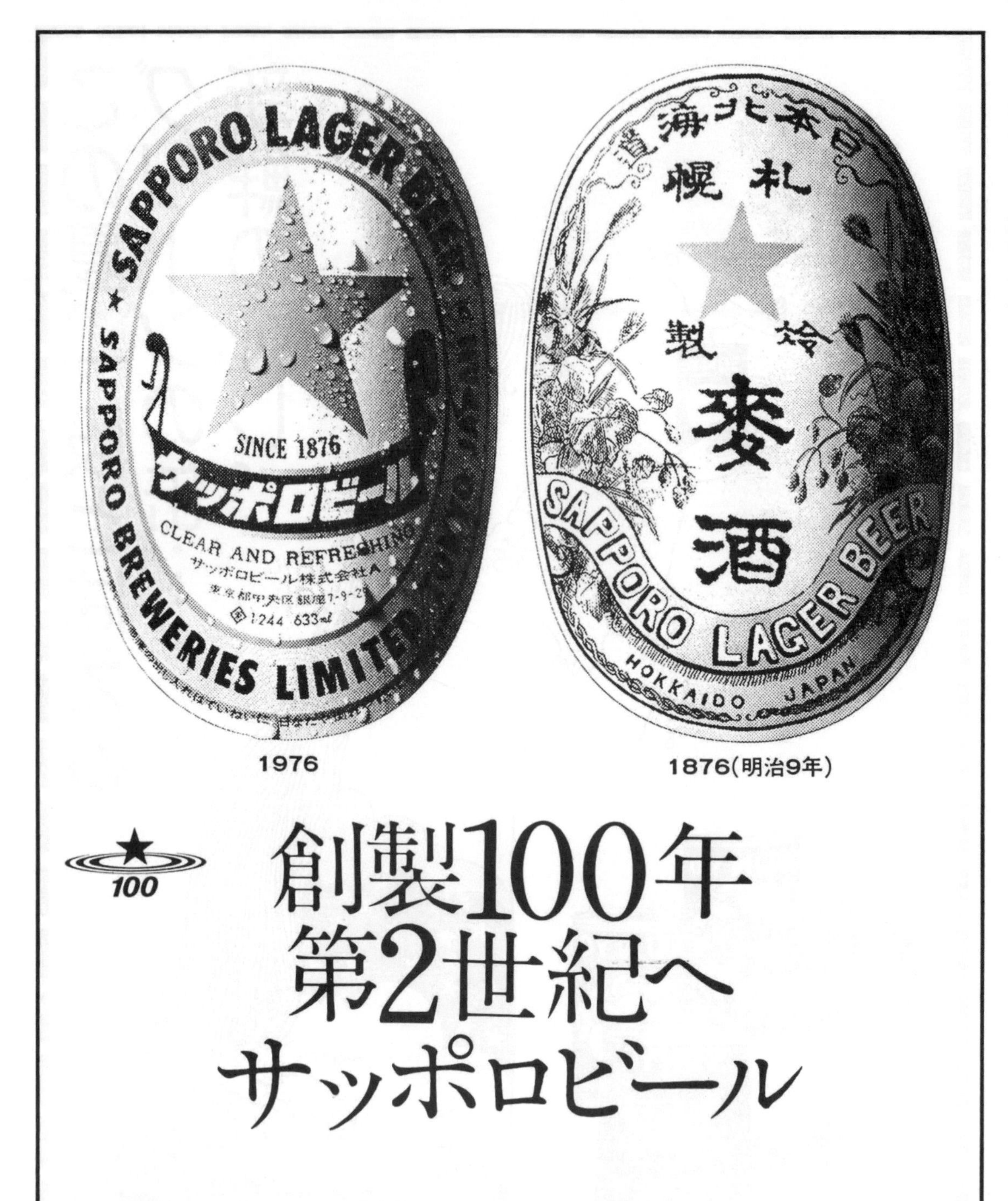

1976年(昭和51年) 4月号より(サッポロビール創製100年記念)

食通がすすめる

㋩かんづめ

●舌ざわりまろやか
新鮮な
㋩のさけ缶

●肉質・香味で
定評のある
㋩ディジー
アスパラガス

●果肉の甘味
やわらかさ色沢の
粒を厳選した
㋩ディジー
スイートコーン

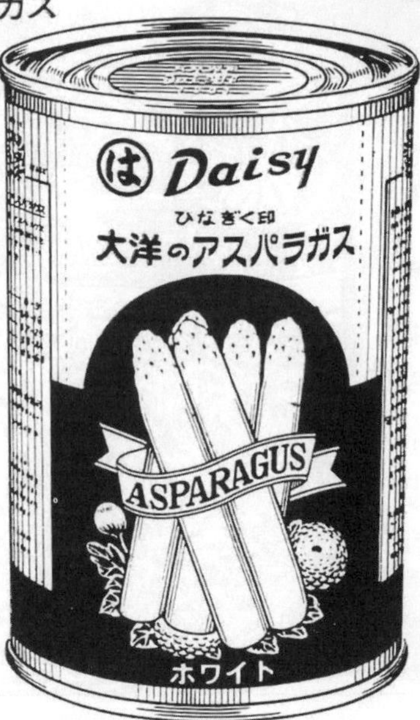

大洋漁業

ダイナミックな調理法で話題沸騰!!

世界の料理ショー

食通入門

全国主要都市で放送

東　東／東京12チャンネル…(日)11:30～12:00
北海道／札幌テレビ放送…(土)12:00～12:30
仙　台／東北放送…………(土)11:15～11:45
名古屋／名古屋放送………(水)11:15～11:45
大　阪／関西テレビ………(日)15:45～16:15
広　島／中国放送…………(土)11:15～11:45
高　松／西日本放送………(土) 9:00～ 9:30
福　岡／RKB毎日…………(土) 9:30～10:00

1976年(昭和51年) 10月号より(TV番組「世界の料理ショー」スポンサー広告)

1978年(昭和53年) 11月号より(白鶴「ジョイス」)

キリンビール株式会社

味わいの吉報、マインブロイ。

「飲む楽しみの極み」

あのマインブロイを、全国どこででも
味わっていただけるようになりました。

いい日、いい時。マインブロイ Mein Bräu

●容量1本350mℓ●アルコール度数＝約6.4％(ふつうのビールは約4.5％)●オリジナルエキス(原麦濃度)＝約14.5％(ふつうのビールの約1.3倍)

1979年（昭和54年）4月号より（キリンビール「マインブロイ」）

1980年（昭和55年）4月号より（はごろもフーズ：旧はごろも缶詰 果肉入り飲料「こつぶ」）

1982年（昭和57年） 1月号より（味の素社）

サントリースポーツドリンク NCAA

パウダー新発売!

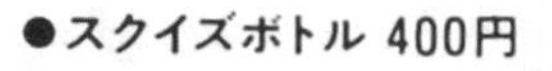

●ボトルカバー 800円

●缶入り 120円

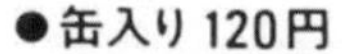

●パウダー 200円

日頃よりサントリー製品に格別のご愛顧を賜り厚く御礼申し上げます。さて弊社ではこのたび昨年新発売以来スポーツドリンクならNCAAとご好評をいただいておりますバイオバランス飲料サントリースポーツドリンクNCAAの第2弾としてパウダータイプを新発売することになりました。❶おいしさとファッションをプラスした本格的スポーツドリンク。❷すばやい吸収力。❸バランスのとれた栄養成分。❹低カロリー・アルカリ飲料。という4大特長をもつバイオバランス飲料NCAAをそのままコンパクトでアクティブなパウダータイプに仕上げたサントリーの自信作です。缶入り、パウダータイプ　このサントリースポーツドリンクNCAAのファッショナブルペアに皆様の絶大なお力添えをお願い申し上げます。

サントリー株式会社

1982年(昭和57年) 6月号より(サントリースポーツドリンク「NCAA」)
※現サントリー食品インターナショナル㈱　※非広告

伊藤園

ウーロンドリンク

中国福建省産直輸入原料

甘さはいらない！

ノーシュガー 自然飲料！

消費者ニーズに適合した商品です。

- ■爽やかな程よい渋味が、スポーツやレジャーにピッタリ！
- ■お子様からお年寄りまで安心してお飲み頂ける幅広い消費者嗜好の缶入り飲料です。
- ■夏は冷やして、冬はホットで四季を通して販売頂けます。

小売価格100円・内容量190g
1ケース30缶入り——7.5kg

株式会社 伊藤園　東京都新宿区歌舞伎町2-31-11　TEL03(200)9911

1983年（昭和58年）4月号より（伊藤園缶入り「ウーロン茶」初掲載）

明治アイスクリームは、'84ロス五輪の
公式ライセンス商品に採用されました。

ほんもののおいしさとのであい、5種類。その名も「明治エッセル」。
ロサンゼルスオリンピックの公式ライセンス商品に採用された
明治アイスクリームから新発売です。
おしゃれなパッケージ。さわやかなネーミング。
売れる要素がたっぷりつまったアイスクリーム、「明治エッセル」です。

おいしい
「明治エッセル」、
さわやかに新発売。

強力なプレゼントキャンペーンを実施、テレビ、新聞、雑誌等で積極的に告知します。

明治アイスクリーム
'84ロス五輪ご招待
プレゼント

「プレゼント内容」
抽せんで50名様を「ロサンゼルスオリンピックと
アメリカ西海岸5泊7日の旅」へご招待!
さらに抽せんで10000名様に
「レディーボーデンギフト券(470ml券1枚)」をプレゼント!

豊かな食生活をひらく
明治乳業

1984年(昭和59年) 3月号より(明治乳業「明治エッセル」ロス五輪キャンペーン)

サッポロが、飲むスタイルを変えた。きょうから、モダンな生ビール。

こんなモダンなビール、見たことない。サッポロカップ〈生〉はシルバーメタリックの洗練されたスタイル。●ビール新時代が開かれた。世界初のフルオープン方式。写真のように上ブタを全部とりはずせます。グラス感覚の飲みくちです。●中味はセラミック濾過のうまさで評判のサッポロ生です。●容量もたっぷり650mℓ ●標準的小売価格365円。

SAPPORO CUP 生

1984年(昭和59年) 4月号より(サッポロビール世界初のフルオープン缶)

飲むひとの立場にまわって、考えました。

お客様あっての私たちです。どこをどうすれば、飲むひとにとってうれしいか。と考えた結果、今年のナマ樽はここがこうなりました。

'84年型、そろって好評発売中。

サントリービール

ナマ樽1.2(いってんに)・2(ツー)・3(スリー)

製造・販売/サントリー株式会社

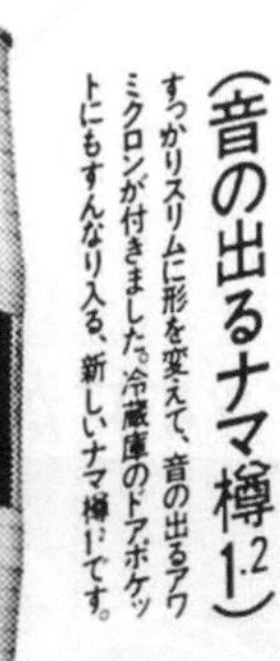

1984年(昭和59年) 5月号より(サントリー大型容器シリーズ「ナマ樽」)

おかげさまで、ニッカウ井スキーは、
今年創立50周年。日本のウイスキー作り50年を記念して、
ニッカ、メモリアル50を限定発売いたします。
これからも、どうぞよろしくお願いいたします。

ニッカメモリアル50（容量720mℓ 標準小売価格5000円）

1984年（昭和59年）6月号より（ニッカウヰスキー 50周年記念）

1985年(昭和60年) 1月号より(リョーショク)※つくば科学万博開催年

1985年（昭和60年） 10月号より（明治屋創業100周年記念 岡本太郎作品広告）

1987年（昭和62年）8月号より（紅乙女酒造・光酒造）

大塚食品
キユーピー

差込③
明治（チョコレート効果）
サントリー食品インターナショナル
カゴメ
岩井機械工業
UCC 上島珈琲
東洋ガラス
白子
吉野工業所
大和製罐
エバラ食品工業　／　アルテミラ
ブルドックソース　／　サンヨー食品
小山本家酒造　／　理研ビタミン
はごろもフーズ　／　王子コンテナー
日東ベスト
日本コカ・コーラ
宝酒造

差込④
伊藤園
ハウス食品グループ本社
永谷園ホールディングス
ヒゲタ醤油　／　オタフクソース
六甲バター　／　菊水酒造
ニップン　／　メルシャン
トーモク　／　日刊経済通信社
サントリーホールディングス

後付
日清食品
菊正宗酒造　／　伊藤ハム
エースコック　／　ヤヨイサンフーズ
テーブルマーク　／　加藤産業
ピックルスコーポレーション　／　コーミ
いなば食品　／　レンゴー
ホテイフーズコーポレーション　／　ヤマキ
／　日刊経済通信社
三菱食品

表３
味の素社

創業70周年記念　酒類食品統計月報 特別増刊号

紙面で振り返る酒類食品市場の70年（前編）

Challenge5 DataBook2030

～人口増と経済成長が押し上げた昭和～

定価：13,200 円　本体12,000円＋消費税10%

2024年 8 月 26日　印刷発行　　ISBN　978 - 4 - 931500 - 76 - 1

編　集　　㈱日刊経済通信社　調査出版部

発行者　　石母田　健

印　刷　　アロー印刷㈱

発行所　株式会社 日刊経済通信社

東京都中央区日本橋小伝馬町10-11 日本橋府川ビル 9 階

〒 103 - 0001　電話 03（5847）6611［代表］　振替口座　東京 00140 - 5 - 71739

https://www.nikkankeizai.co.jp